PRISMA NWA | CHEMIE 4 | 5

Baden-Württemberg

Wolfram Bäurle
Wolfgang Heitland
Barbara Hoppe
Otfried Müller
Reinhard Peppmeier
Michael Wächter
Burkhard Weizel
Ulrike Wolf

Ernst Klett Verlag
Stuttgart · Leipzig

Autoren: Wolfram Bäurle, Wolfgang Heitland, Barbara Hoppe, Otfried Müller, Reinhard Peppmeier, Michael Wächter, Burkhard Weizel, Ulrike Wolf

Wissenschaftliche Beratung: Dr. Thomas Bitter

1. Auflage 1 16 15 14 13 12 | 2018 17 16 15 14

Alle Drucke dieser Auflage sind unverändert und können im Unterricht nebeneinander verwendet werden. Die letzten Zahlen bezeichnen jeweils die Auflage und das Jahr des Druckes.

Internetadresse: www.klett.de

Redaktion: Godela Andexser, Dr. Andreas Henseler

Layoutkonzeption und Gestaltung: Matthias Balonier, Infografik, Lützelbach
Unter Mitarbeit von: Elke Kurz, Kernen i. R.; Karin Mall, Berlin
Mediengestaltung: Christine Guntrum

Illustrationen: Matthias Balonier, Lützelbach; Udo Buffler, Marburg; Jeanne Kloepfer, Lindenfels; Angelika Kramer, Stuttgart; Karin Mall, Berlin; Tom Menzel, Rohlsdorf
Umschlaggestaltung: KOMA AMOK®, Kunstbüro für Gestaltung, Stuttgart
Gestaltung Periodensystem: normaldesign, Schwäbisch Gmünd

Reproduktion: Meyle + Müller, Medien-Management, Pforzheim
Druck: Aprinta, Wemding

Printed in Germany
ISBN: 978-3-12-068535-7

9 783120 685357

Inhaltsverzeichnis

60 Reduktion und Redoxreaktionen

72 Die chemische Zeichensprache

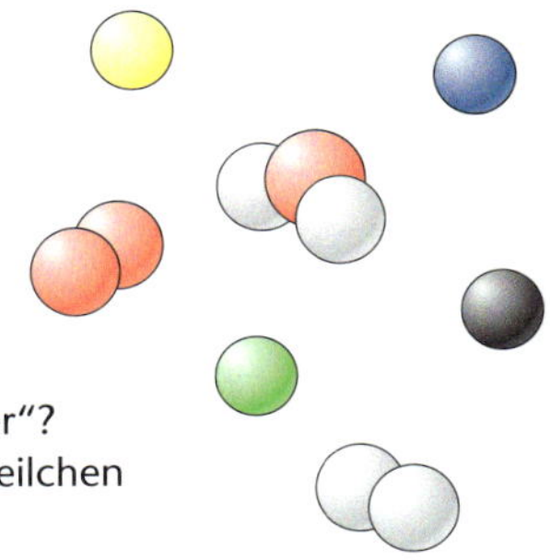

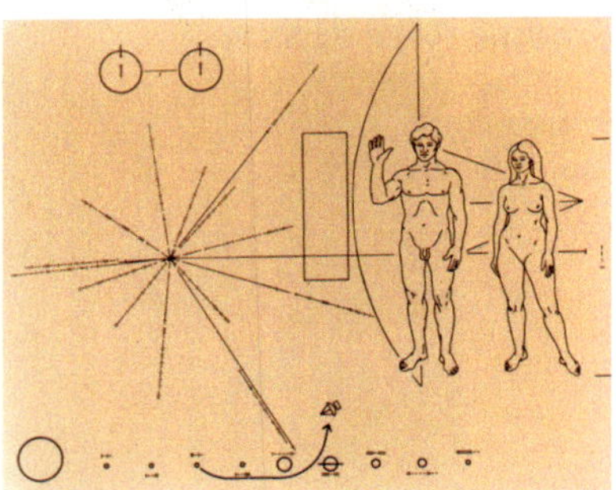

86 Elementgruppen und Atombau

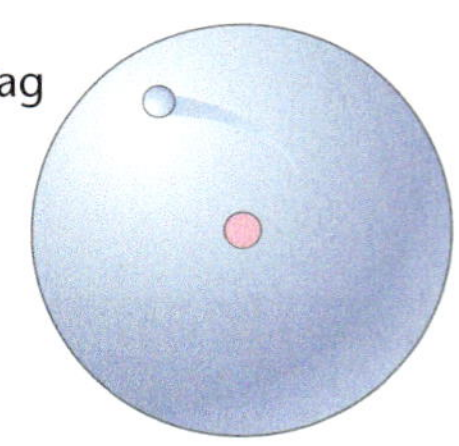

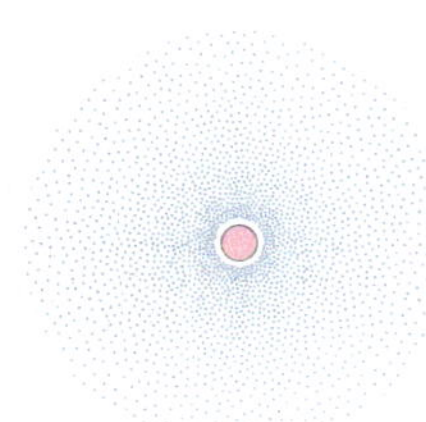

118 Chemische Bindungen

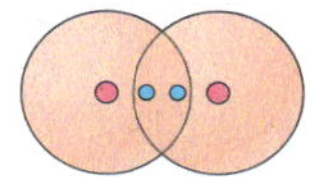

144 Säuren und Laugen

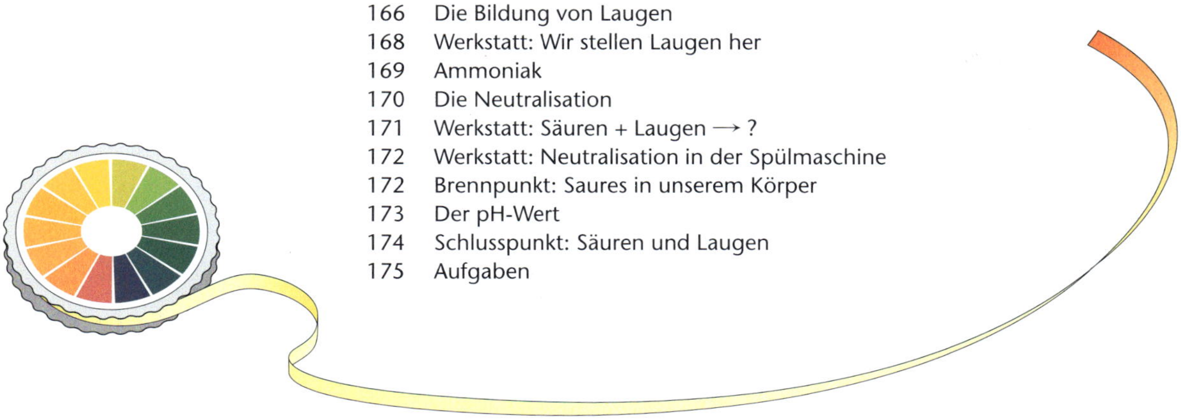

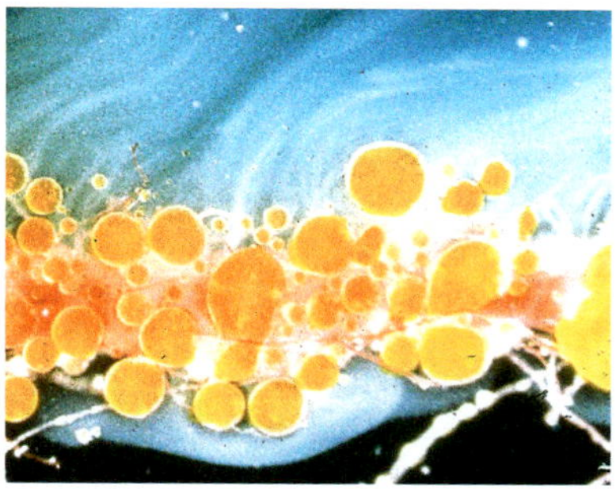

Chemie – es geht nicht ohne
Hände waschen, Zähne putzen, CD hören, Gummibärchen essen, Cola trinken, Blue-Jeans und bunte T-Shirts anziehen … alles ganz selbstverständliche Vorgänge. Jeder tut sie tagtäglich und denkt nicht viel darüber nach, woher diese Sachen eigentlich kommen. Verantwortlich sind Entdeckungen in der Chemie. Wie sähe denn der Alltag aus, wenn es keine Chemie gäbe?
Es gäbe keine Zahnpasta oder Zahnbürste, keine Gummibärchen, keine Blue-Jeans, keine bunten T-Shirts, keine …
Die Chemie trägt ganz wesentlich dazu bei, dass es uns so gut geht.

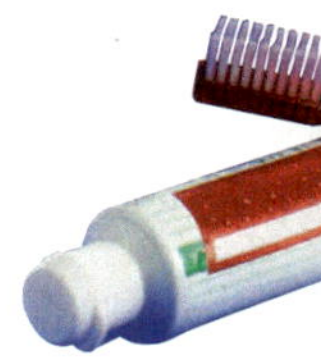

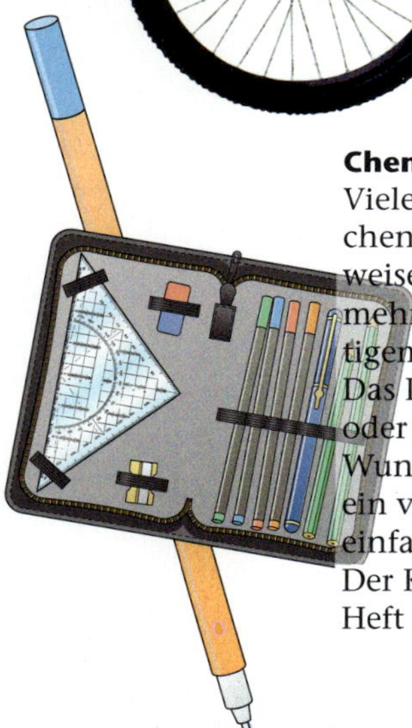

Chemie im Federmäppchen
Viele Gegenstände aus dem Federmäppchen sind Produkte der Chemie. Beispielsweise besteht die Bleistiftmine heute nicht mehr aus giftigem Blei, sondern aus ungiftigem Graphit.
Das Lineal kann aus dem Naturstoff Holz oder einem Kunststoff sein.
Wundersam ist der Tintenkiller. Er lässt ein vorher mit Tinte geschriebenes Wort einfach wieder verschwinden.
Der Klebstoff aus der Tube klebt Zettel ins Heft oder hilft beim Basteln.

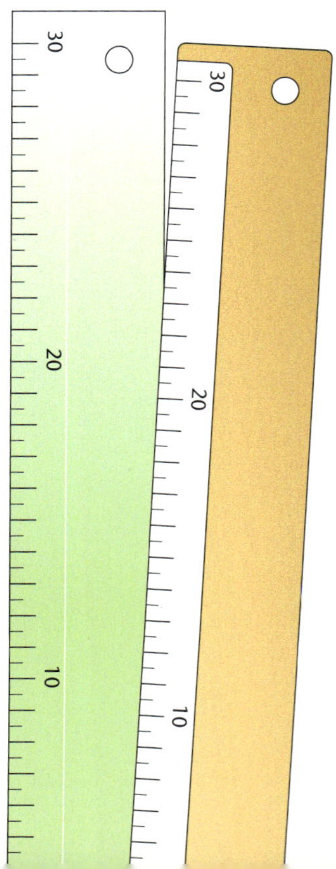

Chemie – um uns und in uns
Skateboards und Inlineskates haben Kunststoffrollen, die lautlos gleiten. Diese wurden von Chemikern mitentwickelt.
Der Computer besteht aus Kunststoffteilen, Mikrochips und vielen anderen Teilen, die eine Verbindung zur Chemie haben.
Auch wenn es um das Essen geht, spielt die Chemie eine wichtige Rolle. Beispielsweise hat man herausgefunden, dass das Vitamin A der Karotten nur dann dem Körper nützt, wenn es zusammen mit Fett gegessen wird.

In unserer Umgebung ist so viel Chemie verborgen, die es zu erforschen gibt.

Chemie – ein neues Unterrichtsfach
Die Chemie bestimmt unseren Alltag noch viel mehr, als man ahnt. Denn Chemie ist um uns, an uns, mit uns und sogar in uns. Chemie ist wie Biologie und Physik eine Naturwissenschaft und ein Unterrichtsfach.
Es gibt viel Interessantes zu entdecken!

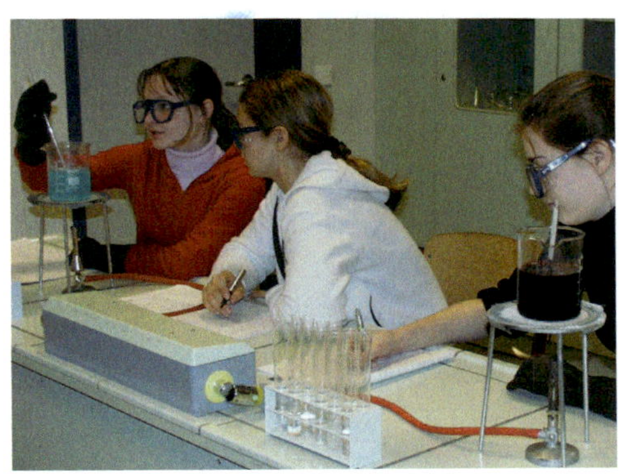

Das war – das ist Chemie

Chemie gibt es schon lange

Die Geschichte der Chemie begann schon vor 4000 bis 5000 Jahren in Ägypten. Obwohl man damals noch nicht von Chemie sprach, beschäftigten sich die Ägypter bereits mit Vorgängen, die aus heutiger Sicht zur Chemie gehören. Neben dem Einbalsamieren ihrer Toten stellten sie Parfüme, Öle und Kosmetika her. Gefäße aus Ton stammten ebenfalls aus dieser Zeit sowie Schmuck und andere Gegenstände aus Metallen, die aus Erzen gewonnen wurden.

Der Begriff „Chemie"

Der Begriff „Chemie" wurde vermutlich von den Ägyptern geprägt. Wahrscheinlich leitet er sich von „chemia" ab, was „schwarze Erde" bedeutet. Diese schwarze Erde bedeckte nach den regelmäßigen Überschwemmungen des Nils das Land und machte den Boden fruchtbar. Außerdem bedeutete „chemia" auch das „geheimnisvolle Schwarze" im Auge des Menschen, denn Chemie wurde lange Zeit als eine Art Zauberei angesehen.
Die Chemie als Wissenschaft entwickelte sich erst in den letzten 200 Jahren.

Die Alchemisten
Im Mittelalter gab es keine Chemiker im heutigen Sinne. Diejenigen, die sich mit Chemie beschäftigten, hatten viele Namen: Man nannte sie z. B. Quacksalber, Kräuterfrauen, Bader, Zauberer und Alchemisten. Überliefert ist, dass die Alchemisten versuchten, Gold künstlich herzustellen und nach dem Elixier, das zur ewigen Jugend verhelfen sollte, suchten – was ihnen natürlich nie gelang.
Sie beschäftigten sich aber auch mit heute noch bedeutsamen Verfahren. Damals wurde beispielsweise bereits Bier gebraut, Eisen verhüttet, Schießpulver hergestellt oder Alkohol gewonnen. Es wurden auch viele Geräte entwickelt, die noch heute in modernen Labors zu finden sind.

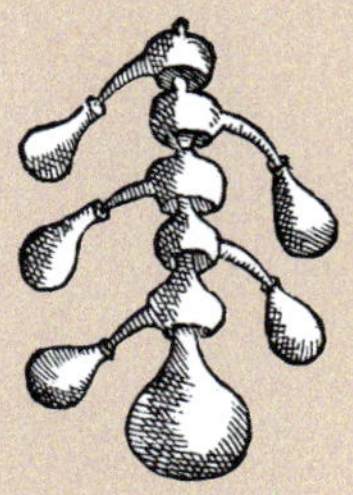

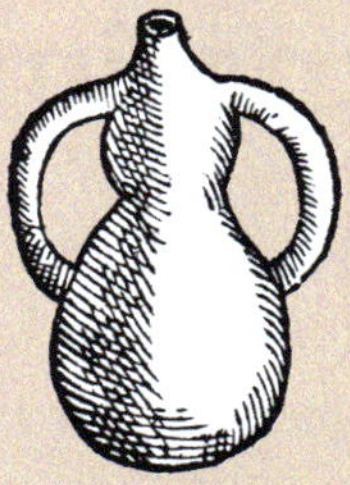

Ein Farbstoff erobert die Welt
Die Geschichte des blauen Farbstoffs begann bereits vor 5 000 Jahren. Beim Zerreiben der Pflanze Indigofera tinctoria entstand ein blauer Farbstoff, der Indigo genannt wurde. Der Farbstoff konnte damals nur mühsam hergestellt werden.

Im 18. Jahrhundert begannen Chemiker dann gezielt Indigo zu untersuchen. Sie fanden bereits 1897 ein Rezept, Indigo im Labor herzustellen. Mit der Massenherstellung von Indigo durch die Firma BASF wurde der Stoff in beliebiger Menge verfügbar. Aus dem ehemals kostbaren und kostspieligen Farbstoff wurde der Farbstoff der Arbeitskleidung.

Mittlerweile hat der blaue Farbstoff die Welt erobert: blau, verwaschen, stonewashed, baggy, worker, flair. Die Blue-Jeans hat heute in fast jedem Kleiderschrank ihren Platz.

Sicherheit beim Experimentieren

Ein naturwissenschaftlicher Arbeitsraum unterscheidet sich in vielen Bereichen von einem Klassenraum. Es gibt Anschlüsse für Gas, Wasser und Strom; in den Schränken stehen Laborgeräte und Chemikalien.

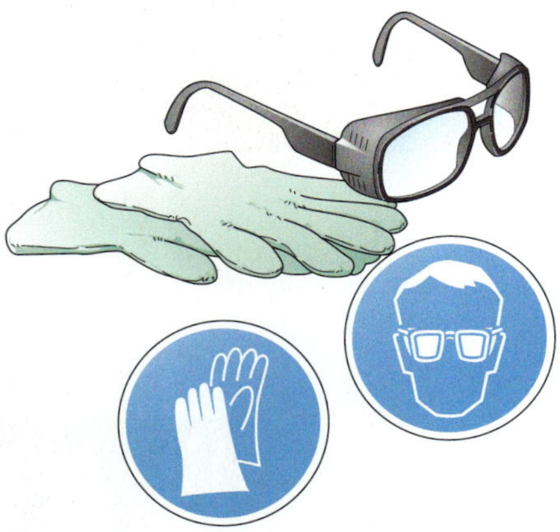

Im naturwissenschaftlichen Arbeitsraum (NWA) werden Versuche mit unterschiedlichen Stoffen und Geräten durchgeführt. Bei vielen Versuchen wird Strom oder Gas benötigt. Sicherheitsvorkehrungen müssen getroffen werden, damit das Experimentieren möglichst gefahrfrei abläuft. Dazu gehört auch das Tragen von Schutzhandschuhen und Schutzbrillen.

In den Anfängen der Chemie waren die Kenntnisse über mögliche Gefahren der eingesetzten Stoffe noch sehr gering. Heute dagegen spielt in einem modernen Labor die Sicherheit eine große Rolle.

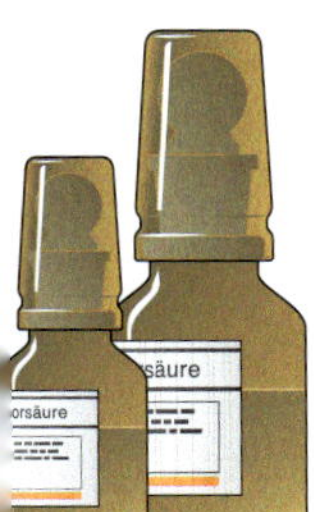

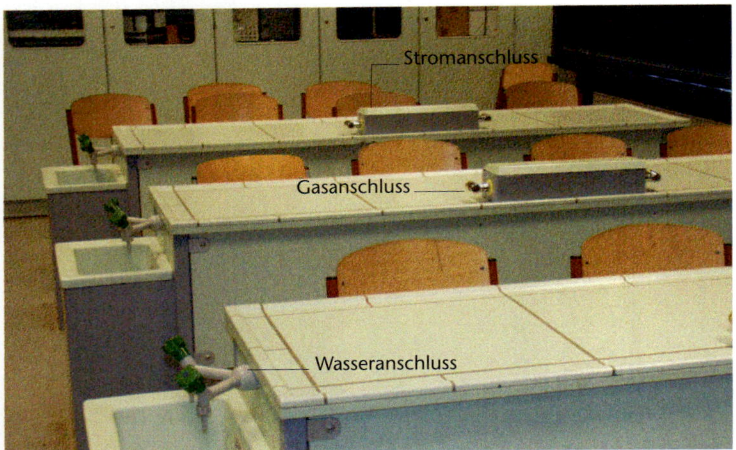

1 Der Fachraum NWA – ein Raum mit besonderen Einrichtungen

2 Labor-Schutzkleidung

3 Labor-Schutzbrille

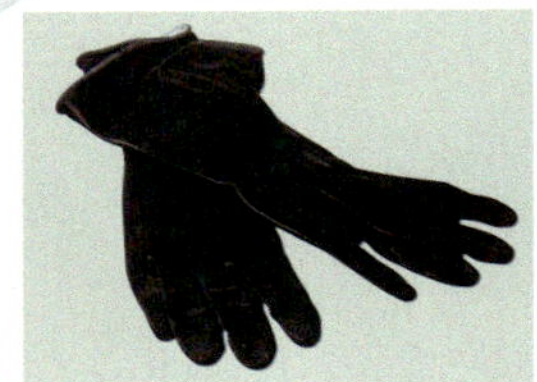

4 Labor-Schutzhandschuhe

Naturwissenschaftliches Arbeiten – Verhalten im Fachraum
Die besondere Ausstattung des Fachraums für Naturwissenschaftliches Arbeiten (NWA) sorgt dafür, dass Experimente gelingen und sicher durchgeführt werden. Deshalb weist der Chemieraum gegenüber dem Klassenzimmer besondere Einrichtungen auf.

Telefon (Notruf)
110 Polizei (Notruf)
112 Feuerwehr

NOT-AUS-Schalter
Alle Strom- und Gaszuführungen können mit einem Druck unterbrochen werden.

Feuerlöscher
Kleine Brände werden mit dem Kohlenstoffdioxidlöscher oder mit Löschsand bekämpft.

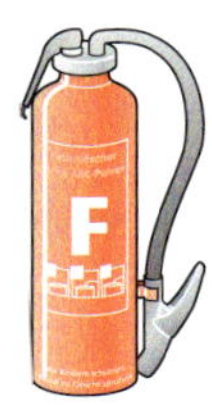

Feuerlöschdecke
Durch Einhüllen brennender Personen werden die Flammen erstickt.

Augendusche
Die Augen werden nach Verätzung durch Säuren und Laugen sofort gespült.

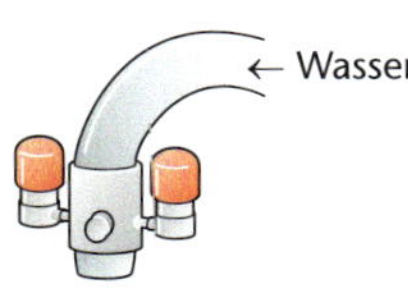

Erste-Hilfe-Kasten
Lage und Inhalt dieses Kastens sollten bekannt sein.

5 Wichtige Sicherheitseinrichtungen im Fachraum NWA

Die Tischoberflächen bestehen häufig aus Keramikfliesen oder einem widerstandsfähigen Kunststoff. Neben oder auf den Tischen gibt es Anschlüsse für Wasser, Strom und Gas (▷ B 1). Diese Anschlüsse dürfen erst dann in Betrieb genommen werden, wenn mit dem Experimentieren begonnen wird.

Gefährliche Experimente, bei denen z. B. Explosions- oder besondere Spritzgefahr besteht, werden auf dem Lehrerdemonstrationstisch hinter einer **Schutzscheibe** vorgeführt.

Zahlreiche Einrichtungen wie z. B. der NOT-AUS-Schalter, die Augendusche oder der Feuerlöscher (▷ B 5) dienen der Sicherheit beim Experimentieren.

Persönliche Schutzausrüstung
Damit beim Experimentieren keine Spritzer ins Auge gelangen können, werden bei der Durchführung von Versuchen Schutzbrillen aufgesetzt. **Labor-Schutzbrillen** verfügen über Seitenklappen (▷ B 3), die verhindern, dass seitlich Spritzer ins Auge gelangen. Eine normale Brille ersetzt deshalb keine Labor-Schutzbrille.

Bei vielen Versuchen müssen auch **Schutzhandschuhe** getragen werden. Labor-Schutzhandschuhe sind aus besonderen Materialien hergestellt (▷ B 4), die auch von ätzenden Stoffen nicht durchdrungen werden können.
Um die Kleidung nicht zu verschmutzen, ist es bei einigen Versuchen ratsam, einen Kittel oder eine andere **Schutzkleidung** (▷ B 2) zu tragen.

Feuerlöschen, Feuerlöscher

Kohlenstoffdioxidlöscher
Bei Bränden von Flüssigkeiten und Gasen werden Kohlenstoffdioxidlöscher eingesetzt. Der Löscher enthält unter Druck verflüssigtes **Kohlenstoffdioxid** (▷ B 2; B 3). Kohlenstoffdioxid bildet eine Schicht über der Brandstelle, welche die Flammen erstickt und die weitere Luftzufuhr verhindert. Beim Austritt des Gases entsteht festes Kohlenstoffdioxid (Trockeneis; $\vartheta = -78\,°C$).

Da sich das Gas beim Löschen restlos verflüchtigt, ist es das bevorzugte Löschmittel in der Nähe von Lebensmitteln oder bei teuren technischen Geräten.

Wasserlöscher
Sie sind nur für die Bekämpfung von Feststoffbränden der Brandklasse A geeignet. Damit das Wasser als Sprühstrahl mit vollem Druck herausspritzt, enthält der Löscher eine kleine Treibgasflasche mit Pressluft oder Stickstoff. Wasser wirkt auf Brände stark abkühlend.

Pulverlöscher
Je nach Art des Löschpulvers können Pulverlöscher für alle Brandarten eingesetzt werden. Innen im Löscher ist eine Treibgasflasche, gefüllt mit Stickstoff oder Kohlenstoffdioxid. Betätigt man den Auslösehebel, wird das Treibgas frei und presst das Löschpulver über ein Steigrohr in die Löschpistole. Die Pulverwolke unterbricht die Verbrennung schlagartig. Da das Löschpulver nicht abkühlend wirkt, kann das Feuer nach kurzer Zeit wieder aufflammen. Deshalb sollte man möglichst mit kurzen Pulverstößen löschen.
Von Nachteil ist, dass das Löschpulver starke Verschmutzungen an der Brandstelle verursacht und Personen kurzzeitig die Sicht nimmt.

1 Vorführung Löschdecke, weitere Sicherheitseinrichtungen

Schaumlöscher
Sie sind bei Bränden von flüssigen und manchen festen Stoffen im Einsatz. Heute wird das Löschwasser meist mit einem neuartigen Schaummittel gemischt. Man nennt es Light-Water („leichtes Wasser"), weil der entstehende Schaum auf der brennenden Flüssigkeit schwimmt und eine gasdichte Schicht darüber bildet. Der Schaumteppich verhindert für etwa 20 Minuten ein Wiederaufflammen des Brandes.

Löschdecke
Löschdecken dienen zum Einhüllen brennender Personen. Genormte Löschdecken haben zum Schutz der Hände an zwei Seiten Grifftaschen (▷ B 1). Man hält die Decke zum eigenen Schutz hoch vor den Körper, geht auf die brennende Person zu, legt ihr die Decke um den Hals und wickelt sie darin ein. Dann legt man die Person vorsichtig auf den Boden und versucht, Flammen und Glutstelle sorgfältig auszudrücken.

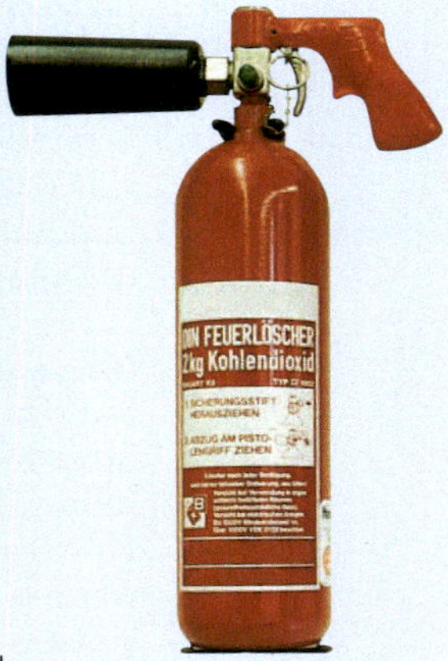

2 Kohlenstoffdioxidlöscher

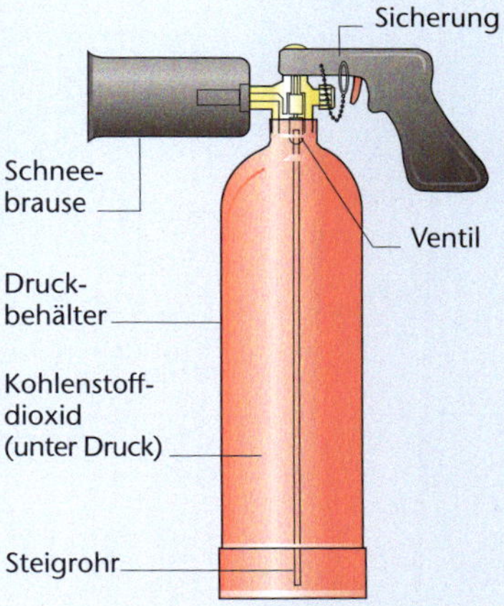

3 Aufbau eines Kohlenstoffdioxidlöschers

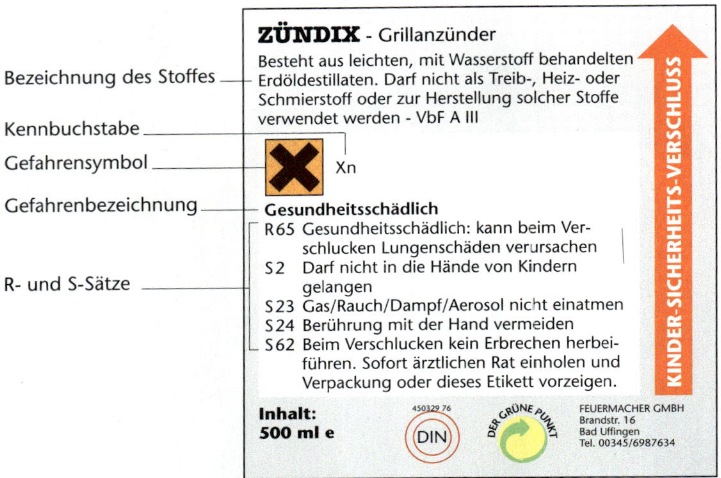

1 Etikett mit Gefahrenhinweisen

Gefährdungen durch Chemikalien
Zahlreiche Vorratsgefäße fallen durch ein Symbol auf orangefarbenem Hintergrund auf. Auch im Haushalt finden wir zum Beispiel Brennspiritus, Entkalker oder Grillanzünder (▷ B 1), die mit einem solchen Symbol gekennzeichnet sind. Diese Symbole werden **Gefahrensymbole** genannt. Stoffe, die mit einem solchen Symbol gekennzeichnet sind, nennt man **Gefahrstoffe**.

Gefahrstoffe sind durch Gefahrensymbole gekennzeichnet.

Gesundheitsgefährdende Stoffe können durch Einatmen, Verschlucken oder sogar durch die Haut in den Körper gelangen (▷ B 2).

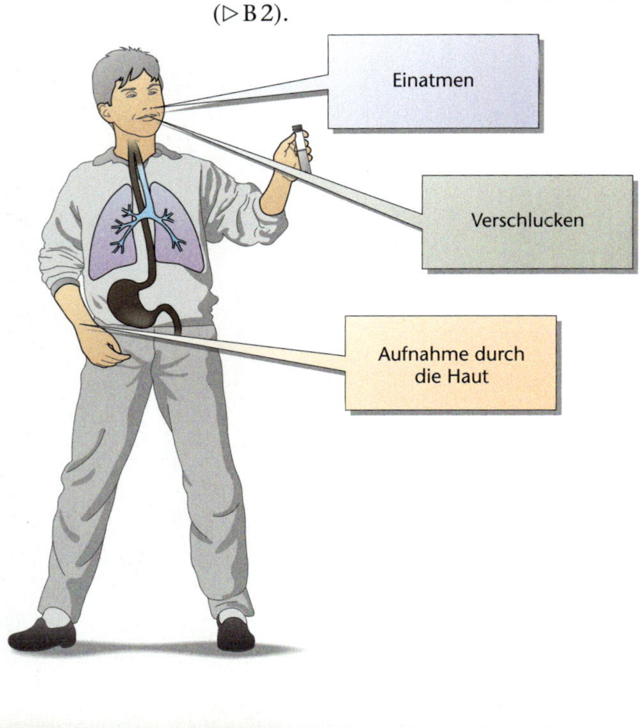

2 Aufnahmewege von Gefahrstoffen

Kennzeichnung von Gefahrstoffen
Für Gefahrstoffe werden Etiketten verwendet, die wichtige Hinweise zur Gefährlichkeit und Ratschläge zum sicheren Umgang mit diesem Stoff (▷ B 1) enthalten:
- **Bezeichnung (Name) des Stoffes**
- **Gefahrensymbol**
- **Kennbuchstabe**
- **Gefahrenbezeichnung**
- **Hinweise auf besondere Gefahren (R-Sätze)**
- **Sicherheitsratschläge (S-Sätze).**

Zielgerichtet können dann entsprechende Sicherheitsmaßnahmen wie die Verwendung von Schutzhandschuhen, Schutzbrillen oder das Bereitstellen von Feuerlöschmitteln getroffen werden.

Gefahrensymbol – ein erster Hinweis auf mögliche Gefahren
Das Gefahrensymbol (▷ B 3) ermöglicht eine schnelle Information über die Hauptgefahr eines Stoffes. Anhand dieses Symbols lässt sich sofort erkennen, ob ein Stoff z. B. giftig, ätzend, feuergefährlich oder explosionsgefährlich ist. Einige Gefahrensymbole können jedoch auch mehrere Bedeutungen haben. So steht z. B. das Totenkopfsymbol sowohl für giftige als auch für sehr giftige Stoffe. Deshalb wird dem Symbol noch ein **Kennbuchstabe** hinzugefügt, z. B. der Buchstabe T für „Giftig“ und der Buchstabe T+ für „Sehr giftig“ (▷ B 3).

R- und S-Sätze
Neben dem Gefahrensymbol weisen **R-Sätze** (engl.: risk, Gefahr) auf besondere Gefahren beim Umgang mit dem Stoff hin. Ein R-Satz kann als Zahl (z. B. R 23) oder als Text („Giftig beim Einatmen“) angegeben werden.
Sicherheitsratschläge werden durch **S-Sätze** (engl.: security, Sicherheit) angegeben. Auch diese können als Zahl (z. B. S 37) oder als Text („Geeignete Schutzhandschuhe tragen“) aufgedruckt sein (▷ Anhang).

Umgang mit Chemikalien
Mit Chemikalien muss sehr sorgfältig umgegangen werden, damit man sich selbst und andere nicht gefährdet und gute Experimentierergebnisse erhält. Sie werden deshalb niemals mit den Fingern angefasst, sondern mit einem Spatel oder Spatellöffel. Chemikalien sollten nur sehr sparsam eingesetzt werden. Nach Entnahme können sie verunreinigt sein und

Symbol	Kennbuchstabe	Gefahrenbezeichnung	Gefährlichkeitsmerkmale	Symbol	Kennbuchstabe	Gefahrenbezeichnung	Gefährlichkeitsmerkmale
	T+	Sehr giftig	Sehr giftige Stoffe können schon in sehr geringen Mengen zu schweren Gesundheitsschäden führen.		E	Explosionsgefährlich	Dieser Stoff kann unter bestimmten Bedingungen explodieren.
	T	Giftig	Giftige Stoffe können in geringen Mengen zu schweren Gesundheitsschäden führen.		O	Brandfördernd	Brandfördernde Stoffe können brennbare Stoffe entzünden, Brände fördern und Löscharbeiten erschweren.
	Xn	Gesundheitsschädlich	Gesundheitsschädliche Stoffe führen in größeren Mengen zu Gesundheitsschäden.		F+	Hochentzündlich	Hochentzündliche Stoffe können schon bei Temperaturen unter 0 °C entzündet werden.
	Xi	Reizend	Dieser Stoff hat Reizwirkung auf Haut und Schleimhäute, er kann Entzündungen auslösen.		F	Leichtentzündlich	Leichtentzündliche Stoffe können schon bei niedrigen Temperaturen entzündet werden. Mit der Luft können sie explosionsfähige Gemische bilden.
	C	Ätzend	Dieser Stoff kann lebendes Gewebe zerstören.		N	Umweltgefährlich	Wasser, Boden, Luft, Klima, Pflanzen oder Mikroorganismen können durch diesen Stoff so verändert werden, dass Gefahren für die Umwelt entstehen.

3 Gefahrensymbole und ihre Bedeutung (vereinfacht)

werden deshalb nicht in das Originalgefäß zurückgegeben, sondern verbraucht oder entsorgt.
Beim Ausgießen einer Flüssigkeit aus einer Flasche wird die Flasche stets so gehalten, dass das Etikett sich oben befindet (▷ B 4). An der Flasche herunterlaufende Flüssigkeitstropfen könnten sonst das Etikett beschädigen.

4 Richtiges Ausgießen aus einer Chemikalienflasche

Werkstatt

Der Kresse-Wachstumstest

Material
Schutzbrille, Schutzhandschuhe, 2 Petrischalen, Watte, Pipette, Wasser, Kressesamen, Haushaltschemikalien (z. B. Reinigungsbenzin, Terpentin, Universalverdünner)

Versuchsanleitung
Bedecke den Boden der Petrischalen mit feuchter Watte. Gib in eine Petrischale mithilfe der Pipette einige Tropfen einer Haushaltschemikalie. Verteile in beide Petrischalen gleich viele Kressesamen (z. B. 20 Stück) und stelle die Petrischalen an einen hellen Ort.

Beobachte das Wachstum mehrere Tage. Eventuell muss die Watte etwas nachgewässert werden, damit sie nicht austrocknet.

Welchen Einfluss haben Haushaltschemikalien auf das Wachstum? Erkläre.

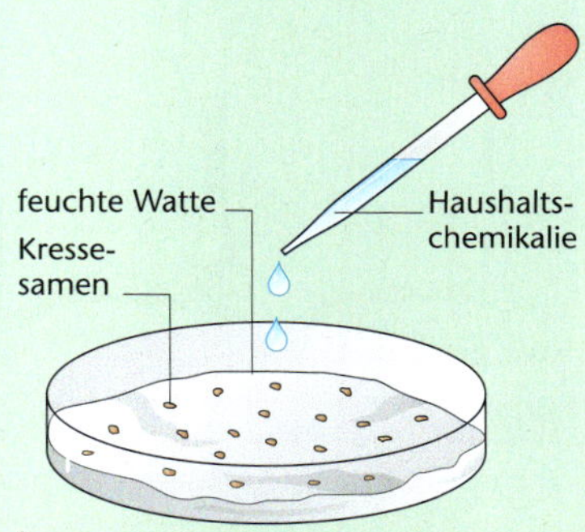

1 Der Kresse-Wachstumstest

Brennpunkt

Von Teelichtern und anderen Wärmequellen

1 Teelicht

2 Warmhalteplatte

3 Tauchsieder

4 Heizplatte

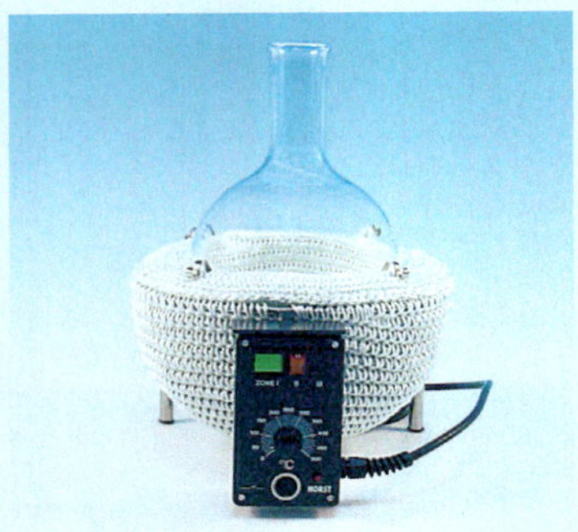

5 Heizhaube

6 Thermoblock

7 und **8** Spiritusbrenner aus Glas und Edelstahl

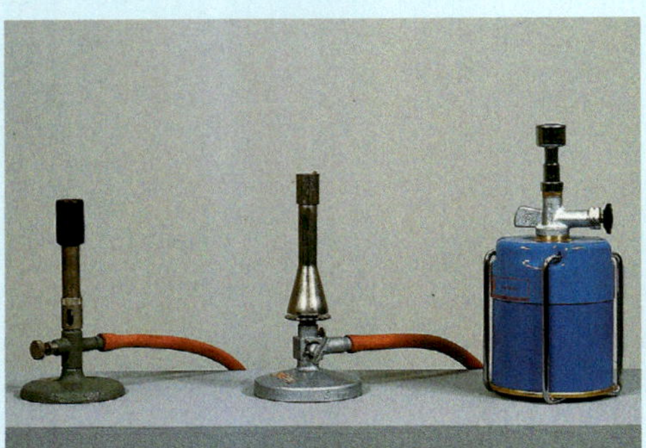

9 Bunsenbrenner, Teclubrenner, Kartuschenbrenner

10 Lötlampe

Erwärmen mit Wachs oder elektrisch

Ein brennendes Teelicht hält den Tee in der Kanne warm (▷ B 1). Auf einer elektrischen Warmhalteplatte bleiben Speisen länger heiß (▷ B 2). Tauchsieder bringen Wasser rasch zum Kochen (▷ B 3).

Im Labor werden elektrische Heizgeräte zum gefahrlosen Erhitzen von brennbaren Stoffen verwendet. Auf Heizplatten werden Flüssigkeiten im Becherglas erwärmt (▷ B 4). Mit passenden Heizhauben lassen sich Stoffe im Rundkolben gefahrlos erhitzen (▷ B 5).

Im elektrisch beheizten Thermoblock können leicht entzündliche Flüssigkeiten im Reagenzglas, in der Porzellanschale oder im Rundkolben sicher erhitzt werden (▷ B 6). Von Nachteil ist, dass elektrische Heizgeräte meistens einige Zeit benötigen, bis sie genügend Wärme liefern.

Erhitzen mit Brennspiritus

Spiritus verbrennt rußfrei mit heißer Flamme. Die Hitze reicht aus, um im Wok Gemüse zu garen oder im Fonduetopf Fleisch zu braten.

Zum Erhitzen im Labor gibt es einfache Spiritusbrenner aus Glas oder Spiritusbrenner aus Edelstahl (▷ B 7; B 8) mit verstellbarem Docht. Der Spiritusdampf verbrennt dabei gefahrlos am Docht.

Erhitzen mit Gas – heiß und schnell

Zum Experimentieren im Labor wird meistens ein Gasbrenner verwendet. Er liefert in kurzer Zeit hohe Temperaturen.

In Räumen mit Gasanschluss arbeitet man mit einem Bunsenbrenner oder einem Teclubrenner (▷ B 9). Die beiden Brennertypen gibt es in unterschiedlichen Ausführungen, für den Betrieb mit Erdgas oder mit Propangas. In Räumen ohne Gasanschluss werden Kartuschenbrenner eingesetzt (▷ B 9). Die Kartuschen enthalten Propan- oder Butangas, auch bekannt als Campinggas oder Feuerzeuggas. Das Gas in den Kartuschen ist unter Druck verflüssigt und strömt aus dem Brenner beim Öffnen des Ventils gasförmig aus. Auch Lötlampen werden mit Kartuschengas betrieben (▷ B 10). Mit einem Lötaufsatz auf dem Brenner können sehr hohe Temperaturen bis zu 1 700 °C erreicht werden.

Sicher erhitzen mit verschiedenen Gasbrennern

1 Mit dem Teclubrenner erhitzen

Material
Schutzbrille, Teclubrenner, Reagenzglas, Reagenzglashalter, feuerfeste Unterlage, Siedesteinchen, Wasser

Versuchsanleitung
a) Stelle den Brenner sicher in die Tischmitte auf eine feuerfeste Unterlage. Entzünde den Gasbrenner in der vorgeschriebenen Reihenfolge.

b) Fülle ein Reagenzglas zu einem Viertel mit Wasser und gib einige Siedesteinchen dazu. Bewege das Reagenzglas über der Brennerflamme auf und ab. Achte darauf, dass die Öffnung des Reagenzglases nicht auf Personen gerichtet ist.

1 Erhitzen von Wasser mit dem Teclubrenner

Aufgaben
1. Welche Tätigkeiten müssen beim Entzünden des Gasbrenners durchgeführt werden? Notiere sie in der richtigen Reihenfolge.

2. Welche Sicherheitsmaßnahmen sind zu treffen, wenn Flüssigkeiten im Reagenzglas erhitzt werden?

3. Beim Umgang mit dem Gasbrenner ist Vorsicht geboten. Welche Gefahr zeigt Abbildung 2?

2 Gefahr beim Umgang mit dem Gasbrenner

2 Mit dem Kartuschenbrenner erhitzen

Material
Schutzbrille, Kartuschenbrenner, 2 Reagenzgläser, Reagenzglashalter, feuerfeste Unterlage, Siedesteinchen, Wasser, Zinkoxid

Versuchsanleitung
a) Stelle den Kartuschenbrenner senkrecht und kippsicher auf eine feuerfeste Unterlage. Ein Kartuschenbrenner darf nie umfallen, während er in Betrieb ist (▷ B 3)! Das Butangas strömt sofort unkontrolliert aus und bildet auf dem Tisch eine Schicht, die auf größerer Fläche weiterbrennen kann.

b) Öffne die Gaszufuhr und entzünde das ausströmende Gas sofort. Reguliere die Luftzufuhr am Brennerrohr, sodass eine nicht leuchtende Flamme entsteht.

c) Wiederhole Versuch 1 b mit dem Kartuschenbrenner.

d) Erhitze im Reagenzglas eine kleine Portion Zinkoxid (▷ B 4). Lass es danach abkühlen.

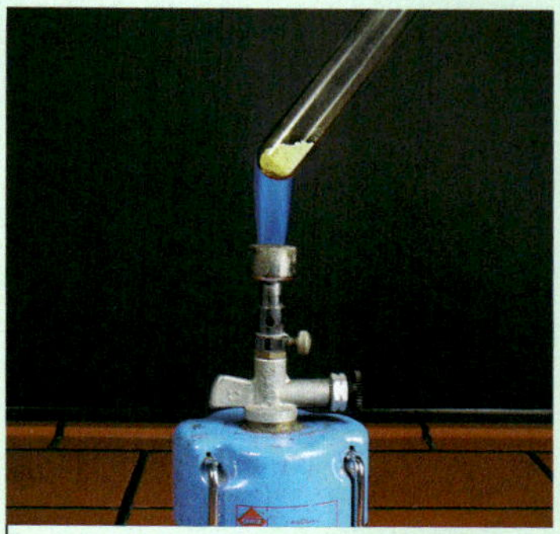

4 Erhitzen von Zinkoxid mit dem Kartuschenbrenner

Aufgaben
1. Das Butangas ist schwerer als Luft und fließt beim Ausströmen aus dem Kartuschenbrenner nach unten. Welche Gefahr ist damit verbunden?

2. Fertige für die beiden Versuche jeweils ein Versuchsprotokoll an.

3 Ein umgefallener Kartuschenbrenner ist gefährlich.

Strategie

Experimente sicher planen

Liegt eine Versuchsanleitung vor, sind alle nötigen Geräte, Materialien und Chemikalien genau angegeben.
Willst du einen Versuch selbst planen, musst du dir genau überlegen, in welchem Gefäß der Versuch durchgeführt werden soll und welche Chemikalien du dazu benötigst. Besondere Vorsicht ist beim Erhitzen geboten und beim Umgang mit Gefahrstoffen.

A. Welches Gefäß ist für den Versuch geeignet?
Im Reagenzglas kannst du mit kleinen Portionen experimentieren. Ein Erlenmeyerkolben lässt sich mit einem Stopfen verschließen.
- Überlege Vor- und Nachteile verschiedener Glasgefäße.
- Wie werden Gase aufgefangen?

B. Welche Chemikalien werden benötigt?
Mit feuergefährlichen Stoffen darfst du nur in kleinen Mengen arbeiten. Andere Gefahrstoffe dürfen nicht in Berührung mit Haut oder Schleimhaut kommen.
- Diskutiere den Umgang mit Gefahrstoffen.
- In welchen Fällen muss im Abzug gearbeitet werden?
- Was muss beim Erhitzen beachtet werden?

C. Welche Materialien sind zur Durchführung nötig?
Ein Stativ hilft oft, Gefäße sicher zu befestigen.
- Welche Gefahren sind mit dem Einsatz von Stativen verbunden?

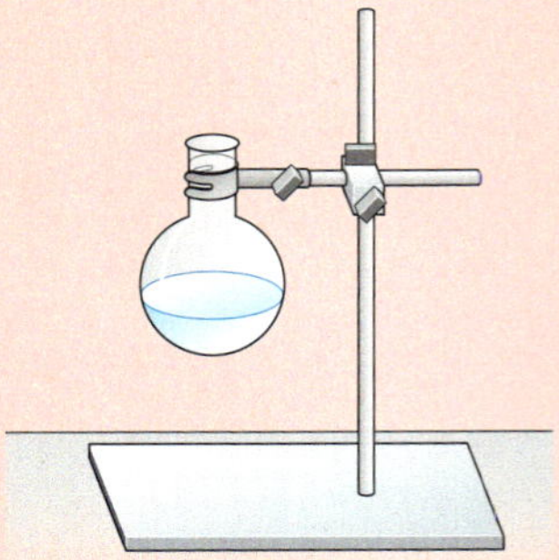

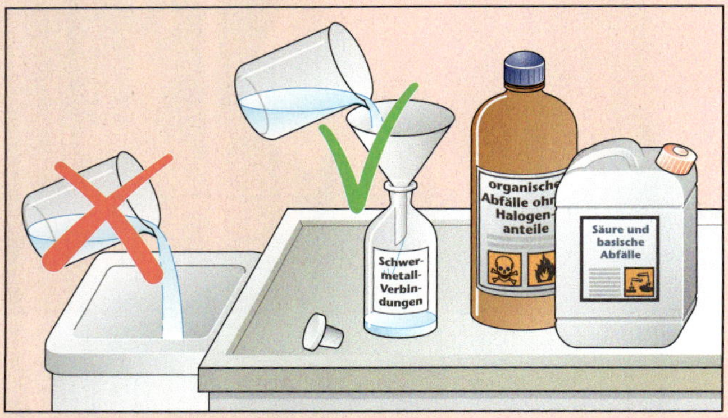

D. Welches Heizgerät soll verwendet werden?
Gasbrenner, Kartuschenbrenner, Tauchsieder und Heizplatten sind wichtige Wärmequellen.
- Überlege Einsatzmöglichkeiten unterschiedlicher Heizgeräte.

E. Wohin mit dem Müll?
Beim Experimentieren können Chemikalienreste, Glas- und Papierabfälle entstehen.
- Informiere dich über geeignete Entsorgungsmöglichkeiten.

Ein Experiment sicher durchführen

Experimentiere im Unterricht nur mit Erlaubnis der Lehrerin oder des Lehrers.
Erarbeite in der Gruppe, welche Sicherheitsvorkehrungen vor, während und nach einem Experiment getroffen werden müssen.

A. Welche Sicherheitsvorkehrungen sind vor dem Experiment zu treffen?
- Chemikalienliste auf Gefahrstoffe überprüfen.
- Hinweise auf besondere Gefahren (R-Sätze) und Sicherheitsratschläge (S-Sätze) lesen und berücksichtigen.

B. Welche Sicherheitsvorkehrungen sind während des Experiments zu treffen?
- Schutzbrille, Schutzkleidung und evtl. geeignete Schutzhandschuhe tragen.
- Nie ein Experiment unbeaufsichtigt lassen.

C. Welche Sicherheitsratschläge sind im Protokoll zu notieren?
- Hinweise auf besondere Gefahren
- Veränderungen der Versuchsanleitung

D. Welche Sicherheitsmaßnahmen sind nach dem Experiment zu beachten?
- Prüfen, ob alle Leitungen für Gas, Strom und Wasser geschlossen sind.
- Chemikalienreste vorschriftsmäßig entsorgen.

Versuchsprotokoll

Fragestellung
Was geschieht, wenn man einen brennenden Holzspan einer Porzellanschale mit Brennspiritus nähert?

Geräte/Materialien
Schutzbrille, Gasbrenner, Holzspan, Porzellanschale, Metallplatte

Chemikalien
Brennspiritus

Versuchsaufbau

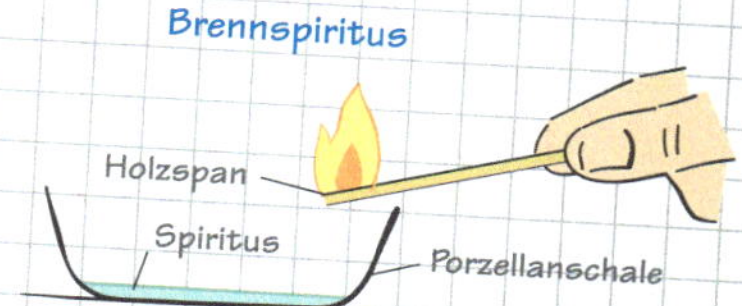

Sicherheitsmaßnahmen
Es darf keine offene Flamme und kein weiterer brennbarer Stoff in der Nähe sein!

Versuchsanleitung
1. Gib wenige Tropfen Brennspiritus in die Porzellanschale.
2. Nähere der Schale vorsichtig einen brennenden Holzspan.
3. Lösche den brennenden Spiritus, indem du die Porzellanschale mit einer Metallplatte abdeckst.

Beobachtung
1. Die Flamme springt bereits über, bevor der brennende Holzspan die Flüssigkeit berührt.
2. Spiritus brennt mit fahler, fast unsichtbarer Flamme ohne Rückstand.

Auswertung
1. Über der Flüssigkeit müssen sich leicht entzündliche Dämpfe gebildet haben.
2. Für Stoffe, deren Dämpfe leicht entzündlich sind, gelten besondere Sicherheitshinweise für die Aufbewahrung.

Einfache Glasgeräte selbst hergestellt

1 Schneiden und Brechen

Material
Schutzbrille, Glasbiegerohr (Ø 3–6 mm), Tuch, Gasbrenner, Glasschneider (ersatzweise: Feile oder Ampullensäge)

Versuchsanleitung
Ritze das Biegerohr an der gewünschten Stelle mithilfe eines Glasschneiders (Feile, Ampullensäge) ein. Umwickle das Glasrohr zum Schutz der Hände mit einem Tuch. Nimm das Rohr zwischen beide Hände. Brich jetzt mit geringem Druck die Teile auseinander (Bewegung vom Körper weg!) (▷ B 1).

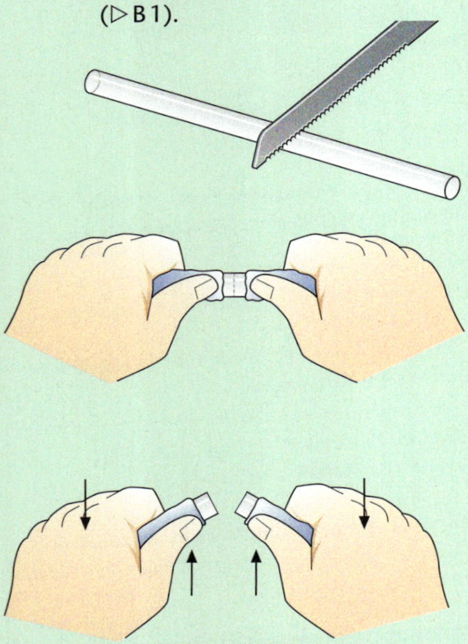

1 Schneiden und Brechen

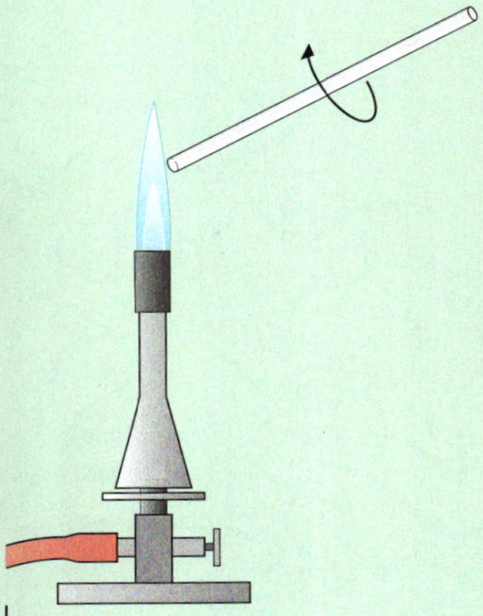

2 Rundschmelzen

2 Rundschmelzen

Material
Schutzhandschuhe (hitzebeständig), Schutzbrille, Glasrohrstücke aus Versuch 1, Gasbrenner, feuerfeste Unterlage

Versuchsanleitung
Drehe mit möglichst gleichmäßiger Geschwindigkeit die scharfkantigen Glasrohrstücke am Rande der rauschenden Flamme (▷ B 2). Lege die Glasrohrstücke dann auf einer feuerfesten Unterlage ab. Prüfe nach dem Erkalten, ob die Kanten rundgeschmolzen sind. Falls sie noch scharfkantig sind, muss das Rundschmelzen wiederholt werden.

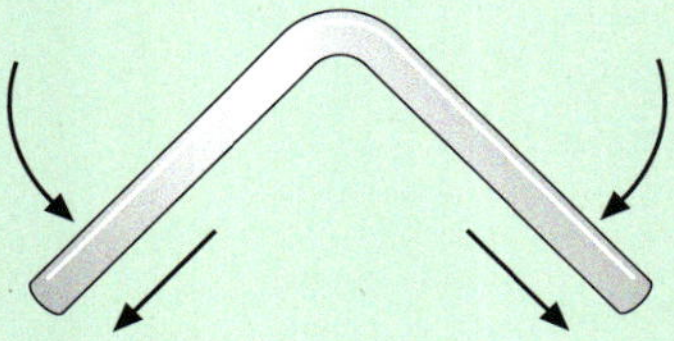

3 Herstellen eines Winkelrohres

3 Herstellen eines Winkelrohres

Material
Schutzhandschuhe (hitzebeständig), Schutzbrille, rundgeschmolzene Glasrohrstücke, Gasbrenner, feuerfeste Unterlage

Versuchsanleitung
Erhitze ein rundgeschmolzenes Glasrohrstück in der Mitte. Drehe dabei das Glasrohrstück in der rauschenden Flamme. Wenn dieses auf einer längeren Strecke erweicht ist, nimm es aus der Flamme. Biege dann außerhalb der Flamme einen Winkel von 90° (▷ B 3) und lass das Winkelrohr abkühlen. Beim Biegen muss das Glasrohr ohne Druck zu beiden Enden hin gezogen werden.

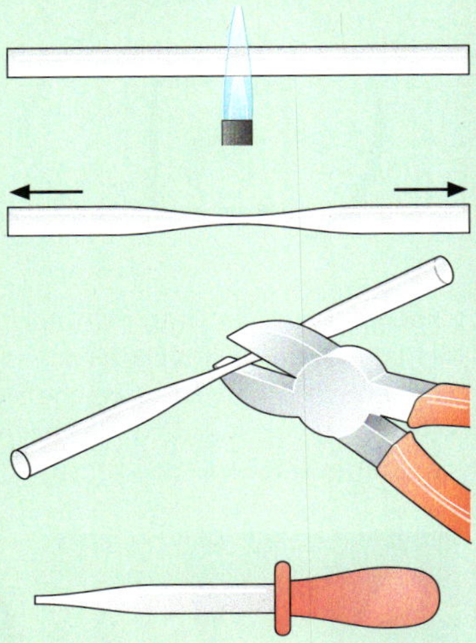

4 Herstellen einer Tropfpipette

4 Herstellen einer kleinen Tropfpipette

Material
Schutzhandschuhe (hitzebeständig), Schutzbrille, rundgeschmolzene Glasrohrstücke, feuerfeste Unterlage, Zange, 2 Gummihütchen

Versuchsanleitung
Erwärme in der nicht leuchtenden Flamme ein Glasrohrstück aus Versuch 2 in der Mitte. Drehe dabei das Glasstück, bis es weich ist. Ziehe dann außerhalb der Flamme die beiden Enden des Glasrohres auseinander. Durchtrenne nach dem Erkalten mithilfe einer Zange die beiden Enden und runde scharfkantige Stellen ab.
Setze auf die Glasrohrenden je ein Gummihütchen. Auf diese Weise erhält man zwei kleine Tropfpipetten, die sich bei späteren Versuchen einsetzen lassen (▷ B 4).

Entsorgung
Glasreste werden in einen Abfallbehälter für Glasbruch gegeben.

Strategie

Wir erstellen eine Laborordnung

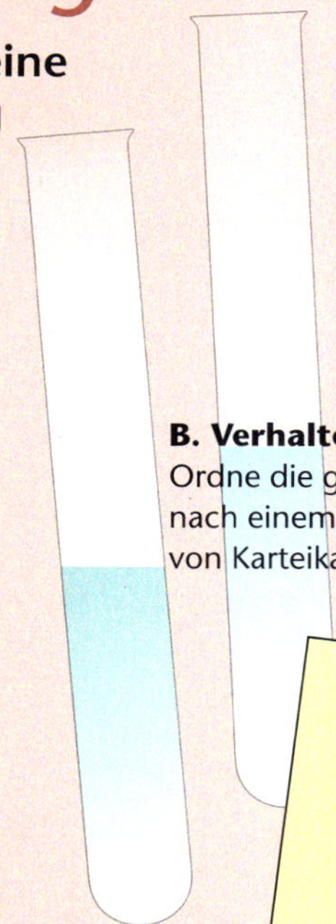

A. Verhaltensregeln sammeln
Sammle in einem Gespräch in deiner Gruppe möglichst viele Vorschläge für Verhaltensregeln im Labor.
Beispiel: „Reagenzglasöffnungen beim Erhitzen nie auf andere Schülerinnen und Schüler richten", „Versuchsanleitungen genau einhalten", usw.

B. Verhaltensregeln ordnen
Ordne die gesammelten Regeln nach einem System, z. B. in Form von Karteikarten.

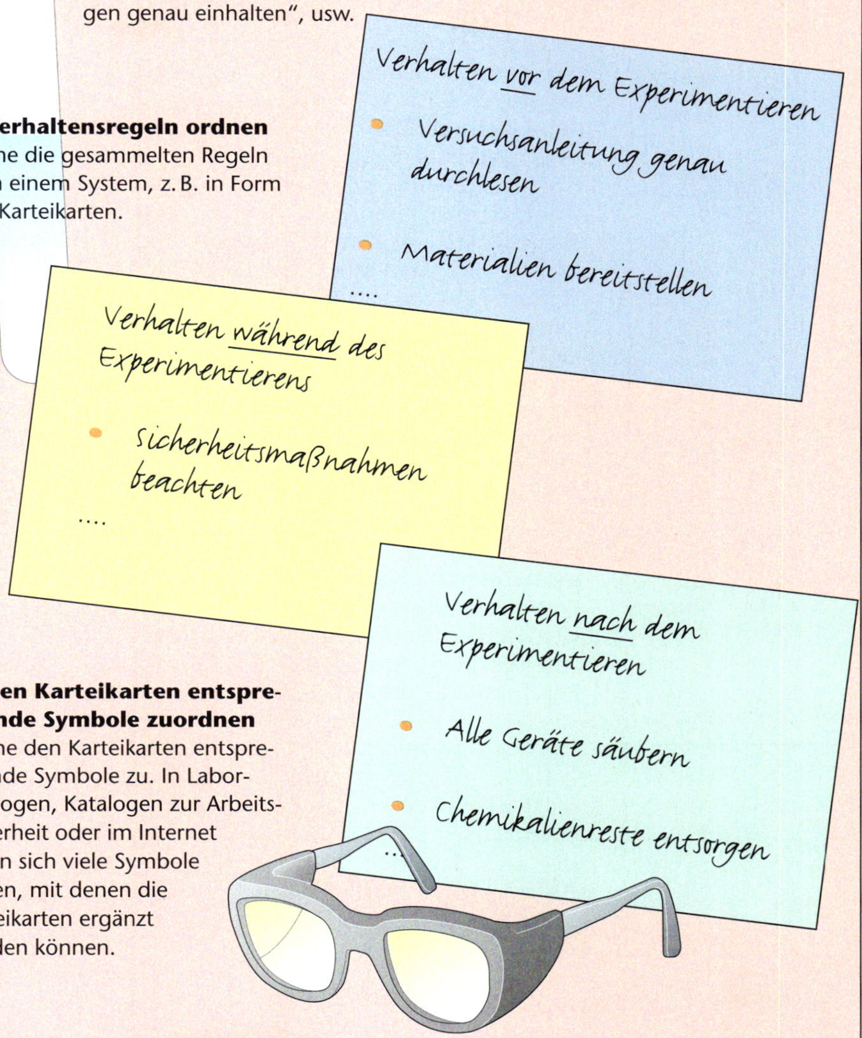

C. Den Karteikarten entsprechende Symbole zuordnen
Ordne den Karteikarten entsprechende Symbole zu. In Laborkatalogen, Katalogen zur Arbeitssicherheit oder im Internet lassen sich viele Symbole finden, mit denen die Karteikarten ergänzt werden können.

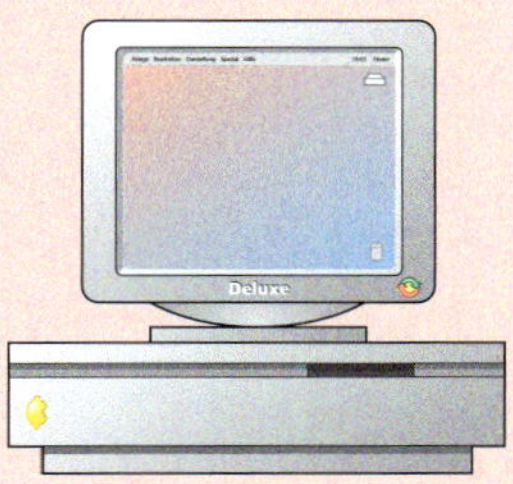

Giftige Stoffe

Ätzende Stoffe

Feuergefährliche Stoffe

Hinweis auf erste Hilfe

Standort des nächsten Telefons (Feuerwehr 112, Notruf 110)

Schutzbrille tragen

Schutzhandschuhe tragen

Feuer, offenes Licht verboten

D. Karteikarten und Symbole zu einer Laborordnung zusammenfügen
Füge die Karteikarten z. B. auf einem Plakat oder einer Wandtafel zu einer Laborordnung zusammen. Ergänze diese durch passende Begleittexte und kleine Skizzen.

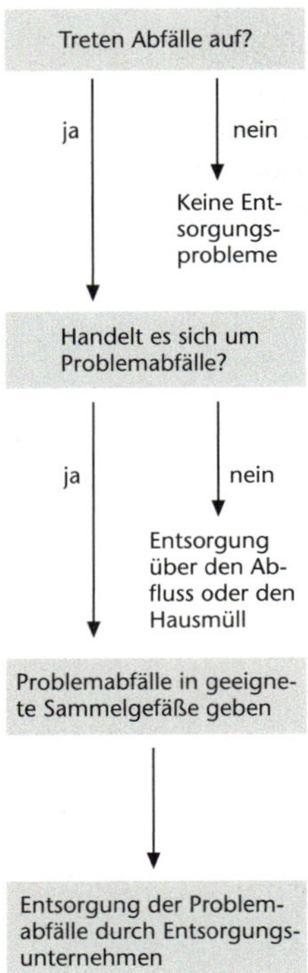

Chemische Abfälle sind häufig Problemabfälle

Häufig bleiben nach der Durchführung eines Versuches Chemikalienreste übrig. Diese Chemikalienreste können nicht in das Vorratsgefäß zurückgegeben werden, da sie durch den Gebrauch mehr oder weniger verunreinigt sind. Bleiben nach einem Versuch z. B. Benzinreste übrig, dann können diese Reste aber auch nicht in den Ausguss gegeben werden. Benzin ist wassergefährdend. Über den Ausguss würde das Benzin in die Kanalisation und schließlich in das Klärwerk gelangen. Im Klärwerk können wassergefährdende Stoffe erhebliche Schäden anrichten. Wassergefährdende Stoffe werden vier Wassergefährdungsklassen zugeordnet. Nur Stoffe der **Wassergefährdungsklasse** (WGK) **0** gefährden das Abwasser nicht oder nur sehr gering und können deshalb in den Ausguss gegeben werden. Abfälle der WGK 1 bis 3 müssen gesammelt werden.

Jeder Abfallstoff gehört in ein geeignetes Entsorgungsgefäß

Problemabfälle wie Benzin oder Petroleum werden deshalb in geeigneten Entsorgungsgefäßen gesammelt (▷B 1). In der Regel sind die **Entsorgungsgefäße** aus Glas oder Kunststoff, manchmal auch aus Metall. Die Verschlüsse sind häufig gasdurchlässig, da sich beim Zusammengießen unterschiedlicher Abfallstoffe Gase bilden können. Das Etikett auf dem Entsorgungsgefäß zeigt die Sammelgruppe, z. B. „Organische Lösungsmittel" an. Die Sammelgefäße werden in regelmäßigen Abständen von einem Entsorgungsunternehmen abgeholt. Das Entsorgungsunternehmen entscheidet dann, ob die Problemabfälle wieder aufbereitet, einer Sondermülldeponie oder einer Sondermüllverbrennung zugeführt werden.

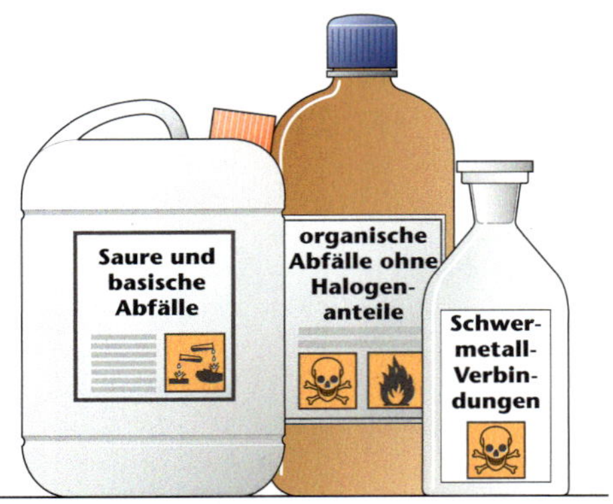

1 Entsorgungsgefäße im Labor

Brennpunkt

Das Schadstoffmobil

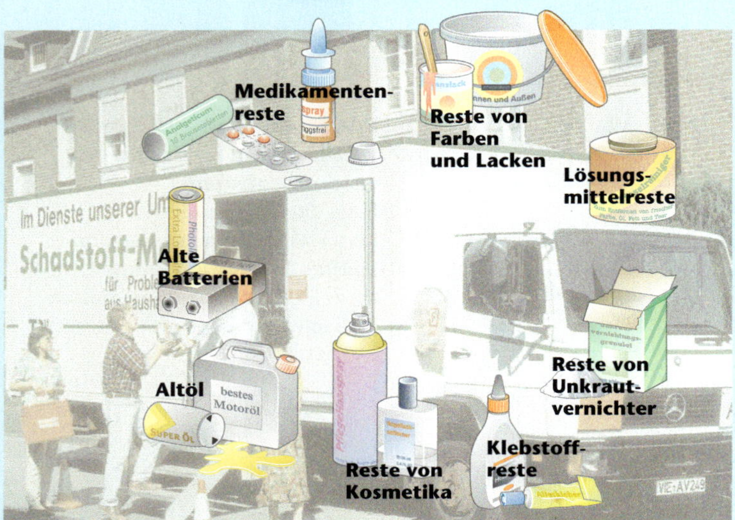

1 Schadstoffhaltige Abfälle müssen sachgerecht entsorgt werden.

Schadstoffhaltige Abfälle fallen nicht nur im Labor und in der Industrie an. Auch häusliche Abfälle wie Batterien, Farben und Lacke, Klebstoffe, Schädlingsbekämpfungs- und Unkrautvernichtungsmittel, Holzschutzmittel und viele andere Stoffe sind Problemabfälle. Diese Abfälle werden häufig aus Unkenntnis in den Ausguss oder in den Abfalleimer geschüttet. Um auch diese Abfälle sachgerecht zu entsorgen, gibt es in vielen Städten Annahmestellen für Sondermüll. Die Annahmestellen werden von einem Schadstoffmobil angefahren.

Aufgabe

1 Erkundige dich nach den Sammelterminen in deiner Gemeinde. Sammeltermine und Sammelorte können der Tagespresse entnommen oder beim Entsorgungsunternehmen erfragt werden.

Sicherheit beim Experimentieren

Sicherheitseinrichtungen und Schutzausrüstung
Sicherheitseinrichtungen und das Tragen einer Schutzausrüstung dienen der Sicherheit beim Experimentieren (▷ B 1).

Gefahrstoffe, Gefahrensymbole
Gefahrstoffe sind durch Gefahrensymbole gekennzeichnet. Gefahrensymbole und Kennbuchstaben geben eine schnelle Information über die Gefährlichkeit eines Stoffes (▷ B 2).

R- und S-Sätze
Die R-Sätze geben die besonderen Gefahren, die S-Sätze die Sicherheitsratschläge für Gefahrstoffe an.

Entsorgung
Chemikalienabfälle sind meist Sonderabfälle. Sie müssen in geeigneten Sammelgefäßen der Entsorgung zugeführt werden. Nur Abfälle der Wassergefährdungsklasse 0 dürfen nach entsprechender Verdünnung in den Ausguss gegeben werden.

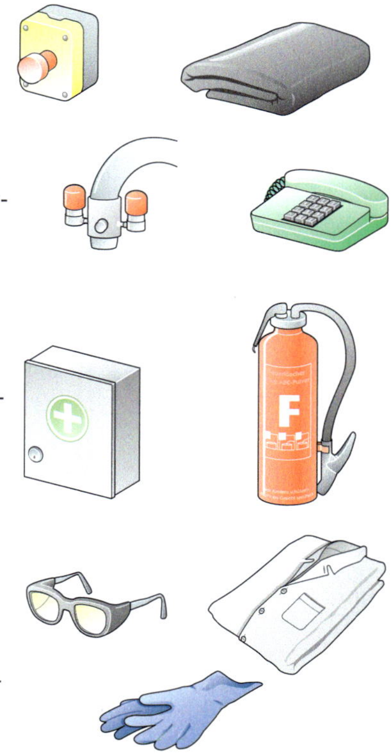

1 Sicherheitseinrichtungen und Schutzausrüstung

	T+	Sehr giftig		E	Explosionsgefährlich
	T	Giftig		O	Brandfördernd
	Xn	Gesundheitsschädlich		F+	Hochentzündlich
	Xi	Reizend		F	Leichtentzündlich
	C	Ätzend		N	Umweltgefährlich

2 Gefahrensymbole und Kennbuchstaben

Aufgaben

1 Umweltgefährdende Stoffe sind mit besonderen Gefahrensymbolen gekennzeichnet.
a) Welche Bedeutung hat das Gefahrensymbol in Bild 3?
b) Warum muss auf Etiketten neben dem Gefahrensymbol noch die Gefahrenbezeichnung angegeben sein?

3 Zu Aufgabe 1

2 Das Chemikalienetikett in Bild 4 ist kaum noch zu erkennen.
a) Was sollte man bei der Entsorgung dieser Flasche beachten?
b) Wie sollte man allgemein mit gefährlichen Stoffen verfahren, die nicht mehr identifiziert werden können?

4 Zu Aufgabe 2

Die chemische Reaktion

Im Alltag kann man beobachten, dass sich Stoffe verändern. Der Chemiker beobachtet, untersucht und beschreibt solche Stoffumwandlungen und kann sie sogar selbst in Gang bringen.

Rotbraun glänzende Kupferdächer werden mit der Zeit grün. Silberbesteck oder silberne Gegenstände verändern sich an der Luft allmählich, sie werden schwarz. Der schwarze Stoff kann mit Silberputzmittel entfernt werden. Beim Backen von Brötchen oder Brot entstehen aus der zähflüssigen Teigmischung knusprige, feste Backwaren.

Chemiker untersuchen solche Vorgänge, bei denen sich Stoffe verändern oder umwandeln. Sie führen Experimente durch, um neue Stoffe herzustellen. Meist laufen die Veränderungen nicht von alleine ab. Die Vorgänge müssen zunächst in Gang gebracht werden. Rohe Eier verändern sich beispielsweise durch Erhitzen, Knallfrösche explodieren bei Schlag oder Druck. Während Stoffumwandlungen ablaufen, beobachtet man oft ein Glühen oder Leuchten. Es wird warm, manchmal steigt Rauch auf.

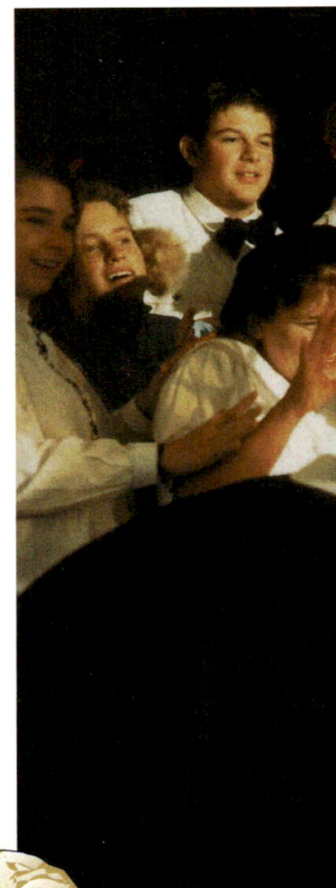

Kartoffelpuffer und Apfelmus

1 Kartoffeln reiben, würzen, mischen

Geräte/Zutaten
Kartoffelschäler, Reibe, Schüssel, Rührlöffel, 1 kg rohe Kartoffeln, 2 große Zwiebeln, 2 Eier, Salz. Der Tisch, auf dem du arbeitest, und alle Geräte müssen sehr sauber sein.

Rezept
a) Schäle 1 kg rohe Kartoffeln und 2 Zwiebeln und reibe sie auf der feinen Seite einer Reibe in eine Schüssel (▷ B 1).

b) Schlage 2 Eier auf und mische diese mit der Kartoffelmasse. Salze nach Geschmack.

1 Kartoffeln reiben

2 Kartoffelpuffer backen

Geräte/Zutaten
Pfanne, Holzbrett, Kochplatte, Heber zum Wenden, Teller, Löffel, Öl oder Bratfett

Zubereitung
a) Forme mit einem Löffel aus der Kartoffelmasse kleine Kuchen und lege sie auf ein Holzbrett.

b) Erhitze Öl oder Bratfett in einer Pfanne. Gib die kleinen Kuchen vom Holzbrett in das erhitzte Öl oder Fett. Drücke die Masse etwas flach. Backe sie auf beiden Seiten, bis die Kartoffelpuffer knusprig sind (▷ B 2).

c) Lege die gebackenen Kartoffelpuffer auf einen Teller.

2 Braten der Kartoffelpuffer

3 Leckeres Apfelmus

Geräte/Zutaten
Messer, Schäler, Schüssel, Löffel, Kochplatte, Sieb, Rührlöffel, Kochtopf, Wasser, 10 Äpfel, Zucker

Rezept
a) Schäle die Äpfel, entferne das Kernhaus und schneide kleine Apfelstücke (▷ B 3).
Gib diese in einen Topf mit etwas Wasser.

3 Äpfel schälen und schneiden

b) Koche die Apfelstücke, bis sie weich sind. Rühre zwischendurch um.

c) Drücke die weich gekochten Äpfel durch ein Sieb in eine Schüssel (▷ B 4). Süße nach Geschmack.

d) Gib eine Portion Apfelmus auf einen Teller und dazu einen Kartoffelpuffer. Guten Appetit!

4 Äpfel passieren

Aufgaben
1. Vergleiche alle Veränderungen der Kartoffeln vor, während und nach dem Braten.

2. Beschreibe die Veränderungen der Äpfel bei der Zubereitung von Apfelmus.

3. Was geschieht mit den Kartoffeln und Äpfeln aus der Sicht des Chemikers?

5 Kartoffelpuffer mit Apfelmus

▶8 ff.
▶230 f.

Kupfer-Rot und Schwefel-Gelb

1 Aus zwei mach eins

Material

Schutzbrille, Gasbrenner, Stativ, Doppelmuffe, Universalklemme, langes Reagenzglas, Pinzette, Spatellöffel, Aktivkohlestopfen, Schere, Kupferblech (etwa 8 cm x 3 cm), Schwefelpulver

Versuchsanleitung

a) Fülle wenig Schwefelpulver in ein Reagenzglas (etwa 1 cm hoch). Knicke einen Kupferblechstreifen einmal in der Längsrichtung. Schiebe den Streifen mit einer Pinzette in das Reagenzglas. Verschließe das Reagenzglas mit einem Aktivkohlestopfen.

b) Befestige das Reagenzglas fast waagerecht an einem Stativ. Erhitze das Kupferblech mit einer stark rauschenden Flamme bis zur Schwarzfärbung (▷B 1).
Bewege die Flamme in Richtung Schwefel und erhitze diesen, bis Schwefeldampf über das Blech strömt. Das erhitzte Blech darf dabei nicht abkühlen. Bewege deshalb den Brenner zwischen Kupfer und Schwefel hin und her.
Nimm die Flamme vom Reagenzglas, sobald eine weitere Veränderung am Blechstreifen auftritt.

c) Nimm mit einer Pinzette den Streifen nach dem Abkühlen aus dem Reagenzglas.

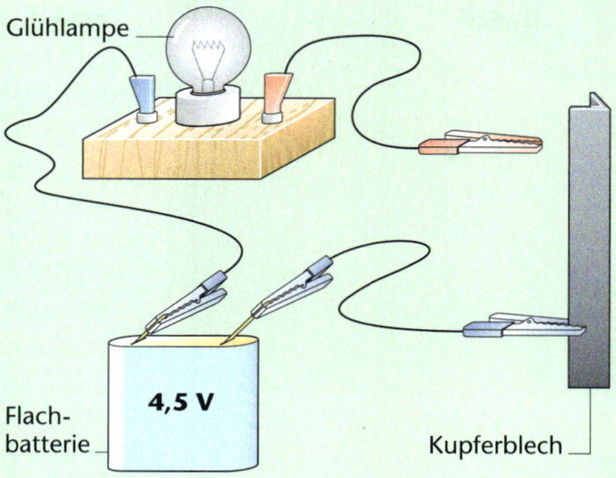

2 Elektrische Leitfähigkeit

2 Wir untersuchen den neuen Stoff

Material

Schutzbrille, Batterie (4,5 V), Experimentierkabel, Krokodilklemmen, Glühlampe (4 V; 0,04 A) mit Fassung, Gasbrenner, Lupe, Streifen aus Versuch 1, Reibschale mit Pistill, Dreifuß mit Keramik-Drahtnetz, Becherglas (100 ml, hohe Form), Wasser, Kupfer- und Schwefelpulver, Kupferblech

Versuchsanleitung

a) Baue einen Stromkreis wie in Bild 2 beschrieben auf. Prüfe die elektrische Leitfähigkeit des Streifens aus Versuch 1 und vergleiche mit einem Kupferblechstreifen.

b) Prüfe die Wärmeleitfähigkeit. Halte dazu einen Kupferblechstreifen und den Streifen aus Versuch 1 jeweils zur Hälfte in heißes Wasser (▷B 3). Fühle, welcher Streifen schneller warm wird.

c) Untersuche die Verformbarkeit. Versuche zuerst den Streifen aus Versuch 1 über einer Reibschale zu verformen. Halte den Streifen dazu zwischen beiden Händen. Vergleiche mit einem Kupferblechstreifen.

d) Vergleiche das Aussehen. Zerreibe dazu ein Stück des Streifens aus Versuch 1 in einer Reibschale mit einem Pistill. Betrachte mit einer Lupe den zerriebenen Stoff und vergleiche mit Kupfer- und Schwefelpulver.

3 Wärmeleitfähigkeit

Aufgaben

1. Erstelle zu Versuch 1 ein Versuchsprotokoll.

2. Lege eine Tabelle (▷B 4) an und trage die Eigenschaften der Stoffe ein.

3. Überlege, was bei dem Experiment mit den Stoffen geschieht.

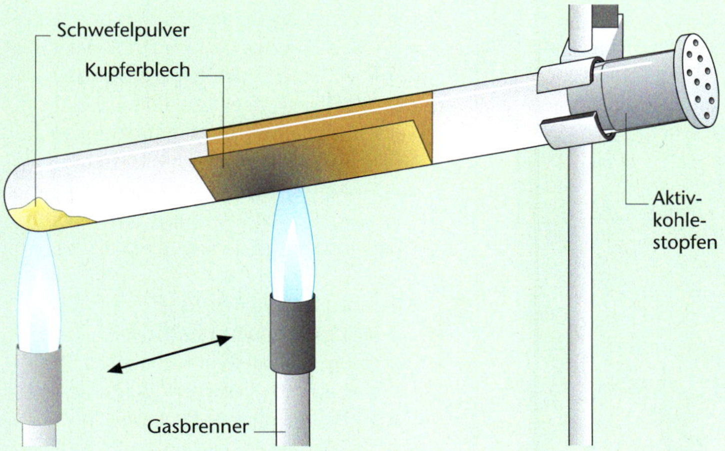

1 Schwefeldampf streicht über erhitztes Kupferblech.

Eigenschaften	Kupfer	Schwefel	neuer Stoff
Farbe			
Verformbarkeit			
•			
•			

4 Tabelle

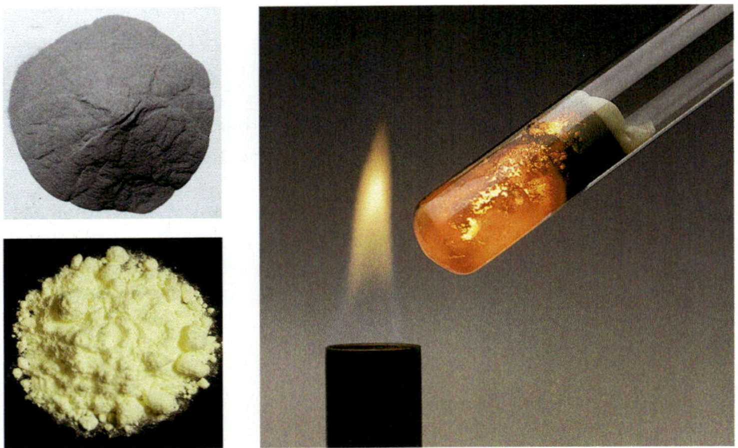

1 Ausgangsstoffe – chemische Reaktion

Kommt ein Silberlöffel mit Eigelb in Berührung, wird er schwarz. An der Veränderung des Silbers ist ein Bestandteil im Ei beteiligt. Der schwarze Stoff ist kein Silber, sondern ein neuer Stoff. Die Veränderung ist nicht leicht zu verstehen. Einfacher wird es, wenn man mit bekannten Stoffen experimentiert und die Vorgänge selbst in Gang bringt.

Ein neuer Stoff wird hergestellt – aus zwei mach eins

Eisen ist ein Metall. Ein Eisenblech ist grau glänzend, verformbar und elektrisch leitfähig. Von einem Magneten wird es stark angezogen. Schwefel ist ein gelber Stoff, der sich entzünden lässt und mit blauer Flamme brennt. Schwefel ist nicht magnetisch und nicht elektrisch leitfähig. Mischt man graues Eisenpulver mit gelbem Schwefelpulver, entsteht ein graugelbes Gemisch (▷ B 2, links). Erhitzt man das Gemisch an einer Stelle, fängt es dort an zu glühen. Die Glühfront wandert ohne weiteres Erhitzen durch das restliche Gemisch (▷ B 1; V 1).

2 Eisen-Schwefel-Gemisch und Reaktionsprodukt

Nach dem Abkühlen bleibt ein grauschwarzer Stoff übrig, der einheitlich aussieht (▷ B 2, rechts). Der Stoff ist spröde und nicht brennbar. Er wird vom Magneten schwach angezogen und leitet den elektrischen Strom nur wenig (▷ V 1). Beim Erhitzen ist ein neuer Stoff entstanden, es hat eine Stoffumwandlung stattgefunden. Dies kann man daran erkennen, dass der neue Stoff andere Eigenschaften aufweist als die **Ausgangsstoffe (Edukte)**. Einen Vorgang, bei dem durch **Stoffumwandlung** neue Stoffe entstehen, bezeichnet man als **chemische Reaktion**. Die neu gebildeten Stoffe nennt man **Endstoffe (Reaktionsprodukte)**.

Bei einer chemischen Reaktion findet eine Stoffumwandlung statt.
Aus den Ausgangsstoffen (Edukten) entstehen Endstoffe (Reaktionsprodukte) mit anderen Eigenschaften.

Bei der chemischen Reaktion von Eisen und Schwefel hat sich nur **ein** Reaktionsprodukt gebildet. Der neue Stoff heißt Eisensulfid. Reagiert Schwefel mit einem Metall, so entstehen Metallsulfide (lat.: sulfur, Schwefel). Aus Silber und Schwefel bildet sich schwarzes Silbersulfid. Eine ähnliche chemische Reaktion findet statt, wenn ein Silberlöffel mit Eigelb in Berührung kommt. Auch Kupfer reagiert mit Schwefel beim Erhitzen. Es bildet sich blauschwarzes Kupfersulfid.

Versuche

1 Mische 7 g Eisenpulver und 4 g Schwefelpulver in einer Reibschale. Erhitze das Gemisch im Reagenzglas von unten an einer Stelle. Nimm den Brenner weg, sobald das Gemisch zu glühen beginnt. Untersuche den entstandenen Stoff nach dem Abkühlen und vergleiche seine Eigenschaften (Farbe, Verformbarkeit, elektrische Leitfähigkeit, magnetische Wirkung) mit den Ausgangsstoffen Eisen und Schwefel. (Aktivkohlestopfen! Schutzbrille!)

2 Man mischt 8 g Zinkpulver und 4 g Schwefelpulver und häuft das Gemisch auf einem Backstein in Form eines Bergrückens auf. Im Freien entzündet man das Gemisch mit einem glühenden Draht. (Sicherheitsabstand! Schutzbrille! Schutzhandschuhe!)

Ein graues Gemisch aus Zink- und Schwefelpulver reagiert beim Erwärmen heftig. Es verbrennt mit hellem Licht, eine gelbe Rauchwolke steigt auf. Übrig bleibt ein hellgelber Feststoff, der nicht mehr brennt. Das Reaktionsprodukt ist Zinksulfid (▷B 6; V 2).

Chemische Reaktion – kurz und bündig
Die Vorgänge bei einer chemischen Reaktion kann man in kurzer Form aufschreiben. Diese Kurzschreibweise nennt man **Reaktionsschema** (▷B 6). Es gibt an, welche Stoffe miteinander reagieren und welche Reaktionsprodukte bei der Stoffumwandlung entstehen. Auf der linken Seite des Reaktionsschemas stehen die Edukte, auf der rechten Seite die Reaktionsprodukte. Dazwischen wird ein **Reaktionspfeil** gezeichnet. Der Reaktionspfeil wird als „reagieren zu“, das Pluszeichen als „und“ gelesen.
Reaktionsschema:

Zink + Schwefel ⟶ Zinksulfid

Lies: Zink und Schwefel reagieren zu Zinksulfid

Das **Pluszeichen** gibt an, dass zwei Ausgangsstoffe miteinander reagiert haben. Dabei ist **ein** Reaktionsprodukt entstanden.

▶ Das Reaktionsschema beschreibt eine chemische Reaktion mit Stoffnamen und den Symbolen + sowie ⟶.

3 Magnetkies

4 Zinkblende

5 Bleiglanz

Sulfide in der Natur
Unter den natürlichen Sulfiden gibt es Kiese, Glanze und Blenden. Diese Begriffe stammen aus der Bergmann-Sprache. **Magnetkies** (Eisensulfid) ist ein Eisenerz (▷B 3). Kleine Bruchstücke werden vom Magneten angezogen. Kiese sind hochglänzend und meist so hart, dass sich Funken bilden, wenn sie mit Stahl angeschlagen werden. **Zinkblende** (Zinksulfid; ▷B 4) hat eine hohe Lichtbrechung, fast wie ein Diamant. Blenden sind durchscheinend bis durchsichtig, haben unterschiedliche Farben und eine geringe Härte. **Bleiglanz** (Bleisulfid; ▷B 5) enthält meist einen geringen Anteil an Silbererz. Glanze sind dunkler als Kiese, von grauer Farbe und geringer Härte.

▶ Sulfide sind Verbindungen von Metallen mit Schwefel.

Ausgangsstoffe (Edukte)			chemische Reaktion	Endstoffe (Reaktionsprodukte)
Zink	und	Schwefel	reagieren zu	Zinksulfid

Reaktionsschema:

Zink + **Schwefel** ⟶ **Zinksulfid**

6 Die chemische Reaktion auf einen Blick

▶ 78 ff.

Aktiv machen – womit?

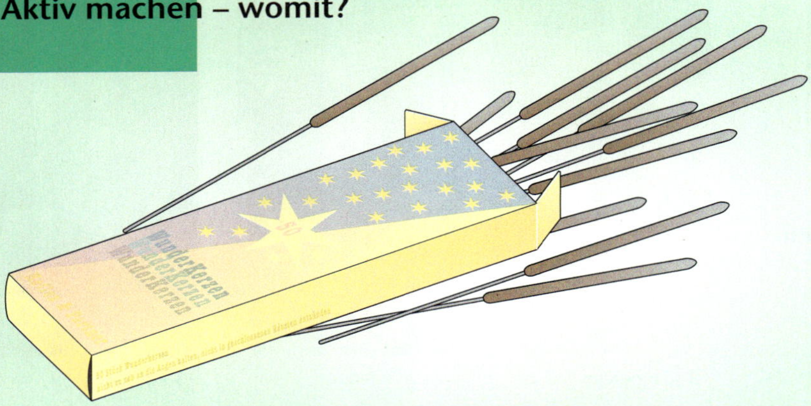

1 Aktiv machen durch Reiben

Material
Schutzbrille, Streichholzschachtel mit Streichhölzern

Versuchsanleitung
Entnimm der Streichholzschachtel ein Streichholz. Bewege das Streichholz entlang der Reibfläche, bis es entzündet wird (▷ B 1). Reibe vom Körper weg.

1 Aktiv machen durch Reibung

2 Aktiv machen durch Wärme

Material
Schutzbrille, Reagenzglas, Reagenzglashalter, Gasbrenner, Streichhölzer

Versuchsanleitung
Brich 3 bis 4 Streichhölzer so ab, dass nur die Köpfe übrig bleiben. Fülle die Köpfe in ein Reagenzglas und halte dieses mithilfe eines Reagenzglashalters über die nicht leuchtende Brennerflamme (▷ B 2).

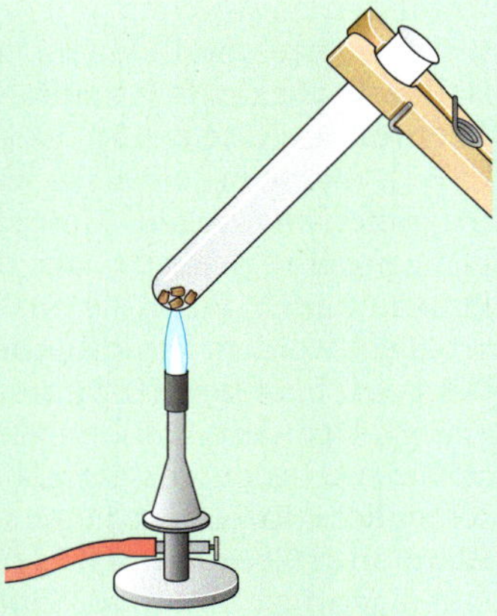

2 Aktiv machen durch Wärme

3 Aktiv machen durch Feuer

Material
Schutzbrille, Teelicht, Streichholzschachtel mit Streichhölzern, Wunderkerze

Versuchsanleitung
Entzünde das Teelicht mit einem Streichholz. Halte eine Wunderkerze über die Flamme (▷ B 3). Achte darauf, dass die sprühende Wunderkerze in sicherem Abstand von Personen und brennbaren Stoffen abbrennt.

3 Aktiv machen durch Feuer

4 Aktiv machen durch Besprühen

Material
Schutzbrille, Zerstäuber, Filterpapier, Pinsel, Lösung A (3 g Kaliumhexacyanoferrat(II) in 100 ml destilliertem Wasser), Lösung B (1 g Ammoniumthiocyanat in 100 ml destilliertem Wasser), Lösung C (4 g Eisen(III)-chlorid-6-Hydrat in 100 ml destilliertem Wasser)
Die Lösungen werden von der Lehrerin/vom Lehrer ausgegeben!

4 Aktiv machen durch Besprühen

Versuchsanleitung
Schreibe mit einem Pinsel mit den Lösungen A und B auf ein Filterpapier. Lass den Text anschließend trocknen.

Besprühe das Geschriebene mit der Lösung C aus einem Zerstäuber (▷ B 4). Beobachte die Veränderungen.

▶78 ff.

1 Aktivieren …

2 … und dann reagieren

Zuerst Aktivieren …
Viele chemische Reaktionen laufen nicht von alleine ab. Ein Feuerwerkskörper explodiert erst, wenn man ihn zündet. Ein Streichholz entflammt beim Reiben an einer Reibfläche. Papier lässt sich durch ein Brennglas entzünden.
Ein Gemisch aus Eisen und Schwefel muss zunächst an einer Stelle erhitzt werden, damit die chemische Reaktion in Gang kommt. Auch ein Zink-Schwefel-Gemisch muss erst mit einem heißen Draht gezündet werden (▷B 1), bevor es reagiert (▷B 2). Diese Versuche zeigen, dass viele chemische Reaktionen durch **Zufuhr von Energie** in Gang kommen. Dabei müssen die Ausgangsstoffe zuerst reaktionsbereit oder **aktiv** gemacht werden. Die dafür notwendige Energie bezeichnet man als **Aktivierungsenergie**.

▶ Zum Auslösen vieler chemischer Reaktionen ist Aktivierungsenergie erforderlich.

… dann laufen lassen
Fängt ein Eisen-Schwefel-Gemisch zu glühen an, kann der Gasbrenner entfernt werden. Die Glühfront wandert durch das gesamte Gemisch, ohne dass weiter erhitzt wird. Die chemische Reaktion läuft jetzt ohne Energiezufuhr von alleine ab. Dabei werden Wärme und Licht an die Umgebung abgegeben. Eine Reaktion, bei der Wärme frei wird, nennt man **exotherm** (griech.: thermos, warm). Bei der Verbrennung von Propangas wird z. B. so viel Wärme frei, dass sich die Luft im Ballon erwärmt und er aufsteigt (▷B 4).
Den exothermen Verlauf einer chemischen Reaktion gibt man im Reaktionsschema an:

Eisen + Schwefel ⟶ Eisensulfid | exotherm

▶ Chemische Reaktionen, bei denen Energie frei wird (z. B. in Form von Licht, Wärme), nennt man exotherme Reaktionen.

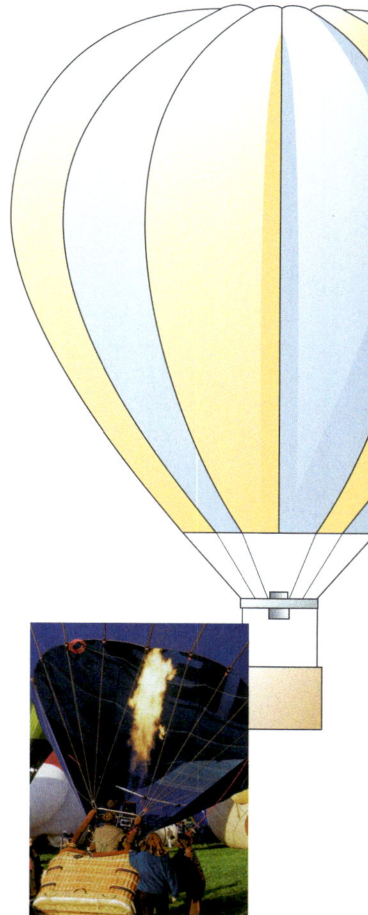

4 Nach dem Erhitzen steigt der Heißluftballon.

Eine Modellvorstellung veranschaulicht den Ablauf
Der Ablauf einer exothermen Reaktion kann mit folgender Modellvorstellung verglichen werden: Eine Kugel soll über einen Hügel nach unten gebracht werden. Sie kann den Hügel nicht von alleine überwinden. Sie muss auf den Berg hinaufgeschoben werden. Dazu benötigt man Energie. Oben, von der Bergspitze aus, kann die Kugel dann von selbst ins Tal rollen.
Viele chemische Reaktionen kommen nicht von alleine in Gang. Die Ausgangsstoffe (Edukte) müssen zuerst aktiv gemacht werden. Dazu benötigt man Aktivierungsenergie. Hat die Reaktion eingesetzt, wird viel Energie frei. Sie reicht aus, um die chemische Reaktion in Gang zu halten.

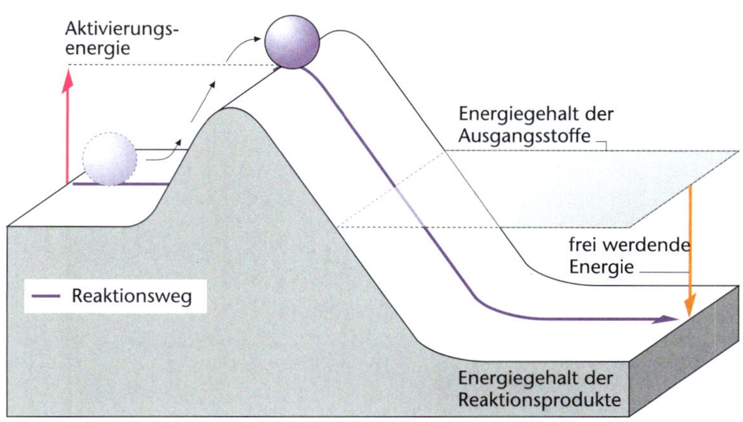

3 Modellvorstellung zum Ablauf einer chemischen Reaktion

Zerlegung und Bildung von Wasser

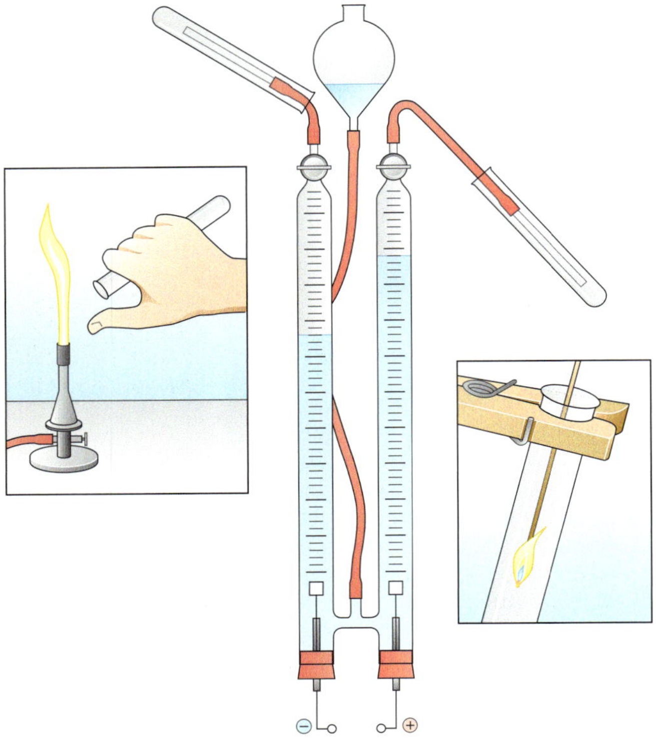

1 Zerlegung von Wasser im Hofmann'sche Apparat

Fassen Sie keine elektrischen Geräte an, während Sie im Wasser sind oder auf nassem Boden stehen, Sie könnten sonst in Gefahr geraten.

Leitungswasser ist schwach elektrisch leitfähig. Durch Zusätze im Wasser wird die Leitfähigkeit erhöht.

Wasser – aus eins mach zwei
In eine Apparatur nach Bild 1 (▷V 1) lässt man leitfähig gemachtes Wasser fließen, bis die beiden Glasröhren gefüllt sind. Von unten ragen Platindrähte in die Röhren. Ein Draht ist mit dem Pluspol, der andere mit dem Minuspol einer Gleichspannungsquelle verbunden. Legt man eine Gleichspannung an, steigen in den Glasröhren Gasbläschen auf. Nach einiger Zeit beobachtet man, dass sich in einer Röhre etwa doppelt so viel Gas gebildet hat wie in der anderen.
Das Gas, das am Minuspol entsteht, lässt sich entzünden und verbrennt mit einem leisen oder lauten pfeifenden Geräusch (▷B 1). Dieses Gas heißt **Wasserstoff**.
Das Gas, das am Pluspol entsteht, brennt nicht. Hält man aber einen glimmenden Holzspan in das Gas, flammt dieser sofort auf und brennt mit heller Flamme (▷B 1). Das Gas heißt **Sauerstoff**.
Wasser lässt sich mithilfe des elektrischen Stroms in Wasserstoff und Sauerstoff zerlegen. Schaltet man den elektrischen Strom aus, hört die Gasbildung auf. Die Zerlegung von Wasser geht nur weiter, solange Energie zugeführt wird. In diesem Versuch handelt es sich um elektrische Energie.

▶ Chemische Reaktionen, bei denen ständig Energie benötigt wird, bezeichnet man als endotherme Reaktionen.

Die Zerlegung von Wasser kann man in einem Reaktionsschema beschreiben. Aus **einem** Ausgangsstoff entstehen zwei Reaktionsprodukte:

Wasser ⟶ Wasserstoff + Sauerstoff | endotherm

Lies: Wasser reagiert in einer endothermen Reaktion zu Wasserstoff und Sauerstoff.

Die beiden Gase lassen sich nicht in weitere Stoffe zerlegen. Wasserstoff und Sauerstoff sind Grundstoffe oder **Elemente**.

▶ Elemente sind Grundstoffe, die sich nicht in weitere Stoffe zerlegen lassen.

Zeitpunkt

Wasser aus Feuer

1 H. Cavendish (1731–1810)

1766 ließ Henry Cavendish (▷B 1) Salzsäure auf Zink tropfen. Dabei beobachtete er, dass sich ein unbekanntes Gas bildete. Er fing das Gas in einer Schweinsblase auf und untersuchte seine Eigenschaften. Da das Gas leicht entzündlich und brennbar war, nannte er es „brennbare Luft“. Nach weiteren Untersuchungen stellte er fest, dass beim Verbrennen des feuergefährlichen Gases im Gefäß Wasser entstand. Später nannte man das brennbare Gas Wasserstoff, weil man mit ihm Wasser erzeugen konnte.

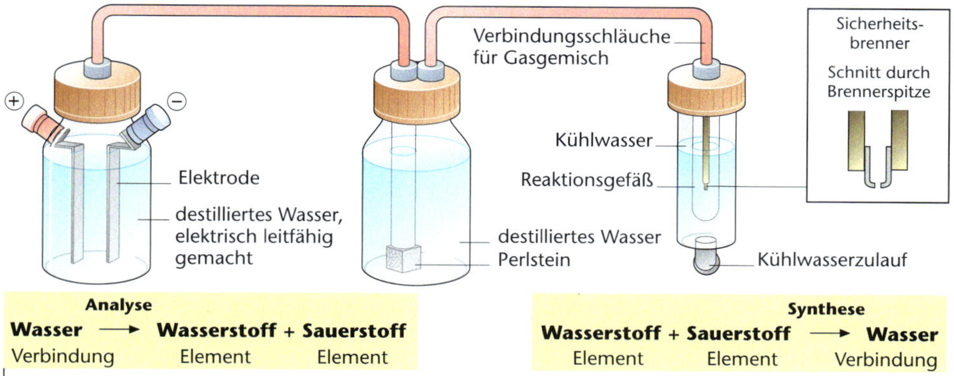

2 Zerlegung und Bildung von Wasser im Schager'schen Apparat

3 Knallgasgemisch

Zerlegung von Wasser

In einer Apparatur nach Bild 2 (▷V 2) wird Wasser mithilfe des elektrischen Stroms zerlegt. Im ersten Gefäß sieht man Gasbläschen aufsteigen. An der Metallplatte, die mit dem Minuspol verbunden ist, steigt doppelt so viel Gas auf wie an der anderen Metallplatte. Die Gase mischen sich und strömen durch ein zweites Gefäß mit destilliertem Wasser. In diesem kann die Blasenbildung beobachtet werden.

Leitet man das Gasgemisch in eine Seifenlösung, beobachtet man an der Oberfläche die Bildung von Schaumbläschen (▷B 3). Der Schaumberg lässt sich entzünden und verbrennt explosionsartig mit lautem Knall. Bei der Zerlegung von Wasser ist Knallgas entstanden, ein Gemisch aus doppelt so viel Wasserstoff wie Sauerstoff. Wasser ist eine **Verbindung** aus den Elementen Wasserstoff und Sauerstoff.

Verbindungen sind Stoffe, die sich in andere Stoffe zerlegen lassen.

Bildung von Wasser

In der gleichen Apparatur (▷B 2) bildet sich im dritten Gefäß wieder Wasser. Das Knallgasgemisch lässt sich an einem Sicherheitsbrenner gefahrlos entzünden. Dabei verbrennen Wasserstoff und Sauerstoff mit fast unsichtbarer Flamme. Es bildet sich eine farblose Flüssigkeit und Wärme wird frei. Mit Watesmopapier kann man nachweisen, dass es sich bei der Flüssigkeit um Wasser handelt (▷B 4). Aus Wasserstoff und Sauerstoff ist in einer exothermen Reaktion Wasser entstanden.

Analyse und Synthese

In der Apparatur nach Bild 2 wird zuerst Wasser in Wasserstoff und Sauerstoff zerlegt. Dazu ist Energie erforderlich. Aus den beiden Gasen wird wieder Wasser gebildet. Dabei wird Energie frei.

Die Zerlegung einer Verbindung bezeichnet man als Analyse.
Die Bildung einer Verbindung bezeichnet man als Synthese.

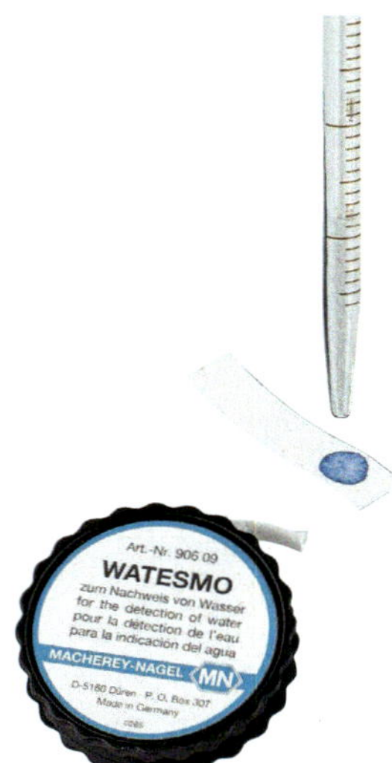

4 Wassernachweis mit Watesmopapier

Versuche

1 Man versetzt Wasser mit verdünnter Schwefelsäure und füllt das Gemisch in einen Hofmann'schen Apparat. Dann legt man an die Platinelektroden eine Gleichspannung an (▷B 1).
Ist eine der beiden Röhren zur Hälfte mit Gas gefüllt, unterbricht man den Versuch und leitet die Gase jeweils in Reagenzgläser.
Das Gas, das am Minuspol entsteht, lässt man gegen die Brennerflamme strömen.
Das Gas, das am Pluspol entsteht, prüft man mit einem glimmenden Holzspan.

2 Man füllt in das 1. Gefäß der Apparatur von Bild 2 Wasser mit verdünnter Natronlauge und legt an die Elektroden eine Gleichspannung an. Man leitet das Gasgemisch über den Sicherheitsbrenner in eine Metallschale mit Seifenlösung, entfernt das Einleitungsrohr und entzündet den Schaumberg mit einem brennenden Holzspan (Mund öffnen! Ohren schützen!). Dann wird das Gasgemisch am Sicherheitsbrenner entzündet und im wassergekühlten Reaktionsgefäß verbrannt. Der Wassernachweis erfolgt mit Watesmopapier.

▶89

Der elektrische Strom zerlegt Wasser

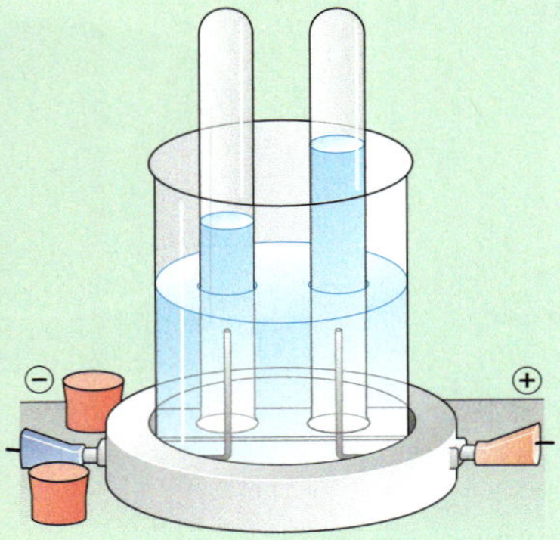

1 Zerlegung von Wasser

1 Aus eins werden zwei

Material

Schutzbrille, Schutzhandschuhe, Behälter mit zwei Platinelektroden und zwei Anschlussbuchsen, 2 kleine Reagenzgläser mit passenden Stopfen, 2 Experimentierkabel, Gleichspannungsquelle (0 bis 12 V), Messzylinder (100 ml), Reagenzglasgestell, destilliertes Wasser, konzentrierte Schwefelsäure (wird von der **Lehrkraft** ausgegeben)

Versuchsanleitung

Gib 100 ml destilliertes Wasser in den Behälter nach Bild 1. Fülle zwei Reagenzgläser mit Wasser, verschließe sie mit dem Zeigefinger und stülpe sie senkrecht über die Platinelektroden. Lass 12 ml konzentrierte Schwefelsäure von der **Lehrkraft** zutropfen. Schließe über Experimentierkabel die Anschlussbuchsen an eine 12-V-Gleichspannungsquelle an.
Lass den elektrischen Strom so lange fließen, bis eines der Reagenzgläser ganz mit Gas gefüllt ist. Schalte die Stromzufuhr ab. Ziehe beide Reagenzgläser aus der Flüssigkeit und verschließe sie je mit einem Stopfen (Schutzhandschuhe). Beschrifte die Reagenzgläser: Gas vom Minus- bzw. Pluspol. Bewahre dann beide Reagenzgläser im Reagenzglasgestell für nachfolgende Versuche auf.

2 Nachweis von Wasserstoff

Material

Schutzbrille, vollständig mit Gas gefülltes Reagenzglas aus Versuch 1, Teelicht, Streichhölzer, Reagenzglashalter

Versuchsanleitung

Entzünde ein Teelicht. Halte das Reagenzglas aus Versuch 1, das vollständig mit Gas gefüllt ist, mit der Öffnung schräg nach unten (▷ B 2). Nimm den Stopfen vom Reagenzglas. Achte darauf, dass das Gas gegen die Flamme des Teelichts strömt.

2 Nachweis von Wasserstoff

3 Nachweis von Sauerstoff

Material

Schutzbrille, Streichhölzer, Holzspan, Reagenzglashalter, Reagenzglas mit der geringeren Gasportion aus Versuch 1

Versuchsanleitung

Entzünde einen Holzspan. Blase die Flamme aus. Entferne den Stopfen vom Reagenzglas und halte den noch glimmenden Holzspan in das Reagenzglas (▷ B 3).

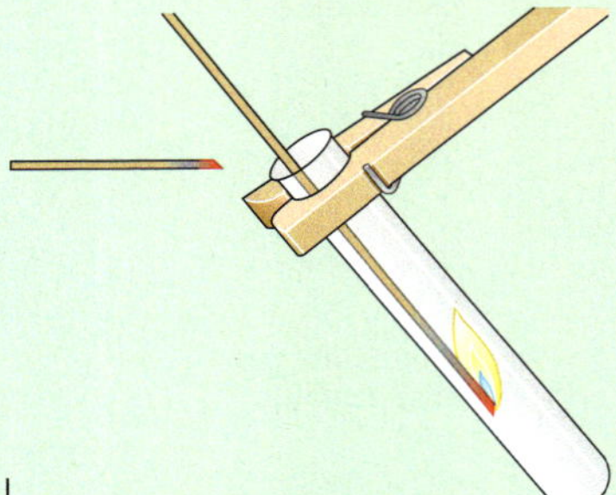

3 Nachweis von Sauerstoff

4 Sonnenenergie für die Zerlegung von Wasser

Material

Schutzbrille, Apparatur nach Bild 4, Solarzelle, 2 Experimentierkabel, Beleuchtungsquelle, 2 Schlauchklemmen, destilliertes Wasser

Versuchsanleitung

Fülle in die Reaktionsröhren der Apparatur in Bild 4 gleich hoch destilliertes Wasser. Verschließe die Kunststoffschläuche am Reaktionsgefäß mit den Schlauchklemmen. Verbinde die Anschlussbuchsen mit einer Solarzelle und belichte diese einige Zeit. Beobachte die Gasentwicklung in den beiden Reaktionsröhren.

Aufgaben

1. Welches Gas ist jeweils in den Reaktionsröhren entstanden? Begründe.

2. Formuliere für die durchgeführte Reaktion das Reaktionsschema.

3. Woran erkennt man, dass es sich um eine endotherme Reaktion handelt?

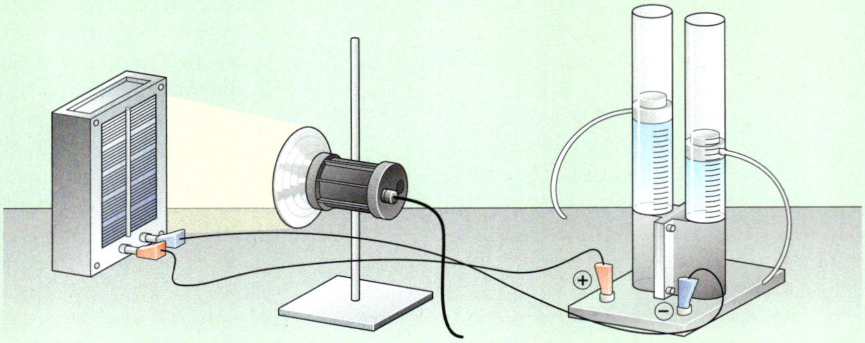

4 Zerlegung von Wasser und Auffangen der Gase

Mit Wasserstoff aufsteigen

1783, 2. Dezember
JACQUES CÉSAR CHARLES und NICOLAS ROBERT stiegen in Paris mit einem selbst gebauten Ballon 300 m hoch auf (▷ B 1). Der Ballon war mit 18 m³ Wasserstoff gefüllt. Da man Schwierigkeiten hatte, diese für die damalige Zeit enorme Menge Wasserstoff zu erzeugen, benötigte man für die Füllung des Ballons vier Tage. Das Gas wurde aus Zink und Schwefelsäure in einem Fass hergestellt, das mit Weidenstricken umwickelt war (▷ B 2). Eiserne Fassreifen wären von überlaufender Säure zerstört worden. Vor dem Abfüllen musste Wasserstoff in eine Anlage geleitet werden, damit noch anhaftende Säuretröpfchen entfernt wurden. Die Säuretröpfchen hätten sonst Löcher in die Ballonhülle fressen können.

1 Ballonaufstieg von CHARLES in seiner „Charliere"

1900, 2. Juli
Das erste lenkbare Luftschiff, von GRAF ZEPPELIN gebaut, stieg in Friedrichshafen am Bodensee in die Luft. Es war 128 m lang, seine Gasbehälter waren mit insgesamt 11 300 m³ Wasserstoff gefüllt.

2 Füllung des Ballons mit Wasserstoff

1924, 27. August
Ein Zeppelin fuhr erstmals in über 70 Stunden von Friedrichshafen bis Sandy Hook (USA) über den Atlantik.

3 Katastrophe von Lakehurst

1937, 6. Mai
Mit 96 Fahrgästen an Bord überquerte das Luftschiff „Hindenburg" den Atlantik. Die Gasbehälter waren mit 200 000 m³ Wasserstoff gefüllt. Ein plötzlicher Funkenschlag löste bei der Landung in Lakehurst (USA) eine Katastrophe aus. Der Wasserstoff entzündete sich und verbrannte. Die Hülle des Luftschiffes geriet in Brand und wurde innerhalb von Minuten völlig zerstört (▷ B 3). Wie durch ein Wunder überlebten 61 Personen die Katastrophe. Mit diesem Ereignis war die Luftschifffahrt für lange Zeit beendet.

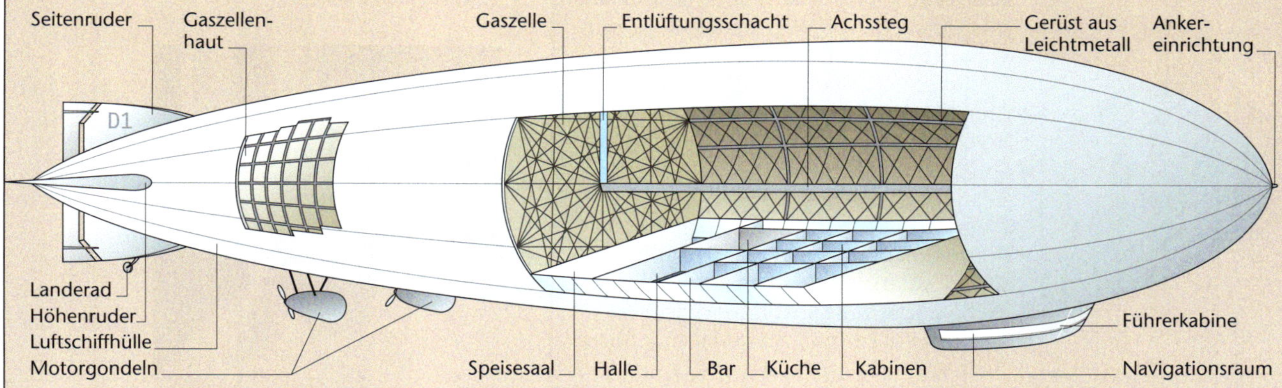

4 Blick in ein Luftschiff

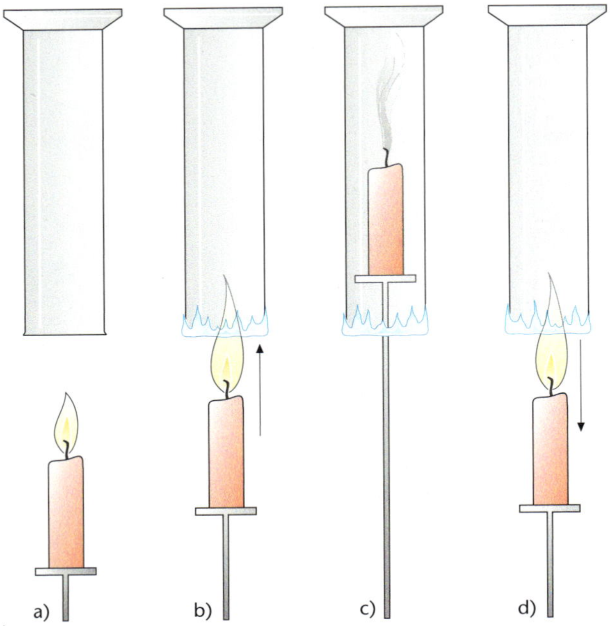

1 Eine Kerze wird in einen mit Wasserstoff gefüllten Standzylinder eingeführt.

Die Kerze kann den Wasserstoff nur an der Grenze zur Luft entzünden. Im reinen Wasserstoff ist keine Verbrennung möglich, die Kerzenflamme erstickt. Der Wasserstoff brennt jedoch an der Grenze zur Luft weiter. An dieser Flamme entzündet sich die Kerze erneut, wenn sie herausgezogen wird (▷B 1).

▶ Wasserstoff ist leicht brennbar, unterhält aber die Verbrennung nicht.

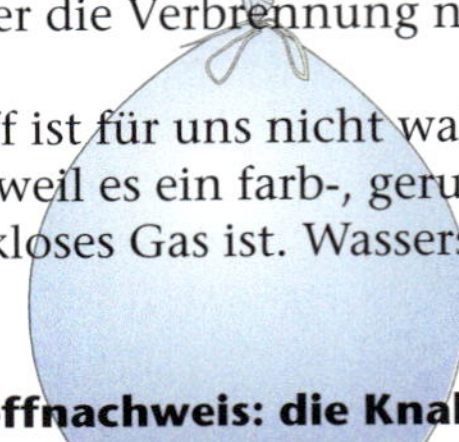

Wasserstoff ist für uns nicht wahrnehmbar, weil es ein farb-, geruch- und geschmackloses Gas ist. Wasserstoff ist ungiftig.

Wasserstoffnachweis: die Knallgasprobe
Wasserstoff ist ein brennbares Gas. Aufgrund dieser Eigenschaft lässt es sich nachweisen. Im Mischungsverhältnis 2:1 verbrennt Wasserstoff mit Sauerstoff explosionsartig zu Wasser. Dieses Gemisch wird als **Knallgas** bezeichnet.

2 Die Knallgasprobe

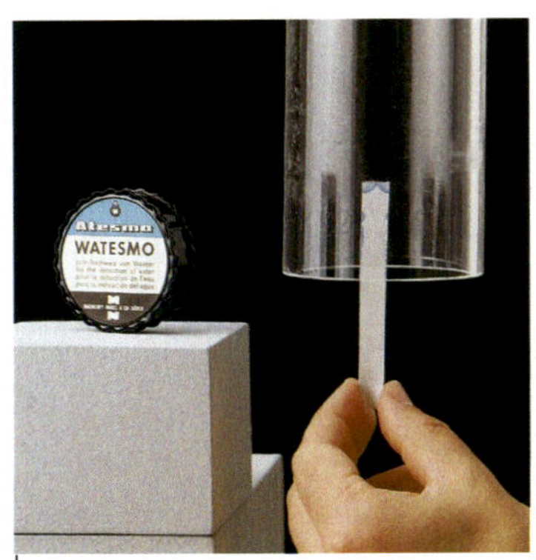

3 Wassernachweis mit Watesmopapier

Wasserstoff, das Leichtgewicht
Ein Liter Wasserstoff wiegt bei 20 °C und nicht zusammengepresst 0,08 g. Ein Liter Luft ist unter gleichen Bedingungen ca. 14-mal so schwer wie Wasserstoff. Wasserstoff ist das leichteste Element.
Versuch 1 verdeutlicht diese Eigenschaft des Wasserstoffs. Der Wasserstoffballon trägt den Luftballon zunächst mit Leichtigkeit. Im Laufe der Zeit wird der Wasserstoffballon kleiner und ist nicht mehr in der Lage, den anderen Ballon zu tragen. Das Schrumpfen des Wasserstoffballons lässt den Schluss zu, dass die Ballonhülle relativ große Porenöffnungen besitzt und von den sehr kleinen Wasserstoffteilchen schnell durchwandert wird.

Wasserstoff, ein leicht brennbarer Stoff
Alle Versuche mit Wasserstoff sind mit äußerster Vorsicht durchzuführen. Beim Füllen eines Gefäßes mit Wasserstoff darf niemals eine Flamme in der Nähe sein. Bereits Funkenflug kann katastrophale Folgen haben.

Wasserstoff benötigt, wie jeder andere Brennstoff, Sauerstoff für die Verbrennung. Sauerstoff ist in ausreichendem Maße in der Luft vorhanden, jedoch nicht in einem mit Wasserstoff gefüllten Glaszylinder (▷V 2). Der extrem leichte Wasserstoff hat beim Einfüllen in den umgekehrten Zylinder alle Luft verdrängt.

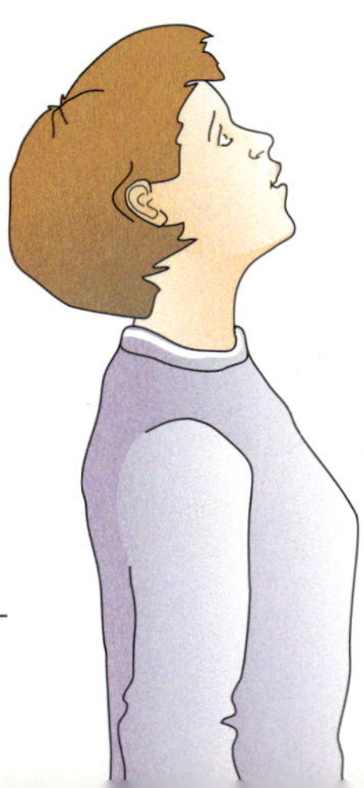

Versuche

1 Ein Luftballon wird mit Wasserstoff, ein zweiter mit Luft etwa gleich groß gefüllt und mit einem Faden zugebunden. Beide Ballons werden mit ihren Fäden verbunden. Bevor sie losgelassen werden, wird der jeweilige Umfang gemessen. Nach ca. einer halben Stunde wird erneut gemessen und verglichen. (Schutzbrille)

2 Ein dickwandiger Zylinder, der umgekehrt an einem Stativ befestigt ist, wird mit Wasserstoff gefüllt. Nun wird eine brennende Kerze rasch in den Zylinder eingeführt und langsam wieder herausgezogen. (Schutzscheibe! Schutzbrille!) Die Kerze muss genügend lang sein oder mit einem Draht geführt werden (▷B 1).

3 Man füllt ein kleines Reagenzglas mit einer Portion Wasserstoff. Das Reagenzglas muss sofort mit dem Daumen verschlossen werden. Man nähert das Reagenzglas mit der Öffnung schräg nach unten einer Brennerflamme und gibt die Öffnung frei. (Schutzbrille!) Der Versuch wird mehrmals wiederholt.

4 Ein Zündrohr wird an einem Stativ mit der Öffnung nach unten eingespannt. Mit einem Kolbenprober werden ca. 200 ml Wasserstoff in das Rohr gegeben. Sofort nach dem Einfüllen des Gases wird das Rohr mit dem Deckel verschlossen. Jetzt wird das Gemisch gezündet (Mund öffnen!). Der Beschlag wird mit Watesmopapier getestet (▷B 3). (Schutzbrille)

Je nach dem Mischungsverhältnis von Wasserstoff zu Luft ist das Verbrennungsgeräusch unterschiedlich (▷B 2; V 3). Ein pfeifendes Geräusch verrät ein Knallgasgemisch, ein mehr dumpfes, verpuffendes Geräusch reinen Wasserstoff. Ein Luft-Wasserstoff-Gemisch mit einem Gehalt zwischen 4 % und 75 % Wasserstoff ist explosionsfähig.

Der Nachweis für Wasserstoff ist die Knallgasprobe.

Die große Energie und damit auch die Gefahr, die in größeren Mengen Knallgas stecken, kann durch einen kleinen Versuch mit einer etwas größeren Gasmenge verdeutlicht werden (▷V 4).

Wasserstoff, ein häufig vorkommender Stoff im Weltall

Wasserstoff kommt auf der Erde fast nur in gebundener Form vor. Die Wassermengen der Ozeane führen uns dies vor Augen.
Im Weltraum ist Wasserstoff das häufigste Element. Die riesige Sonne besteht zu 84 % aus Wasserstoff.

Aufgaben

1 Wie sind die Versuchsergebnisse von Versuch 1 zu erklären?

2 Warum darf beim Füllen eines Gefäßes mit Wasserstoff keine Flamme in der Nähe sein?

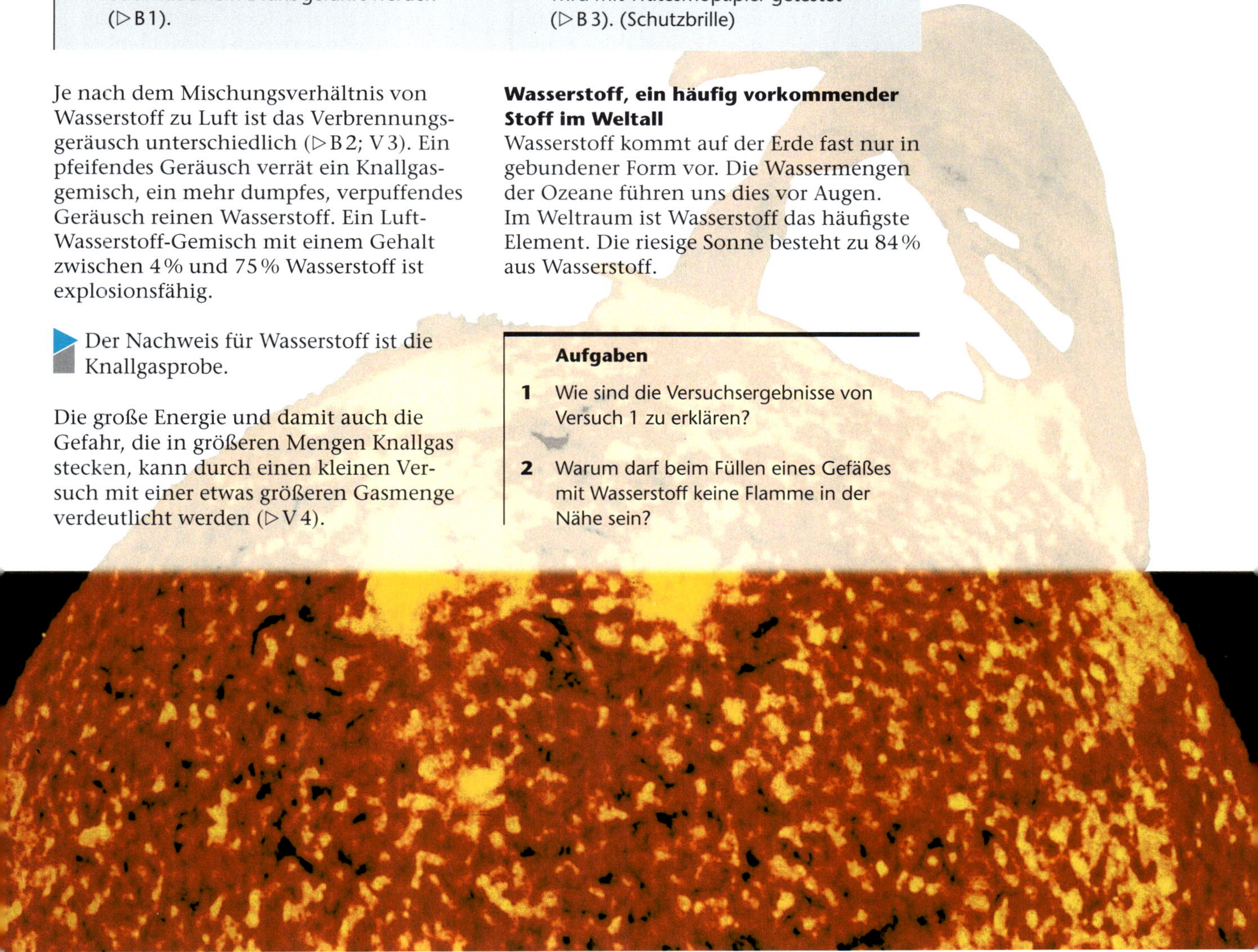

4 Eruption auf der Sonne

▶78 ff.

Platin wirkt als Katalysator

1 Entzündung von Wasserstoff am Perlkatalysator

Ein Knallgasgemisch kann man über längere Zeit aufbewahren, ohne dass es sich verändert. Durch einen Funken oder ein brennendes Streichholz lässt sich das Gemisch aber sofort entzünden. Es verbrennt explosionsartig.

Zünden ohne Feuer

Lässt man Wasserstoff über eine platinbeschichtete Perle strömen, beginnt sie zu glühen. Nach kurzer Zeit entzündet sich der Wasserstoff oberhalb der rot glühenden Perle und verbrennt (▷B 1; V 1). Zum Zünden sind kein Funke und keine Flamme nötig, die chemische Reaktion kommt bei Raumtemperatur trotzdem in Gang.

Ursache für die Selbstzündung von Wasserstoff ist das fein verteilte Platin auf der Perle. An der Platinoberfläche reagiert Wasserstoff mit Sauerstoff zu Wasser. Dabei wird so viel Wärme frei, dass sich die Perle bis zur Rotglut erhitzt. Schließlich entzündet sich Wasserstoff. Mit Platin benötigt man weniger Aktivierungsenergie. Man sagt: Platin wirkt als **Katalysator**. Nach der chemischen Reaktion ist die Katalysatorperle unverändert. Sie kann jederzeit wieder verwendet werden.

Modellvorstellung zum Ablauf einer chemischen Reaktion mit einem Katalysator

Die Modellvorstellung (▷B 2) veranschaulicht, dass Katalysatoren einen anderen Reaktionsweg ermöglichen. Mit einem Katalysator wird weniger Aktivierungsenergie benötigt, um die Reaktion in Gang zu bringen. Katalysatoren werden in der Chemie häufig verwendet, um chemische Reaktionen bei niedrigen Temperaturen durchzuführen.

2 Modellvorstellung zum Ablauf einer chemischen Reaktion

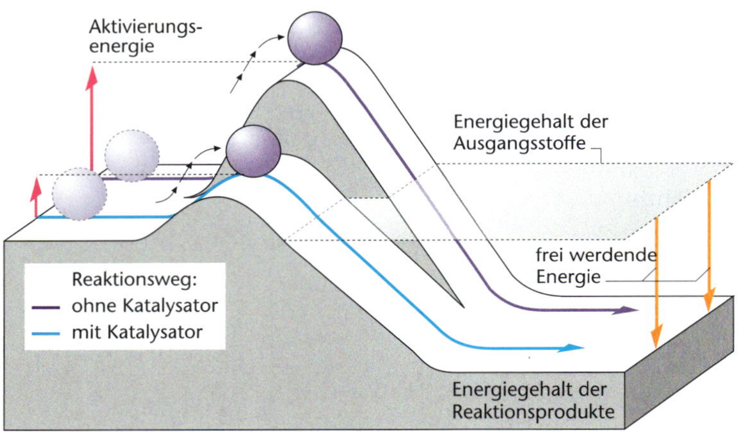

▶ Katalysatoren setzen die Aktivierungsenergie herab. Sie liegen nach der Reaktion unverändert vor.

Versuch

1 Eine Glaspipette wird mit Kupferwolle als Rückschlagsicherung vorbereitet. Man drückt eine mit Platin beschichtete Perle auf die Öffnung der Pipette und leitet langsam Wasserstoff durch das Rohr (2 bis 3 Blasen pro Sekunde) bis zur Zündung des Gases. Man wiederholt den Versuch. (Schutzbrille)

Zeitpunkt

Das Platinfeuerzeug von Döbereiner

Im Jahr 1823 entdeckte JOHANN WOLFGANG DÖBEREINER (1780–1849), dass sich Wasserstoff an der Luft entzündet, wenn das Gas gegen Platindrähte strömt. Dabei kam ihm die Idee, ein Feuerzeug herzustellen.
„Meine Platinfeuerzeuge werden immer beliebter. Gegen 20000 derselben sind bereits teils in Deutschland, teils in England in Gebrauch."

Dies konnte er wenig später berichten. Im Feuerzeug wurde Wasserstoff aus Zink und verdünnter Schwefelsäure erzeugt. Drückte man den großen Hebel des Feuerzeugs herunter, konnte das Gas entweichen und sich am Platinschwamm entzünden. Der Flüssigkeitsspiegel im inneren Glas stieg und benetzte das Zink. Dabei entstand so lange Wasserstoff, bis die Säure das Zink nicht mehr berührte.
Das Feuerzeug war wieder zündbereit.

1 J. W. DÖBEREINER und sein Platinfeuerzeug

Schnell und erfolgreich durch Synthese

1 Skiläuferin 1910

2 Abfahrtsläufer

Synthese verändert das Leben
Im Labor werden neue Stoffe durch Synthese hergestellt. Dies ist ein wichtiges Arbeitsgebiet der Chemie. Für den alltäglichen Gebrauch gibt es Kleidung aus Synthesefasern, gefärbt mit synthetischen Farbstoffen oder Sportgeräte aus Syntheseprodukten. In vielen Bereichen ersetzen heute durch Synthese hergestellte Stoffe die früher verwendeten Naturstoffe.

Skifahren – Holz oder Kunststoff?
Bei den olympischen Winterspielen 1924 erreichte der Sieger im Abfahrtslauf auf Holzskiern eine Geschwindigkeit von 50 km/h. Damals trugen Skifahrer Skistiefel aus Leder. Gegen Kälte und Nässe schützten Baumwollanoraks, Wollmützen und Fausthandschuhe (▷ B 1). Heute erreichen die Abfahrtsläufer auf Kunststoffskiern Spitzengeschwindigkeiten von 140 km/h (▷ B 2). Skistiefel haben innen eine wärmende Schaumstoffschicht, außen sind sie wasserdicht und kratzfest. Skianzüge sind leicht und elastisch, wasserabstoßend und atmungsaktiv. Stabile und bruchsichere Helme sollen vor Verletzungen schützen.

Kautschuk – Natur und Synthese
Naturkautschuk wird aus der Milch des Kautschukbaums gewonnen (▷ B 4). Schon vor 2 500 Jahren formten die Mayas in Mittelamerika aus dem gummiartigen Material Bälle und machten damit Schuhe und Kleidung wasserdicht. Das erste Produkt aus Naturkautschuk in Europa war der Radiergummi.

Später benutzte man Kautschuk als Grundstoff für Boote, Schwimmgürtel oder Regenschirme und zur Beschichtung wetterfester Kleidung. Naturkautschuk hatte aber einen großen Nachteil: Bei Wärme wurde er weich und klebrig, in der Kälte spröde und brüchig.

1838 wurde ein Verfahren entdeckt, das Naturprodukt hitzebeständiger und widerstandsfähiger zu machen. Der Bedarf an Naturkautschuk nahm stark zu, als man daraus Gummireifen für Fahrzeuge herstellen konnte. Chemiker forschten nach einem neuen Stoff, der dem Naturprodukt ähnlich war. Zu Beginn des letzten Jahrhunderts gelang die Synthese von Kautschuk im Labor (▷ B 3). Heute wird Synthesekautschuk vor allem aus Erdöl hergestellt, nur noch ein Drittel des Bedarfs wird mit Naturkautschuk gedeckt.

4 Kautschukbaum

3 Kautschuk wird heute synthetisch hergestellt.

Schlusspunkt

Die chemische Reaktion

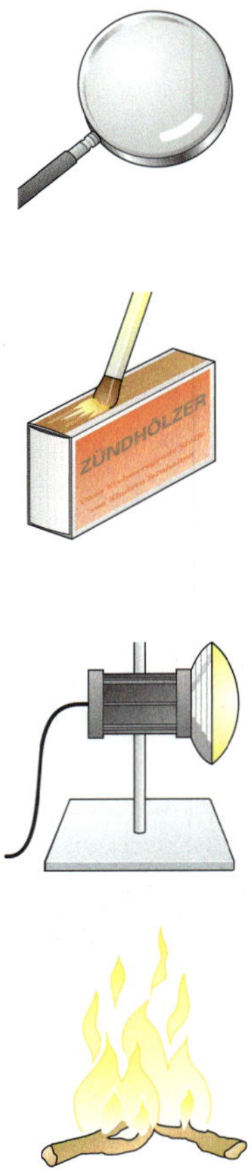

1 Aktivieren – womit?

Chemische Reaktion

Bei chemischen Reaktionen findet eine Stoffumwandlung statt. Aus den Ausgangsstoffen (Edukten) entstehen Endstoffe (Reaktionsprodukte) mit anderen Eigenschaften. Das Reaktionsschema beschreibt eine chemische Reaktion mit Stoffnamen und den Symbolen + sowie ⟶ (▷ B 4).

Energie bei chemischen Reaktionen

Zum Auslösen vieler chemischer Reaktionen ist Aktivierungsenergie erforderlich (▷ B 1; B 3).
Chemische Reaktionen, bei denen Energie frei wird (z. B. in Form von Licht, Wärme) nennt man exotherm.
Chemische Reaktionen, bei denen ständig Energie benötigt wird, nennt man endotherm.

Analyse und Synthese

Die Zerlegung einer Verbindung bezeichnet man als Analyse.
Die Bildung einer Verbindung bezeichnet man als Synthese (▷ B 2).

	Analyse		
Wasser	⟶	**Wasserstoff + Sauerstoff**	
Verbindung		Element	Element
		Synthese	
Wasserstoff + Sauerstoff		⟶	**Wasser**
Element	Element		Verbindung

2 Analyse und Synthese von Wasser

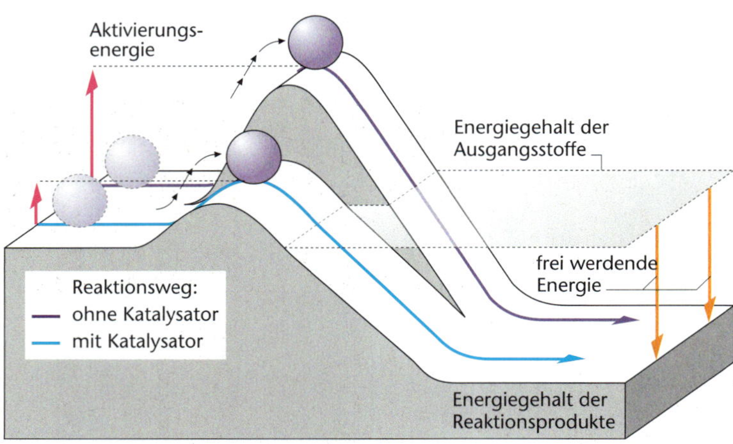

3 Modellvorstellung zum Ablauf einer chemischen Reaktion

Ausgangsstoffe (Edukte) ⟶ **Endstoffe (Reaktionsprodukte)**

Zink und Schwefel reagieren zu Zinksulfid

Reaktionsschema:

Zink + Schwefel ⟶ Zinksulfid

4 Chemische Reaktion

Element und Verbindung

Elemente sind Grundstoffe, die sich nicht in weitere Stoffe zerlegen lassen. Verbindungen sind Stoffe, die sich in andere Stoffe zerlegen lassen (▷ B 5).

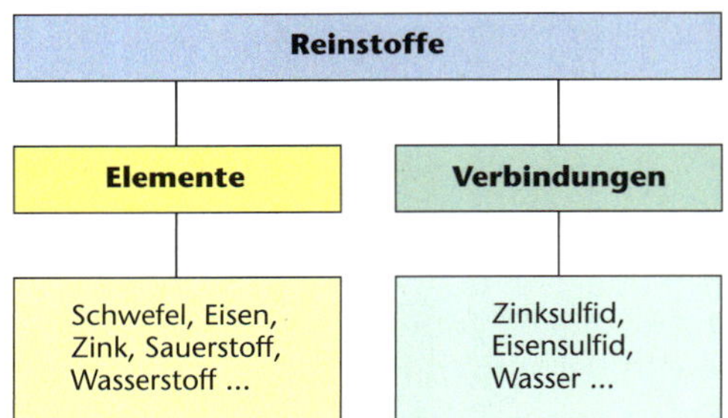

5 Element und Verbindung

Wasserstoff

- ist das leichteste Element (Dichte: 0,08 g/cm³);
- ist ein brennbarer Stoff, fördert aber die Verbrennung nicht;
- bildet mit Sauerstoff (Luft) ein explosives Gemisch (Knallgas);
- kann durch die Knallgasprobe nachgewiesen werden (▷ B 6).

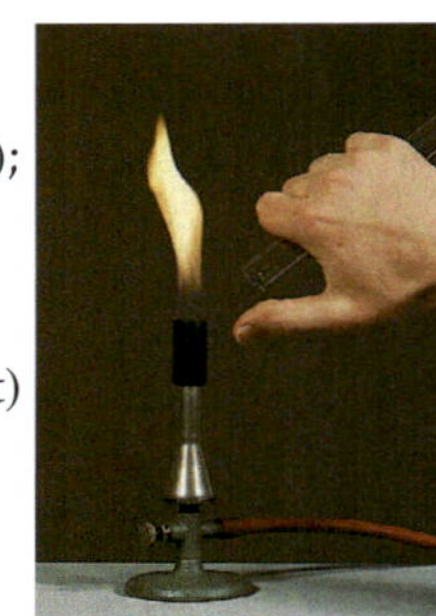

6 Die Knallgasprobe

Katalysator

Katalysatoren setzen die Aktivierungsenergie herab (▷ B 3). Sie liegen nach der Reaktion unverändert vor.

Aufgaben

1 Aus rohen Kartoffeln kann man in heißem Öl in der Fritteuse Pommes frites zubereiten (▷ B 1). In Imbissbuden werden dazu meist gefrorene Pommes frites verwendet. Überlege, bei welchem der Vorgänge eine chemische Reaktion stattgefunden hat: Einfrieren oder Frittieren? Begründe.

1 Zu Aufgabe 1

2 Frisch gepflückte Äpfel verändern sich mit der Zeit und beginnen zu faulen. Finden dabei chemische Reaktionen statt? Begründe.

3 Lässt man Toastbrot zu lange rösten, verkohlt es (▷ B 2). Beschreibe an diesem Beispiel, an welchen Merkmalen man eine chemische Reaktion erkennen kann.

2 Zu Aufgabe 3

3 Zu Aufgabe 4

4 Eiswürfel schmelzen, wenn man sie erwärmt. Dieser Vorgang lässt sich beim Abschmelzen der Gletscher auch in der Natur (▷ B 3) beobachten. Erläutere anhand dieses Beispiels den Unterschied zwischen der Änderung des Aggregatzustands und der chemischen Reaktion.

5 Wird schwarzes Silbersulfid im Reaktionsrohr ständig stark erhitzt, bildet sich eine rotglühende Kugel. Nach dem Abkühlen sieht man im Rohr einen gelben Stoff und eine silbrig glänzende Kugel, die sich leicht verformen lässt (▷ B 4).

a) Welche Stoffe sind bei der Zerlegung von Silbersulfid entstanden? Formuliere das Reaktionsschema.

b) Welche dieser Stoffe sind Elemente, welche Verbindungen?

c) Hat eine exotherme oder eine endotherme Reaktion stattgefunden? Begründe.

4 Zu Aufgabe 5

6 Heißer Schwefeldampf reagiert mit erhitztem Kupferblech. Es entsteht ein blauschwarzer, spröder Stoff (▷ B 5).

a) Benenne die Ausgangsstoffe und das Reaktionsprodukt. Formuliere das Reaktionsschema.

b) Handelt es sich bei diesem Vorgang um eine Analyse oder eine Synthese?

c) Erkläre mithilfe einer Modellvorstellung den Ablauf einer exothermen Reaktion.

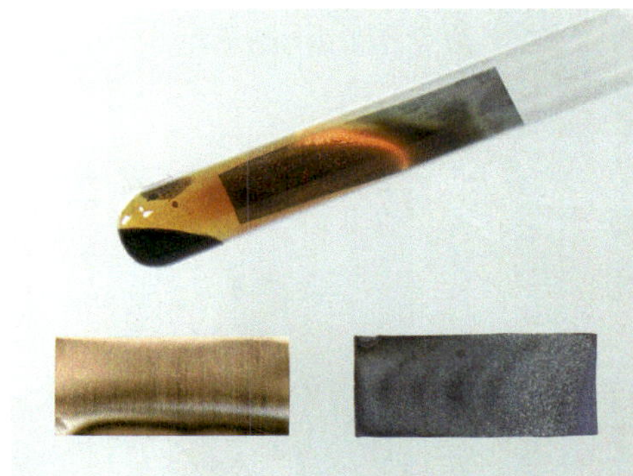

5 Zu Aufgabe 6

7 Bei manchen chemischen Reaktionen wird Platin als Katalysator eingesetzt. Beschreibe mithilfe einer Modellvorstellung die vorteilhafte Wirkung eines Katalysators.

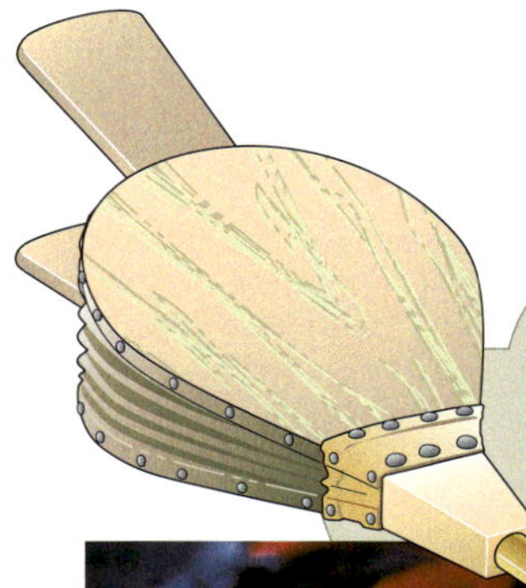

Reaktionen mit Sauerstoff

Verbrennungsvorgänge bestimmen das Leben in der Natur und unsere moderne Technik. Es gibt ganz verschiedene Verbrennungen: heftige und langsame, mit und ohne Flammenerscheinung. Manche Stoffe brennen überhaupt nicht.

Durch Verbrennungsreaktionen kann man Wärme gewinnen. Mit der Verbrennungswärme kann man kochen und heizen oder man kann Bewegung erzeugen. In Elektrizitätswerken geschieht das beispielsweise mithilfe von Generatoren, die elektrischen Strom erzeugen.

Papier brennt langsam mit heller Flamme und entwickelt dabei Rauch, Benzin brennt heftig und schnell, bei einem Holzkohlefeuer muss man oft mit dem Blasebalg nachhelfen. Bei allen Verbrennungen verändern sich die brennenden Stoffe. Bei einigen Stoffen treten an der Luft ähnliche Veränderungen auf; dies geschieht aber sehr langsam. Wir wollen sehen, ob solche Veränderungen auch Verbrennungen sind.

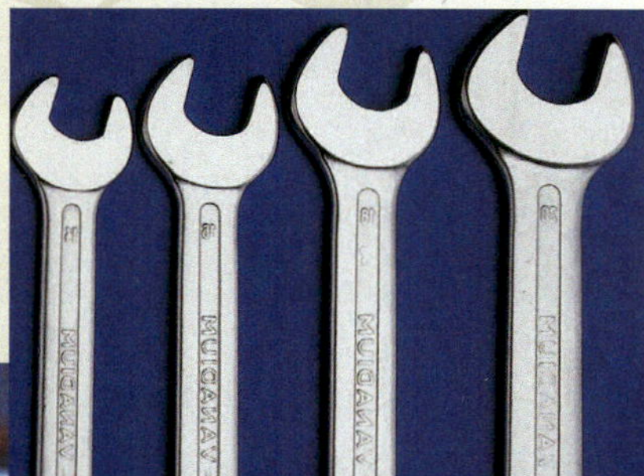

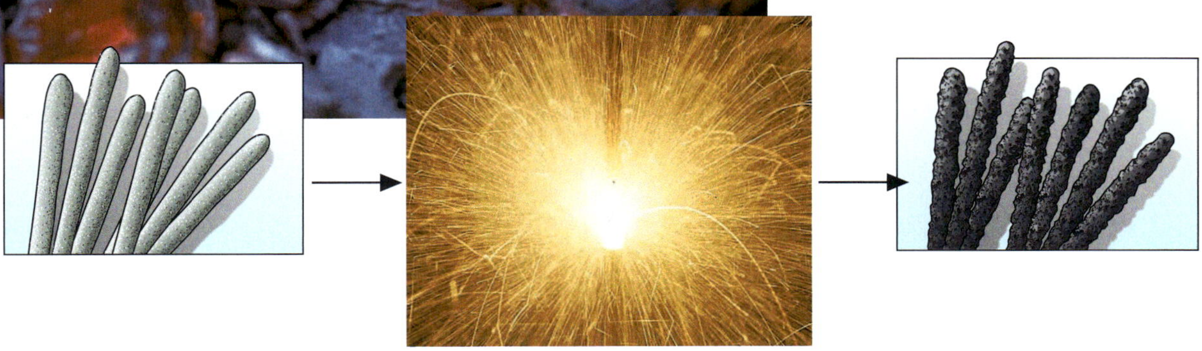

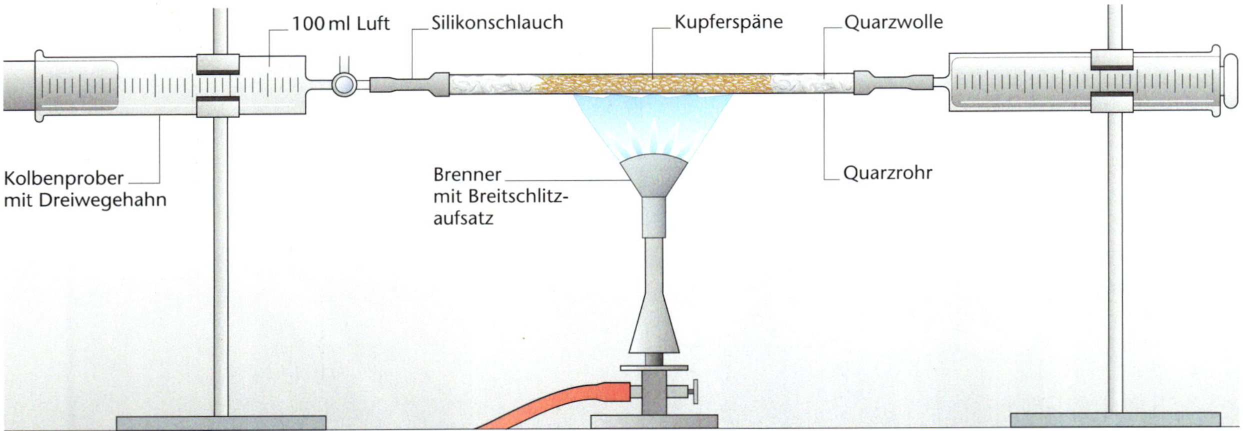

1 Welcher Teil der Luft reagiert?

Nur ein Teil der Luft reagiert
Wenn man Kupfer erhitzt und Luft über das heiße Kupfer strömen lässt (▷B 1; V 1), dann lassen sich zwei Erscheinungen beobachten: Das Kupfer hat seinen metallischen Glanz verloren und stattdessen einen schwarzen Überzug bekommen. Außerdem hat sich das Gasvolumen in der Apparatur etwa um ein Fünftel verringert. Als Reaktionsprodukt hat sich Kupferoxid gebildet, das an seiner schwarzen Farbe zu erkennen ist. Der Anteil der Luft, welcher mit dem Kupfer reagiert hat, ist der **Sauerstoff**.

Versuch

1 Ein Quarzrohr wird mit blanken Kupferspänen gefüllt und an zwei Kolbenprober (100 ml) angeschlossen (▷B 1). Die Kupferspäne werden mit einem Brenner mit Breitschlitzaufsatz kräftig erhitzt. Dabei wird die Luft mit den Kolbenprobern so lange über das heiße Kupfer hin- und hergeschoben, bis das Gasvolumen in der Apparatur konstant bleibt. Nach dem Abkühlen wird die Volumenverminderung der Luft bestimmt. Mit der Restluft wird die Glimmspanprobe durchgeführt.

Werkstatt

Luft reagiert mit Kupfer

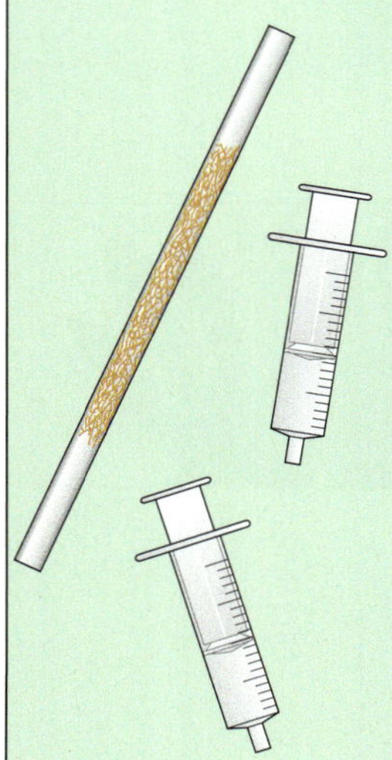

Material
Schutzbrille, Gasbrenner mit Breitschlitzaufsatz, Quarzwolle, Streichhölzer, blanke Kupferspäne, 2 Stative, Kerze; aus einem Gerätesatz: Quarz-Reaktionsrohr (Ø 8 mm), 2 Kunststoffspritzen (60 ml, geölt mit Silikonöl), 2 Halterungen für die Kunststoffspritzen, Dreiwegehahn, 2 Rohr-8-Buchsen oder Silikonschlauchverbindungen (8 mm)

Versuchsanleitung
a) Fülle ein etwa 20 cm langes Quarzrohr mit blanken Kupferspänen und verschließe beide Öffnungen des Quarzrohres mit etwas Quarzwolle. Schließe über die Rohr-8-Buchsen an eine Öffnung des Quarzrohres eine Kunststoffspritze an. Schließe an die andere Öffnung den Dreiwegehahn an. Verbinde den Dreiwegehahn mit der zweiten Spritze. Stelle eine der beiden Spritzen auf null und die andere auf 60 ml. Schließe den Dreiwegehahn und prüfe, ob die Apparatur dicht ist.

b) Erhitze das Kupfer mit dem Gasbrenner und drücke die Luft so lange mit den Spritzen über das Kupfer hin und her, bis sich das Gasvolumen in beiden Spritzen zusammen nicht mehr verändert. Lass die Apparatur abkühlen. Bestimme nach dem Abkühlen, um wie viel sich das Gasvolumen in der gesamten Apparatur verändert hat. Bewahre die Restluft in einer der Spritzen für Teilversuch c) auf.

c) Entzünde eine Kerze und drücke die Restluft aus einer der Spritzen seitlich gegen die Kerzenflamme. Beobachte.

Werkstatt

Sauerstoff, nicht aus der Luft

1 Wir stellen Sauerstoff her

Material
Schutzbrille, schwer schmelzbares Reagenzglas, Steinwolle, durchbohrter Gummistopfen (Achtung! Der Gummistopfen darf nicht mit Glycerin behandelt werden!), Glaswinkelrohr, Stativ, Doppelmuffe, Universalklemme, Gummischlauch, pneumatische Wanne oder Wasserschüssel, 3 Reagenzgläser mit Stopfen, Reagenzglasgestell, Spatellöffel, Gasbrenner, Holzspan, Kaliumpermanganat, Wasser

Versuchsanleitung
a) Baue die Apparatur nach Bild 1 auf. Achte darauf, dass die Universalklemme am oberen Ende des Reagenzglases befestigt wird. Fülle die Wanne mit Wasser. Lege drei vollständig mit Wasser gefüllte Reagenzgläser und drei Stopfen in die Wanne.

b) Gib eine kleine Spatelspitze Kaliumpermanganat in das schwer schmelzbare Reagenzglas. Erhitze das Kaliumpermanganat zunächst vorsichtig durch Befächeln mit der rauschenden Flamme des Gasbrenners und danach kräftig. Lass die ersten Gasbläschen entweichen. Halte dann eines der mit Wasser gefüllten Reagenzgläser mit der Öffnung nach unten über die Gasblasen und fange das Gas so unter Wasser auf.

c) Wenn der Sauerstoff das Wasser aus dem Reagenzglas verdrängt hat, verschließe es mit einem Stopfen. Verfahre so auch mit den anderen beiden Reagenzgläsern. Bewahre die mit Sauerstoff gefüllten Reagenzgläser für einen weiteren Versuch auf.

d) Löse **zuerst** den durchbohrten Stopfen mit dem Winkelrohr vom erhitzten Reagenzglas mit dem Kaliumpermanganat ab und entferne **dann erst** den Gasbrenner.

e) Entzünde einen Holzspan. Blase die Flamme aus. Der Holzspan darf nur noch glimmen. Öffne das Reagenzglas und führe den glimmenden Holzspan von oben langsam in das Reagenzglas ein. Wiederhole so oft wie möglich. Benutze auch die beiden anderen Reagenzgläser.

Aufgaben
1. Warum muss am Ende des Versuchs erst der durchbohrte Stopfen mit dem Gasableitungsrohr entfernt werden, bevor der Brenner entfernt wird?

2. Sauerstoff wird unter Wasser aufgefangen: Überlege, warum das so gemacht wird.

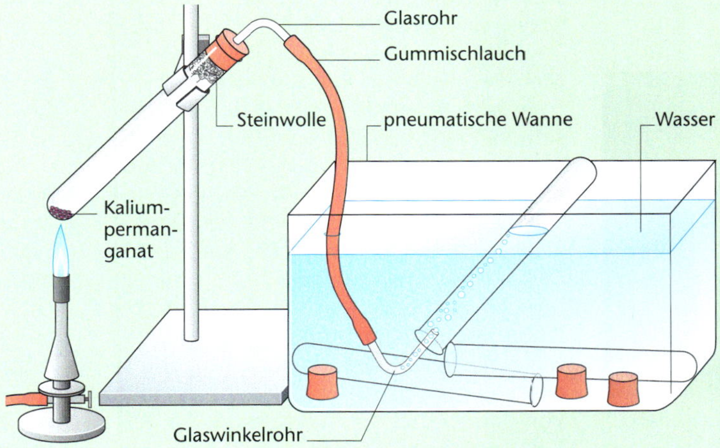

1 Sauerstoffherstellung aus Kaliumpermanganat

Zeitpunkt

Gase unter Wasser auffangen

Die Erfindung der pneumatischen Wanne
Der Pfarrer STEPHEN HALES (1677–1761) beschäftigte sich in seiner Freizeit mit chemischen Experimenten. Er erhitzte Kohle, Tabak, Zucker und andere Stoffe, wobei sich Gase bildeten. Zum Auffangen dieser Gase entwickelte er ein Gerät, die Hales'sche oder pneumatische Wanne (▷B 1). In ein mit Wasser gefülltes Becken stellte er umgekehrt ein hohes Glasgefäß, das ebenfalls mit Wasser gefüllt war. Von unten leitete er über ein Röhrchen Gas in das Glasgefäß. Auf diese Weise blieb das Gas isoliert und vermischte sich nicht mit Luft. Er benutzte Wasser als Sperrflüssigkeit.

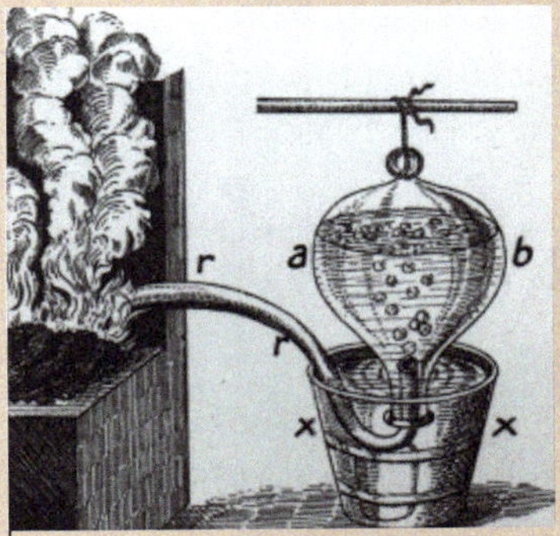

1 Historische Apparatur von HALES

▶ 78 ff.

Metalle reagieren mit Sauerstoff

1 Magnesia verhindert das Abrutschen beim Turnen.

2 Magnesium verbrennt zu Magnesiumoxid.

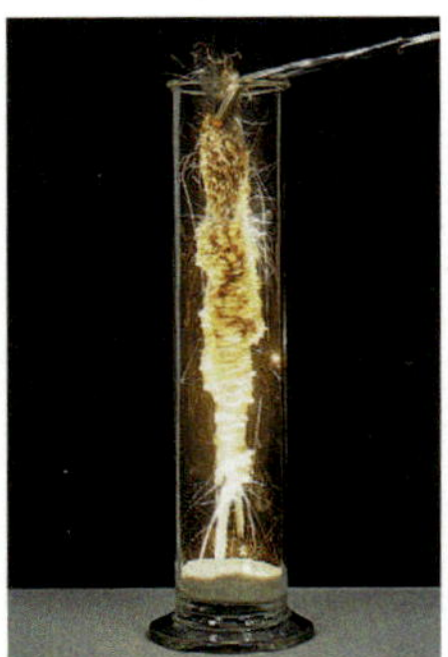

3 Eisen wird oxidiert.

Magnesium, ein brennbares Metall

Entzündet man einen Streifen Magnesiumband an der Luft, verbrennt er mit heller Lichterscheinung zu einem weißen Reaktionsprodukt (▷ B 2). Magnesium hat mit Sauerstoff aus der Luft zu Magnesiumoxid reagiert. Magnesiumoxid ist ein weißer Stoff, der unter der Bezeichnung Magnesia im Sport verwendet wird (▷ B 1).

Metalle reagieren mit Sauerstoff

In reinem Sauerstoff verbrennen Metalle sehr viel heftiger als an der Luft. Magnesium reagiert mit Sauerstoff so stark, dass sich das gesamte Reaktionsprodukt in Form eines weißen Rauches im Standzylinder zeigt (▷ B 4; V 1). Ein gleißendes Licht ist zu sehen. Angeglühte Eisenwolle verbrennt in reinem Sauerstoff unter lebhaftem Funkensprühen (▷ B 3; V 2), während sie an der Luft nur glüht. Die Reaktionsprodukte unterscheiden sich nicht von denen, die beim Verbrennen an der Luft entstehen.

▶ Bei der Reaktion von Metallen mit Sauerstoff entstehen Metalloxide.

Oxide, Oxidation

Reagiert ein Metall mit Sauerstoff, so entsteht ein **Oxid**. Oxide unterscheiden sich in ihren Eigenschaften von den Metallen, aus denen sie entstanden sind.
Es sind spröde Stoffe mit hohen Schmelztemperaturen. Die Reaktion des Metalles mit Sauerstoff bezeichnet man als **Oxidation** (griech. / lat. oxygenium, Sauerstoff). Bei den meisten Oxidationen wird Energie in Form von Licht und Wärme frei. Es handelt sich um exotherme Reaktionen.

▶ Oxide sind Verbindungen mit Sauerstoff. Die Reaktion eines Stoffes mit Sauerstoff wird Oxidation genannt.

Reaktionen von Metalloxiden mit Wasser

Magnesium verbrennt an der Luft zu Magnesiumoxid. Schlämmt man Magnesiumoxid mit Wasser auf und gibt Universalindikator dazu, ist eine Blaufärbung festzustellen. Daher muss diese Aufschlämmung alkalisch sein (▷ B 5; V 3). Die Aufschlämmung von Branntkalk (Calciumoxid) ergibt mit Universalindikator ebenfalls eine Blaufärbung und ist deshalb alkalisch (▷ B 6; V 4). So wie Magnesiumoxid und Calciumoxid reagieren auch andere Metalloxide. Sie bilden mit Wasser alkalische Lösungen.

▶ Metalloxide bilden mit Wasser alkalische Lösungen.

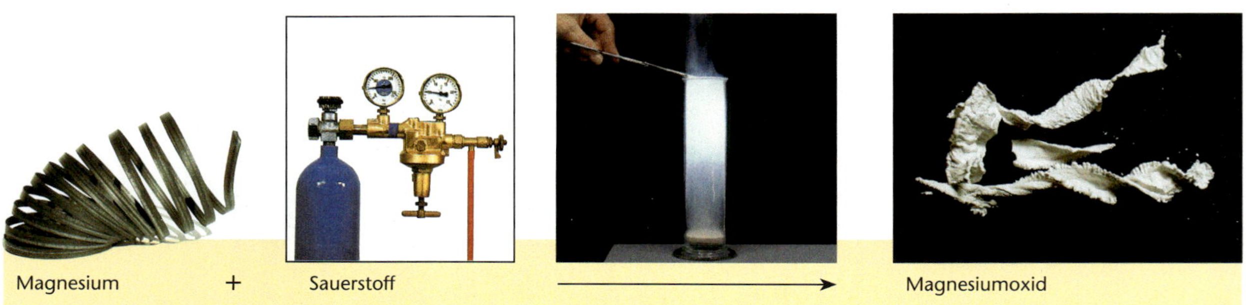

4 Magnesium und Sauerstoff reagieren zu Magnesiumoxid.

5 Eine Lösung von Magnesiumoxid in Wasser ist alkalisch.

6 Eine Lösung von Calciumoxid in Wasser ist alkalisch.

Versuche

1 Ein Magnesiumband wird in einem mit Sauerstoff gefüllten Standzylinder verbrannt, dessen Boden mit Sand bedeckt ist. (Vorsicht! Nicht in die Flamme schauen! Schutzbrille)

2 Man füllt einen Standzylinder mit Sauerstoff und gibt einen gehäuften Esslöffel Sand in den Zylinder. Man glüht etwas Eisenwolle an und taucht sie in den Standzylinder. (Schutzbrille)

3 In eine Petrischale wird etwas Wasser mit einigen Tropfen Universalindikator gegeben. Die Petrischale wird auf den Tageslichtprojektor gestellt. Über der Petrischale wird ein Magnesiumband so verbrannt, dass das Magnesiumoxid in die Petrischale fällt (▷B 5). Schutzbrille, nicht in die Flamme schauen!

4 Mit stark rauschender Brennerflamme wird Calcium in einem Porzellantiegel so lange erhitzt, bis es an der Luft verbrennt. Das weiße Calciumoxid gibt man in eine Petrischale, in der sich mit Universalindikator versetztes Wasser befindet (▷B 6). (Schutzbrille)

Aufgaben

1 In einem Porzellantiegel wird Calcium erhitzt und verbrannt. Benenne das Reaktionsprodukt.

2 Zur Untersuchung von Flammenfärbungen verwendet man Magnesiastäbchen. Auch andere Geräte, beispielsweise Magnesiarinnen, Tiegel und Reaktionsrohre bestehen aus Magnesia. Warum ist der Stoff dafür geeignet?

Brennpunkt

Rosten

Oxidation ohne Flammenerscheinung
Werden Gegenstände aus Eisen ungeschützt der Luft und Feuchtigkeit ausgesetzt, bildet sich eine rotbraune Schicht aus **Rost** (▷B 2). Eisen hat mit Sauerstoff aus der Luft zu **Eisenoxid** reagiert. Diese Oxidation findet ohne erkennbare Licht- und Wärmeabgabe statt. Man bezeichnet sie deshalb als **langsame Oxidation**. Die Rostschicht ist locker und spröde, wie die Mikroaufnahme zeigt (▷B 1). Sauerstoff und Feuchtigkeit können sie leicht durchdringen und an das darunter liegende Metall gelangen. Auf diese Weise können im Laufe der Zeit selbst dicke Eisenteile durchrosten.

1 Mikroaufnahme

Rostschutz
Um Eisenteile vor Rost zu schützen, muss der Zutritt von Luft und Wasser verhindert werden. Autos werden lackiert, Eisengitter und -tore mit Rostschutzfarbe gestrichen oder mit Kunststoff überzogen, eiserne Kochtöpfe emailliert und Gartengeräte wie Spaten und Harken eingeölt.

2 Eisen rostet.

1 Olympia-Medaillen in Bronze, Silber, Gold

Vergleichende Oxidation von Metallen
Bläst man Magnesiumpulver durch ein Winkelrohr in die nicht leuchtende Flamme eines Gasbrenners, so verbrennt das Metall mit hell leuchtendem Funkenregen (▷B2; ▷V1).
Wiederholt man den Versuch mit Pulver gleicher Korngröße von Kupfer und Eisen, zeigen sich deutliche Unterschiede in der Reaktionsheftigkeit. Kupfer verbrennt mit grünlicher Flamme, Eisen gelb leuchtend (▷B2).

Das Bestreben der einzelnen Metalle, mit Sauerstoff ein Oxid zu bilden, ist also unterschiedlich ausgeprägt (▷B2).

Bindungsbestreben der Metalle
Von Kupfer zu Magnesium nimmt das Bestreben der Metalle, mit Sauerstoff zu reagieren, zu. Nach diesem Bindungsbestreben lassen sich die Metalle auch unterscheiden. Metalle, deren Reaktionsbereitschaft mit Sauerstoff groß ist, werden **unedle Metalle** genannt. Metalle wie Gold und Silber sind **Edelmetalle**, sie besitzen ein geringes Bindungsbestreben zu Sauerstoff (▷B3).

Unedle Metalle haben ein großes, Edelmetalle kein oder nur ein geringes Bindungsbestreben zu Sauerstoff.

Versuche

1 Ein Winkelrohr wird in Magnesiumpulver getaucht. Das Pulver wird von unten in die nicht leuchtende Gasbrennerflamme geblasen. Das Winkelrohr soll dabei mindestens einen 20 cm langen Schenkel zum Mund haben. (Feuerfeste Unterlage! Sicherheitsabstand!)

2 Man wiederholt den Versuch 1 mit Eisenpulver, Kupferpulver und Aluminiumpulver gleicher Korngröße.

2 Kupfer, Eisen, Magnesium reagieren unterschiedlich heftig mit Sauerstoff.

3 Bindungsbestreben von Metallen zu Sauerstoff

Metalle werden unterschiedlich leicht oxidiert

1 Wir oxidieren Eisen

Material

Schutzbrille, Tiegelzange, Standzylinder mit Deckglas, Gasbrenner, Spatellöffel, feuerfeste Unterlage, Sand, Eisenwolle, Sauerstoff aus der Sauerstoffflasche (wird von der Lehrkraft ausgegeben)

Versuchsanleitung

Gib ca. einen halben Zentimeter Sand in den Standzylinder. Lass den Standzylinder vom Lehrer / von der Lehrerin mit Sauerstoff füllen und decke den Zylinder mit dem Deckglas ab. Entzünde den Gasbrenner und halte einen Ballen Eisenwolle mit der Tiegelzange in die Brennerflamme (▷ B 1 a). Wenn die Eisenwolle glüht, tauche sie in den mit Sauerstoff gefüllten Standzylinder (▷ B 1 b).

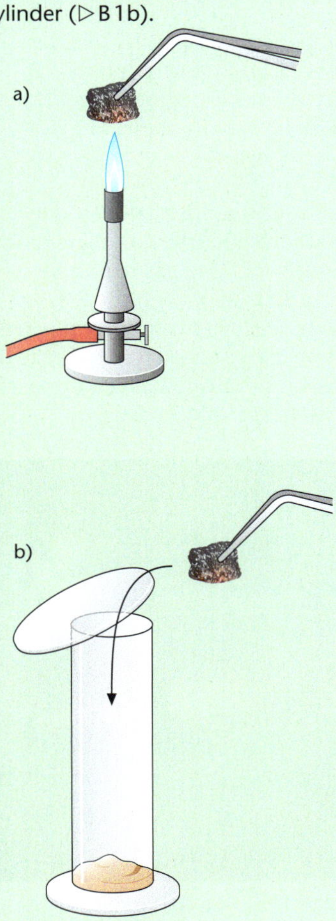

1 Eisen wird oxidiert.

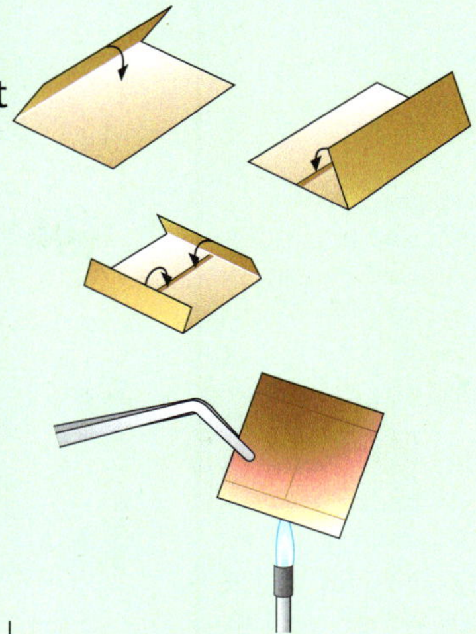

2 Kupfer wird oxidiert.

2 Wir oxidieren Kupfer

Material

Schutzbrille , Tiegelzange, Gasbrenner, feuerfeste Unterlage, Kupferblech (ca. 5 cm × 5 cm)

Versuchsanleitung

Falte ein etwa 5 cm × 5 cm großes Kupferblech (▷ B 2) (Vorsicht! Schnittverletzungen!), presse es fest zusammen und halte es mithilfe der Tiegelzange etwa eine Minute über die Flamme des Gasbrenners. Lass anschließend das Kupferblech erkalten und falte es wieder auseinander. Vergleiche den Zustand innen und außen.

3 Wir erzeugen Funkenregen

Material

Schutzbrille, Stativ, Universalklemme, Doppelmuffe, Gasbrenner (kein Kartuschenbrenner!), ein Stück Aluminiumfolie, Metallspatel mit Füllrinne, Eisenpulver, Kupferpulver, Zinkpulver (die Pulverproben sollten möglichst gleiche Korngröße besitzen) jeweils in einer Porzellanschale

Versuchsanleitung

Decke den Tisch mit einer ausreichend großen Aluminiumfolie ab und falte die Ränder der Folie nach oben um. Spanne den Gasbrenner waagerecht am Stativ ein und entzünde ihn. Achte darauf, dass kein Mitschüler in Flammenrichtung steht!

Nimm dann mit dem Spatel eine kleine Prise Metallpulver aus einer der Porzellanschalen und lass das Pulver von oben auf die nicht leuchtende Gasbrennerflamme rieseln (▷ B 3). Notiere die Beobachtungen. Ordne die Metalle nach zunehmender Reaktionsheftigkeit.

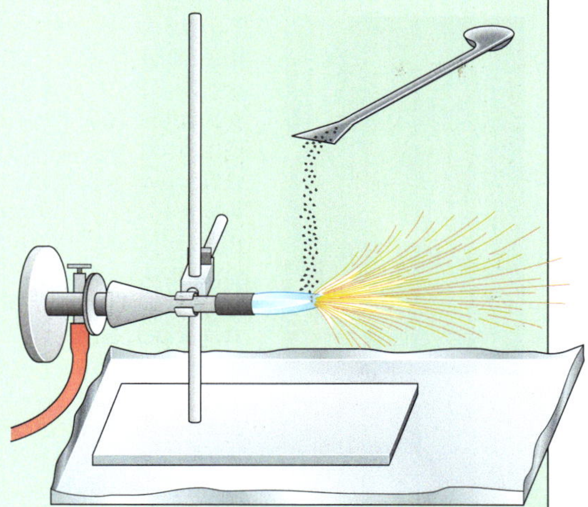

3 Ein Funkenregen wird erzeugt.

4 Wie schnell rostet Eisen?

Material

Reagenzglas, Becherglas, Spatel, fingerdicker Ballen Eisenwolle, Wasser

Versuchsanleitung

Schiebe einen Ballen Eisenwolle mit dem Spatel bis an den Boden eines Reagenzglases. Stelle das Reagenzglas mit der Öffnung nach unten in ein zu zwei Dritteln mit Wasser gefülltes Becherglas (▷ B 4). Beschreibe das Versuchsergebnis nach drei Tagen.

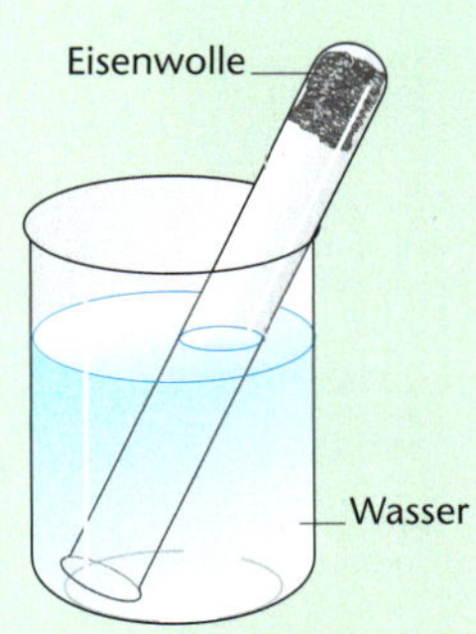

4 Eisenwolle unter Wasser

▶154

Brennpunkt

Schweißen und Schneiden

Schweißen – ein Schmelzprozess
Wenn beim Bau einer Eisenbrücke oder eines Autos die verschiedenen Eisenteile zusammenhalten sollen, dann werden sie entweder miteinander verschraubt, vernietet, geklebt oder geschweißt.

Beim Schweißen werden zwei Eisenteile an der Naht durch eine Schweißbrennerflamme (▷B 2) so stark erhitzt, dass das Eisen schmilzt. Als Schweißgas benutzt man ein Gemisch aus einem Brenngas und Sauerstoff. Das geschmolzene Eisen der beiden Werkstücke fließt an der Nahtstelle zusammen oder wird durch einen Schweißdraht verbunden (▷B 1). Wenn das Werkstück wieder abkühlt und erstarrt, ist aus zwei zuvor getrennten Eisenteilen ein zusammenhängendes Eisenteil geworden.

Schneiden – ein Oxidationsprozess
Weil Eisenplatten sich nicht leicht zersägen lassen, stellt sich die technische Frage, wie man ein Eisenstück zerteilen kann.

Wenn Eisen erst einmal so heiß ist, dass es schmilzt, dann wird es auch sehr leicht oxidiert. Unter reinem Sauerstoff verläuft die Oxidation besonders heftig. Dabei wird so viel Wärme freigesetzt, dass die Oxidation auch ohne zusätzliches Erhitzen von alleine weiterläuft. Dieses Verhalten des Eisens macht man sich beim Schneidbrenner zu Nutze.

Man erhitzt das Eisen mit dem Schneidbrenner (▷B 2) zuerst bis zur Schmelze.

1 Ein Schweißdraht verbindet die Schweißnaht.

Dann wird das Brenngas abgestellt und stattdessen wird reiner Sauerstoff in einem punktgenauen Gasstrahl auf die Schnittstelle des Werkstücks geblasen. Unter dem Sauerstoffstrahl verbrennt Eisen. Die freigesetzte Wärme schmilzt angrenzendes Eisen, und unter dem Sauerstoffstrahl wird es oxidiert.

Gleichzeitig werden das geschmolzene Eisen und das Eisenoxid durch den Gasdruck in einem Funkenregen fortgeblasen (▷B 3). Zurück bleibt ein Spalt im Eisenblech.

Damit aber das übrige Eisen neben der Schnittstelle nicht ebenfalls oxidiert wird, wird gleichzeitig das Edelgas Argon als Schutzgas unmittelbar neben die Schnittstelle geblasen. Das Argon schützt das restliche Eisen vor dem Zutritt von Sauerstoff und damit vor einer ungewollten Oxidation an der falschen Stelle.

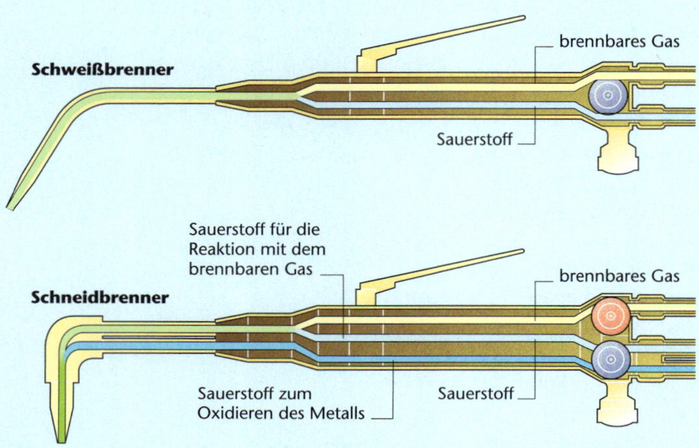

2 Querschnitt durch einen Schweiß- und einen Schneidbrenner

3 Geschmolzenes Eisen wird als Funkenregen fortgeblasen.

▶238 f.

1 Auf dem Gartengrill wird Holzkohle verwendet.

2 Holzkohle verbrennt in Sauerstoff.

3 Kalkwasserprobe

Oxide des Kohlenstoffs
Holzkohle (▷B 1) wird aus Holz gewonnen. Sie besteht fast ausschließlich aus Kohlenstoff, daneben enthält sie noch geringe Mengen mineralischer Stoffe. Zündet man Holzkohle an, so glüht sie unter Luftzufuhr hell auf und verglüht langsam unter Wärmeabgabe. Hellgraue Asche bleibt als Rückstand der Mineralstoffe übrig. Es entsteht kein sichtbares Oxid.

Taucht man angeglühte Holzkohle in einen Standzylinder mit reinem Sauerstoff, verbrennt sie zu einem farb- und geruchlosen Gas (▷B 2; V 1). Schüttelt man Kalkwasser mit dem Gas im Standzylinder, erfährt das Kalkwasser eine milchige Trübung. Die Trübung von Kalkwasser ist ein Nachweis für Kohlenstoffdioxid. Bei der Reaktion von Kohlenstoff mit Sauerstoff ist also **Kohlenstoffdioxid** entstanden (▷B 3).

Kohlenstoffdioxid entsteht bei der Reaktion von Kohlenstoff mit Sauerstoff.

Kohlenstoffdioxid hat eine größere Dichte als Luft und kann deshalb umgegossen werden. Kerzen, die in verschiedenen Höhen brennen, werden im Gefäß von unten nach oben erstickt (▷B 4).

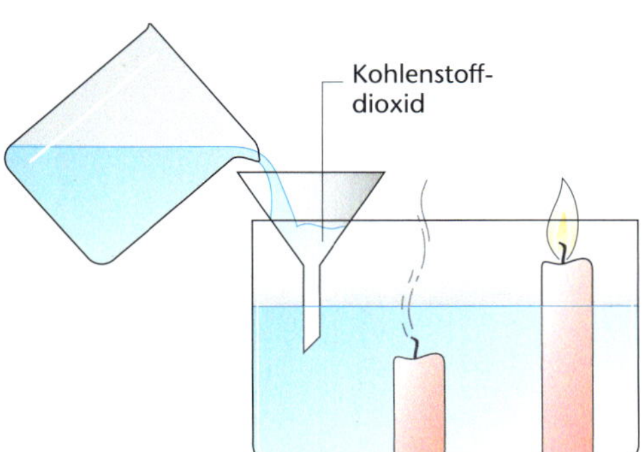

4 Kohlenstoffdioxid erstickt die Flamme.

Kohlenstoffdioxid verleiht vielen Getränken den prickelnden Geschmack. Trockeneis ist festes Kohlenstoffdioxid und wird zum Tiefkühlen von Lebensmitteln verwendet (▷B 5).

Verbrennt Kohlenstoff bei ungenügender Luftzufuhr, so entsteht ein giftiges Gas, das **Kohlenstoffmonooxid**. Es ist farb- und geruchlos und wirkt beim Einatmen schon in geringen Mengen tödlich. Beim Entzünden verbrennt es mit blauer Flamme zu Kohlenstoffdioxid (▷B 6). Kohlenstoffmonooxid entsteht in Verbrennungsmotoren und in Kohleheizkesseln.

5 Trockeneis zur Kühlung von Lebensmitteln

6 Kohlenstoffmonooxid verbrennt mit blauer Flamme.

Versuch

1 Entzünde ein Stück Holzkohle auf einem Verbrennungslöffel und tauche diesen in einen mit reinem Sauerstoff gefüllten Standzylinder. Prüfe das Reaktionsprodukt mit Kalkwasser. (Schutzbrille)

Aufgabe

1 Formuliere das Reaktionsschema für die Bildung von Kohlenstoffdioxid.

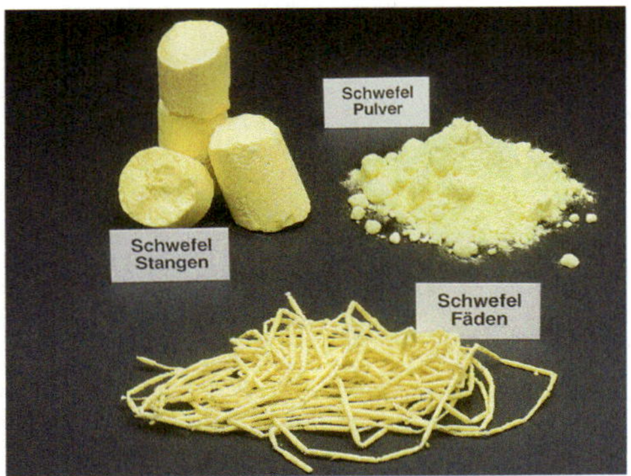

1 Handelsformen des Schwefels

2 Schwefel verbrennt.

Schwefel reagiert mit Sauerstoff

Erhitzt man Schwefel im Verbrennungslöffel und taucht diesen in einen Standzylinder mit reinem Sauerstoff, so verbrennt Schwefel mit leuchtend blauer Flamme (▷B 2; V 1). Es entsteht ein farbloses, stechend riechendes Gas. Schwefel hat mit Sauerstoff **Schwefeldioxid** gebildet. Schwefeldioxid ist giftig und reizt die Schleimhäute.

Wasserstoff reagiert mit Sauerstoff

Ein Space-Shuttle wird mit einer Trägerrakete in den Weltraum gebracht. Den Antrieb bilden die beiden Gase Wasserstoff und Sauerstoff, die im flüssigen Zustand mitgeführt werden. Die bei der Verbrennung freigesetzte Energie bildet den Schub. Es entstehen riesige Mengen Wasserdampf. Wasserstoff reagiert mit Sauerstoff zu **Wasserstoffoxid** (Wasser; ▷B 3).

Stickstoff reagiert mit Sauerstoff

Bei Verbrennungsvorgängen, die bei hoher Temperatur ablaufen, reagieren Stickstoff und Sauerstoff zu Stickstoffoxiden. Dies geschieht in Verbrennungsmotoren und Kraftwerken.

Nichtmetalloxide reagieren mit Wasser

Schwefeldioxid ergibt mit Wasser eine saure Lösung (▷B 4; V 2).
Auch das bei der Verbrennung von Kohlenstoff gebildete Gas Kohlenstoffdioxid löst sich gut in Wasser und ergibt ebenfalls eine schwach saure Lösung (▷V 3).
Kohlenstoff und Schwefel sind Nichtmetalle. Ihre Verbrennungsprodukte sind **Nichtmetalloxide**. Nichtmetalloxide bilden mit Wasser **saure Lösungen**.

Bei der Reaktion von Nichtmetallen mit Sauerstoff entstehen Nichtmetalloxide. Nichtmetalloxide bilden mit Wasser saure Lösungen.

Versuche

1 Eine kleine Portion Schwefel wird in einem Verbrennungslöffel entzündet und dieser sofort in einen mit Sauerstoff gefüllten Standzylinder getaucht. Mit einem Deckglas wird der Zylinder verschlossen. (Abzug!)

2 Man füllt einen Standzylinder etwa 4 cm hoch mit Wasser und gibt einige Tropfen Universalindikator dazu. Ein Stück Schwefel wird auf einen Verbrennungslöffel gegeben und im Standzylinder verbrannt (Abzug!). Dann verschließt man den Standzylinder mit einem Deckglas und schwenkt ihn um.

3 Fülle einen Standzylinder etwa 4 cm hoch mit Wasser und gib einige Tropfen Universalindikator dazu. Verbrenne anschließend ein Stück Holzkohle auf dem Verbrennungslöffel im Standzylinder, bis das Feuer ausgeht. Schwenke das Wasser im Standzylinder kräftig um.

3 In Raketentriebwerken verbrennt Wasserstoff mit Sauerstoff.

4 Eine Lösung von Schwefeldioxid und Wasser ist sauer.

▶140 f.

1 Kohlekraftwerk

Rauchgas aus Kohlekraftwerken

In Kohlekraftwerken wird Braun- oder Steinkohle zur Wärmeerzeugung verbrannt. Neben festen Rückständen in Form von Asche entstehen bei der Verbrennung Feuerungsabgase, die als **Rauchgas** entweichen und zur Luftverschmutzung beitragen. Bei der Rauchgasentschwefelung wird Schwefeldioxid aus dem Rauchgas entfernt.

Laborversuch zur Rauchgasentschwefelung

Man erhitzt zerkleinerte Braunkohle bis zum Glühen, beobachtet die Rußabscheidung im Rundkolben und prüft das entstehende Rauchgas auf Schwefeldioxid (Prüfröhrchen). Das Rauchgas wird dann durch eine Lugol-Lösung geleitet (▷B4). Die Entfärbung der Lösung deutet auf Schwefeldioxid hin. Anschließend wird das Rauchgas durch Kalkwasser geleitet. Das Kalkwasser wird milchig trüb. Schwefeldioxid wird absorbiert, ein Salz bildet sich. Prüft man noch einmal auf Schwefeldioxid, wird die Lugol-Lösung farblich nicht mehr verändert.

Rauchgasentschwefelung in der Technik

In einem Waschturm, dem Absorberturm, (▷B2), der etwa 40 Meter hoch ist und einen Durchmesser von 15 Metern aufweist, wird das heiße schwefeldioxidhaltige Rauchgas auf ca. 50 °C gekühlt. Die Waschflüssigkeit ist eine Suspension aus Wasser und fein gemahlenem Kalkstein. Auf mehreren Düsenebenen wird die Waschsuspension in das Rauchgas gesprüht. Das gasförmige Schwefeldioxid reagiert mit der Kalksteinsuspension. Über chemische Reaktionen entsteht Gips. Durch dieses Verfahren wird der Schwefeldioxidausstoß im Rauchgas um mehr als 85 % reduziert.

2 Absorberturm

Gipspellets

Der in einer **R**auchgas**e**ntschwefelungs-**A**nlage entstandene **G**ips (**REA-Gips**) wird zu Pellets (▷B3) gepresst oder nach Entzug von Wasser in rieselfähiger Form gelagert. Ein Teil dieser Gipsproduktion wird in der Baustoffindustrie verwertet.

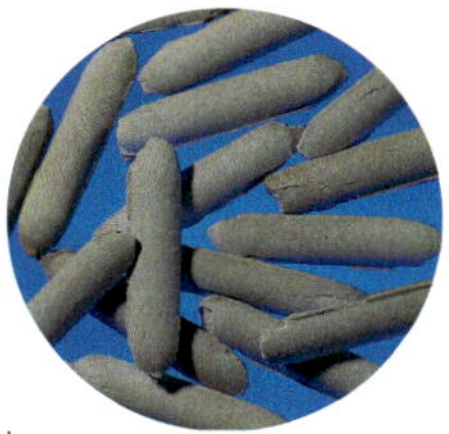

3 Gipspellets

Versuch

1 Man baut eine Versuchsapparatur nach Bild 4 auf. Den Weg des entstehenden Rauchgases verfolgt man über Rußabscheidung, Waschflaschen mit Lugol-Lösung, Kalkwasser und wieder Lugol-Lösung bis zum Prüfröhrchen für Schwefeldioxid am Versuchsende.

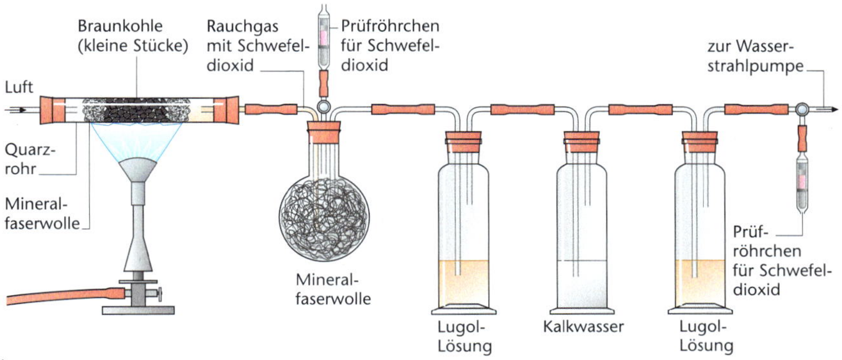

4 Schwefeldioxid wird aus dem Rauchgas entfernt.

Brennpunkt

Luftverschmutzung

Schädliche Verbrennungsprodukte
Kohle, Erdgas, Erdöl und Erdölprodukte wie Benzin, Diesel- und Heizöl werden verbrannt, damit die Energie, die bei diesen Oxidationsvorgängen frei wird, genutzt werden kann. Beim Verbrennen entstehen nicht nur Wasserdampf und Kohlenstoffdioxid, sondern auch andere Oxide, die als Abgase die Luft verschmutzen. Die Brennstoffe enthalten Schwefelverbindungen, deshalb entsteht das giftige **Schwefeldioxid**. Es reizt die Schleimhäute und schädigt die Atmungsorgane. Bei der Verbrennung von Benzin im Motor entstehen giftige **Stickstoffoxide** und bei einer unvollständigen Verbrennung **Kohlenstoffmonooxid**. Die Stickstoffoxide entstehen durch Oxidation von Luftstickstoff im heißen Motor. Stickstoffoxide sind schon in geringen Mengen sehr giftig, auch Kohlenstoffmonooxid beeinträchtigt schon in geringer Konzentration die Sauerstoffaufnahme des Blutes. Der Schadstoffausstoß der verschiedenen Verursacher ist sehr unterschiedlich (▷ B 1).

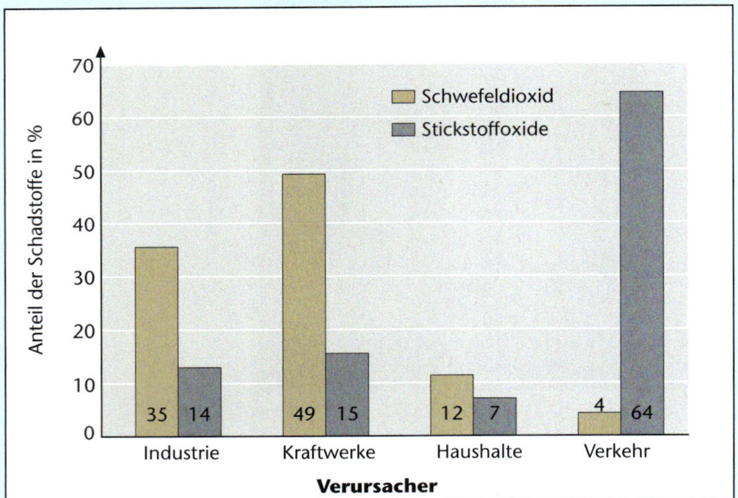

1 Schadstoffausstoß und Verursacher in Deutschland (2000)

Feinstäube
Bei Verbrennungsprozessen entstehen so genannte Feinstäube. Sie schädigen die Atmungsorgane. Da der Teilchendurchmesser beim Feinstaub unter 0,2 Millimetern liegt, können die Stäube sogar durch die Lungenbläschen ins Blut gelangen. Dies ist besonders gefährlich, weil die Stäube auch Verbindungen giftiger Schwermetalle (Blei, Cadmium, Zink) enthalten können.

Zeitpunkt

Smog

1 „Big Ben" in London im Nebel

2 Polizistinnen mit Schutzmasken

London im Dezember 1952
Die Schadstoffe in der Luft fördern die Nebelbildung. In London tauchte 1952 zum ersten Mal das Phänomen „Smog" auf (▷ B 1). Rauch und Nebel behinderten den Verkehr, innerhalb von 14 Tagen starben 4000 Menschen mehr als sonst in diesem Zeitraum. Sehr viele litten unter Augenreizung, Atem- und Kreislaufbeschwerden, vor allem Kleinkinder und ältere Menschen. Luftmessungen ergaben eine fünfmal höhere Rauchkonzentration und eine sechsmal höhere Schwefeldioxidkonzentration als sonst. Mit Tüchern und Smog-Schutzmasken (▷ B 2) versuchte die Bevölkerung, sich vor dem Smog zu schützen. Das Wort Smog ist eine Wortbildung aus den englischen Wörtern **Sm**oke = Rauch und **Fog** = Nebel und versinnbildlicht den durch die Luftverunreinigung hervorgerufenen Nebel.

▶ 241

Treibhauseffekt

1 Ein Gewächshaus ist ein Treibhaus.

2 Blick aus dem Weltraum auf die Lufthülle der Erde

Was ist ein Treibhaus?
In einem Gewächshaus (▷ B 1) ist das Glas für normales Sonnenlicht durchlässig. Die Pflanzen und der Boden erwärmen sich und strahlen auch wieder Wärme ab. Diese Wärme wird vom Glas teilweise zurückgehalten, das Gewächshaus erwärmt sich. Pflanzen treiben in einem solchen Treibhaus auch aus, wenn es draußen kalt ist.

Treibhaus Erde
Ein Teil der Sonnenstrahlen dringt durch die Atmosphäre, die natürliche Lufthülle der Erde (▷ B 2), und erwärmt die Oberfläche. Die von der Oberfläche zurückgeworfene Wärmestrahlung wird teilweise zurückgehalten von den Wassertröpfchen in den Wolken und vor allem von gasförmigem Wasser und Kohlenstoffdioxid in der Atmosphäre. Die Lufthülle der Erde wirkt wie die Glasscheibe eines Gewächshauses (▷ B 4). Man spricht vom Treibhauseffekt. Ohne die Gase der Atmosphäre läge die mittlere Jahrestemperatur auf der Erde bei −18 °C und nicht, wie tatsächlich gemessen, bei +15,5 °C.

Wird es wärmer auf der Erde?
Heute entsteht durch Verbrennung kohlenstoffhaltiger Brennstoffe weltweit mehr Kohlenstoffdioxid, als die Bäume und andere grüne Pflanzen aufnehmen können. Die Folge davon ist ein Anstieg des Kohlenstoffdioxidgehaltes in der Luft. Auch die Vernichtung von Tropenwald durch Brandrodung erhöht den Anteil von Kohlenstoffdioxid in der Atmosphäre (▷ B 3). Dadurch verstärkt sich der natürliche Treibhauseffekt und die Temperatur in Bodennähe nimmt zu.

Aufgaben

1 Welche Gefahren sind mit der Zunahme des Treibhauseffekts verbunden?

2 Wodurch erhöht sich der Anteil von Kohlenstoffdioxid in der Atmosphäre?

3 Suche nach Informationen über weitere Treibhausgase, die das Klima auf der Erde beeinflussen.

3 Brennender Regenwald in den Tropen

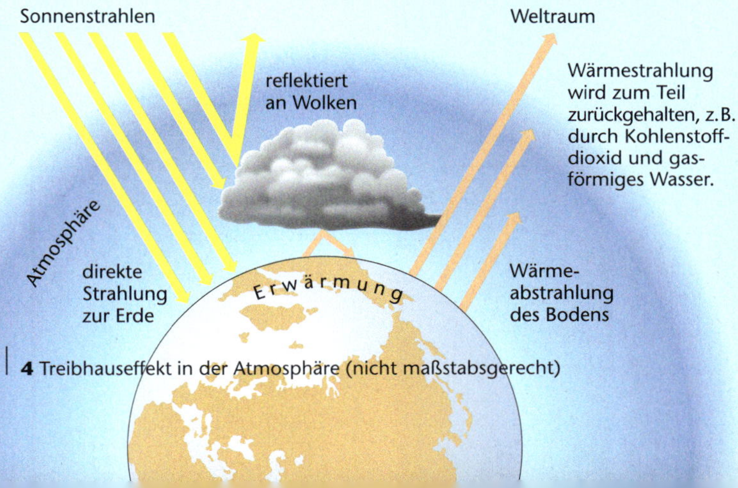

4 Treibhauseffekt in der Atmosphäre (nicht maßstabsgerecht)

Reaktionen mit Sauerstoff

1 Magnesium und Sauerstoff reagieren zu Magnesiumoxid.

2 Magnesiumoxid bildet in Wasser eine alkalische Lösung.

3 Schwefeldioxid bildet in Wasser eine saure Lösung.

Metalle reagieren mit Sauerstoff
Bei Reaktionen von Metallen mit Sauerstoff entstehen Metalloxide (▷ B 1).
Beispiele:
Magnesium + Sauerstoff ⟶ Magnesiumoxid
Eisen + Sauerstoff ⟶ Eisenoxid

Oxide und Oxidationen
Oxide sind Verbindungen mit Sauerstoff. Die Reaktion eines Stoffes mit Sauerstoff wird Oxidation genannt.

Bildung alkalischer Lösungen
Metalloxide bilden mit Wasser alkalische Lösungen (▷ B 2).

Bindungsbestreben zu Sauerstoff
Unedle Metalle haben ein großes, Edelmetalle kein oder nur ein geringes Bindungsbestreben zu Sauerstoff (▷ B 4).

Nichtmetalle reagieren mit Sauerstoff
Bei der Reaktion von Nichtmetallen mit Sauerstoff entstehen Nichtmetalloxide (▷ B 3).
Beispiele:
Kohlenstoff + Sauerstoff ⟶ Kohlenstoffdioxid
Schwefel + Sauerstoff ⟶ Schwefeldioxid

Bildung saurer Lösungen
Nichtmetalloxide bilden mit Wasser saure Lösungen (▷ B 3).

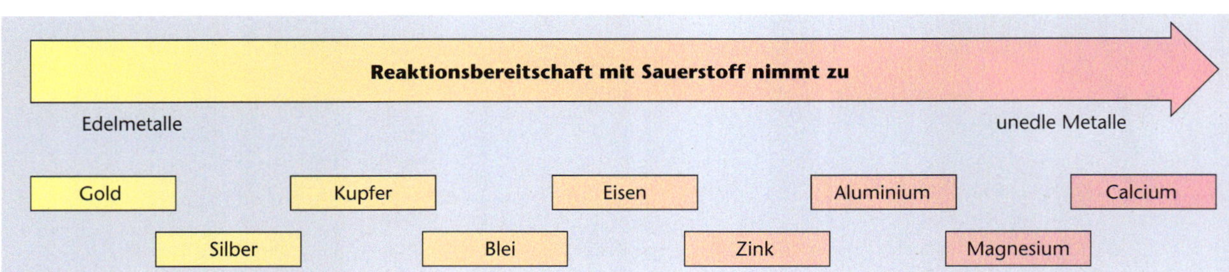

4 Bindungsbestreben zu Sauerstoff

Aufgaben

1 Terpentinöl ist schwer entzündbar. Sprüht man es in die Gasbrennerflamme, entzündet es sich sofort und brennt mit einer Stichflamme (▷B 1). Erkläre dies.

1 Zu Aufgabe 1

2 Jeder Landwirt weiß, dass sich feuchtes Heu in einer Scheune leicht selbst entzündet (▷B 2). Deshalb misst er regelmäßig die Temperatur des eingelagerten Heus. Überlege, wodurch es zur Selbstentzündung kommen kann.

2 Zu Aufgabe 2

3 Zu Aufgabe 3

3 Wenn man Kupfer über die rauschende Gasbrennerflamme hält, entsteht Kupferoxid (▷B 3). Wenn man aber Kupfer über eine Kerzenflamme hält, dann bildet sich Ruß und kein Kupferoxid. Erkläre. Formuliere das Reaktionsschema für die Bildung von Kupferoxid.

4 Aus einer roten Gasflasche wird ein farbloses Gas in ein Reaktionsrohr gefüllt und entzündet. Die Reaktion verläuft explosiv. Nach der Reaktion ist im Rohr ein Beschlag zu sehen, der sich mit Watesmopapier (▷B 4) nachweisen lässt. Welche chemische Reaktion wurde durchgeführt? Formuliere das Reaktionsschema und gib die Reaktionsart an.

4 Zu Aufgabe 4

5 Auch im Körper des Menschen finden Oxidationen statt. Welche Stoffe werden dabei oxidiert? Wodurch unterscheiden sich solche Oxidationen von Verbrennungen an der Luft? Wozu dient die frei werdende Energie (▷B 5)?

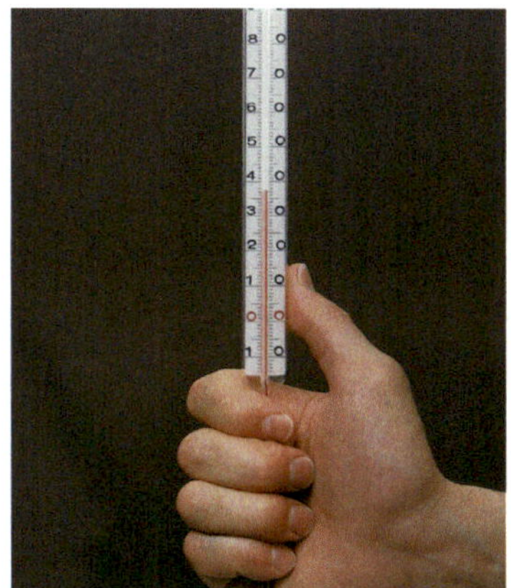

5 Zu Aufgabe 5

6 Gib ein Merkmal an, nach dem man entscheiden kann, ob ein Metall edel ist.

7 Ein Rostschutzmittel lässt sich aus Sauerstoff und Blei herstellen. Zu welcher Stoffklasse gehört das Rostschutzmittel demnach?

8 Regen ist ganz schwach sauer, auch in reiner Luft. Warum?

9 Nenne einen Grund, warum man das Kohlenstoffdioxid als einen natürlichen Bestandteil der Luft bezeichnen kann. Man könnte Kohlenstoffdioxid aber auch als Luftschadstoff bezeichnen. Unter welcher Voraussetzung?

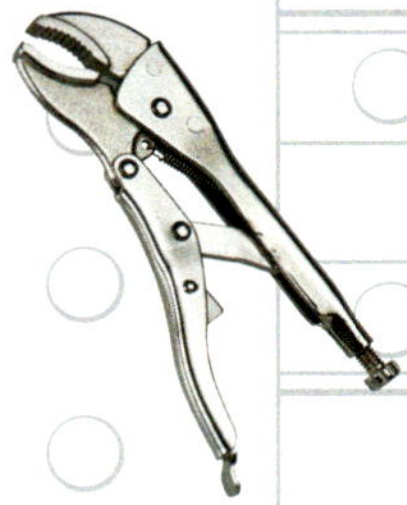

Reduktion und Redoxreaktionen

Viele Metalle sind und waren wichtige Gebrauchsmetalle der Menschen. Doch wie gewinnt man diese Metalle? Die Erde hält solche „Schätze" bereit, wir müssen sie nur zu heben wissen.

Die Vulkane machen deutlich, welch gewaltige Vorgänge sich im Erdinnern abspielen. Bei einem Durchmesser der Erde von etwa 12 600 km ist die feste Erdkruste durchschnittlich „nur" 30 km dick.

Seit Sauerstoff in der Erdatmosphäre existiert, haben Oxidationen der Stoffe, die die Erdatmosphäre bilden, stattgefunden.

Die Materialien der Erdkruste befinden sich in einem ständigen Kreislauf aus Abtauchen und Aufschmelzen im zähflüssigen Erdinnern und Aufstieg und Gesteinsbildung in der Erdkruste. Dabei sind in der Erdgeschichte die meisten oxidierbaren Stoffe oxidiert worden.
Nur wenige Metalle, wie z. B. Gold oder Kupfer kommen in der Natur elementar („gediegen") vor.

Neben den Oxiden sind auch viele andere Verbindungen entstanden. Wir finden diese in den vielfältigen Erzen der Erdkruste.

Der Mensch ist schon seit jeher sehr interessiert an Metallen wie Kupfer und Eisen und weniger an deren Verbindungen.
Wertvolle „Schätze" sind in den Verbindungen versteckt. Doch wie kann man diese gewinnen?

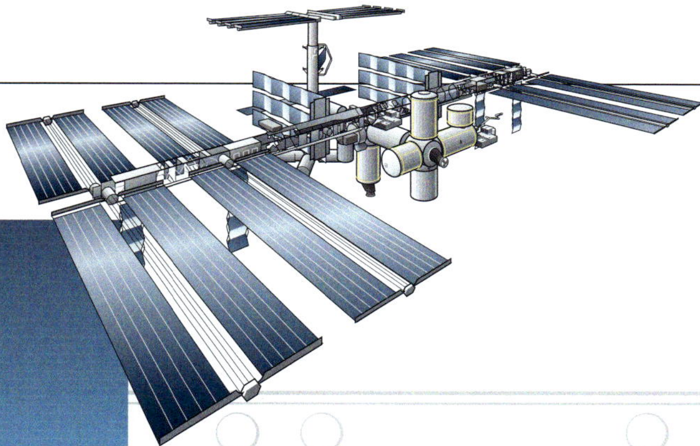

Silber im Reagenzglas herstellen
Durch einen einfachen Laborversuch kann Silber gewonnen werden. Erhitzt man Silberoxid im Reagenzglas (▷V 1), ist zu beobachten, dass ein feinpulvriger, weißer Rückstand an der Reagenzglaswand entsteht. Gleichzeitig leuchtet ein glimmender Holzspan über dem Oxid hell auf. Beim weißen Rückstand handelt es sich um fein verteiltes Silber. Daraus kann man durch Zusammenschmelzen Silberkügelchen gewinnen (▷B 1, rechts).

Die Glimmspanprobe zeigt, dass beim Erhitzen von Silberoxid Sauerstoff entsteht. Dieser Sauerstoff muss aus dem Silberoxid stammen. Durch ständige Energiezufuhr ist Silberoxid in Sauerstoff und Silber zerlegt worden (▷B 1). Es wurde ein Metall aus seinem Oxid gewonnen.

Silberoxid ⟶ Silber + Sauerstoff | endotherm

Gewinnung eines Metalls aus seinem Oxid
Für die Oxidation eines Metalls gilt:
- Es muss Sauerstoff vorhanden sein,
- es wird ein Metall benötigt,
- ein Oxid wird gebildet.

Vergleicht man die Zerlegung von Silberoxid mit einer Oxidation, erkennt man, dass diese Reaktion eine Umkehrung der Oxidation ist:
- Es wird Sauerstoff frei,
- ein Metall wird gebildet,
- ein Oxid wird benötigt.

Die Umkehrung einer Oxidation wird **Reduktion** (lat.: reducere, zurückführen) genannt.

▶ Eine chemische Reaktion, bei der Sauerstoff abgegeben wird, ist eine Reduktion.

Andere Wege der Reduktion
Wegen des hohen Energieaufwandes ist die Reduktion von Metalloxiden durch Erhitzen häufig sehr schwierig. Es wurden andere Möglichkeiten gefunden.
Wird schwarzes Kupferoxid mit Eisenpulver in einem Reagenzglas gemischt und dann erhitzt (▷V 2), läuft die Reaktion nach dem Start freiwillig weiter. Nachdem eine glühende Zone das Gemisch durchwandert hat (▷B 4), erkennt man kupferfarbene Kügelchen. Der Rest ist grauschwarz (▷B 5).

Die Bildung des Elementes Kupfer zeigt an, dass eine Reduktion stattgefunden haben muss. Gleichzeitig hat sich grauschwarzes Eisenoxid gebildet.

Reduktion (Kupferoxid ⟶ Kupfer)
Kupferoxid + Eisen ⟶ Kupfer + Eisenoxid

Kupferoxid ist vom Eisen reduziert worden. Eisen ist in dieser Reaktion ein Mittel zur Reduktion von Kupferoxid. Man nennt daher Eisen das **Reduktionsmittel**.

▶ Ein Stoff, der in der Lage ist, andere Stoffe zu reduzieren, wird Reduktionsmittel genannt.

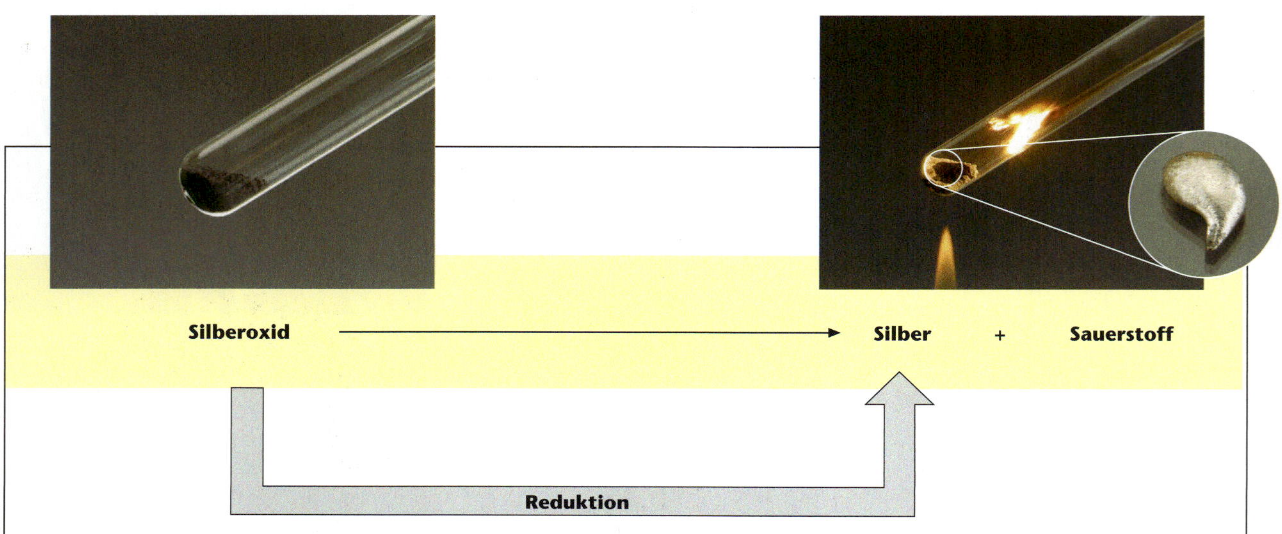

1 Silber wird hergestellt.

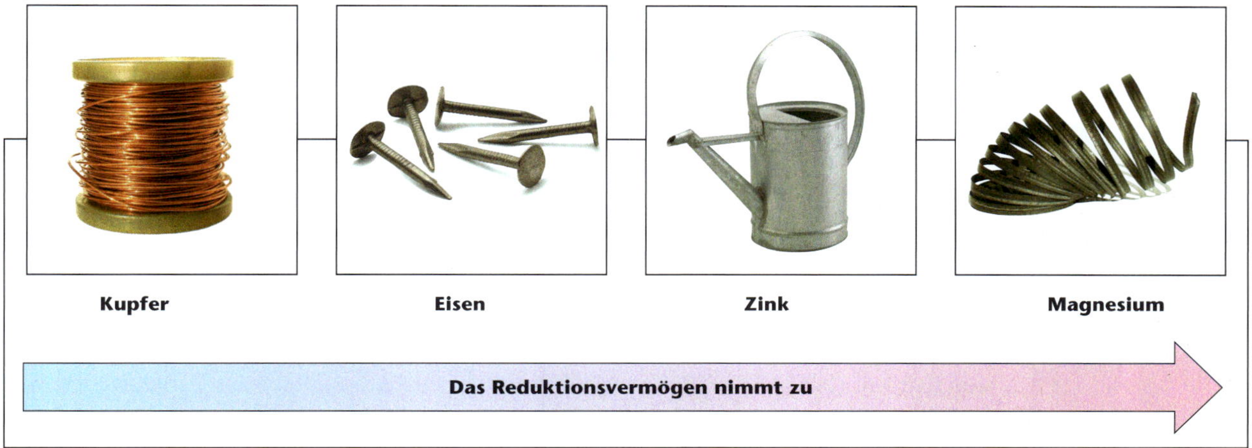

2 Das Reduktionsvermögen einiger Metalle

Versucht man umgekehrt Eisenoxid mit Kupfer zu erhitzen (▷V 3), setzt keine Reaktion ein. Man kann Kupfer gegenüber Eisenoxid nicht als Reduktionsmittel einsetzen.
Das Reduktionsvermögen des Eisens reicht nicht immer aus. Das beweist Versuch 5:

Versuche

1 Man gibt 0,5 g Silberoxid in ein Reagenzglas und erhitzt mit der nicht leuchtenden Brennerflamme. Gleichzeitig wird ein glimmender Holzspan über das Reagenzglas gehalten. (Schutzbrille)

2 Fülle ein Gemisch aus 1,6 g schwarzem Kupferoxid und 0,8 g Eisenpulver in ein Reagenzglas. Erhitze das Gemisch bis zum ersten Aufglühen über einer feuerfesten Unterlage. Beobachte den Ablauf der Reaktion, ohne weiter zu erhitzen. (Schutzbrille)

3 Mische 1,6 g rotes Eisenoxid mit 0,8 g Kupferpulver und erhitze das Gemisch in einem Reagenzglas mehrfach bis zum Glühen. (Schutzbrille)

4 In einen mit Kohlenstoffdioxid gefüllten Standzylinder (am Boden Sand) führt man ein brennendes Magnesiumband ein. (Schutzbrille! Nicht direkt in die Flamme sehen!)

5 In einen mit Kohlenstoffdioxid gefüllten Standzylinder (am Boden Sand) führt man glühende Eisenwolle ein. (Schutzbrille)

Man versucht Kohlenstoffdioxid mit Eisen zu reduzieren. Hier findet ebenfalls keine Reaktion statt.
Trotzdem lässt sich auch Kohlenstoffdioxid durch ein anderes Metall reduzieren (▷V 4). Magnesium reagiert äußerst heftig mit diesem Gas unter Bildung von Kohlenstoff (▷B 3).

Das Reduktionsvermögen der Metalle
Die Metalle sind offensichtlich unterschiedlich gute Reduktionsmittel. Schon die wenigen Versuche zeigen, dass einige Metalle gute, andere weniger gute Reduktionsmittel sind. Ein Metall ist dann ein starkes Reduktionsmittel, wenn es besonders gut mit Sauerstoff reagiert. Metalle kann man nach ihrem Reduktionsvermögen in einer Reihe anordnen (▷B 2).

3 Magnesium reagiert mit Kohlenstoffdioxid.

Aufgabe

1 Erkläre Versuch 4. Benutze dabei die Begriffe: Sauerstoff, Oxid, Reduktionsmittel, entreißen, binden, Reduktion. Erstelle das Reaktionsschema.

4 Kupferoxid reagiert mit Eisen.

5 Im Reaktionsprodukt befindet sich Kupfer.

1 Schwarzes Kupferoxid

Die Reduktion genauer betrachtet

Am Beispiel einer weiteren Reduktion soll der Reaktionsablauf genauer betrachtet werden:
Schwarzes Kupferoxid kommt in der Natur als Erz (▷ B 1) vor. Durch Reduktion kann das Metall Kupfer gewonnen werden. Dieses Mal wird als Reduktionsmittel das Nichtmetall Wasserstoff eingesetzt.

Eine mit schwarzem Kupferoxid gefüllte Magnesiarinne wird in ein Quarzrohr geschoben und dieses von Wasserstoff durchströmt (▷ B 2; V 1). Solange das Kupferoxid nicht erhitzt wird, ist keine Veränderung zu sehen. Wird erhitzt, kann man rasch Veränderungen beobachten. An der typischen roten Farbe und am Glanz ist die Bildung von Kupfer zu sehen. An der Innenseite des gekühlten U-Rohres bildet sich eine klare Flüssigkeit. Mit Watesmopapier kann Wasser nachgewiesen werden.

Die Bildung von Kupfer beim Erhitzen beweist, dass das Kupferoxid seinen Sauerstoff abgegeben hat. Kupferoxid ist zu Kupfer reduziert worden. Der Wasserstoff ist durch die Aufnahme des Sauerstoffs aus dem Kupferoxid zu Wasserstoffoxid (Wasser) oxidiert worden.
Wasserstoff hat als Reduktionsmittel Sauerstoff aus dem Kupferoxid gebunden.

Man kann auch einfacher sagen: Der Sauerstoff hat den Besitzer gewechselt.

Reduktion (Kupferoxid → Kupfer)
Kupferoxid + Wasserstoff ⟶ Kupfer + Wasser
Oxidation (Wasserstoff → Wasser)

Mit der **Red**uktion ist gleichzeitig eine **Ox**idation abgelaufen. Der Chemiker spricht daher von einer **Redox**reaktion.

▶ Eine Reaktion, bei der Reduktion und Oxidation gleichzeitig ablaufen, nennt man Redoxreaktion.

Reduktionsmittel und Oxidationsmittel – ein Mittel zum Zweck

Die Reaktion läuft nur ab, weil das Reduktionsmittel Wasserstoff den Sauerstoff stärker bindet als das Kupferoxid. Kohlenstoff, Eisen oder Magnesium besitzen beispielsweise dieselbe Fähigkeit wie Wasserstoff.

Kupferoxid ist bei dieser Redoxreaktion ein Stoff, der den gebundenen Sauerstoff an Wasserstoff abgibt. Solche Stoffe nennt man **Oxidationsmittel**.

▶ Stoffe, die andere Stoffe oxidieren, sind Oxidationsmittel.

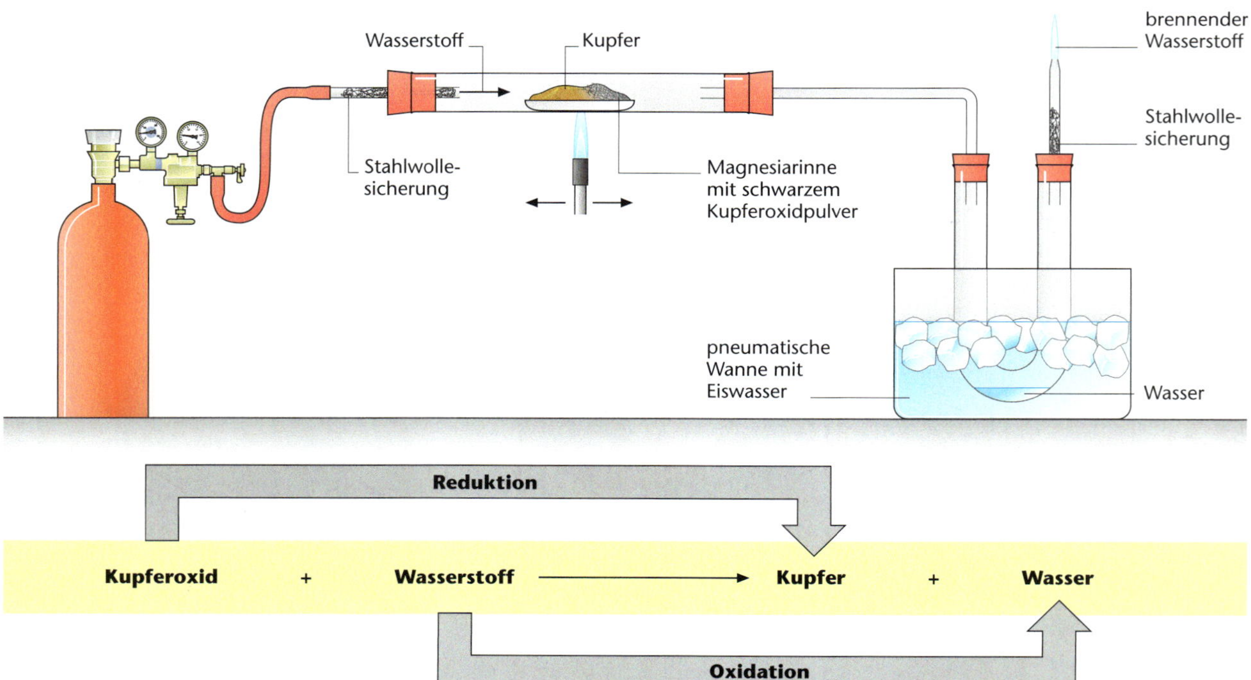

2 Versuchsaufbau: Wasserstoff reduziert Kupferoxid.

Oxidationsmittel, die in der Lage sind, den Sauerstoff leicht abzugeben, sind starke Oxidationsmittel.

Wasserstoff und Kohlenstoff als Reduktionsmittel

Viele Metalle werden in der Technik aus ihren Oxiden gewonnen. Bei der Redoxreaktion zwischen einem Metall und einem Metalloxid verbacken die neu gebildeten Stoffe häufig miteinander (z. B. bei der Reaktion zwischen Kupferoxid und Eisen). Will man das Metall gewinnen, muss es mühsam aus dem Gemisch entfernt werden. Dies ist nicht der Fall, wenn das Reduktionsmittel in der Reaktion zu einem gasförmigen Stoff oxidiert wird. Deshalb setzt man die Nichtmetalle Wasserstoff oder Kohlenstoff als Reduktionsmittel ein. Ihre Reaktionsprodukte Wasser (bei Wasserstoff) und Kohlenstoffdioxid (bei Kohlenstoff) entweichen als gasförmige Stoffe.

3 Metalle gewinnt man durch Reduktion.

Versuch

1 Eine Magnesiarinne mit schwarzem Kupferoxid wird in ein Quarzrohr gestellt. Wasserstoff aus einer Stahlflasche wird durch das Quarzrohr und danach durch ein mit Eiswasser gekühltes U-Rohr geleitet (▷ B 2). Ist sämtliche Luft aus der Apparatur durch Wasserstoff verdrängt (dieses **muss** durch eine Knallgasprobe überprüft werden!), darf der ausströmende Wasserstoff an der Glasrohrspitze entzündet werden. Der Wasserstoffstrom wird so reguliert, dass der Wasserstoff mit kleiner Flamme brennt. Danach wird das Kupferoxid im Quarzrohr stark erhitzt. Kurz nach dem Aufglühen des Kupferoxids entfernt man den Brenner. Flüssigkeitstropfen im U-Rohr werden mit Watesmopapier getestet. Das Produkt im Quarzrohr wird untersucht. (Schutzbrille! Schutzscheibe!)

Werkstatt

Wir stellen Kupfer her

Material

Schutzbrille, Reagenzglas, Becherglas, durchbohrter Gummistopfen, gewinkeltes Glasrohr, Stativ, Doppelmuffe, Universalklemme, Gasbrenner, Reibschale mit Pistill, Filterpapier, Waage, Spatellöffel, Steinwolle, schwarzes Kupferoxidpulver, Holzkohlepulver, Kalkwasser

Versuchsanleitung

Wiege 3 g schwarzes Kupferoxid und 0,3 g Holzkohlepulver ab. Stelle aus beiden Stoffen in der Reibschale ein Gemisch her. Fülle das Gemisch in das Reagenzglas. Gib in die Reagenzglasöffnung etwas Steinwolle. Schiebe das gewinkelte Glasrohr vorsichtig in den Stopfen und verschließe das Reagenzglas damit. Bringe das Reagenzglas waagerecht so am Stativ an, dass das Glasrohr gerade in das Kalkwasser ragt und der Gasbrenner unter das Gemisch gestellt werden kann. Erhitze das Gemisch zunächst vorsichtig bis zum Glühen (▷ B 1).
Nachdem das Gemisch durchgeglüht ist, schiebe die Klemme am Stativ nach oben und hebe dadurch das Glasrohr aus dem Kalkwasser. Hierdurch wird verhindert, dass das Kalkwasser in das Reagenzglas steigt.

Aufgaben

1. Welche Reaktionsprodukte sind entstanden?
2. Formuliere das Reaktionsschema. Kennzeichne die Oxidation und die Reduktion.

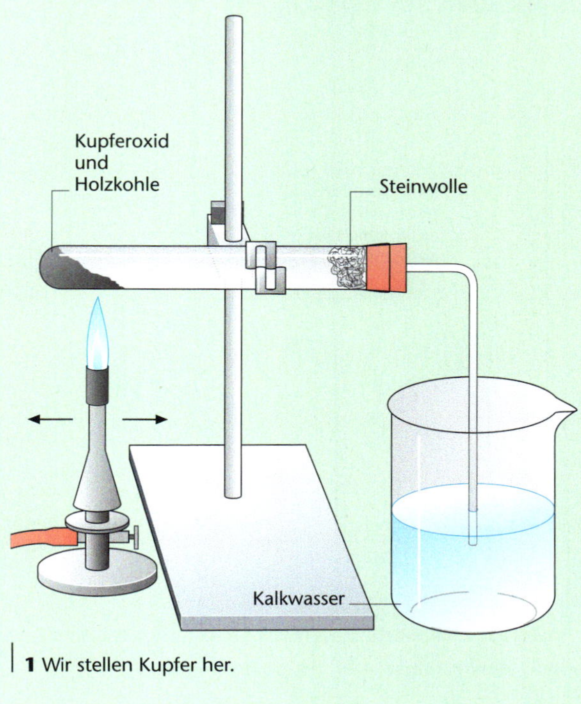

1 Wir stellen Kupfer her.

▶154

Brennpunkt

Der Hochofenprozess

1 Eisenerz

2 Koks

4 Hochofenanlage

Eisen aus Eisenerz
Die Herstellung von Eisen ist eine wichtige Grundlage für den technischen Fortschritt. Dampfmaschinen, Eisenbahnen, Autos, die Energieversorgung, Nachrichtentechnik oder die Raumfahrt würde es ohne Eisen nicht geben. Eisen wird in einem Hochofen (▷ B 4) durch Reduktion von Eisenoxid mit Kohlenstoff gewonnen.

Redoxreaktionen im Hochofen
Im Hochofen werden in einem ständigen Prozess von oben Erz, Koks und Zusatzstoffe zugeführt, während von unten heiße Luft mit ca. 1300 °C eingeblasen wird (Gegenstromprinzip, ▷ B 5).

Kohlenstoff kann mit dem Sauerstoff der heißen Luft zwei unterschiedliche gasförmige Oxide bilden: Kohlenstoffmonooxid und Kohlenstoffdioxid.

Im Hochofen entsteht zunächst durch das Einblasen der heißen Luft hauptsächlich das giftige Gas Kohlenstoffmonooxid.

Kohlenstoff + Sauerstoff ⟶ Kohlenstoffmonooxid

Kohlenstoffmonooxid steigt im Hochofen auf und entzieht, da es ein starkes Reduktionsmittel ist, dem von oben kommenden Eisenoxid den Sauerstoff. Es wird dabei zu Kohlenstoffdioxid oxidiert.

Eisenoxid + Kohlenstoffmonooxid ⟶ Eisen + Kohlenstoffdioxid

Gleichzeitig entsteht aus dem Eisenoxid durch Reduktion Eisen. Das sich bildende Kohlenstoffdioxid reagiert in der darüber liegenden Koksschicht wieder zu Kohlenstoffmonooxid.

Kohlenstoffdioxid + Kohlenstoff ⟶ Kohlenstoffmonooxid

Im unteren Teil des Hochofens wird Eisen direkt durch den Kohlenstoff reduziert:

Eisenoxid + Kohlenstoff ⟶ Eisen + Kohlenstoffmonooxid

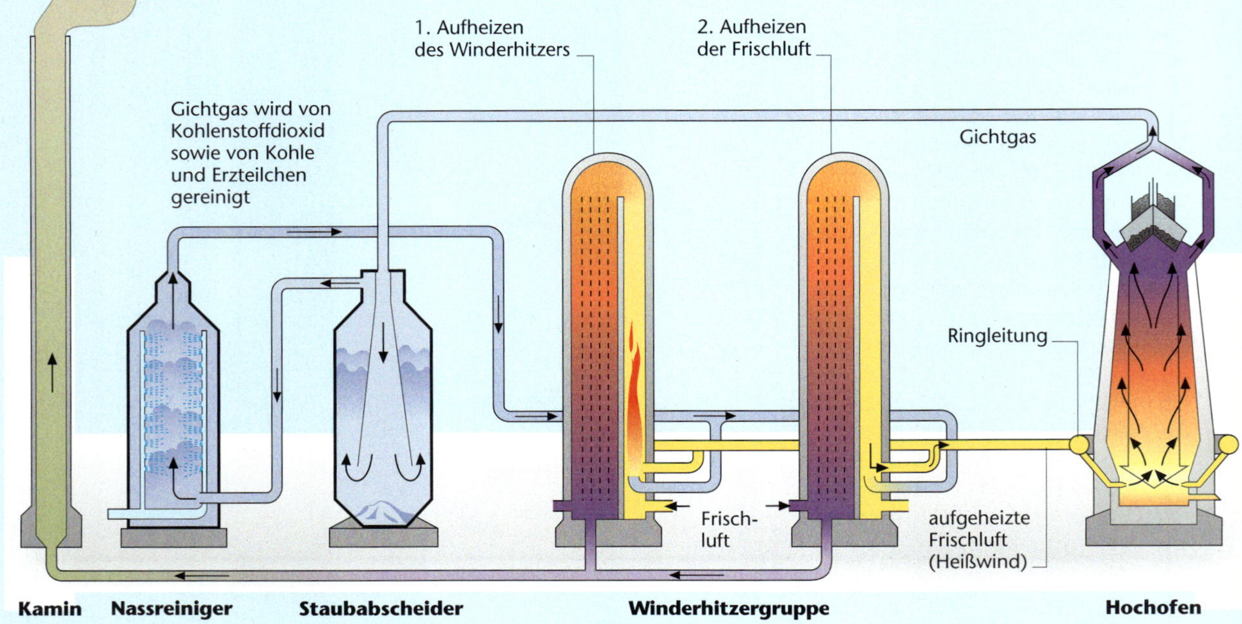

3 Funktion einer Hochofenanlage

Die Hochofenanlage
Im Hochofen entstehende Gase und Gase, die vom eingeblasenen Heißwind übrig bleiben, entweichen als Gichtgas. Das Gichtgas ist brennbar und kann wieder im Hochofen verwertet werden. Vorher wird es im Nassreiniger und Staubabscheider gereinigt (▷ B 3). Dann wird es in den Winderhitzer geleitet, wo es unter Luftzufuhr verbrannt wird. Mit der frei werdenden Hitze wird Frischluft aufgeheizt, die als Heißwind in den Ofen geleitet wird.

Hochofenabstich
Das entstandene Eisen ist aufgrund der hohen Temperatur im unteren Teil des Hochofens flüssig. Es sammelt sich auf dem Boden des Hochofens. Dort wird es von Zeit zu Zeit „abgestochen" (▷ B 6). Die Zusatzstoffe, die so genannten Zuschläge, reagieren mit den Verunreinigungen des Erzes. Dabei entsteht Schlacke, die auf dem Roheisen schwimmt. Diese Schlacke wird für die Zementherstellung und im Straßenbau verwendet.

6 Hochofenabstich

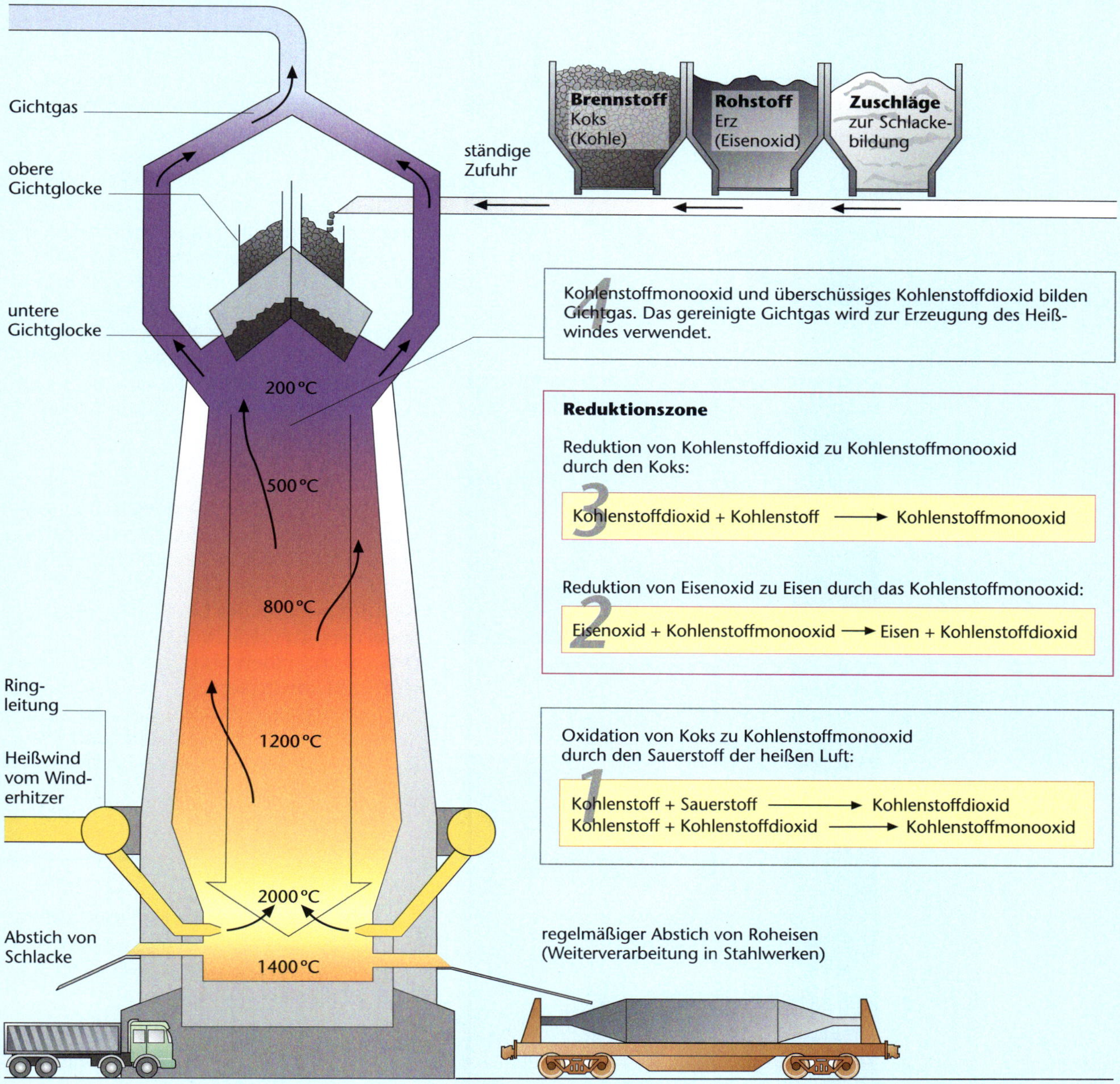

5 Abläufe im Hochofen

Der Hochofenprozess verändert die Welt

1 Bereits die Ägypter besaßen viele Eisengegenstände.

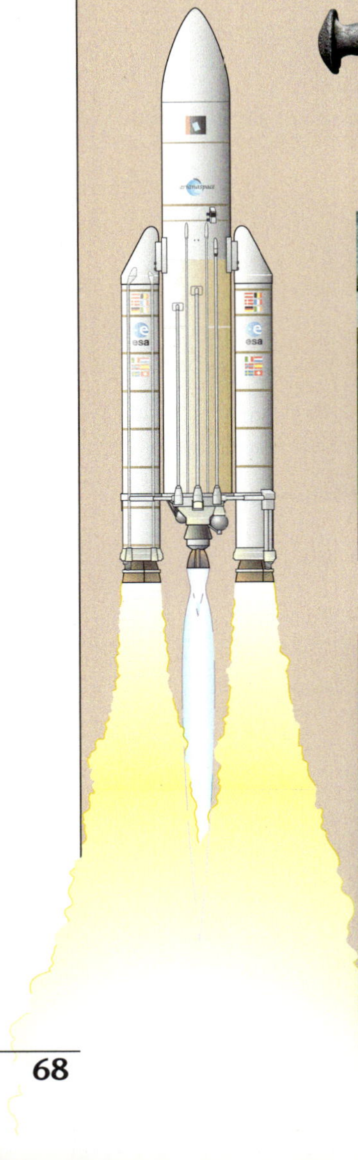

2 Die Römer konnten Eisen herstellen und verarbeiten.

3 Modernes Leben ist ohne Eisen kaum denkbar.

Von der Eisenzeit ...

Irgendwann in grauer Vorzeit wurde das Eisen von den Menschen entdeckt. Wahrscheinlich wurde zunächst das ziemlich reine und seltene Eisen aus Meteoriten für Waffen, Werkzeuge und Schmuck verwendet. Man findet heute kleinere Eisengegenstände in ägyptischen Gräbern, die vor ca. 4000 Jahren angelegt wurden (▷ B 1).
Das Zeitalter, in dem das Eisen der wichtigste Werkstoff für die Menschen wurde, nennt man **Eisenzeit**. Für Europa ist das die Zeit von ca. 800 v. Chr. bis 15 v. Chr. Um 400 v. Chr. wurde im Siegerland bereits Eisenerz gewonnen. Die Römer hatten vor 2000 Jahren einfache Anlagen zur Eisenherstellung in Italien, Spanien, England und in Deutschland am Rhein. Die ersten leistungsfähigeren Hochöfen entstanden im 14. Jahrhundert. Im 18. Jahrhundert wurde durch die Einführung des Kokses, einer besonderen Kohleart, der Bau moderner Hochöfen möglich.
Parallel zu diesen technischen Entwicklungen ist eindeutig festzustellen, dass diejenigen Völker, die leichter und besser das harte und feste Eisen herstellen konnten, im Vorteil waren. Nicht zufällig sind die meisten Produkte, die wir aus vergangenen Zeiten aus Eisen finden, Jagd- oder Kriegsmaterialien: Speere, Schilde, Rüstungen, Pfeilspitzen (▷ B 2).

... zum Raketenzeitalter

Heute bestehen die vielen Millionen Motoren, die meisten Karosserien der Autos und wichtige Teile von Schiffen (▷ B 3) und Flugzeugen aus Stahl, einem Veredelungsprodukt des Eisens. Die Feststofftanks der „Ariane 5" müssen sehr hohem Druck standhalten und sind aus besonderem Stahl konstruiert.
Auch viele Gegenstände des Alltags, wie Bestecke und Werkzeuge, aber auch die Kugellager der Inlineskates bestehen aus besonderen Stahlsorten.

Aufgaben

1 Vergleiche das Leben der letzten Naturvölker dieser Erde mit der Aussage „modernes Leben ist ohne Eisen nicht denkbar."

2 Als die Europäer 1492 n. Chr. Amerika entdeckten, fanden sie bei den Indianern kein Eisen. Das Denken dieser Menschen hatte andere Schwerpunkte. Welche?

Stahl

Vom Roheisen zum Stahl
Roheisen enthält aufgrund der Herstellung mit Koks etwa 3 bis 4 % Kohlenstoff und ist dadurch spröde. Man bläst deshalb in einem besonderen Ofen, einem Konverter (▷ B 1; B 2) reinen Sauerstoff in das flüssige Roheisen. Das Einblasen von Sauerstoff in den Konverter wird von den Fachleuten als „Frischen" des Roheisens bezeichnet. Dadurch wird Kohlenstoff zu Kohlenstoffdioxid verbrannt, das als Gas entweicht. Das zurückbleibende kohlenstoffarme Eisen hat neue Eigenschaften und wird Stahl genannt.

Stahl – wozu?
Mit dem Stahl haben sich die Menschen ein Produkt geschaffen, das Grundlage für verschiedenste Wirtschaftszweige wie Automobilherstellung, Schiffsbau, Bauindustrie, Maschinenbau und Rüstungsindustrie ist.

Stahlverarbeitung
Flüssiger Stahl kann in Formen gegossen werden (Gussstahl), dabei entstehen beispielsweise Schiffsschrauben und andere Maschinenteile. Meistens wird Stahl in heißem Zustand weiterverarbeitet. Auf vollautomatischen Walzstraßen (▷ B 3) werden Stahlträger oder dünne Bleche hergestellt.

Stahl – welche Sorte?
Durch geringe Zusätze von so genannten Stahlveredlern werden die Eigenschaften der Edelstähle wesentlich verbessert. Stahlveredler können Aluminium, Chrom, Cobalt, Kupfer, Mangan, Molybdän, Nickel, Niob, Silicium, Titan, Vanadium, Wolfram oder andere Metalle sein. In Deutschland werden etwa 2 500 Stahlsorten hergestellt. Eine im Küchenbereich häufig verwendete Stahlsorte ist der V2A-Stahl (▷ B 4).

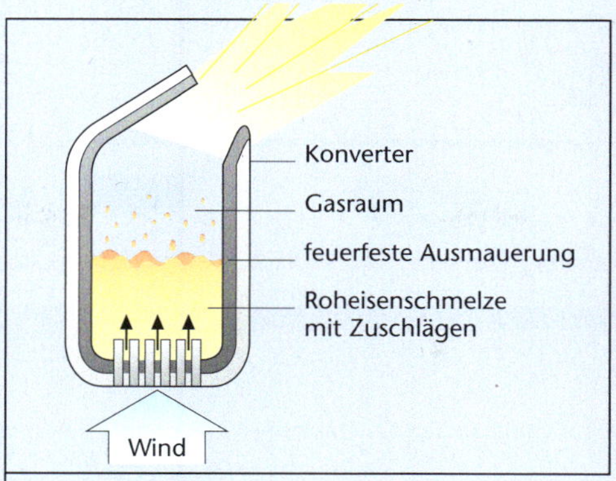

1 Schnitt durch einen Konverter

2 Konverter zur Stahlgewinnung

3 Walzstraße bei der Stahlherstellung

Man erhält je nach den Zusätzen nicht rostende oder hitzebeständige Stähle, unmagnetische Stähle oder Stähle mit außerordentlich hohen magnetischen Eigenschaften, Stahlsorten mit besonderer Härte, Säurebeständigkeit oder Zugfestigkeit. So bewirken z. B. Zusätze von Chrom und Wolfram mehr Härte, oder von Nickel und Vanadium mehr Zähigkeit.

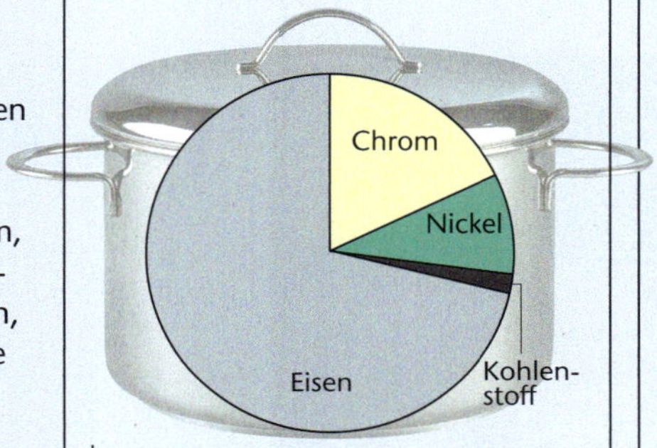

4 Zusammensetzung von V2A-Stahl

Aufgaben

1 Suche aus einem Lexikon oder dem Internet die Zusammensetzung mindestens einer weiteren Stahlsorte heraus.

2 „Nirosta" ist ein eingetragenes Warenzeichen. Was meint dieses Kunstwort?

3 Die Bezeichnung „Oxygenstahlwerk" verrät etwas über die Arbeitsweise. Erkläre.

1 Der ICE fährt auch bei hohen Geschwindigkeiten ohne Erschütterungen.

Eine Redoxreaktion in der Technik: Das Thermitverfahren

Moderne Züge müssen auch bei hohen Geschwindigkeiten möglichst ohne Erschütterungen fahren. Kilometerlange Gleise können nicht in einer Fabrik hergestellt werden. Transportierbare Schienen müssen erst auf der Trasse zusammengeschweißt werden, damit daraus Schienen ohne „Unterbrechung" entstehen. Das Schweißverfahren hierzu heißt **Thermitverfahren.**

Ein Versuch soll dieses Verfahren verdeutlichen (▷V 1; B 3). Die extrem helle Flamme und die weit sprühenden Funken weisen auf eine äußerst heftige exotherme Reaktion hin. Durch die Öffnung im Boden des Blumentopfes tropft flüssiges Material in den Sand. Nach dem Erkalten kann man durch Untersuchung mit einem Magneten dieses Material als Eisen identifizieren.
Es läuft eine Redoxreaktion ab, bei der Aluminium dem Eisenoxid den Sauerstoff entzieht. Aluminium bindet den Sauerstoff folglich viel stärker als Eisen.
Durch die stark exotherme Reaktion wird so viel Wärme frei, dass das Eisen weit über seine Schmelztemperatur erhitzt wird. Fließt das flüssig gewordene Eisen zwischen die Enden der zu verbindenden Eisenbahnschienen, werden diese auch flüssig. Das Material verschmilzt. Eine Form verhindert das seitliche Abfließen und bildet die Schiene (▷B 2).

Reduktion (Eisenoxid → Eisen)

Eisenoxid + Aluminium ⟶ Eisen + Aluminiumoxid

Oxidation (Aluminium → Aluminiumoxid)

Versuch

1 Ein Thermitgemisch aus 15 g rotem, trockenem Eisenoxid, 5 g Aluminiumgrieß und 0,5 g Aluminiumpulver wird in eine Hülse aus Alufolie geschüttet, die in einem mit Sand gefüllten Blumentopf steckt. Auf das Gemisch gibt man etwas Magnesiumpulver. Man steckt in das Gemisch ein Magnesiumband und zündet es an (▷B 3). (Schutzbrille! Schutzhandschuhe! Nur im Freien durchführen! Feuerfeste Unterlage, z. B. Sandwanne, benutzen!)

2 Durch die Thermitreaktion entstehen „Endlosschienen".

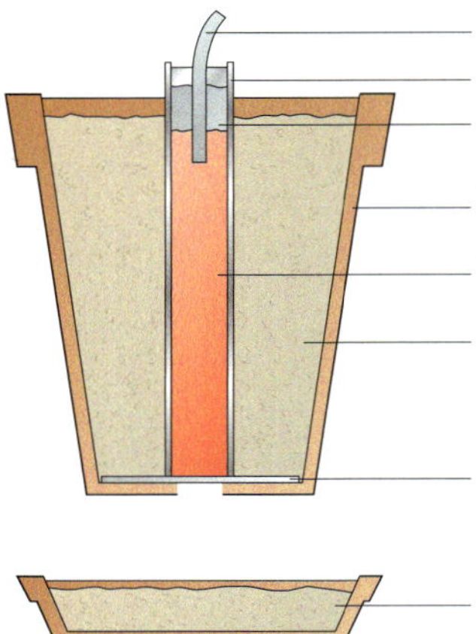

3 Der Versuchsaufbau zum Thermitverfahren

Schlusspunkt

Reduktion und Redoxreaktionen

Reduktion
Eine chemische Reaktion, bei der Sauerstoff abgegeben wird, ist eine Reduktion (▷ B 1).

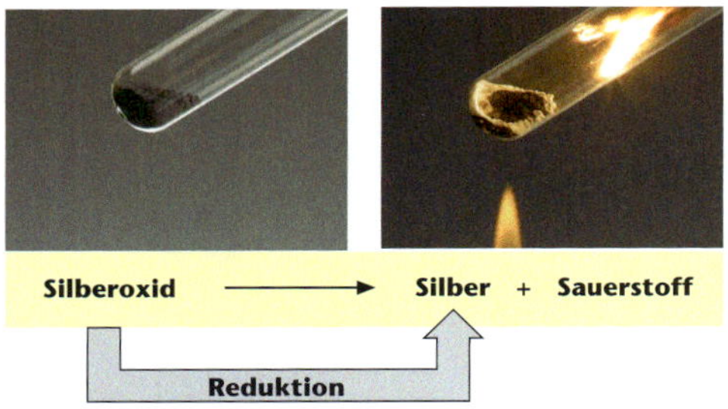

1 Die Reduktion

Reduktionsmittel
Ein Stoff, der in der Lage ist, andere Stoffe zu reduzieren, wird Reduktionsmittel genannt. Es gibt starke und schwache Reduktionsmittel (▷ B 2).

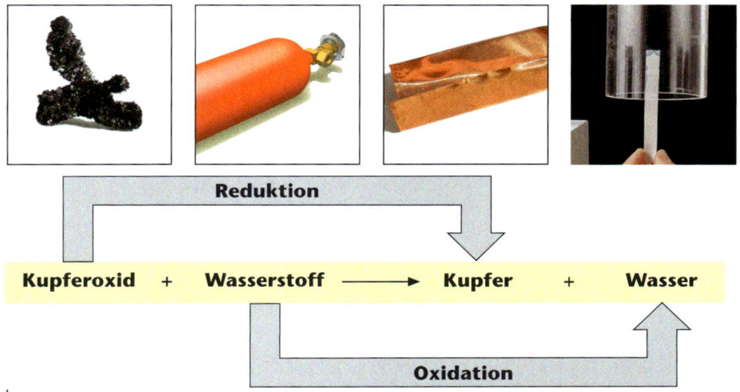

3 Die Redoxreaktion

Redoxreaktion
Eine Reaktion, bei der Reduktion und Oxidation gleichzeitig ablaufen, nennt man Redoxreaktion (▷ B 3).

Oxidationsmittel
Stoffe, die andere Stoffe oxidieren, sind Oxidationsmittel.

2 Das Reduktionsvermögen einiger Metalle im Vergleich zum Wasserstoff

Aufgaben

1 Blei wurde schon von den Römern vor 2000 Jahren gewonnen. Das Erz wurde zunächst durch „Rösten" (Erhitzen unter Luftzufuhr) in das Oxid überführt und dann mit Kohlenstoff reduziert. Ist Blei eher ein starkes oder ein schwaches Reduktionsmittel? Begründe.

2 Nenne zwei Metalle, mit denen Eisenoxid reduziert werden kann. Formuliere jeweils das Reaktionsschema.

3 Welche Stoffe entstehen beim Reduzieren von Wasser mit Magnesium? Formuliere das Reaktionsschema.

4 Am 26. Januar 1986 ereignete sich das größte Unglück der bemannten Raumfahrt. Beim Start der „Challenger" explodierte diese und 7 Menschen starben (▷ B 1). Die „Challenger" flog mit Wasserstoff und Sauerstoff als Treibstoff. Welche Eigenschaften des Wasserstoffs hatten wohl mit dem Unglück zu tun? Begründe.

5 Eisen wird beim Hochofenprozess (▷ B 2) aus Eisenerzen gewonnen. Schildere die dabei ablaufenden Redoxreaktionen.

1 Zu Aufgabe 4

2 Zu Aufgabe 5

Die chemische Zeichensprache

Wer die heute übliche chemische Zeichensprache beherrscht, kann sich international über chemische Reaktionen verständigen.

Im Alltag verständigen sich Menschen oft mit der gesprochenen Sprache. Taubstumme dagegen bedienen sich einer Sprache, die ohne Laute auskommt. Man nennt sie Gebärdensprache, da die Hände eine wichtige Rolle bei der Informationsübermittlung spielen.

Im Mittelalter entwickelten Alchemisten eine besondere Geheimsprache. Sie tauschten untereinander Rezepte zur Herstellung von Stoffen aus. Diese waren durch Zeichen und Symbole so gestaltet, dass Nichteingeweihte sie nicht verstehen konnten. Es gab beispielsweise Zeichen für Stoffe und Laborgeräte und bestimmte Tätigkeiten.

Auch heute begegnen uns im Alltag viele Zeichen und Symbole. Ein Beispiel hierfür sind Verkehrszeichen. Diese enthalten keinen Text, ihre Bedeutung muss man aber kennen, wenn man sich gefahrlos im Straßenverkehr bewegen will. Auch bei Sportveranstaltungen weisen bildhafte Zeichen (Piktogramme) auf verschiedene Sportarten hin.

Mit der heute verwendeten chemischen Zeichensprache kann man mithilfe von Symbolen, Formeln und Reaktionsgleichungen Aussagen über die Vorgänge bei Stoffumwandlungen und die dabei beteiligten Teilchen machen.

CO_2

O_2

H_2O

Cu

H_2

CuO

C

Al_2O_3

▶17
▶164

Zeitpunkt

Die Atomvorstellung von Dalton

1 DALTON und seine Atomvorstellung

Die Atomvorstellungen nach DALTON

Kleinste, unteilbare Teilchen erhielten von griechischen Philosophen den Namen **atomos** (griech.: unteilbar). Wesentliche Aussagen zur Vorstellung über Atome stammen von JOHN DALTON (1766–1844). 1808 veröffentlichte er ein Buch mit dem Titel: „A new system of chemical philosophy". Darin schrieb er seine Gedanken zu der Atomvorstellung nieder (▷B 1).

Atome erhalten Zeichen und Symbole

DALTON führte Kreise als Symbole für Atome ein. Zur Unterscheidung der verschiedenen Atomsorten versah er die Kreise mit Punkten, Linien oder Anfangsbuchstaben der Elemente. Auf diese Weise erhielt jedes damals bekannte Element ein bestimmtes Symbol (▷B 2). Die Zusammensetzung von Verbindungen stellte er durch Kombination von Symbolen dar.
Gehen Elemente wie z. B. Wasserstoff und Sauerstoff eine Verbindung ein, so bleiben Größe, Masse und Gestalt der einzelnen Atome erhalten. Sie ordnen sich nur auf eine bestimmte Art neu an. DALTON vermutete, dass die Teilchen des Wassers aus zwei Wasserstoffatomen und einem Sauerstoffatom bestehen. Daher setzt sich das Symbol für die Verbindung Wasser aus den Symbolen für Sauerstoff- und Wasserstoffatome zusammen (▷B 2).

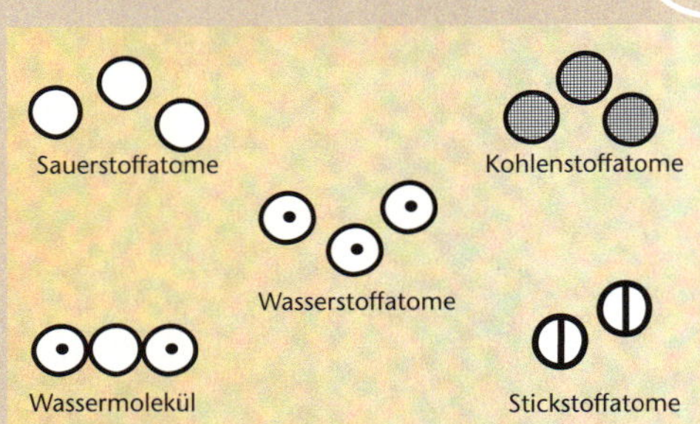

2 Symbole für Atome und Verbindungen nach DALTON

1 Wasserstoff- und Wassermoleküle

Elemente

Nach DALTON bestehen Elemente aus einer einheitlichen Atomsorte. Verbindungen stellte er aus Atomen verschiedener Elemente zusammen.

▶ Ein Element besteht nur aus einer Atomsorte.

Atome und Moleküle

Heute wissen wir mehr über die Teilchen von Elementen und Verbindungen.
Nur die Teilchen der Edelgase sind einzelne Atome. Alle anderen gasförmigen Elemente, wie z. B. Sauerstoff, Stickstoff und Wasserstoff bestehen dagegen aus Teilchen, die aus zwei miteinander verbundenen Atomen zusammengesetzt sind (▷B 2). Solche Teilchen bezeichnet man als **Moleküle**. Auch die Teilchen gasförmiger und flüssiger **Verbindungen** sind Moleküle. Kohlenstoffdioxid, Schwefeldioxid und Wasser sind Beispiele dafür. Die Bilder 1 und 2 zeigen deren Zusammensetzung mit den Elementsymbolen von DALTON.

▶ Viele Gase bestehen aus zweiatomigen Molekülen. Moleküle von gasförmigen und flüssigen Verbindungen sind aus Atomen verschiedener Elemente aufgebaut.

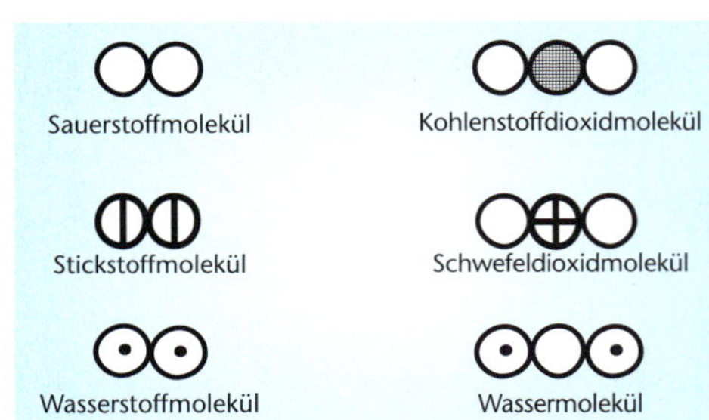

2 Moleküle gasförmiger und flüssiger Verbindungen

Zeitpunkt

Symbole im Wandel der Zeit

Elemente im Altertum
Nach Auffassung griechischer Philosophen waren die Elemente, aus denen die Natur aufgebaut ist, Feuer, Wasser, Luft und Erde. Feuer war ein Symbol für „warm", Wasser für „kalt". Luft stand für „feucht" und Erde für „trocken". Diesen Symbolen ordnete man Zeichen zu.
Noch im 16. Jahrhundert wurden diese Symbole verwendet. Auf einem Holzschnitt aus dieser Zeit erkennt man die vier Elemente Feuer, Wasser, Luft und Erde (▷B 1). Mit dem Element Feuer verband man beispielsweise die Eigenschaften Wärme und Licht. Das Symbol für Wasser war der Fisch.

Symbole wandeln sich
Der Elementbegriff wandelte sich im Laufe der Jahrhunderte. Er wurde von den Alchemisten neu formuliert. Sie unterschieden zum Beispiel zwischen verschiedenen Wassersorten. Dabei hing es von der persönlichen Einstellung des Einzelnen ab, was genau darunter zu verstehen war. Überliefert ist zum Beispiel ein Wassersymbol, welches durch ein Dreieck und den angehängten Buchstaben R dargestellt wurde (▷B 2).

Die französische Revolution (1789–1792) war ein geschichtliches Ereignis von großer Tragweite. Um diese Zeit entwickelte sich auch die Chemie als Naturwissenschaft. Die systematische Untersuchung von Stoffen und ihrem Aufbau begann.

Das Verbindungssymbol für Wasser
Ein Wegbereiter der systematischen Chemie war JOHN DALTON. Seine Kenntnisse hatten wenig gemeinsam mit den bisherigen Vorstellungen. Für ihn und viele seiner Zeitgenossen war Wasser nicht einfach eine Flüssigkeit, sondern ein Stoff mit einer ganz bestimmten Zusammensetzung. Auf dieser Grundlage entwickelte er ein anderes Symbol für Wasser.
Durch die miteinander verbundenen Kreise (▷B 2) ist bereits die Zusammensetzung des Wassermoleküls aus zwei Wasserstoffatomen und einem Sauerstoffatom zu erkennen.

1 Die vier Elemente Feuer, Wasser, Luft und Erde

Die Entwicklung der heutigen Symbolschreibweise
DALTONS Atomsymbole konnten sich unter Wissenschaftlern nicht durchsetzen. Der schwedische Naturwissenschaftler JÖNS JAKOB BERZELIUS (1779–1848) schrieb in seinem dritten Band aus der Reihe „Annals of Philosophy" die heute noch übliche chemische Symbolschreibweise nieder (▷B 3): ***„Die chemischen Zeichen müssen Buchstaben sein, damit sie ohne Verunzierung gedruckt werden können ... Ich wähle deshalb als Zeichen die Anfangsbuchstaben im lateinischen Namen eines jeden Grundstoffes".***

2 Das Symbol für Wasser im Laufe der Zeit

3 BERZELIUS und die Symbolschreibweise

1 Eine Kerze brennt ab.

Ein Stoff wird „leichter"
Eine angezündete Kerze wird mit der Zeit kleiner. Aus dem Kerzenwachs entsteht unter anderem das Reaktionsprodukt Kohlenstoffdioxid, das sich verflüchtigt. Die Kerze verliert an Masse.

Ein Stoff wird „schwerer"
Eisenwolle dagegen zeigt ein anderes Verhalten, wenn man sie an der Luft verbrennt. Eine mit gleich großen Ballen Eisenwolle behängte Balkenwaage ist im Gleichgewicht. Erhitzt man einen Ballen, neigt sich die Waage zu der Seite, an der die verbrannte Eisenwolle hängt (▷ B 3; V 1). Das Verbrennungsprodukt Eisenoxid ist wegen des hinzukommenden Sauerstoffs schwerer als der Ausgangsstoff.

Leichter oder schwerer – ein Gesetz?
Es gibt Vorgänge, bei denen die Massen nach der Reaktion kleiner werden, bei anderen werden sie größer. Dies hängt im Wesentlichen davon ab, ob bei der Reaktion flüchtige Reaktionsprodukte entstehen. Um die Massenveränderung bei chemischen Reaktionen beurteilen zu können, muss man die Versuche in einer geschlossenen Apparatur durchführen.
Im Versuch 2 (▷ B 2) wird Eisenwolle in einer geschlossenen Apparatur erhitzt. Der mit Luft gefüllte Ballon liefert den für die Verbrennung notwendigen Sauerstoff. Nach der Reaktion ist der Luftballon sichtlich kleiner geworden. Ein Massenvergleich der Apparatur vor und nach der Reaktion ergibt, dass die Massen gleich sind. Dasselbe Ergebnis erhält man beim Verbrennen einer Kerze in einer geschlossenen Apparatur (▷ B 4; V 3).

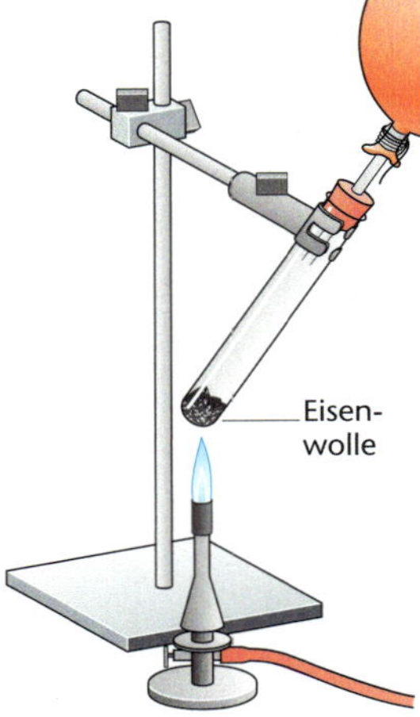

2 Eisenwolle wird in einer geschlossenen Apparatur erhitzt.

3 Eisenwolle wird an einer Balkenwaage erhitzt.

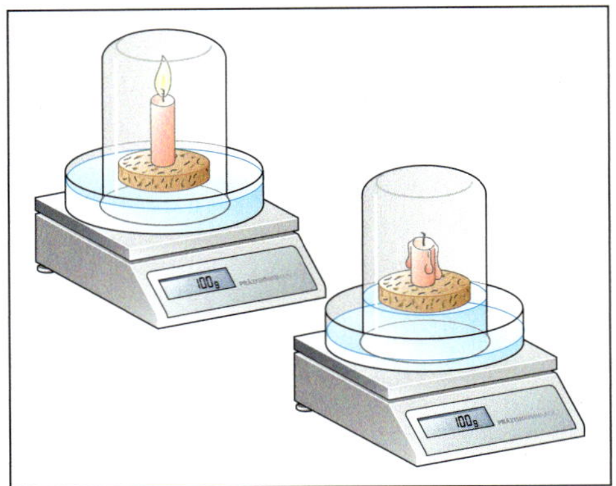

4 Eine Kerze wird in einer geschlossenen Apparatur verbrannt.

Auch hier ist keine Massenveränderung vor und nach der Reaktion festzustellen. Diese Beobachtungen wurden in vielfältiger Weise von Naturwissenschaftlern bestätigt. ANTOINE L. LAVOISIER (1743–1794) erkannte als Erster die gesetzmäßigen Zusammenhänge zwischen den Massen der Ausgangsstoffe und den Massen der Endstoffe. Dieses Gesetz nannte er das **Gesetz von der Erhaltung der Masse.**

Bei chemischen Reaktionen ist die Masse der Ausgangsstoffe gleich der Masse der Endstoffe.

Versuche

1. Man hängt zwei Ballen Eisenwolle mit der gleichen Masse an eine Balkenwaage. Wenn die Waage im Gleichgewicht ist, erhitzt man einen Ballen und beobachtet (▷ B 3).
(Feuerfeste Unterlage! Schutzbrille!)

2. Man gibt 1 g Eisenwolle in ein schwer schmelzbares Reagenzglas und verschließt es mit einem durchbohrten Stopfen und einem Glasrohr, auf dem luftdicht ein mit Luft gefüllter Luftballon (Umfang ca. 40 cm) befestigt ist (▷ B 2). Man wiegt die Apparatur, erhitzt danach die Eisenwolle mit der Brennerflamme und wiegt nach der Reaktion erneut.

3. Stelle eine auf Kork befestigte kleine Kerze in eine zu zwei Dritteln mit Wasser gefüllte Glaswanne. Stülpe ein Becherglas über die Kerze und wiege die gesamte Apparatur. Entzünde dann die Kerze unter dem Becherglas. Beobachte und erkläre (▷ B 4).

Zeitpunkt

Die Waage als Messinstrument

Lavoisier – einer der bedeutendsten Chemiker des 18. Jahrhunderts

Antoine Laurent Lavoisier (1743–1794; ▷B 1) zählt zu den Wegbereitern der modernen Chemie. Er führte z. B. Analysen und Synthesen von Wasser durch. Lavoisier benutzte die Waage als Messinstrument bei chemischen Reaktionen. Er führte also quantitative (mengenmäßige) Untersuchungsmethoden ein.

Die Waage – eine Revolution in der Chemie

Lavoisier erkannte bei einem Experiment zur Wasseruntersuchung, dass beim Erwärmen offensichtlich kein Massenverlust auftritt. Um diesen Sachverhalt genauer untersuchen zu können, wog Lavoisier das Glasgefäß und ließ drei Monate lang Tag und Nacht Wasser in diesem Gefäß unter Rückfluss sieden. Es sammelte sich im Laufe dieser Zeit am Boden des Glasgefäßes ein erdiger Rückstand, der aus der Reaktion des Wassers mit dem Glasgefäß stammte. Lavoisier wog den Rückstand und das Gefäß. Er stellte fest, dass das Gefäß genau um den Betrag dieses Rückstandes leichter geworden war.

Lavoisier führte viele ähnliche Versuche durch und formulierte 1789 das Gesetz von der Erhaltung der Masse: *„Man könne von dem Grundsatz ausgehen, dass vor und nach einer Operation die gleiche Menge an Materie vorliegt."*

1 A. L. Lavoisier

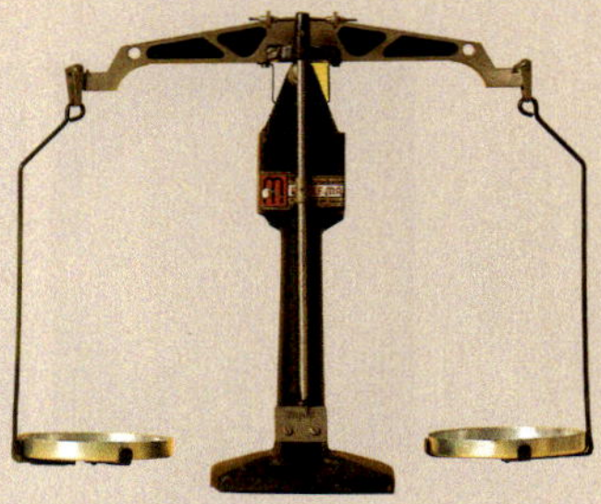

2 Historische Apothekerwaage

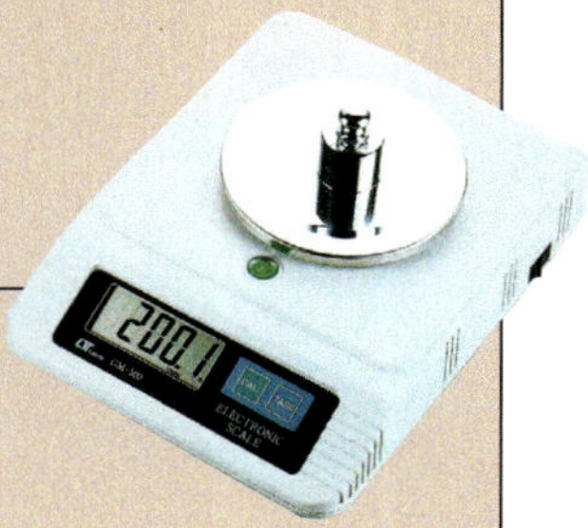

3 Moderne Laborwaage

Werkstatt

Werden Stoffe „leichter" oder „schwerer"?

1 Streichholzköpfe werden verbrannt

Material

Schutzbrille, Gasbrenner, Zange, 2 dünnwandige Reagenzgläser, Reagenzglashalter, Stopfen mit Bohrung und passendem kurzem Glasrohr, Klebeband, Bindfaden, Schere, Waage, Luftballon, 10 Streichhölzer

Versuchsanleitung

a) Knipse mit der Zange die Köpfe von den Streichhölzern ab. Gib 5 Streichholzköpfe in ein Reagenzglas und wiege die Apparatur. Verbrenne dann die Streichholzköpfe im Reagenzglas über der Brennerflamme. Halte dabei das Reagenzglas mit dem Reagenzglashalter. Wenn sich die Streichholzköpfe entzündet haben, lass die Apparatur abkühlen und wiege erneut.

b) Gib 5 Streichholzköpfe in das zweite Reagenzglas. Verschließe das Reagenzglas mit einem durchbohrten Stopfen. Führe das Glasrohr in den Stopfen ein und befestige einen Luftballon mit Faden und Klebeband so auf dem Glasrohrende, dass dieser dicht abschließt (▷B 1).
Wiege die Apparatur. Verbrenne nun die Streichhölzer über der Brennerflamme. Wiege die Apparatur nach dem Erkalten erneut.

Aufgaben

1. Wie sind die Beobachtungen aus Versuch b) zu erklären?

2. Wie unterscheiden sich Versuch 1a) und b)? Erkläre.

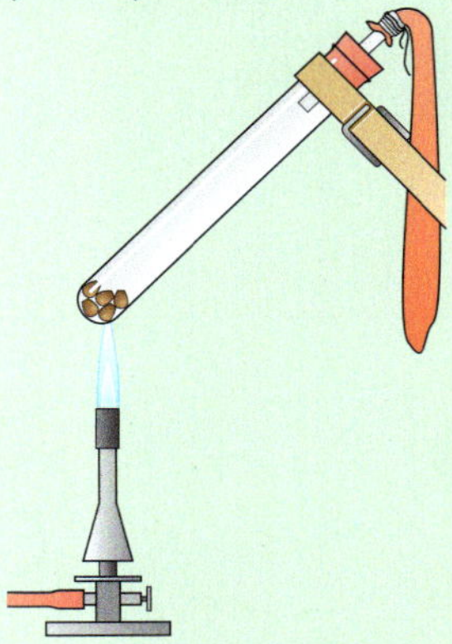

1 Streichholzköpfe werden verbrannt.

1 Die Bildung von Zinksulfid im Kugelteilchenmodell

Kugelteilchen bleibt Kugelteilchen
Ein heißer Draht in einem Gemisch aus Zink und Schwefel löst eine chemische Reaktion aus. Hellgrüne Flammen breiten sich aus, eine gelbe Rauchwolke aus Zinksulfid steigt auf. Zinksulfid ist ein neu gebildeter Stoff, der andere Eigenschaften als Zink oder Schwefel hat.

Nach dem Kugelteilchenmodell bestehen die Ausgangsstoffe Zink und Schwefel aus kleinsten kugelförmigen Teilchen. Bei der chemischen Reaktion werden die Teilchen nicht zerstört und gehen auch nicht verloren. Es ändert sich nur ihre Anordnung: Die Teilchen der Ausgangsstoffe gruppieren sich bei der chemischen Reaktion um (▷ B 1). Im Reaktionsprodukt Zinksulfid sind die Zink- und Schwefelteilchen neu angeordnet.

Nichts geht verloren
Verbrennt Kohlenstoff in einem Sauerstoffstrom, findet eine chemische Reaktion statt. Es entsteht das Gas Kohlenstoffdioxid, das die Kerzenflamme im Becherglas erstickt (▷ B 2).
Kohlenstoff ist ein Feststoff. Die kleinsten Teilchen sind Atome, die sich zu großen Atomverbänden zusammenlagern. Das Gas Sauerstoff besteht aus Molekülen, die aus je zwei Sauerstoffatomen aufgebaut sind.

Die Anordnung der Teilchen bestimmt die Eigenschaften der Stoffe. Bei der chemischen Reaktion lösen sich die Atome aus ihren Verbänden und bilden neue Anordnungen (▷ B 2).
Das Reaktionsprodukt Kohlenstoffdioxid ist aus Molekülen aufgebaut, die sich jeweils aus einem Kohlenstoffatom und zwei Sauerstoffatomen zusammensetzen. Kohlenstoffdioxid hat deshalb andere Eigenschaften als die Ausgangsstoffe.

▶ Bei chemischen Reaktionen lösen sich Atome aus ihren Verbänden und bilden neue Anordnungen. Es findet eine Umgruppierung der Atome statt.

Aufgabe

1 Beschreibe und zeichne die Umgruppierung der Teilchen bei der Bildung und bei der Zerlegung von Silbersulfid.

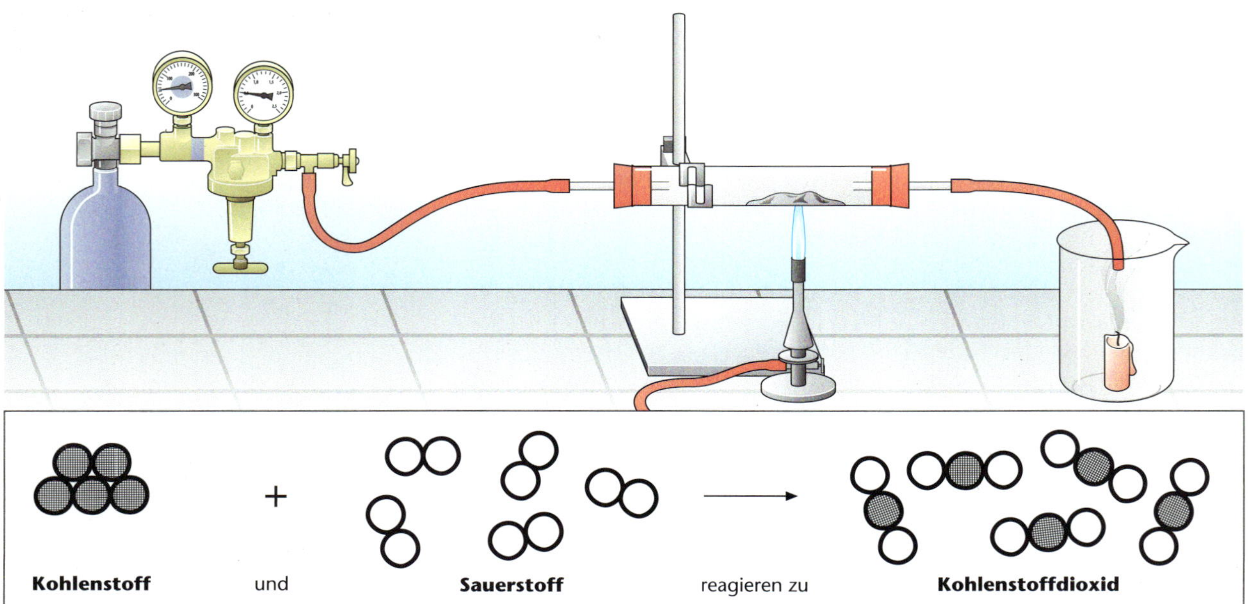

2 Die chemische Reaktion als Umgruppierung der Teilchen

Brennpunkt

Bestimmung der Atommassen

Atome erkennt man an ihren Massen

Das Element Eisen enthält nur Eisenatome. Eisenatome besitzen eine bestimmte Masse, die diese von Atomen anderer Elemente eindeutig unterscheidet. Moleküle bestehen aus mindestens zwei Atomen. Die Masse eines Moleküls setzt sich daher aus den Massen der am Aufbau beteiligten Atome zusammen. Dieses Wissen um die unterschiedlichen Atom- und Molekülmassen macht man sich bei der Betrachtung chemischer Reaktionen zunutze.

Die Arbeitsweise eines Messgerätes zur Atommassenbestimmung – ein Modell

In einem Behälter befinden sich verschiedenfarbige Kugeln mit unterschiedlichen Massen (▷ B 1). Jede Kugel steht stellvertretend für ein Atom eines bestimmten Elementes. Man lässt die Kugeln auf ein Tablett fallen. Seitlich ist ein Luftgebläse angebracht, welches mit gleichbleibendem Luftstrom die Kugeln von der Seite anbläst. Die Kugeln werden nun je nach Masse unterschiedlich weit abgelenkt und in Gefäßen aufgefangen. In jedem Gefäß befinden sich Kugeln gleicher Masse. Anhand einer Vergleichsskala werden die Massen der einzelnen Kugeln verglichen. Hierauf sieht man beispielsweise, dass das Chloratom eine ca. 35-mal so große Masse wie das Wasserstoffatom besitzt.

Die Arbeitsweise eines Messgerätes zur Atommassenbestimmung

Mithilfe eines Massenspektrometers lassen sich die Massen von Molekülen und Atomen heute sehr genau bestimmen (▷ B 2). Die zu untersuchenden Moleküle bzw. Atome werden elektrisch aufgeladen. Da sie verschiedene Massen haben, werden sie in einem Magnetfeld auch verschieden stark abgelenkt (▷ B 3). Das leichteste Atom wird am weitesten, schwerere Atome weniger weit abgelenkt. Daraus berechnen Wissenschaftler die genauen Atom- oder Molekülmassen.

Aufgabe

1 Wievielmal schwerer ist
a) das Kohlenstoffatom als das Wasserstoffatom?
b) das Schwefelatom als das Sauerstoffatom?

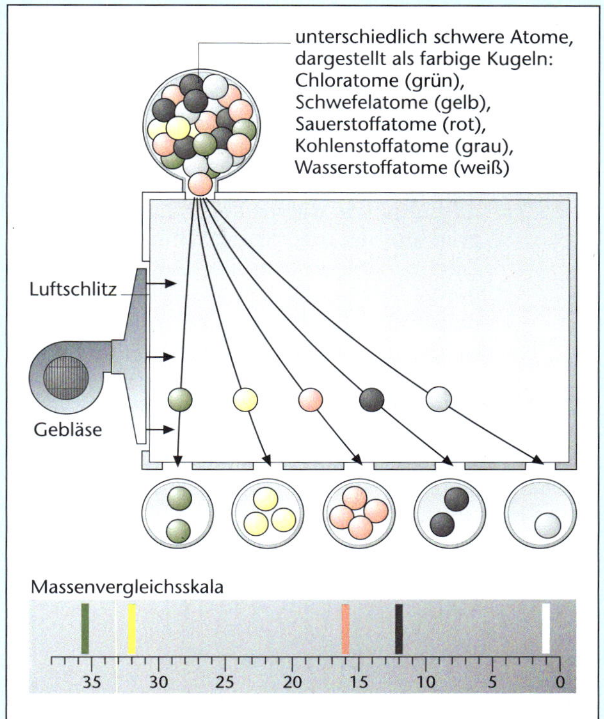

1 Modell zur Veranschaulichung eines Messgerätes zur Atommassenbestimmung

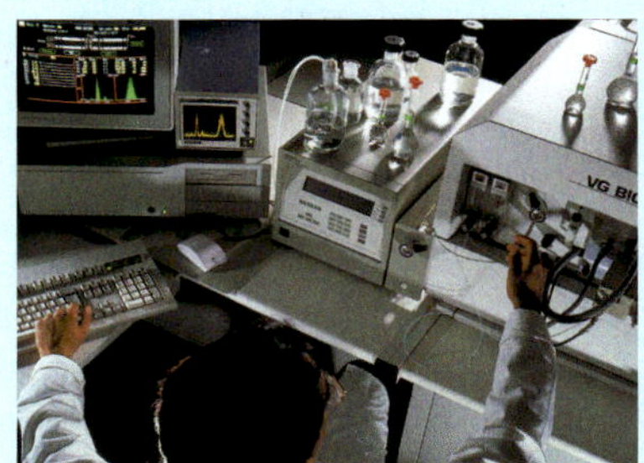

2 Massenspektrometer

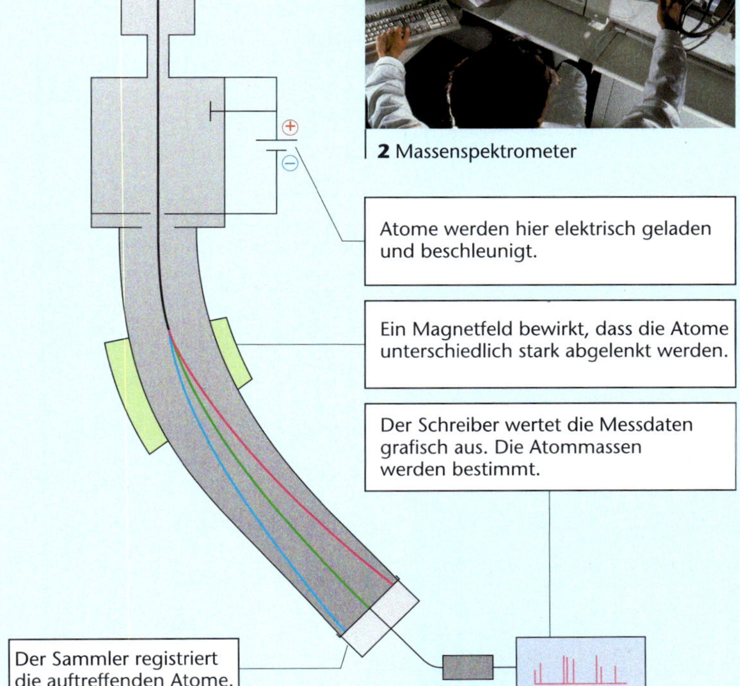

3 Schematische Schnittdarstellung eines Massenspektrometers

Symbole und ihre Bedeutung

Dem schwedischen Naturwissenschaftler JÖNS JAKOB BERZELIUS ist es zu verdanken, dass die „Sprache" der Chemiker vereinheitlicht wurde. 1814 veröffentlichte er seine Vorschläge zur Gestaltung von Symbolen für Elemente und Verbindungen. Er schlug vor, die Anfangsbuchstaben des griechischen oder lateinischen Namens als Zeichen zu benutzen. Besteht die Gefahr der Verwechslung, wie zum Beispiel bei den Elementen Kohlenstoff und Kupfer, so wird zur genauen Unterscheidung ein zweiter Buchstabe angehängt (▷B2). Dabei wird der erste Buchstabe groß und der zweite Buchstabe klein geschrieben. Da ein Element aus einer Atomsorte aufgebaut ist, bezeichnet ein Symbol auch die Atome dieses Elementes.

Zahl	Vorsilbe
1	mono
2	di
3	tri
4	tetra

1 Zahlen und griechische Vorsilben

▶ Elemente und ihre Atome erhalten Buchstaben als Symbole.

Die chemische Formel

BERZELIUS entwickelte auch die heute noch gültige Symbolschreibweise für Moleküle. Damit man weiß, wie viele Atome einer bestimmten Atomsorte ein Molekül enthält, schreibt man eine **Formel**. Dabei gibt die tiefgestellte Zahl hinter einem Symbol die Anzahl der Atome im Molekül an. Beispielsweise ist die Formel für ein Wassermolekül H_2O.
Das bedeutet: In einem Wassermolekül sind zwei Wasserstoffatome und ein Sauerstoffatom miteinander verbunden.
Da Wasser aus gleichartigen Wassermolekülen besteht, bezeichnet die Formel H_2O auch gleichzeitig die Verbindung Wasser.

Damit man weiß, wie viele Teilchen insgesamt zur Verfügung stehen, gibt eine Zahl vor einem Symbol die Anzahl der Atome an. Eine Zahl vor einer Formel gibt die Anzahl der Moleküle an.
2 H bedeutet: zwei Wasserstoffatome
2 H_2O bedeutet: zwei Wassermoleküle.

▶ In einer Formel gibt die tiefgestellte Zahl hinter einem Symbol die Anzahl der Atome im Molekül an.

Namensgebung von Verbindungen

Das Molekül CO_2 besteht aus **einem** Kohlenstoffatom und **zwei** Sauerstoffatomen. Die Verbindung heißt daher Kohlenstoff**di**oxid. Dagegen besteht das Molekül CO aus **einem** Kohlenstoffatom und **einem** Sauerstoffatom. Die Verbindung heißt Kohlenstoff**mono**oxid. Die Silben für die jeweilige Anzahl der Atome in einem Molekül stammen aus dem Griechischen (▷B1).

Aufgaben

1 Schreibe als Formel:
a) Ein Ozonmolekül bestehend aus drei Sauerstoffatomen.
b) Ein Methanmolekül bestehend aus einem Kohlenstoffatom und vier Wasserstoffatomen.
c) Drei Ammoniakmoleküle, wobei jedes Molekül aus einem Stickstoffatom und drei Wasserstoffatomen besteht.

2 a) Deute die Formeln:
a) 6 Cl_2, 5 CCl_4, 14 H_2.
b) Gib den exakten Namen der Verbindungen an: SO_2, SO_3, NO, NO_2.

Elementname	Symbol	Namensursprung/ Bedeutung des Namens
Wasserstoff	H	lat.: Hydrogenium, Wasserbildner
Sauerstoff	O	lat.: Oxygenium, Säurebildner
Stickstoff	N	lat.: Nitrogenium, Salpeterbildner
Eisen	Fe	lat.: Ferrum
Kohlenstoff	C	lat.: Carboneum, Kohle
Kupfer	Cu	lat.: Cuprum, aus Zypern
Schwefel	S	lat.: Sulfur
Chlor	Cl	griech.: chloros, gelbgrün

2 Symbole und Namen einiger Elemente

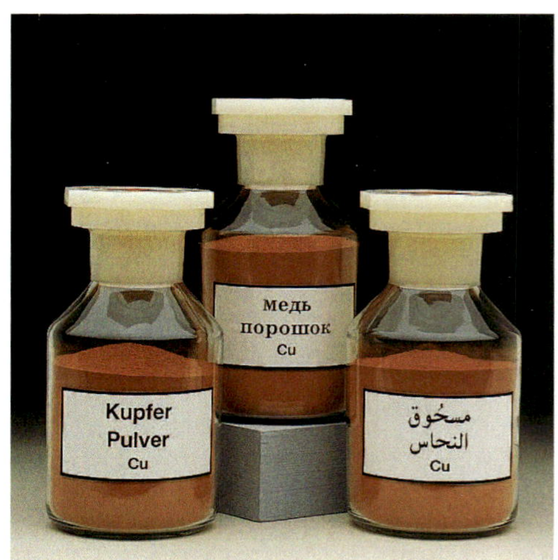

3 Symbole sind international verständlich.

Der Begriff der Wertigkeit
In der Umgangssprache kennt man die Formulierung: „Das ist mir viel wert". Damit verbindet man eine bestimmte Wertvorstellung. Früher war der Warentausch (Ware gegen Ware) üblich. Heute tauscht man Ware gegen Geld.

Im übertragenen Sinn hat sich der Begriff **Wertigkeit** auch in der Chemie eingebürgert. In der Chemie gibt die Wertigkeit (lat.: valere, wert sein) eines Atoms an, wie viele Wasserstoffatome dieses Atom binden kann. Zahlreiche Untersuchungen zeigten, dass das Wasserstoffatom immer einwertig ist. Sind wie im Wassermolekül zwei Wasserstoffatome an einem Sauerstoffatom gebunden, so folgt daraus: Das Sauerstoffatom ist zweiwertig, weil es zwei Wasserstoffatome binden kann. Wertigkeiten werden mit römischen Zahlen angegeben. Einige Beispiele sind in der Tabelle (▷ B 1) aufgeführt.

▶ Die Wertigkeit eines Atoms gibt an, wie viele Wasserstoffatome es binden oder ersetzen kann.

Atom	**Symbol**	**Wertigkeit**
Wasserstoff	H	I
Magnesium	Mg	II
Sauerstoff	O	II
Stickstoff	N	III
Aluminium	Al	III
Kohlenstoff	C	IV

1 Wertigkeiten einiger Atome

Es gibt Elemente, deren Atome in unterschiedlichen Verbindungen verschiedene Wertigkeiten haben können.
So kann zum Beispiel ein Eisenatom (Fe) II- oder III-wertig und ein Schwefelatom (S) II- oder IV-wertig sein.
Man gibt dies mit folgender Schreibweise an: Eisen(II)-oxid oder Eisen(III)-oxid.

Aufgaben

1 Stelle die Formeln auf für
a) Magnesiumoxid,
b) Aluminiumsulfid (S ist II-wertig),
c) Eisenoxid (Fe ist III-wertig).

2 Bestimme die Wertigkeit des Kohlenstoffatoms in Kohlenstoffmonooxid und Kohlenstoffdioxid. Gib vorher jeweils die entsprechende Formel an.

Bestimmung von Formeln mithilfe der Wertigkeit
Die Wertigkeit ist ein Hilfsmittel, um Formeln zu erstellen. In Bild 2 und 3 ist dies mithilfe von Steckbausteinen veranschaulicht.

1. Schritt: Wertigkeit festlegen
Aus der Tabelle entnimmt man die Wertigkeiten der einzelnen Atome und ordnet sie diesen zu. Dies kann mithilfe von Steckbausteinen verdeutlicht werden.

2. Schritt: Wertigkeiten ausgleichen
Man ergänzt durch Vervielfachen die Atome so, dass beide Partner im Sinne der Wertigkeit gleich viel wert sind. Danach kann ein II-wertiges Sauerstoffatom zwei I-wertige Wasserstoffatome binden.

3. Schritt: Formel erstellen
Die Anzahl der gleichartigen Steine ergibt die Anzahl des jeweiligen Atoms im Molekül. Diese Zahl wird in der Formel hinter dem Symbol als tiefgestellte arabische Zahl geschrieben. Die „1" wird nicht geschrieben. Wasser hat demnach die Formel H_2O.

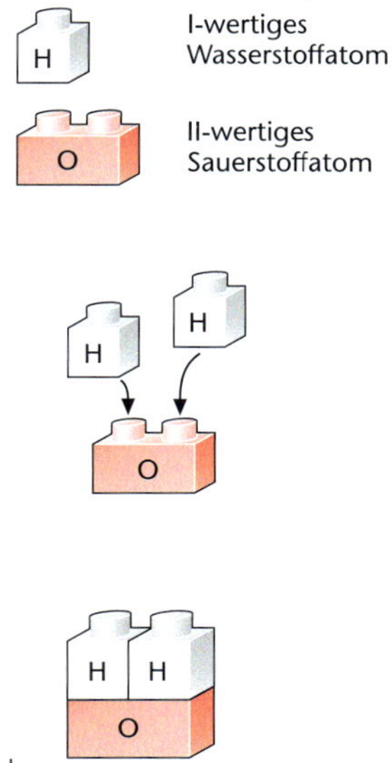

3 Der Weg zur Formel

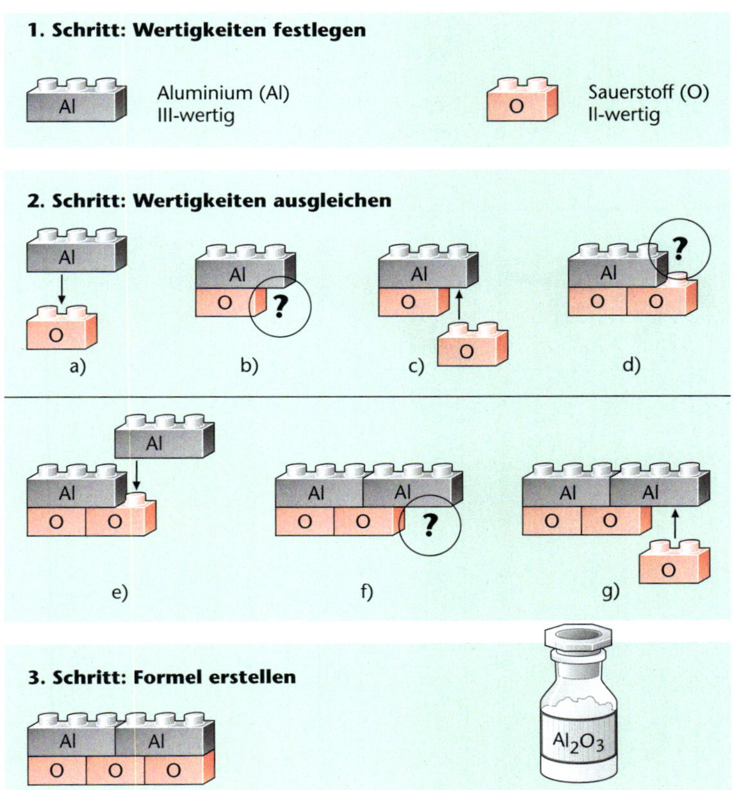

2 Schritte zur Ermittlung der Formel von Aluminiumoxid

Die Reaktionsgleichung

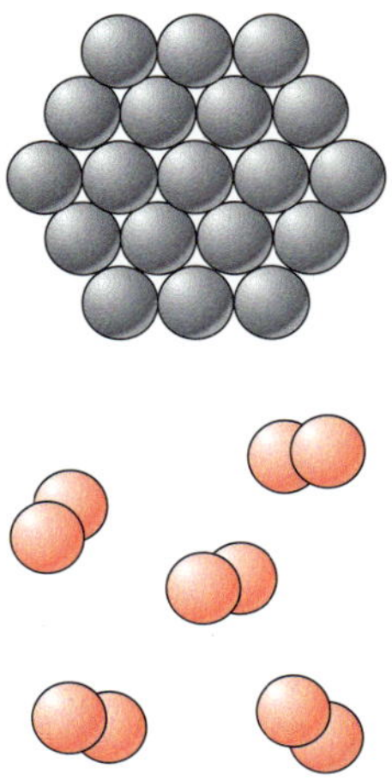

1 Eisenatome und Sauerstoffmoleküle im Modell

Vom Reaktionsschema zur Reaktionsgleichung

Bei der Reaktion zwischen Sauerstoff und Eisen bildet sich Eisenoxid. Diese Reaktion kann durch ein Reaktionsschema in Worten formuliert werden:

Eisen + Sauerstoff ⟶ Eisenoxid

Ein solches Reaktionsschema ist weder international verständlich, noch kann daraus abgelesen werden, wie viele Atome an der Reaktion beteiligt sind.
Mithilfe der chemischen Symbolsprache ist es nun möglich, solche Reaktionsschemata kürzer, verständlicher und genauer zu formulieren.

1. Schritt: Aufstellen des Reaktionsschemas in Worten

„Eisen reagiert mit Sauerstoff zu Eisenoxid." Dies ist die einfachste Formulierung einer chemischen Reaktion, die als Reaktionsschema formuliert werden kann:

Eisen + Sauerstoff ⟶ Eisenoxid

Nicht berücksichtigt ist hier die Zusammensetzung der an der Reaktion beteiligten Stoffe.
Vor der Reaktion:
- Eisen ist ein Feststoff und besteht nur aus Eisenatomen.
- Sauerstoff liegt in Form von zweiatomigen Molekülen vor (▷B 1).

Nach der Reaktion:
Das Verbindungsteilchen Eisenoxid hat die Formel Fe_2O_3, da das Eisenatom hier III-wertig (Schreibweise: Eisen(III)-oxid) ist (▷B 2).

2. Schritt: Ersetzen durch Symbole und Formeln

Beachtet man die Überlegungen aus Schritt 1, so lautet die Schreibweise nun:

$Fe + O_2 \longrightarrow Fe_2O_3$

Vergleicht man die Anzahl der an der Reaktion beteiligten Atome, stellt man fest, dass pro Eisenoxidteilchen 3 Atome Sauerstoff benötigt werden. Links vom Pfeil stehen aber zunächst nur 2 Sauerstoffatome zur Verfügung. Man sagt: „Die Gleichung stimmt noch nicht".

3. Schritt: Ausgleichen des einen Reaktionspartners

Es reagieren 3 Sauerstoffmoleküle zu 2 Verbindungsteilchen Eisenoxid. Es sind nun 6 Sauerstoffteilchen auf beiden Seiten der Gleichung vorhanden.

$Fe + 3\ O_2 \longrightarrow 2\ Fe_2O_3$

4. Schritt: Ausgleichen des anderen Reaktionspartners

Wenn aber insgesamt 4 Eisenatome für 2 Verbindungsteilchen Fe_2O_3 benötigt werden, müssen auch auf der linken Seite der Gleichung 4 Eisenatome bereitgestellt werden (▷B 2). Die ausgeglichene Reaktionsgleichung lautet dann:

$\mathbf{4\ Fe + 3\ O_2 \longrightarrow 2\ Fe_2O_3}$

▶ In einer Reaktionsgleichung muss die Anzahl der an der Reaktion beteiligten Atome vor und nach der Reaktion gleich sein.

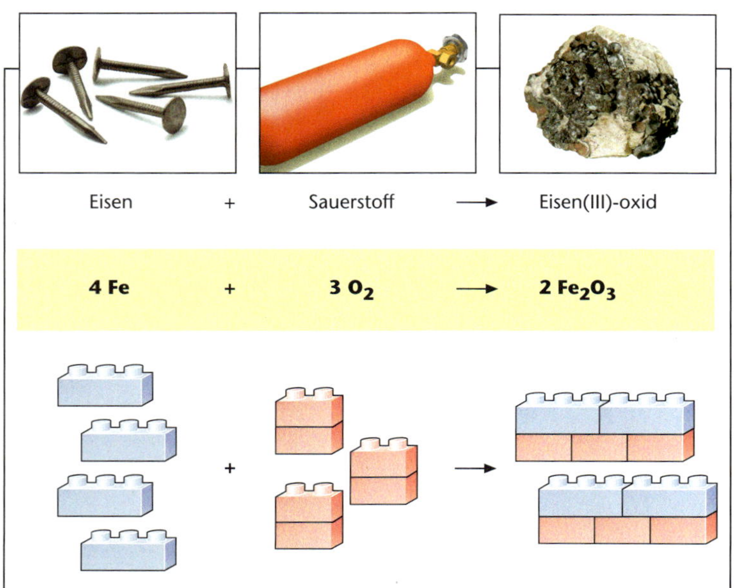

2 Vom Reaktionsschema zur Reaktionsgleichung

Aufgaben

1 Erstelle die Reaktionsgleichung für die Bildung von Wasser aus den Elementen.

2 Wie lautet die Reaktionsgleichung für die Bildung von Aluminiumchlorid aus Aluminiumatomen und zweiatomigen Chlormolekülen? (Cl ist I-wertig)

3 Natrium (Na ist I-wertig) reagiert mit Schwefel (S ist II-wertig). Wie lautet die Reaktionsgleichung?

Werkstatt

Reaktionsgleichungen spielerisch erstellen

1 Kupfer verbrennt zu verschiedenen Oxiden

Material

Blaue „Einer-Steckbausteine" als Modell für I-wertige Kupferatome

blaue „Zweier-Steckbausteine" als Modell für II-wertige Kupferatome

rote „Zweier-Steckbausteine" als Modell für II-wertige Sauerstoffatome

Aufgabe

1. Kupferatome kommen in verschiedenen Wertigkeiten vor. Sie können I- oder II-wertig sein. Verbrennt Kupfer, können zwei verschiedene Oxide entstehen.

a) Erstelle mithilfe der Steckbausteine die Formeln für die zwei möglichen Kupferoxidverbindungen. Gib den exakten chemischen Namen der Oxide an.

b) Formuliere zuerst die Verbrennungsreaktionen mithilfe der Steckbausteine, dann die Reaktionsgleichungen.

2 Aufstellen von Reaktionsgleichungen

Material

Graue „Dreier-Steckbausteine" als Modell für III-wertige Stickstoffatome

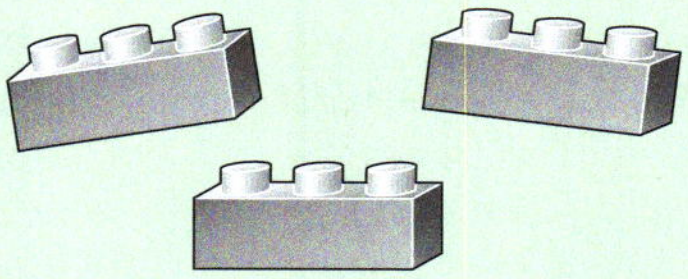

weiße „Einer-Steckbausteine" als Modell für I-wertige Wasserstoffatome

rote „Zweier-Stecksteine" als Modell für II-wertige Sauerstoffatome

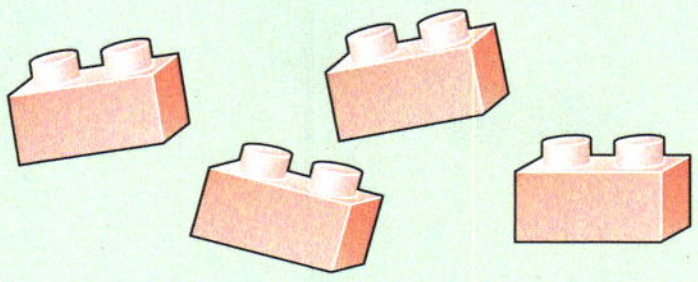

gelbe „Vierer-Steckbausteine" als Modell für IV-wertige Schwefelatome

Aufgaben

1. Stickstoff (N ist III-wertig) reagiert mit Wasserstoff zu dem Gas Ammoniak. Gib die Formel von Ammoniak an. Ergänze dann die in Bild 1 angegebene Darstellung zuerst mithilfe der Steckbausteine. Gib die zugehörigen Reaktionsgleichungen an.

2. Gib die Formel von Schwefeldioxid an. Formuliere die Bildung von Schwefeldioxid mithilfe von Steckbausteinen und gib die Reaktionsgleichung an. Bedenke, dass Sauerstoff als Molekül mit zwei Sauerstoffatomen vorliegt.

3. Bei Verbrennungsprozessen im Ottomotor („Benzinmotor") wird der Stickstoff der Luft mit dem Sauerstoff der Luft zunächst zu farblosem Stickstoffmonooxid verbrannt. Diese Verbindung reagiert weiter mit Sauerstoff zu braunem Stickstoffdioxid.
Welche Wertigkeit hat das Stickstoffatom in den Verbindungen Stickstoffmonooxid und Stickstoffdioxid?
Formuliere für beide Vorgänge jeweils die Reaktionsgleichung.

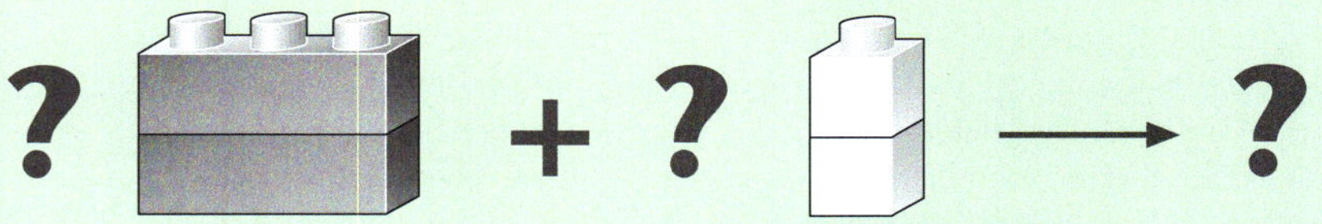

1 Wie lautet die Reaktionsgleichung?

Brennpunkt

Massenverhältnisse von Teilchen in Reaktionen

1 J. L. PROUST

Die Bildung von Kupfersulfid
Kupfer und Schwefel reagieren miteinander, wenn man beide Stoffe intensiv in einem Mörser verreibt (▷B 2). Beide Stoffe reagieren aber auch miteinander, wenn man ein Kupferblech mit Schwefel erhitzt (▷B 3). In beiden Fällen sieht man eine bläuliche Flamme. Sie gilt als Zeichen für die Verbrennung von Schwefel zu Schwefeldioxid.

Wie viel Schwefel reagiert mit Kupfer?
Gibt man gleich viel Schwefel und Kupfer in einen Porzellantiegel und erhitzt die beiden Stoffe, so verbrennt nur ein Teil des Schwefels. Führt man eine Versuchsreihe mit unterschiedlichen Mengen Kupfer durch, so reagieren Kupfer und Schwefel in einem bestimmten Massenverhältnis miteinander (▷V 1).

2 Kupfer und Schwefel reagieren im Mörser.

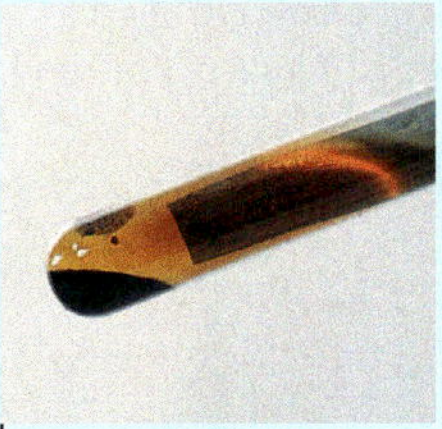

3 Kupfer und Schwefel werden erhitzt.

Das Gesetz von den konstanten Proportionen
Seitdem die Waage in Untersuchungen einbezogen wurde, beschäftigten sich viele Naturwissenschaftler mit dem Phänomen, dass Stoffe nur in bestimmten Massenverhältnissen miteinander reagieren.
Zu diesen Naturwissenschaftlern gehörte auch JOSEPH LOUIS PROUST (1754–1826) (▷B 1). Er erkannte die Zusammenhänge zwischen den Massen miteinander reagierender Partner und formulierte 1799 das **Gesetz von den konstanten Proportionen:** In einer chemischen Verbindung sind die Elemente in bestimmten Massenverhältnissen enthalten.

Versuch

1 In einem Porzellantiegel mit Deckel wird 1 g Kupferblech mit 1 g Schwefel erwärmt. Zunächst wird vorsichtig erhitzt, bis die bläuliche Flamme des Schwefels nicht mehr zu sehen ist. Dann wird der Boden des Tiegels zum Glühen gebracht, bis der gesamte überschüssige Schwefel verdampft ist. Nach dem Abkühlen wird das entstandene Kupfersulfid im Porzellantiegel gewogen und das Massenverhältnis $m_{Kupfer} : m_{Schwefel}$ im Kupfersulfid bestimmt. Der Versuch wird anschließend variiert, indem man die Masse des Kupfers jeweils um 1 g erhöht. (Abzug!)

Werkstatt

Wie viel Schwefel reagiert mit Kupfer?

Material
Schutzbrille, Gasbrenner, Pinzette, langes Reagenzglas, Stativ, Doppelmuffe, Universalklemme, Spatellöffel, Kupferblech, Schwefelpulver, Aktivkohlestopfen, Waage, Schere

Versuchsanleitung
Schneide unterschiedlich lange Kupferblechstreifen zurecht. Bestimme die jeweilige Masse der Streifen (die Massen sollten zwischen 0,5 g bis 1,2 g liegen).
Gib ungefähr 1 g Schwefelpulver und einen Kupferblechstreifen in ein Reagenzglas. Wie man den Schwefel und das Kupfer erhitzt (▷B 1), hast du schon geübt. Sieh nochmals in deinem Chemiebuch nach, wie das geht. Halte dich genau an diese Vorschrift! Hole nach dem Abkühlen vorsichtig mit der Pinzette den Streifen wieder heraus und wiege erneut. Verfahre mit allen anderen Kupferblechstreifen ebenso.

Aufgabe
Erstelle eine Tabelle wie in Bild 2.

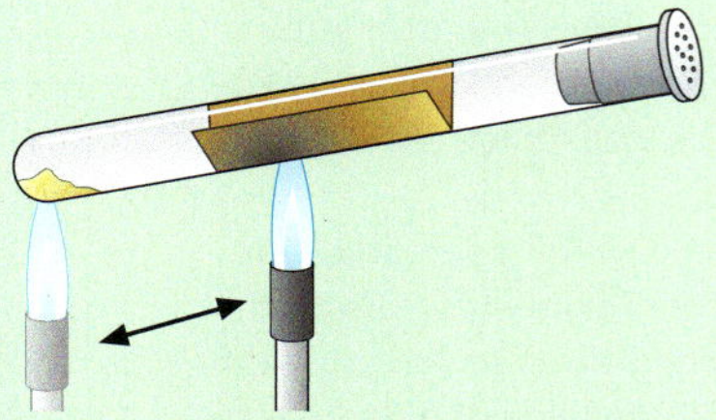

1 Kupfer wird mit Schwefel erhitzt.

m_{Kupfer} in g	$m_{Kupfersulfid}$	$m_{Kupfer} : m_{Schwefel}$

2 Tabelle

Die chemische Zeichensprache

Atom, Element, Symbol
Ein Element besteht nur aus einer Atomsorte. Elemente und ihre Atome erhalten Buchstaben als Symbole.

Moleküle, Verbindungen
Viele Gase bestehen aus zweiatomigen Molekülen. Moleküle von Verbindungen sind aus Atomen verschiedener Elemente aufgebaut.

Das Gesetz von der Erhaltung der Masse
Bei chemischen Reaktionen ist die Masse der Endstoffe gleich der Masse der Ausgangsstoffe.

Bedeutung von Formeln
Chemische Formeln setzen sich aus Zahlen und Symbolen zusammen. Eine tiefgestellte Zahl hinter einem Symbol gibt die Anzahl der Atome in einem Molekül an. Die Zahl vor einer Formel gibt die Anzahl der Moleküle an. Eine Formel kennzeichnet gleichzeitig eine Verbindung.

Wertigkeit
Die Wertigkeit eines Atoms gibt an, wie viele Wasserstoffatome es binden oder ersetzen kann.

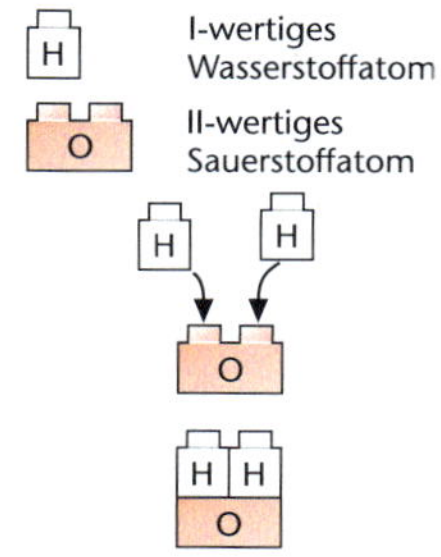

Schritte zur Erstellung von Formeln
1. Symbole und Wertigkeiten notieren.
2. Die Anzahl der Atome so wählen, dass sich ihre Wertigkeiten ausgleichen.
3. Die Formel erstellen.

Schritte zum Aufstellen einer Reaktionsgleichung
1. Reaktionsschema in Worten erstellen.
2. Symbole und Formeln ergänzen.
3. Die Anzahl der Atome rechts und links des Reaktionspfeiles ausgleichen.

Wichtig: Formeln dürfen in ihrer Zusammensetzung nicht verändert werden!

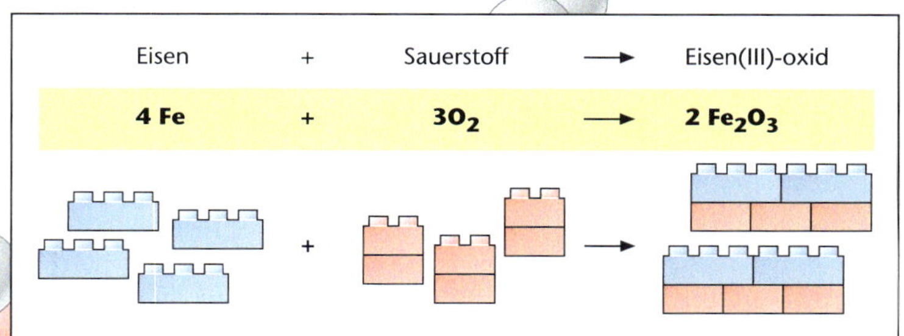

1 Aufstellen einer Reaktionsgleichung

Aufgaben

1 Deute folgende Formeln:
a) 10 H_2O
b) 3 NH_3
c) 4 Cl_2

2 Was ist falsch an folgenden Schreibweisen? Gib jeweils die richtige Schreibweise an.
a) 2 Cl 2
b) 1,5 Cl
c) 0,5 H 2

3 Das Zeichen für Gold war früher die Sonne. Überlege, wieso gerade dieses Zeichen vereinbart wurde.

4 Formuliere die Reaktionsgleichung für die Bildung von Chlorwasserstoff (Cl ist I-wertig) aus den Elementen Wasserstoff und Chlor (gasförmig).

5 Erläutere nach Abbildung 1 die chemische Reaktion nach dem Teilchenmodell.

6 Erstelle die Reaktionsgleichung
a) für die Zerlegung von Eisen(III)-chlorid in seine Elemente.
b) für die Synthese von Schwefeltrioxid.
c) für die Bildung von Wasserstoffperoxid (H_2O_2) aus den Elementen. Welche Wertigkeit besitzt hier das Sauerstoffatom?

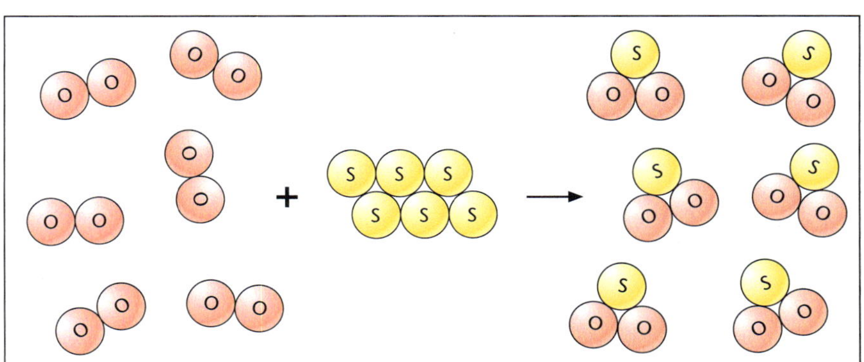

1 Zu Aufgabe 5

Elementgruppen und Atombau

Heute sind über 100 Elemente bekannt, etwa 90 davon kommen natürlich vor. Einige Elemente sind in ihren Eigenschaften auffallend ähnlich. In diesem Kapitel werden wir nicht nur neue Elemente kennen lernen und ordnen, sondern auch in die Atome hineinschauen.

Das Universum besteht vorwiegend aus Wasserstoff und Helium. Zwischen den Sternen und der Sonne kommt hauptsächlich Wasserstoff vor. Von jeweils 1 000 Atomen im Weltall sind 925 Wasserstoffatome, 74 Heliumatome und nur eines von diesen Tausend ist ein Atom eines schwereren Elements. Die Elemente, die auf der Erde vorkommen, sind im Weltraum nur ganz selten zu finden.

Erstaunlich ist, dass die Häufigkeit der Elemente auf der Erde verschieden ist. Die Lufthülle um unseren Planeten ist anders zusammengesetzt als das Wasser der Meere. Die Erdrinde enthält andere Elemente als der glutflüssige Erdkern. Die Grundlage des Lebens auf der Erde bilden vier Elemente: Wasserstoff, Sauerstoff, Kohlenstoff und Stickstoff.

1972 wurde auf Cape Kennedy eine Raumsonde gestartet, die den Planeten Jupiter erkunden soll und danach unser Sonnensystem verlassen wird. Gibt es in den unendlichen Weiten der Milchstraße andere intelligente Lebewesen, werden sie vielleicht in 100 Millionen Jahren eine kleine Metallplatte an Bord der Sonde finden. In die Oberfläche der Platte sind Bilder und Zeichen eingraviert. Sie geben Auskunft über den Heimatplaneten Erde und die Flugbahn der Sonde, über die Eigenschaften der Elemente und das Aussehen der Menschen.

Erdatmosphäre	
Stickstoff	78,1 %
Sauerstoff	20,9 %
Argon	0,9 %
sonstige	0,1 %

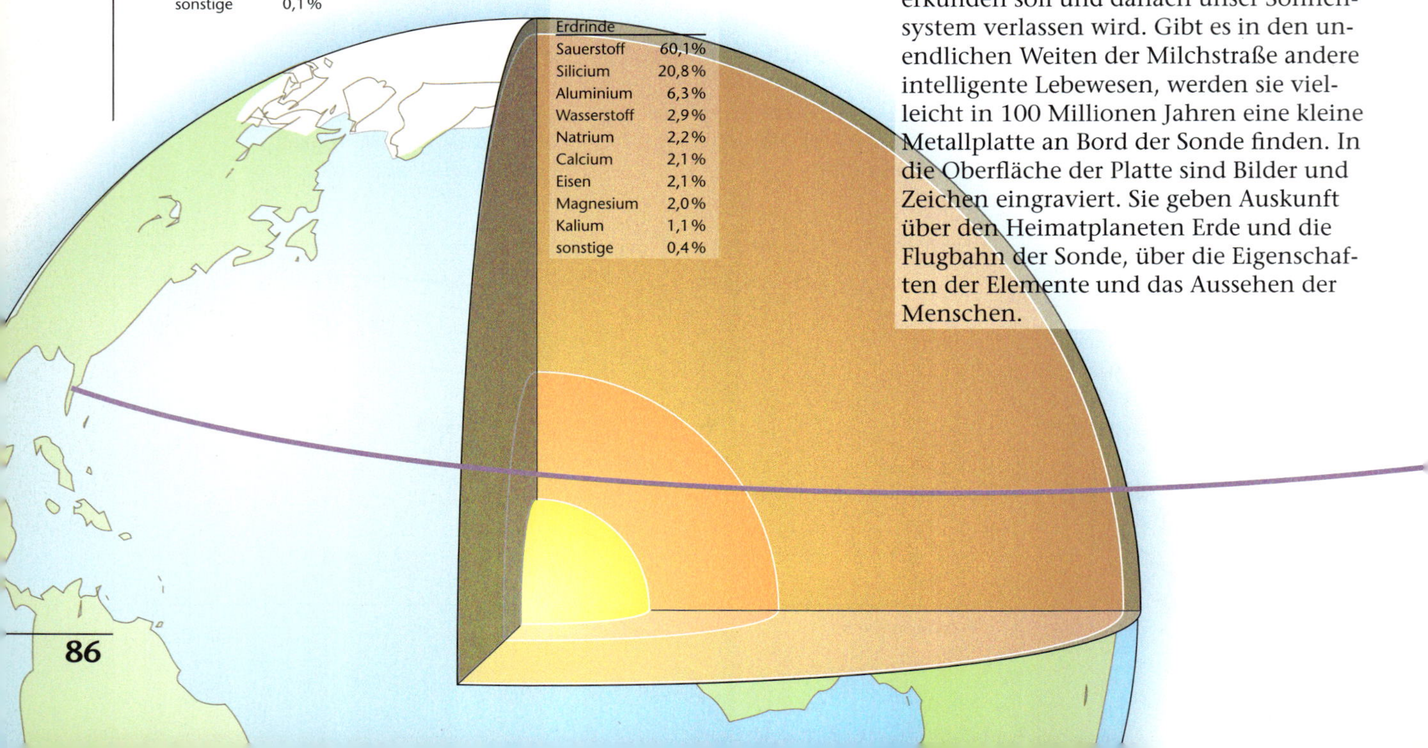

Erdrinde	
Sauerstoff	60,1 %
Silicium	20,8 %
Aluminium	6,3 %
Wasserstoff	2,9 %
Natrium	2,2 %
Calcium	2,1 %
Eisen	2,1 %
Magnesium	2,0 %
Kalium	1,1 %
sonstige	0,4 %

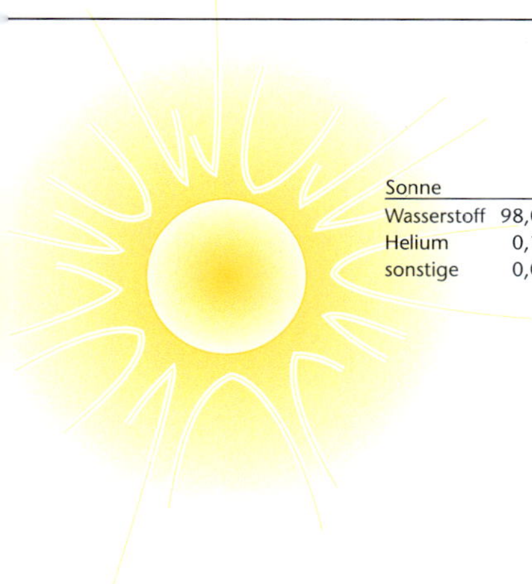

Sonne

Wasserstoff	98,00 %
Helium	0,19 %
sonstige	0,01 %

Jupiter

Wasserstoff	93,0%
Helium	6,0%
sonstige	1,0%

Mensch

Wasserstoff	60,6 %
Sauerstoff	25,7 %
Kohlenstoff	10,7 %
Stickstoff	2,4 %
sonstige	0,6 %

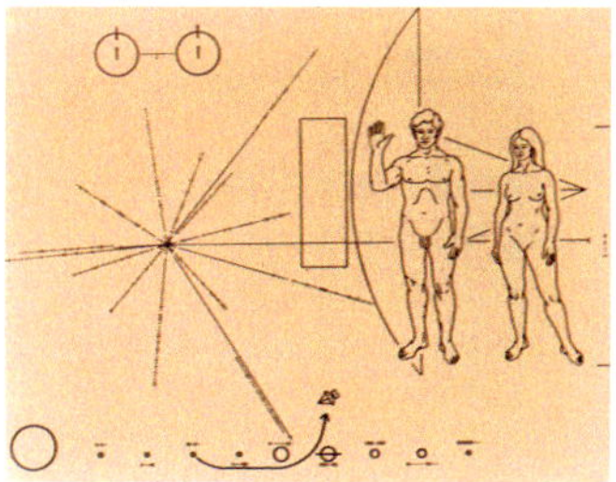

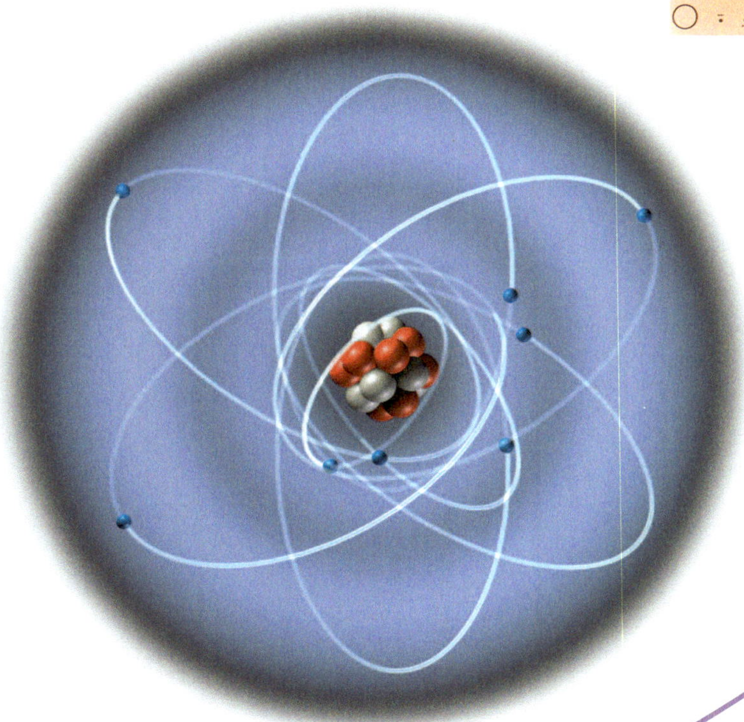

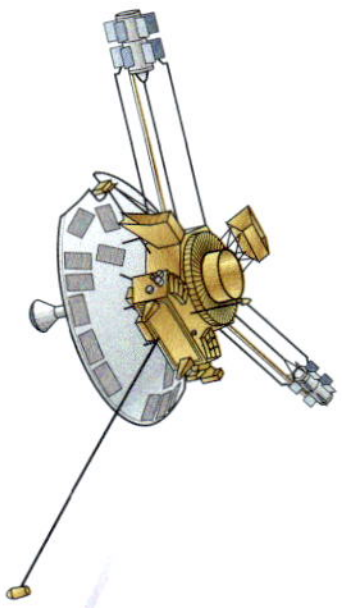

Mond

Sauerstoff	46,6 %
Silicium	27,7 %
Aluminium	8,2 %
Eisen	5,0 %
Calcium	3,6 %
Natrium	2,9 %
Kalium	2,6 %
Magnesium	2,0 %
sonstige	1,4 %

Atome im „leeren" Weltraum

Wasserstoff	75,0 %
Helium	25,0 %

▶8 ff.
▶230 f.

Alkalimetalle – nicht aus dem Alltag

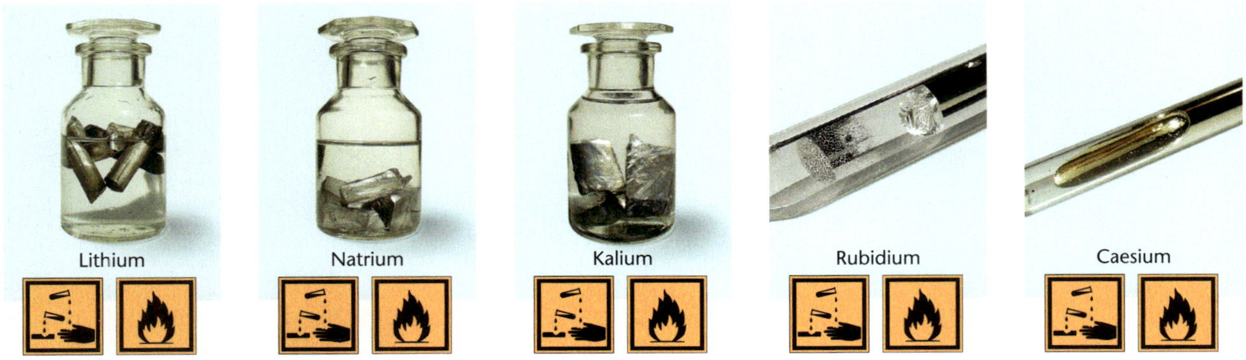

1 Die Alkalimetalle

Metalle mit außergewöhnlichen Eigenschaften
Lithium, Natrium und Kalium sind Elemente, die in unserem Alltag nur in Verbindungen vorkommen. Diese Elemente besitzen als elementare Stoffe eine Reihe bemerkenswerter Eigenschaften. Die Chemikalienflaschen im Labor tragen neben den Stoffnamen die Gefahrensymbole (▷B 1) mit den Kennbuchstaben, z. B. F (leichtentzündlich) und C (ätzend).

An der Luft bilden die Elemente eine matte, zum Teil krustenartige Oberfläche. Schneidet man diese Elemente mit einem Messer, gelingt dies bei Kalium besonders leicht, bei Lithium dagegen sehr viel schwerer. Ihre frischen Schnittflächen zeigen einen metallischen Glanz (▷B 2; V 1). An der Luft verändert sich die Oberfläche sehr rasch wieder (▷B 4).
Lithium, Natrium und Kalium werden leicht oxidiert. Sie werden deshalb unter Paraffinöl aufbewahrt. Natrium leitet den elektrischen Strom (▷B 3; V 2).

Natrium, Kalium und Lithium gehören zu der Stoffgruppe der Metalle. Im Gegensatz zu den bisher bekannten Metallen besitzen diese Elemente jedoch niedrigere Schmelztemperaturen. Natrium schmilzt bei 98 °C (▷B 5). Die Dichten von Natrium, Kalium und Lithium sind kleiner als die von Wasser, diese Metalle werden daher zu den **Leichtmetallen** gezählt.

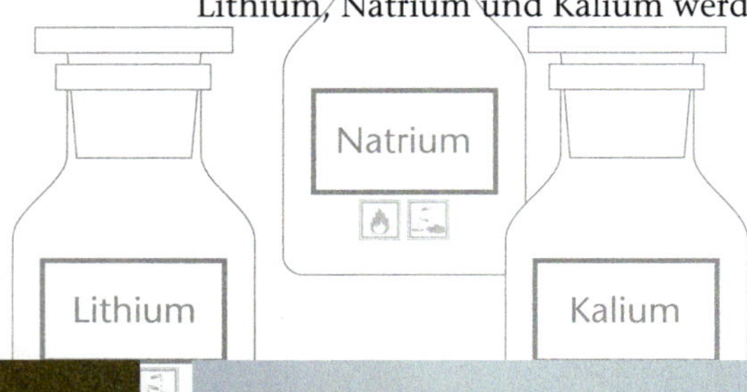

4 Natriumstück an der Luft

2 Metallglanz

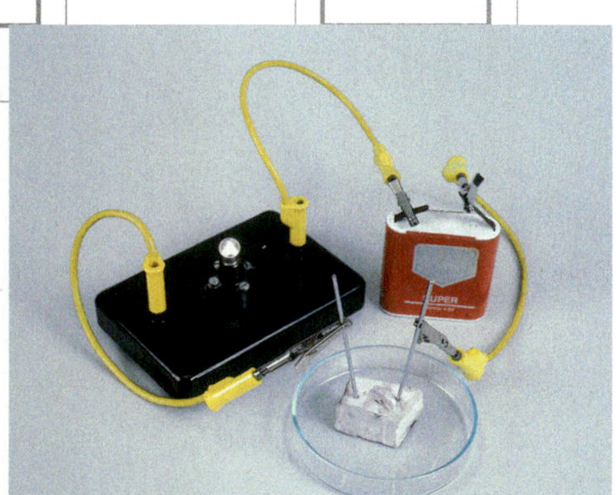

3 Elektrische Leitfähigkeit

5 Natrium schmilzt

6 Natriumdampflampen in einer Unterführung

7 Natrium auf Filterpapier in Wasser

Versuche

1 Von einem Stück Natrium aus der Vorratsflasche wird ein Stück abgeschnitten und die Schnittfläche beobachtet. (Schutzbrille)

2 Man prüft die elektrische Leitfähigkeit an der frischen Schnittfläche eines Natriumstücks. (Schutzbrille)

3 ! a) Eine große runde Glaswanne wird zur Hälfte mit Wasser und etwas Spülmittel gefüllt. Von einem größeren Stück Natrium wird anhaftendes Paraffinöl sorgfältig entfernt und mit einem Messer ein kleines, linsengroßes Stück unter Benzin herausgeschnitten (die Kruste muss vollständig entfernt sein). Dieses Stück gibt man auf die Wasseroberfläche. (Schutzscheibe! Schutzbrille!)
b) Man wiederholt den Versuch mit Lithium und Kalium (höchstens linsengroß!) in je einer anderen Wanne.
c) Mit Lithium und Natrium wiederholt man den Versuch auf Filterpapierschiffchen.

Alkalimetalle miteinander vergleichen

Beim Verbrennen der Metalle Lithium, Natrium und Kalium zeigen sich charakteristische Flammenfarben. Bei Natrium wird eine intensive Gelbfärbung sichtbar. Wegen ihres gelben Lichtes werden Natriumdampflampen häufig im Bereich von Überwegen und Straßenunterführungen verwendet (▷ B 6). Dieses Licht durchdringt besonders gut Nebel und Dunst.

Gibt man ein kleines Natriumstück auf Wasser, bildet sich eine Kugel, die sich zischend auf der Wasseroberfläche hin- und herbewegt (▷ V 3). Die Kugel wird schnell kleiner und verschwindet. Bringt man ein Filterpapierschiffchen mit einer kleinen Portion Natrium auf die Wasseroberfläche, entzündet sich der bei der Reaktion mit Wasser entstehende Wasserstoff. Mit Teilen des Natriums verbrennt Wasserstoff leuchtend gelb (▷ B 7). Lithium und Kalium reagieren ähnlich wie Natrium mit Wasser.
Die Elemente Lithium, Natrium und Kalium zeigen ähnliche Eigenschaften. Man fasst sie in einer **Elementgruppe** zusammen, den **Alkalimetallen.**
Rubidium (▷ B 9) und Caesium (▷ B 10) gehören ebenfalls zu den Alkalimetallen. Sie werden in Glasampullen gasdicht eingeschmolzen, da sie noch reaktionsfähiger sind als Kalium und bereits an der Luft heftig reagieren.

9 Rubidium

10 Caesium

▶ Elemente mit ähnlichen Eigenschaften bilden eine Elementgruppe.
Lithium, Natrium, Kalium, Rubidium und Caesium bilden die Elementgruppe der Alkalimetalle.

Name (Symbol)	**Schmelztemperatur** (°C)	**Dichte bei 20 °C** (g/cm³)	**Härte**	**Heftigkeit der Reaktion mit Wasser**
Lithium (Li)	180	0,53	↑	
Natrium (Na)	98	0,97		
Kalium (K)	63	0,86	nimmt zu	nimmt zu
Rubidium (Rb)	39	1,53		
Caesium (Cs)	28	1,88		↓

8 Alkalimetalle im Vergleich

Feuerwerk voller Überraschungen

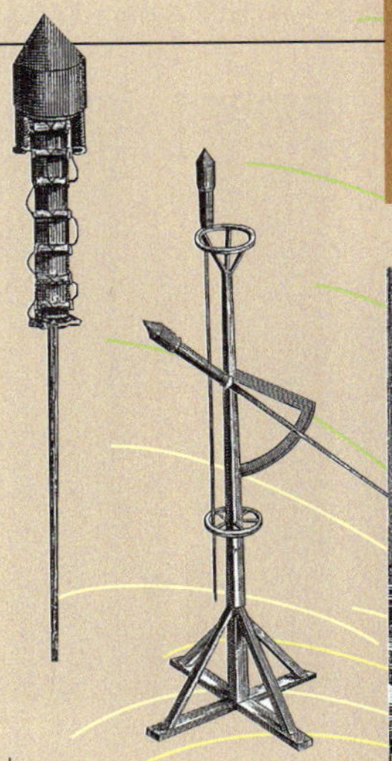

1 Feuerwerkskörper um 1780

3 Herstellung von Feuerwerkskörpern um 1760

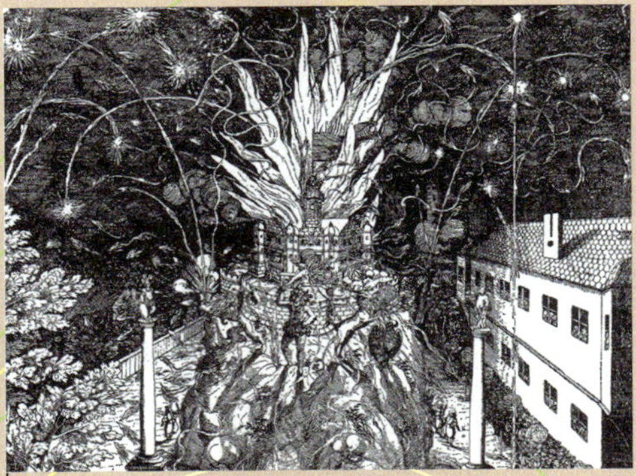

4 Lustfeuerwerk

5 Berthold Schwarz

Feuerwerk vor tausend Jahren

Um 1050 berichteten Missionare, die nach China gereist waren, dass dort bei Festlichkeiten fliegende Feuer und Knallballone gezündet wurden. In Europa tauchten die ersten Feurwerkskörper im 13. Jahrhundert auf. Im Mittelalter wurden bei Theatervorstellungen brennende Räder oder Fächer als Höllenfeuer aufgestellt. Ab dem 18. Jahrhundert gab es kaum ein Fest an Fürsten- und Königshäusern ohne Feuerwerk (▷ B 1; B 4).

Manchmal kam es dabei zu schrecklichen Katastrophen. Beim Frühlingsfest 1748 in Paris stritten sich die französischen und italienischen Feuerwerker darum, wer seine Feuerwerksraketen zuerst zünden durfte. Beide zündeten zur gleichen Zeit und alles explodierte. 40 Zuschauer starben und mehr als 300 wurden verletzt.

2 Feuerwerksraketen heute

Feuerwerk und Farben

Heute gehören zum Feuerwerk das Zischen und Sprühen von Feuerwerksraketen (▷ B 2), das Pfeifen und Heulen von Schwärmern oder das Donnern von Kanonenschlägen. Besonders beeindruckend sind farbige Leuchteffekte am dunklen Himmel. Die Farben werden beim Feuerwerk auf unterschiedliche Weise erzeugt. Weißes Licht sieht man beim Verbrennen von Magnesium. Meist werden in den Feuerwerksraketen aber nicht die Metalle, sondern ihre Verbindungen eingesetzt. Verbindungen von Calcium, Strontium und Lithium leuchten in verschiedenen Rottönen. Natriumverbindungen erzeugen ein gelbes, Kaliumverbindungen ein violettes Licht. Verbindungen von Barium färben die Flamme gelbgrün.

Herstellung von Feuerwerksraketen

Feuerwerker, die früher zugleich Experten für Schießpulver waren, stellten Brandsätze für den Antrieb von Feuerwerksraketen her. Dazu benötigten sie Holzkohle, Schwefel und Salpeter. Dieses Gemisch wurde Schwarzpulver genannt und gilt als Erfindung des Mönchs Berthold Schwarz, der im 14. Jahrhundert lebte (▷ B 5).

Auch heute wird für den Antrieb von Feuerwerksraketen meist Schwarzpulver verwendet. Alle Bestandteile des Schwarzpulvers werden einzeln fein zermahlen, gemischt und in Papierhülsen gefüllt. Beim Zünden verbrennt das Gemisch sehr schnell, heiße Gase werden nach unten ausgestoßen und lassen die Raketen aufsteigen. Nacheinander werden verschiedene Stoffgemische in der Rakete gezündet. Explosive Gemische erzeugen Pfeif- oder Knallgeräusche (Knallsatz). Sprengsätze enthalten Verbindungen von Metallen, die beim Zünden leuchtende und farbige Funken sprühen.

Die Flammenfärbung bringt es an den Tag

1 Salze bekennen Farbe

Material

Schutzbrille, Gasbrenner, 5 Uhrgläser, Spatellöffel, Cobaltglas, Alufolie, Magnesiastäbchen, destilliertes Wasser in der Spritzflasche, Salzproben: Lithiumchlorid, Natriumchlorid, Kaliumchlorid, Rubidiumchlorid, Caesiumchlorid

Versuchsanleitung

a) Gib einige Salzkörnchen der Proben jeweils auf ein Uhrglas. Benetze eine Probe mit einigen Tropfen destilliertem Wasser. Glühe die Spitze eines Magnesiastäbchens in der stark rauschenden Flamme aus (▷ B 2 a). Tauche dieses ausgeglühte Magnesiastäbchen in die angefeuchtete Probe (▷ B 2 b). Halte das Magnesiastäbchen in die nicht leuchtende Brennerflamme (▷ B 2 c). Beobachte die Flammenfärbung.
Betrachte die Flammenfärbung zusätzlich durch ein Cobaltglas.

b) Wiederhole den Versuch mit den übrigen Salzproben. Achte immer darauf, dass das Magnesiastäbchen intensiv ausgeglüht ist.

Aufgabe

Schreibe die Salznamen und die Flammenfarben, die man mit und ohne Cobaltglas erkennen kann, in eine Tabelle.

2 Mit der Flammenfärbung Alltagsprodukten auf der Spur

Material

Schutzbrille, Gasbrenner, 5 Uhrgläser, Spatellöffel, Cobaltglas, Magnesiastäbchen, Backpulver, Waschmittel, Schmierseife, Kernseife, Brausepulver, destilliertes Wasser in der Spritzflasche

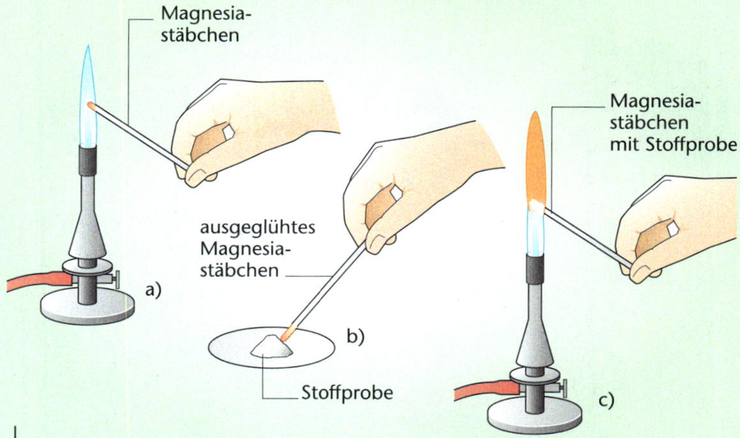

2 So wird es gemacht.

Versuchsanleitung

a) Gib auf ein Uhrglas z. B. Backpulver und benetze die Probe mit destilliertem Wasser. Tauche ein gut ausgeglühtes Magnesiastäbchen in die angefeuchtete Probe und halte es danach in die nicht leuchtende Brennerflamme (▷ B 2). Beobachte die Flammenfärbung.
Betrachte die Färbung zusätzlich durch ein Cobaltglas.

Vergleiche die Flammenfärbung mit den Farben von Bild 1.

b) Wiederhole den Versuch mit den übrigen Proben.
Verwende immer ein intensiv ausgeglühtes Magnesiastäbchen. Brich das verwendete Stück jeweils ab.

Aufgabe

Schreibe jeweils die Probe mit der beobachteten Flammenfärbung in eine Tabelle.
Auf welche Metalle deuten die Flammenfärbungen hin?

1 Flammenfarben der Alkalimetalle: Lithium, Natrium, Kalium, Rubidium, Caesium

▶8 ff.
▶230 f.

Erdalkalimetalle – gebunden im Gestein

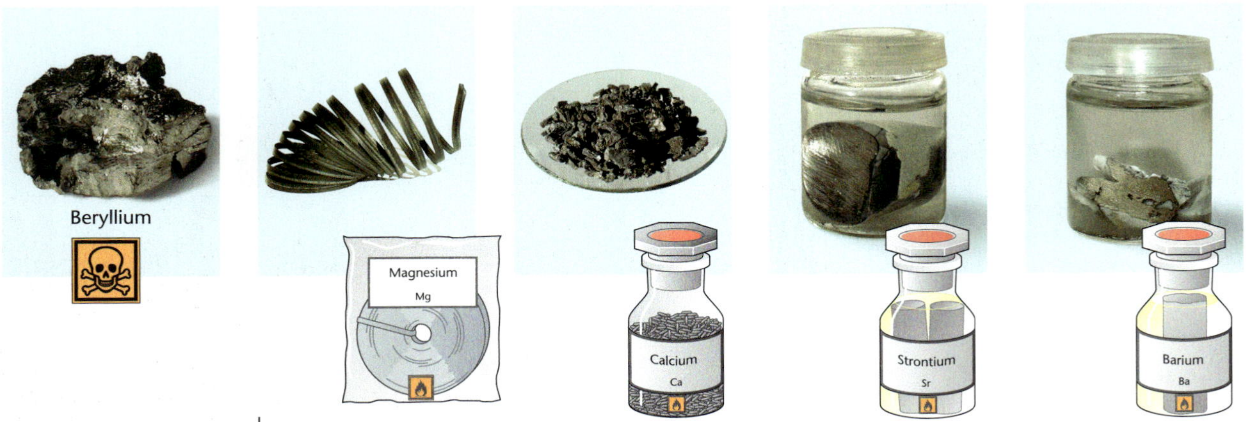

1 Die Erdalkalimetalle

Erdalkalimetalle als Elementgruppe
Bei den Elementen Beryllium, Magnesium, Calcium, Strontium und Barium (▷B 1) können wie bei den Alkalimetallen typische Eigenschaften der Metalle nachgewiesen werden. Frisch angeschmirgelte Calciumkörner zeigen Metallglanz und elektrische Leitfähigkeit (▷B 4; V 1).
Die leichte Verformbarkeit erkennt man z. B. beim Verbiegen eines Magnesiumbandes (▷B 3).
Die Verbindungen der Elemente sind am Aufbau der Erdrinde beteiligt. Calciumverbindungen bilden Kalkgestein (▷B 5).
Beryllium, Magnesium, Calcium, Strontium und Barium besitzen ähnliche Eigenschaften wie die Alkalimetalle. Sie werden deshalb **Erdalkalimetalle** genannt.
An der Luft sind nur Beryllium, Magnesium und Calcium einigermaßen beständig. Beryllium ist giftig und meist nicht in der Chemiesammlung zu finden. Wie die Alkalimetalle werden Strontium und Barium wegen ihrer großen Reaktionsfähigkeit unter Paraffinöl aufbewahrt.
Die Metalle lassen sich nur schwer schneiden, ihre Härte ist unterschiedlich. Aufgrund ihrer geringen Dichte werden die Erdalkalimetalle zu den Leichtmetallen gezählt.

▶ Beryllium, Magnesium, Calcium, Strontium und Barium bilden die Elementgruppe der Erdalkalimetalle.

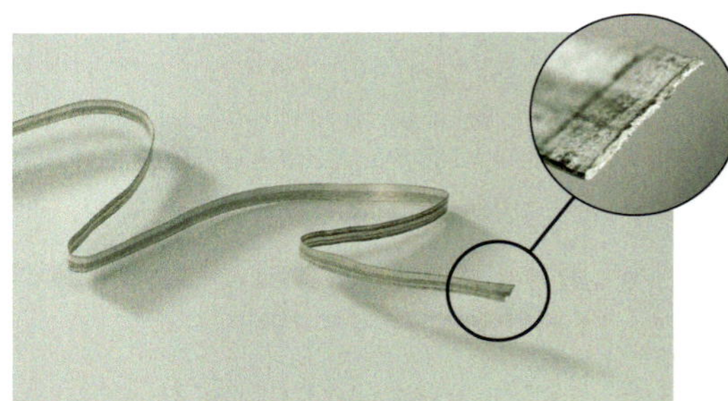

3 Verformbarkeit und metallischer Glanz

2 Calciumkörner

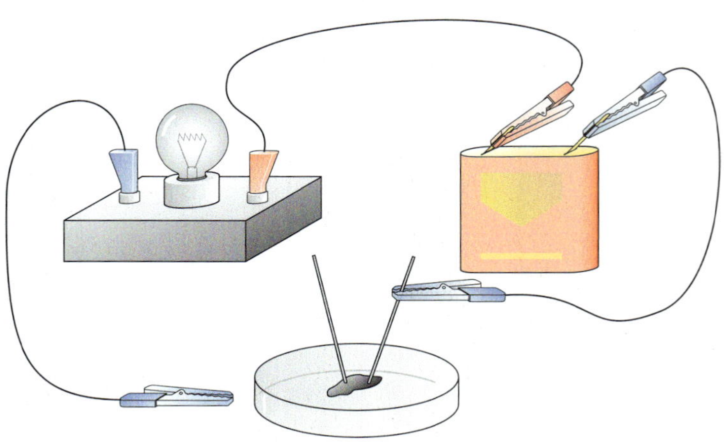

4 Elektrische Leitfähigkeit

5 Kalksteinfelsen

8 Magnesium in Wasser

Eigenschaften im Vergleich

Wie bei den Alkalimetallen kann man auch bei den Erdalkalimetallen die Reaktion mit Wasser untersuchen. Man erkennt deutliche Unterschiede. Beryllium reagiert überhaupt nicht mit Wasser, Magnesium nach dem Anschmirgeln (▷ B 8). Calcium (▷ B 9), Strontium und Barium sind wesentlich reaktionsfreudiger. Bei der Reaktion von Calcium mit Wasser entstehen Wasserstoff und eine milchig trübe Flüssigkeit (▷ V 2).

Ebenso wie Alkalimetalle färben einige Erdalkalimetalle die nicht leuchtende Brennerflamme: Calcium ziegelrot, Strontium zinnoberrot und Barium hellgrün (▷ B 6).

Versuche

1 Halte mit der Pinzette ein Calciumkorn und reibe es auf Schmirgelpapier. Wiederhole den Vorgang mit einem Stück Magnesium. Vergleiche die frischen Oberflächen und prüfe die elektrische Leitfähigkeit. (Schutzbrille)

2 Bringe ein Calciumstückchen mit der Pinzette unter die Öffnung eines wassergefüllten, umgestülpten Reagenzglases in einer pneumatischen Wanne. Wiederhole den Versuch so lange, bis das Glas mit Gas gefüllt ist. Führe dann mit dem Gas die Knallgasprobe durch. (Schutzbrille)

9 Calcium in Wasser

6 Flammenfärbung: Calcium, Strontium, Barium

Element (Symbol)	**Schmelztemperatur** (°C)	**Dichte bei 20 °C** (g/cm^3)	**Härte**	**Heftigkeit der Reaktion mit Wasser**
Magnesium (Mg)	649	1,74	↑ nimmt zu	↓ nimmt zu
Calcium (Ca)	839	1,54		
Strontium (Sr)	769	2,60	↓ nimmt zu	
Barium (Ba)	725	3,51		

7 Erdalkalimetalle im Vergleich

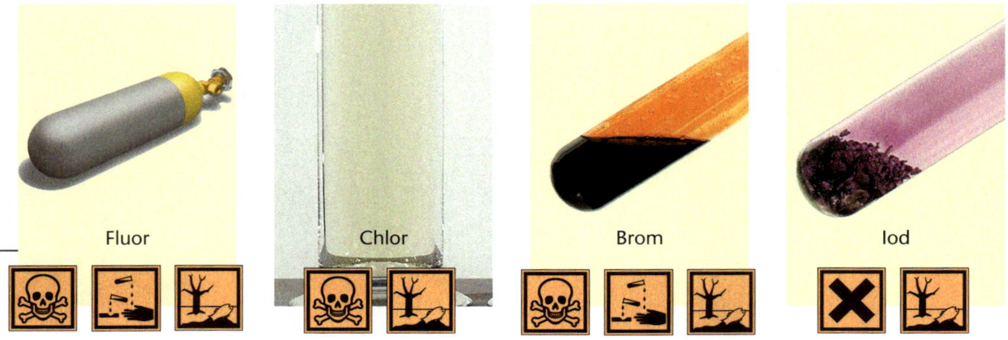

1 Die Halogene

Eigenschaften von Fluor
Das schwach gelbliche Gas Fluor hat einen durchdringenden Geruch. Beim Einatmen ruft es schwere Entzündungen der Atemwege hervor, auf der Haut verursacht es starke Verätzungen. Fluor besitzt eine außergewöhnliche Reaktionsfähigkeit gegenüber vielen Stoffen. Es lässt Holzwolle, Kautschuk, Filmmaterial, Schokolade, Aluminiumpulver und Terpentinöl spontan entflammen (▷ B 2). Mit Wasserstoff reagiert es explosionsartig. In der Schule dürfen daher keine Versuche mit Fluor durchgeführt werden.

Eigenschaften von Chlor
Chlor (griech.: chloros, gelbgrün) ist ein gelbgrünes, giftiges Gas mit stechendem Geruch. Den Geruch kennt man vom gechlorten Wasser im Schwimmbad. Es wirkt desinfizierend und tötet Bakterien und Krankheitskeime ab.

Chlor ist fast 2,5-mal so schwer wie Luft und löst sich nur mäßig in Wasser. Beim Umgang mit Chlor sind wegen seiner Giftigkeit besondere Schutz- und Vorsichtsmaßnahmen nötig. Schon weniger als ein Prozent Chlor in der Luft können beim Menschen rasch zum Tode führen, da es Luftwege und Lungenbläschen verätzt. Chlor ist nach Fluor eines der reaktionsfähigsten Nichtmetalle. Es reagiert schon bei Zimmertemperatur mit den meisten Elementen. Blatt- und Blütenfarbstoffe von Pflanzen werden von Chlor zerstört, Farbstoffe werden gebleicht (▷ B 3; V 3).

Eigenschaften von Brom
Brom (griech.: bromos, übelriechend, Gestank) ist eine dunkelrotbraune Flüssigkeit, die schon bei Zimmertemperatur unter Bildung von braunen, stechend riechenden Dämpfen verdunstet. Es ist das einzige bei Zimmertemperatur flüssige Nichtmetall. Auf die Haut wirkt es stark ätzend und ist sehr giftig.

Eigenschaften von Iod
Iod (griech.: iodes, veilchenblau) besteht aus grauschwarzen, glänzenden Kristallen. Beim langsamen Erwärmen sublimieren diese zu violettfarbenem Dampf. Iod ist im Vergleich zu Brom, Chlor und Fluor sehr reaktionsträge, zerstört aber dennoch beispielsweise Kork und Gummi.

2 Fluor reagiert spontan mit Staniol, Aluminiumpulver und Holzwolle

3 Chlor wirkt bleichend.

4 Halogenlampen spenden viel Licht und besitzen eine hohe Lebensdauer.

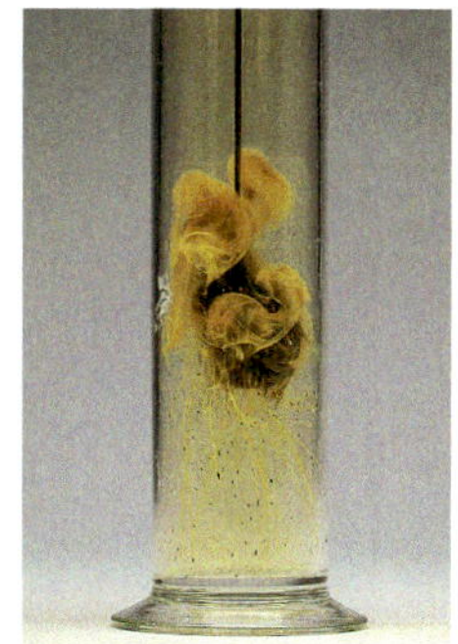

6 Kupferfolie in Chlor

7 Kupferfolie in Brom

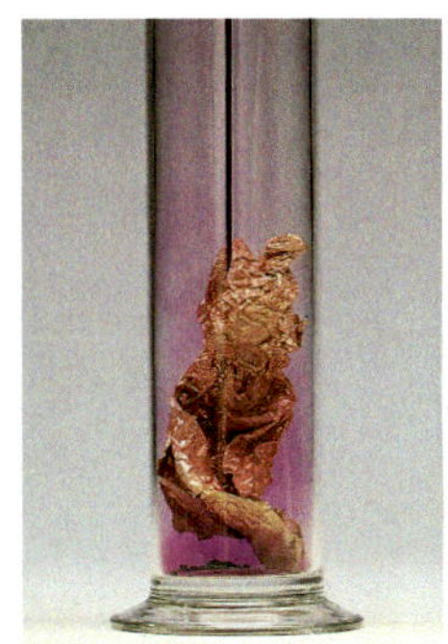

8 Kupferfolie in Iod

Halogene, eine Elementgruppe

Fluor, Chlor, Brom und Iod sind Nichtmetalle mit ähnlichen Eigenschaften. Vergleicht man diese Elemente in ihren Reaktionen mit Kupfer, so zeigt sich, dass die Reaktionsfreudigkeit deutlich von Chlor über Brom bis Iod abnimmt (▷ B 6 bis 8; V 1). Dampft man die wässrigen Lösungen der Reaktionsprodukte ein, erhält man jeweils feste, salzartige Rückstände (▷ V 2).

▶ Fluor, Chlor, Brom und Iod gehören zur Elementgruppe der Halogene.

Die Bezeichnung **Halogen** bedeutet Salzbildner. Die Elemente reagieren mit Metallen und bilden salzartige Reaktionsprodukte. Das bekannteste Salz ist Kochsalz (▷ B 5).

In Halogenlampen wird der Gasfüllung ein Halogen beigemischt. Es entsteht ein sehr helles Licht, die Lampen haben eine sehr lange Lebensdauer (▷ B 4). Silberhalogenide spielen als lichtempfindliche Substanzen in der Fotografie eine Rolle.

5 Wird die Speise versalzen?

Versuche

1 Man hält eine Kupferfolie (Blattmetall) in je einen Standzylinder mit Chlor-, Brom- und Ioddampf.
Zur Beschleunigung der Reaktion kann man die Kupferfolie mit etwas Wasser bespritzen. (Abzug! Schutzbrille)
Vergleiche die Reaktionsheftigkeit.

2 Die wässrigen Lösungen der Reaktionsprodukte aus Versuch 1 werden eingedampft.
Die Rückstände betrachtet man unter einer Lupe. (Schutzbrille)

3 In einen mit Chlor gefüllten Standzylinder wird eine blaue oder andersfarbige Blüte getaucht. Nach einiger Zeit wird die Veränderung der Blüte beschrieben. (Abzug! Schutzbrille)

Name (Symbol)	**Schmelztemperatur** (°C)	**Siedetemperatur** (°C)	**Farbe des Gases**	**Reaktionsfähigkeit**	**Gefährlichkeit**
Fluor (F)	–219	–188	schwach gelblich	↑	sehr giftig ätzend
Chlor (Cl)	–101	–35	gelbgrün	nimmt zu	giftig
Brom (Br)	–7	59	rotbraun		sehr giftig ätzend
Iod (I)	113	184	violett		gesundheitsschädlich

9 Halogene im Vergleich

Belichten und Fixieren

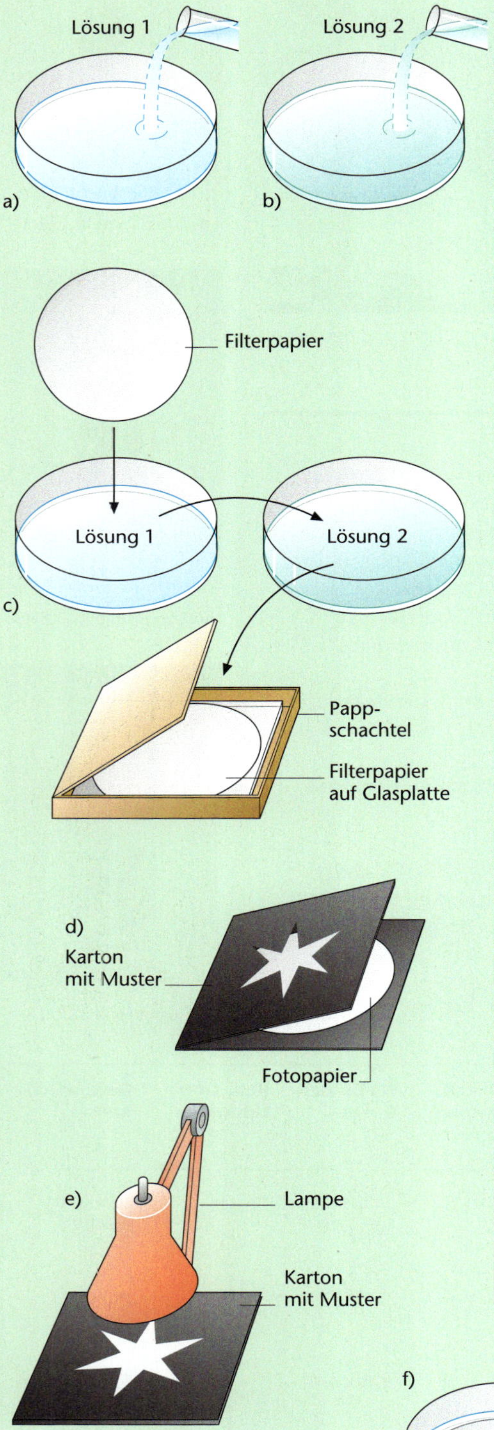

1 Fotobildherstellung

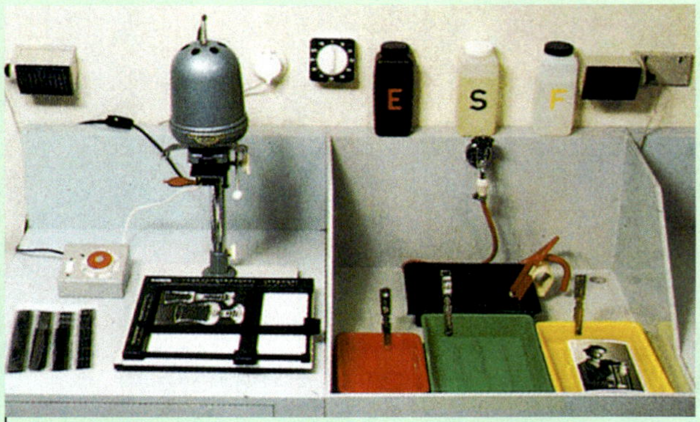

2 Fotolabor

1 Fotobilder selbst gemacht

Material

Schutzbrille, Schutzhandschuhe, Gasbrenner, 4 Petrischalen, Messzylinder, 3 Reagenzgläser, Reagenzglasgestell, Spatellöffel, Pinzette, Filterpapier, Pappschachtel, schwarzer Karton, Schere, Glasplatte, Lampe, Reagenzglashalter, Natriumchlorid, Natriumthiosulfat, Gelatine, Silbernitrat, Wasser

Versuchsanleitung

a) Löse in einem Reagenzglas unter leichtem Erwärmen etwa einen halben Spatellöffel Gelatine in 10 ml Wasser. Gib zu dieser Lösung einen viertel Spatellöffel voll Natriumchlorid und schüttle, bis sich das Salz gelöst hat. Gib die frisch hergestellte Lösung in die erste Petrischale.

b) Stelle in einem Reagenzglas eine Lösung von einem viertel Spatellöffel Silbernitrat in 10 ml Wasser her. Gib die Lösung in die zweite Petrischale.
Achtung! Silbernitrat darf nicht auf die Haut und in die Augen gelangen! Schutzhandschuhe! Schutzbrille!

c) Lege in die erste Petrischale etwa 2 Minuten lang ein Filterpapier, bis es vollständig durchtränkt ist. Nimm das Papier mit einer Pinzette aus der Petrischale. Lass die überschüssige Lösung in eine Schale abtropfen und lege das Papier mit der gleichen Schichtseite ca. 2 Minuten in die zweite Petrischale. Bringe das Papier mit der „beschichteten" Seite nach oben auf eine Glasplatte und lass es in einem verdunkelten Raum, einer Pappschachtel oder einem Trockenschrank trocknen.

d) Falte einen schwarzen Karton und schneide in eine Seite eine Figur (z. B. einen Stern). Schiebe in diese Schablone das selbst hergestellte Fotopapier mit der Schichtseite nach oben.

e) Belichte das Fotopapier im Karton mit einer möglichst hellen Lampe, bis sich das Papier schwärzt.

f) Stelle eine Natriumthiosulfatlösung her (Lösung 3). Gib hierfür einen Spatellöffel Natriumthiosulfat in 15 ml Wasser. Fülle damit eine weitere Petrischale und tauche das belichtete Fotopapier in die Lösung.

g) Spüle das fertige Bild gut unter fließendem Wasser ab und hänge es anschließend zum Trocknen auf.

Aufgabe

Welche der Abbildungen entspricht dem Belichten, welche dem Fixieren?
Ordne jeweils entsprechende Arbeitsschritte zu.

Der AGW-Wert

Die Giftwirkung von Chlor

Chlor, das bekannteste Element unter den Halogenen, löst sich in Wasser. Chlorwasser wird wegen seiner Giftigkeit zur Desinfektion verwendet. In Schwimmbädern gibt es Chlorungsanlagen (▷ B 1; B 2), über die eine bestimmte Menge Chlor in das Schwimmbadwasser geleitet wird. Der Zusatz von Chlor tötet Bakterien und Krankheitserreger im Wasser ab. Wegen der Giftwirkung von Chlorgas dürfen diese Anlagen nur von besonders unterwiesenem Personal mit einem Atemschutzgerät betreten werden.

Giftwirkung der Halogene im Vergleich

Die übrigen Halogene Fluor, Brom und Iod sind ähnlich wie Chlor giftig. Beim Einatmen ruft Fluor schwere Entzündungen der Atemwege hervor. Es verursacht bei der Berührung mit der Haut starke Verätzungen. Brom wirkt auf der Haut stark ätzend und ist sehr giftig. Iod zeigt im Vergleich mit den übrigen Halogenen die geringste Giftwirkung und wird als gesundheitsschädlich eingestuft.

Der AGW-Wert

Beim Umgang mit Halogenen am Arbeitsplatz sind besondere Schutz- und Vorsichtsmaßnahmen erforderlich. Weniger als ein Prozent Chlor in der Luft können beim Menschen rasch zum Tode führen. Deshalb wurden genaue Werte für die am Arbeitsplatz vertretbaren Konzentrationen festgelegt. Für Chlor sind dies 1,5 mg Chlor pro Kubikmeter Luft.
Dieser Wert wird als **A**rbeitsplatz**g**renz**w**ert oder **AGW**-Wert (▷ B 4) bezeichnet. Das bedeutet, ein Arbeiter darf an seinem Arbeitsplatz während eines Achtstundentages keiner höheren Schadstoffkonzentration von Chlor ausgesetzt sein.
Im Chemielabor der Schule kann zu Versuchszwecken im Abzug mit einem Kleingasentwickler (▷ B 3) eine kleine Portion Chlor hergestellt werden.

Aufgaben

1 Welchen AGW-Wert besitzt Brom? Was bedeutet dieser Wert?

2 Erkundige dich, wie viel Chlor Schwimmbadwasser höchstens enthalten darf.

1 Spaß im Schwimmbad

2 Gefahrenhinweise an einer Chlorungsanlage

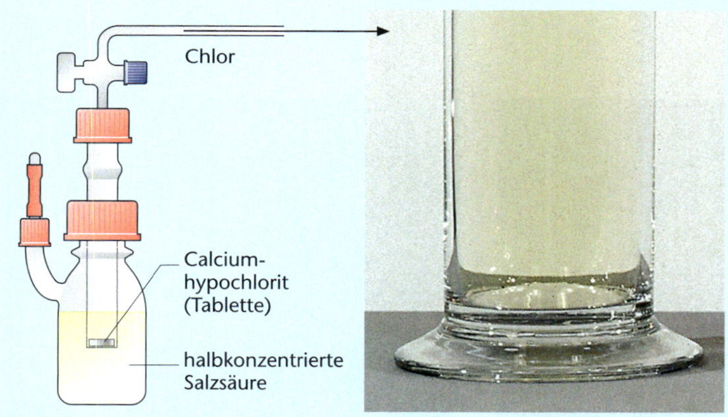

3 Herstellung von Chlor im Kleingasentwickler

AGW-Wert

Halogen	mg/m³	ml/m³
Fluor	0,16	0,1
Chlor	1,5	0,5
Brom	0,66	0,1
Iod	1,1	0,1

4 AGW-Werte

1 Die Edelgase

Eigenschaften und Reaktionsverhalten
Edelgase sind in der Luft zu ca. 1 % enthalten. Man hielt sie nach ihrer Entdeckung für völlig reaktionsunfähig und bezeichnete sie deshalb als **Edelgase**. Von Helium, Neon und Argon sind keine Verbindungen bekannt, von Krypton und Xenon nur sehr wenige. Wegen ihrer außergewöhnlichen Reaktionsträgheit verbinden sich Edelgase auch untereinander nicht. Ihre kleinsten Teilchen sind Einzelatome. Von Helium bis Xenon nimmt die Dichte zu (▷ B 5).

Alltägliche Verwendung
Helium hat eine sehr viel geringere Dichte als Luft und wird deshalb zur Füllung von Ballonen und Luftschiffen verwendet (▷ B 3).

Ein Gemisch aus Argon, Krypton und Stickstoff erhöht die Lebensdauer von Glühlampen. Durch Verwendung von Krypton kann die Temperatur der Glühdrähte auf etwa 2 500 °C gesteigert und damit die Lichtausbeute noch erhöht werden (▷ B 2). Beim Schutzgasschweißen hält Argon den Sauerstoff von der Schweißstelle und schützt so das Metall vor der Verbrennung. Auf diese Weise kann man sogar Aluminium schweißen (▷ B 4). Mit Neon, Krypton und anderen Edelgasen gefüllte Leuchtstoffröhren spenden unterschiedlich farbiges Licht (▷ B 6).

▶ Die Elemente Helium, Neon, Argon, Krypton und Xenon gehören zur Elementgruppe der Edelgase.

2 Glühlampe

3 Ein Luftschiff fliegt mithilfe von Helium.

4 Schutzgasschweißen

Name (Symbol)	**Siedetemperatur** (°C)	**Dichte** (g/l)	**Anteil in 1 l Luft** (ml)	**Verwendung**
Helium (He)	−269	0,17	0,0046	Füllgas für Ballone, Taucherluft
Neon (Ne)	−246	0,84	0,016	in Leuchtröhren, Glühlampen
Argon (Ar)	−186	1,66	9,3	Schutzgas beim Schweißen
Krypton (Kr)	−152	3,48	0,0011	Füllgas für Glühlampen
Xenon (Xe)	−107	5,49	0,00008	in Elektronenblitzgeräten, Xenonlampen

5 Edelgase im Vergleich

6 Leuchtreklame

Die Entdeckung der Edelgase

1 Sonnenfinsternis

Entdeckung von Helium

Am 18. August 1868 gab es eine totale Sonnenfinsternis. An den Rändern der sich verdunkelnden Sonne (▷ B 1) wurden glühende Gaswolken, so genannte Protuberanzen, sichtbar. Von England bis Indien konnten Forscher das glühende Gas durch Spektroskope (▷ B 3) beobachten. Mit diesem Instrument kann man Elemente an typischen farbigen Linien erkennen (▷ B 2). Neben den damals bekannten Linien von Wasserstoff sah man eine unbekannte gelbe Linie. Dies führte zur Entdeckung eines neuen Elements mit dem Namen **Helium** (griech.: helios, Sonne).

2 Linienspektrum des Wasserstoffs

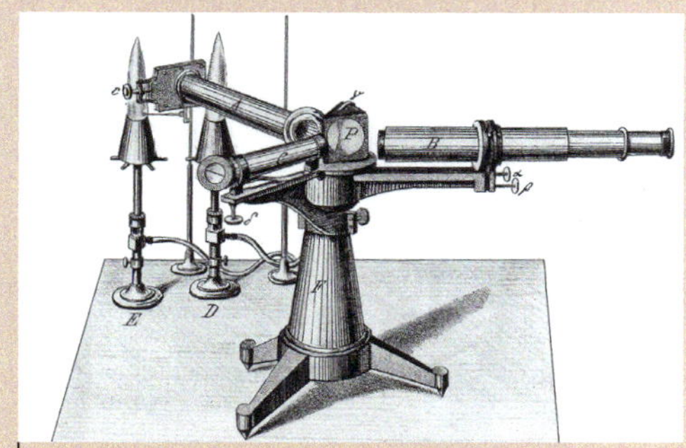

3 Spektroskop

1895 konnte der schottische Chemiker WILLIAM RAMSAY (1852–1916; ▷ B 4) nachweisen, dass es Helium auch auf der Erde gibt. Er untersuchte einen seltenen Stein mit dem Namen Cleveit. Beim Erwärmen des Steins wurde ein Gas freigesetzt. Im Spektroskop erkannte er die typische Linie von Helium. Wenig später gelang ihm der Nachweis von Helium in der Luft.
1908 wurde Helium erstmals verflüssigt. Mit −269 °C hat Helium die niedrigste Siedetemperatur aller Elemente.

Entdeckung der übrigen Edelgase

1892 prüfte der englische Physiker JOHN WILLIAM RAYLEIGH (1842–1919; ▷ B 5) mit genauen Messinstrumenten die Dichte von Stickstoff. Dabei stellte er fest, dass ein Liter Stickstoff aus der Luft zwei Tausendstel Gramm schwerer ist als ein Liter Stickstoff, den er aus Verbindungen gewonnen hatte. WILLIAM RAMSAY fand als Erster die Erklärung für diesen geringfügigen Unterschied. Er nahm an, dass in Luftstickstoff noch eine geringe Menge eines anderen Gases enthalten sein müsste. Durch Experimente konnten RAYLEIGH und RAMSAY nachweisen, dass das unbekannte Gas sehr reaktionsträge ist. Sie nannten es **Argon** (griech.: argos, träge, untätig).
Im Jahr 1897 wurde eine Luftverflüssigungsanlage erfunden. Ein Jahr später entdeckte RAMSAY ein neues Gas, als er den ersten Dampf aus der flüssigen Luft mit dem Spektroskop untersuchte. Er nannte das Gas **Neon** (griech.: néos, neu). Bald nach Neon wurden noch zwei bis dahin unbemerkt gebliebene Bestandteile der Luft entdeckt: **Krypton** (griech.: kryptós, verborgen) und **Xenon** (griech.: xénos, fremd).
Ein Liter Luft enthält nur 0,00008 ml Xenon. Dies bestätigt die labor- und messtechnischen Leistungen der damaligen Zeit eindrucksvoll.

4 WILLIAM RAMSAY

5 JOHN WILLIAM RAYLEIGH

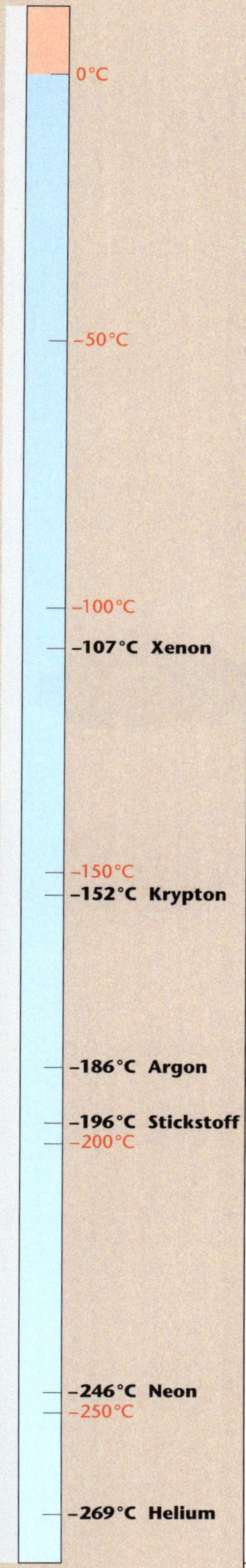

▶236 f.

Vom Bleistift zur Bleischürze – die Kohlenstoff-Silicium-Gruppe

1 Die Kohlenstoff-Silicium-Gruppe

Die Kohlenstoff-Silicium-Gruppe – unterschiedliche Vorkommen

Pflanzen, Tiere und Menschen enthalten Kohlenstoffverbindungen. Kohlenstoff ist das Element des Lebens. Silicium und Zinn werden nur in Spuren zum Leben benötigt, Germanium und Blei dagegen nicht. In der Erdrinde unseres Planeten ist die Verteilung dieser Elemente ganz anders. 26 von 100 Atomen in der Erdrinde sind Siliciumatome. Nur 3 von 10 000 Atomen sind Kohlenstoffatome. Weniger als 1 Atom von einer Million Atomen ist ein Germanium-, Zinn- oder Bleiatom.

Kohlenstoff ist nicht immer schwarz

Steinkohle und **Braunkohle** haben einen unterschiedlich hohen Kohlenstoffanteil. Sie werden in Bergwerken abgebaut. **Holzkohle** besteht fast ausschließlich aus Kohlenstoff. Man gewinnt sie aus Holz. Aufgrund ihrer Verwendung wird Holzkohle im Handel als Grillkohle angeboten (▷ B 2).

Graphit besteht nur aus Kohlenstoffatomen. Beim Reiben auf Papier hinterlässt Graphit einen schwarzen Strich, da sich kleine Graphitplättchen abspalten (▷ B 3). Von der Verwendung in Bleistiftminen hat Graphit seinen Namen (griech.: grapheïn, schreiben).
Graphit hat eine hohe Schmelztemperatur. Daher werden Schmiermittel (▷ B 4) und Schmelztiegel, die hohen Temperaturen ausgesetzt sind, aus Graphit gefertigt. Im Gegensatz zu Kohle ist Graphit elektrisch leitfähig (▷ V 1).

Diamant besteht nur aus Kohlenstoffatomen. Diamant ist der härteste aller in der Natur vorkommenden Stoffe (▷ V 2). Unter besonderen Bedingungen kann man aus Kohlenstoffverbindungen oder aus Graphit künstliche Diamanten herstellen. Sie werden als Industriediamanten zum Schleifen, Schneiden und Bohren verwendet.

Natürliche Diamanten sind gesuchte Edelsteine (▷ B 5). Die wertvollsten Diamanten sind farblos, durchsichtig und stark lichtbrechend. Sie werden mit Diamantpulver geschliffen und als kostbare Brillanten verkauft. Ihre Masse wird in Karat angegeben. Ein Karat sind 0,2 g.

2 Grillkohle

3 Graphit zum Schreiben

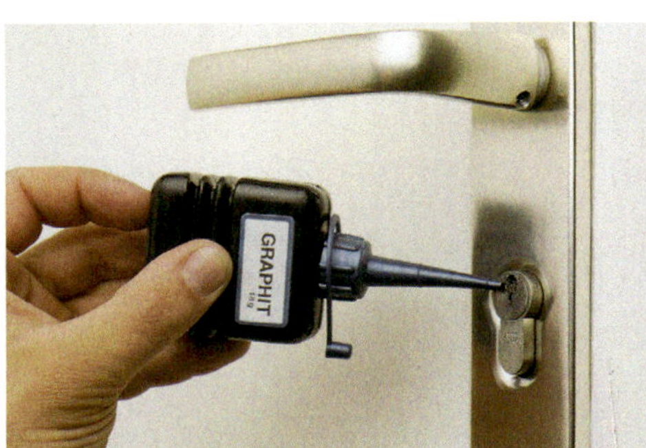

4 Graphit zum Schmieren

5 Diamant und Brillant

Silicium und Germanium – „moderne" Elemente

Silicium kommt in der Natur häufig in Verbindungen vor. Sand, Ton und viele Gesteine bestehen aus Siliciumverbindungen. Meist wird Silicium aus Sand gewonnen, der fast unbegrenzt zur Verfügung steht (▷ B 6). Silicium wird in der Computertechnik zur Herstellung von Mikrochips benötigt (▷ B 8). Dabei werden Stäbe aus reinstem Silicium in dünne Scheiben zersägt (▷ B 7). Aus einer Scheibe werden Chips herausgeschnitten, mit Anschlüssen versehen und mit Kunststoff ummantelt.

Germanium ist ein seltenes, grauweißes, glänzendes Metall. Aufgrund seiner chemischen Eigenschaften steht es im Periodensystem zwischen Silicium und Zinn. Es dient zur Herstellung von Dioden, Transistoren, optischen Linsen und Radargeräten.

Zinn und Blei – gewichtige Schwermetalle

Zinn ist ein weiches, silbrigglänzendes Schwermetall. An der Luft und unter Wasser behält es seinen Glanz. Zinn dient zur Herstellung von Zinngeschirr, z. B. Tellern, Bechern oder Krügen (▷ B 10). Mit Zinn überzogenes Eisen ist Weißblech, aus dem Konservendosen für Lebensmittel hergestellt werden.

Blei ist ein weiches, leicht verformbares Schwermetall. Ein Bleigürtel erleichtert das Abtauchen in große Wassertiefen (▷ B 9). Bleibänder beschweren Gardinen. Bleischürzen dienen beim Röntgen als Strahlenschutz. Bleiplatten sind Hauptbestandteile von Autobatterien. Bleiglas enthält Bleidioxid und wird wegen seiner hohen Lichtbrechung als Schmuckglas verwendet. Blei und seine Verbindungen sind giftig. Beim Umgang mit Blei und Bleiverbindungen ist daher besondere Vorsicht geboten.

▶ Kohlenstoff, Silicium, Germanium, Zinn und Blei bilden eine Elementgruppe.

6 Sanddüne

7 Reines Silicium

8 Mikrochip

9 Taucher mit Bleigürtel

10 Schmuckteller aus Zinn

Versuche

1 Prüfe die elektrische Leitfähigkeit von Graphit, Diamant und Zinn.

2 Prüfe die Härte von Graphit und eines Industriediamanten durch Ritzen mit einem Eisennagel.

Aufgaben

1 Welches Reaktionsprodukt entsteht jeweils bei der Verbrennung von Holzkohle, Graphit oder Diamant? Begründe.

2 Mit welchem Experiment kann man ein geschliffenes Glas von einem Brillanten rasch unterscheiden?

Elemente vergleichen, ordnen, suchen

Vor ca. 200 Jahren begannen Forscher nach einer Ordnung für die damals bekannten Elemente zu suchen.

Die Triaden von Döbereiner

Johann Wolfgang Döbereiner (1780–1849) war Professor für Chemie in Jena. Im Jahr 1817 entdeckte er die Ähnlichkeit von jeweils drei Elementen zueinander. Er fasste sie zu Dreiergruppen zusammen, so genannten Triaden. Die Atommasse des mittleren Elements einer Triade war nahezu gleich dem Mittelwert der beiden anderen Elemente.

J. W. Döbereiner

1817

Triade 1	Triade 2	Triade 3	Triade 4
Kalcium	Chlor	Schwefel	Lithium
Strontium	Brom	Selen	Natrium
Baryum	Jod	Tellur	Kalium

Einteilung der Elemente in Familien

Max von Pettenkofer (1818–1901) war Professor für Hygiene in München. 1850 erkannte er die chemische Zugehörigkeit von jeweils vier Elementen zu einer Familie. Bei den Elementen einer Familie fand er etwa gleiche regelmäßige Abstände zwischen den Atommassen aufeinander folgender Elemente. Aus Geldmangel konnte er seine Forschungen nicht weiterführen.

M. v. Pettenkofer

1850

Magnesium	Stickstoff	Sauerstoff
Kalcium	Phosphor	Schwefel
Strontium	Arsen	Selen
Baryum	Zinn	Tellur

Sieben Verwandtschaftsgruppen

1864 ordnete der englische Chemiker John Newlands (1837–1898) die damals bekannten Elemente nach steigender Atommasse. Er erkannte, dass jeweils das achte Element wieder ähnliche Eigenschaften wie das Ausgangselement zeigte. Sein System aus sieben Verwandtschaftsgruppen enthielt aus heutiger Sicht noch Ungenauigkeiten.

J. Newlands

1864

H	Li	Be	B	C	N	O
F	Na	Mg	Al	Si	P	S
Cl	K	Ca	Cr	Ti	Mn	Fe

1869

I	II	III	IV	V	VI
	B = 11.0	Al = 27.3	–	–	–
	C = 11.97	Si = 28		–	
			Ti = 48		Zr = 89.7
	N = 14.01	P = 30.9		As = 74.9	
			V = 51.2		Nb = 93.7
	O = 15.96	S = 31.98		Se = 78	
			Cr = 52.4		Mo = 95.6
	F = 19.1	Cl = 35.38		Br = 79.75	
			Mn = 54.8		Ru = 103.5
			Fe = 55.9		Rh = 104.1
			Co = Ni = 58.6		Pd = 106.2
Li = 7.01	Na = 22.99	K = 39.04		Rb = 85.2	
			Cu = 63.3		Ag = 107.66
?Be = 9.3	Mg = 23.9	Ca = 39.9		Sr = 87.0	
			Zn = 64.9		Cd = 111.6

Differenz von I zu II und von II zu III ungefähr = 16.
Differenz III zu V, IV zu VI, V zu VII schwankend um 46
Differenz VI zu VIII, von VII zu IX = 88 bis 92.

Fig.38 Periodic system of Meyer (187

1 Periodensystem von L. Meyer

Versuche eines Systems der Elemente nach ihren Atomgewichten und chemischen Functionen.

Von

D. Mendeleeff,

Professor an der Universität zu St. Petersburg.

			Ti = 50	Zr = 90	? = 180
			V = 51	Nb = 94	Ta = 182
			Cr = 52	Mo = 96	W = 186
			Mn = 55	Rh = 104,4	Pt = 197,4
			Fe = 56	Ru = 104,4	Ir = 198
			Ni = Co = 59	Pl = 106,6	Os = 199
H = 1			Cu = 63,4	Ag = 108	Hg = 200
	Be = 9,4	Mg = 24	Zn = 65,2	Cd = 112	
	B = 11	Al = 27,4	? = 68	Ur = 116	Au = 197?
	C = 12	Si = 28	? = 70	Sn = 118	
	N = 14	P = 31	As = 75	Sb = 122	Bi = 210?
	O = 16	S = 32	Se = 79,4	Te = 128?	
		5,5	Br = 80	I = 127	
		9	Rb = 85,4	Cs = 133	Tl = 204
		0	Sr = 87,6	Ba = 137	Pb = 207

L. Meyer

D. Mendelejew

Das Periodensystem von Meyer und Mendelejew
Im Jahr 1869 waren 50 Elemente bekannt. Damals entdeckten der deutsche Chemieprofessor Lothar Meyer (1830–1895) und der russische Chemieprofessor Dimitrij Mendelejew (1843–1907) unabhängig voneinander eine Anordnung der Elemente, die wir heute **Periodensystem** nennen. Nach ihren Aufzeichnungen waren die Elemente nach steigender Atommasse geordnet. Beide Forscher erkannten, dass dabei ähnliche Elemente in regelmäßigen Abständen (Perioden) auftraten. Die gesamte Reihe konnte so aufgeteilt werden, dass ähnliche Elemente (in der ursprünglichen Anordnung) nebeneinander standen.

Im Periodensystem von Mendelejew waren an verschiedenen Stellen noch Fragezeichen eingesetzt. Der russische Forscher war von seinem System so überzeugt, dass er Lücken ließ für noch fehlende Elemente. Er konnte sogar die Eigenschaften der unbekannten Elemente voraussagen. Das geheimnisvolle Element, das auf Aluminium folgen musste, nannte er Eka-Aluminium. Er nahm an, dass das unbekannte Element in der Hand schmelzen würde. Mendelejew sagte nicht nur die Schmelztemperatur, sondern auch die Atommasse und die Dichte voraus.

1875 entdeckte der französische Chemiker Lecoq de Boisbaudran (1838–1912) ein neues Element, das er zu Ehren seines Vaterlands Gallium nannte. Bei näheren Untersuchungen erkannte er, dass die Eigenschaften von Gallium und Eka-Aluminium fast identisch waren. Eine Lücke im Periodensystem war ausgefüllt.

1886 entdeckte der deutsche Chemiker Clemens Winkler (1838–1904) das Element Germanium, das auf Silicium folgte. Auch bei diesem Element konnten die Voraussagen von Mendelejew bestätigt werden.

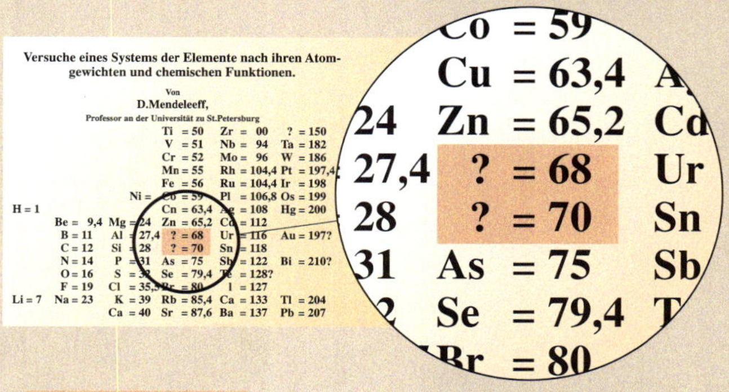
Versuche eines Systems der Elemente nach ihren Atomgewichten und chemischen Funktionen.
Von
D.Mendeleeff,
Professor an der Universität zu St.Petersburg

			Ti = 50	Zr = 00	? = 150
			V = 51	Nb = 94	Ta = 182
			Cr = 52	Mo = 96	W = 186
			Mn = 55	Rh = 104,4	Pt = 197,4
			Fe = 56	Ru = 104,4	Ir = 198
		Ni =	Co = 59	Pl = 106,8	Os = 199
H = 1			Cu = 63,4	Ag = 108	Hg = 200
	Be = 9,4	Mg = 24	Zn = 65,2	Cd = 112	
	B = 11	Al = 27,4	? = 68	Ur = 116	Au = 197?
	C = 12	Si = 28	? = 70	Sn = 118	
	N = 14	P = 31	As = 75	Sb = 122	Bi = 210?
	O = 16	S = 32	Se = 79,4	Te = 128?	
	F = 19	Cl = 35,5	Br = 80	I = 127	
Li = 7	Na = 23	K = 39	Rb = 85,4	Ca = 133	Tl = 204
		Ca = 40	Sr = 87,6	Ba = 137	Pb = 207

? = 68

vorausgesagt	Eigenschaften	festgestellt
ca. 68	Atommasse (u)	69,7
niedrig	Schmelztemperatur (°C)	30
6	Dichte (g/cm³)	5,90

? = 70

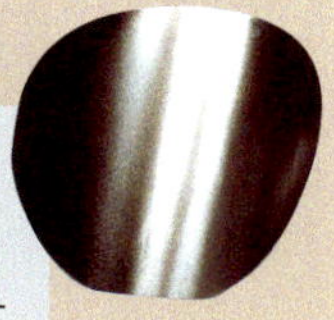

vorausgesagt	Eigenschaften	festgestellt
ca. 70	Atommasse (u)	72,6
hoch	Schmelztemperatur (°C)	937
5,5	Dichte (g/cm³)	5,32

Das Langperiodensystem von Werner
In den Jahren 1894 bis 1898 wurden die Edelgase entdeckt und in das Periodensystem eingeordnet. 1905 entwickelte der deutsche Chemiker Alfred Werner (1866–1919) ein Langperiodensystem mit 18 Gruppen, in denen ähnliche Elemente untereinander stehen.
Die Entwicklung des Periodensystems ist nicht abgeschlossen und geht mit der Entdeckung neuer Elemente weiter.

A. Werner

1905

Langperiodensystem nach Alfred Werner (1905, mit den heutigen Elementsymbolen)

H	Li	Be										(Be)	B	C	N	O	F	Ne
Ne	Na	Mg	(Al)									(Mg)	Al	Si	P	S	Cl	Ar
Ar	K	Ca	Sc	Ti	V	Cr	Mn	Fe	Co	Ni	Cu	Zn	Ga	Ge	As	Se	Br	Kr
Kr	Rb	Sr	Y	Zr	Nb	Mo	–	Ru	Rh	Pd	Ag	Cd	In	Sn	Sb	Te	I	Xe
Xe	Cs	Ba	La*	–	Ta	W	–	Os	Ir	Pt	Au	Hg	Tl	Pb	Bi	Po	–	Rn
Rn	–	Ra	Ac	Th	–	U												
			(La*)	Ce	Pr	Nd	–	Sm	Eu	Gd	Tb	Dy	Ho	Er	Tm	Yb	Lu	

▶165

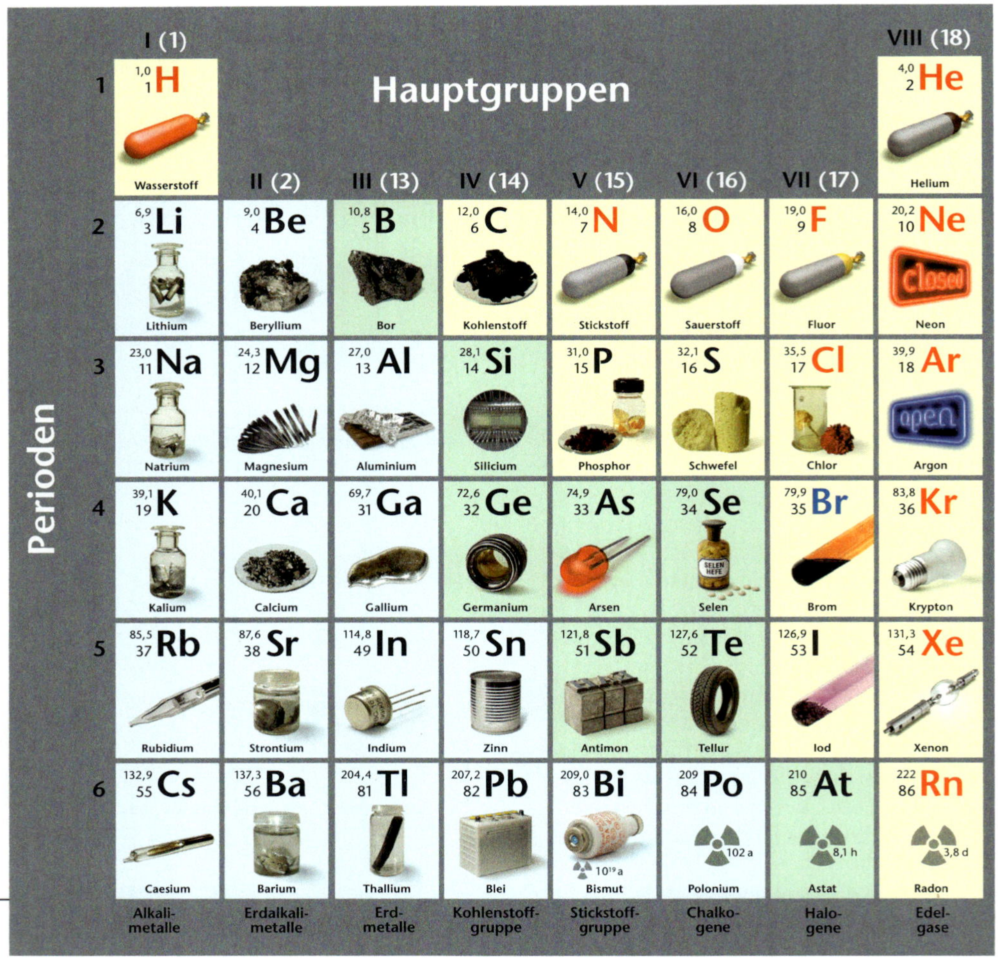

1 Die Hauptgruppen des Periodensystems

Einteilung in Perioden
Heute sind über 100 Elemente bekannt. Sie werden im **Periodensystem** der Elemente geordnet. Etwa vier Fünftel der Elemente zählen zu den Metallen, die übrigen zu den Nichtmetallen. Die waagerechten Reihen nennt man **Perioden**, weil nach bestimmten Abständen Elemente mit ähnlichen Eigenschaften wiederkehren.
Die Perioden werden mit arabischen Ziffern bezeichnet. Zur 1. Periode gehören nur zwei Elemente, Wasserstoff und Helium (▷ B 1).

Einteilung in Hauptgruppen
Die **Hauptgruppen** sind die senkrechten Spalten im Kurzperiodensystem (▷ B 1). Sie werden häufig mit römischen Ziffern gekennzeichnet. In den Hauptgruppen stehen Elemente mit ähnlichen Eigenschaften. Nicht bei allen Hauptgruppen ist die chemische Verwandtschaft so deutlich zu erkennen wie bei den Alkalimetallen der I. Hauptgruppe oder den Edelgasen der VIII. Hauptgruppe. Elemente, die nicht zu den 8 Hauptgruppen gehören, werden in **Nebengruppen** (▷ B 2) zusammengefasst (vollständiges Periodensystem im Anhang).

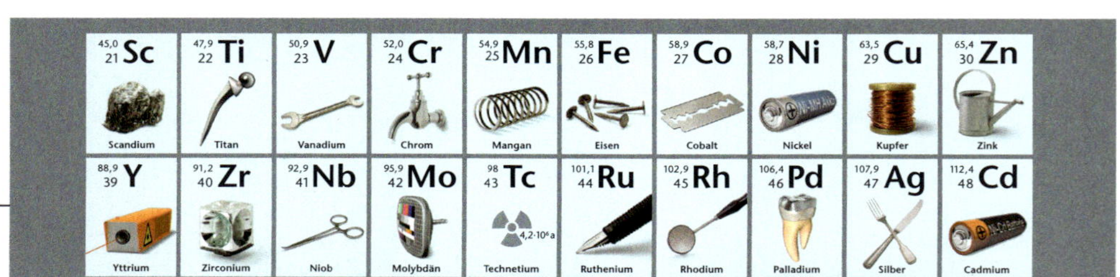

2 Die Nebengruppen des Periodensystems (Ausschnitt)

Werkstatt

Eine Ordnung finden

1 Anfertigen von Elementkarten

Material

Schere, Klebstoff, Farbstifte, 19 farbige Karten in der Größe A 7, weiße Kartonstreifen, Pinnwand, Pinnnägel, Periodensystem der Elemente

Anleitung

Zeichne von den 19 abgebildeten Elementen Bilder oder scanne die Abbildungen in den Computer ein und stelle Kopien her. Klebe wie im Beispiel (▷ B 1) jeweils ein Bild auf die rechte Hälfte der Farbkarte. Schreibe auf die linke Hälfte den Namen des dazu gehörenden Elements. Gib unter dem Namen zuerst das Elementsymbol, dann die Atommasse und zuletzt die Nummer der Hauptgruppe an (▷ B 1).

Informationen über die Elemente findest du im Anhang des Buches. Hefte die fertigen Elementkarten an eine Pinnwand.

2 Auf der Suche nach einer Ordnung

Anleitung

Überlege Ordnungsmöglichkeiten für die angefertigten Elementkarten. Schreibe die gefundenen Gruppennamen auf weiße Kartonstreifen und hefte sie an die Pinnwand. Ordne jeweils die Elementkarten zu.

Beispiele für Ordnungsmöglichkeiten sind:

- Ordnung alphabetisch nach Namen oder nach Elementsymbolen
- Ordnung nach Metallen und Nichtmetallen
- Ordnung nach den Aggregatzuständen bei Zimmertemperatur
- Ordnung nach steigender Atommasse
- Ordnung nach Elementgruppen
- Ordnung nach Gefahrstoffen
- Ordnung nach ...

1 Elementkarte zu Neon

Aufgaben

1. a) Vergleiche die gefundenen Ordnungssysteme auf ihre mögliche Verwendung.
b) Überlege, welches System möglichst viele Informationen auf einmal liefert.

2. Ordne abschließend die 19 Elementkarten wie im heutigen Periodensystem an und erkläre die Vorgehensweise.

Anziehen und Abstoßen

1 Die Haare stehen zu Berge.

1 Aufgeladen – aber wie?

Material

Hartgummistab, Glasstab, Tierfell, Tuch aus synthetischen Fasern (z. B. Dralon), Glimmlampe

Versuchsanleitung

a) Reibe einen Hartgummistab mit einem Tierfell. Halte eine Glimmlampe an einem Ende mit Daumen und Zeigefinger. Berühre mit dem anderen Ende der Glimmlampe den Hartgummistab. Beobachte das Gas in der Glimmlampe im leicht abgedunkelten Unterrichtsraum.

b) Wiederhole den Versuch mit einem Glasstab. Reibe diesen mit einem Tuch aus synthetischen Fasern. Halte eine Glimmlampe an diesen Glasstab. Beobachte das Gas in der Glimmlampe.

Aufgabe

Vergleiche die Beobachtungen mit Bild 2 und erkläre.

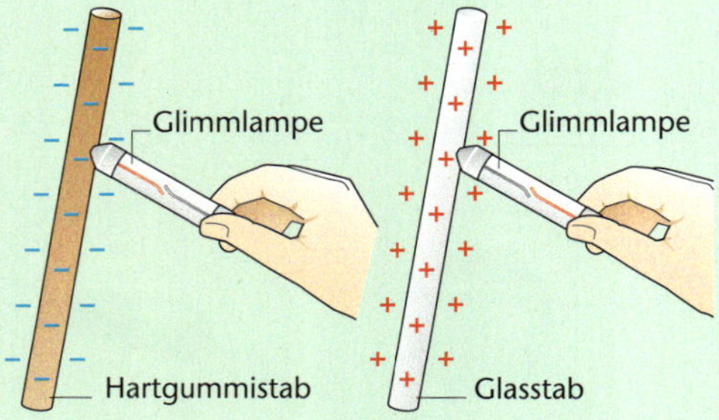

2 Die Glimmlampe informiert.

2 Voneinander – zueinander

Material

Hartgummistab, Hartgummistab auf Spitze gelagert, Tierfell, Glasstab, Tuch aus synthetischen Fasern (z. B. Dralon), 4 Kunststofffolien

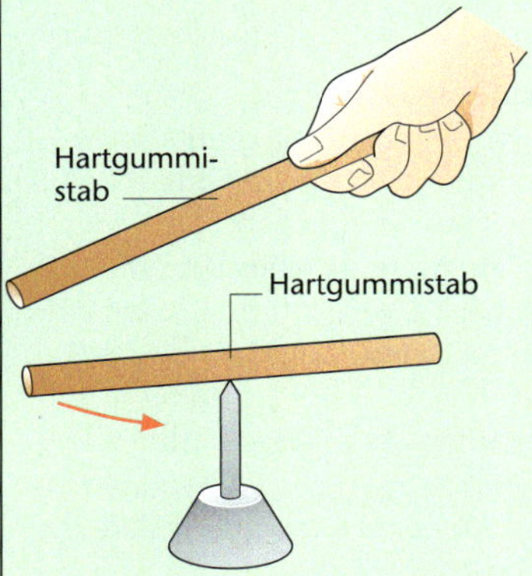

3 Abstoßung

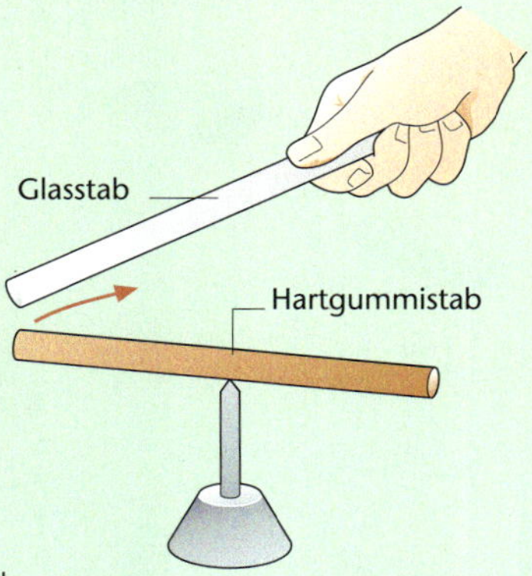

4 Anziehung

Versuchsanleitung

a) Reibe zwei Hartgummistäbe mit einem Tierfell. Lege den kürzeren Stab auf eine Spitze und nähere diesem den längeren Hartgummistab von der Seite (▷ B 3). Beobachte die Lageveränderung des drehbaren Stabes.

b) Reibe einen Glasstab mit einem Tuch aus synthetischen Fasern. Nähere diesen Glasstab dem auf einer Spitze gelagerten, frei drehbaren Hartgummistab (▷ B 4). Beobachte die Lageveränderung des Hartgummistabes.

c) Wiederhole die Versuche mit Kunststofffolien anstelle von Stäben und beobachte.

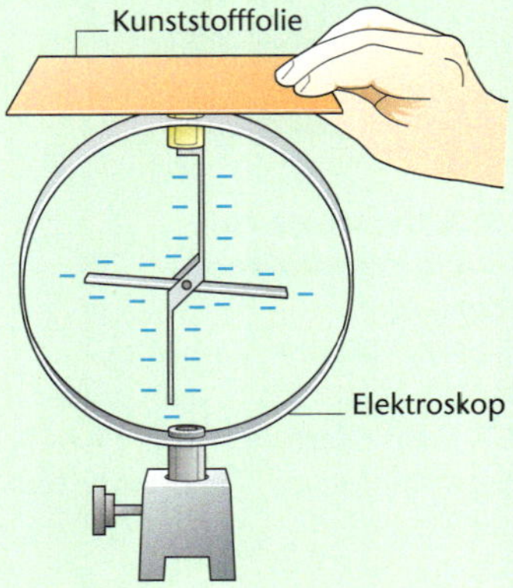

5 Elektroskop

3 Aufgeladen – viel oder wenig?

Material

Elektroskop, Kunststofffolie, Wolltuch, Hartgummistab, Tierfell

Versuchsanleitung

a) Reibe eine Kunststofffolie mit einem Wolltuch. Streiche mit der Kunststofffolie anschließend über die Konduktorkugel eines Elektroskopes (▷ B 5). Wiederhole den Versuch mehrmals. Beobachte den Zeigerausschlag.

b) Wiederhole den Versuch mit einem Hartgummistab und einem Tierfell.

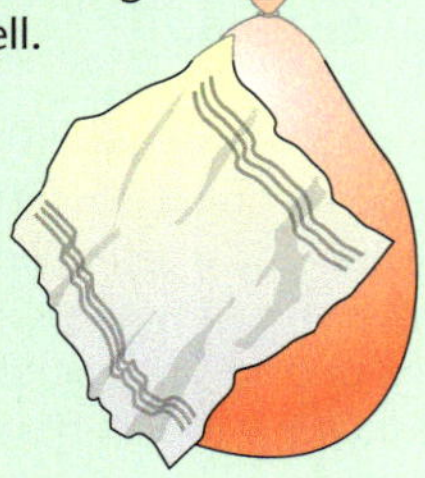

6 Echt anziehend

4 Staubfänger

Material

Staubtuch, dunkel lackierte Möbeloberfläche

Versuchsanleitung

Wische mit einem Staubtuch über eine möglichst dunkel lackierte Oberfläche. Versuche den Staub zu entfernen.

Aufgabe

Überlege, wie der Versuch in Bild 6 durchgeführt werden kann.

▶17
▶164

Zeitpunkt

Rutherford auf Spurensuche

Der neuseeländische Physiker SIR ERNEST RUTHERFORD (1871–1937; ▷ B 2) fand einen experimentellen Weg, um das Innere der Atome zu erforschen. Besonders interessierte ihn die im Jahre 1896 von HENRI BECQUEREL entdeckte Radioaktivität. Dabei erkannte man, dass die Atome mancher Elemente zerfallen und dabei radioaktive Strahlung aussenden (siehe S. 114, 115).

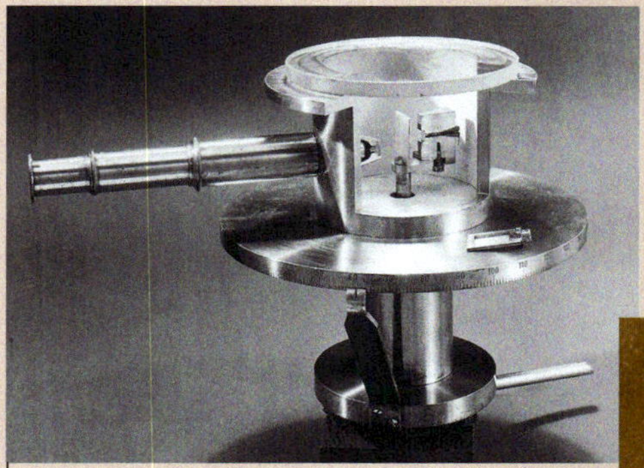

1 Apparatur von RUTHERFORD (Nachbildung)

2 ERNEST RUTHERFORD

Der Streuversuch von RUTHERFORD

1907 entwickelte RUTHERFORD eine Apparatur (▷ B 1), um Genaueres über den Aufbau der Atome zu erfahren. Von einer Strahlenquelle aus ließ er eine Goldfolie mit radioaktiven Strahlen, vorwiegend α-Strahlen, beschießen. Die α-Strahlung bestand aus positiv geladenen α-Teilchen, deren Masse etwa 7 000-mal so groß ist wie die der Elektronen. Die α-Teilchen trafen mit einer Geschwindigkeit von 15 000 Kilometer pro Sekunde auf die Goldfolie auf. Sie war so dünn, dass in ihr (nur) etwa 2 000 Atomschichten hintereinander lagen. Um die Goldfolie herum konnte kreisförmig ein Mikroskop geschwenkt werden, vor dem sich ein Leuchtschirm befand. Auf diesem beobachtete RUTHERFORD mit dem Mikroskop kleine Lichtblitze, wenn eines der α-Teilchen dort einschlug (▷ B 3).
Nach zwei Jahren hatten seine Mitarbeiter mehr als 100 000 Lichtblitze gezählt.

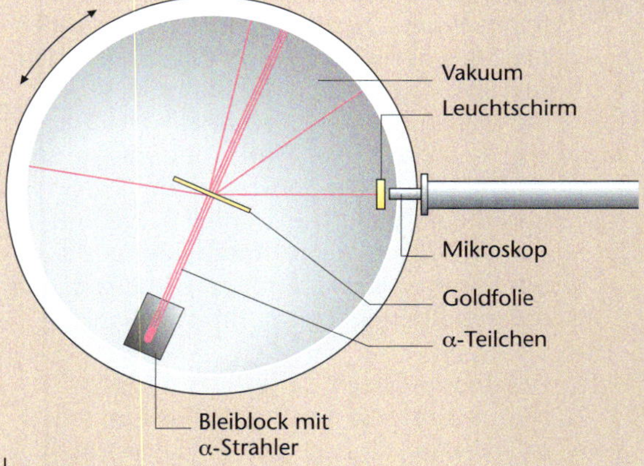

3 Streuversuch

Bei seiner Auswertung stellte RUTHERFORD fest, dass die meisten α-Strahlen die Goldfolie durchdrangen und nur wenige abgelenkt wurden (▷ B 4).
Er schloss daraus, dass Atome zum größten Teil leer sind. Außerdem müssten die Atome ein kleines, positives Zentrum besitzen, da von diesem die α-Strahlen abgelenkt bzw. zurückgeworfen wurden.

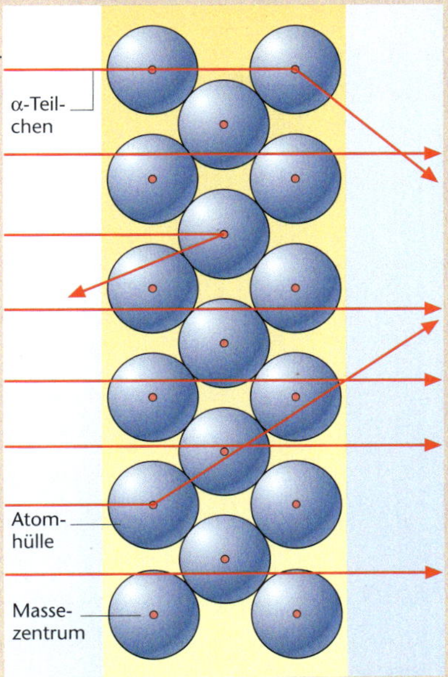

4 Goldfolie in der Atomvorstellung von RUTHERFORD (Auschnitt)

Modellvorstellung – Atommodell

RUTHERFORD entwickelte ein neues Atommodell. Im Innern des Atoms gibt es ein positiv geladenes Massezentrum, das er **Atomkern** nannte. Der Atomkern ist von einer **negativ geladenen Hülle** umgeben. In dieser Hülle bewegen sich die Elektronen um das Massezentrum. Dieses Atommodell (▷ B 5) wurde von seinem Schüler, dem Dänen NIELS BOHR, im Hinblick auf die Hülle weiterentwickelt.

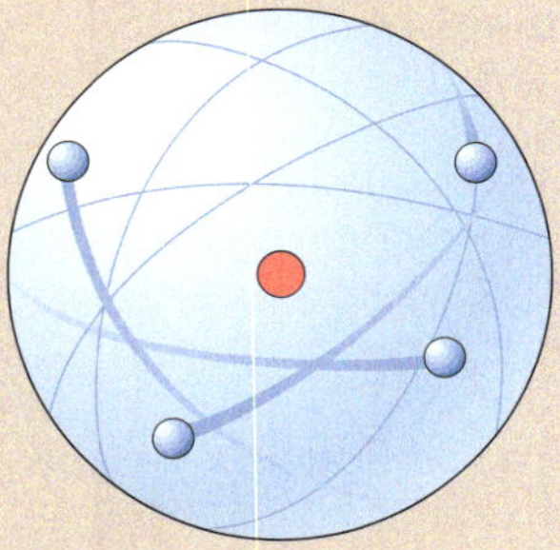

5 Atommodell von RUTHERFORD

Der Atomgröße und Atommasse auf der Spur

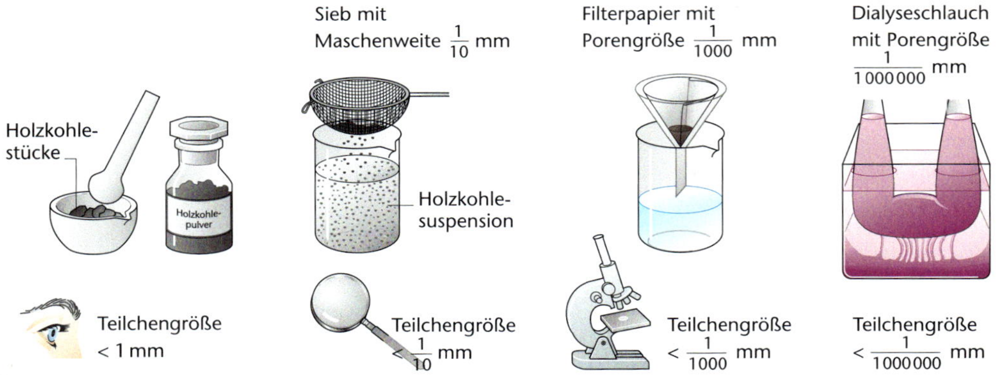

1 Hinabtauchen in die Dimension der Teilchen

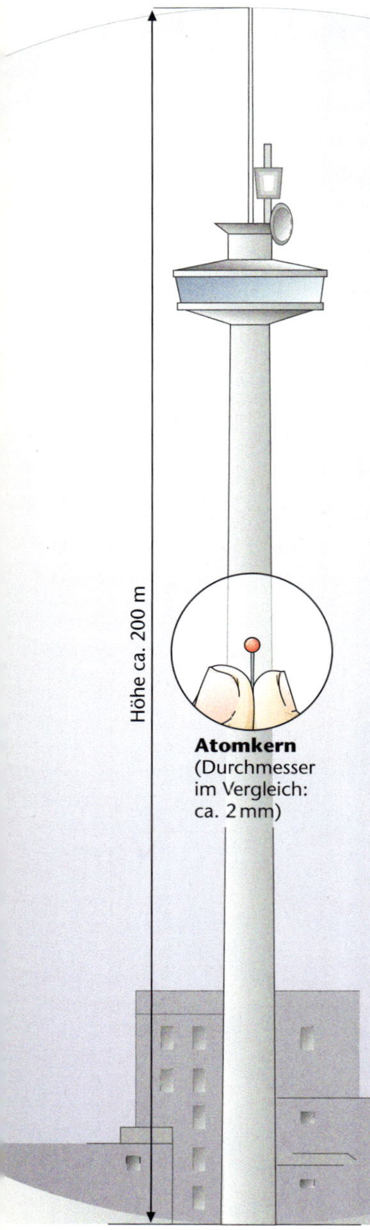

2 Größenverhältnis von Atomkern und Atom

Wie groß sind Atome?
Atome sind schier unvorstellbar klein. Einige Experimente können helfen, die Größe zu veranschaulichen (▷ B 1).

Zerkleinert man Holzkohle, entsteht ein feines Pulver. Benützt man ein Sieb mit einer Maschenweite von $\frac{1}{10}$ mm, so können nur Körnchen durch die Maschen fallen, die kleiner als $\frac{1}{10}$ mm sind. Filtriert man eine Suspension aus Holzkohlepulver und Wasser, bleibt der größte Teil des Pulvers im Filter zurück. Nur wenige Körnchen können durch die millimeterkleinen Poren des Filterpapiers schlüpfen. Diese Teilchen müssen kleiner als $\frac{1}{1000}$ mm sein.

In einer violetten Kaliumpermanganatlösung sind selbst mit dem besten Lichtmikroskop keine Salzteilchen erkennbar. Mit einem Dialyseschlauch kann man die Größe der kleinsten Teilchen abschätzen. Füllt man die farbige Salzlösung in den Schlauch, sieht man violette Schlieren austreten (▷ B 1, rechts). Die Salzteilchen müssen noch kleiner als die Poren im Schlauch sein, also kleiner als $\frac{1}{1\,000\,000}$ mm.

Heute weiß man, dass Atome einen Durchmesser von etwa $\frac{1}{10\,000\,000}$ mm haben.

Wie groß sind Atomkerne?
RUTHERFORD hat durch Untersuchungen gezeigt, dass Atome aus einem positiv geladenen Atomkern und einer negativ geladenen Hülle aufgebaut sind.
Der Durchmesser des Atomkerns ist etwa 100 000-mal kleiner als der des Atoms.

Wäre ein Atomkern beispielsweise so groß wie ein Stecknadelkopf (▷ B 2), so würde der Durchmesser des Atoms 200 m betragen.

Welche Masse haben Atome?
Bestimmt man die Masse eines Wasserstoffatoms in Gramm, so erhält man einen außerordentlich kleinen Wert.
Ein Wasserstoffatom hat die Masse von 0,000 000 000 000 000 000 000 001 674 g.
Solche Zahlenwerte sind für Berechnungen viel zu umständlich. Deshalb hat man eine neue Maßeinheit eingeführt: die **Atommasseneinheit** mit der Abkürzung **u** (engl.: unit, Einheit). Sie ist genau festgelegt: 1 u ist der zwölfte Teil der Masse eines Kohlenstoffatoms, das sind genau 0,000 000 000 000 000 000 000 001 661 g.
Da dieser Wert fast übereinstimmt mit der Masse des Wasserstoffatoms, kann man vereinfacht auch sagen: Ein Wasserstoffatom hat etwa die Masse 1 u.
Die Masse anderer Atome kann man mithilfe der Atommasse eines Wasserstoffatoms miteinander vergleichen (▷ B 3).

▶ Die Masse eines Atoms wird in Atommasseneinheiten mit der Abkürzung u angegeben.

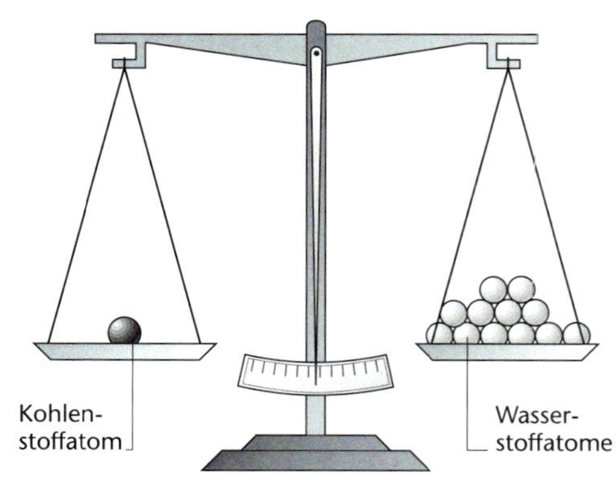

3 Ein Kohlenstoffatom wiegt so viel wie zwölf Wasserstoffatome.

▶17
▶165

Das Kern-Hülle-Modell des Wasserstoffatoms

DALTON (1766–1844) stellte sich Atome als feste Massekugeln vor (▷B2). Nach dem Streuversuch von ERNEST RUTHERFORD (1871–1937) musste eine neue Modellvorstellung entwickelt werden (▷B3). Nach RUTHERFORD bestehen Atome aus einem positiv geladenen Kern und einer negativ geladenen Hülle. Das einfachste Atom, das Wasserstoffatom, besitzt einen Kern aus einem positiv geladenen Teilchen, dem **Proton**. Das Proton hat eine Masse von etwa 1 u. Alle Protonen haben eine gleich große positive elektrische Ladung, die positive Elementarladung.
Im Raum um das Proton befindet sich ein entgegengesetzt geladenes Teilchen, das **Elektron** (▷B1). Es hat eine negative Elementarladung. Die Masse eines Elektrons beträgt 0,000 55 u. Bei der Ermittlung der Gesamtmasse eines Wasserstoffatoms kann die sehr geringe Masse eines Elektrons vernachlässigt werden.
Obwohl sich Elektron und Atomkern aufgrund ihrer gegensätzlichen Ladung anziehen, fällt das Elektron nicht auf den Kern. Es bewegt sich mit sehr hoher Geschwindigkeit im Raum um den Kern, der **Elektronenhülle** (▷B5, oben). Das Elektron kann überall in der Hülle angetroffen werden. Momentaufnahmen würden zeigen, dass das Elektron zu jedem Zeitpunkt an einer anderen Stelle ist. Je dichter die Punkte erscheinen, desto häufiger ist das Elektron in diesem Bereich zu finden (▷B5, Mitte). Die negative Ladung ist also über die Elektronenhülle verteilt.
Das Elektron kann an einer beliebigen Stelle der Elektronenhülle um den Kern angetroffen werden. Im vereinfachten Modell (▷B5, unten) erkennt man lediglich den Bewegungsraum des Elektrons.

2 DALTON und das Kugelmodell

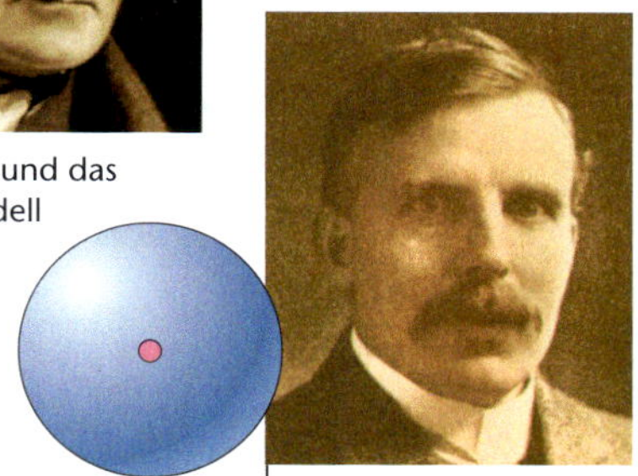

3 RUTHERFORD und das Kern-Hülle-Modell

Die Bausteine der Atome

Auf Wasserstoff folgt im Periodensystem Helium. Ein Heliumatom hat 2 Protonen und 2 Elektronen (▷B4). Der Atomkern ist also zweifach positiv geladen, die Elektronenhülle zweifach negativ. Die Masse eines Heliumatoms beträgt 4 u. Die beiden Protonen im Kern haben die Masse 2 u. Daraus folgt, dass im Kern noch andere Teilchen enthalten sein müssen, die zwar eine Masse, jedoch keine Ladung besitzen. Diese Teilchen werden **Neutronen** genannt. Wie Protonen haben die Neutronen etwa die Masse 1 u. Addiert man die Anzahl der Protonen und der Neutronen, erhält man die **Nukleonenzahl**. Elektronen, Protonen und Neutronen sind die Bauteilchen der Atome.

> Atome sind aus Protonen, Neutronen und Elektronen aufgebaut.
> Die Anzahl der Protonen und Neutronen ergibt die Nukleonenzahl.

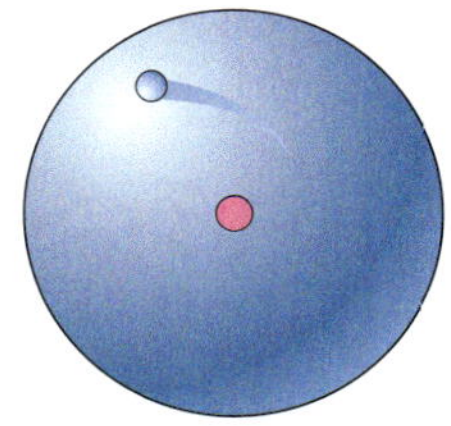

Bewegung eines Elektrons um den Kern

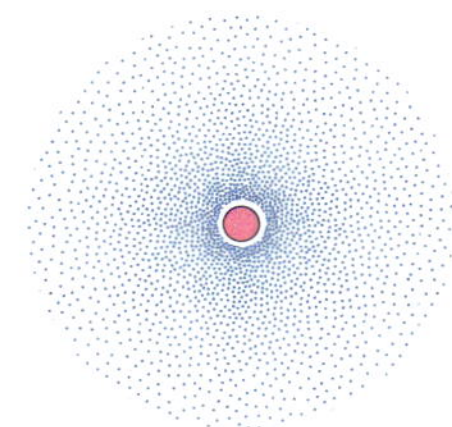

Viele Momentaufnahmen eines Elektrons

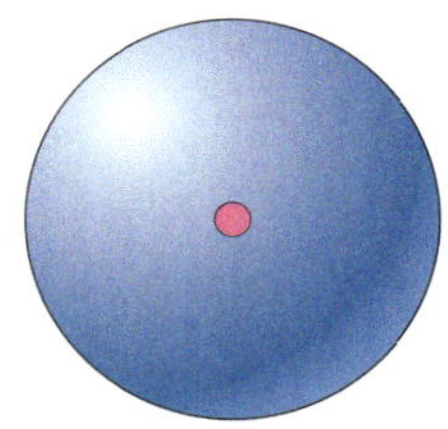

Bewegungsraum des Elektrons

5 Kern-Hülle-Modell des Wasserstoffatoms in verschiedenen Darstellungen

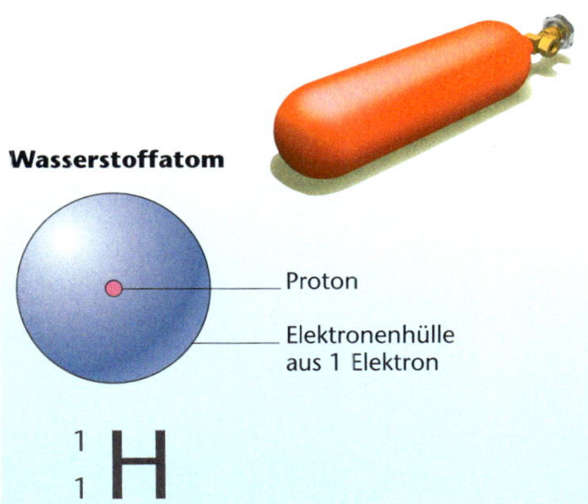

1 Bau des Wasserstoffatoms

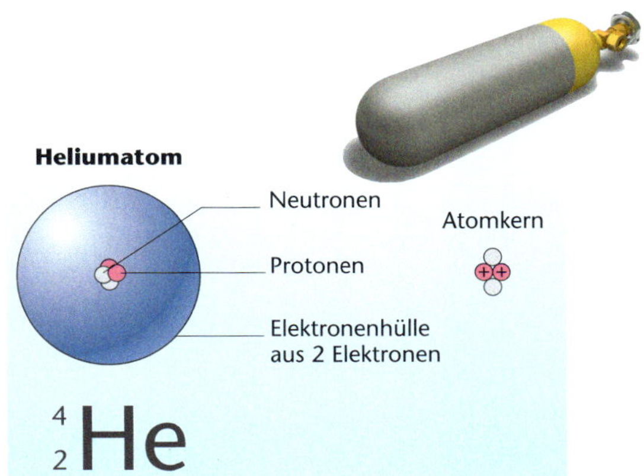

4 Bau des Heliumatoms

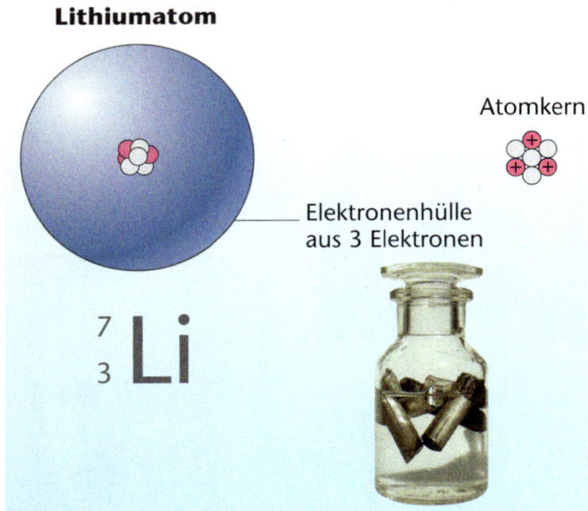

1 Bau des Lithiumatoms

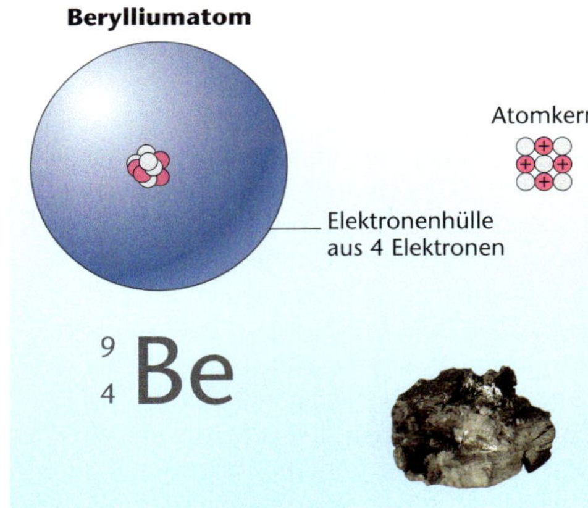

2 Bau des Berylliumatoms

Die Zahl der Protonen kennzeichnet ein Element

Im Periodensystem folgt auf Helium als drittes Element das Element Lithium (▷ B 1). Außer den 3 Protonen enthält der Kern des Lithiumatoms noch 4 Neutronen. Zusammen liegen also 7 Nukleonen vor. Die Anzahl der Neutronen lässt sich errechnen, indem man die **Protonenzahl** (Anzahl der Protonen) von der Nukleonenzahl subtrahiert.
Ein Berylliumatom hat die Protonenzahl 4 und die Nukleonenzahl 9. Vier Kernteilchen sind Protonen. Subtrahiert man die Protonenzahl 4 von der Nukleonenzahl 9, erhält man die Anzahl der Neutronen. Ein Berylliumatomkern besteht aus 4 Protonen und 5 Neutronen (▷ B 2).

Die Zahl der Protonen nimmt im Periodensystem von Element zu Element zu. Die Protonenzahl entscheidet über die Zugehörigkeit des Atoms zu einem bestimmten Element. Im Periodensystem wird die Protonenzahl zum Ordnen der Elemente verwendet.
Die Protonenzahl wird daher auch **Ordnungszahl** genannt.

▶ Die Ordnungszahl (Protonenzahl) gibt die Anzahl der Protonen an.

Im neutralen Atom stimmt die Anzahl der Elektronen in der Atomhülle mit der Anzahl der Protonen im Kern überein. Damit kann man mithilfe der Ordnungszahl zugleich angeben, wie viele Elektronen die Hülle des neutralen Atoms bilden.

Um den Aufbau des Atomkerns übersichtlich darzustellen, schreibt man bei einem Atom vor das Elementsymbol oben links die Nukleonenzahl und unten links die Ordnungszahl (▷ B 4).
Das Bild 3 zeigt die Bauteilchen der Atome: Protonen, Neutronen und Elektronen. Sie unterscheiden sich in ihrer Masse und Ladung.

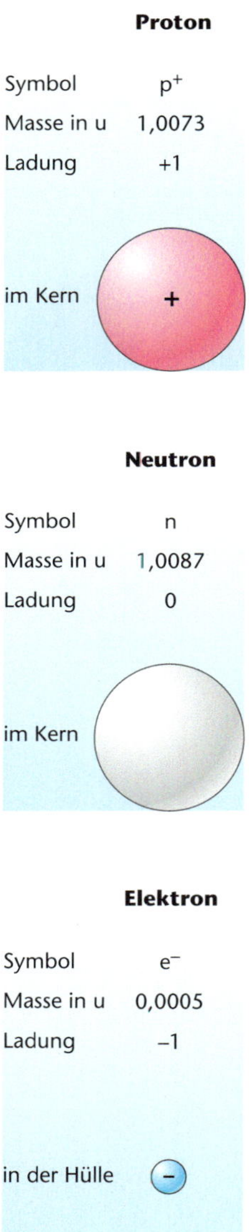

3 Bauteilchen der Atome

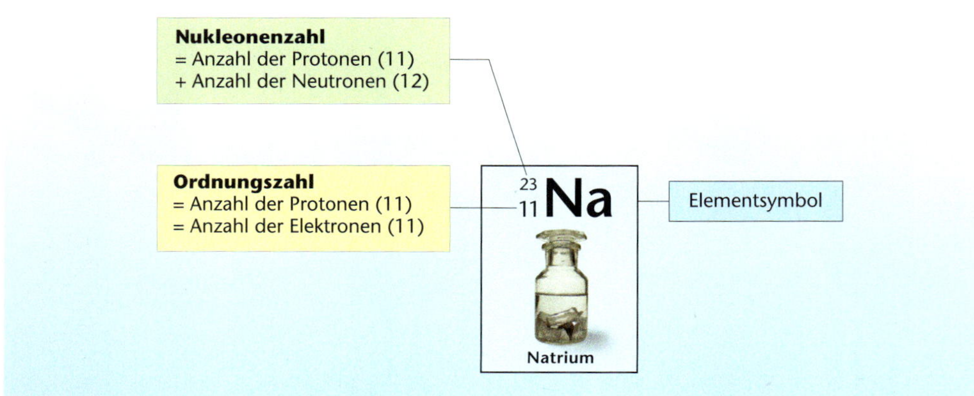

4 Was man alles ablesen kann.

▶177 ff.
▶241

Wir haben erfahren, dass Protonen und Neutronen ziemlich genau die Masse 1 u haben. Ein Boratom (B), dessen Kern aus 5 Protonen und 6 Neutronen besteht, hat demzufolge die Masse 11,0 u. Vergleicht man diesen Wert mit der Angabe der Atommasse im Periodensystem (Anhang des Buches), so stellt man eine Abweichung fest: Im Periodensystem sind 10,8 u angegeben. Bei den Erläuterungen zu den Angaben des Periodensystems steht an der Stelle, an der wir bisher die Nukleonenzahl fanden: „mittlere Atommasse in u". Was verbirgt sich hinter dieser Angabe?

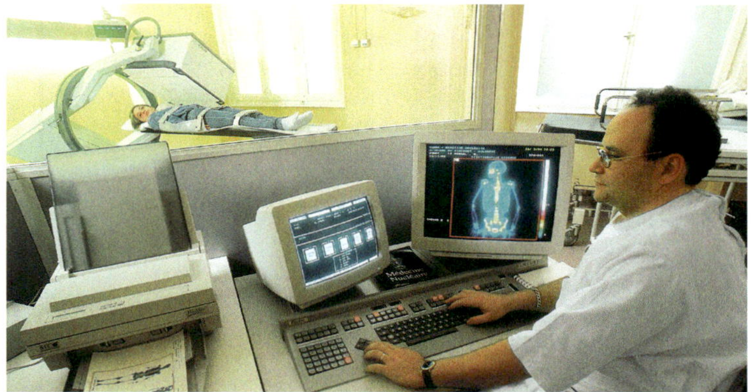

1 Radioisotope liefern in der Medizin auf einem Bildschirm bildhafte Darstellungen der Verteilung im Körper (Szintigramme).

Isotope

Bei der Massenbestimmung von Boratomen mithilfe des Massenspektrometers erhält man zwei Werte: 10,0 u und 11,0 u. Es gibt also zwei verschiedene Sorten von Boratomen, die sich in ihrer Masse unterscheiden. Die Atome eines Elementes weisen zwar immer die gleiche Anzahl von Protonen und Elektronen auf, sie unterscheiden sich aber häufig in der Anzahl der Neutronen und damit auch in der Atommasse. Solche Atome des gleichen Elementes, die sich in ihrer Neutronenzahl unterscheiden, werden Isotope genannt. Isotope unterscheiden sich nicht in ihrem chemischen Verhalten. Dieses wird durch die Elektronenhülle (und damit nicht durch die Neutronen) bestimmt.

▶ Atome des gleichen Elements, die sich in ihrer Neutronenzahl unterscheiden, werden Isotope genannt.

Die mittlere Atommasse in u

Das Element Bor ist ein Gemisch aus 80 % Boratomen mit der Masse 11,0 u und 20 % Boratomen mit der Masse 10,0 u. Daraus kann man eine durchschnittliche Atommasse, die so genannte mittlere Atommasse von 10,8 u berechnen. Und das geht so:
Von 100 Atomen haben 80 die Masse 11,0 u.
Diese haben zusammen eine Masse von $80 \cdot 11{,}0\,u = 880\,u$.
Von 100 Atomen haben 20 die Masse 10,0 u.
Diese haben zusammen eine Masse von $20 \cdot 10{,}0\,u = 200\,u$.
100 Atome haben damit zusammen die Masse 1 080 u.
Das Element Bor hat also eine mittlere Atommasse von $1\,080\,u : 100 = 10{,}8\,u$.
Die Kerne der beiden Boratomsorten enthalten die gleiche Anzahl von Protonen. Die Zahl der Neutronen beträgt entweder 5 oder 6. Es gibt also Boratome mit der Nukleonenzahl 10 und solche mit 11.

Isotopengemische

Die meisten in der Natur vorkommenden Stoffe bestehen aus einem Gemisch von Isotopen. So gibt es z. B. von Wasserstoff drei Isotope (▷ B 2). 99,985 % sind Atome ohne Neutron mit der Atommasse 1 u. Das Deuterium genannte Isotop des Wasserstoffs hat ein Neutron und die Masse 2 u. Das Tritium genannte Isotop hat zwei Neutronen und die Masse 3 u. Das Tritium ist ein radioaktives Isotop (Radioisotop).

2 Die Atomkerne der Isotope von Wasserstoff

Radioisotope

Auch vom Kohlenstoff gibt es ein Radioisotop mit der Masse 14 u; es wird C-14 oder Radiokohlenstoff genannt. Die von ihm ausgehende Strahlung kann gemessen werden. Bei der Altersbestimmung von mumifizierten Leichen wie dem „Ötztaler" (▷ B 3) spielt dieses radioaktive Isotop eine wichtige Rolle. Die Halbwertszeit (siehe S. 115) dieses Kohlenstoff-Isotops beträgt 5 730 Jahre. Radiokohlenstoffatome entstehen in der Atmosphäre und reagieren mit dem Luftsauerstoff zu radioaktivem Kohlenstoffdioxid. Dieses C-14-Kohlenstoffdioxid gelangt durch Fotosynthese in Pflanzen und über die Nahrungskette auch in andere Lebewesen. Nach dem Absterben des Organismus wird kein weiterer Kohlenstoff mehr aufgenommen. Der Anteil des Radiokohlenstoffs nimmt ab. Durch Messen der verbliebenen radioaktiven Strahlung kann der Zeitpunkt des Absterbens berechnet werden.

In der Medizin werden Radioisotope bei Untersuchungen eingesetzt (▷ B 1).

3 Fundstelle des Mannes aus dem Eis („Ötzi")

1 Niels Bohr

Mit dem Rutherford'schen Kern-Hülle-Modell kann man den Aufbau eines Atoms erklären. Niels Bohr (1885–1962; ▷B 1), ein dänischer Physiker, war ein Schüler von Rutherford. Er erkannte, dass mit der bisherigen Vorstellung von der Elektronenhülle nicht die Zugehörigkeit eines Elementes zu einer bestimmten Elementgruppe möglich ist. In Zusammenarbeit mit Rutherford entwickelte Bohr ein Modell vom Feinbau der Elektronenhülle (▷B 2).

Die Elektronenhülle näher betrachtet
In der Elektronenhülle bewegen sich die Elektronen. Die Hülle umgibt den Kern kugelförmig.
Das Wasserstoffatom hat nur ein Elektron. Es hält sich in einem kugelförmigen Bereich um den Atomkern (hier: ein Proton) auf. Der Heliumatomkern mit zwei Protonen und zwei Neutronen umgibt sich mit zwei Elektronen, die sich beide in demselben kugelförmigen Bereich um den Kern aufhalten. Mehr Elektronen kann dieser Bereich nicht aufnehmen. Wasserstoff und Helium bilden die erste Periode.
Beim Lithiumatom wird wieder ein kugelförmiger Bereich um den Kern mit zwei Elektronen besetzt. Zusätzlich enthält ein schalenförmiger weiterer Bereich das dritte Elektron. Dieser Aufenthaltsbereich wird bis auf acht Elektronen beim Neonatom aufgefüllt. Die Elemente von Lithium bis Neon bilden die 2. Periode. Beim Übergang von einem Edelgasatom zum nachfolgenden Alkalimetallatom wird wieder eine neue Schale aufgebaut. Beim Natriumatom wird der dritte Aufenthaltsbereich, die 3. Schale, mit einem Elektron begonnen. Diese Modellvorstellung wird **Schalenmodell** genannt.

Die Atome in einer Periode besitzen die gleiche Anzahl von Schalen (▷B 3).

▶ Die Nummer der Periode gibt die Anzahl der Schalen in der Elektronenhülle an.

In einer Hauptgruppe unterscheiden sich die Atome zwar in der Anzahl der Schalen, sie besitzen jedoch in der äußeren Schale die gleiche Anzahl von Elektronen. Diese Elektronen nennt man Außenelektronen. Nur das Heliumatom weicht von dieser Regelmäßigkeit ab (▷B 3).

▶ Die Nummer der Hauptgruppe entspricht der Anzahl der Elektronen auf der äußeren Schale (Außenelektronen).

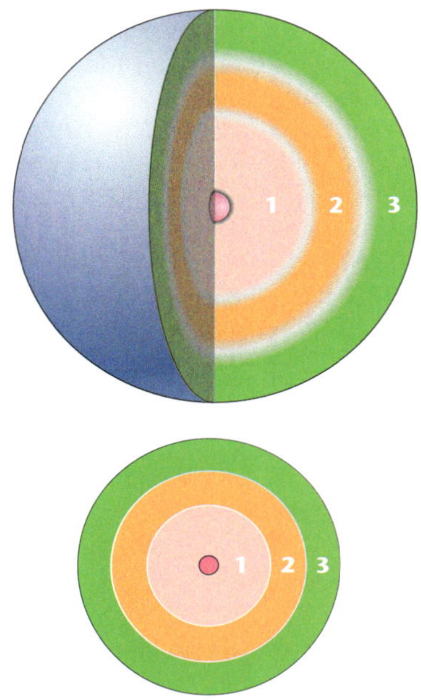

2 Die Elektronenhülle im Schalenmodell

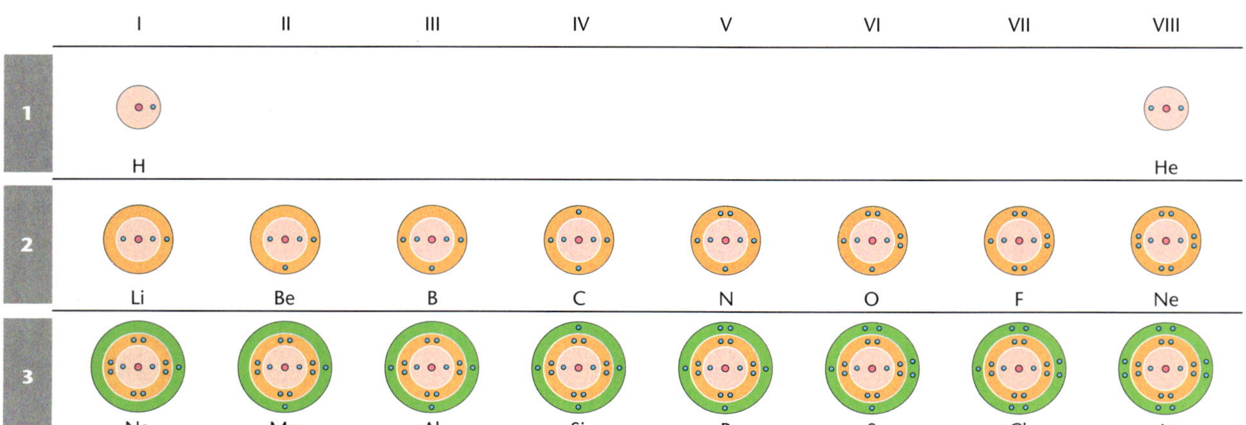

3 Die Schalenmodelle einiger Elemente

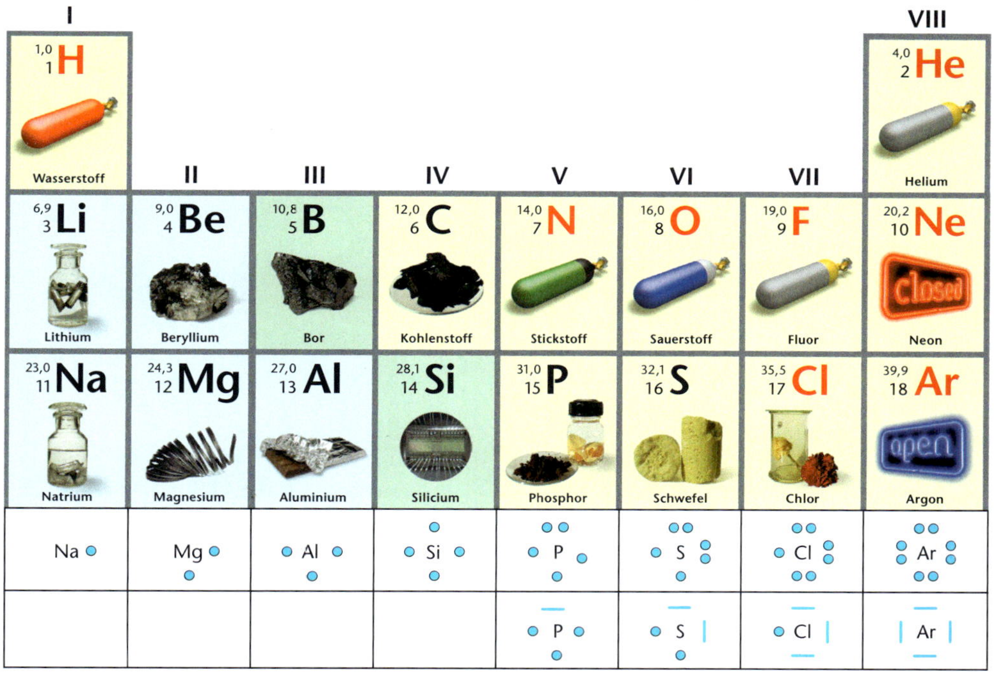

4 Periodensystem und Atombau

Periodensystem und Atombau
Die Ähnlichkeit von Elementen derselben Hauptgruppe beruht auf der Gemeinsamkeit im Aufbau ihrer Atome. Bei den Atomen der Alkalimetalle ist die äußere Schale nur mit einem Elektron besetzt, die Atome der Erdalkalimetalle haben zwei Außenelektronen und Halogenatome sieben. Diese Außenelektronen bestimmen die Eigenschaften der Elemente. Häufig genügt es, für ein Atom die Außenelektronen anzugeben. Die übrigen Elektronen der inneren Schalen bilden mit dem Atomkern den **Atomrumpf**. Vereinfacht werden die Außenelektronen durch Punkte um das Elementsymbol dargestellt (▷B 4). Bei mehr als vier Außenelektronen bildet jedes hinzukommende Elektron mit einem schon vorhandenen ein Elektronenpaar. Ein **Elektronenpaar** kann durch einen Strich dargestellt werden.

Die Elektronenschreibweise zeigt die Anordnung der Außenelektronen.

Acht Außenelektronen sind etwas Besonderes
Besonders auffällig ist, dass die Atome der reaktionsfreudigen Halogene nur ein Elektron weniger besitzen als die Atome der reaktionsträgen Edelgase in der gleichen Periode. Offenbar hat die Besetzung der Außenschale mit 8 Elektronen eine besondere Bedeutung im Hinblick auf die Reaktionsfreudigkeit der Elemente.

Diese 8 Elektronen ergeben zusammen die stabile Edelgasanordnung, die als **Oktett** oder Achterschale bezeichnet wird.

Eine Ausnahme bildet das Heliumatom in der 1. Periode, das bereits mit 2 Elektronen die größtmögliche Zahl an Außenelektronen in der ersten Schale besitzt.

Aufgaben

1 Was haben die Atome der Elemente einer Periode bzw. die einer Hauptgruppe gemeinsam?

2 Zeichne das Schalenmodell
a) eines Kaliumatoms,
b) eines Schwefelatoms.
Gib die jeweilige Elektronenverteilung in den Schalen an.

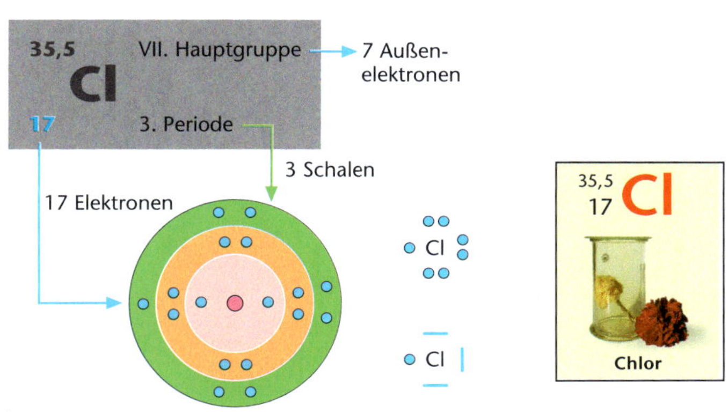

5 Was man ablesen kann.

▶ 168 ff.

Zeitpunkt

Nobelpreisträger entdecken die Radioaktivität

1 Henri Becquerel

Becquerel entdeckte unsichtbare Strahlen

Henri Becquerel (1852–1908; ▷ B 1) war Professor für Physik in Paris. 1896 untersuchte er Uransalze, die im Sonnenlicht leuchteten. Becquerel nahm zuerst an, dass das Leuchten durch Sonnenlicht angeregt war. Dann wurde das Wetter schlechter und der Professor legte eine lichtgeschützte Fotoplatte zusammen mit dem Uransalzbrocken in eine Schublade. Er schrieb: *„Ich entwickelte die Platte in der Erwartung, nur ganz schwache Bilder zu finden. Ganz im Gegenteil, die Umrisse erschienen in großer Intensität."*
Die strahlenden Salze hatten eine unbelichtete Fotoplatte geschwärzt, die in dickes schwarzes Papier eingewickelt war. Durch diesen Zufall entdeckte Becquerel, dass Uransalze von sich aus strahlen. Er beschrieb sie als selbststrahlend oder radioaktiv. Die energiereiche Strahlung war nicht sichtbar, schwärzte Filme und konnte schwarzes Papier durchdringen (▷ B 2; B 3).

2 Originalfotoplatte von Becquerel

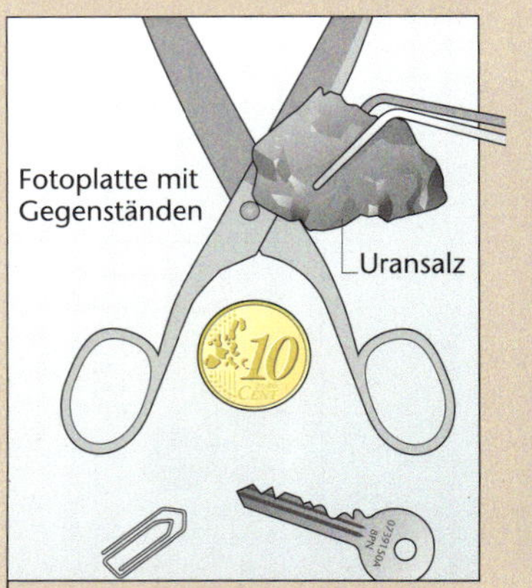

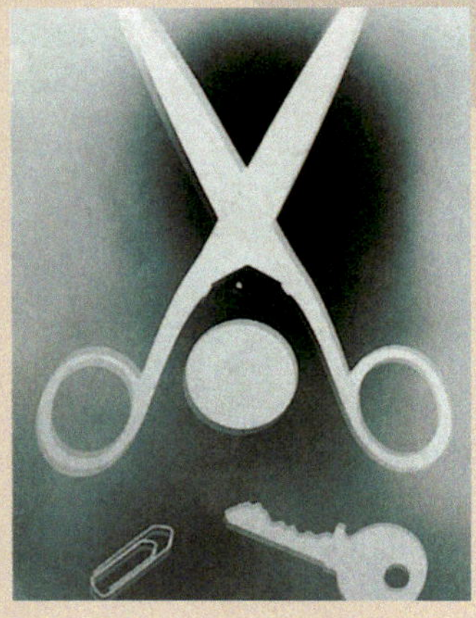

3 Nachgestellter Versuchsaufbau Becquerels

4 Das Element Radium

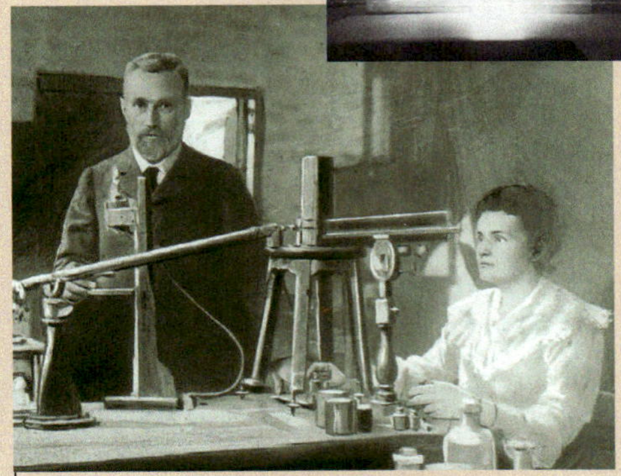

5 Das Ehepaar Pierre und Marie Curie

Das Ehepaar Curie entdeckte radioaktive Elemente

Marie Curie (1867–1934) kam aus Polen nach Frankreich. 1895 heiratete sie in Paris den Physiker Pierre Curie (1859–1906). Das Ehepaar (▷ B 5) untersuchte die geheimnisvolle Strahlung, die Becquerel entdeckt hatte. Dazu ließen sie Uranerz, das unter dem Namen Pechblende bekannt war, aus Böhmen nach Paris bringen.

Nach Jahren mühsamer Arbeit konnten sie aus Uranerz einen Stoff herstellen, der 300-mal so stark strahlte wie das Erz. Sie hatten ein neues Element entdeckt, das Marie zu Ehren ihres Vaterlands Polonium nannte. Im gleichen Jahr konnten Marie und Pierre Curie aus zwei Waggonladungen Uranerz 0,1 g eines zweiten Elements gewinnen. Wegen seiner ungewöhnlich starken Strahlung gaben sie ihm den Namen Radium (▷ B 4). Die Strahlung nannten sie **Radioaktivität**.
Bis 1916 hat man weltweit nur 48 g Radium, bis 1937 etwa 700 g gewonnen. Der Preis für Radium war damals viel höher als der für Gold.

Die Nobelpreisträger für Physik

1903 erhielten Henri Becquerel und das Ehepaar Marie und Pierre Curie den Nobelpreis für Physik für die Entdeckung der Radioaktivität.

1906 starb Pierre Curie bei einem Verkehrsunfall. Seine Frau Marie Curie setzte die Forschungsarbeiten fort und erhielt 1911 einen zweiten Nobelpreis für die Entdeckung des Radiums.

Radioaktivität

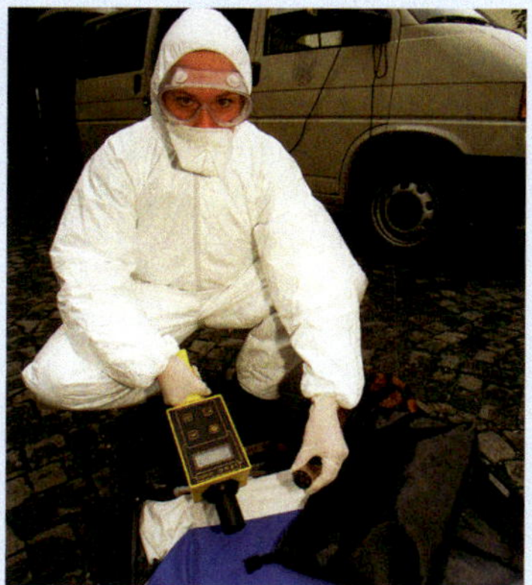

1 Strahlenmessung

Radioaktive Strahlen

Radioaktive Strahlung ist für Menschen nicht direkt wahrnehmbar. Die radioaktive Strahlung hat ihren Ursprung im Zerfall von Atomkernen. Aus einem schweren Atomkern entstehen so zwei leichtere. Nach ihrem Verhalten im elektrischen Feld unterscheidet man α-, β- und γ-Strahlen.

2 Geiger-Müller-Zähler

Geiger-Müller-Zähler

Der Geiger-Müller-Zähler dient zur Messung radioaktiver Strahlung (▷ B 1). Er besteht aus einem Metallrohr (Zählrohr), das mit Gas gefüllt ist. Die radioaktive Strahlung passiert mit hoher Geschwindigkeit das Zählrohr und lädt das Gas elektrisch auf.
Die dabei auftretenden elektrischen Impulse werden gezählt und über einen Lautsprecher hörbar gemacht (▷ B 2).

Alpha-Strahlen

α-Strahlen werden zu einer negativ geladenen Platte abgelenkt (▷ B 4). Sie sind zweifach positiv geladene Heliumkerne mit der Masse 4 u. In der Luft haben sie nur eine Reichweite von wenigen Zentimetern. Durch ein Blatt Papier werden α-Strahlen abgeschirmt (▷ B 5). Ein bekanntes radioaktives Element ist Radium (▷ B 3). Beim Zerfall von Radiumatomen entstehen α-Strahlen.

Beta-Strahlen

β-Strahlen werden zu einer positiv geladenen Platte abgelenkt (▷ B 4). Sie sind sehr schnelle, negativ geladene Elektronen. β-Strahlen lassen sich durch 4 mm bis 5 mm dicke Aluminiumbleche abschirmen (▷ B 5). Ein bekannter β-Strahler ist radioaktives Iod.

Gamma-Strahlen

γ-Strahlen ändern ihre Richtung im elektrischen Feld nicht (▷ B 4). Sie tragen keine Ladung und werden daher nicht abgelenkt. γ-Strahlen sind sehr energiereich und haben ein starkes Durchdringungsvermögen. Sie können nur durch dicke Bleiplatten abgeschwächt werden (▷ B 5).

Halbwertszeit des Radiumatoms mit der Masse 226 u

a	Jahr (lat. annus)
d	Tag (lat. dies)
h	Stunde (lat. hora)
min	Minute
s	Sekunde

3 Angaben zur Halbwertszeit

Halbwertszeit

Jeder radioaktive Stoff hat eine für ihn typische Halbwertszeit. Die Halbwertszeit ist die Zeit, in der die Hälfte der Atomkerne einer radioaktiven Stoffportion zerfällt. Sie kann Tausende von Jahren, einige Tage oder Stunden, wenige Minuten oder nur Sekunden betragen. Radioaktives Radium hat eine Halbwertszeit von 1600 Jahren (▷ B 3).

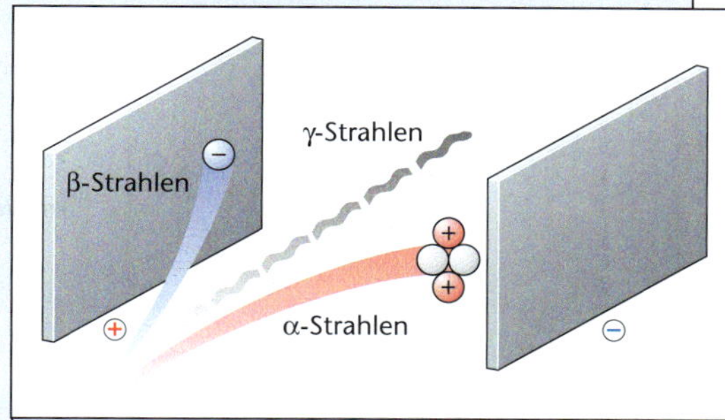

4 Ablenkbarkeit der Strahlenarten

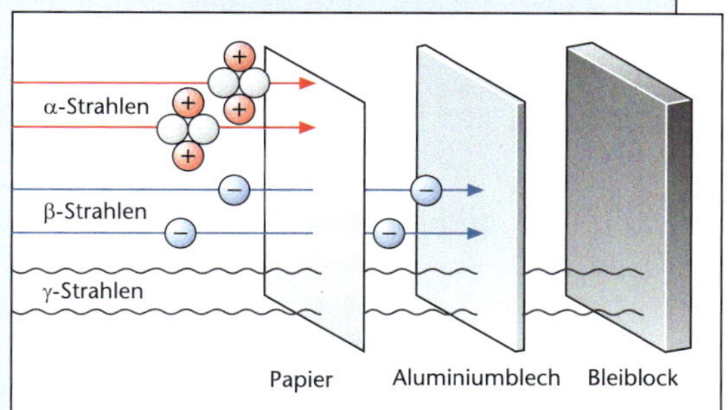

5 Abschirmung der Strahlenarten

Das bedeutet, dass in 1600 Jahren die Hälfte der Atomkerne einer Radiumprobe zerfallen ist. Nach weiteren 1600 Jahren ist nur noch ein Viertel der Atomkerne einer Radiumprobe vorhanden (▷ B 6).

Strahlenschutz-Gefahrensymbol

Das Gefahrensymbol (▷ B 3) weist auf radioaktive Stahlung hin.
Dies ist besonders wichtig, da Strahlenbelastung die Gesundheit des Menschen gefährden kann.
Den direkten Kontakt mit als radioaktiv gekennzeichnetem Material sollte man auf jeden Fall vermeiden.

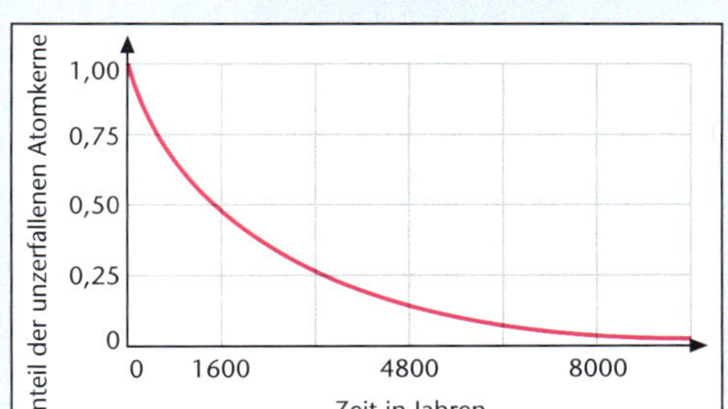

6 Halbwertszeit von Radium

Elementgruppen und Atombau

1 Die Hauptgruppen des PSE

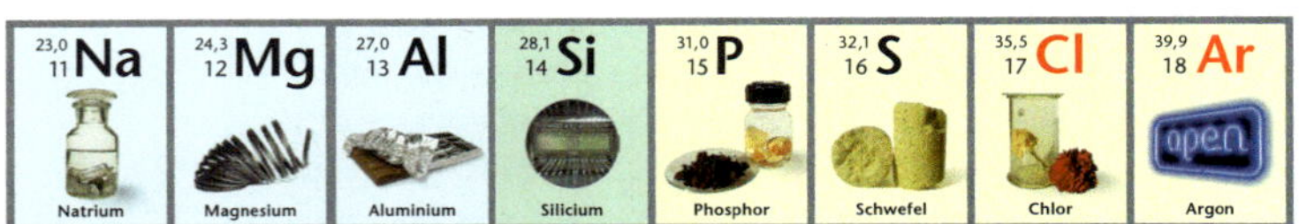

2 Die 3. Periode

Das Periodensystem der Elemente
Die **Hauptgruppen** stehen in den senkrechten Spalten im Periodensystem. Die Elemente einer Hauptgruppe bilden eine Elementfamilie, sie zeigen häufig ähnliche Eigenschaften (▷ B 1).
Perioden stehen in den waagerechten Reihen im Periodensystem (▷ B 2).

Bauteilchen der Atome
Atome sind aus Protonen, Neutronen und Elektronen aufgebaut (▷ B 3).

	Elektron	Proton	Neutron
Zeichen	e^-	p^+	n
Ort im Atom	Hülle	Kern	Kern
Masse in u	0,0005	1,0073	1,0087
Ladung in Elementarladungen	–1	+1	0

gleich große, aber entgegengesetzte Ladungen (Elektron – Proton)
nahezu gleiche Massen (Proton – Neutron)

3 Bauteilchen der Atome

Elementgruppen und Atombau
Die **Alkalimetalle** stehen in der I. Hauptgruppe. Die Metalle sind sehr reaktionsfähig. Die Atome dieser Elemente besitzen 1 Außenelektron.
Die **Erdalkalimetalle** stehen in der II. Hauptgruppe. Die Metalle haben ähnliche Eigenschaften wie die Alkalimetalle, sind aber weniger reaktionsfähig. Die Atome der Elemente haben 2 Außenelektronen.
Die **Halogene** stehen in der VII. Hauptgruppe. Sie sind sehr reaktionsfähig. Die Atome der Elemente haben 7 Außenelektronen.
Die **Edelgase** stehen in der VIII. Hauptgruppe. Die Gase sind sehr reaktionsträge. Die Atome haben mit 8 Außenelektronen in der äußeren Schale eine stabile Elektronenanordnung (Oktett). Das Heliumatom hat 2 Elektronen in der äußersten Schale.
Die **Kohlenstoff-Silicium-Gruppe** ist die IV. Hauptgruppe. Zu ihr gehören Nichtmetalle und Metalle. Die Atome der Elemente haben 4 Außenelektronen.

Isotope
Atome des gleichen Elements, die sich in ihrer Neutronenzahl und damit in ihrer Atommasse unterscheiden, werden Isotope genannt.

Ordnungszahl und Nukleonenzahl
Die Ordnungszahl (Protonenzahl) gibt die Anzahl der Protonen im Atomkern sowie die der Elektronen in der Hülle an (▷ B 4).

Addiert man die Zahl der Protonen und Neutronen, erhält man die Nukleonenzahl.

Atommasse
Die Masse eines Atoms wird in Atommasseneinheiten mit der Abkürzung u angegeben.

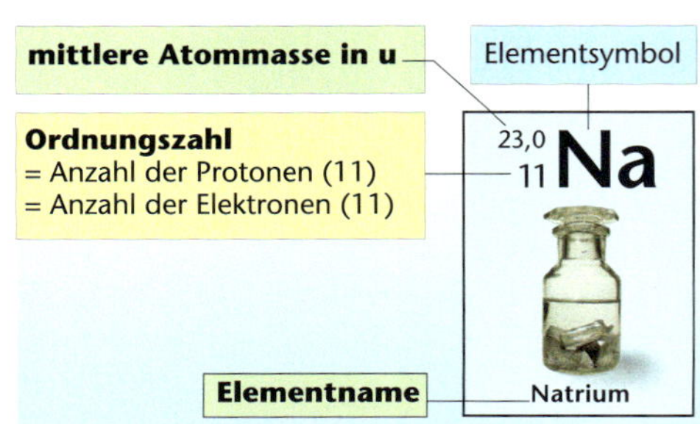

4 Was man ablesen kann.

Atombau und Periodensystem
Die Hauptgruppen-Nummer gibt die Anzahl der Außenelektronen an.

Die Perioden-Nummer gibt die Anzahl der Schalen in der Elektronenhülle an.

Die Elektronenschreibweise zeigt die Anordnung der Außenelektronen. Einzelelektronen werden als Punkte, Elektronenpaare als Striche geschrieben.

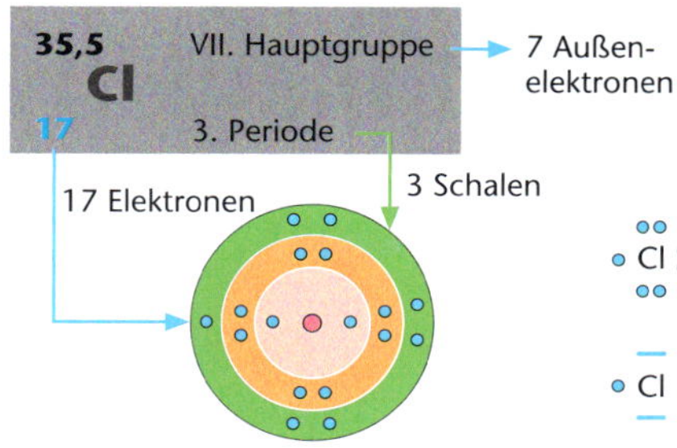

5 Was man ablesen kann.

Aufgaben

1 Auf der Chemikalienflasche in Bild 1 sind Gefahrensymbole zu erkennen. Das Element wird unter einer Flüssigkeit aufbewahrt. Beim Verbrennen leuchtet es intensiv gelb. Um welches Element handelt es sich?

1 Zu Aufgabe 1

2 Die Elemente mit den Symbolen in Bild 2 sind nach zunehmender Atommasse geordnet. Welche Elemente fehlen in der Reihe? Ergänze sie. Ordne anschließend die Elemente so an, dass solche mit ähnlichen Eigenschaften untereinander stehen.
Welche Elementgruppen sind zu erkennen?

3 Zu Aufgabe 3

3 a) Gib die Ordnungszahl von Magnesium an (▷ B 3).
b) Zeichne das Schalenmodell eines Magnesiumatoms. Berechne und notiere die Anzahl der Protonen im Atomkern.
c) Beschreibe die Stellung von Magnesium im Periodensystem der Elemente. Zu welcher Elementgruppe gehört das Metall?

4 Welche Informationen über den Aufbau eines Atoms liefert
a) die Ordnungszahl,
b) die Hauptgruppen-Nummer,
c) die Perioden-Nummer.

5 Was versteht man unter dem Begriff „Elektronenschreibweise? Gib die Elektronenschreibweise der Atome in der dritten Periode an.

4 Zu Aufgabe 6

6 Zu welcher Elementgruppe gehört das flüssige Element in Bild 4? Beschreibe seine Stellung im Periodensystem der Elemente. Zeichne das Schalenmodell eines Bromatoms.

7 Wie viele Millimeter würde man messen, wenn man 100 000 000 Atome nebeneinander legen könnte und jedes einzelne Atom einen Durchmesser von $\frac{1}{10\,000\,000}$ mm hat?

8 Ein Eisenwürfel mit einer Kantenlänge von 10 m hat eine Masse von ca. 8 000 t. Könnte man alle Atomkerne aus den Eisenatomen des Würfels herausholen, so würde man ein Würfelchen von 1 mm^3 erhalten. Welche Masse hätte das winzige Würfelchen? Begründe.

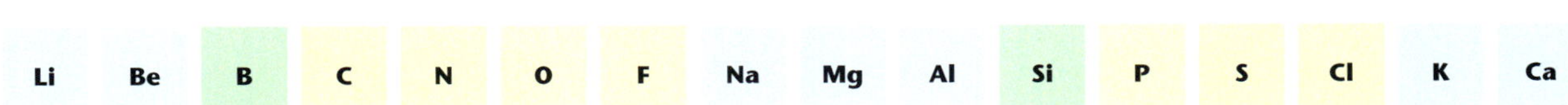

2 Zu Aufgabe 2

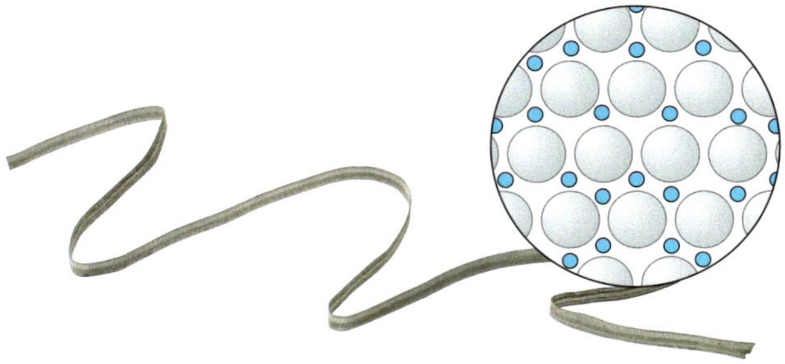

Chemische Bindungen

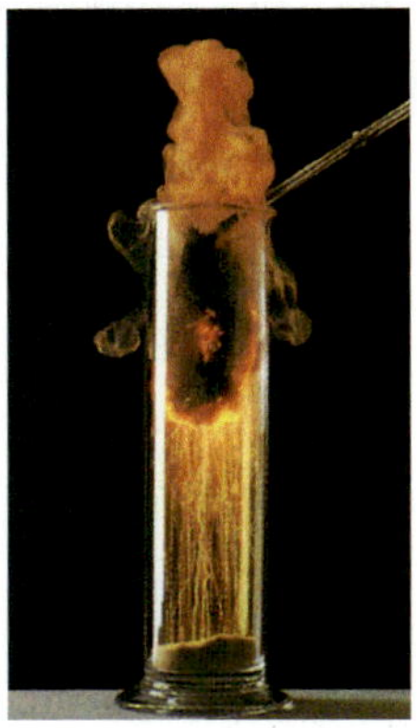

*Atome können sich miteinander verbinden.
Wie das geschieht, soll in diesem Kapitel untersucht werden.*

Magnesium reagiert heftig mit Sauerstoff zu Magnesiumoxid. Die Verbindung, die aus Magnesium- und Sauerstoffatomen entsteht, ist stabil. Sie hält zusammen.

In einer Neonröhre dagegen sind die Neonatome ungebunden. Sie liegen als einzelne Atome vor. Viele Gase wie Wasserstoff oder Sauerstoff kommen als zweiatomige Moleküle vor. Wie halten diese Atome zusammen?

Das Zustandekommen von Bindungen zwischen Atomen ist sehr vielfältig. Verschiedene Modellvorstellungen helfen dabei, die unterschiedlichen Bindungen zu verstehen. Der Bau der Atome ist ein Schlüssel für das Verständnis chemischer Bindungen.

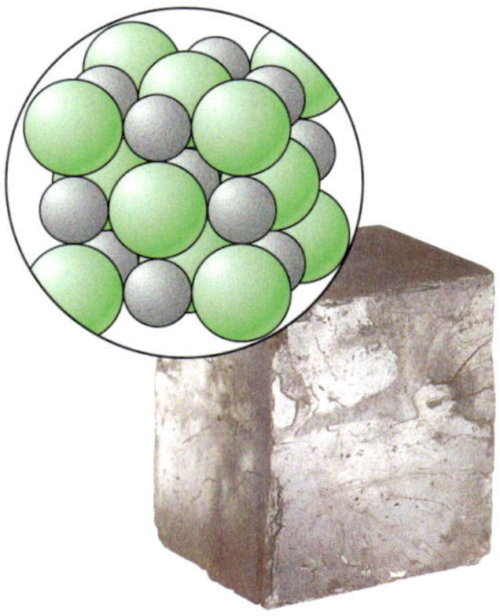

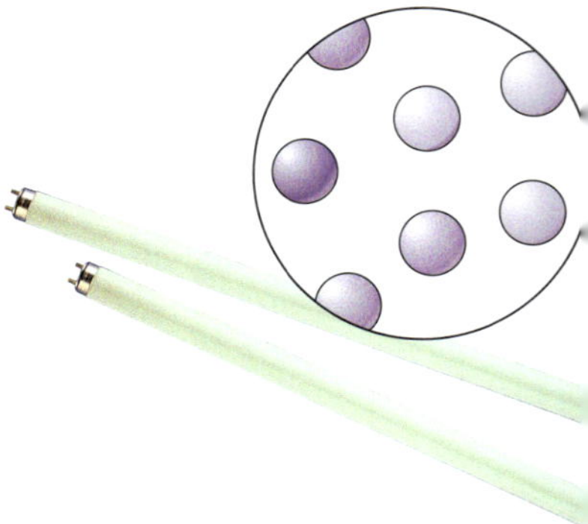

1 Gewürz

3 Streusalz

2 Konservierung

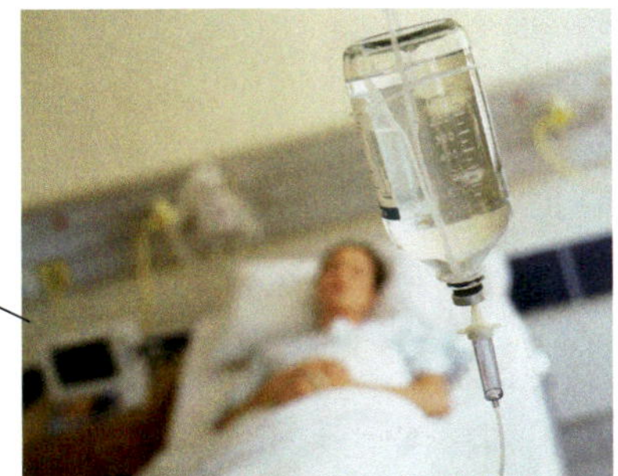

4 Physiologische Kochsalzlösung

Kochsalz – ein Multitalent

Kochsalz wird im Alltag oft nur als „Salz“ bezeichnet. Kochsalz ist im Haushalt ein wesentlicher Bestandteil in der Gewürzliste (▷ B 1). Zudem dient es als Konservierungsmittel (▷ B 2). Im Winter hilft es als Bestandteil von Streusalz (▷ B 3), die Straßen von Eis und Schnee zu befreien. In der Medizin wird eine physiologische Kochsalzlösung als Blutersatzstoff (▷ B 4) verwendet. Die vielseitigen Verwendungsmöglichkeiten machen Kochsalz unentbehrlich.

Kochsalz bildet Kristalle

Verdunstet aus einer wässrigen Kochsalzlösung langsam das Wasser, so bleiben regelmäßig geformte Kristalle zurück (▷ V 1). Diese sind häufig schon mit bloßem Auge erkennbar (▷ B 5, links).
Noch besser sieht man den Aufbau der Kristalle unter einer Lupe oder einem Mikroskop. Dabei erkennt man regelmäßige Würfelformen unterschiedlicher Größe (▷ B 5, Mitte, rechts).

Untersucht man den in der Chemiesammlung vorrätigen Stoff Natriumchlorid auf die gleiche Weise (▷ V 2), kann man auch hier wie bei Kochsalz die würfelförmigen Kristalle erkennen. Kochsalz ist **Natriumchlorid**.

▶ Natriumchlorid (Kochsalz) ist ein weißer Feststoff, der aus würfelförmigen Kristallen aufgebaut ist.

5 Kochsalz bildet würfelförmige Kristalle.

Natriumchlorid entsteht
Gibt man ein heißes Stück Natrium in Chlorgas, so reagieren beide Elemente nach kurzer Zeit in einer stark exothermen Reaktion miteinander: Licht und Wärme werden frei (▷ V 3). An den Rändern des Reagenzglases setzt sich ein weißer, feinpulvriger Belag ab (▷ B 6, rechts).

Das Reaktionsprodukt zeigt keine Ähnlichkeit mehr mit den Ausgangsstoffen. Aus dem silbergrauen Alkalimetall Natrium und dem gelbgrünen Gas Chlor entsteht ein weißer, kristalliner Feststoff: Eine chemische Reaktion hat stattgefunden.

Löst man den weißen Belag in etwas Wasser und lässt das Wasser langsam verdunsten, so entstehen weiße Kristalle. Unter der Lupe oder unter einem Mikroskop erkennt man die für Natriumchlorid typischen würfelförmigen Kristalle.
Aus Natrium und Chlor ist das weiße Salz Natriumchlorid NaCl entstanden (▷ B 6).

Reaktionsschema:

Natrium + Chlor ⟶ Natriumchlorid | exotherm

Reaktionsgleichung:

$2\,Na + Cl_2 \longrightarrow 2\,NaCl$ | exotherm

Aufgabe

1 Welche Aussagen treffen auf den Kristallaufbau von Natriumchlorid zu?
a) Natriumchlorid kristallisiert hauptsächlich in Würfelform.
b) Die Kristalle haben alle die gleiche Größe.

7 Speisesalz (links) enthält Kochsalz, das der Chemiker Natriumchlorid nennt (rechts).

Natrium + Chlor ⟶ Natriumchlorid

6 Natrium reagiert heftig mit Chlor.

Versuche

1 Gib in eine flache Glasschale eine Messerspitze Kochsalz aus dem Haushalt und löse es in Wasser auf. Das Wasser soll etwa 2 bis 3 mm hoch stehen. Stelle die Schale an einen warmen Ort und lasse sie möglichst erschütterungsfrei stehen, bis sich Kristalle bilden. Betrachte die Kristalle unter einer Lupe oder einem Mikroskop.

2 Wiederhole Versuch 1 mit Natriumchlorid aus der Chemikalienflasche und vergleiche.

3 ! In ein Reagenzglas mit Loch wird ein entkrustetes, erbsengroßes Stück Natrium gegeben und erhitzt. Kurz bevor sich das Natrium entzündet, wird das Reagenzglas in einen Klemmhalter mit Abdeckplatte gespannt und auf einen mit Chlor gefüllten Standzylinder aufgesetzt. Der entstandene weiße Stoff wird mit wenig Wasser herausgelöst. Einen Tropfen der Lösung gibt man auf einen Objektträger und betrachtet den Rückstand unter dem Mikroskop (▷ B 6).
(Abzug! Schutzbrille!)

Vom weißen Gold zum Gebrauchsgewürz

1 Transport von gepökeltem Fleisch

Kochsalz – das weiße Gold

Im Mittelalter erhielt Kochsalz den Beinamen weißes Gold. Da es einerseits nicht überall vorkam, andererseits aber sehr gefragt war, war Salz damals so kostbar wie Gold.
Die Handelswege von den Salzquellen zu den damaligen Lebensräumen waren lang und beschwerlich. Zudem verteuerten Zölle die begehrte Handelsware.
Kochsalz benutzte man nicht nur als Gewürz. Es diente auch zum Konservieren von Fleisch, Wurst und Fisch (▷ B 1). Außerdem konnte man damals bereits Eis-Kochsalz-Gemische (Kältemischungen) herstellen. Auf diese Weise ließen sich Lebensmittel über Stunden frisch halten.

Salz aus Siedeöfen

Im Leipziger Land, in der Nähe des kleinen Ortes Groitzsch, entdeckten Archäologen vor wenigen Jahren Überreste eines **Salzsiedeofens** (▷ B 2; B 3). Der Ofen stammt aus der älteren Eisenzeit um 600 v. Chr. Unter der Ofenwand aus Lehm befinden sich Gefäße, welche mit einer Salzlösung (Sole) gefüllt wurden. Nach ca. 10-stündigem Erwärmen blieb in den Gefäßen das kostbare Salz zurück. Die Flüssigkeit entwich als Dampf aus den Öffnungen.

2 Salzsiedeofen um 600 v. Chr.

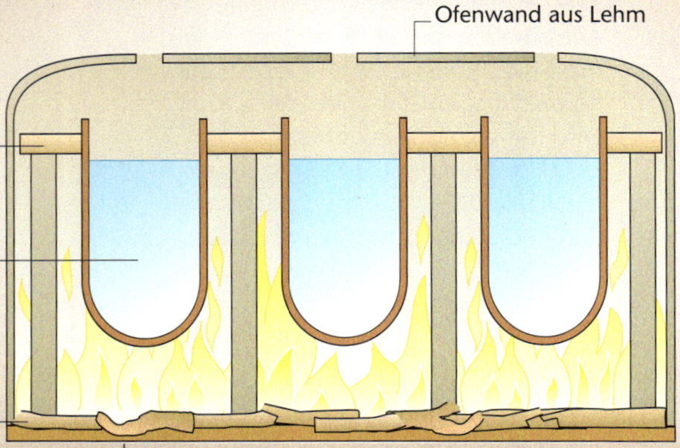

3 Schnittdarstellung eines Salzsiedeofens

4 Salzgewinnung aus Meerwasser auf der Insel Lanzarote

5 Im Salzbergwerk Bad Friedrichshall

Salz aus Meerwasser

Bereits die Römer gewannen Salz aus dem Meerwasser. Im Mittelmeerraum findet man noch heute an vielen Orten Salzgewinnungsstätten. Diese sind teilweise noch an den gleichen Stellen wie zur Römerzeit.
In großen flachen Meerwasserbecken wird das Wasser in rechteckigen Feldern – auch **Salzgärten** genannt – durch die Sonnenwärme zum Verdunsten gebracht (▷ B 4). Zurück bleibt Salz, das gereinigt als Speisesalz in den Handel kommt.

Salz aus dem Salzbergwerk

Heute ist Salz ein Gebrauchsgut, welches sehr preiswert und in vielen Formen und Zusammensetzungen im Handel ist. Salz wird im Bergbau, den sogenannten **Salinen**, abgebaut, beispielsweise in Bad Friedrichshall (▷ B 5). Ortsnamen mit den Silben -salz, -sulz, -sol oder -hall weisen noch heute auf alte Stätten der Salzgewinnung hin.

Eine heftige Reaktion

Die Elemente Natrium und Chlor reagieren bei der Synthese von Natriumchlorid sehr heftig miteinander. Natrium ist ein Alkalimetall und steht in der I. Hauptgruppe des Periodensystems. Das Natriumatom besitzt 1 Außenelektron.
Chlor ist ein Halogen und steht in der VII. Hauptgruppe des Periodensystems. Das Chloratom hat 7 Außenelektronen.

Wer gibt, wer nimmt?

Bei chemischen Reaktionen erreichen die Reaktionspartner oft die Elektronenverteilung eines Edelgasatoms – eine voll besetzte äußere Schale. Die Stellung der beiden Atome Natrium und Chlor im Periodensystem zeigt, dass dieser Zustand in einem kleinen Schritt erreicht werden kann: Ein Natriumatom gibt sein Außenelektron an ein Chloratom ab (▷ B 1). Die so entstandenen Teilchen besitzen die gleiche Elektronenanzahl und -verteilung wie die Atome der Edelgase Neon bzw. Argon. Da beide Atome durch Aufnahme bzw. Abgabe von Elektronen ein **Oktett** erlangen, spricht man hier auch von der Erfüllung der **Oktettregel**.

> Bei der Reaktion von Natrium mit Chlor gibt jeweils ein Natriumatom ein Elektron an ein Chloratom ab. Dabei entsteht jeweils ein Elektronenoktett.

Neue Teilchen entstehen

Betrachtet man die Anzahl der Protonen und Elektronen, ist nach dem Elektronenübergang eine andere Anzahl und Verteilung festzustellen. Das Natriumatom hat ein Elektron abgegeben. Das neue Teilchen besitzt nun 10 Elektronen, aber weiterhin 11 Protonen. Die Elektronen der Hülle können die positive Ladung des Kerns nicht mehr ausgleichen.
Aus dem neutralen Atom ist ein positiv geladenes Teilchen entstanden. Man nennt es **Natriumion.**

$$\underset{\text{Natriumatom}}{Na} \longrightarrow \underset{\text{Natriumion}}{Na^{+}} + \underset{\text{Elektron}}{e^{-}}$$

Das Chloratom nimmt vom Natriumatom ein Elektron auf. Das neue Teilchen besitzt nun insgesamt 18 Elektronen, aber immer noch 17 Protonen. Die Protonen können die Ladung der Elektronen nicht mehr ausgleichen. Aus dem neutralen Atom ist ein negativ geladenes Ion, ein **Chloridion**, entstanden.

$$\underset{\text{Chloratom}}{Cl} + \underset{\text{Elektron}}{e^{-}} \longrightarrow \underset{\text{Chloridion}}{Cl^{-}}$$

> Ionen sind elektrisch geladene Teilchen. Ionen entstehen aus Atomen durch Elektronenabgabe oder Elektronenaufnahme.

$$\underset{\text{Natriumatom}}{Na\cdot} + \underset{\text{Chloratom}}{\cdot\overline{\underline{Cl}}|} \longrightarrow \underset{\text{Natriumion}}{Na^{+}} + \underset{\text{Chloridion}}{|\overline{\underline{Cl}}|^{-}}$$

1 Die Ionenbildung am Beispiel vom Natriumion und Chloridion

Die Ionenbindung

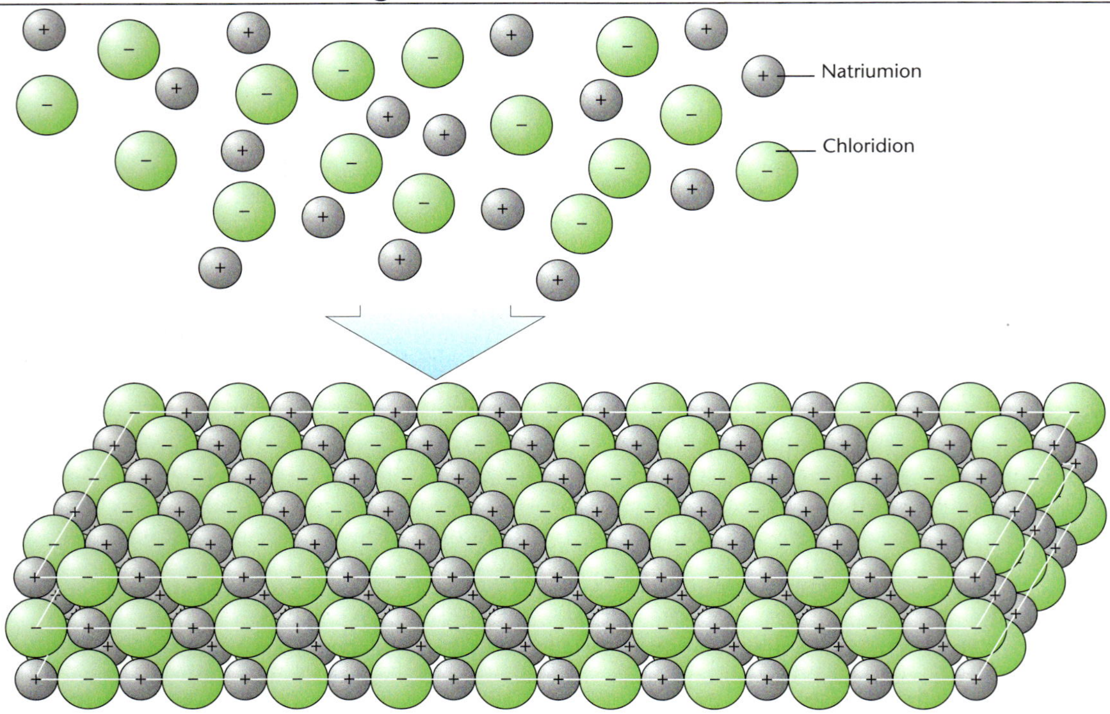

1 Unterschiedlich geladene Ionen ordnen sich.

Gegensätze ziehen sich an

Bei der heftig ablaufenden Reaktion zwischen Natrium und Chlor bilden sich sehr viele Ionen.
Da sich gleichnamige Ladungen abstoßen und ungleichnamige Ladungen anziehen, lagern sich abwechselnd positiv geladene Natriumionen und negativ geladene Chloridionen nebeneinander und übereinander (▷ B 1).
Die Anziehung zwischen positiv und negativ geladenen Ionen bezeichnet man als **Ionenbindung**.

> Eine Ionenbindung liegt dann vor, wenn entgegengesetzt geladene Ionen sich gegenseitig anziehen.

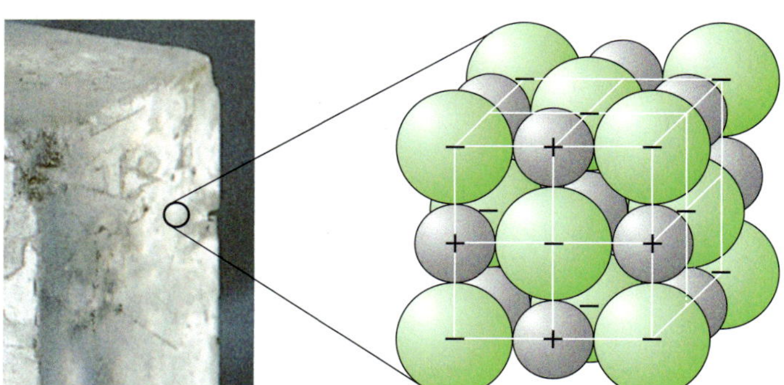

2 Natriumchlorid bildet ein Ionengitter.

Bei der Entstehung von Ionen durch Elektronenübertragung ändert sich auch die Größe der Teilchen. So ist das Natriumion beispielsweise kleiner als das Natriumatom.

Die räumliche Ionenverteilung – ein Merkmal von Natriumchlorid

Lagern sich viele Ionenschichten übereinander, wächst die Ionenanordnung von positiv geladenen Natriumionen und negativ geladenen Chloridionen aus der Ebene in den Raum. Es entsteht eine räumliche, regelmäßige Anordnung unterschiedlich geladener Ionen.
Diese Anordnung nennt man **Ionengitter**. Im Ionengitter des Natriumchlorids befinden sich die Ionen an den Ecken eines gedachten Würfels (▷ B 2). Dieser würfelförmig Aufbau ist unter der Lupe oder dem Mikroskop gut zu erkennen.

> Die räumliche, regelmäßige Anordnung von Ionen nennt man Ionengitter.

Magnesiumchlorid entsteht

Das Element Natrium ist nicht das einzige Metall, welches mit Chlor reagiert.
Hält man ein brennendes Magnesiumband in Chlor, so setzt eine heftige Reaktion ein (▷ B 3, links; V 1).

Die Reaktion ist exotherm, Licht und Wärme werden frei. Nach Ablauf der Reaktion hat sich an der Gefäßwand ein weißer, salzartiger Feststoff abgesetzt. Die grüngelbe Farbe im Standzylinder ist verschwunden. Magnesiumchlorid $MgCl_2$ ist entstanden.

Die Bildung von Ionen
Das Magnesiumatom gibt seine zwei Außenelektronen ab. Es erlangt die Elektronenanordnung des Neonatoms. Ein Chloratom kann ein Elektron aufnehmen, und erreicht damit den edelgasähnlichen Zustand des Argonatoms. Es sind zwei Chloratome nötig, wobei jedes Chloratom ein Elektron vom Magnesiumatom aufnimmt.

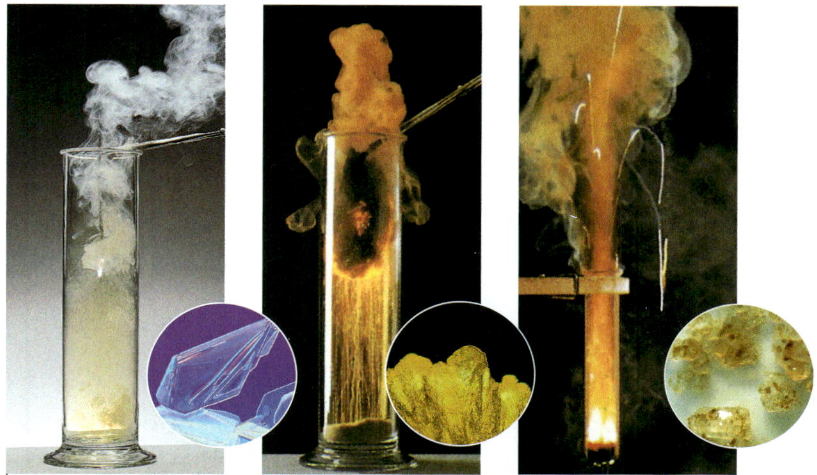

3 Die Bildung von Magnesiumchlorid, Eisenchlorid und Aluminiumbromid

Ein Magnesiumion kann zwei Chloridionen binden (▷ B 4).
Die Ionen ordnen sich in einem regelmäßigen Ionengitter an. Die Verbindung Magnesiumchlorid entsteht.

Gleichungen der Ionenbildung:

$Mg \longrightarrow Mg^{2+} + 2e^-$

$Cl_2 \longrightarrow 2\ Cl$

$Cl + e^- \longrightarrow Cl^-$

$Cl + e^- \longrightarrow Cl^-$

Reaktionsgleichung:

$Mg + Cl_2 \longrightarrow MgCl_2$

Eisen bildet mit Chlor Eisenchlorid (▷ B 3, Mitte; V 2), Aluminium mit Brom Aluminiumbromid (▷ B 3, rechts).

Salze sind aus Ionen aufgebaut
Neben den Chloriden gibt es noch viele weitere Verbindungen, die aus Ionen aufgebaut sind und Kristalle bilden. Diese Verbindungen gehören zur Stoffgruppe der Salze (▷ B 3). Salze sind **Ionenverbindungen**.

Versuche

1 Man füllt Chlorgas in einen Standzylinder, dessen Boden mit Sand bedeckt ist, und verschließt ihn mit einem Glasdeckel. Dann zündet man ein ca. 10 cm langes Magnesiumband an und hält es mit einer Tiegelzange in den Standzylinder. (Abzug! Schutzbrille! Nicht direkt in die Flamme sehen!)

2 In einen Standzylinder, dessen Boden mit Sand bedeckt ist, wird Chlorgas gefüllt. Man hält sofort glühende Eisenwolle in den Standzylinder. (Abzug! Schutzbrille!)

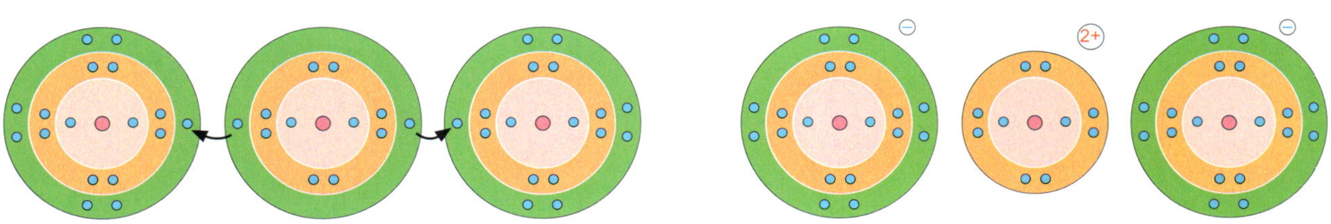

|Cl·	+	Mg ·	+	·Cl|	⟶	|Cl|⁻	+	Mg^{2+}	+	|Cl|⁻
Chloratom		Magnesiumatom		Chloratom		Chloridion		Magnesiumion		Chloridion

4 Die Bildung von Magnesiumionen und Chloridionen

▶ 230 f.

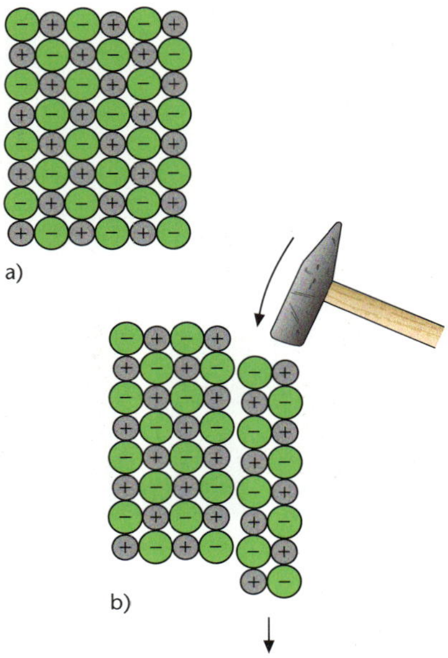

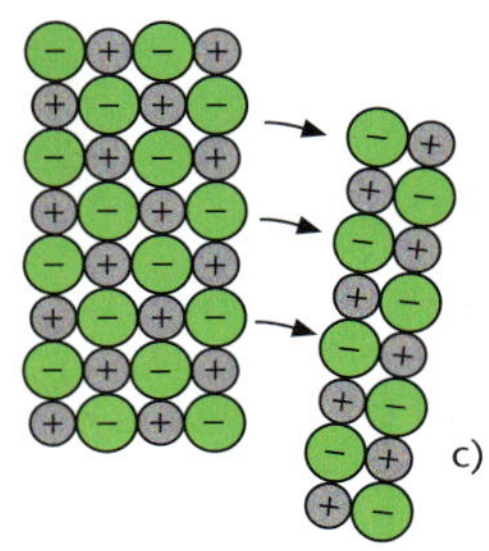

1 Beim Salzkristall lassen sich Stücke abspalten.

Große Kräfte – hohe Schmelztemperatur
Der Zusammenhalt zwischen ungleich geladenen Ionen ist sehr groß. Um diese Anziehungskräfte zu überwinden, muss viel Energie aufgewandt werden. Die Schmelztemperatur von Natriumchlorid ist deshalb sehr hoch. Sie beträgt 800 °C.

Salz ist spröde
Knetmasse lässt sich zwischen den Fingern leicht verformen. Ein Natriumchloridkristall dagegen ist hart und spröde. Schlägt man von oben mit einem Hammer auf den Kristall, werden kleine Stücke abgespalten. Dabei verschieben sich die Ionenschichten so, dass sich gleich geladene Ionen gegenüberstehen. Diese stoßen sich ab und eine Abspaltung ist leicht möglich (▷ B 1).

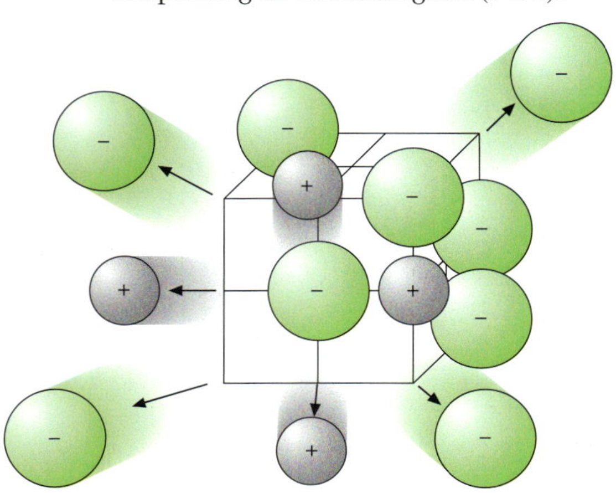

2 Frei bewegliche Ionen durch Wärmezufuhr

Elektrische Leitfähigkeit von Salzen
Prüft man bei Zimmertemperatur die elektrische Leitfähigkeit von festem Natriumchlorid, stellt man keine Leitfähigkeit fest (▷ V 1a). Dies ist erstaunlich, da doch im Gitter viele geladene Ionen vorliegen. Die Ionen sind aber so fest an ihre Plätze gebunden, dass keine Ladungsbewegung stattfindet.

Und sie bewegen sich trotzdem
Erwärmt man Natriumchlorid stark (▷ V 1b), fließt elektrischer Strom. Die zugeführte Wärmeenergie dient dazu, die Ionen von ihren Plätzen zu lösen (▷ B 2). Die nun frei beweglichen Ionen leiten den elektrischen Strom. Die elektrische Stromstärke steigt langsam an.

▶ Salze sind spröde und haben häufig hohe Schmelztemperaturen. Salzschmelzen leiten den elektrischen Strom.

Versuche

1 a) Man gibt in einen Porzellantiegel auf einem Dreifuß mit Tondreieck festes Natriumchlorid und taucht zwei Graphitelektroden in das Salz. Die Elektroden verbindet man mit einer Gleichspannungsquelle. Zum Ablesen der Stromstärke wird ein Messgerät (5 A) in Reihe geschaltet.

b) Mit einer Lötlampe mit Hartlötbrenneraufsatz wird das Natriumchlorid aus V 1a) im Porzellantiegel bis zur Schmelze erhitzt. Die Spannung wird so eingestellt, dass in der Schmelze ein Strom gemessen werden kann (▷ B 3). (Abzug! Schutzbrille!)

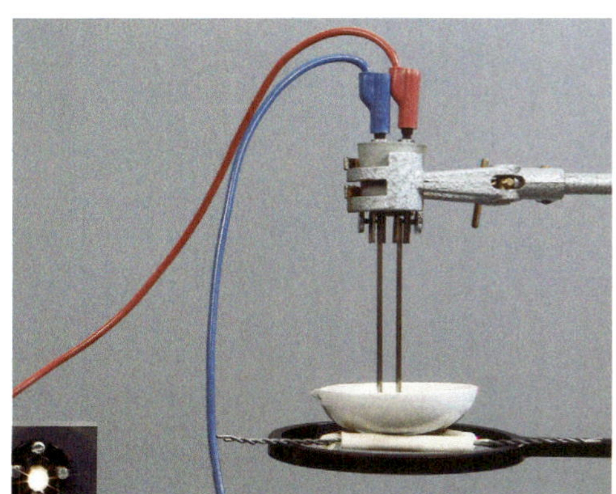

3 Salzschmelzen leiten den elektrischen Strom.

Kochsalz, ein Stoff aus dem Alltag

Der Mensch braucht Salz

Salz ist für den menschlichen Körper lebensnotwendig. Es regelt den Wasserhaushalt, ist an der Erregung von Nerven und Muskeln beteiligt. Bei der Bildung der Magensäure spielt es eine wichtige Rolle.
Das Blut und die übrigen Körperflüssigkeiten müssen einen bestimmten Salzgehalt aufweisen. Eine **physiologische Kochsalzlösung** enthält 9 g Kochsalz in 1 l Wasser gelöst. Dieser Salzgehalt entspricht ungefähr dem des Blutes. Deshalb kann diese Kochsalzlösung als Blutersatzstoff eingesetzt werden.
Mit dem Schweiß und dem Urin verliert der Körper Salz. Was an Salz ausgeschieden wird, muss dem Körper wieder zugeführt werden.

Auf die richtige Menge kommt es an

Über die Nahrung nehmen wir täglich Salz zu uns. Der Salzgehalt vieler Lebensmittel ist aber so hoch, dass der tägliche Bedarf oft überschritten wird. Darüber hinaus wird Kochsalz als Tafel- oder Speisesalz zum Würzen von Speisen verwendet. Übermäßiger Salzgenuss ist schädlich, er kann die Ursache von Krankheiten sein, z. B. einem erhöhten Blutdruck.
Der individuelle Bedarf an Salz ist unterschiedlich. Er hängt z. B. vom Alter, der körperlichen Verfassung und der körperlichen Betätigung ab. Wer schwere körperliche Arbeit verrichtet oder bestimmte Sportarten treibt, braucht mehr Salz, weil er durch Schwitzen mehr Salz ausscheidet.

1 Speisesalz kann man als Fein-, Mittel- oder Grobsalz kaufen.

2 Aus Meersalz...

Ist Speisesalz Meersalz?

Speise- oder Tafelsalz (▷ B 1) enthält neben Kochsalz bis zu 3 % „Fremdsalze“.
Diese Zusammensetzung ergibt sich aus der Gewinnung aus natürlichen Vorkommen. Natriumchlorid kommt in der Natur als Steinsalz (in Salzlagerstätten) oder gelöst in Solen, Salzseen oder im Meer vor. Die anderen Salze sind neben Natriumchlorid im Meerwasser gelöst. Wird Speisesalz aus Meerwasser gewonnen, bleiben diese Salze nach dem Verdunsten des Wassers zusammen mit Natriumchlorid zurück und werden bei der Reinigung des Salzes nicht vollständig entfernt.

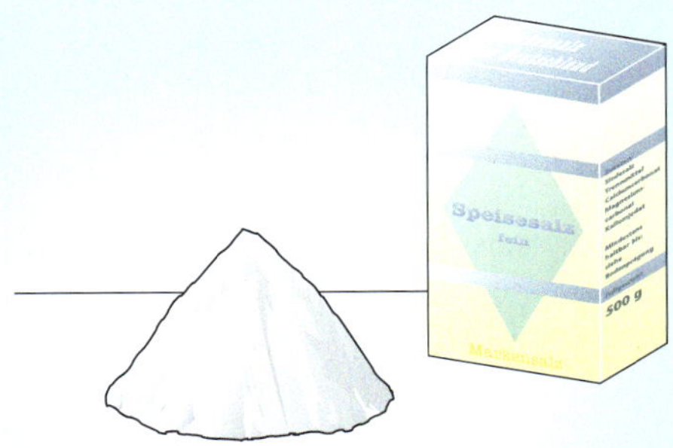

3 ...wird Speisesalz.

Steinsalz hat sich in ausgetrockneten Meeresteilen abgelagert. Es kommt deshalb zusammen mit anderen im Meerwasser gelösten Salzen vor. Aus natürlichen Salzlösungen, den Solen, bleibt beim Eindampfen ein Gemisch aus Salzen zurück.

Aufgabe

1 Begründe, warum man Speisesalz als Meersalz bezeichnen könnte.

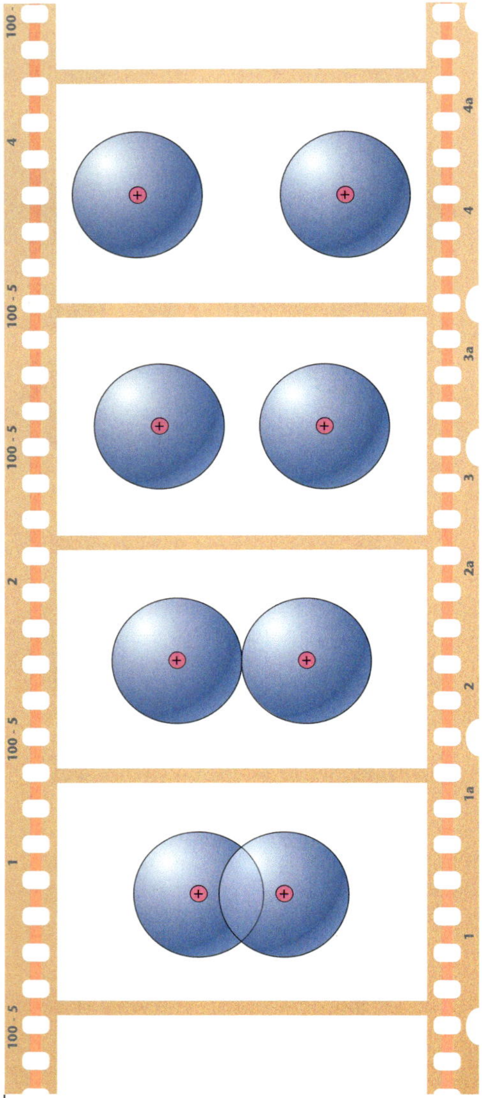

1 Zwei Wasserstoffatome nähern sich...

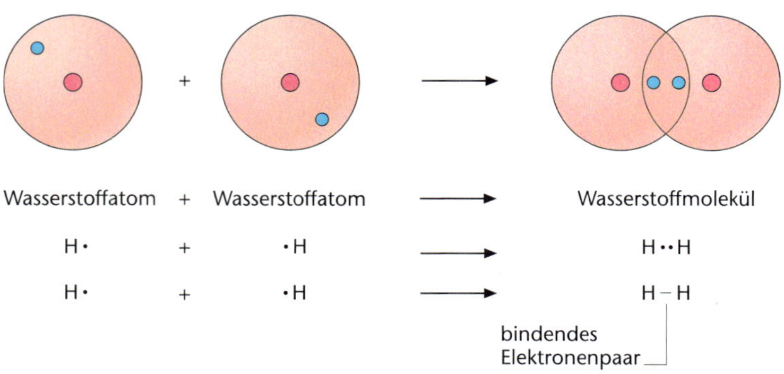

2 Zwei Wasserstoffatome verbinden sich zu einem Wasserstoffmolekül (Schalenmodell).

Eine Salzverbindung entsteht, indem durch Elektronenaufnahme bzw. Elektronenabgabe Ionen gebildet werden, die sich in einem regelmäßigen Ionengitter anordnen.

Gleiche Atome verbinden sich

Wasserstoff besteht nicht aus Ionen, sondern aus Molekülen. Wie kann zum Beispiel das **Wasserstoffmolekül H_2** entstehen, welches aus zwei **gleichen** Atomen aufgebaut ist?

Nach seiner Stellung im Periodensystem besitzt das Wasserstoffatom 1 Elektron in der 1. Schale. Wenn sich zwei Wasserstoffatome zu einem Wasserstoffmolekül verbinden, entsteht an jedem Wasserstoffatom eine Elektronenverteilung, die der des Heliumatoms ähnelt.

Zwei Wasserstoffatome nähern sich

Die Bildung eines Wasserstoffmoleküls kann man sich nun in mehreren Einzelschritten vorstellen (▷ B 1):
Die Atome nähern sich. Das Elektron des einen Wasserstoffatoms wird von dem positiven Atomkern des anderen Atoms angezogen und umgekehrt. Die Elektronenhüllen durchdringen sich, bilden eine gemeinsame Elektronenhülle um beide Kerne. Jedes Wasserstoffatom besitzt so zwei Elektronen. Es entsteht ein Wasserstoffmolekül.

Da die Elektronen zu beiden Atomkernen gehören, zeichnet man den Aufenthaltsort für die beiden Elektronen, vergleichbar mit einer Momentaufnahme, in die Mitte (▷ B 2).

In der Elektronenschreibweise stellt man nicht die Annäherung der Wasserstoffatome dar, sondern nur den Zustand optimaler Nähe (▷ B 2). Die zwei Elektronen der Wasserstoffatome treten als Paar auf und bewirken die Bindung der zwei Wasserstoffatome. Daher schreibt man statt der zwei Elektronen einen Bindungsstrich und bezeichnet diesen als **bindendes Elektronenpaar**. Diese Bindungsart nennt man Elektronenpaarbindung oder **Atombindung**.

Binden sich Atome durch gemeinsame Elektronenpaare, so spricht man von einer Atombindung. Dabei entstehen Moleküle.

Andere Gase, wie zum Beispiel Chlor oder Sauerstoff, bilden auf ähnliche Weise wie Wasserstoff Moleküle.

Die Bildung eines Chlormoleküls
Das Chloratom besitzt 7 Außenelektronen, von denen jeweils 2 Elektronen ein Elektronenpaar bilden. 1 Elektron bleibt somit als einzelnes übrig. Dieses Elektron bildet zu einem zweiten Chloratom eine Bindung aus.
Die Bindungselektronen werden von beiden Atomen gemeinsam benutzt. Auf diese Weise wird der edelgasähnliche Zustand des Argons erreicht (▷ B 3). An diesem Beispiel erkennt man, dass nicht alle Außenelektronen an der Bindung beteiligt sind. Man unterscheidet daher zwischen **Bindungselektronen** und **freien Elektronen**. Die freien Elektronen sind Außenelektronen, die nicht an der Bindung beteiligt sind.

Moleküle mit unterschiedlichen Atomen
Das Gas Chlorwasserstoff HCl besteht aus Molekülen, die aus unterschiedlichen Atomen aufgebaut sind. Eine Atombindung bildet sich aus, indem das Wasserstoffatom und das Chloratom jeweils ein Elektron zur Bindung bereitstellen (▷ B 3). Jedes Atom erhält dadurch die stabile Elektronenverteilung eines Edelgasatoms.

Das Kohlenstoffdioxid-Molekül
Kohlenstoffdioxid besteht aus Molekülen, die aus je einem Kohlenstoffatom und zwei Sauerstoffatomen zusammengesetzt sind. Das Sauerstoffatom besitzt sechs Außenelektronen, von denen zwei als Elektronenpaare und zwei als einzelne Elektronen vorliegen. Jedes der beiden Sauerstoffatome stellt dem Kohlenstoffatom jeweils zwei seiner Elektronen zur Bindung zur Verfügung. Das Kohlenstoffatom stellt jedem der beiden Sauerstoffatome jeweils zwei (seiner insgesamt vier) Außenelektronen zur Verfügung.

Zwischen dem Kohlenstoffatom und den Sauerstoffatomen besteht jeweils eine Bindung aus vier Elektronen, die jeweils zwei bindende Elektronenpaare bilden. Man nennt dies **Doppelbindung**. Im Kohlenstoffdioxid-Molekül liegen zwei Doppelbindungen vor (▷ B 3).

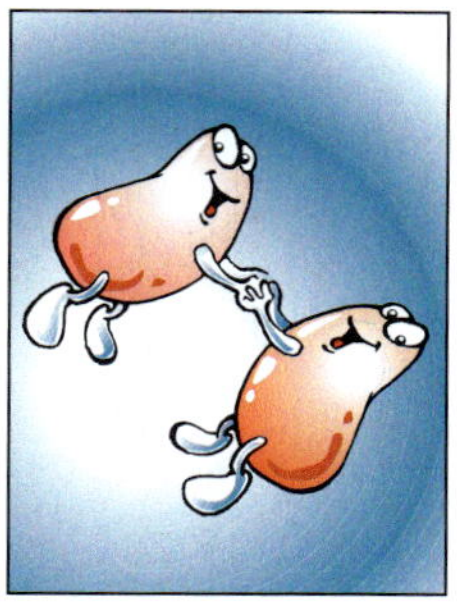

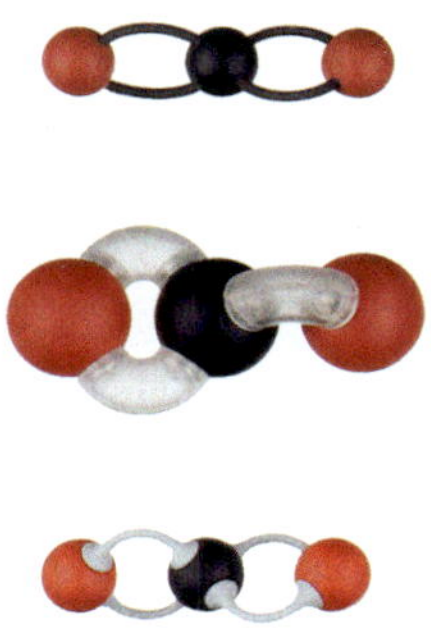

Aufgabe

1 Formuliere mithilfe von Schalenmodellen und in der Elektronenschreibweise:
a) Die Bildung von Fluor F_2 aus Fluoratomen.
b) Die Bildung von Fluorwasserstoff HF aus einem Fluoratom und einem Wasserstoffatom.

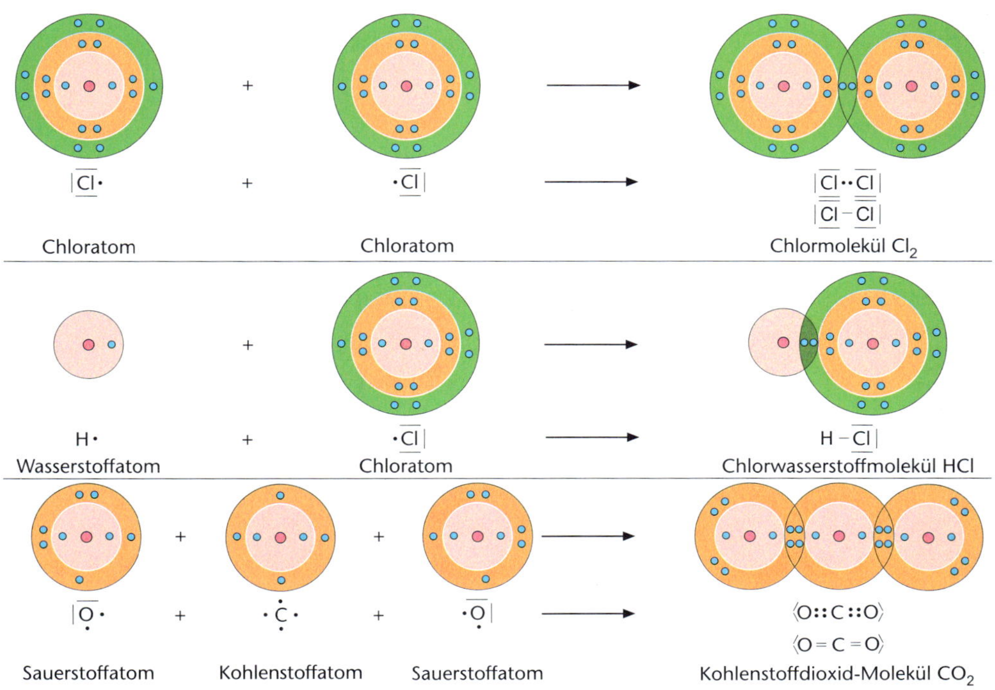

3 Die Bildung von Molekülen

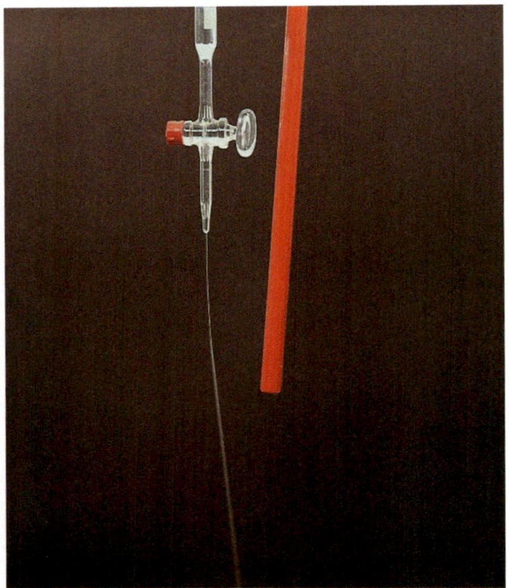

1 Ein Wasserstrahl wird abgelenkt.

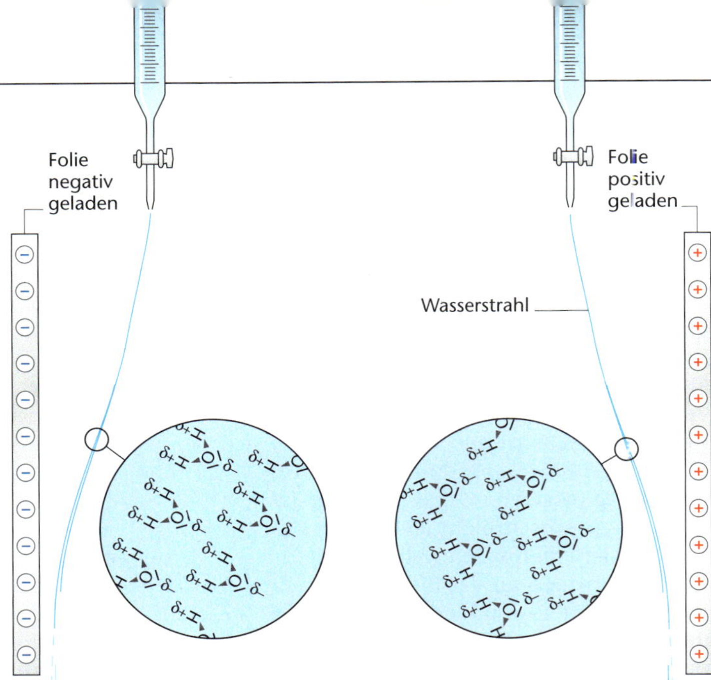

Wasser – eine besondere Flüssigkeit
Hält man an einen senkrecht nach unten fließenden Wasserstrahl seitlich eine negativ aufgeladene Folie, so wird der Wasserstrahl in Richtung Folie abgelenkt. Das gleiche Verhalten zeigt der Wasserstrahl auch dann, wenn die Folie positiv aufgeladen ist (▷ B 1; V 1). Im Wassermolekül müssen folglich Ladungen vorliegen.

Bildung des Wassermoleküls
Das Sauerstoffatom kann zwei Elektronen aufnehmen und verfügt dann über ein Oktett. Das Sauerstoffatom bildet im Wassermolekül mit zwei Wasserstoffatomen jeweils eine Atombindung aus.
Woher entstehen jedoch die Ladungen im Molekül, die eine Ablenkung des Wasserstrahls bewirken?
Das Sauerstoffatom besitzt im Vergleich zum Wasserstoffatom die Fähigkeit, die Bindungselektronen stärker anzuziehen.

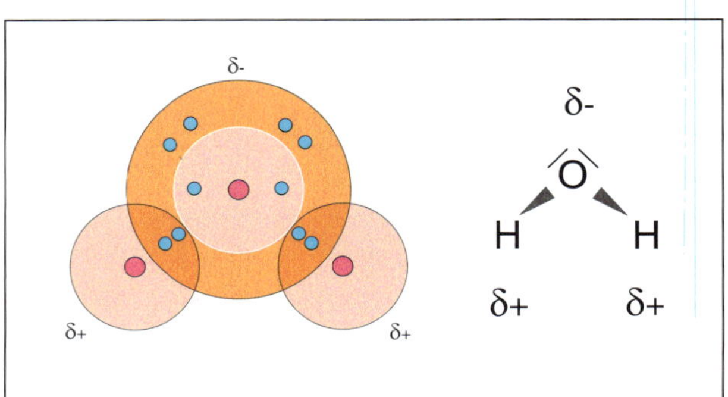

2 Im Wassermolekül liegen Teilladungen vor.

Das Wasserstoffatom gibt jedoch sein Elektron an das Sauerstoffatom nicht ganz ab. Es wird lediglich in Richtung des Sauerstoffatomkerns verschoben (▷ B 2).

Durch die Verschiebung macht sich beim Wasserstoffatom die positive Kernladung stärker bemerkbar. Man kennzeichnet diesen Bereich mit δ+ (sprich: Delta plus) und deutet damit eine **positive Teilladung** an. Umgekehrt erhält das Sauerstoffatom eine **negative Teilladung**, da nach der Elektronenverschiebung mehr Elektronen in seiner unmittelbaren Umgebung sind als im neutralen Zustand. Diese Teilladung kennzeichnet man mit δ– (sprich: Delta minus).

Die polare Atombindung
Auch in anderen Molekülen mit unterschiedlichen Bindungspartnern wird das Bindungspaar stärker zu einem Partner hin verschoben. Es entstehen Teilladungen im Molekül. Man nennt diese Bindung **polare Atombindung**.

In der Elektronenschreibweise kann die Richtung der Elektronenverschiebung durch einen Keil (▷ B 2, rechts) verdeutlicht werden.

Dipole, Wasserstoffbrücken
In Molekülen mit unterschiedlichen Bindungspartnern können Bindungspaare stärker zu einem Bindungspartner hin verschoben sein. Es entstehen Teilladungen im Molekül. Diese Bindung bezeichnet man als polare Atombindung. Die Moleküle sind Dipole.

Der Winkel ist ausschlaggebend

Gleichgültig wie eine Folie aufgeladen wird, der Wasserstrahl wird immer zur Folie hin abgelenkt. Wäre das Wassermoleküle geradlinig aufgebaut, so würden sich die Teilladungen im Molekül aufheben. Dies ist aber nicht der Fall.

Im Wassermolekül liegen die drei Atome nicht in einer Geraden. Sie bilden vielmehr einen Winkel von etwa 105° (▷ B 2). Aus dieser Struktur ergeben sich innerhalb des Moleküls positive Teilladungen an den Wasserstoffatomen und negative Teilladungen an den Sauerstoffatomen. Das Wassermolekül bildet somit zwei Pole – es ist ein **Dipol**. Der Wasserstrahl wird durch elektrisch geladene Folien abgelenkt (▷ B 1, rechts).

Dipole entstehen, wenn sich durch Elektronenverschiebung innerhalb eines Moleküls unterschiedliche Ladungsschwerpunkte ausbilden.

Die Wasseroberfläche steht unter Spannung

Versucht man einen Aluminiumring auf der Wasseroberfläche mithilfe einer Federwaage zu heben, ist eine bestimmte Zusatzkraft aufzuwenden (▷ B 3; V 2). Diese mechanische „Spannung" der Wasseroberfläche kann man auch gut in der Natur beobachten: Ein Wasserläufer läuft auf Wasser herum (▷ B 5).

Wie ist diese **Oberflächenspannung** des Wassers zu erklären?
Benachbarte Wassermoleküle beeinflussen sich gegenseitig. Sie drehen sich so, dass

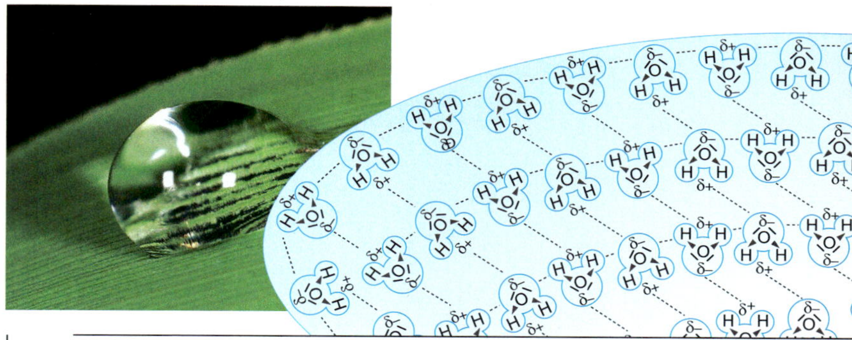

4 Benachbarte Wassermoleküle ordnen sich.

sich positive und negative Teilladungen gegenüberstehen.
Die Anziehungskräfte zwischen Wassermolekülen wirken nach innen und zwischen den Wassermolekülen an der Oberfläche, der Grenze zwischen Wasser und Luft, es bildet sich die Tropfenform aus (▷ B 4).
Zwischen der positiven Teilladung des Wasserstoffatoms eines Wassermoleküls und der negativen Teilladung des Sauerstoffatoms eines anderen Wassermoleküls besteht eine starke Wechselwirkung. Diese zwischenmolekularen Kräfte führen zu einem Zusammenhalt, den man **Wasserstoffbrücke** nennt.

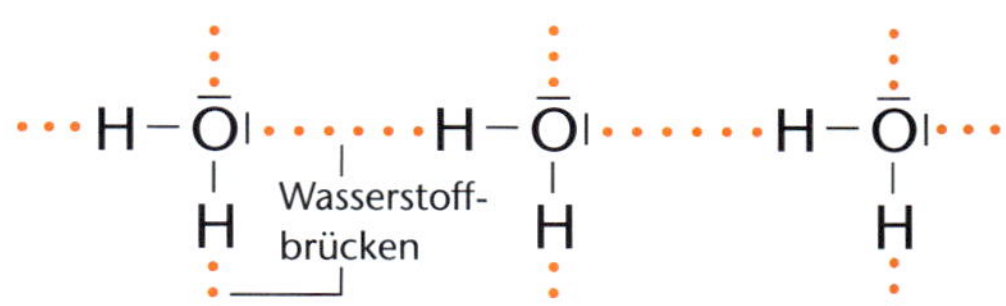

Zwischen den Dipolmolekülen des Wassers treten Wasserstoffbrückenbindungen auf.

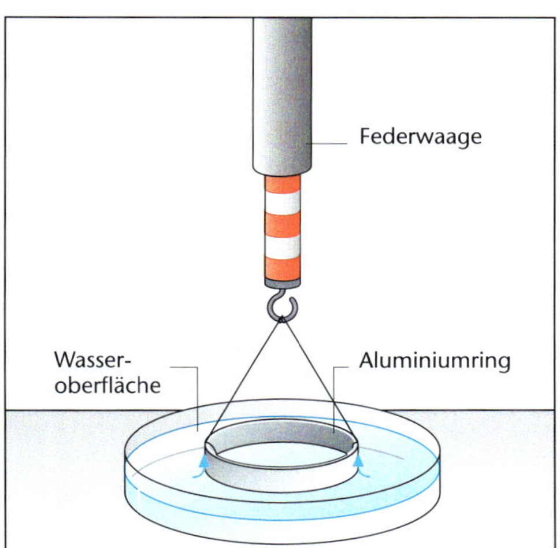

3 Die Oberflächenspannung des Wassers

Versuche

1 Lade zwei Folien durch Reibung unterschiedlich elektrisch auf. Halte sie nacheinander parallel zu einem senkrecht nach unten fließenden Wasserstrahl.

2 Hänge an eine Federwaage einen Aluminiumring (▷ B 3). Tauche ihn vorsichtig bis etwa zur Hälfte in ein Gefäß mit Wasser. Ziehe ihn langsam und gleichmäßig mit der Federwaage nach oben. Lies in dem Augenblick, in dem sich der Ring von der Wasseroberfläche löst, die Kraft an der Waage ab .

5 Die Oberflächenspannung der Wassers trägt den Wasserläufer.

Werkstatt

Wasser entwickelt Kräfte

1 Eine Büroklammer schwimmt auf der Wasseroberfläche.

1 Wasser hat eine empfindliche Haut

Material

Schutzbrille, Petrischale, Tropfpipette, Büroklammer, Lupe, Gabel, Wasser, Spülmittel

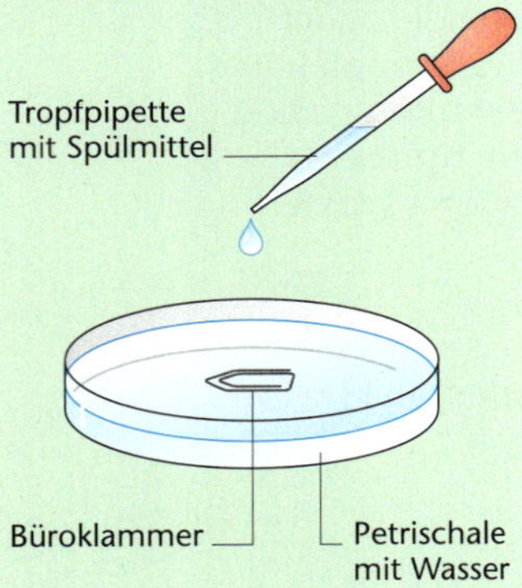

2 Zutropfen von Spülmittel

Versuchsanleitung

a) Lege auf die Oberfläche einer mit Wasser gefüllten Petrischale vorsichtig mithilfe einer Gabel eine Büroklammer.
Betrachte mit einer Lupe die Oberfläche sowohl von oben als auch von der Seite.
Was stellst du fest? Deute deine Beobachtungen.

b) Lass danach einen Tropfen Spülmittel mithilfe einer Tropfpipette langsam auf die Wasseroberfläche laufen (▷ B 2). Warte eine Zeit lang.
Was passiert? Deute auch diese Beobachtung.

2 Ein Wasserstrahl lässt sich dressieren

Material

Schutzbrille, Kunststoffwanne, 2 Overheadfolien mit Schutzpapier, Bürette, Stativ, Stoffstück, Universalklemme, Doppelmuffe, Wasser aus der Spritzflasche, Ethanol, Wundbenzin

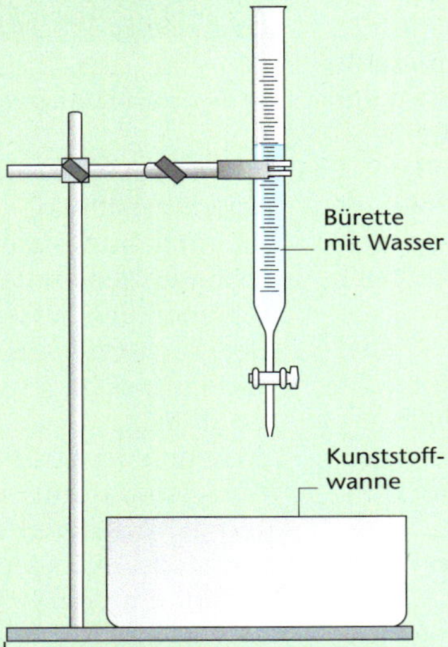

3 Versuchsaufbau zu Versuch 2

Versuchsanleitung

a) Baue eine Versuchsapparatur nach Bild 3 auf. Fülle in die Bürette Wasser aus der Spritzflasche.

b) Lege die beiden Folien übereinander auf ein Schutzpapier. Reibe mit dem Ärmel des Pullovers oder einem Stoffstück mehrmals über die obere Folie (▷ B 4).

c) Trenne ruckartig die Folien vom Schutzpapier, dann die beiden Folien voneinander (▷ B 5).

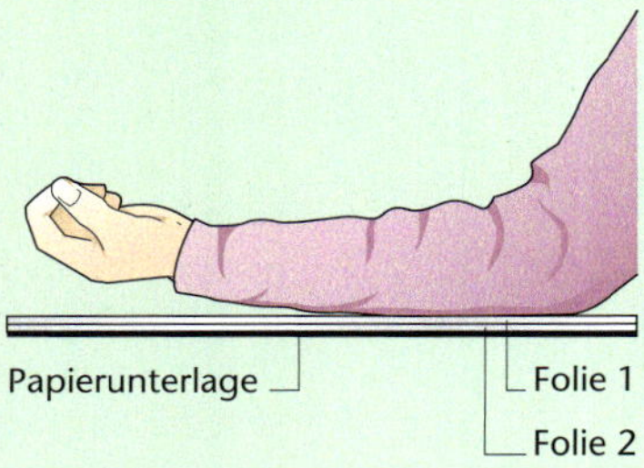

4 Folien werden elektrisch aufgeladen.

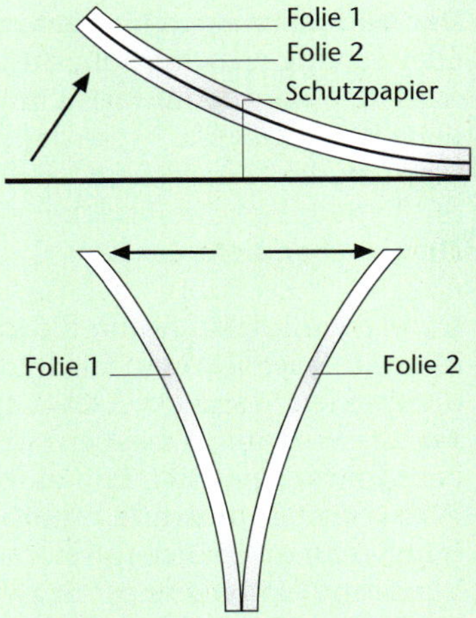

5 Trennen der Folien

d) Öffne den Bürettenhahn und nähere jede Folie einzeln dem Wasserstrahl aus der Bürette (▷ B 6).

e) Wiederhole den Versuch statt mit Wasser einmal mit Ethanol, das andere Mal mit Wundbenzin.

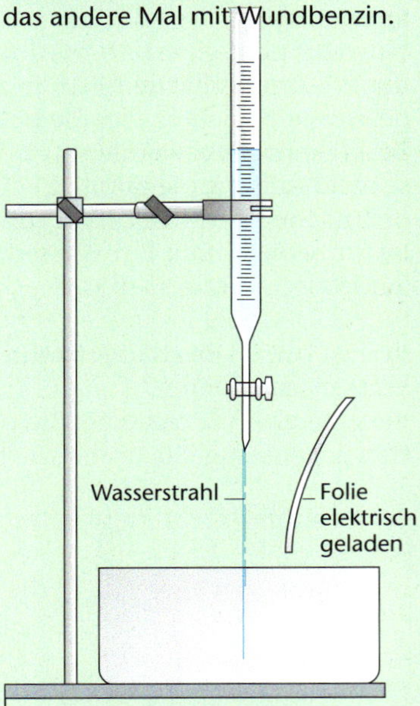

6 Die Folie wird dem Wasserstrahl genähert.

Aufgaben

1. Erkläre die Beobachtungen beim Wasserstrahl.

2. Was ist zu beobachten, wenn man Wasser durch Ethanol bzw. Benzin ersetzt?
Mache eine Aussage über den Bau der Moleküle.

Wasser löst Salz

▶ 8 ff.
▶ 230 f.

Zur Zubereitung von Speisen, z. B. Nudeln oder Reis, braucht man Salzwasser. Die Herstellung ist denkbar einfach. Man macht sich die gute Löslichkeit des Salzes in Wasser zu Nutze.

Wasser contra Benzin
Ein gehäufter Löffel Natriumchlorid wird in Wasser und ein weiterer in Benzin gelöst (▷ V 1). Sieht man sich bei Zugabe der beiden Lösungsmittel den Lösungsvorgang genauer an, lassen sich interessante Beobachtungen machen. Das Wasser wird vom Natriumchlorid ohne fremde Hilfe förmlich angesaugt (▷ B 1). In relativ kurzer Zeit löst das neu hinzukommende Wasser das Natriumchlorid vollständig auf. Andere Flüssigkeiten wie zum Beispiel Benzin zeigen dieses Verhalten nicht.

Frei bewegliche Ionen entstehen
Gibt man nur wenige Körnchen Natriumchlorid zu destilliertem Wasser und prüft dabei die elektrische Leitfähigkeit (▷ V 2), so kann man einen raschen Anstieg beobachten. Es müssen demnach beim Zusammentreffen von Wasser und Natriumchlorid in kurzer Zeit viele frei bewegliche Ionen entstanden sein.

Wasser löst Salz – die Hydratation
Sobald Wassermoleküle mit Natrium- und Chloridionen in Berührung kommen, lagern sich die Dipolmoleküle so um die Ionen des Ionengitters, dass sich jeweils ungleiche Teilladungen gegenüber stehen (▷ B 2b). Die Ionen werden aus ihren Gitterplätzen gelöst und das Kristallgitter von seiner Oberfläche her langsam zerstört (▷ B 2c).

Wassermoleküle umlagern die nun frei beweglichen Natrium- und Chloridionen und bilden so genannte **Hydrathüllen**. Diese verhindern eine erneute Bildung des Ionengitters (▷ B 2d). Die Bildung von Hydrathüllen nennt man **Hydratation**.

▶ Bei der Hydratation lösen Wassermoleküle die Ionen eines Salzes aus ihren Gitterplätzen und bilden eine Hydrathülle um die Ionen.

Versuche

1. Man gibt in die Mitten zweier Petrischalen je einen Löffel Kochsalz und stellt die Petrischalen auf den Overheadprojektor. Aus einer Spritzflasche lässt man langsam von der Seite her Wasser bzw. Wundbenzin zulaufen.

2. Man prüft die elektrische Leitfähigkeit einer wässrigen Natriumchloridlösung.

1 Natriumchlorid wird in Wasser gelöst.

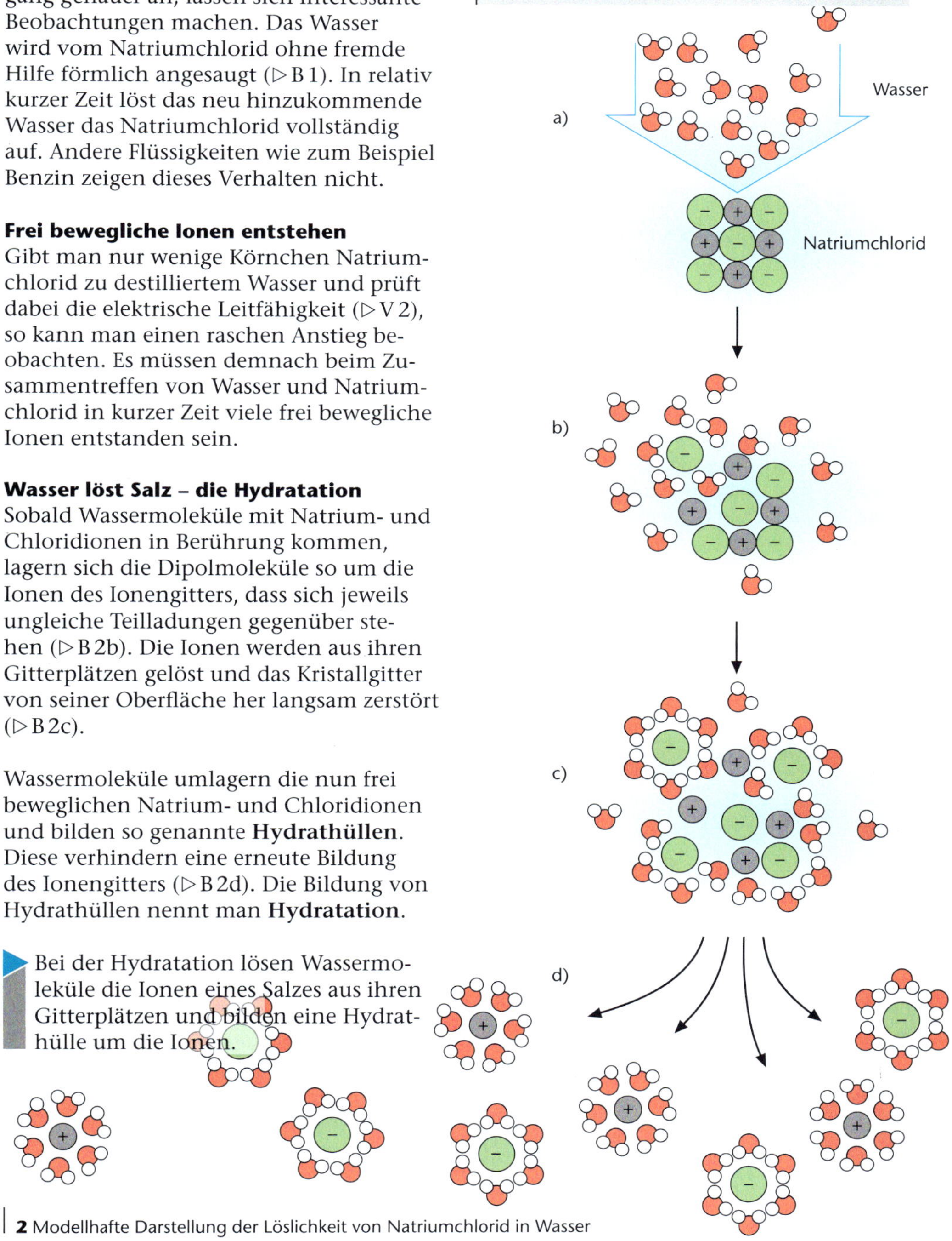

2 Modellhafte Darstellung der Löslichkeit von Natriumchlorid in Wasser

▶8 ff.
▶230 f.

Die Ionenwanderung

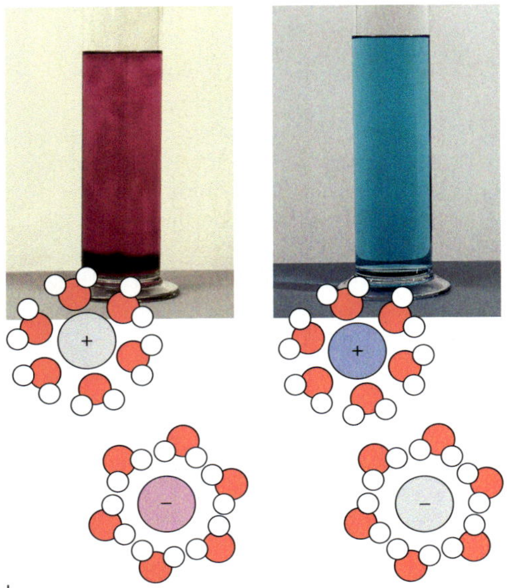

1 Kaliumpermanganat und Kupfersulfat werden in Wasser gelöst.

Lassen sich Ionen markieren?

Löst man festes Kupfersulfat in Wasser, so entsteht eine blaue Lösung. Sie enthält Kupferionen Cu^{2+} und Sulfationen SO_4^{2-}. Die blaue Farbe wird durch die hydratisierten Kupferionen verursacht. Löst man festes Kaliumpermanganat in Wasser, so entsteht eine violette Lösung. In ihr sind Kaliumionen K^+ und Permanganationen MnO_4^- enthalten. Die violette Farbe der Lösung wird durch die Permanganationen hervorgerufen (▷B 1).

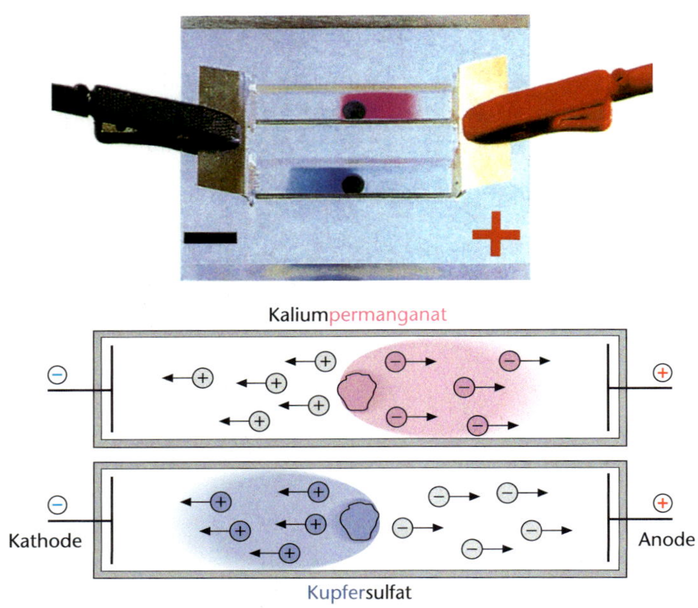

2 Wanderung der Ionen farbiger Salze in einer Ionenwanderungszelle

In den Lösungen liegen frei bewegliche Ionen vor, die von Wassermolekülen umgeben sind. Es ist nicht möglich zu sagen, an welcher Stelle der Lösung sich gerade welche Ionen befinden. Sie bewegen sich regellos.

Die Richtung wird vorgegeben

In einer Ionenwanderungszelle ändert sich die regellose Bewegung der Ionen in eine zielgerichtete (▷B 2; V 1). Mit „markierten" Ionen kann dies beobachtet werden. Die Ionen „wandern" wie auf einer durch Leitplanken begrenzten Autobahn nach rechts oder links. In Richtung Anode bewegt sich mit der Zeit eine violette Farbfront und in Richtung Kathode eine blaue Farbfront.

Aus dem Versuch ist abzulesen, dass die violette Farbfront negativ geladene Permanganationen enthält und die blaue Farbfront positiv geladene Kupferionen. Die Sulfationen und Kaliumionen werden ebenfalls zu den entgegengesetzt geladenen Polen hingezogen, ihre Bewegung ist aber wegen der fehlenden „Markierung" nicht zu erkennen. Die Grafik zeigt, wie positiv geladene Ionen (Kaliumionen) zur Kathode, negativ geladene Ionen (Sulfationen) zur Anode wandern (▷B 2, unten).

Genauso wie die Ionen in einer Kupfersulfatlösung bzw. in einer Kaliumpermanganatlösung verhalten sich die Ionen in allen Salzlösungen. In einem elektrischen Feld findet eine **Ionenwanderung** statt.

▶ Liegen in einer Lösung frei bewegliche Ionen vor, so wandern die positiv geladenen Ionen bei Anlegen einer elektrischen Spannung zur Kathode und die negativ geladenen Ionen zur Anode.

Versuch

1 In die Rinnen einer Ionenwanderungszelle wird ca. 2 mm hoch verdünnte Kaliumnitratlösung (Elektrolytlösung) gegeben. Die Elektroden werden an eine Gleichspannung von 20 V angeschlossen. Ein Körnchen Kaliumpermanganat wird in die Mitte der oberen Rinne gelegt. In die untere Rinne gibt man einige Tropfen verdünnte Ammoniaklösung und legt in die Mitte ein Körnchen Kupfersulfat (▷B 2).

Brennpunkt

Riesenmoleküle aus gleichen Atomen

Diamanten im Feuer
Im Jahre 1775 bewies der französische Forscher A. L. LAVOISIER (1743–1794), dass Diamanten brennen. Er erhitzte auf dem Marktplatz von Paris einen Diamanten (▷ B 1). Bei dieser Verbrennung entstand wie bei Graphit Kohlenstoffdioxid. Sowohl Graphit als auch Diamant müssen aus Kohlenstoffatomen aufgebaut sein.

1 Verbrennung eines Diamanten 1775

Diamant – alles ganz regelmäßig
Ein Kohlenstoffatom hat vier Außenelektronen. Im Diamantgitter ist jedes Kohlenstoffatom (tetraedrisch) mit vier weiteren Kohlenstoffatomen über gleich lange Atombindungen verbunden. Es entsteht ein regelmäßiges, stabiles Gitter (▷ B 2). Die Atombindungen sind für die große Härte und die fehlende elektrische Leitfähigkeit des Diamanten verantwortlich.

Graphit – alles in Schichten
Im Graphitgitter ist jedes Kohlenstoffatom mit nur drei weiteren, gleich weit entfernten Kohlenstoffatomen verbunden. Dadurch entstehen Schichten aus regelmäßigen Sechsecken, die wie Stockwerke übereinander angeordnet sind (▷ B 2). Das vierte Außenelektron eines jeden Kohlenstoffatoms ist über die ganze Schicht beweglich. Die beweglichen Elektronen bewirken die elektrische Leitfähigkeit von Graphit. Die Schichten lassen sich leicht gegeneinander verschieben, daher ist Graphit leicht spaltbar und sehr weich.

Fullerene – alles rund
Erst in neuerer Zeit konnte eine dritte Erscheinungsform des Kohlenstoffs hergestellt werden, käfigartig gebaute Moleküle aus Kohlenstoffatomen. Nach dem amerikanischen Architekten RICHARD BUCKMINSTER FULLER, der durch den Bau von Kuppeln bekannt wurde, werden sie Fullerene genannt. Die aus ihnen aufgebauten Stoffe heißen Fullerite. Das bekannteste Fulleren ist ein kugelförmiges Kohlenstoffmolekül aus 60 Kohlenstoffatomen. Jedes Kohlenstoffatom ist mit drei weiteren Kohlenstoffatomen zu Fünf- und Sechsecken verbunden, die wie bei einem Fussball die Oberfläche einer Kugel bilden (▷ B 3). Die überzähligen Elektronen sind ähnlich wie bei Graphit über die ganze Oberfläche beweglich.

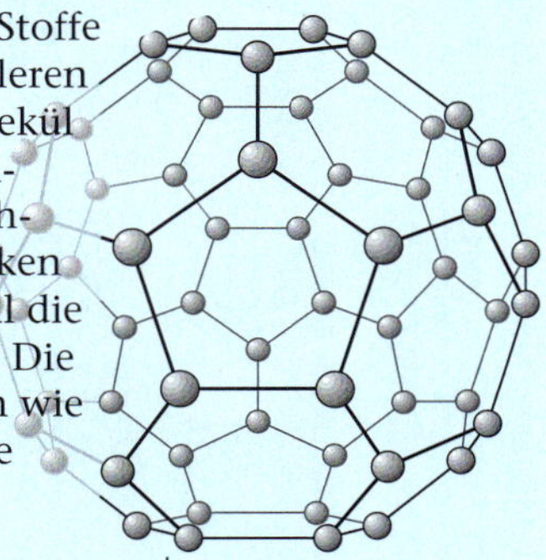

3 Aufbau eines Buckminsterfullerens

Diamant, Graphit und Fullerene sind verschiedene Erscheinungsformen, so genannte Modifikationen des Elements Kohlenstoff. Die unterschiedlichen Eigenschaften der Stoffe beruhen auf der unterschiedlichen Anordnung der Atome.

Eigenschaften von Diamant
farblos, durchsichtig, stark lichtbrechend
sehr hart
schwer spaltbar
keine elektrische Leitfähigkeit
Dichte $3{,}5\,g/cm^3$
schmilzt nicht, sondern wandelt sich in Graphit um

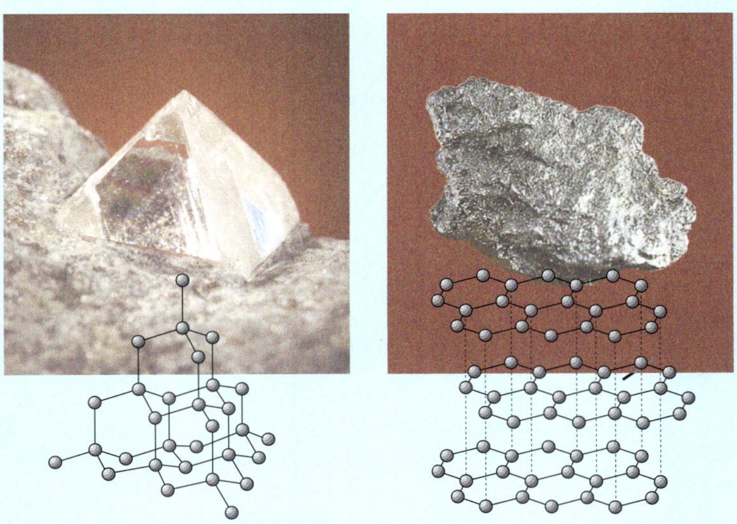

Eigenschaften von Graphit
schwarz, glänzend
sehr weich
leicht spaltbar
gute elektrische Leitfähigkeit
Dichte $2{,}3\,g/cm^3$
Schmelztemperatur ca. 3700 °C

2 Diamant und Graphit – Eigenschaften und Aufbau der beiden Erscheinungsformen des Kohlenstoffs

▶ 230 f.

Die Elektrolyse

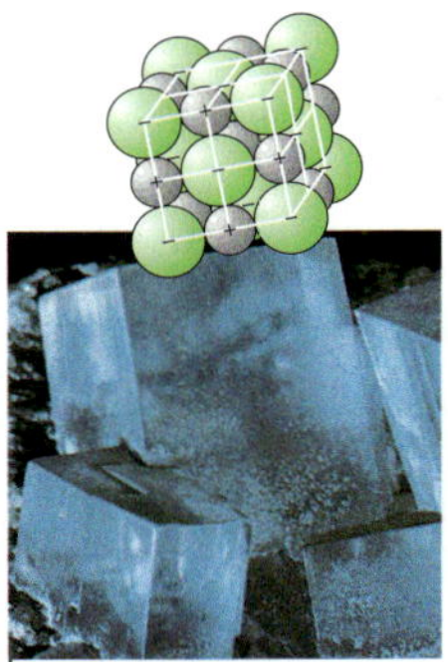

1 Natriumchloridkristall

Salzschmelzen sind elektrisch leitfähig

Erhitzt man Natriumchlorid stark, kann man in der Schmelze elektrische Leitfähigkeit nachweisen. Ursache dafür sind Ionen, die beim Schmelzen der Salzkristalle frei beweglich werden.
Im Experiment drückt man in das feste Natriumchlorid zwei Graphitstäbe. Einen Graphitstab verbindet man mit dem Minuspol, den anderen mit dem Pluspol einer Gleichspannungsquelle. Die Stromstärke wird an einem Messgerät kontrolliert (▷ B 2; ▷ V 1).
Mit einem Gebläsebrenner erhitzt man das Salz, die Anzeige am Messgerät bleibt zunächst auf Null. Ist die Schmelze rotglühend, ist ein Stromfluss am Messgerät festzustellen.

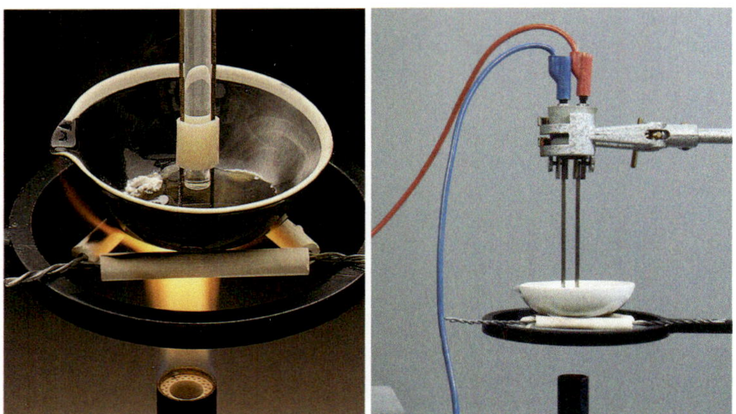

2 Elektrolyse einer Natriumchlorid-Schmelze

Vorgänge an den Elektroden

An der einen Elektrode ist ein geschmolzenes Metall erkennbar, an der anderen wird ein gelbgrünes Gas beobachtet. Die mit dem Minuspol verbundene Elektrode ist negativ geladen, d. h., sie besitzt Elektronenüberschuss. Sie wird **Kathode** (griech.: kathodos, Abstieg) genannt. Die Kathode zieht positiv geladene Ionen an. Diese Ionen werden als **Kationen** bezeichnet.
Die mit dem Pluspol verbundene Elektrode weist Elektronenmangel auf und ist deshalb positiv geladen. Sie wird **Anode** (griech.: anodos, Aufstieg) genannt. Die Anode zieht negativ geladene Ionen an. Diese Ionen werden **Anionen** genannt.

In der Schmelze werden die positiv geladenen Natriumionen an der Kathode entladen, d. h., sie nehmen je ein Elektron auf und bilden ungeladene Natriumatome.
An die Anode geben die negativ geladenen Chloridionen je ein Elektron ab und werden zu ungeladenen Chloratomen. Jeweils zwei Chloratome bilden ein Chlormolekül (▷ B 3).
Durch den elektrischen Strom wird Natriumchlorid in der Schmelze in die Elemente Natrium und Chlor zerlegt. Diesen Vorgang bezeichnet man als **Elektrolyse**.

▶ Die Zerlegung einer Verbindung mithilfe des elektrischen Stromes wird Elektrolyse genannt.

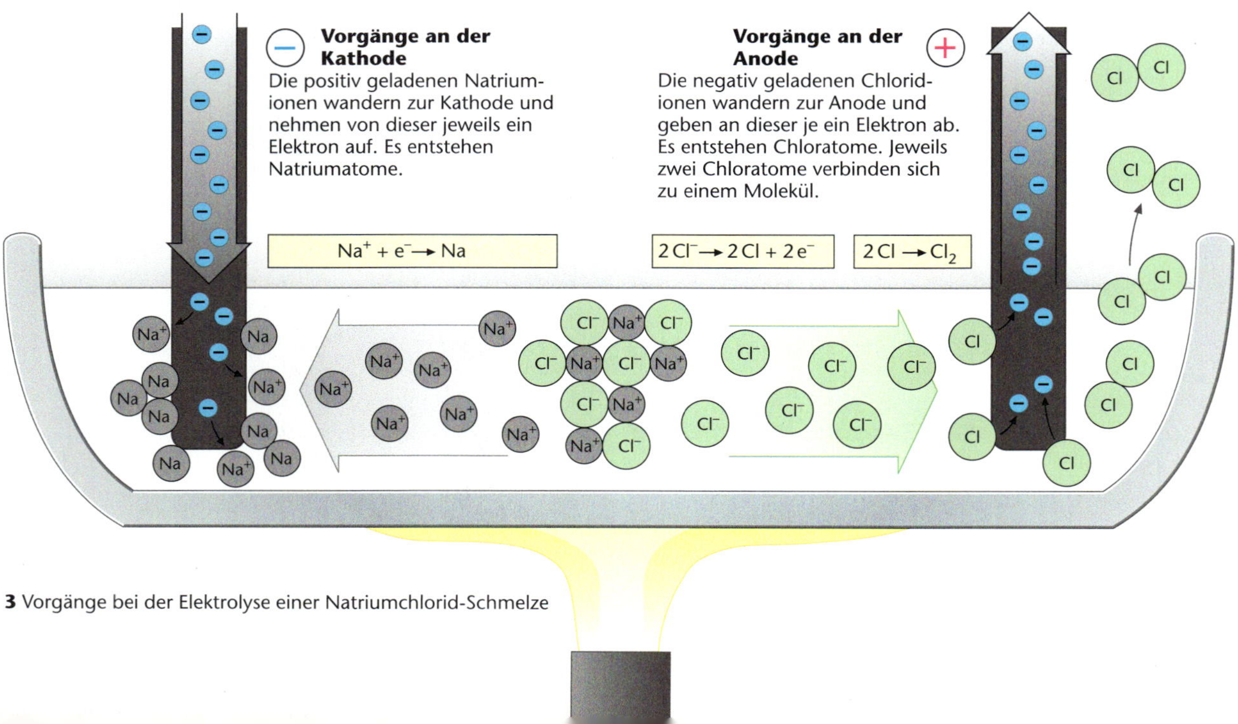

3 Vorgänge bei der Elektrolyse einer Natriumchlorid-Schmelze

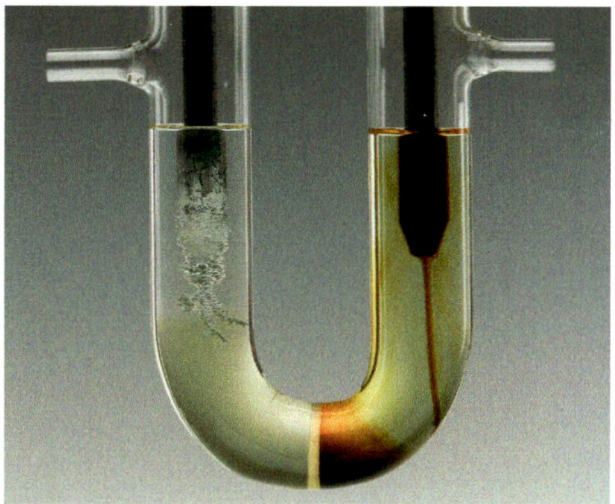

4 Elektrolyse von Zinkiodid

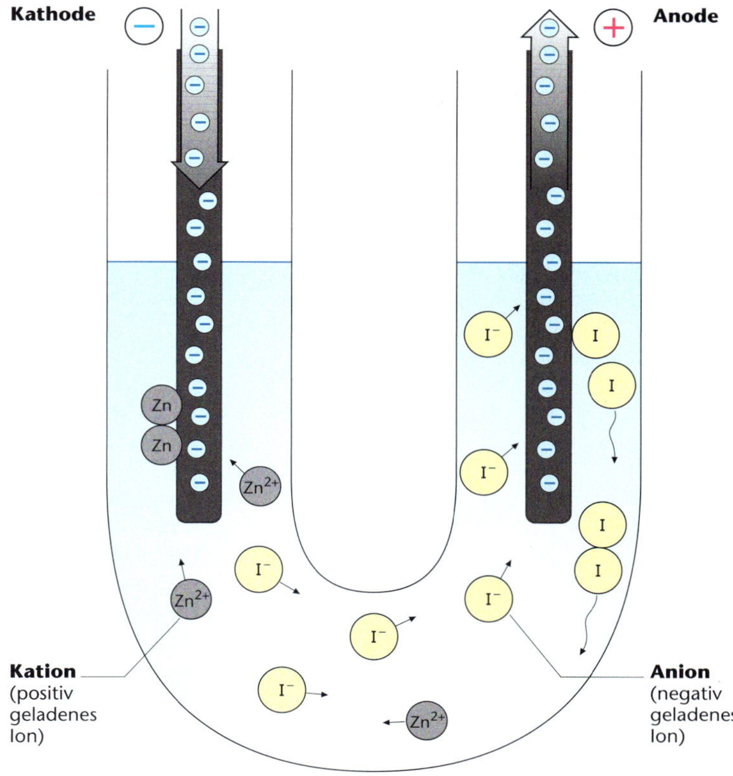

5 Vorgänge bei der Zinkiodid-Elektrolyse

Elektrolyse einer Zinkiodidlösung
Vorgänge bei einer Elektrolyse lassen sich auch in wässrigen Lösungen beobachten. Führt man mit einer wässrigen Zinkiodidlösung eine Elektrolyse durch, erkennt man an der Kathode einen grauen metallischen Überzug von Zink und an der Anode bräunliche Schlieren von Iod (▷ B 4; V 2). In der wässrigen Zinkiodidlösung sind die Ionen frei beweglich. Positiv geladene Zinkionen wandern zur Kathode und werden an dieser entladen. Durch Aufnahme von je zwei Elektronen entstehen ungeladene Zinkatome.

Kurzschreibweise:

$$Zn^{2+} + 2\,e^- \longrightarrow Zn$$

Negativ geladene Iodidionen wandern zur Anode. An der Anode geben die Iodidionen je ein Elektron ab und werden zu ungeladenen Iodatomen. Je zwei Iodatome bilden ein Iodmolekül.

Kurzschreibweise:

$$2\,I^- \longrightarrow 2\,I + 2\,e^-$$
$$2\,I \longrightarrow I_2$$

Mithilfe des elektrischen Stromes wird Zinkiodid in Zink und Iod zerlegt (▷ B 5).

▶ Kationen sind positiv geladene Ionen und wandern zur Kathode. Anionen sind negativ geladene Ionen und wandern zur Anode.

Bei allen Elektrolysen mit Halogeniden wandern positiv geladene Metallionen zur Kathode und bilden durch Aufnahme von Elektronen Metallatome. Negativ geladene Nichtmetallionen geben an der Anode Elektronen ab. Es entstehen Nichtmetallatome, die Moleküle bilden.

Versuche

1 Man gibt in einen Porzellantiegel auf einem Dreifuß mit Tondreieck festes Natriumchlorid und taucht zwei Graphitelektroden in das Salz. Die Elektroden verbindet man mit einer Gleichspannungsquelle. Zum Ablesen der Stromstärke wird ein Messgerät (5 A) in Reihe geschaltet.
Mit einer Lötlampe mit Hartlötbrenneraufsatz wird das Salz bis zur Schmelze erhitzt. Die Spannung wird so eingestellt, dass in der Schmelze ein Strom gemessen werden kann. (Abzug)

2 In ein U-Rohr wird eine Zinkiodidlösung gefüllt. Zwei Graphitelektroden werden in die Flüssigkeit getaucht und mit einer Gleichspannungsquelle verbunden. Nach Anlegen einer Spannung von ca. 4 V werden beide Elektroden vor einem weißen Hintergrund auf Veränderungen hin beobachtet.
Die Zinkiodidlösung kann mit Zinkgranalien im Vorratsgefäß recycelt werden.

Fachsprachen-Trainer

Der Fachsprachen-Trainer hilft beim Einüben von Sätzen mit Fachbegriffen. Korrekte Formulierungen kann man sich dann einfacher merken. Schreibt man Fachbegriffe und einzelne Satzteile auf verschiedenfarbige Kärtchen, kann man damit fertige Sätze bilden. Das Satzmuster lässt sich so leicht erkennen und einüben. Jedes Satzmuster setzt sich aus bestimmten Fachbegriffen und verbindenden Satzteilen zusammen.

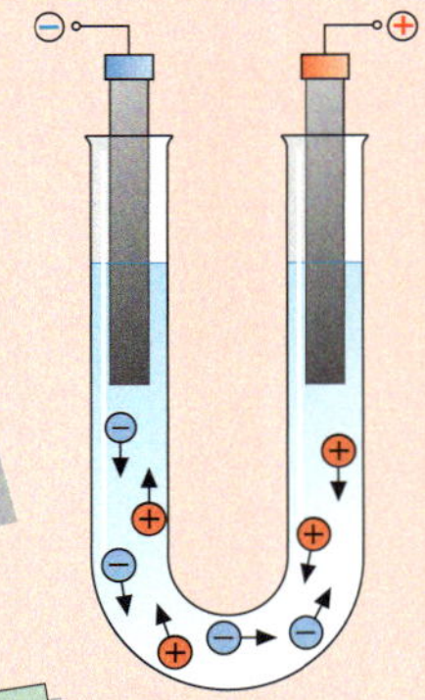

Pluspol

Nichtmetallatome(n)

Nichtmetallionen

geben Elektronen ab

an der

Moleküle

A. Anfertigen von Satzmusterteilen auf Kärtchen am Beispiel der Elektrolyse

Schreibe auf rote Kärtchen alle Fachbegriffe, die auf eine positive Ladung hinweisen.

Schreibe auf blaue Kärtchen Begriffe, die auf negative Ladungen hindeuten und auf grüne Kärtchen entsprechend solche ohne Ladung. Auf weißen Kärtchen stehen verbindende Satzteile.

Anode	ist die	positiv geladene(n) Elektrode

Anionen	sind	negativ geladene Ionen

Kationen	wandern zum/zur	Minuspol
positiv geladene Ionen		Kathode
		negativ geladene(n) Elektrode

Metallionen	nehmen Elektronen auf	und	werden zu	Metallatome(n)

B. Partnerarbeit im Trainingslager

Stelle in Partnerarbeit einfache Satzmuster auf. Beschreibe dazu die Vorgänge bei einer Elektrolyse an der Anode und an der Kathode.

C. Lernplakate mit Satzmuster

Klebe Satzmuster in der richtigen Reihenfolge auf Plakate und hänge sie im Fachraum aus.

D. An Beispielen trainieren

Verwende die Satzmuster zur Erklärung der Elektrolyse folgender Salze:
Natriumchlorid NaCl, Kaliumchlorid KCl, Kupferchlorid $CuCl_2$, Eisenchlorid $FeCl_3$, Aluminiumbromid $AlBr_3$, Kaliumiodid KI, Zinkiodid ZnI_2.

E. Weitere Trainingsgebiete

Mit dem Fachsprachen-Trainer kann man auch andere Themen einüben, z. B. die Bildung von Ionen oder Molekülen.

▶ 18 f.

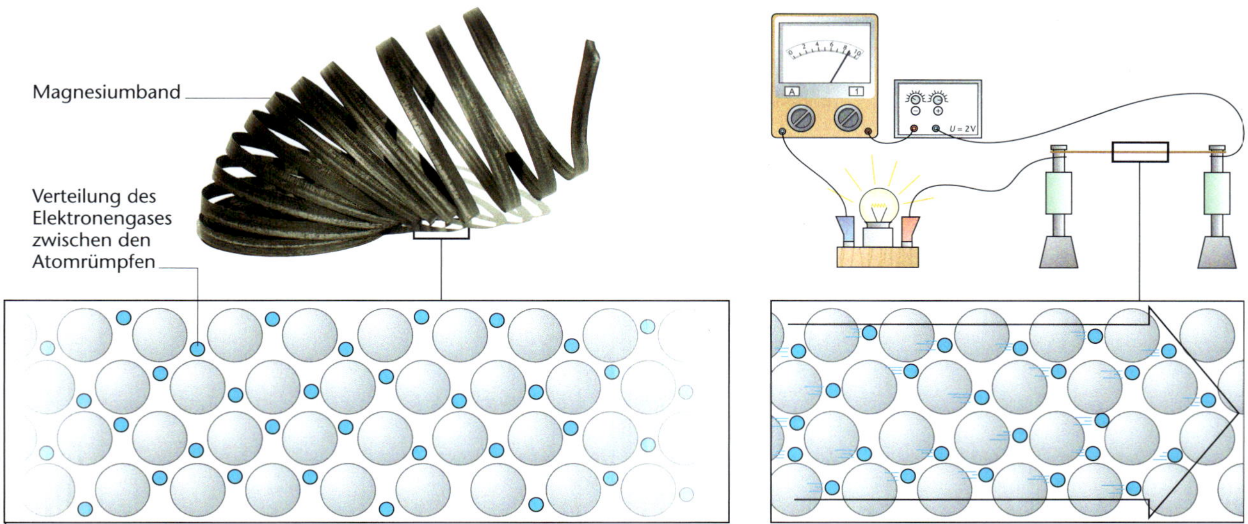

1 Atomrumpfmodell und Verhalten des Elektronengases bei Anlegen einer elektrischen Spannung

Metalle sind gute elektrische Leiter
Metalle zeigen eine wesentlich höhere Leitfähigkeit für elektrischen Strom als eine wässrige Natriumchloridlösung (▷ V 1). Diese hohe elektrische Leitfähigkeit kann nicht auf das Vorhandensein von frei beweglichen Ionen zurückgeführt werden. Es müssen demnach andere Ladungsträger in Metallen vorliegen.

Die Ladungsträger in Metallen
Metallatome haben meist nur ein oder zwei Außenelektronen. Diese sind sehr beweglich und verlassen leicht den Aufenthaltsbereich des Atoms. So entstehen positiv geladene **Atomrümpfe** (▷ B 1; B 2). Diese positiv geladenen Atomrümpfe werden durch die negativ geladenen Elektronen zusammengehalten. Da die Elektronen sich frei wie die Teilchen in einem Gas bewegen, spricht man von einem **Elektronengas**. Diese hohe Beweglichkeit der Elektronen erklärt die gute elektrische Leitfähigkeit (▷ B 1, rechts).

> Die Metallbindung wird hervorgerufen durch die Anziehung zwischen positiv geladenen Atomrümpfen und negativ geladenen Elektronen (Elektronengas).

Metalle lassen sich verformen
Die Beweglichkeit der Atomrümpfe und der Außenelektronen sorgt auch dafür, dass sich Metalle leicht verformen lassen. In Salzverbindungen sind die Ionen fest an ihre Plätze gebunden. In Metallen dagegen haben die Teilchen eine größere Bewegungsfreiheit. Beim Verformen werden die Atomrümpfe gegeneinander verschoben. Das Elektronengas hält die Atomrümpfe zusammen (▷ B 3).
Deshalb kann man einen Magnesium- oder ein Kupferdraht leicht verformen.

Versuch

1 Man baut einen Stromkreis nach Bild 1 auf. In die Messstrecke setzt man nacheinander verschiedene Metalldrähte und bestimmt die elektrische Stromstärke. Anschließend vergleicht man mit der Stromstärke einer verdünnten Natriumchloridlösung.

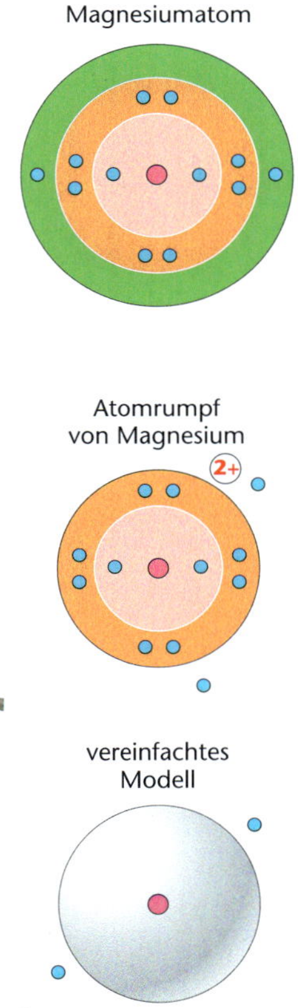

2 Entstehung des Atomrumpfes

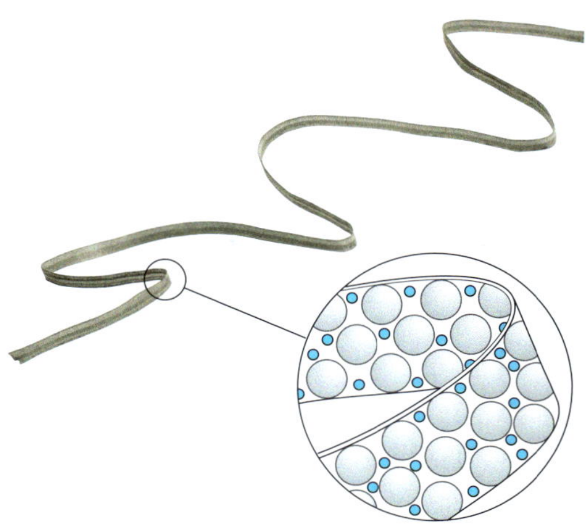

3 Metalle lassen sich gut verformen.

▶ 18 f.

Wir untersuchen Metalleigenschaften

1 Die Beweglichkeit von Elektronen

Material
Schutzbrille, 4 Experimentierkabel, Stromstärkemessgerät mit verschiedenen Messbereichen, Gleichspannungsquelle ($U = 2\,V$), 2 Isolatoren, Glühlampe mit Fassung, Kupferdraht, Magnesiumband, Holzstab

Versuchsanleitung
Baue den Versuch nach der Abbildung 1 auf und befestige zwischen den Isolatoren nacheinander den Kupferdraht, das Magnesiumband und den Holzstab. Bestimme jeweils die elektrische Stromstärke. Beginne zunächst mit dem größten Messbereich.
Werte die Beobachtungen aus.

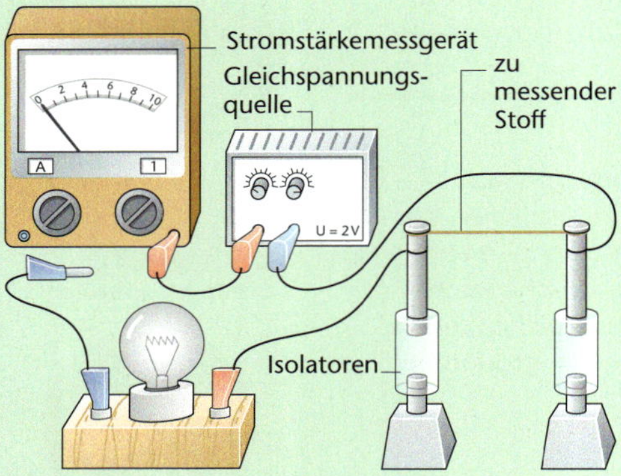

1 Elektrische Leitfähigkeit von Metallen

2 Elektronen werden schneller

Material
Schutzbrille, 4 Experimentierkabel, Stromstärkemessgerät, Gleichspannungsquelle, 2 Isolatoren, Zange, Thermometer (–10 °C bis 110 °C), Streichhölzer, Kupferdraht (Ø ca. 0,8 mm), gestampftes Eis

Versuchsanleitung
Benutze die Versuchsapparatur aus Versuch 1 (▷ B 1). Schneide mithilfe einer Zange zwei gleich lange Drahtstücke ab. Stelle die elektrische Spannung auf einen kleinen Wert ein (ca. 0,5 V).

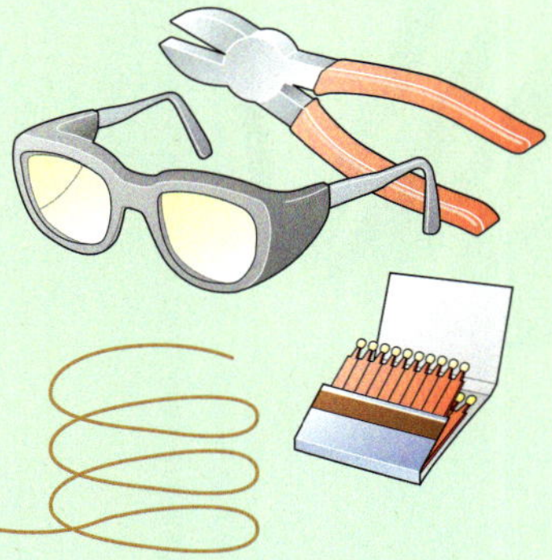

Der erste Kupferdraht wird einige Stunden im Eis auf etwa –10 °C abgekühlt. Anschließend wird das Drahtstück möglichst schnell zwischen die Isolatoren gespannt und die Stromstärke wird abgelesen. Ein zweiter Draht wird bei Zimmertemperatur (ca. 20 °C) eingespannt und die elektrische Stromstärke gemessen. Danach erwärmt man, bei sonst gleichen Bedingungen, den Draht vorsichtig von unten mit einem brennenden Streichholz und liest die elektrische Stromstärke ab.
Deute die Beobachtungen.

3 Elektronen sind leicht übertragbar

Material
Elektroskop, Tesaband

Versuchsanleitung
Klebe auf den Zinkteller eines Elektroskops einen Streifen Tesaband sehr fest auf.
Reiße anschließend ruckartig das Tesaband wieder ab und beobachte den Zeigerausschlag (▷ B 2).

Aufgabe
Betrachte die zugehörige Versuchsabbildung (▷ B 2) und versuche die Beobachtungen mithilfe des Elektronengasmodells zu erklären.

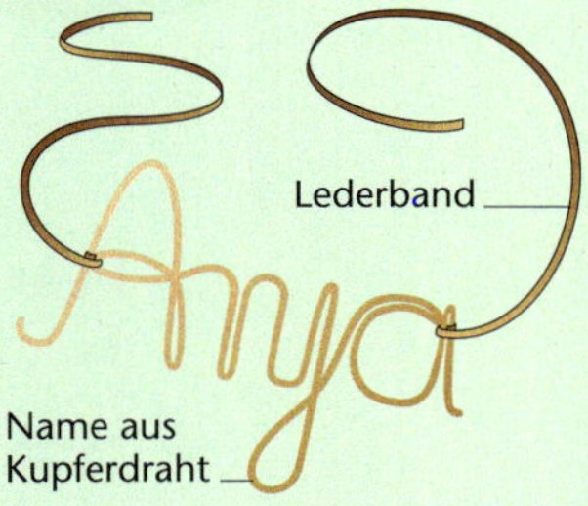

3 Namenskette aus Draht

4 Namenskette aus Draht

Material
Kleine Zange, Silber- oder Kupferdraht, Lederband, Papier, Stift

Versuchsanleitung
Schreibe, bevor mit dem Biegen begonnen wird, deinen Namen zuerst auf Papier. Der Name muss ohne Absetzen geschrieben werden können. Forme mithilfe der Zange deinen Namen aus Silber- bzw. Kupferdraht. Überlege, an welchen Stellen das Lederband befestigt werden kann (▷ B 3).

Aufgabe
Warum ist ein Biegen des Drahtes so problemlos möglich?
Erkläre mithilfe des Elektronengasmodells.

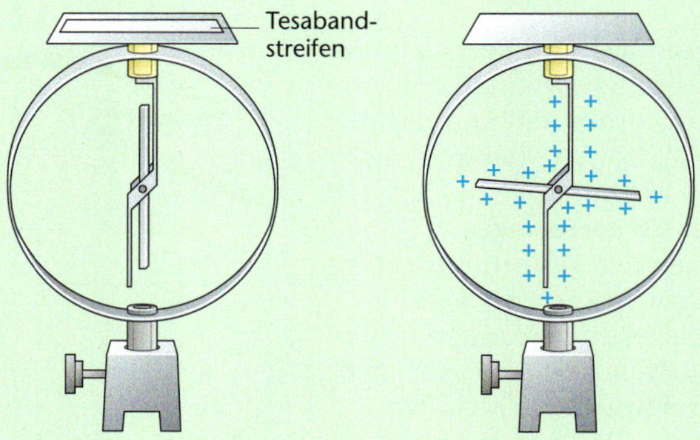

2 Elektronen sind leicht übertragbar und beweglich.

Moleküle und Modelle

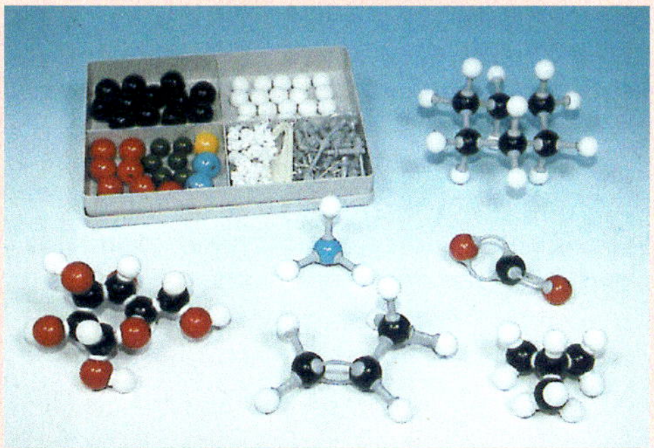

Willst du Moleküle von Gasen oder Flüssigkeiten räumlich darstellen, kannst du Molekülmodelle verwenden. In der Sammlung der Schule findest du hierfür Modellbaukästen.

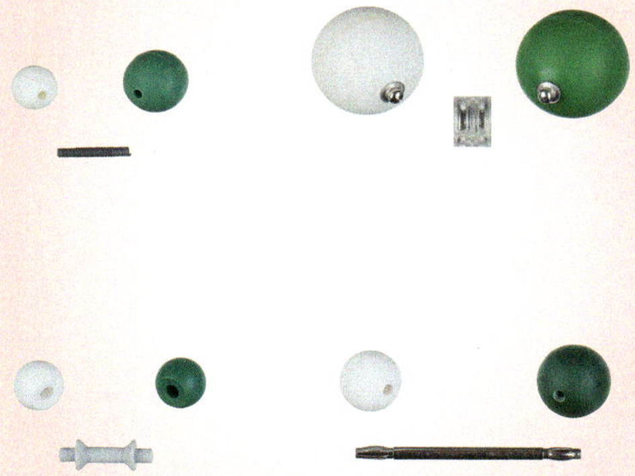

A. Das Kugel-Stab-Modell

Ein häufig verwendetes Modell ist das Kugel-Stab-Modell (▷B 2). Baue Molekülmodelle von Stoffen, die du bereits kennen gelernt hast. Überlege, welche Funktionen die verschiedenen Bauteile haben.

- Was wird mit den verschiedenen Farben der Kugeln angedeutet?
- Was wird mit der Anzahl der Noppen veranschaulicht?

1 Kalottenmodell

B. Molekülmodelle vergleichen

Neben dem Kugel-Stab-Modell gibt es noch andere Molekülmodelle. Baust du mit verschiedenen Molekülbaukästen das gleiche Molekül, z. B. ein Wasserstoffmolekül, kannst du Unterschiede erkennen. Ein ganz besonderes Modell ist das Kalottenmodell (▷B 1).

- Benenne die Molekülmodelle in Bild 1.
- Suche nach Gemeinsamkeiten und Unterschieden zwischen den Molekülmodellen.
- Diskutiere Vor- und Nachteile der Molekülmodelle.

C. Modelle und Bindungen

Bei den einzelnen Modellen werden die Bindungen zwischen den Atomen recht unterschiedlich dargestellt.

- Welche Art der chemischen Bindung wird durch die Verbindungsstücke dargestellt?
- Vom Molekülmodell sollte sich die Summenformel, die Strukturformel und die Art der chemischen Bindung ableiten lassen. Trifft dies auf alle Modelle zu?

D. Alle Molekülmodelle zeigen Grenzen

Mit Molekülmodellen kannst du dir eine Vorstellung vom Aufbau der Stoffe machen. Meist zeigen sie aber nur eine Annäherung an die Wirklichkeit.

- Überlege, warum die Bindungen zwischen den Atomen im Modell nur unzureichend dargestellt werden können.
- Welches der verwendeten Molekülmodelle kommt der Modellvorstellung vom Aufbau der Moleküle wohl am nächsten? Begründe!
- Wo siehst du Grenzen der verwendeten Molekülmodelle? Diskutiere deine Ansicht.

Kohlenstoffdioxidmolekül

Sauerstoffmolekül

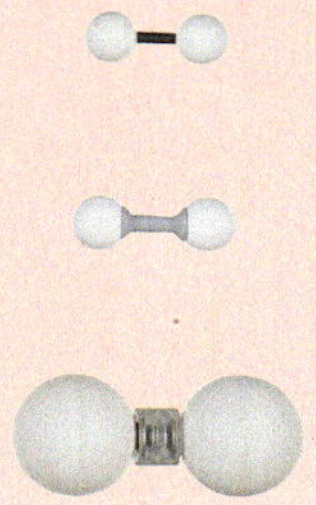

Wasserstoffmolekül

Wassermolekül

2 Kugel-Stab-Modell

Schlusspunkt

Chemische Bindungen

1 Natriumchlorid bildet würfelförmige Kristalle.

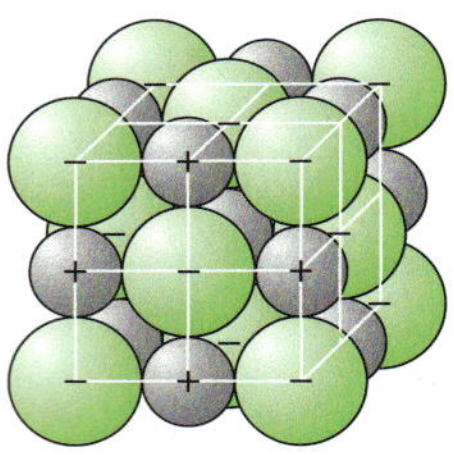

2 Ionengitter am Beispiel von NaCl

3 Elektrolyse einer Natriumchloridschmelze

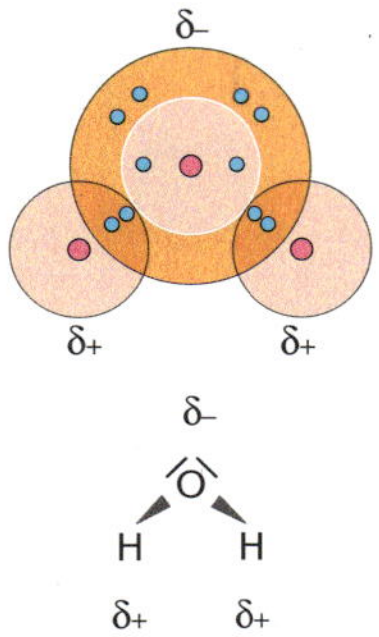

4 Das Wassermolekül als Dipol

Natriumchlorid

Natriumchlorid (Kochsalz) ist ein weißer Feststoff, der aus würfelförmigen Kristallen aufgebaut ist (▷ B 1).

Die Ionenbildung

Ionen sind elektrisch geladene Teilchen. Sie entstehen aus Atomen durch Elektronenabgabe oder Elektronenaufnahme (▷ B 5).

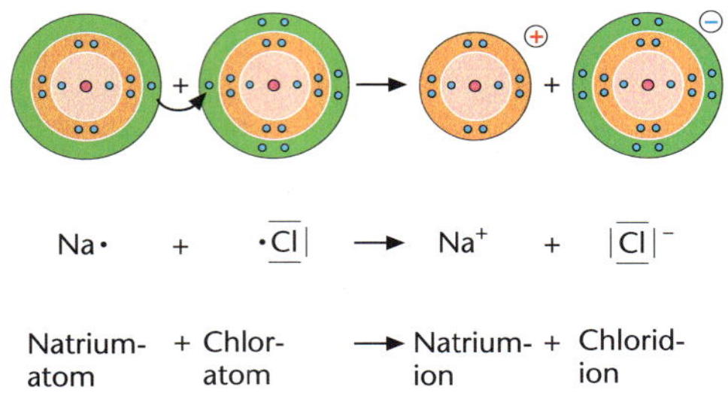

5 Die Ionenbildung am Beispiel von Natriumchlorid

Ionenbindung, Ionengitter

Eine Ionenbindung liegt dann vor, wenn unterschiedlich geladene Ionen sich gegenseitig anziehen. Die räumliche, regelmäßige Anordnung von Ionen nennt man Ionengitter (▷ B 2).

Salze

Salze sind aus Ionen aufgebaut. Sie sind spröde und haben häufig hohe Schmelztemperaturen. Salzschmelzen leiten den elektrischen Strom.

Die Atombindung

Binden sich Atome durch gemeinsame Elektronenpaare, so spricht man von einer Atombindung (▷ B 6).

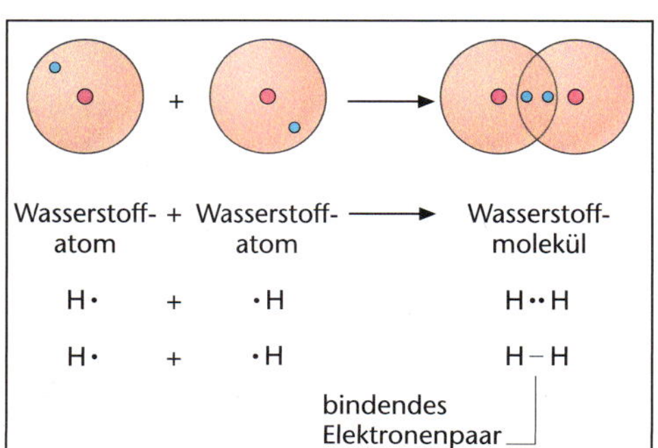

6 Die Atombindung am Beispiel des Wasserstoffmoleküls

Dipole, Wasserstoffbrücken

Dipole entstehen, wenn sich durch Elektronenverschiebung innerhalb eines Moleküls unterschiedliche Ladungsschwerpunkte ausbilden (▷ B 4). Zwischen den Dipolmolekülen des Wassers treten Wasserstoffbrückenbindungen auf.

Wasser löst Salz

Die Bildung von Hydrathüllen aus Wassermolekülen nennt man Hydratation. Bei der Hydratation lösen Wassermoleküle die Ionen eines Salzes aus ihren Gitterplätzen und bilden eine Hydrathülle um die Ionen (▷ B 7).

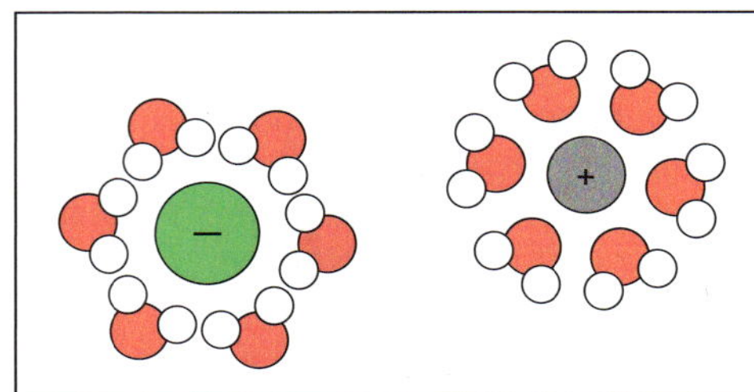

7 Ionen mit Hydrathüllen

Ionenwanderung

Liegen in einer Lösung frei bewegliche Ionen vor, so wandern die positiv geladenen Ionen beim Anlegen einer elektrischen Spannung zur Kathode und die negativ geladenen Ionen zur Anode.

Elektrolyse

Die Zerlegung einer Verbindung mithilfe des elektrischen Stromes wird Elektrolyse genannt (▷ B 3). Kationen sind positiv geladene Ionen und wandern zur Kathode. Anionen sind negativ geladene Ionen und wandern zur Anode.

Die Metallbindung

Die Metallbindung wird hervorgerufen durch die Anziehung zwischen positiv geladenen Atomrümpfen und negativ geladenen Elektronen (▷ B 8). Die frei beweglichen Elektronen verhalten sich wie ein Elektronengas.

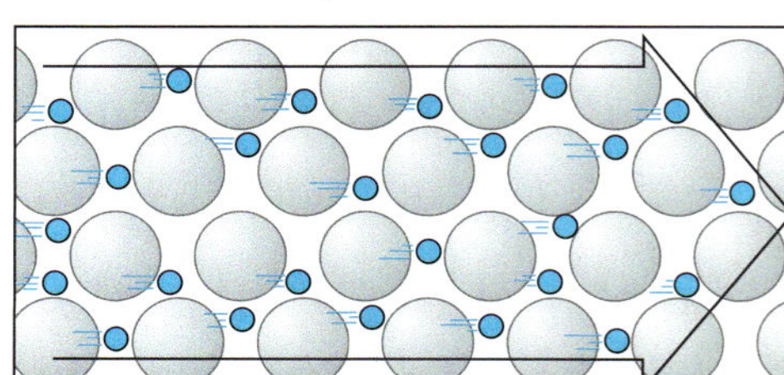

8 Die Metallbindung im Atomrumpfmodell

Aufgaben

1 Die Atome der Elemente sind unterschiedlich stark in der Lage, Bindungselektronen anzuziehen. Ein Wert hierfür ist die Elektronegativität (▷ B 1). Je höher der Elektronegativitätswert, desto stärker zieht ein Atom die Bindungselektronen an. Ist die Differenz der Werte zwischen zwei unterschiedlichen Atomen größer als 1,7, liegt eine Ionenbindung vor. Ist die Differenz kleiner als 1,7, liegt eine polare Atombindung vor. Welche Bindungsart liegt demnach vor zwischen:
a) H und Cl in HCl,
b) H und O in H_2O,
c) C und O in CO_2,
d) N und N in N_2,
e) C und H in CH_4,
f) H und F in HF?

2 Formuliere mithilfe von Schalenmodellen die Bildung
a) eines Methanmoleküls CH_4 aus einem Kohlenstoffatom und vier Wasserstoffatomen.
b) eines Stickstoffmoleküls N_2 aus zwei Stickstoffatomen.

3 Zur Lösung der Aufgabe lies die Information bei Aufgabe 1. Zeichne die Moleküle ins Heft und kennzeichne die Ladungsschwerpunkte mit δ+ bzw. δ-. Verwende die Keilschreibweise zur Darstellung der Elektronenverschiebung.

a) H — Cl

b) H–O–H (gewinkelt)

c) H — N — H, mit H am N

d) H — Br

4 a) Beschreibe den geometrischen Aufbau des Ionengitters von Natriumchlorid (▷ B 2).
b) Wie viele positiv geladene Natriumionen umlagern im Ionengitter direkt ein Chloridion? Wie viele Chloridionen umlagern ein Natriumion?

5 Nenne 5 Eigenschaften von Natriumchlorid, die geeignet sind, diese Verbindung von anderen deutlich zu unterscheiden.

Elektronegativitätswerte (EN-Werte)							
H 2,20							**He**
Li 0,97	**Be** 1,47	**B** 2,01	**C** 2,50	**N** 3,07	**O** 3,50	**F** 4,10	**Ne**
Na 1,01	**Mg** 1,23	**Al** 1,47	**Si** 1,74	**P** 2,06	**S** 2,44	**Cl** 2,83	**Ar**
K 0,91	**Ca** 1,04	**Ga** 1,82	**Ge** 2,02	**As** 2,20	**Se** 2,48	**Br** 2,74	**Kr**
Rb 0,89	**Sr** 0,99	**In** 1,49	**Sn** 1,72	**Sb** 1,82	**Te** 2,01	**J** 2,21	**Xe**
Cs 0,86	**Ba** 0,97	**Tl** 1,44	**Pb** 1,55	**Bi** 1,67	**Po** 1,76	**At** 1,96	**Rn**
Fr 0,86	**Ra** 0,97						

1 Zu Aufgabe 1 und 3

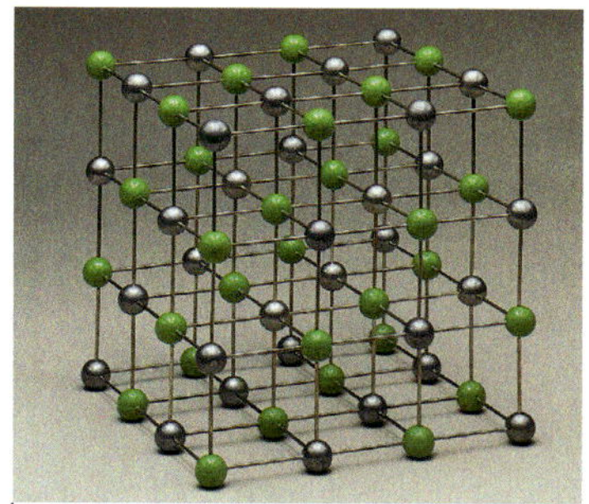

2 Zu Aufgabe 4

6 Metalle sind gut verformbar. Erkläre diesen Sachverhalt mithilfe eines geeigneten Modells.

3 Zu Aufgabe 7

7 Bei der Elektrolyse von Bleichlorid entsteht an einer Elektrode fein verteiltes Blei (▷ B 3).
a) Bleichlorid hat die Formel $PbCl_2$. An welcher Elektrode wird bei der Elektrolyse der Salzlösung Blei gebildet?
b) Welcher Stoff entsteht an der anderen Elektrode?
c) Beschreibe in kurzen Sätzen die Vorgänge an den beiden Elektroden.

8 Welcher Vorgang wird durch Abbildung 4 beschrieben? Wie heißt die entstehende Verbindung?

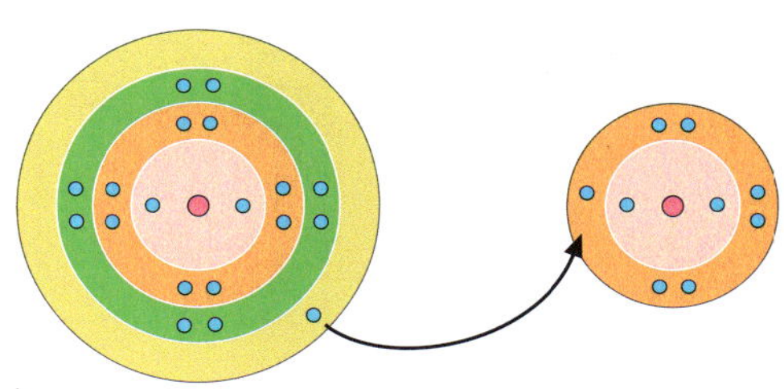

4 Zu Aufgabe 8

Säuren und Laugen

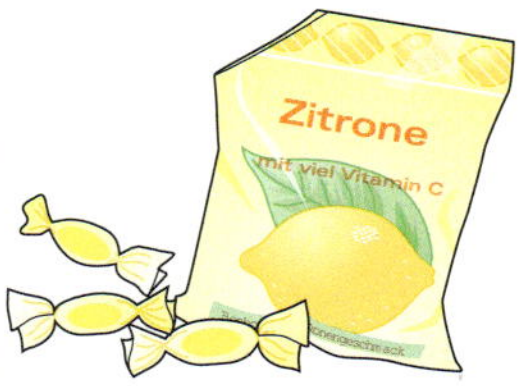

Unter dem Begriff „Säure" können wir uns etwas vorstellen. Der Begriff „Lauge" sagt uns viel weniger. Aufgrund ihrer unterschiedlichen Eigenschaften kann der Chemiker die beiden Stoffgruppen leicht unterscheiden.

Weil Menschen mit der Zunge die Eigenschaft „sauer" eines Stoffes schmecken können, sind auch Aussagen im übertragenen Sinn verständlich. „Jemand macht ein saures Gesicht", „Gib ihm Saures" oder „Etwas stößt uns sauer auf" sind Beispiele dafür.

Auch Laugen kommen in vielen Bereichen des Alltags vor. Laugenbrezeln werden vor dem Backen kurz in verdünnte Natronlauge getaucht. Durch den Backvorgang reagiert die Natronlauge zu ungefährlichen Stoffen. „Seifenlauge" fühlt sich glitschig an, brennt in den Augen und reizt die Haut. Im Haushalt gibt es viele Putz- und Reinigungsmittel, die Säuren und Laugen enthalten. Mit diesen muss vorsichtig umgegangen werden.

Mit Teststreifen lassen sich Säuren und Laugen leicht voneinander unterscheiden. Man hält einen Teststreifen in eine Lösung und weiß sofort, ob diese Lösung eine Säure oder eine Lauge ist.

Essig Reiniger
wirkt kalklösend in Küche und Bad
740 ml
FIX Rohrfrei
mit Dosier-system

Werkstatt

Alles sauer, oder?

1 WC-Reiniger und Rohrreiniger

Material
Schutzbrille, Schutzhandschuhe, Pipette, 2 Petrischalen, Zahnstocher, Universalindikatorpapier, destilliertes Wasser, Rohrreiniger (fest), WC-Reiniger (fest)

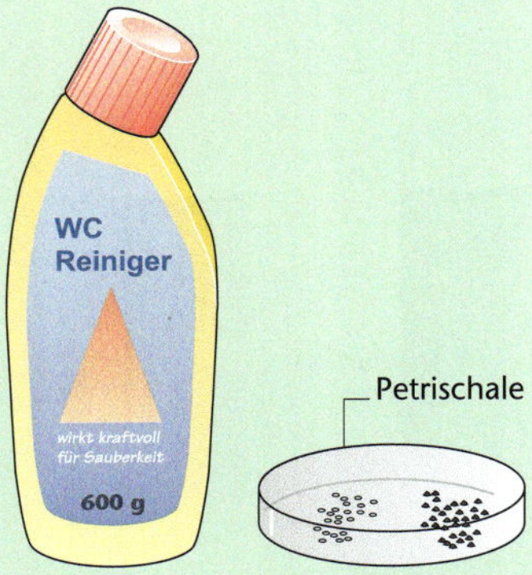

1 Bestandteile des WC-Reinigers lassen sich sortieren.

Versuchsanleitung
Schütte ein wenig Rohrreiniger und ein wenig WC-Reiniger in je ein Petrischale. Sortiere die unterschiedlichen Bestandteile mit einem Zahnstocher an jeweils verschiedene Stellen der Petrischale (▷ B 1). Lasse die Bestandteile einige Zeit liegen und achte auf Veränderungen.
Gib vorsichtig einige Tropfen destilliertes Wasser auf die jeweiligen Stoffproben und prüfe mit Universalindikatorpapier (▷ B 2).
Welche Bestandteile wirken sauer?

2 Prüfen mit Indikatorpapier

2 Welche Stoffe beseitigen Kalk?

Material
Schutzbrille, Schutzhandschuhe, 5 Bechergläser, Spatellöffel, Folienstift, destilliertes Wasser, kleine Marmorstücke, Essigessenz, verdünnte Salzsäure, Rohrreiniger, Citronensäurelösung, WC-Reiniger

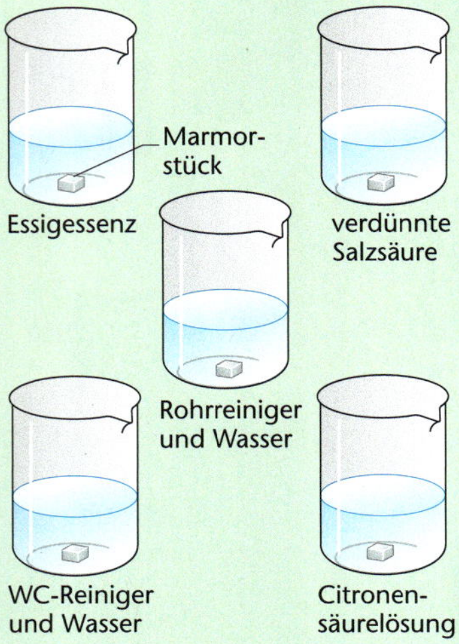

3 Was löst Kalk?

Versuchsanleitung
Gib in jedes Becherglas ein Stück Marmor und übergieße dieses
a) mit Essigessenz,
b) mit verdünnter Salzsäure,
c) mit Wasser und Rohrreiniger,
d) mit Wasser und WC-Reiniger,
e) mit Citronensäurelösung
(▷ B 3). Beschrifte die Bechergläser. Lege eine Tabelle an.

Aufgabe
Welche Stoffe sind geeignet, um Kalkablagerungen zu lösen? Vergleiche diese Stoffe mit den Inhaltsstoffen von Haushaltschemikalien, die Kalk lösen.

3 Haushaltsstoffe – sauer oder nicht sauer?

Material
Schutzbrille, mehrere Bechergläser (50 ml), Spatellöffel, Universalindikatorpapier, Pinzette, Folienstift, Stoffe aus dem Haushalt (z. B. Seife, Essig, Weißwein, Mineralwasser usw.), destilliertes Wasser

Versuchsanleitung
Gib in je ein Becherglas eine Probe eines Stoffes aus dem Haushalt und beschrifte die Gläser. Haushaltsmittel, die Feststoffe sind, müssen erst in ein wenig destilliertem Wasser aufgelöst werden. Prüfe die Stoffe mit Universalindikatorpapier. Benutze eine Pinzette, um das Indikatorpapier in die Lösung zu halten.
Lege eine Tabelle an und trage die Ergebnisse ein (▷ B 4).

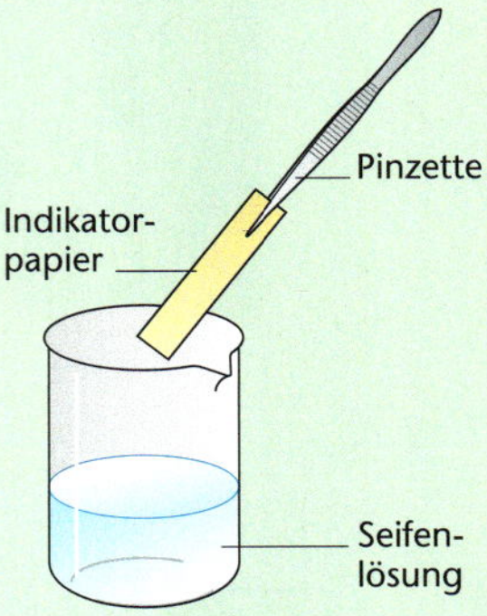

Haushaltsstoff	sauer	nicht sauer
Feinseife		
Kernseife		
Entkalker		
Essigessenz		
Speiseessig		
Weißwein		
Mineralwasser		
Maschinenspülmittel		
Klarspüler		

4 Sauer oder nicht sauer?

Mit Indikatoren dem pH-Wert auf der Spur

Saure und alkalische Lösungen unterscheiden sich in ihrem pH-Wert. Der pH-Wert von sauren Lösungen ist kleiner als 7, der von alkalischen Lösungen ist größer als 7. Den Nachweis liefern Indikatoren.

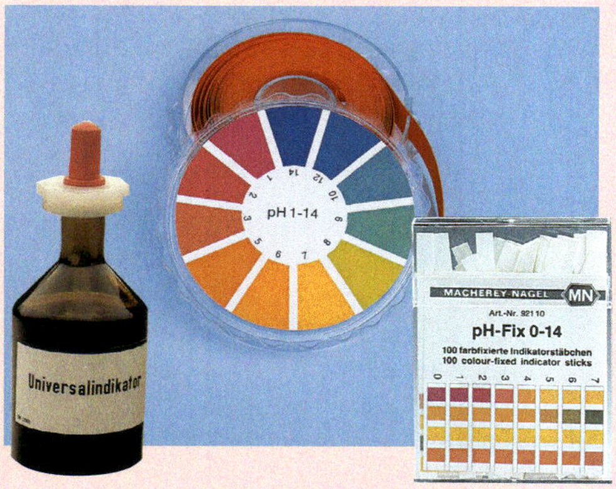

A. Untersuchung von sauren und alkalischen Lösungen

Manche Indikatoren zeigen durch einen Farbumschlag an, ob eine Lösung sauer oder alkalisch ist. Beispiele dafür sind Rotkohlsaft, Lackmus und Phenolphthalein.
Viel gebräuchlicher sind Universalindikatoren. Sie bestehen aus Farbstoffgemischen und zeigen durch verschiedene Farbumschläge den pH-Wert genauer an.
Universalindikator gibt es als Flüssigkeit, in Form von Papierstreifen und Stäbchen.

Indikator	pH-Bereich des Farbumschlags	Farbänderung
Rotkohlsaft		
Lackmus		
Phenolphthalein		

- Vergleiche den Farbumschlag und den zugehörigen pH-Bereich von Rotkohlsaft, Lackmus und Phenolphthalein. Diskutiere die Einsatzmöglichkeiten.
- Anstelle der Indikatoren mit **einem** Farbumschlag kannst du Universalindikator verwenden. Welche Vorteile sind damit verbunden?
- Bei welchen Experimenten wird bevorzugt flüssiger Indikator verwendet? In welchen Bereichen kommen Papierstreifen und Teststäbchen zum Einsatz?

B. pH-Wert-Messungen in Gewässerproben

Nach wie vor ist es wichtig, in Seen und Flüssen den pH-Wert zu bestimmen. In einem Koffer für Gewässeruntersuchungen findest du geeignete Indikatoren.

- Für Untersuchungen von Gewässern werden meist pH-Messstäbchen verwendet, die nur für einen bestimmten pH-Bereich genaue Ergebnisse liefern. Worauf musst du achten, wenn du eine pH-Wertbestimmung mit Teststäbchen durchführst?
- Für Fische ist der pH-Wert des Aquariumwassers lebenswichtig. Sammle Informationen.

C. pH-Wert in Industrie und Technik

In Labors der chemischen Industrie und bei der Abwasserkontrolle in Kläranlagen kommt es sehr darauf an, dass die pH-Wertmessung möglichst genau erfolgt.

- Welche Vorteile bieten pH-Messgeräte gegenüber den Indikatoren?
- Große Betriebe besitzen eigene Klärwerke. Dennoch kommt es immer wieder zu Verunreinigungen der Flüsse und Seen. Informiere dich über derartige Unfälle und deren Auswirkungen.

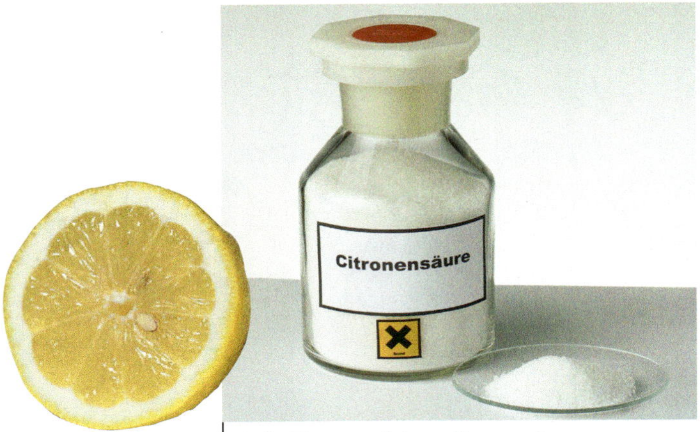

1 Aus Zitronensaft kann Citronensäure gewonnen werden.

Eine Säure entfaltet ihre Wirkung im Wasser

Zitronensaft schmeckt sauer. Im Labor kann man aus diesem Saft einen weißen, pulverförmigen Feststoff gewinnen. Der Chemiker nennt diesen Stoff **Citronensäure** (▷ B 1).
Hält man ein trockenes Universalindikatorpapier an Citronensäure, so zeigt sich am Papier keine Veränderung. Erst wenn die Citronensäure in Wasser aufgelöst wird, färbt sich Universalindikator in dieser Lösung rot (▷ V 1). Die Rotfärbung des Indikators weist auf eine saure Lösung hin. Diese saure Lösung ist durch Zugabe von Wasser entstanden.

Die Rotfärbung von Universalindikator zeigt eine saure Lösung an.

Verschiedene Säuren im Labor

Im Labor gibt es Flaschen mit Salzsäure, Schwefelsäure, Essigsäure, Salpetersäure und anderen Säuren (▷ B 7). Prüft man diese Säuren mit Universalindikator, färbt sich dieser rot (▷ B 5; V 3a).
Es handelt sich bei diesen „Säuren" um wässrige Lösungen von Säuren, denn sie enthalten alle einen gewissen Wasseranteil. Je nach Konzentration der Säure kann der Wasseranteil recht unterschiedlich sein. Konzentrierte Schwefelsäure enthält 2 % bis 5 % Wasser, konzentrierte Salzsäure enthält etwa 64 % Wasser und verdünnte Salzsäure über 90 %.

Wässrige Lösungen von Säuren sollte man „saure Lösungen" nennen.

Durch Lösen von Säuren in Wasser entstehen saure Lösungen.

Saure Lösungen reagieren mit unedlen Metallen

Gibt man zu einer Citronensäurelösung ein Stück Magnesiumband (▷ B 3; V 2b), ist eine Gasentwicklung zu erkennen. Auch andere saure Lösungen bilden mit unedlen Metallen ein Gas (▷ B 4; V 3b).

Zwischen sauren Lösungen und unedlen Metallen finden also chemische Reaktionen statt. Die Knallgasprobe zeigt: Das dabei entstehende Gas ist Wasserstoff (▷ V 5).

Saure Lösungen reagieren mit unedlen Metallen unter Bildung von Wasserstoff.

2 Saure Lösungen im Alltag

3 Magnesium in Citronensäurelösung

4 Zink in Essigsäurelösung

▶ 8 ff.
▶ 230 f.

5 Universalindikator färbt sich in sauren Lösungen rot.

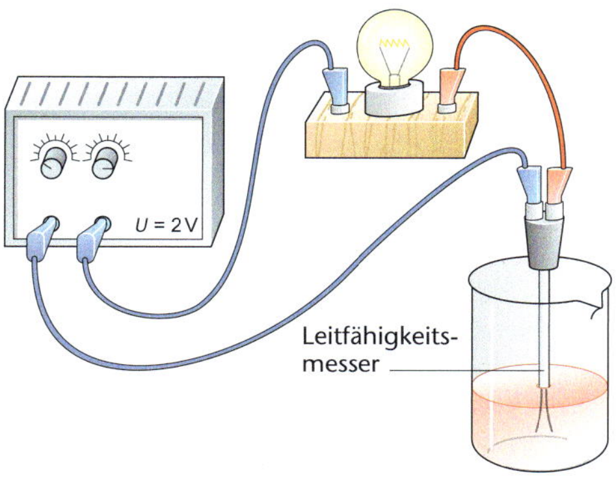

6 Saure Lösungen leiten den elektrischen Strom.

Saure Lösungen leiten den elektrischen Strom

Feste Citronensäure und auch geschmolzene Citronensäure zeigen keine elektrische Leitfähigkeit (▷ V 4a und b). Löst man jedoch Citronensäure in Wasser, stellt man eine hohe elektrische Leitfähigkeit fest (▷ B 6; V 4c). Da die elektrische Leitfähigkeit von Lösungen durch frei bewegliche Ionen verursacht wird, müssen in der Lösung frei bewegliche Ionen vorliegen. Diese können sich erst beim Lösen der Säure in Wasser gebildet haben.

Saure Lösungen leiten den elektrischen Strom. In der Lösung liegen frei bewegliche Ionen vor.

Versuche

1 Halte trockenes Universalindikatorpapier
a) in feste Citronensäure,
b) in eine wässrige Lösung von Citronensäure. (Schutzbrille)

2 Gib ein Stück Magnesiumband
a) zu fester Citronensäure,
b) in eine wässrige Lösung von Citronensäure. (Schutzbrille)

3 Gib zu verschiedenen sauren Lösungen
a) einige Tropfen Universalindikatorlösung,
b) ein Stück Zink bzw. ein Magnesiumband. (Schutzbrille)

4 Prüfe die elektrische Leitfähigkeit von
a) fester Citronensäure,
b) geschmolzener Citronensäure,
c) einer wässrigen Citronensäurelösung. (Schutzbrille)

5 Gib zu Zinkgranalien im Reagenzglas etwas verdünnte Essigsäure. Fange mit einem zweiten leeren Reagenzglas das entstehende Gas auf. Führe mit dem aufgefangenen Gas die Knallgasprobe durch. (Schutzbrille!)

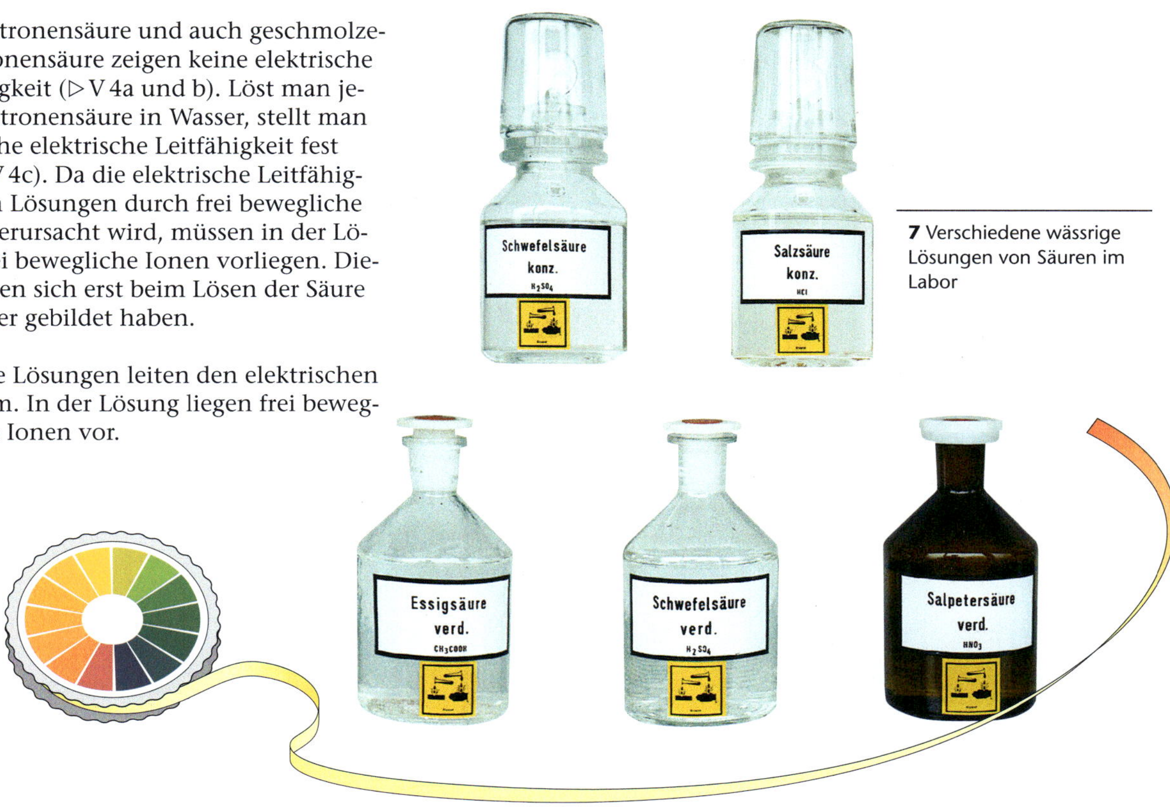

7 Verschiedene wässrige Lösungen von Säuren im Labor

▶8 ff.
▶230 f.

Salzsäure – eine bekannte Säure

Eine Säure aus Kochsalz

Die Salzsäure trägt ihren Namen, weil sie früher direkt aus Kochsalz hergestellt wurde. Lässt man konzentrierte Schwefelsäure auf Kochsalz tropfen, entsteht ein Gas. Dieses Gas löst sich begierig in Wasser und bildet eine saure Lösung, die **Salzsäure**. Das entstehende Gas wird „Salzsäuregas" genannt (▷B 1; V 1a).

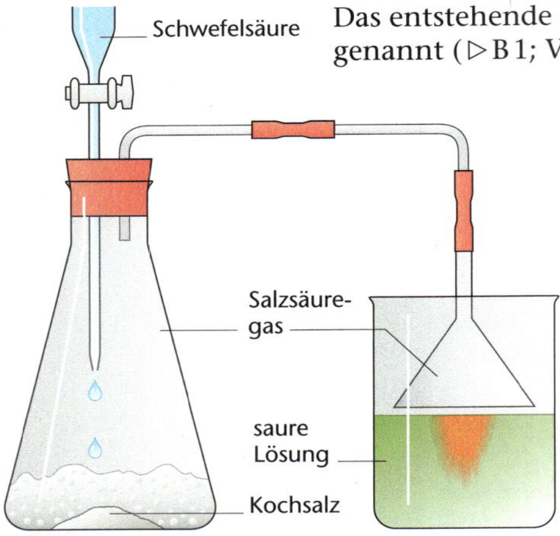

1 „Salzsäuregas" löst sich begierig in Wasser.

2 Die Bildung von Chlorwasserstoff

Das große Bestreben des „Salzsäuregases", sich in Wasser zu lösen, kann man in einem Versuch zeigen.
Taucht man einen mit Salzsäuregas gefüllten Kolben in Wasser, so schießt das Wasser, nachdem der erste Tropfen durch die enge Öffnung des Glasrohres eingedrungen ist, springbrunnenartig in den Kolben (▷V 1b). In 1 l Wasser lösen sich ca. 500 l Salzsäuregas. Weil bereits die ersten in den Kolben eindringenden Wassertropfen fast das gesamte Gas lösen, entsteht ein Unterdruck, der Wasser nachströmen lässt.

Die entstandene wässrige Lösung des Salzsäuregases bewirkt bei Zugabe von Universalindikator einen roten Farbumschlag. Im Kolben hat sich eine saure Lösung gebildet (▷B 3).

Die Bestandteile der Salzsäure

Salzsäure entsteht aus „Salzsäuregas" und Wasser. Führt man mit verdünnter Salzsäure eine Elektrolyse durch (▷B 4; V 2), entsteht an der Kathode Wasserstoff, der durch die Knallgasprobe nachgewiesen werden kann. An der Anode entsteht gelbgrünes Chlorgas, das sich in der Waschflasche sammelt. Es ist schwerer als Luft. Chlor und Wasserstoff stammen aus dem Salzsäuregas.
Dies lässt sich durch ein weiteres Experiment überprüfen.
Hält man eine Wasserstoffflamme in Chlorgas, so erstickt die Flamme nicht, wie es zu erwarten wäre. Vielmehr reagiert Wasserstoff mit Chlor zu einem stechend riechenden Gas (▷B2; V 3). Das Gas heißt **Chlorwasserstoff** und hat die Formel **HCl**.

$$H_2 + Cl_2 \longrightarrow 2\,HCl$$

Löst man das Gas in Wasser und prüft die Lösung mit Universalindikatorpapier, so stellt man fest, dass sich eine saure Lösung gebildet hat. Auch diese Lösung lässt sich wieder durch Elektrolyse in Wasserstoff und Chlor zerlegen (▷V 3). Beim Lösen von Chlorwasserstoff in Wasser ist also wieder Salzsäure entstanden. Salzsäuregas ist folglich Chlorwasserstoff.

▶ Salzsäure ist eine Lösung von Chlorwasserstoff in Wasser.

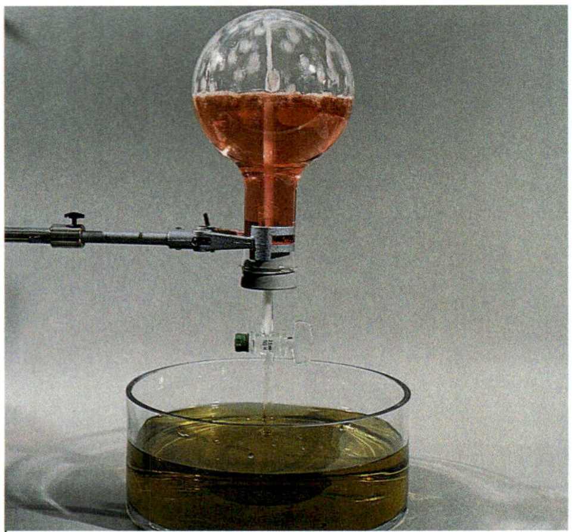

3 Salzsäuregas löst sich sehr gut in Wasser.

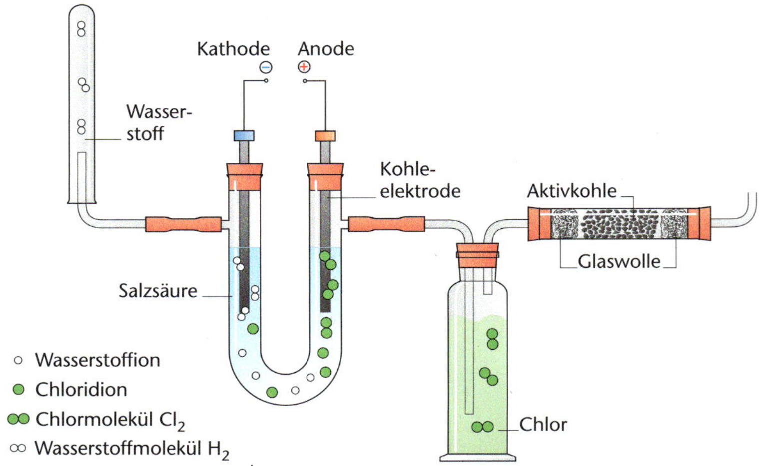

4 Die Elektrolyse einer Salzsäurelösung

Die Elektrolyse der Salzsäurelösung genauer betrachtet

Salzsäure bildet in Wasser frei bewegliche Ionen. Weil sich Wasserstoff an der Kathode bildet, müssen **Wasserstoffionen H^+** vorliegen. Da Chlor an der Anode entsteht, muss die Lösung Chloridionen Cl^- enthalten. Beim Lösen von Chlorwasserstoff in Wasser zerfallen die Moleküle in Wasserstoffionen und Chloridionen (▷B5).

$$HCl \longrightarrow H^+ + Cl^-$$

Beim Lösen von Chlorwasserstoff in Wasser entstehen Wasserstoffionen H^+ und Chloridionen Cl^-.

Welche Ionen bewirken die sauren Eigenschaften?

Warum färbt sich Universalindikator in Salzsäure und anderen sauren Lösungen rot? Saure Lösungen müssen Gemeinsamkeiten haben.

Eine Kochsalzlösung, die Chloridionen enthält, färbt Universalindikator nicht rot (▷V4). Die Chloridionen können folglich nicht für die Rotfärbung verantwortlich sein.

Auch bei der Elektrolyse anderer verdünnter Säuren entsteht an der Kathode Wasserstoff (▷V5). Es müssen also in jeder sauren Lösung Wasserstoffionen vorliegen. Diese Ionen sind für die sauren Eigenschaften verantwortlich.

Saure Lösungen enthalten Wasserstoffionen, H^+-Ionen. Sie bewirken die sauren Eigenschaften.

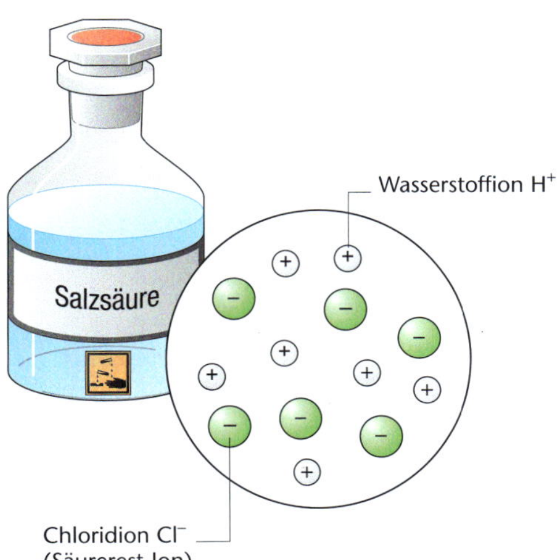

5 In einer Salzsäurelösung liegen Ionen vor.

Die Chloridionen in der Salzsäurelösung sind nicht für die sauren Eigenschaften verantwortlich. Man bezeichnet sie als **Säurerest-Ionen** der Salzsäure.

Das Säurerest-Ion der Salzsäure ist das Chloridion.

Säuren zerfallen in Wasser in positiv geladene Wasserstoffionen und negativ geladene Säurerest-Ionen.

Versuche

1 a) Man stellt Chlorwasserstoff durch Reaktion von konz. Schwefelsäure mit Kochsalz her (▷B1) und leitet das Gas zunächst durch einen Trichter auf Wasser, welches Universalindikatorlösung enthält. (Abzug! Schutzbrille)

b) Anschließend fängt man Chlorwasserstoff in einem Rundkolben (500 ml) auf, der durch einen Stopfen mit einem zur Spitze ausgezogenen Glasrohr verschlossen wird (▷B3). Der Kolben wird in einem Wasserbecken mit Universalindikatorlösung auf- und abbewegt. (Abzug! Schutzscheibe! Schutzbrille)

2 Verdünnte Salzsäure wird in einem U-Rohr mit Gleichstrom an Kohleelektroden zerlegt (▷B4). Das Gas, das sich an der Anode sammelt, wird in eine Waschflasche geleitet. Mit dem an der Kathode entstehenden Gas wird die Knallgasprobe durchgeführt. In die Waschflasche mit dem Gas von der Anode gibt man blaue Blüten (z. B. Stiefmütterchen). (Abzug! Schutzbrille!)

3 Man taucht eine Wasserstoffflamme langsam in einen mit Chlor gefüllten Standzylinder. Nach der Reaktion wird etwas Wasser in das Gefäß geschüttet und die Lösung mit Universalindikator getestet. Danach führt man wie in Versuch 2 die Elektrolyse durch. (Abzug!)

4 Löse in einem Reagenzglas etwas Kochsalz in Wasser und prüfe die Lösung mit Universalindikatorpapier.

5 Man führt die Elektrolyse von verschiedenen verdünnten Säuren durch. Das an der Kathode entstehende Gas wird mit der Knallgasprobe nachgewiesen. (Schutzbrille)

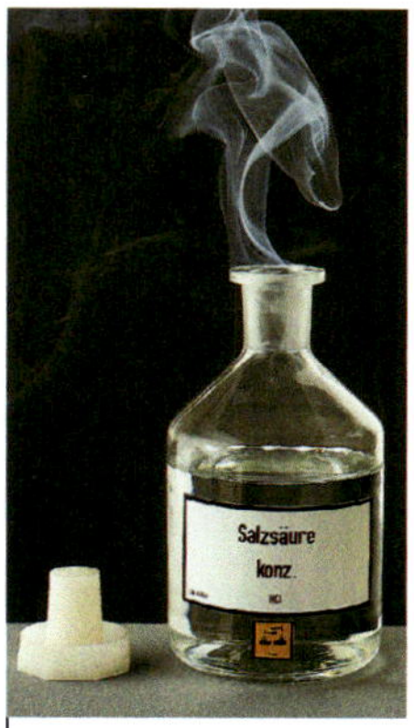

6 Aus Salzsäure entweicht Chlorwasserstoff.

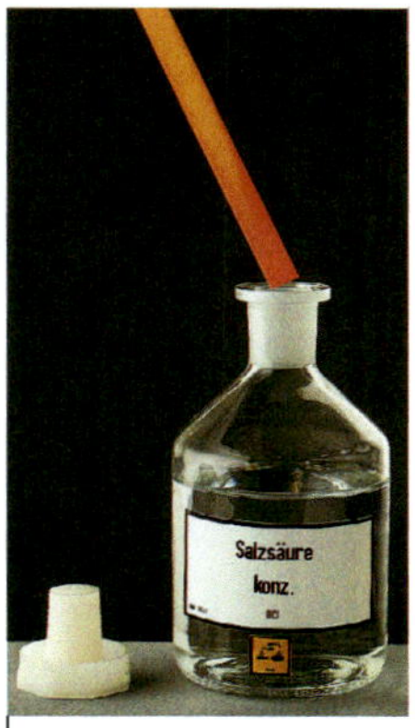

7 Feuchtes Universalindikatorpapier färbt sich rot.

1 Kochsalz entsteht.

3 Eingedampfte Kochsalzlösung

4 Kochsalzkristalle unter dem Mikroskop

Versuche

1 Man füllt in einen Reagierkelch konz. Salzsäure und gibt ein erbsengroßes frisch entrindetes Stück Natrium auf die Salzsäure. (Schutzscheibe! Vorsicht! Spritzgefahr! Schutzbrille!)

2 Gib in ein Reagenzglas verdünnte Salzsäure und
a) ein Stück Magnesiumband,
b) ein Stück Kupfernetz.
Dampfe die Lösungen nach der Reaktion ein. (Schutzbrille)

3 Gib in ein Reagenzglas verdünnte Salzsäure und
a) eine Spatelspitze Magnesiumoxid,
b) eine Spatelspitze Kupferoxid.
Dampfe die Lösungen nach der Reaktion ein. (Schutzbrille)

4 Löse in einem Reagenzglas etwas Kochsalz in Wasser und gib dann einige Tropfen Silbernitratlösung dazu. (Schutzbrille)

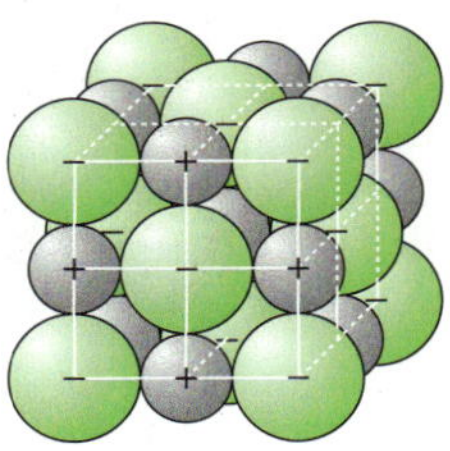

2 Ionengitter von Natriumchlorid

Kochsalz entsteht

Das bekannteste Salz der Salzsäure ist Natriumchlorid, das im Speisesalz verwendet wird. Es kann durch Reaktion von Natrium mit Chlor entstehen.
Natriumchlorid kann man aber auch aus Natrium und konzentrierter Salzsäure herstellen (▷B 1; V 1). Das Salz kann abfiltriert oder die Lösung eingedampft werden (▷B 3). Unter dem Mikroskop sieht man die würfelförmigen Kristalle des Kochsalzes (▷B 4).

Aus den Natriumatomen entstehen bei der Reaktion Natriumionen. Diese lagern sich mit den bereits vorhandenen Chloridionen der Salzsäure in einem Ionengitter zusammen und bilden das Salz Natriumchlorid (▷B 2). Gleichzeitig entsteht aus den Wasserstoffionen der Salzsäure Wasserstoff.

$$2\,Na + 2\,H^+ + 2\,Cl^- \longrightarrow 2\,Na^+ + 2\,Cl^- + H_2$$

Obwohl in wässriger Lösung Ionen vorliegen, schreibt man die entgegengesetzt geladenen Ionen oft auch zusammen.

$$2\,Na + 2\,HCl \longrightarrow 2\,NaCl + H_2$$

Neben Natrium reagieren auch andere Metalle mit Salzsäure unter Bildung von Chloriden und Wasserstoff.

Magnesiumchlorid entsteht

Bei der Reaktion zwischen Magnesium und verdünnter Salzsäure (▷B 5; V 2a) kann man zwar eine Wasserstoffentwicklung, aber keine Salzbildung erkennen. Das Salz ist gelöst.
Nach Eindampfen der Flüssigkeit bleibt ein weißer Belag von Magnesiumchlorid zurück:

$$Mg + 2\,HCl \longrightarrow MgCl_2 + H_2$$

Die Salze der Salzsäure heißen Chloride. Unedle Metalle reagieren mit Salzsäure zu Chloriden und Wasserstoff.

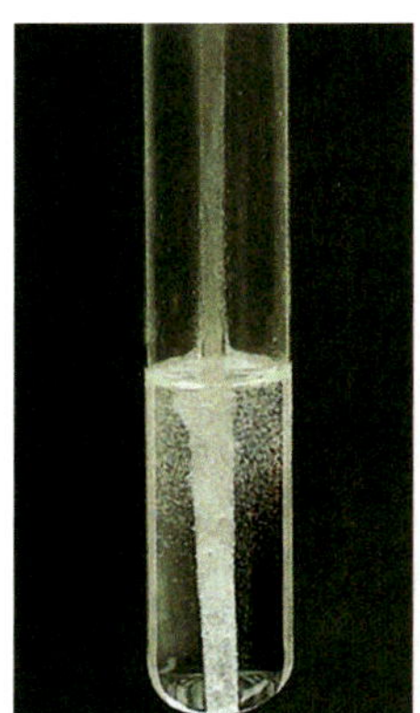
5 Magnesium in Salzsäure

6 Kupfer in Salzsäure

Chloride

Kaliumchlorid KCl ist ein weißes Salz und wie Kochsalz für unseren Körper lebensnotwendig. Die Kaliumionen werden über das Blut verteilt und sind für viele Stoffwechselprozesse, für die Muskelarbeit, für die Nerven- und Nierenfunktion und zur Aufrechterhaltung der Zellstruktur notwendig.

Silberchlorid AgCl ist ein weißes, in Wasser unlösliches Salz. Es ist lichtempfindlich und wird neben Silberbromid AgBr in der Schwarzweißfotografie eingesetzt. Licht zersetzt die Verbindung Silberchlorid, es entsteht Silber. Je dunkler eine Bildstelle ist, desto mehr Silber ist vorhanden.

Calciumchlorid $CaCl_2$ ist ein sehr gutes Trockenmittel. Hiermit wird z. B. beim Skispringen der Kunstschnee von überflüssigem Wasser trocken gehalten (▷ B 1). Zudem wird es als Streusalz, Heilmittel bei Allergien und Kalkmangelkrankheiten sowie als Frostschutzmittel verwendet.

1 Kunstschnee enthält Calciumchlorid.

Eisen(III)-chlorid $FeCl_3$ ist ein gelbbraunes Salz. Es wird bei der Herstellung von Farbstoffen und zur Wasseraufbereitung benutzt. Daneben wird Eisenchlorid auch zum Ätzen von Metallen, z. B. für die Herstellung von Leiterbahnen auf Platinen, verwendet (▷ B 2).

2 Leiterbahnen auf einer Platine

Ein anderer Weg zu Magnesiumchlorid

Magnesiumchlorid lässt sich auch aus Magnesiumoxid herstellen (▷ V 3a). Hierbei ist jedoch keine Gasentwicklung zu beobachten. Stattdessen entsteht Wasser. Nach Eindampfen der Lösung wird das weiße Salz Magnesiumchlorid sichtbar.

$$MgO + 2\,HCl \longrightarrow MgCl_2 + H_2O$$

Kupferchlorid entsteht

Kupfer reagiert nicht mit Salzsäure (▷ B 6; V 2b). Kupferoxid dagegen reagiert mit Salzsäure. Nach dem Eindampfen der Lösung kann man Kupferchlorid gewinnen (▷ B 7; V 3b).

$$CuO + 2\,HCl \longrightarrow CuCl_2 + H_2O$$

▶ Metalloxide reagieren mit Salzsäure zu Chloriden und Wasser.

7 Kupferoxid reagiert mit Salzsäure (links) zu Kupferchlorid (rechts).

Nachweis von Chloridionen

Treffen in einer Lösung Silberionen Ag^+ auf Chloridionen Cl^-, so bilden diese Ionen sofort unlösliches weißes Silberchlorid AgCl. Diese Reaktion ist ein Nachweis für Chloridionen (▷ B 8; V 4).

$$Ag^+ + Cl^- \longrightarrow AgCl$$

▶ Silberionen dienen als Nachweis für Chloridionen.

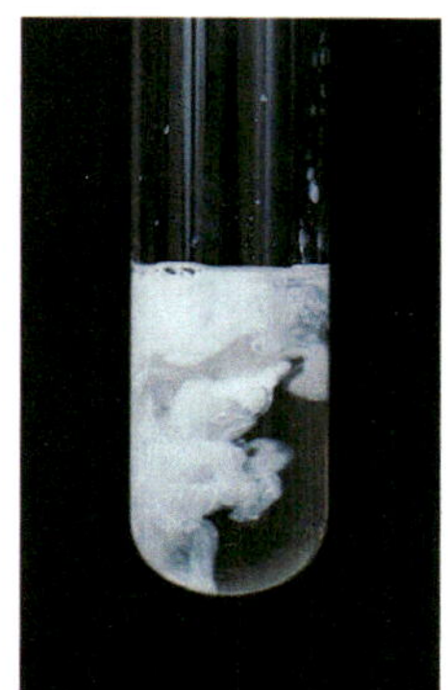

8 Der Nachweis für Chloridionen

Aufgaben

1 Formuliere jeweils die Reaktionsgleichung für die Entstehung von Calciumchlorid aus dem Metall und aus Calciumoxid.

2 Eisen(III)-chlorid hat die Formel $FeCl_3$ und wird als blutstillender Zusatz zur Verbandswatte gegeben. Wie kann Eisen(III)-chlorid hergestellt werden?

▶ 8 ff.
▶ 230 f.

1 Beim Umgang mit konzentrierter Säure ist Vorsicht geboten.

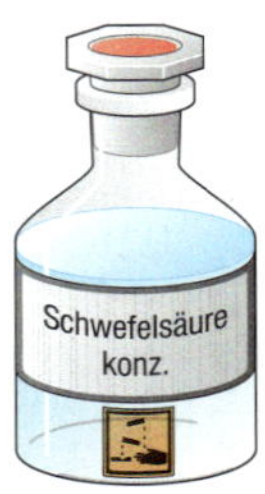

Vorsicht beim Verdünnen von konzentrierter Schwefelsäure
Konzentrierte Schwefelsäure ist eine Flüssigkeit, die stark wasseranziehend (hygroskopisch) ist. Stellt man eine Porzellanschale mit einigen Millilitern konzentrierter Schwefelsäure auf eine Waage (▷ V 1), so beobachtet man eine ständige Massenzunahme.
Die Schwefelsäure nimmt begierig Wasser aus der Luft auf und verdünnt sich dadurch. Die dabei frei werdende Wärme ist der Grund, warum man beim Verdünnen niemals Wasser in Säure gießen darf (▷ B 1). Will man konzentrierte Schwefelsäure verdünnen, muss die Säure vorsichtig in Wasser gegossen werden.

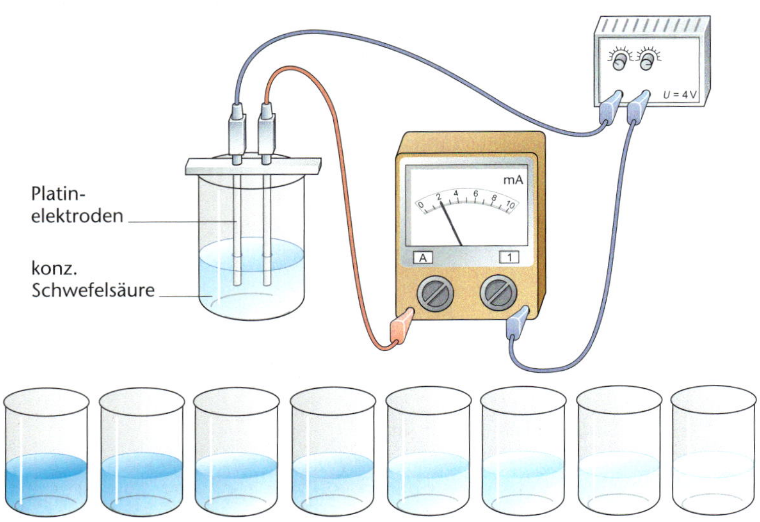

2 Leitfähigkeitsmessung in einer Verdünnungsreihe

Herstellen einer Verdünnungsreihe
Verdünnt man 25 ml konzentrierte Schwefelsäure (▷ V 2) durch vorsichtiges Einrühren in 25 ml Wasser, so erhält man eine etwa 50 %ige Schwefelsäurelösung. Setzt man dieses Verdünnen im Verhältnis 1:1 fort, so erhält man eine Verdünnungsreihe, wobei die Konzentration der Schwefelsäurelösung jeweils um die Hälfte abnimmt.

Erfassen einer Messkurve
Misst man die elektrische Leitfähigkeit der verdünnten Schwefelsäurelösungen, kann man auf die Anzahl der darin vorkommenden Ionen schließen.
Die konzentrierte Schwefelsäure zeigt kaum elektrische Leitfähigkeit. In den nachfolgenden immer weiter verdünnten Lösungen steigt die Leitfähigkeit zunächst stark an. Bei weiterer Verdünnung fällt die Leitfähigkeit jedoch wieder ab (▷ B 3).

Auswertung der Messkurve
Die elektrische Leitfähigkeit in Flüssigkeiten weist auf frei bewegliche Ionen hin. Die kaum leitende konzentrierte **Schwefelsäure** besteht hauptsächlich aus Molekülen der Formel H_2SO_4. Die steigende Leitfähigkeit beim Verdünnen beweist, dass beim Lösen in Wasser aus den Molekülen Ionen entstanden sind. Die Schwefelsäure bildet in Wasser, wie jede andere Säure, Wasserstoffionen H^+ und Säurerest-Ionen.

Aus der Messkurve kann man schließen, dass nicht sofort alle Schwefelsäuremoleküle Ionen bilden. Der Zerfall in Ionen erfolgt vielmehr schrittweise mit zunehmender Verdünnung. Die höchste elektrische Leitfähigkeit lässt sich beobachten, wenn die Anzahl der Ionen am größten ist. Dies ist bei einer 12,5 %igen Schwefelsäurelösung der Fall.

Wird danach weiter mit Wasser verdünnt, kann die Anzahl der Ionen nicht weiter steigen. Die Anzahl der Wassermoleküle nimmt gegenüber der Zahl der vorhandenen Ionen immer weiter zu. Dadurch sinkt die elektrische Leitfähigkeit (▷ B 3).

Schwefelsäure bildet unterschiedliche Säurerest-Ionen
Da das Schwefelsäuremolekül H_2SO_4 zwei Wasserstoffatome enthält, kann es in Wasser zwei Wasserstoffionen abgeben.

Die Abgabe von Wasserstoffionen erfolgt in Schritten.
Gibt ein Schwefelsäuremolekül ein Wasserstoffion ab, entsteht ein Säurerest-Ion mit der Formel $\mathbf{HSO_4^-}$, das **Hydrogensulfation**:

$$H_2SO_4 \longrightarrow H^+ + HSO_4^-$$

Das Hydrogensulfation kann ein weiteres Wasserstoffion abgeben. Dabei entsteht ein zweifach negativ geladenes Säurerest-Ion, das **Sulfation** $\mathbf{SO_4^{2-}}$:

$$HSO_4^- \longrightarrow H^+ + SO_4^{2-}$$

Schwefelsäure hat die Formel H_2SO_4. Sie bildet in Wasser Wasserstoffionen, Hydrogensulfationen und Sulfationen.

Eigenschaften und Verwendung der Schwefelsäure

Konzentrierte Schwefelsäure ist eine ölige, farb- und geruchlose Flüssigkeit mit der Dichte 1,84 g/cm^3.

Konzentrierte Schwefelsäure ist stark ätzend und wasseranziehend. Kleidungsstücke, Haut und Haare werden durch sie schnell zerstört (▷B4).
Beim Umgang mit der Schwefelsäure sind daher die Sicherheitsvorschriften streng zu beachten.

Die Schwefelsäure ist eine wichtige Chemikalie in der Industrie. Bekannt ist ihre Verwendung als ca. 37%ige Säure in Autoakkumulatoren, („Autobatterien"; ▷B5). Bei der Herstellung von Düngemitteln, Waschmitteln und Farbstoffen spielt sie eine wichtige Rolle (▷B6).

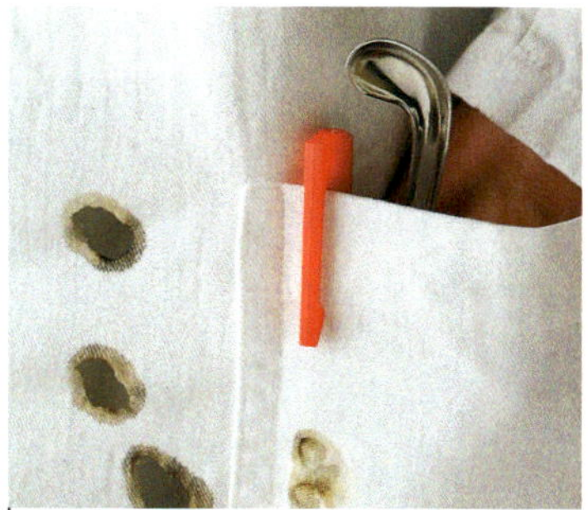

4 Schwefelsäure zerstört Baumwollgewebe.

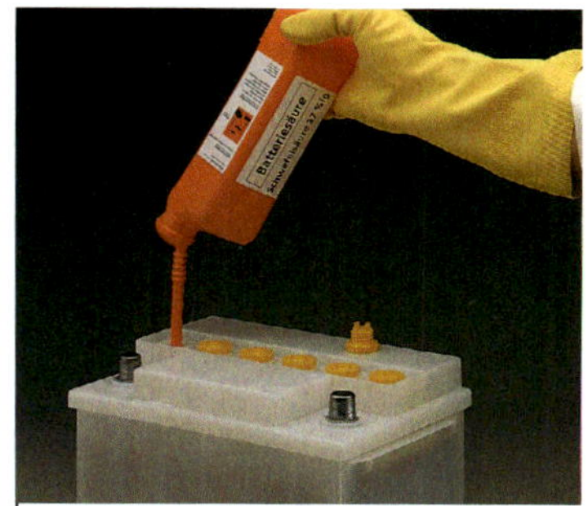

5 Schwefelsäure im Autoakku

Versuche

1 Man gibt konzentrierte Schwefelsäure in eine Porzellanschale und wiegt diese. Im Abstand von jeweils mehreren Minuten wird erneut gewogen. (Schutzhandschuhe! Schutzbrille!)

2 Man nummeriert 8 Bechergläser (100 ml). In das erste Glas werden 50 ml konz. Schwefelsäure gegeben (Schutzhandschuhe! Schutzbrille!). Alle folgenden Gläser werden mit 25 ml destilliertem Wasser gefüllt. Nun gibt man 25 ml der konz. Säure des 1. Becherglases in das 2. Becherglas (Vorsicht, Spritzgefahr!). Die Verdünnungsreihe wird fortgesetzt, indem man 25 ml des 2. Becherglases ins 3. Becherglas gibt usw. Nach dem Verdünnen misst man bei einer Spannung von ca. 4 V die Stromstärke (▷B2) mithilfe von Platinelektroden (Abstand ca. 2 cm). Die Werte werden erfasst, in ein Diagramm eingetragen, eine Messkurve wird erstellt. (Schutzhandschuhe! Schutzbrille!)

6 Schwefelsäure wird vielseitig verwendet.

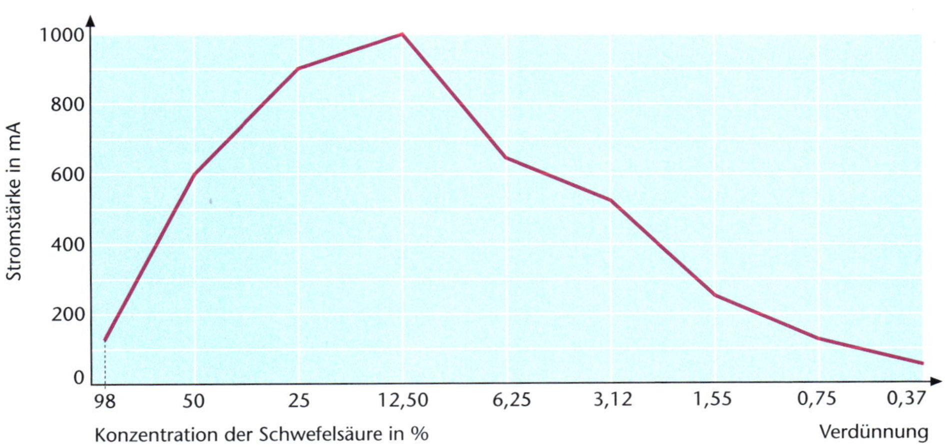

3 Auswertung der Messreihe

1 Gipsabbau

Da Schwefelsäure zwei Säurerest-Ionen bilden kann, können auch bei der Reaktion mit Metallen zwei unterschiedliche Salze entstehen: die **Hydrogensulfate** und die **Sulfate**.

▶ Die Salze der Schwefelsäure sind die Hydrogensulfate und die Sulfate.

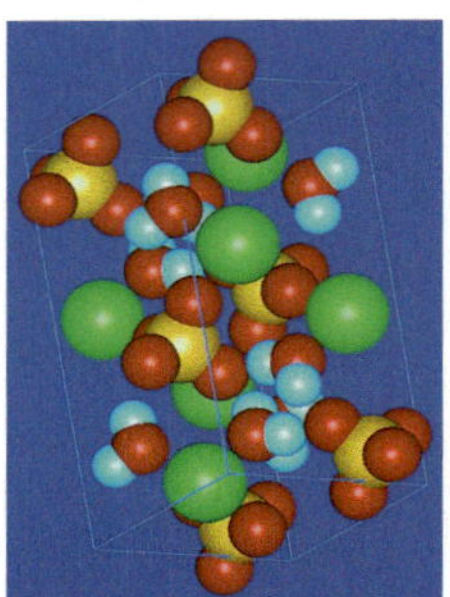

2 Modell eines Gipskristalls

3 Gips als Marienglas

4 Gips als Zwillingskristall

Gips, ein Naturprodukt

Calciumsulfat, das bekannteste Calciumsalz der Schwefelsäure, kommt in der Natur als Gips vor und wird in Steinbrüchen abgebaut (▷ B 1). Im Ionengitter (▷ B 2) sind neben den Calcium- und Sulfationen auch Wassermoleküle eingebaut. Dieses eingelagerte Wasser bezeichnet man als Kristallwasser. Die Menge des eingelagerten Wassers bestimmt die Eigenschaften des Stoffs. Deshalb wird es in der Formel angegeben:

$CaSO_4 \cdot 2\,H_2O$; lies: $CaSO_4$ mit 2 H_2O.

In der Natur gibt es verschiedene Gipskristalle. Marienglas (▷ B 3), Alabaster und Zwillingskristalle (▷ B 4) sind Beispiele.

5 Niederschlag von Bariumsulfat

Gips, ein vielseitig verwendbares Material

Durch Erhitzen des abgebauten Gipses auf ca. 130 °C erhält man gebrannten Gips. Dabei wird ein großer Teil des Kristallwassers entfernt, die Kristallstruktur wird zerstört. Das so gewonnene Material wird gemahlen und als Stuckgips, Modellgips (Zahnmedizin) oder Reparaturgips verkauft. Wird gebrannter Gips mit Wasser angerührt, so erhärtet das breiige Material nach kurzer Zeit: „Der Gips bindet ab". Durch die Wasseraufnahme bilden sich nadelförmige Kristalle, die ineinander verfilzt sind. Gips wird für Abdrücke (▷ V 1), für Gipsverbände (▷ B 6) oder für Reparaturen verwendet.

Der Nachweis von Sulfationen

Gibt man zu einer Sulfatlösung eine Bariumchloridlösung (▷ V 2), fällt ein weißer Niederschlag aus. Dabei handelt es sich um **Bariumsulfat $BaSO_4$**, ein schwer lösliches Salz der Schwefelsäure (▷ B 5):

$$Ba^{2+} + SO_4^{2-} \longrightarrow BaSO_4$$

Die Schwerlöslichkeit des Salzes nutzt man, um Sulfationen SO_4^{2-} nachzuweisen.

▶ Bariumionen Ba^{2+} dienen als Nachweis für Sulfationen SO_4^{2-}.

Versuche

1 Rühre Gips mit Wasser an. Fülle den Brei in eine Streichholzschachtel und drücke eine mit Öl bestrichene Münze in den Brei. Entferne die Münze nach ca. 15 Minuten.

2 Gib zu einer Natriumsulfatlösung einige Tropfen Bariumchloridlösung und beobachte. (Schutzbrille!)

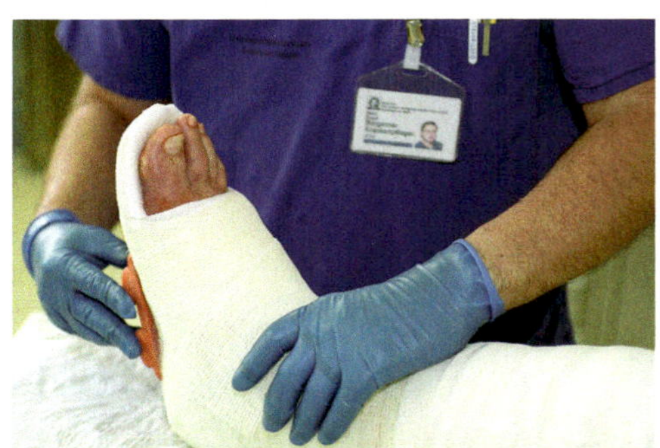

6 Gipsverband

Sulfate, Hydrogensulfate

1 Barytkristall

Bariumsulfat $BaSO_4$ wird auf Grund seiner hohen Dichte auch Schwerspat genannt. Die schönen Kristalle heißen Barytkristalle (▷ B 1). Dieses Salz ist nahezu völlig unlöslich in Wasser und wird deshalb von unserem Körper nicht aufgenommen. Es ist deshalb (im Gegensatz zu der Giftigkeit löslicher Bariumsalze) ungiftig und wird bei bestimmten Röntgenaufnahmen als Kontrastmittel eingenommen (▷ B 2).

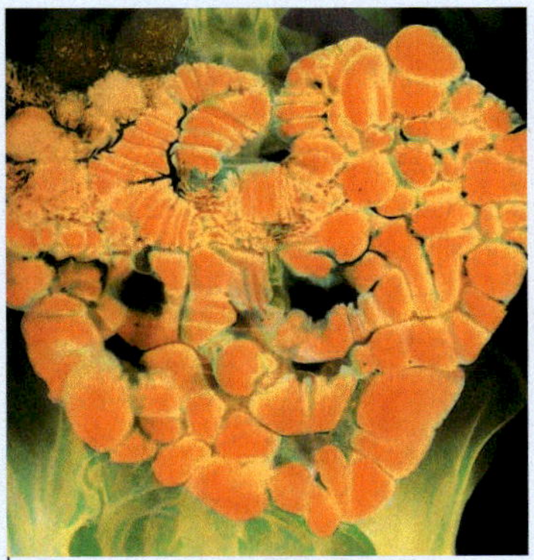

2 Falschfarbenaufnahme des Dünndarms

Kupfersulfat hat die Formel **$CuSO_4 \cdot 5\ H_2O$**. Diese zeigt an, dass im Ionengitter Wassermoleküle eingelagert sind. Beim Erhitzen wird das Wasser aus dem Kristallverband herausgetrieben. Dabei wird das blaue Salz weiß (▷ B 3). Dieser Vorgang ist umkehrbar.

Kupfersulfat kann in wasserfreier Form als Nachweismittel für Wasser (Blaufärbung) verwendet werden. Das blaue Kupfersulfat wird zum Verkupfern in galvanischen Bädern, zur Kupferstichätzung (▷ B 4) in Druckereien und in der Medizin als Brech- und Bandwurmmittel eingesetzt. Die Winzer setzen es zur Bekämpfung von Rebläusen ein.

3 Blaues Kupfersulfat wird erhitzt.

4 Kupferstich

Natriumhydrogensulfat hat die Formel **$NaHSO_4$**. Beim Lösen in Wasser bildet sich das Hydrogensulfation (HSO_4^-). In wässriger Lösung kann ein weiteres Wasserstoffion abgespalten werden:

$$HSO_4^- \longrightarrow H^+ + SO_4^{2-}$$

Man sagt deshalb, Natriumhydrogensulfat ist ein saures Salz. Festes Natriumhydrogensulfat ersetzt heute in WC-Reinigern die früher verwendete Salzsäure.

5 Glaubersalz

Natriumsulfat $Na_2SO_4 \cdot 10\ H_2O$ wird auch Glaubersalz genannt. Neben **Magnesiumsulfat $MgSO_4 \cdot 7\ H_2O$**, das auch als Bittersalz bezeichnet wird, ist es in vielen Mineralwässern der Heilquellen gelöst.
Glaubersalz (▷ B 5) wird bei der Papier- und Zellstoffgewinnung, bei der Glasherstellung, zur Herstellung des Farbpigmentes Ultramarinblau (▷ B 6) und als Trockenmittel benötigt. Bittersalz wird in Mineralstoffdüngern verwendet.

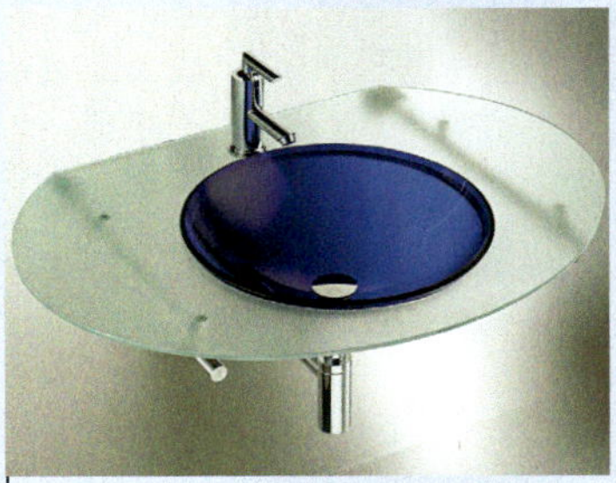

6 Waschbecken mit Glas in Ultramarinblau

Bleisulfat hat die Formel **$PbSO_4$**. Es entsteht bei der Entladung des Autoakkumulators. Der Akku besitzt eine Bleielektrode und eine Bleidioxidelektrode, die in verdünnte Schwefelsäure eintauchen. Beim Entladen läuft folgende Reaktion ab:

$$PbO_2 + Pb + 2\ H_2SO_4 \longrightarrow 2\ H_2O + 2\ PbSO_4$$

Beim Laden des Akkumulators werden die Vorgänge umgekehrt. Es wird Energie zugeführt, z. B. durch die Lichtmaschine im Auto.

Werkstatt

Arbeiten mit Gips

1 Theatermasken – selbst gemacht

Material

Gipsbinde (0,20 m breit; ca. 0,60 m lang), warmes Wasser, Gummihandschuhe, Schere, Vaseline, dünne Kunststofffolie, Waschlappen, Seife, Handtuch zum Abdecken, Handtuch zum Säubern des Gesichts, Farben und Pinsel zum Bemalen

> **Tipp**
> Wer zum ersten Mal eine Maske fertigt, sollte eine einfache Halbmaske anfertigen, die vom Haaransatz bis zur Nasenspitze reicht. Der Eingegipste wird so nicht beim Atmen behindert.

1 Halbmaske in der Oper

Versuchsanleitung

a) Suche einen Partner oder eine Partnerin für die Anfertigung einer Gesichtshalbmaske aus Gips.

b) Schneide die Gipsbinde in kleinere Stücke. Die größten Stücke sollen etwa eine Fläche von 4 cm × 4 cm, die kleinsten ca. 1 cm × 4 cm besitzen. Die größeren Teile dienen zum Modellieren der Stirn und der Wangen, während die kleineren Teile für die Nase und Augenpartien benötigt werden.

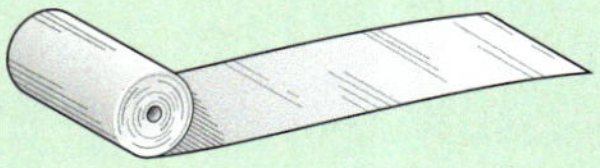

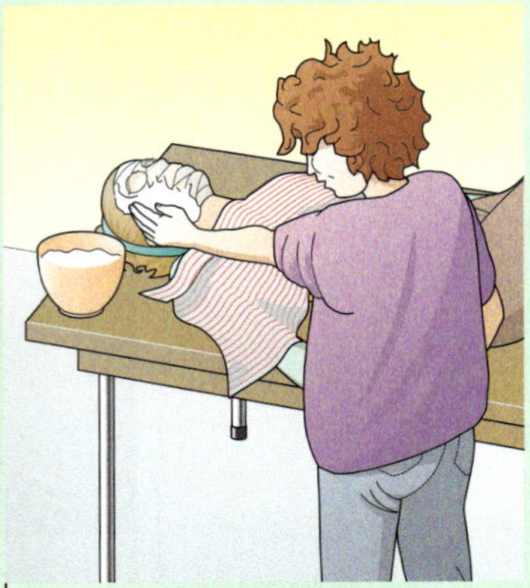

2 Entspanntes Arbeiten

c) Das „Modell" legt sich entspannt auf den Rücken (▷ B 2). Reibe das Gesicht des Modells, besonders die geschlossenen Augenlider und Augenbrauen, dick mit Vaseline ein. Lege um die Augen zusätzlich jeweils ein wenig Kunststofffolie. Decke Hals und Kleidung mit einem Handtuch ab.

d) Beginne mit kleinen Gipsstreifen auf dem Nasenrücken. Lege das vorgesehene Stück Gipsverband kurz in warmes Wasser, drücke es aus und ziehe es wieder glatt. Lege den Gipsstreifen über den Nasenrücken und drücke ihn, der Oberfläche der Haut folgend, ohne Falten an.
Lege weitere Gipsstreifen mindestens 0,5 cm überlappend auf. Fahre fort, bis die Maske an jeder Stelle mindestens aus 3 Schichten besteht.

> **Tipp**
> Achte darauf, dass keine Luftzwischenräume entstehen und darauf, dass die Richtung der Textilfasern möglichst unterschiedlich ist.

e) Verbinde die einzelnen Schichten der Maske durch modellierendes Bestreichen mit nassen Händen gut miteinander.

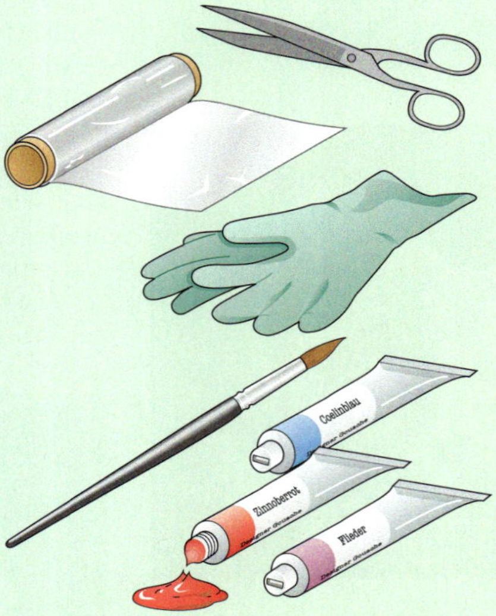

f) Löse nach etwa 5 bis 8 Minuten die Gipsmaske mithilfe der eingegipsten Person vorsichtig ab. Lege dabei die Hände an den Maskenrand und ziehe diese vorsichtig vom Gesicht.

> **Tipp**
> Strinrunzeln, Wangen aufblasen und „Grimassen schneiden" helfen, dass sich die Maske allein von der eingecremten Haut löst.

f) Glätte die fransigen Ränder mithilfe einer Schere. Lass die Maske 2 bis 3 Tage trocknen.
Bemale dann die Gipsmaske.

3 Ganzmaske

Der Untergang der Vasa

1 Modell der Vasa

2 Das Vasa Museum in Stockholm

Die „Vasa" wurde vor mehr als 300 Jahren gebaut …

Im 30-jährigen Krieg ließ der schwedische König GUSTAV II ein 62 Meter langes Kriegsschiff, die „Vasa" (▷ B 1) bauen. Auf der Jungfernfahrt am 10. August 1628 sank das Schiff noch im Hafen von Stockholm, weil es zu schwer beladen war, vor allem mit Kanonen. Im Jahre 1961 wurde das Schiff gehoben und viele Jahre lang sorgfältig restauriert. Seit 1990 liegt es in einem eigens dafür gebauten Museum in der schwedischen Hauptstadt (▷ B 2; B 3) und zieht Jahr für Jahr etwa 800 000 Besucher an.

… und jetzt wird das Schiff durch Schwefelsäure gefährdet

Nach der Bergung vom Meeresgrund bedroht Schwefelsäure das kostbare alte Schiff. Die Bildung von Sulfaten auf dem Schiff hat die Forscher auf die Gefahr aufmerksam gemacht.
Schuld an der Säurebildung ist eine große Menge Schwefel, die von Bakterien stammt. Diese Schwefelbakterien können sich nur bei Abwesenheit von Sauerstoff vermehren. Während der 333 Jahre, die das Schiff unter sauerstoffarmen Bedingungen im ruhigen Wasser des Stockholmer Hafens gelegen hat, haben sich die Bakterien angesiedelt, vermehrt und ihre schwefelhaltigen Abbauprodukte im Holz abgelagert. Der am Schiff abgelagerte Schwefel kommt jetzt mit Luft in Berührung und wird dabei oxidiert.
Die Oxide des Schwefels reagieren dann mit der Luftfeuchtigkeit zu Schwefelsäure.

$$2\,SO_2 + O_2 \longrightarrow 2\,SO_3$$
$$SO_3 + H_2O \longrightarrow H_2SO_4$$

Rettung der „Vasa"

Die „Vasa" droht von der Schwefelsäure zerfressen zu werden. Berechnungen von Experten zeigen, dass mehrere Tonnen Schwefelsäure tief in den feinsten Poren des Holzes entstehen werden (▷ B 4).

Eine Beseitigung der Säure im Inneren des Holzes ist nicht möglich, ohne das Schiff zu zerstören. Deshalb kann man nur versuchen, den Zerfall zu verlangsamen, z. B. durch Verminderung der Luftfeuchtigkeit.

3 Das geborgene Schiff im Museum

4 Sulfate und Schwefel an der Holzoberfläche

Chemie und Internet

Chemisches Wissen aus dem Internet

Im Internet sind auf mehr als einer Milliarde Seiten neben vielen fragwürdigen Inhalten auch viele interessante, wichtige und neue Informationen zu finden. Auch zu Fragen der Chemie gibt es Antworten.
Die Frage: „Gibt es Fortschritte bei dem Versuch, das versunkene Kriegsschiff Vasa vor Schwefelsäure zu retten?", soll mithilfe des Internets beantwortet werden. Dabei wird der Umgang mit dem neuen Medium eingeübt.

A. Adresszeile eines Browsers

Die Eingabe einer bekannten **Internet-Adresse** in die Adresszeile (▷ B 1) eines Browsers führt direkt auf die Homepage oder Domäneseite eines Anbieters. Beispielsweise führen die Adressen
www.BASF.de oder www.bayer.de oder www.Schering.de auf die Domäneseiten großer Chemiekonzerne.
Oft sind geeignete Adressen jedoch nicht bekannt, sodass andere Wege zur Informationsfindung gewählt werden müssen.

B. Suchmaschinen nutzen

Suchmaschinen sind Programme zum Finden von Internetseiten. Unter der Adresse www.suchmaschinen.de findet man eine große Auswahl von Suchmaschinen.
Bekannte Suchmaschinen sind: www.google.de; www. yahoo.de oder www.altavista.de.
Unterschiedliche Suchmaschinen liefern unterschiedliche Ergebnisse.
Das erste Suchwort soll „Vasa" sein.
In sehr kurzer Zeit liefert die Suchmaschine eine Auswahl von mehreren Tausend Seiten (▷ B 2).

Zusätzlich stehen im Netz auch **Metasuchmachinen** (z. B. www.metager.de) zur Verfügung. Diese bewerten nach Eingabe eines Suchwortes verschiedene Suchmaschinen nach der Anzahl der Treffer.

C. Intelligent suchen

Suchmaschinen lassen zu, nach mehreren Begriffen gleichzeitig zu suchen. Die Begriffe müssen nur durch ein Leerzeichen getrennt sein oder man setzt ein „+" (bzw. „und" oder „and") zwischen die Begriffe.
Gibt man beispielsweise die Begriffe „Vasa+Schwefelsäure" ein, werden nur noch Seiten angezeigt, die beide Suchworte gleichzeitig enthalten. Die Seitenanzahl lässt sich dadurch erheblich verringern (▷ B 3).

Aufgaben

1 Suche aus dem Internet mithilfe der Verknüpfungsfunktion Belege für den Fortschritt der Rettung der „Vasa".

2 Suche den Bildungsserver von Baden-Württemberg.

3 Finde im Internet Informationen zum Problem „saurer Regen" und seine „Folgen".

1 Die Adresszeile

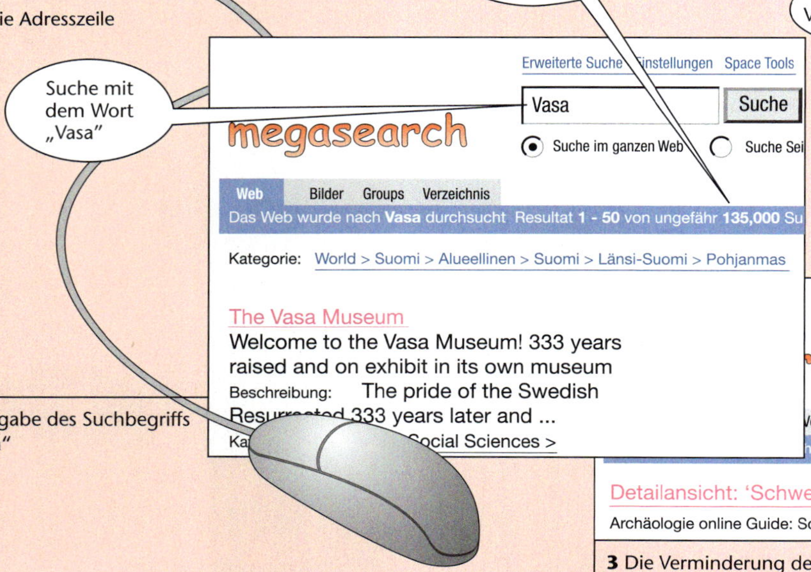

2 Eingabe des Suchbegriffs „Vasa"

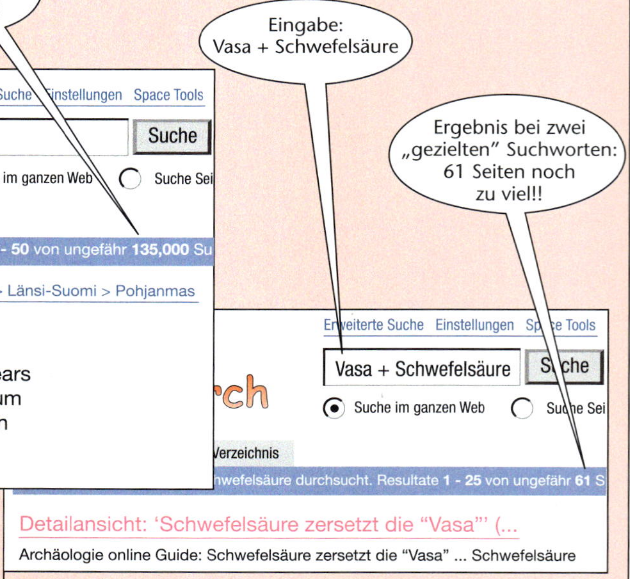

3 Die Verminderung der Seitenzahl durch die Verknüpfung von Suchbegriffen mit „+"

1 Die Herstellung von Sprudelwasser aus Leitungswasser

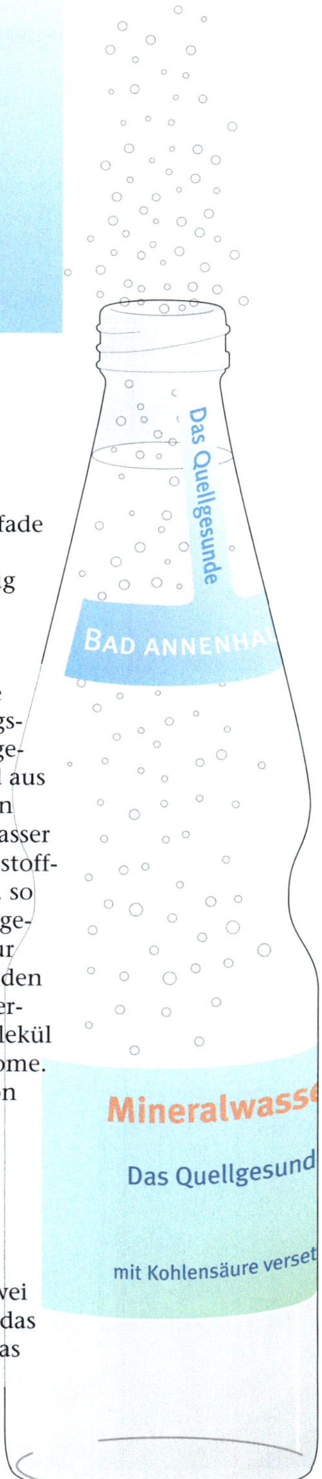

Die Kohlensäure in Getränken

In vielen sprudelnden Erfrischungsgetränken ist Kohlensäure enthalten. Unsere Erfahrung zeigt, dass Sprudel fade schmeckt, je wärmer er geworden ist. Auch zum Zapfen von Bier wird häufig Kohlenstoffdioxid eingesetzt.

Die Entstehung der Kohlensäure

In vielen Haushalten steht heute eine Sprudelmaschine, mit der aus Leitungswasser ein erfrischendes Getränk hergestellt werden kann (▷ B 1). Dabei wird aus einer Gaspatrone Kohlenstoffdioxid in das Wasser gepresst. Prüft man das Wasser vor und nach der Zugabe von Kohlenstoffdioxid mit Universalindikator (▷ V 1), so stellt man fest, dass die Lösung sauer geworden ist. Die saure Lösung kann nur durch das Einleiten des Gases entstanden sein. Saure Lösungen enthalten Wasserstoffionen. Das Kohlenstoffdioxidmolekül CO_2 enthält aber keine Wasserstoffatome. **Kohlensäure** muss erst durch Reaktion mit Wasser entstanden sein:

$$CO_2 + H_2O \longrightarrow H_2CO_3$$

Die Bildung von Ionen

Das Kohlensäuremolekül besitzt zwei Wasserstoffatome. Es kann deshalb zwei verschiedene Säurerest-Ionen bilden, das **Hydrogencarbonation HCO_3^-** und das **Carbonation CO_3^{2-}**.

$$H_2CO_3 \longrightarrow H^+ + HCO_3^-$$

$$HCO_3^- \longrightarrow H^+ + CO_3^{2-}$$

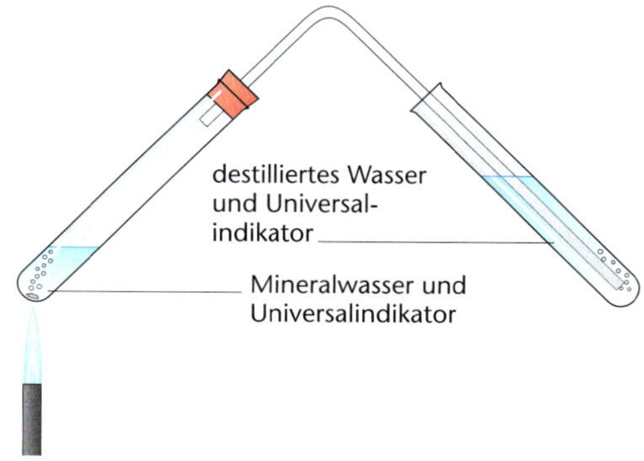

2 Kohlensäure zerfällt leicht.

Kohlensäure hat die Formel H_2CO_3. Sie bildet in Wasser Hydrogencarbonationen und Carbonationen.

Der Zerfall von Kohlensäure

Beim Einleiten von Kohlenstoffdioxid in Wasser wird der größte Teil in Wasser gelöst. Nur ein sehr kleiner Teil (weniger als 1 %) bildet Kohlensäure und damit die saure Lösung.
In Wasser gelöstes Kohlenstoffdioxid kann leicht wieder ausgetrieben werden (▷ B 2; V 2). Durch Erwärmen zerfällt die Kohlensäure in Kohlenstoffdioxid und Wasser:

$$H_2CO_3 \longrightarrow CO_2 + H_2O$$

Säuren, die wie die Kohlensäure leicht wieder zerfallen, nennt man unbeständige Säuren.

Versuche

1. Presse in einer „Sprudelmaschine" Kohlenstoffdioxid aus einer Gaspatrone in Leitungswasser. Prüfe das Wasser vorher und nachher mit Universalindikatorpapier.

2. Ein Reagenzglas wird zu etwa einem Drittel mit kaltem kohlensäurehaltigem Mineralwasser gefüllt. Man gibt Universalindikator und einige Siedesteinchen zu und setzt einen Stopfen mit gewinkeltem Glasrohr auf. Das Glasrohr wird tief in ein 2. Reagenzglas geführt, das mit destilliertem Wasser und etwas Universalindikator gefüllt ist. Das 1. Reagenzglas wird mit dem Gasbrenner schwach erhitzt (▷ B 2). Bei Versuchsende zuerst das rechte Reagenzglas entfernen, dann das Erhitzen einstellen (Rückschlag!). (Schutzbrille!)

Carbonate – die Salze der Kohlensäure
Von den Namen der Säurerest-Ionen der Kohlensäure leiten sich die Namen ihrer Salze ab: **Hydrogencarbonate** und **Carbonate**. Während die Hydrogencarbonate gut wasserlöslich sind, sind viele Carbonate in Wasser schwer löslich. Dazu gehört **Calciumcarbonat $CaCO_3$**, das als Kalkstein ganze Gebirgszüge bildet (▷B 1) oder als Kreide oder Marmor vorkommt.

▶ Die Salze der Kohlensäure sind die Carbonate und die Hydrogencarbonate.

1 Gebirgszüge aus Kalk

Kohlensäure „zerfrisst" Kalk
Da Regenwasser aus der Luft Kohlenstoffdioxid aufnimmt, bildet sich auf diese Weise stark verdünnte Kohlensäure. Diese Kohlensäure dringt tief in den Boden ein. Falls sie im Untergrund auf Kalkstein $CaCO_3$ trifft, wandelt sie einen Teil des Kalksteins in lösliches Calciumhydrogencarbonat $Ca(HCO_3)_2$ um (▷V 1).

$$CaCO_3 + H_2CO_3 \longrightarrow Ca(HCO_3)_2$$

2 In einer Tropfsteinhöhle bildet sich Kalk.

Der Kalk geht in Lösung und wird als Hydrogencarbonat vom Grundwasser fortgespült. Mit der Zeit höhlt das Grundwasser auf diese Weise das kalkhaltige Gestein aus. Es entsteht ein Höhle (▷B 2).

Kalk bildet sich neu
An der Decke einer Tropfsteinhöhle hängen Wassertropfen mit darin gelöstem Calciumhydrogencarbonat. Verdunstet das Wasser und entweicht das Kohlenstoffdioxid, wandelt sich das gelöste Calciumhydrogencarbonat in schwer lösliches Calciumcarbonat um:

$$Ca(HCO_3)_2 \longrightarrow CaCO_3 + H_2O + CO_2$$

Calciumcarbonat bleibt an der Decke hängen. Auf diese Weise wächst der Kalk als Tropfstein von der Decke herab. Es bilden sich die so genannten Stalaktiten (▷B 2).

Andere wichtige Salze der Kohlensäure
Natriumcarbonat Na_2CO_3 wurde früher aus Salzseen gewonnen. Heute wird es technisch hergestellt und kommt unter dem Namen Soda in den Handel. Es wird für die Herstellung von Seifen, Waschmitteln, Glas und Farben benötigt.

Natriumhydrogencarbonat $NaHCO_3$ ist auch unter dem Namen Natron bekannt und wird als Mittel gegen Sodbrennen verwendet. Es ist auch als Treibmittel in Backpulver, Brausepulver (▷B 3) und in Pulverlöschern enthalten.

Versuch

1 Man leitet Kohlenstoffdioxid über längere Zeit in Kalkwasser ein. Beobachte.

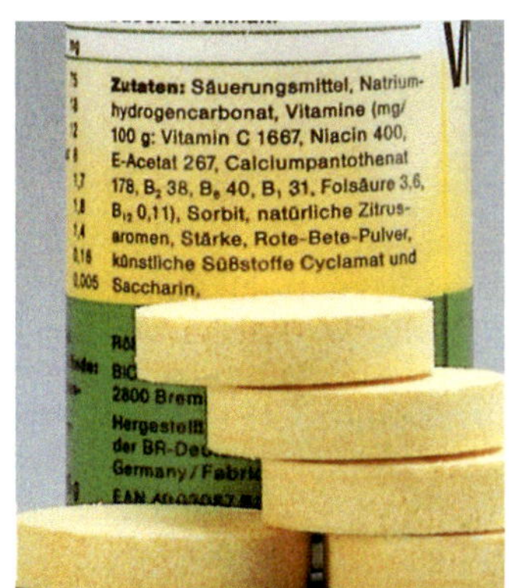

3 Brausepulver enthält Natriumhydrogencarbonat.

Wir untersuchen Salze der Kohlensäure

1 Badezimmer aus Marmor

1 Ist Marmor säurefest?

Material

Schutzbrille, Reagenzglas, Gummistopfen (einfach durchbohrt), Glasrohr (spitzwinklig, ungleichschenklig), Becherglas, Kalkwasser, Marmorstücke, verdünnte Salzsäure

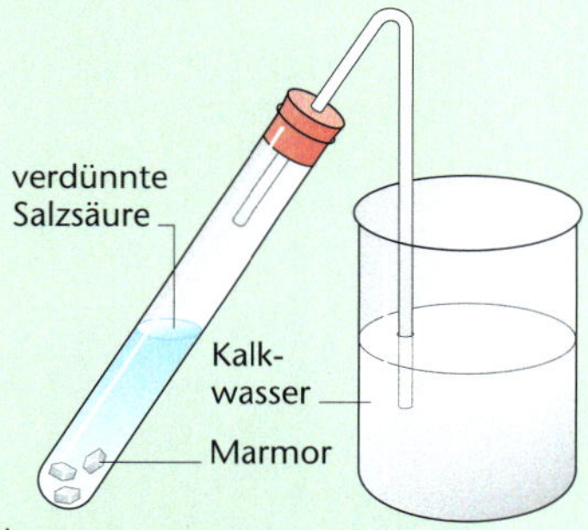

2 Ist Marmor säurefest?

Versuchsanleitung

Gib kleine Marmorstücke in ein Reagenzglas und übergieße sie mit so viel verdünnter Salzsäure, bis die Marmorstücke von der Flüssigkeit überdeckt werden. Verschließe das Reagenzglas mit einem Stopfen, in dem das Glasrohr steckt, und halte das Glasrohr in ein mit Kalkwasser gefülltes Becherglas (▷ B 2). Beobachte.

Aufgabe

Anstelle von Marmor können auch die Schalen von Muscheln (▷ B 3) genommen werden. Warum sind diese geeignet?

3 Muscheln

2 Eierschalen verschwinden

Material

Schutzbrille, Reagenzglas, Spatellöffel, Citronensäure, destilliertes Wasser, trockene Eierschalen

Versuchsanleitung

Gib eine kleine Spatelspitze Citronensäure in ein Reagenzglas. Löse die Säure in etwas destilliertem Wasser. Zerreibe die Eierschalen zwischen den Fingern und gib sie in die Citronensäurelösung.

3 Antrieb mit Natron und Essig

Material

Schutzbrille, Spatellöffel, Filmdose oder Kapsel von Überraschungsei, verdünnte Essigsäure, Natron

Versuchsanleitung

Gib eine Spatelspitze Natron in eine Filmdose (oder die Kapsel eines Überraschungseis) und gib etwas Essigsäure dazu. Verschließe die Dose sofort und stelle dich etwas abseits.
Beobachte, was geschieht.

4 Schaumschlägerei mit Natriumhydrogencarbonat

Material

Schutzbrille, Becherglas (50 ml), Reibschale mit Pistill, Spatel, Spatellöffel, Spülmittel, Natriumhydrogencarbonat, Weinsäure, destilliertes Wasser

a) Vermische und verreibe eine Spatelspitze Natriumhydrogencarbonat mit einer Spatelspitze Weinsäure in der Reibschale. Beobachte, ob eine Reaktion einsetzt.

b) Gib das Pulvergemisch in ein Becherglas und übergieße es mit etwas Wasser, dem einige Tropfen Spülmittel zugefügt wurden (▷ B 4). Erkläre die Beobachtung.

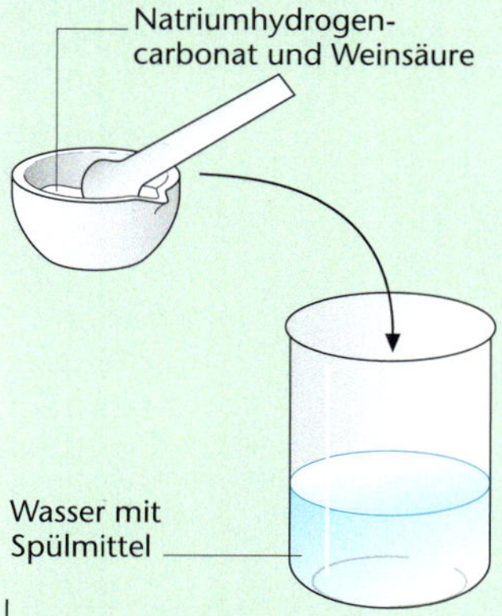

4 Schaumschlägerei

5 Dem Geheimnis des Natrons auf der Spur

Material

Schutzbrille, Reagenzglas, Gummistopfen (einfach durchbohrt), Glassrohr (spitzwinklig, ungleichschenklig), Stativ, Universalklemme, Doppelmuffe, Gasbrenner, Spatel, Becherglas (50 ml), Natron, Kalkwasser

Versuchsanleitung

Gib eine Spatelspitze Natriumhydrogencarbonat in ein Reagenzglas und setze einen Stopfen mit Glasrohr darauf. Spanne das Reagenzglas am Stativ so ein, dass das Glasrohr in das Becherglas mit Kalkwasser taucht. Erhitze das Natriumhydrogencarbonat im Reagenzglas mit dem Gasbrenner und beobachte (▷ B 5).
Entferne den Gasbrenner erst, wenn das Glasrohr aus dem Kalkwasser herausgezogen worden ist!

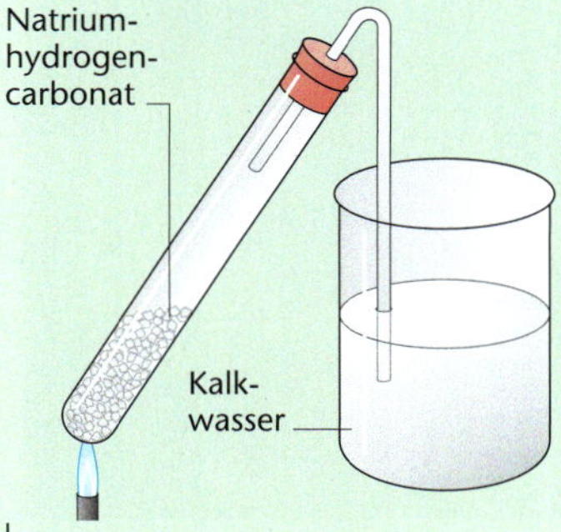

5 Das Geheimnis des Natrons

244
250 ff.

Waldsterben

Die Bedeutung des Waldes

Wenn große Überschwemmungen im Flachland oder gewaltige Erdrutsche (▷ B 1, B 2) und Lawinen im Bergland Menschen töten oder in Gefahr bringen, wird besonders offensichtlich, welche große Bedeutung der gesunde Wald hat.

Gesunder Waldboden kann riesige Wassermengen aufnehmen und bei Trockenheit nach und nach wieder abgeben. Zudem verhindert er das Abrutschen von Lawinen (▷ B 3). Das Wurzelwerk hält auch an Steilhängen den Boden und Steine fest. Die grünen Blätter und Nadeln produzieren Sauerstoff zum Atmen und binden Kohlenstoffdioxid aus der Luft. Außerdem filtern große Waldflächen die Luft und sorgen für angenehmen Temperaturausgleich.

Das Waldsterben – nicht nur ein deutsches Problem

Seit Mitte der 80er Jahre wird das Absterben von Bäumen jährlich statistisch erfasst. Der von der Bundesregierung vorgelegte „Waldzustandsbericht" am Ende des Jahres 2004 weist aus, dass mehr als die Hälfte des deutschen Waldes krank ist. Bei genauerer Betrachtung fällt auf, dass verschiedene Waldregionen sehr unterschiedlich betroffen sind. So sind häufig die Kammlagen des Schwarzwaldes, des Erzgebirges, des Sauerlandes, der Hohen Tatra und anderer europäischer Gebirge besonders betroffen.

Aufgaben

1 Suche mithilfe des Internets heraus, welche Baumarten besonders von Umwelteinflüssen geschädigt sind.

2 Begründe, warum die Kammlagen der Mittelgebirge besonders vom Waldsterben betroffen sind.

3 Welche Möglichkeiten zum Verhindern oder zur Reduzierung des Waldsterbens kannst du dir vorstellen?

1 Erdrutsche bringen Menschen in Gefahr.

2 Hang nach einem Erdrutsch

3 Schneelawine

4 Gesunde Nadelbäume

Saurer Regen – ein Verursacher des Waldsterbens

Das verstärkte Absterben von Bäumen wird seit etwa 25 Jahren beobachtet. Seit dieser Zeit wird nach den genauen Ursachen geforscht. Das Waldsterben kann nicht nur auf eine Ursache zurückgeführt werden. Dennoch ist in der Zwischenzeit unumstritten, dass der **saure Regen** ein Verursacher des Waldsterbens ist.

Was bewirkt saurer Regen?

Bei der Verbrennung schwefelhaltiger Verbindungen (z. B. in Kohle, Gas, Öl) und der Verbrennung von Stickstoff (z. B. im Automotor, in Kraftwerken) entstehen Schwefeldioxid SO_2 und Stickstoffoxide NO_x (▷B 7). Diese sind gasförmig und werden mit dem Wind verbreitet und mit dem Regen ausgewaschen.

Diese Gase schädigen einerseits direkt die Nadeln oder Blätter von Bäumen, da sie das für die Fotosynthese wichtige Chlorophyll zerstören. Andererseits bilden sie mit dem Regen Schwefelsäure, Schweflige Säure und Salpetersäure. Diese Säuren verändern den pH-Wert des Bodens an manchen Stellen so stark, dass die Wurzeln der Bäume geschädigt werden.

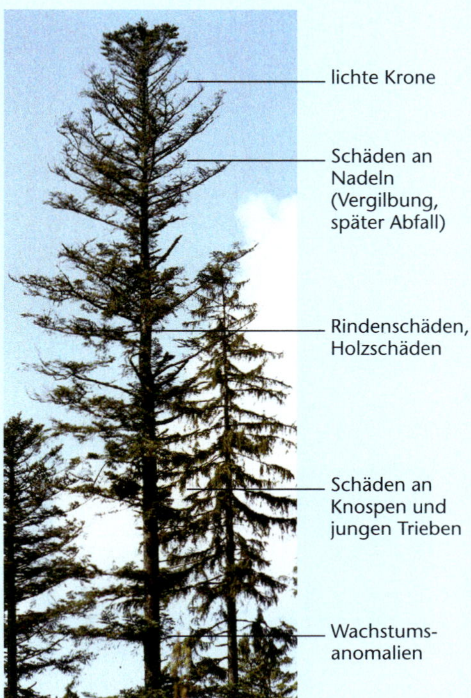

5 Kranke Nadelbäume

Abhilfe – wie?

Am sinnvollsten ist es, die Luftschadstoffe erst gar nicht entstehen zu lassen, bzw. am Ort der Entstehung sofort zu beseitigen. Hierbei helfen Autokatalysatoren oder Anlagen zur Reinigung der Abluft in der Industrie. Auch die Suche nach und der Einsatz von alternativen Energiequellen und umweltfreundlichen Brennstoffen sollen der zunehmenden Luftverschmutzung entgegenwirken.
Bereits übersäuerte Böden oder Seen können durch Kalkung neutralisiert werden (▷B 8).

6 Waldsterben

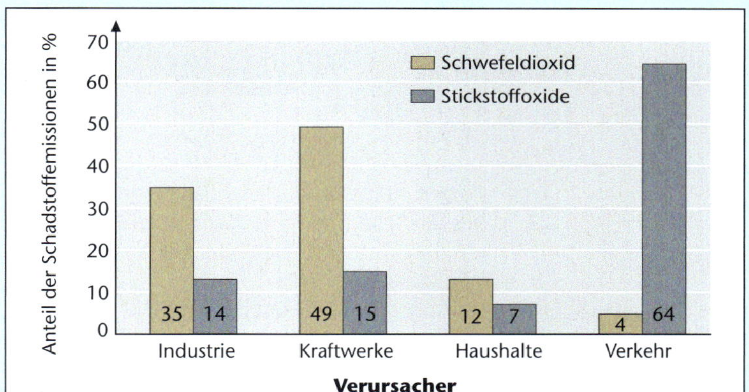

7 Ausstoß von Schwefeldioxid und Stickstoffoxiden (Deutschland 2000)

8 Einsatz von Kalk zur Säureneutralisation

Der Indikator zeigt eine andere Farbe

Das Gefahrensymbol auf einem Rohrreiniger zeigt an, dass beim Umgang Vorsicht geboten ist. Löst man etwas Rohrreiniger in Wasser (▷ V 1) und prüft mit Universalindikatorpapier, so zeigt sich eine kräftig blaue Farbe. Sie zeigt an, dass eine alkalische Lösung entstanden ist.

Die Reaktion von Natrium mit Wasser

Gibt man ein entrindetes Stück Natrium auf Wasser, reagiert es so heftig, dass es durch die Reaktionswärme schmilzt und kugelförmig wird (▷ B 1; V 2a). Zischend bewegt sich das Natriumstück auf der Wasseroberfläche hin und her und verschwindet schnell. Es lassen sich Schlieren und eine Blaufärbung des Universalindikators beobachten. Die Lösung ist alkalisch.

1 Natrium reagiert heftig mit Wasser.

Neben der alkalischen Lösung entsteht bei der Reaktion von Natrium mit Wasser ein Gas. Bei dem Gas handelt es sich um Wasserstoff.
Das zischende Geräusch und die Bewegung des Natriumstücks auf der Wasseroberfläche (▷ B 1; V 2a) entstehen durch die heftige Wasserstoffentwicklung.

Eine Lauge entsteht

Bei der Reaktion von Natrium mit Wasser entsteht Wasserstoff. Die Schlierenbildung weist darauf hin, dass noch ein weiterer Stoff entstanden ist.
Dampft man die Lösung ein, so bleibt ein weißer Belag zurück, der keine Ähnlichkeit mit Natrium hat. Der weiße Stoff ist **Natriumhydroxid NaOH**.
Natriumhydroxid ist stark wasseranziehend (hygroskopisch; ▷ B 2). Löst man Natriumhydroxid wieder in Wasser und prüft mit Universalindikator, zeigt die Blaufärbung eine alkalische Lösung an. Diese Lösung nennt man **Natronlauge**. Bei der Reaktion von Natrium mit Wasser ist Natronlauge entstanden (▷ B 3):

$$2\,Na + 2\,H_2O \longrightarrow 2\,NaOH + H_2$$

> Die Lösung von Natriumhydroxid in Wasser nennt man Natronlauge. Universalindikator ergibt mit Natronlauge eine Blaufärbung.

Die Ionen der Natronlauge

Löst man festes Natriumhydroxid in Wasser, so zeigt die Lösung eine gute elektrische Leitfähigkeit (▷ B 4; V 3). Natriumhydroxid muss beim Lösen in Wasser in Ionen zerfallen sein. Beim Zerfall entsteht ein positiv geladenes Natriumion Na^+ und ein negativ geladenes **Hydroxidion OH^-**.

$$NaOH \longrightarrow Na^+ + OH^-$$

Andere Laugen

Die Alkalimetalle Lithium und Kalium zeigen ein ähnliches Reaktionsverhalten wie Natrium. Auch sie reagieren mit Wasser unter Wasserstoffentwicklung und bilden

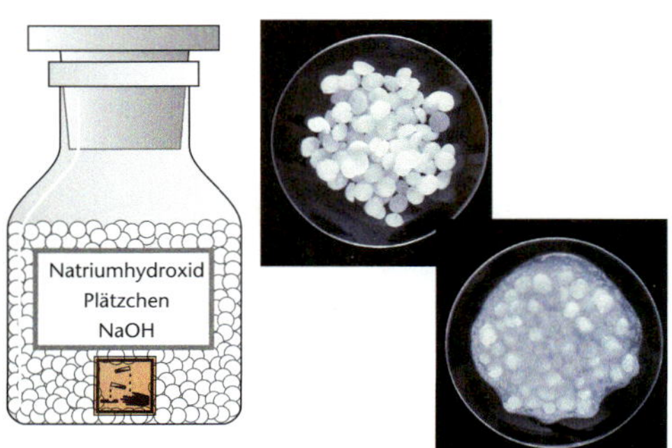

2 Natriumhydroxid ist fest und stark hygroskopisch.

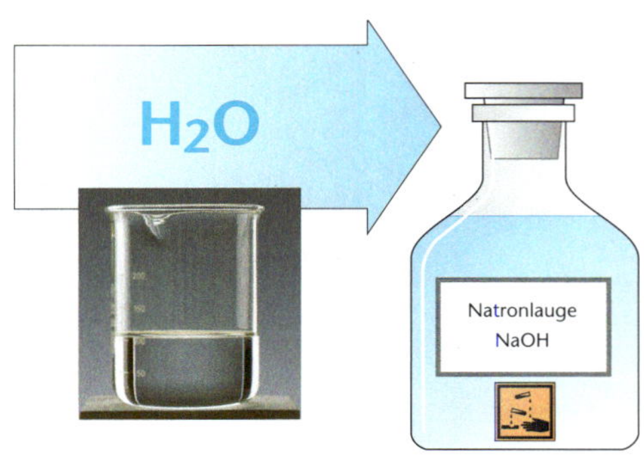

3 Natronlauge – eine farblose Flüssigkeit

▶8 ff.
▶230 f.

4 Alkalische Lösungen leiten den elektrischen Strom.

festes Hydroxid		frei bewegliche Ionen in wässriger Lösung	Name der Laugen
NaOH	⟶	$Na^+ + OH^-$	Natronlauge
KOH	⟶	$K^+ + OH^-$	Kalilauge
LiOH	⟶	$Li^+ + OH^-$	Lithiumlauge
$Ca(OH)_2$	⟶	$Ca^{2+} + 2\ OH^-$	Calciumlauge (Kalkwasser)
$Ba(OH)_2$	⟶	$Ba^{2+} + 2\ OH^-$	Bariumlauge (Barytwasser)

5 Hydroxide bilden beim Lösen in Wasser Laugen.

Hydroxide. Lithium reagiert langsamer als Natrium, Kalium wesentlich heftiger (▷ V 2b).

Die Hydroxide lösen sich in Wasser und bilden **Laugen**. In jeder dieser Lösungen kommen Hydroxidionen vor. Diese Hydroxidionen sind verantwortlich für die alkalische Reaktion und die Farbänderung des Universalindikators.
Die wässrige Lösung von Lithiumhydroxid in Wasser nennt man **Lithiumlauge**, die Lösung von Kaliumhydroxid in Wasser **Kalilauge** (▷ B 5).

▶ Laugen sind wässrige Lösungen, die Hydroxidionen (OH^--Ionen) enthalten. Diese sind verantwortlich für die alkalischen Eigenschaften.

Die Erdalkalimetalle reagieren mit Wasser ähnlich wie die Alkalimetalle und bilden ebenfalls Hydroxide. Diese Hydroxide bilden mit Wasser Laugen (▷ V 4).
Eine bekannte Lauge ist die **Calciumlauge**, auch Kalkwasser genannt.

Versuche

1 Löse vorsichtig etwas Rohrreiniger in einem Reagenzglas in Wasser und prüfe die Lösung mit Universalindikatorpapier. (Schutzbrille)

2 a) Ein etwa linsengroßes, frisch entrindetes Stück Natrium wird (hinter einer Schutzscheibe) in einer pneumatischen Wanne auf Wasser gegeben. Die Lösung wird mit Universalindikator geprüft. (Schutzscheibe! Schutzbrille!)
b) Der Versuch wird mit Kalium (höchstens linsengroß!) und Lithium (erbsengroß) wiederholt. (Schutzscheibe! Schutzbrille!)

3 Festes Natriumhydroxid wird in Wasser gelöst und die elektrische Leitfähigkeit geprüft. (Schutzbrille)

4 Ein Körnchen Calcium wird in ein Reagenzglas mit etwas Wasser gegeben. Nach der Reaktion wird mit Universalindikator getestet. (Schutzbrille)

▶36

Werkstatt

Wir stellen Laugen her

1 Bildet Magnesium eine Lauge?

Material
Schutzbrille, Reagenzglas, Reagenzglasgestell, feines Schleifpapier, Tropfpipette, Universalindikatorlösung, destilliertes Wasser, Magnesiumband

Versuchsanleitung
Schleife von einem Magnesiumband vorsichtig die Oberfläche mit einem Schleifpapier blank und gib es mit wenig Wasser in ein Reagenzglas. Füge einige Tropfen Universalindikatorlösung hinzu und stelle das Reagenzglas in ein Reagenzglasgestell. Beobachte.

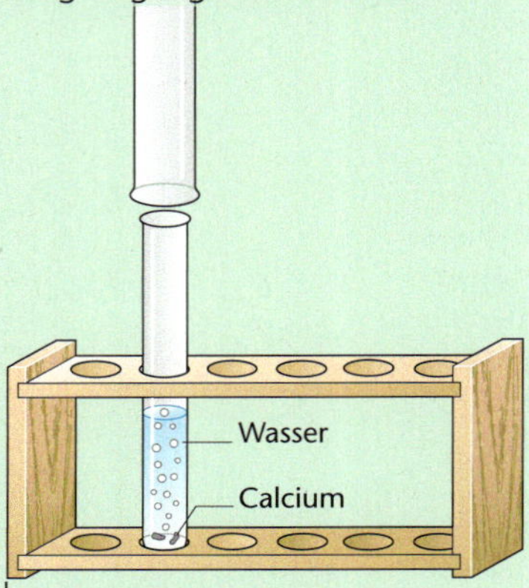

1 Calciumlauge entsteht.

2 Bildet Calcium eine Lauge?

Material
Schutzbrille, 2 Reagenzgläser, 1 Reagenzglas mit größerem Durchmesser, Reagenzglasgestell, Gasbrenner, Pinzette, Trichter, Filterpapier, Porzellanschale, Dreifuß, Keramik-Drahtnetz, Calcium (gekörnt), destilliertes Wasser, Universalindikatorlösung

Versuchsanleitung
a) Fülle in ein Reagenzglas etwa 5 ml Wasser und stelle es in das Reagenzglasgestell. Gib mit einer Pinzette zwei Körnchen Calcium in das Wasser und halte sofort das Reagenzglas mit dem größeren Durchmesser mit der Öffnung über die Öffnung des Reagenzglases im Gestell (▷ B 1). Führe mit dem entstandenen Gas dann die Knallgasprobe durch.

b) Stelle ein Reagenzglas mit Trichter und Filterpapier in ein Reagenzglasgestell. Filtriere die Lösung aus Versuchsteil a) in das Reagenzglas im Gestell (▷ B 2).

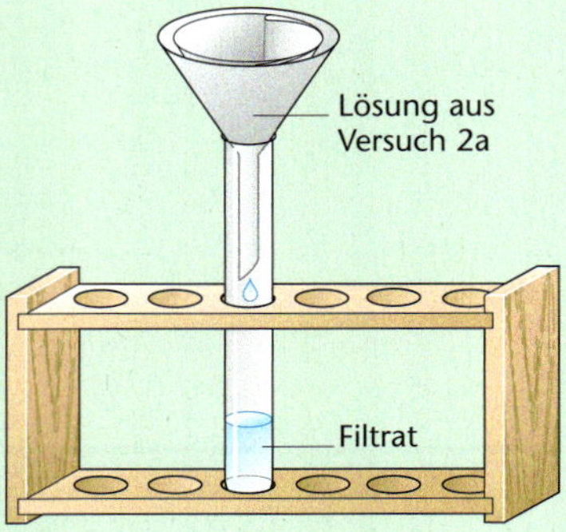

2 Die Lösung wird filtriert.

Gib zu einem Teil des Filtrates einige Tropfen Universalindikatorlösung.
Gieße den anderen Teil in eine Porzellanschale und dampfe die Lösung vorsichtig mit der nicht leuchtenden Flamme ein (▷ B 3). Entferne den Brenner, bevor der Feststoff ganz trocken ist (Spritzgefahr!)

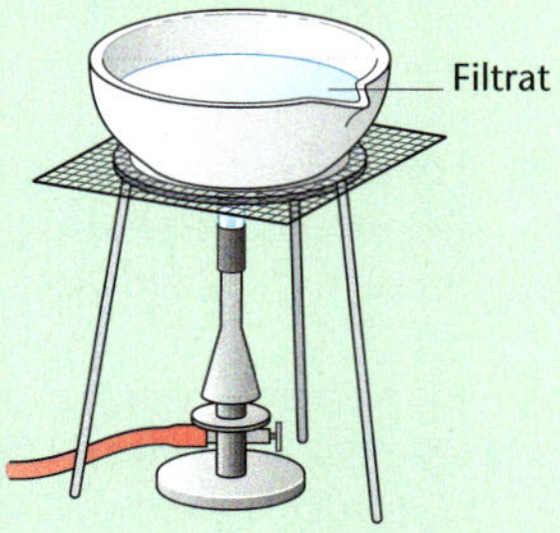

3 Die Lösung wird eingedampft.

Aufgabe
Wie heißt der eingedampfte Feststoff?

3 Wir stellen Kalkwasser her

Material
Schutzbrille, 2 Erlenmeyerkolben (250 ml), Trichter, Filterpapier, Spatellöffel, Universalindikatorpapier, destilliertes Wasser, Calciumhydroxidpulver

Versuchsanleitung
Gib eine Spatelspitze Calciumhydroxidpulver in ca. 100 ml destilliertes Wasser in einem Erlenmeyerkolben. Rühre um. Bilde aus zwei Filterpapieren einen Doppelfilter. Filtriere die Lösung zweimal in den zweiten Erlenmeyerkolben. Prüfe eine Probe der Lösung mit Universalindikatorpapier. Bewahre die Lösung für weitere Versuche auf.

Aufgabe
Wie kann man leicht überprüfen, ob Kalkwasser entstanden ist?

4 Wir arbeiten mit selbst hergestelltem Kalkwasser

Material
Schutzbrille, Erlenmeyerkolben (250 ml), durchbohrter Stopfen, gebogenes Glasrohr, Becherglas (250 ml), verdünnte Salzsäure, Kalkwasser (aus Versuch 3), Eierschale, Muschelschale, Schneckengehäuse, Marmorstückchen

Versuchsanleitung
a) Gib kleine Marmorstückchen in den Erlenmeyerkolben und gieße verdünnte Salzsäure hinzu. Verschließe den Kolben sofort mit einem Stopfen, in dem ein gewinkeltes Glasrohr steckt. Fülle ein Becherglas mit Kalkwasser.
Lass das Ende des Glasrohres in das Kalkwasser tauchen.

b) Wiederhole den Versuch mit einer Eierschale, einer Muschelschale und einem Schneckengehäuse.

4 Muscheln

Aufgabe
Welches Gas entsteht, wenn verdünnte Salzsäure auf kalkhaltige Materialien tropft?

1 Ammoniak reagiert mit Salzsäuregas.

Ammoniak – ein Gas
Öffnet man eine Flasche mit Ammoniakwasser, so kann man bereits bei großem Abstand einen stechenden Geruch wahrnehmen. Das entweichende Gas heißt **Ammoniak** und hat die Formel $\mathbf{NH_3}$.

Lässt man die Gase Ammoniak und Chlorwasserstoff miteinander reagieren (▷V 2), so bildet sich weißer Rauch. Das unsichtbare Gas Ammoniak reagiert mit dem unsichtbaren Chlorwasserstoffgas zu festem Ammoniumchlorid NH_4Cl, das als Rauch sichtbar wird (▷B 1).

$$NH_3 + HCl \longrightarrow NH_4Cl$$

Diese Reaktion wird auch als Nachweis für Ammoniakgas benutzt.

Die Eigenschaften von Ammoniak
Das Gas Ammoniak löst sich sehr gut in Wasser und bildet Ammoniakwasser. Eine 10%ige wässrige Lösung wird auch als „Salmiakgeist“ bezeichnet. Ammoniak darf nicht eingeatmet werden; auf der Haut verursacht es eine entzündliche Rötung und Blasenbildung. Deshalb muss mit Ammoniakwasser vorsichtig umgegangen werden.

Ammoniakwasser – alkalisch ohne Alkalimetall
Ammoniakwasser zeigt mit Universalindikator eine alkalische Reaktion (▷V 1). Es müssten in der Lösung also Hydroxidionen OH^- vorliegen. Das Ammoniakmolekül NH_3 enthält jedoch keine Hydroxidionen. Diese können nur durch Reaktion mit Wasser entstanden sein. Beim Lösen in Wasser reagieren einige Ammoniakmoleküle mit den Wassermolekülen. Dabei wird jeweils ein Wasserstoffion H^+ eines Wassermoleküles an das Ammoniakmolekül gebunden.
Dabei entsteht ein Hydroxidion und ein positiv geladenes Ion, das **Ammoniumion** $\mathbf{NH_4^+}$ (▷B 2). Die entstehende Lauge wird daher auch als Ammoniumhydroxidlösung bezeichnet.
Tatsächlich reagiert nur ein kleiner Teil der Ammoniakmoleküle zu Ammonium- und Hydroxidionen, die meisten Moleküle lösen sich in Wasser, manche entweichen schon bei Zimmertemperatur. Aus diesem Grund riechen ammoniakhaltige Putzmittel (▷B 3) und Ammoniakwasser stark nach dem Gas.

Ammoniak bildet in Wasser gelöst eine Lauge. Diese heißt Ammoniakwasser oder Ammoniumhydroxidlösung.

Vorkommen und Verwendung von Ammoniumsalzen
Salze, die Ammoniumionen enthalten, nennt man **Ammoniumsalze**. Ammoniumchlorid NH_4Cl ist in geringen Mengen den Salmiakpastillen (▷B 4) als Geschmacksverstärker zugesetzt.
Ein Gemisch aus Ammoniumhydrogencarbonat NH_4HCO_3 und Ammoniumcarbonat $(NH_4)_2CO_3$ ist ein besonderes Backpulver, das als Hirschhornsalz bezeichnet wird (▷B 5; V 3).

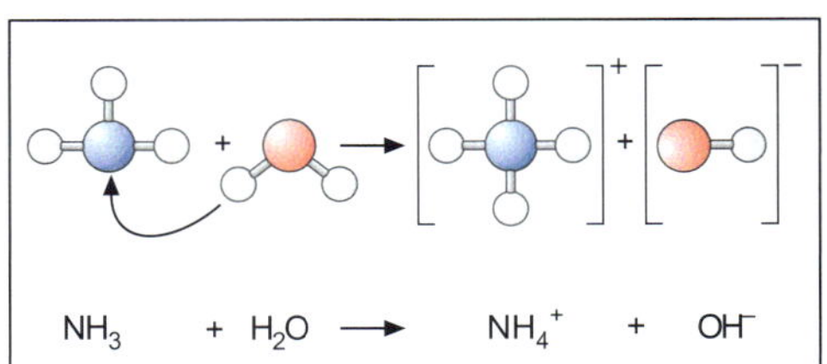

2 Ein Ammoniakmolekül reagiert mit einem Wassermolekül.

Versuche

1. Gib zu verdünnter Ammoniaklösung in einem Reagenzglas etwas Universalindikatorlösung. (Schutzbrille)
2. Man gibt je einen mit konz. Ammoniakwasser und mit konz. Salzsäure getränkten Wattebausch in eine Abdampfschale. (Abzug! Schutzbrille!)
3. Gib in ein Reagenzglas eine Spatelspitze Hirschhornsalz und erhitze. Halte feuchtes Universalindikatorpapier in die Öffnung des Reagenzglases.

3 Ammoniakhaltiges Putzmittel

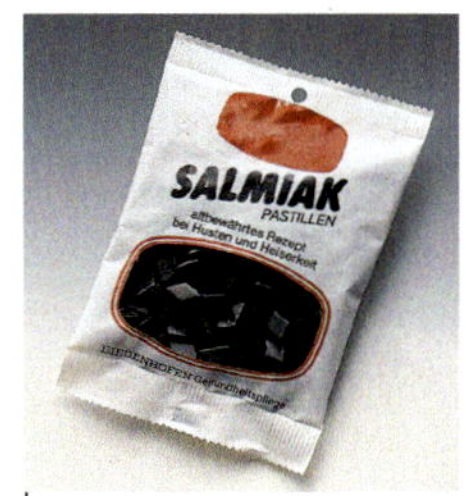

4 Salmiakpastillen

5 Hirschhornsalz

▶8 ff.
▶230 f.

Die Neutralisation

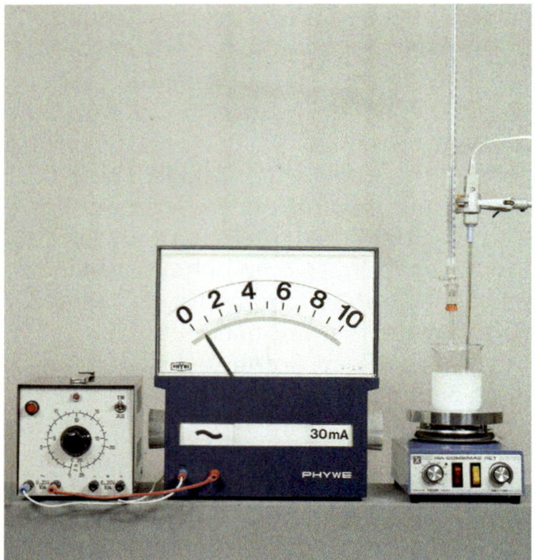

1 Messung der elektrischen Leitfähigkeit bei der Neutralisation

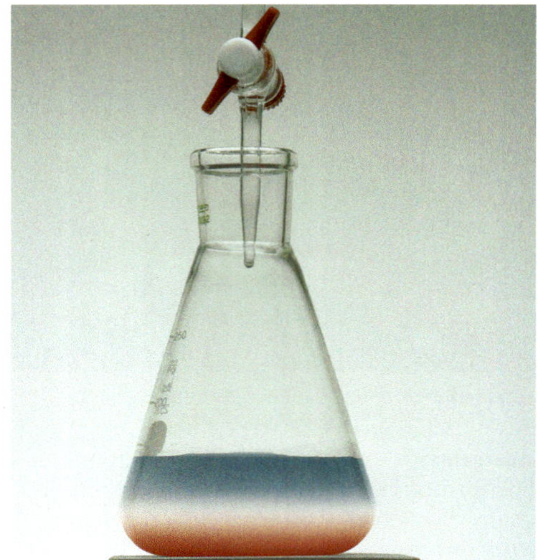

2 Das Farbenspiel bei der Neutralisation

Mischungen von Säuren und Laugen

Man gibt zu mit Universalindikator versetzter Bariumlauge $Ba(OH)_2$ aus einer Bürette tropfenweise verdünnte Schwefelsäure H_2SO_4 (▷V 1). Gleichzeitig wird in regelmäßigen Abständen die elektrische Leitfähigkeit gemessen (▷B 1).

Die elektrische Leitfähigkeit ist in der reinen Lauge zunächst hoch. Sie fällt bei Zugabe von Schwefelsäure zunächst ständig ab. Beim Eintropfen der Säure ist kurzfristig eine rote Färbung und gleichzeitig eine weiße Trübung festzustellen (▷B 2). Bei einer bestimmten Schwefelsäurezugabe wechselt der Universalindikator seine Farbe von blau nach gelbgrün. Bei weiterer Zugabe von Schwefelsäure steigt die Leitfähigkeit wieder an, und die Lösung wird rot (▷B 3).

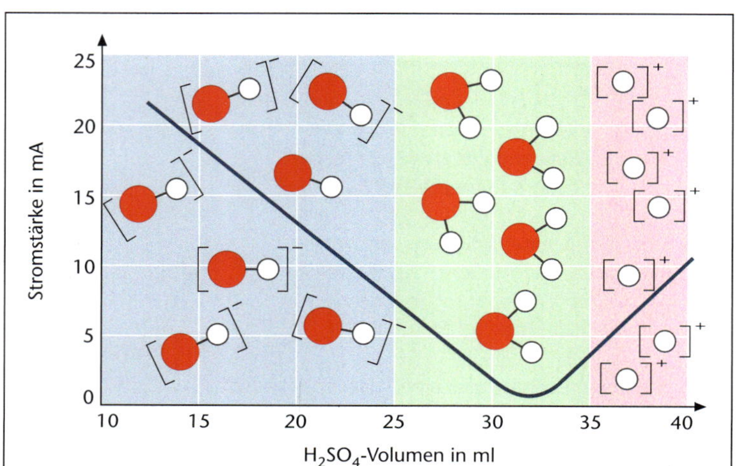

3 Messkurve zur elektrischen Leitfähigkeit

Die elektrische Leitfähigkeit erklärt das Farbenspiel

Eine kurzfristige Rotfärbung zeigt, dass an dieser Stelle Wasserstoffionen vorliegen, die jedoch schnell wieder verschwinden, solange noch Hydroxidionen im Überschuss vorhanden sind. Beim Zusammentreffen von Wasserstoffionen der Säure und Hydroxidionen der Lauge haben sich neutrale Wassermoleküle gebildet.

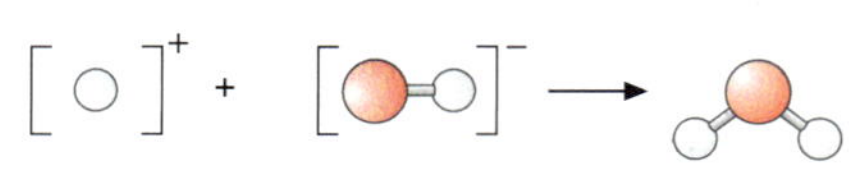

$$H^+ + OH^- \longrightarrow H_2O$$

Diese Reaktion wird **Neutralisation** genannt, die entstehende Wärme **Neutralisationswärme**. Die Neutralisation setzt bereits ein, wenn der erste Tropfen Schwefelsäure zugetropft wird.

Das Absinken der elektrischen Leitfähigkeit unterstützt diese Vermutung. Die aus Wasserstoffionen und Hydroxidionen gebildeten Wassermoleküle leisten keinen Beitrag zur elektrischen Leitfähigkeit.

> Die Reaktion zwischen Wasserstoffionen einer Säure und Hydroxidionen einer Lauge zu neutralem Wasser nennt man Neutralisation.

Die ständig zunehmende Trübung weist auf eine Reaktion zwischen den Bariumionen Ba^{2+} der Lauge und den Sulfationen SO_4^{2-} der Säure zu unlöslichem Bariumsulfat $BaSO_4$ hin. Auch diese Reaktion führt zu einer Abnahme der elektrischen

Leitfähigkeit, da die Ionenanzahl weiter verringert wird.
Ist das Minimum der elektrischen Leitfähigkeit erreicht, haben alle Hydroxidionen der Lauge mit den zugegebenen Wasserstoffionen der Säure zu neutralen Wassermolekülen reagiert. Die Farbe des Universalindikators ist gelbgrün. Diesen Punkt nennt man **Neutralpunkt**.

Sind bei einer Reaktion zwischen Säure und Lauge weder H^+- noch OH^--Ionen vorhanden, ist der Neutralpunkt erreicht.

Bei weiterer Zugabe von Schwefelsäure steigt die Zahl der Wasserstoffionen an, weil keine Reaktion mit Hydroxidionen mehr möglich ist. Die elektrische Leitfähigkeit steigt wieder an, die Farbe des Indikators schlägt nach rot um.
Man kann die chemischen Vorgänge dieser Neutralisation in einer Gleichung zusammenfassen:

$$Ba(OH)_2 + H_2SO_4 \longrightarrow BaSO_4 + 2\,H_2O$$

Neutralisation, wichtig für die Umwelt
In vielen Industriezweigen (z. B. Lack-, Waschmittel- oder Papierindustrie) entstehen saure oder alkalische Abfälle. Bevor diese als Abwässer in die Umwelt eingeleitet werden, müssen sie neutralisiert werden.

Versuch

1 Man löst in einem Becherglas so viel Bariumhydroxid in ca. 100 ml destilliertem Wasser, bis eine kalt gesättigte Lösung entsteht. Dann wird Universalindikatorlösung zugegeben. Das Becherglas wird auf einen Magnetrührer gestellt und tropfenweise sehr verdünnte Schwefelsäure ($c = 0{,}1$ bis $0{,}5$ mol/l) aus einer Bürette zugegeben. Gleichzeitig wird die elektrische Leitfähigkeit gemessen. Die Werte werden in regelmäßigen Abständen notiert und in einem Diagramm erfasst.

Aufgaben

1 Was versteht man in der Chemie unter dem Begriff „Neutralpunkt"?

2 Formuliere das Reaktionsschema und die Reaktionsgleichung für die Neutralisation von Salzsäure und Natronlauge.

Werkstatt

Säuren + Laugen ⟶ ?

1 Natronlauge wird neutralisiert

Material

Schutzbrille, Erlenmeyerkolben (Weithals, 250 ml), Tropfpipette, Universalindikator, verdünnte Natronlauge, verdünnte Salzsäure

Versuchsanleitung

Gib etwa 25 ml verdünnte Natronlauge und einige Tropfen Universalindikator in einen Erlenmeyerkolben. Tropfe verdünnte Salzsäure aus einer Pipette unter wiederholtem Umschwenken zu. Beende die Zugabe, wenn die Farbe des Indikators nach gelbgrün umgeschlagen ist.

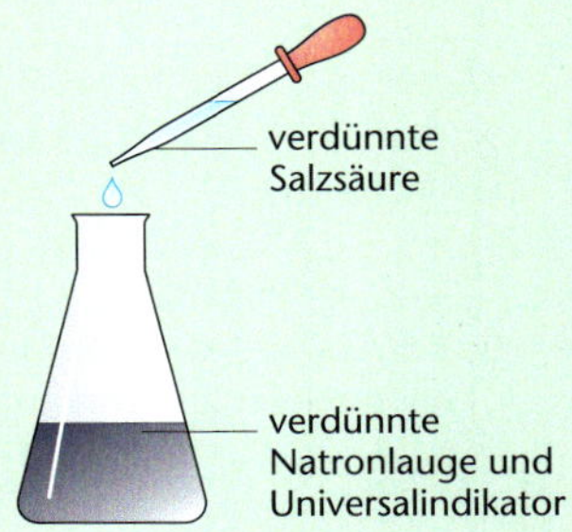

2 Wir gewinnen Salz

Material

Schutzbrille, Trichter, Filterpapier, Erlenmeyerkolben, Porzellanschale, Gasbrenner, Dreifuß mit Keramik-Drahtnetz, Spatellöffel, Lupe, Aktivkohlepulver, gelbgrüne Lösung aus Versuch 1

Versuchsanleitung

Gib Aktivkohlepulver in die gelbgrüne Lösung aus Versuch 1 und schüttle mehrmals. Filtriere die Lösung in einen Erlenmeyerkolben. Gib einen Teil des Filtrats in eine Porzellanschale und dampfe ein. Entferne vor dem vollständigen Verdampfen den Brenner. Betrachte den Rückstand unter der Lupe.

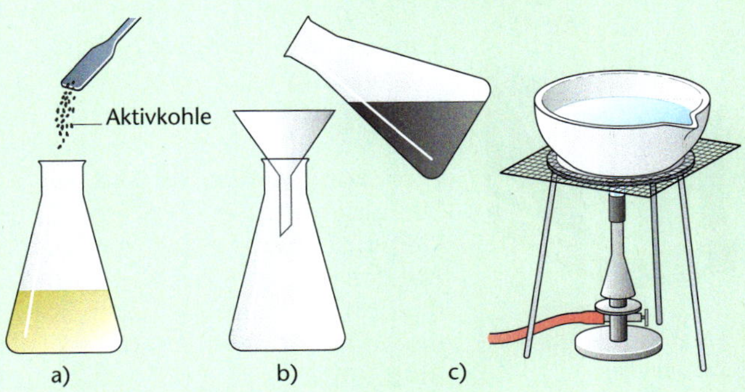

Werkstatt

Neutralisation in der Spülmaschine

Erlenmeyerkolben 1

Erlenmeyerkolben 2

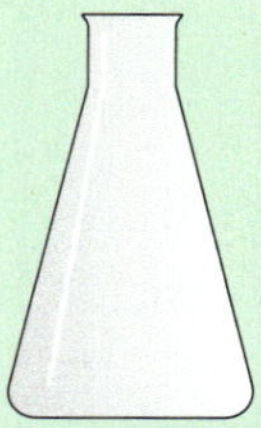

Erlenmeyerkolben 3

1 Gläser werden glasklar

Material

Schutzbrille, Schutzhandschuhe, 3 Erlenmeyerkolben (100 ml), Glasstab, Messzylinder (10 ml), Spatellöffel, Tropfpipette, Folienstift, Universalindikatorlösung, destilliertes Wasser, Spülmittelpulver (keine mehrschichtigen Tabletten) für Geschirrspüler, Klarspüler

Versuchsanleitung

a) Fülle einen Erlenmeyerkolben mit 50 ml destilliertem Wasser und löse 3 bis 4 Spatelspitzen Spülmittelpulver darin. Beschrifte den Kolben (1: Spülmittel).

b) Löse im 2. Erlenmeyerkolben etwa 8 ml Klarspüler in 50 ml Wasser. Beschrifte den Kolben (2: Klarspüler).

c) Ziehe die Handschuhe an und spüle mit etwa zwei Dritteln der Spülmittellösung den 3. Erlenmeyerkolben von innen und außen. Stelle ihn kopfüber an eine geeignete Stelle zum Trocknen.

d) Gib in die restliche Lösung des 1. Kolbens (mit Spülmittel) einige Tropfen Universalindikatorlösung. Tropfe nach und nach mit einer Tropfpipette Klarspülerlösung aus dem 2. Erlenmeyerkolben in die Lösung. Halte jeweils nach einigen Tropfen inne, schwenke den Kolben um und notiere die Farbe, die der Indikator anzeigt. Beende die Zugabe von Klarspülerlösung, wenn der Indikator eine gelbgrüne Farbe anzeigt.

e) Entsorge die neutralisierte Lösung ins Spülbecken und stelle den 1. Erlenmeyerkolben zum Trocknen neben den 3. Kolben.

f) Gib in den Rest der Klarspülerlösung einige Tropfen Universalindikator. Notiere die Farbe.

Aufgaben

1. Was ist mit dem Spülmittel durch die Zugabe von Klarspüler geschehen?

2. Warum ist der 1. Erlenmeyerkolben nach dem Trocknen ohne Flecken?

Brennpunkt

Saures in unserem Körper

1 Natron hilft gegen Sodbrennen.

Sodbrennen – Säure brennt wie Feuer

Der menschliche Magensaft enthält eine etwa 0,3 %ige Salzsäure. Diese saure Lösung soll die Verdauung unterstützen und mit der Nahrung verschluckte Bakterien töten. Wenn etwas Magensaft in die Speiseröhre gerät, dann empfindet man dies als unangenehmes Brennen (Sodbrennen). Zur Neutralisation der überschüssigen Magensäure kann man etwas Natron $NaHCO_3$ (▷ B 1) einnehmen.

Erstickungsmelder im Blut

Das Blut transportiert Kohlenstoffdioxid CO_2 zur Lunge. Dort wird es ausgeatmet. Auf diese Weise erreicht der Körper, dass das Blut weniger sauer wird. Kohlenstoffdioxid bildet nämlich mit dem Wasser im Blut Kohlensäure. Je mehr Kohlenstoffdioxid im Blut ist, desto saurer ist das Blut. Der Mensch kann den Atem deshalb nicht sehr lange anhalten. Denn wenn Kohlenstoffdioxid nicht ausgeatmet wird, reichert sich das Blut damit an und übersäuert dadurch. Der Körper reagiert darauf mit einem unbändigen Drang zum Ausatmen, um das Kohlenstoffdioxid so schnell wie möglich loszuwerden (▷ B 2).

2 Erstickungsmelder im Blut

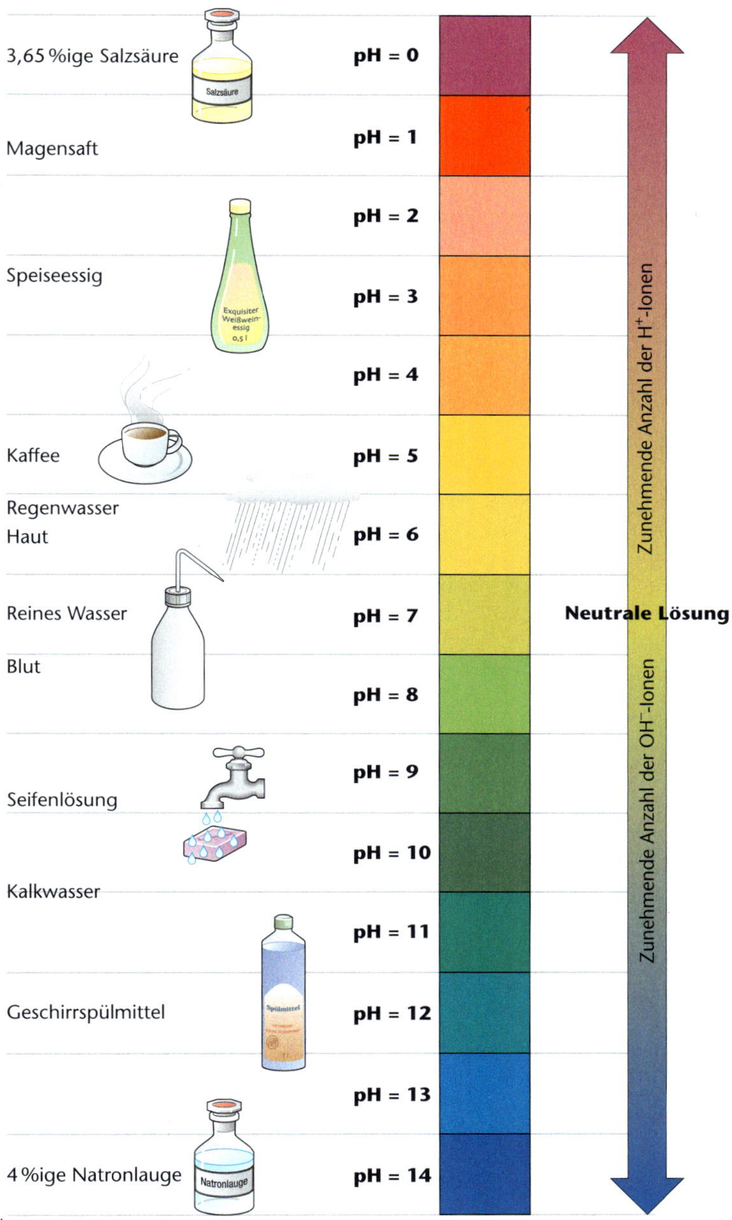

1 Die pH-Werte einiger Lösungen

Indikatoren und pH-Wert-Skala

Indikatoren zeigen über eine charakteristische Farbe an, ob eine Lösung sauer oder alkalisch ist. Da der Farbumschlag sehr ungenau ist, wird zur Beschreibung, wie stark sauer oder alkalisch eine Lösung ist, der **pH-Wert** benutzt. Der pH-Wert ist ein Zahlenwert zwischen 0 und 14.

Der pH-Wert von Lösungen

Saure Lösungen besitzen einen pH-Wert der kleiner als 7 ist. Je stärker sauer eine Lösung ist, desto kleiner ist der pH-Wert und desto mehr H^+-Ionen enthält die Lösung. So enthält ein Liter einer Lösung mit einem pH-Wert 1 zehnmal so viele H^+-Ionen wie ein Liter einer Lösung mit einem pH-Wert 2. Von pH-Wert = 7 bis pH-Wert = 0 steigt die Zahl der H^+-Ionen um das 10 000 000fache an.

Alkalische Lösungen besitzen einen pH-Wert, der größer als 7 ist. Je stärker alkalisch die Lösung ist, desto größer ist der pH-Wert und desto mehr OH^--Ionen enthält die Lösung. So enthält z. B. ein Liter einer Lösung mit einem pH-Wert 14 zehnmal so viele OH^--Ionen wie ein Liter einer Lösung mit einem pH-Wert 13.
Von pH = 7 bis pH = 14 steigt die Zahl der OH^--Ionen um das 10 000 000fache an.

Neutrale Lösungen wie destilliertes Wasser besitzen den pH-Wert 7. Diese Lösungen enthalten gleich viele H^+-Ionen und OH^--Ionen.

Verdünnung verändert den pH-Wert

Verdünnt man eine saure Lösung (▷V 1), so nimmt der saure Charakter ab, da die Anzahl der H^+-Ionen pro Volumeneinheit abnimmt. Um z. B. aus einer Lösung mit pH = 3 eine Lösung mit pH = 4 zu erhalten, muss man die Lösung um das 10fache verdünnen.
Verdünnt man eine alkalische Lösung, nimmt die Anzahl der OH^--Ionen pro Volumeneinheit ab. Um aus einer Lösung mit dem pH-Wert 10 eine Lösung mit pH-Wert 8 zu erhalten, muss die Lösung um das 100fache verdünnt werden.

Der pH-Wert ist ein Maß für den sauren (pH $<$ 7), alkalischen (pH $>$ 7) oder neutralen (pH = 7) Charakter einer Lösung. Durch Verdünnung steigt der pH-Wert einer sauren Lösung, der pH-Wert einer alkalischen Lösung fällt; in beiden Fällen äußerstenfalls bis pH = 7.

Versuch

1 Man gibt 1 ml einer 0,365 %igen Salzsäurelösung in einen 10-ml-Messzylinder und misst den pH-Wert. (Schutzbrille!). Den Messzylinder füllt man mit Wasser bis zum 10-ml-Eichstrich auf und misst erneut den pH-Wert. Dann gibt man 1 ml davon in einen zweiten 10-ml-Messzylinder und füllt wieder bis zum 10-ml-Eichstrich mit Wasser auf und wiederholt die pH-Wert-Messung.

Schlusspunkt

Säuren und Laugen

1 Zink in Essigsäurelösung

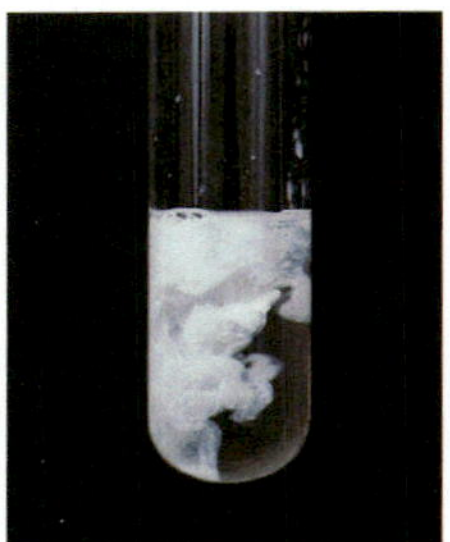

2 Nachweis von Chloridionen

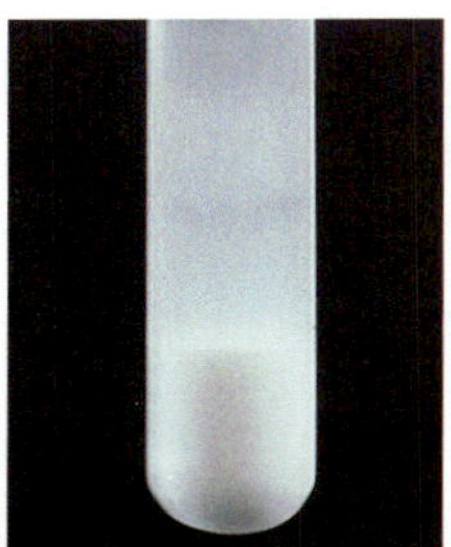

3 Nachweis von Sulfationen

Säuren und ihre Eigenschaften

Säuren sind Stoffe, die in wässrigen Lösungen Wasserstoffionen bilden. Diese sind verantwortlich für die sauren Eigenschaften. Saure Lösungen:
- färben Universalindikator rot,
- leiten den elektrischen Strom,
- reagieren mit unedlen Metallen unter Bildung von Wasserstoff (▷ B 1).

Salzsäure

Salzsäure ist eine Lösung von Chlorwasserstoff HCl in Wasser. Beim Lösen von Chlorwasserstoff in Wasser entstehen Wasserstoffionen und Chloridionen.

Schwefelsäure

Schwefelsäure hat die Formel H_2SO_4. Sie bildet in Wasser Wasserstoffionen, Hydrogensulfationen und Sulfationen.

Kohlensäure

Kohlensäure hat die Formel H_2CO_3. Sie bildet in Wasser Wasserstoffionen, Hydrogencarbonationen und Carbonationen.

Säurerest-Ionen

Säuren zerfallen in Wasser in positiv geladene Wasserstoffionen und negativ geladene Säurerest-Ionen.

Nachweisreaktionen für Säurerest-Ionen

- Silberionen sind ein Nachweis für Chloridionen. Es entsteht ein weißer Niederschlag von Silberchlorid (▷ B 2):
  $Ag^+ + Cl^- \longrightarrow AgCl$
- Bariumionen sind ein Nachweis für Sulfationen. Es entsteht ein weißer Niederschlag von Bariumsulfat (▷ B 3):
  $Ba^{2+} + SO_4^{2-} \longrightarrow BaSO_4$

Wege der Salzbildung

Salze können auf verschiedenen Wegen entstehen.

- Unedle Metalle reagieren mit sauren Lösungen zu Salzen und Wasserstoff:
  Bsp.: $2\ Na + 2\ HCl \longrightarrow 2\ NaCl + H_2$
- Metalloxide und saure Lösungen reagieren zu Salzen und Wasser:
  Bsp.: $MgO + 2\ HCl \longrightarrow MgCl_2 + H_2O$
- Säuren und Laugen reagieren zu Salzen und Wasser (Neutralisation):
  $H_2SO_4 + Ba(OH)_2 \longrightarrow BaSO_4 + 2\ H_2O$

Laugen und ihre Eigenschaften

Laugen sind wässrige Lösungen, die Hydroxidionen enthalten. Diese sind verantwortlich für die alkalischen Eigenschaften. Alkalische Lösungen:
- färben Universalindikator blau,
- leiten den elektrischen Strom.

Natronlauge

Die Lösung von Natriumhydroxid in Wasser nennt man Natronlauge.

Ammoniakwasser

Ammoniak bildet in Wasser gelöst eine Lauge. Diese heißt Ammoniakwasser oder Ammoniumhydroxidlösung.

Die Neutralisation

Die Reaktion zwischen H^+-Ionen einer sauren Lösung und OH^--Ionen einer alkalischen Lösung zu neutralen Wassermolekülen nennt man Neutralisation.

Der pH-Wert

Der pH-Wert ist ein Maß für den sauren, alkalischen oder neutralen Charakter einer Lösung (▷ B 4).
Durch Verdünnung steigt der pH-Wert einer sauren Lösung, der pH-Wert einer alkalischen Lösung fällt.

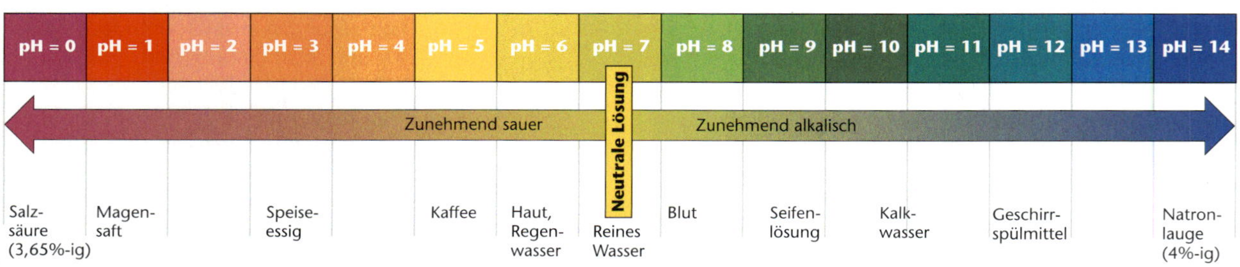

4 Die pH-Werte von Lösungen

Aufgaben

1 Zu Aufgabe 1

1 An welchen Farben des Universalindikators erkennt man, ob eine Lösung alkalisch, sauer oder neutral ist (▷ B 1)?

2 Zinksulfat $ZnSO_4$ kann auf verschiedenen Wegen entstehen. Formuliere die Bildung:
a) aus Zink und Säure,
b) aus Zinkoxid (Zink ist II-wertig) und Säure.

2 Zu Aufgabe 3

3 Welches in Bild 2 angegebene Symbol muss auf jeden Fall auf einer Chemikalienflasche, die eine starke Säure enthält, stehen?

4 Formuliere folgende Reaktionsgleichungen und benenne die entstehenden Salze:
a) Kalkwasser reagiert mit Salzsäure.
b) Natronlauge reagiert mit Salzsäure.
c) Bariumlauge reagiert mit Schwefelsäure.

5 Bei der Neutralisation zwischen Salzsäure und Natronlauge fällt die elektrische Leitfähigkeit nicht so stark ab wie bei der Neutralisation zwischen Schwefelsäure und Bariumhydroxid. Begründe.

6 a) Erläutere die Begriffe Neutralpunkt und Neutralisation.
b) Nenne Situationen aus dem Alltag, bei denen eine Neutralisation stattfindet.

7 Erkläre den Begriff Lauge und nenne die charakteristischen Eigenschaften einer Lauge.

3 Zu Aufgabe 8

8 Woraus bestehen die Schneckenhäuser der Weinbergschnecke (▷ B 3)? Unter Einwirkung einer sauren Lösung schäumt das Schneckenhaus auf. Erkläre den Vorgang.

9 Aluminiumsulfat $Al_2(SO_4)_3$ ist ein Salz, das weiße Kristalle bildet (▷ B 4).
a) Welche Ionen sind am Aufbau des Kristallgitters beteiligt?
b) Beschreibe, mit welchem Versuch Sulfationen nachgewiesen werden können.

4 Zu Aufgabe 9

5 Zu Aufgabe 10

10 Zur Bekämpfung der Reblaus werden die Weinstöcke oft mit einer Lösung eines Salzes der Schwefelsäure gespritzt (▷ B 5). Es enthält Kupferionen Cu^{2+}. Mit Bariumhydroxid bildet es einen weißen Niederschlag. Welche Formel hat dieses Salz?

11 a) Eine Lösung mit pH = 10 soll um das 10fache verdünnt werden. Welchen pH-Wert hat sie nach dem Verdünnen?
b) Welchen pH-Wert hat eine Lösung, die vor 1000facher Verdünnung einen pH-Wert 2 besitzt?

12 Ein Liter Natronlauge mit dem pH-Wert 10 soll auf den pH-Wert 8 verdünnt werden. Wie viele Liter Wasser sind notwendig?

13 Die Abwässer der Haushalte passieren in der Kläranlage unter anderem eine biologische Reinigungsstufe.
a) Informiere dich, was hier geschieht.
b) Begründe, warum vor einer biologischen Reinigung der pH-Wert kontrolliert werden muss.
c) Zähle Stoffe aus dem Haushalt auf, die den pH-Wert des Abwassers beeinflussen können.

Der Weg zur Kohlenstoffchemie

Stoffe von lebenden Organismen
Schon lange kannte man den Unterschied zwischen Stoffen der belebten und der unbelebten Natur. Man konnte beispielsweise Holz oder Fett gegen Metalle oder Mineralien klar abgrenzen. Bereits 1807 bezeichnete JÖNS JAKOB BERZELIUS die Stoffe, die von lebenden Organismen stammten als „organische Stoffe" und alle anderen als „anorganische Stoffe". Man war damals der Ansicht, dass organische Stoffe nur durch die besondere „Lebenskraft(vis vitalis)" der Organismen entstehen würden. Eine Herstellung solcher Stoffe im Labor hielt man deshalb für nicht möglich.

1 FRIEDRICH WÖHLER

Eine Entdeckung verändert die Welt der Chemie
Ganz neue Wege in der Chemie eröffnete die Entdeckung des Chemikers FRIEDRICH WÖHLER (1800–1882) im Jahr 1828 (▷B1; B2). Er hatte zufällig im Labor den organischen Stoff Harnsäure hergestellt. Harnsäure entsteht im Körper von Mensch und Tier als Abbauprodukt von Eiweißen und ist im Urin enthalten. WÖHLERS Entdeckung ist in einem Brief an seinen Kollegen BERZELIUS festgehalten:
„… muß ich Ihnen erzählen, daß ich Harnstoff machen kann, ohne dazu Nieren oder überhaupt ein Thier, sey es Mensch oder Hund nöthig zu haben… Es bedürfte nun weiter Nichts als einer vergleichenden Untersuchung mit Pisse-Harnstoff, den ich in jeder Hinsicht selbst gemacht hatte, und dem Cyan-Harnstoff.

Nach dieser Entdeckung dauert es jedoch noch einige Jahre, bis die Synthese weiterer organischer Verbindungen begann.

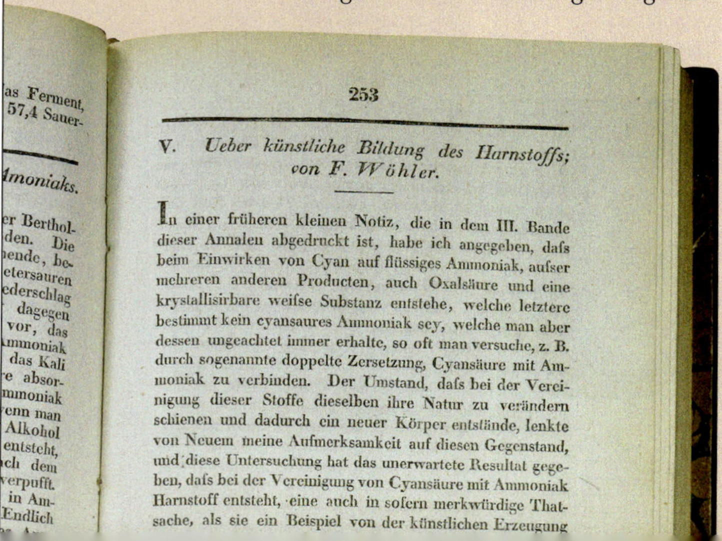

253

V. *Ueber künstliche Bildung des Harnstoffs; von F. Wöhler.*

In einer früheren kleinen Notiz, die in dem III. Bande dieser Annalen abgedruckt ist, habe ich angegeben, dafs beim Einwirken von Cyan auf flüssiges Ammoniak, aufser mehreren anderen Producten, auch Oxalsäure und eine krystallisirbare weifse Substanz entstehe, welche letztere bestimmt kein cyansaures Ammoniak sey, welche man aber dessen ungeachtet immer erhalte, so oft man versuche, z. B. durch sogenannte doppelte Zersetzung, Cyansäure mit Ammoniak zu verbinden. Der Umstand, dafs bei der Vereinigung dieser Stoffe dieselben ihre Natur zu verändern schienen und dadurch ein neuer Körper entstände, lenkte von Neuem meine Aufmerksamkeit auf diesen Gegenstand, und diese Untersuchung hat das unerwartete Resultat gegeben, dafs bei der Vereinigung von Cyansäure mit Ammoniak Harnstoff entsteht, eine auch in sofern merkwürdige Thatsache, als sie ein Beispiel von der künstlichen Erzeugung

2 Veröffentlichung von WÖHLERS Entdeckung

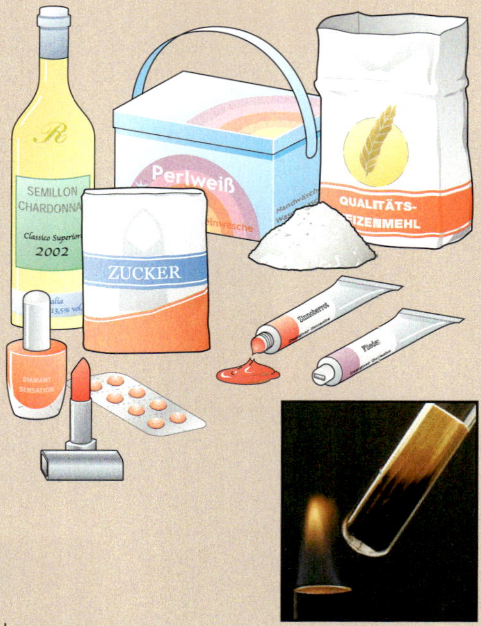

3 Produkte der organischen Chemie

Die Welt der Kohlenstoffverbindungen
Die Begriffe „anorganisch" und „organisch" haben eigentlich nur noch historische Bedeutung. Trotzdem gibt es diese Einteilung auch heute noch in der Chemie. Dabei kann man organische Stoffe von den anorganischen Stoffen durch einen einfachen Versuch leicht unterscheiden: Werden organische Stoffe stark erhitzt, so verkohlen sie nach einiger Zeit. Das bedeutet, alle organische Stoffe enthalten das Element Kohlenstoff – sie sind **Kohlenstoffverbindungen**.
Stoffe wie Erdöl, Erdgas und Kohle gehören dazu. Sie bilden die Grundlage für viele Produkte der chemischen Industrie (Petrochemie). Beispielsweise kann man daraus Kunststoffe, Treibstoffe oder Farbstoffe herstellen. Aber auch Alkohole, Nahrungsmittel, Waschmittel, Medikamente, Kosmetikprodukte und Kunstfasern gehören zu der Stoffgruppe der organischen Chemie.
Die organische Chemie umfasst derzeit mehr als 10 Millionen Stoffe – und täglich werden neue Verbindungen entwickelt.

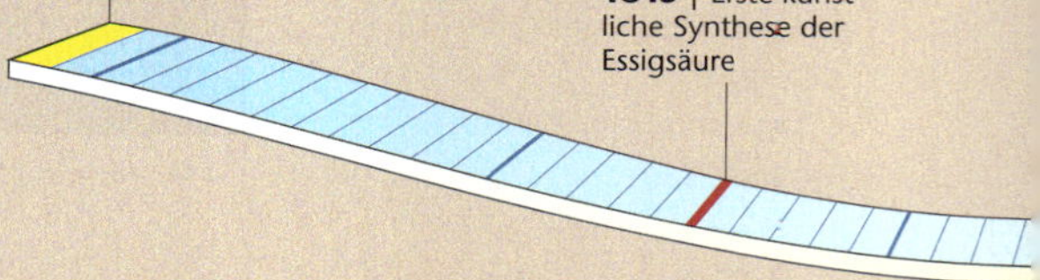

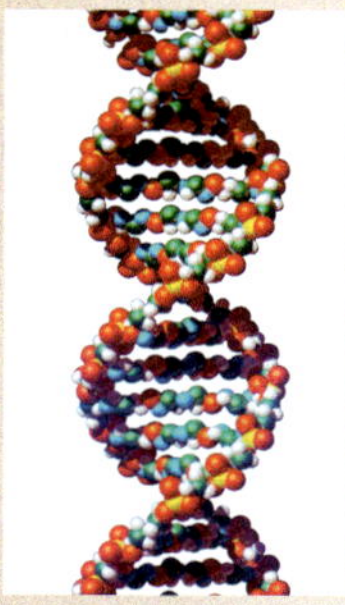
DNS im Modell

2000 | Das Erbgut von Fruchtfliege und Maus wird dekodiert

1986 | Menschliche Gene werden geklont

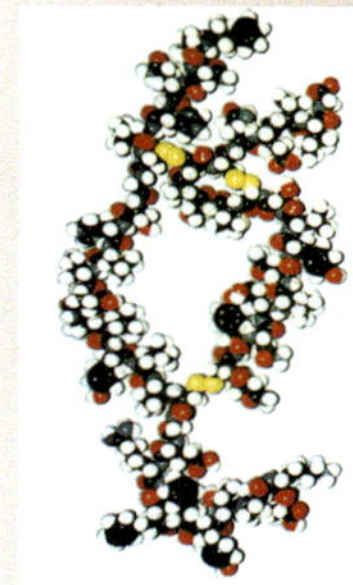
Insulin im Modell

1977 | Beginn der gentechnologischen Produktion von Proteinen

1970 | Erste künstliche Herstellung eines Gens

1969 | Erste Synthese eines Enzyms

1965 | Erste Synthese von Insulin

1956 | Großtechnische Herstellung von PVC

1947 | Erste Synthese eines Antibiotikums

1944 | Entdeckung der DNS als Träger der Erbinformation

1941 | Großtechnische Synthese von Silikonen

1939 | Herstellung des hochschmelzbaren Kunststoffes Teflon©

1937 | Nylon© wird hergestellt

Nylonstrümpfe

Fön aus Bakelit

1928 | Das erste synthetische Waschmittel wird hergestellt

1923 | Erste technische Synthese eines Treibstoffes aus Kohle

1918 | Erste Synthese eines Produktes aus Erdöl. Beginn der Petrochemie

1913 | Die erste Chemiefaser wird hergestellt

1909 | Herstellung von Synthesekautschuk

1907 | Herstellung des ersten Kunststoffes: Bakelit

1902 | Das Bauprinzip der Proteine wird entdeckt

1899 | Aspirin© wird hergestellt

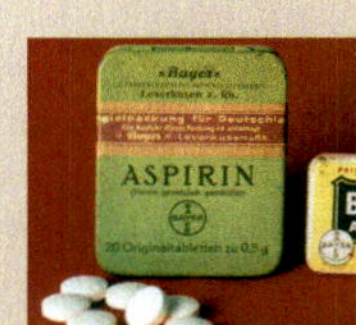

Aspirin

1888 | Erstes Arzneimittel wird bei Bayer hergestellt

1884 | De Chardonnet gründet die erste Kunstseiden-Industrie

1870 | Künstliche Darstellung des Naturfarbstoffes Indigo

1863 | Gründung der Chemiefirmen Bayer und Hoechst

1857 | Kekülé formuliert die organische Strukturchemie

1855 | Künstliche Synthese von Ethanol (Trinkalkohol)

Stoff gefärbt mit Indigo

Kohlenwasserstoffe **und** fossile Brennstoffe

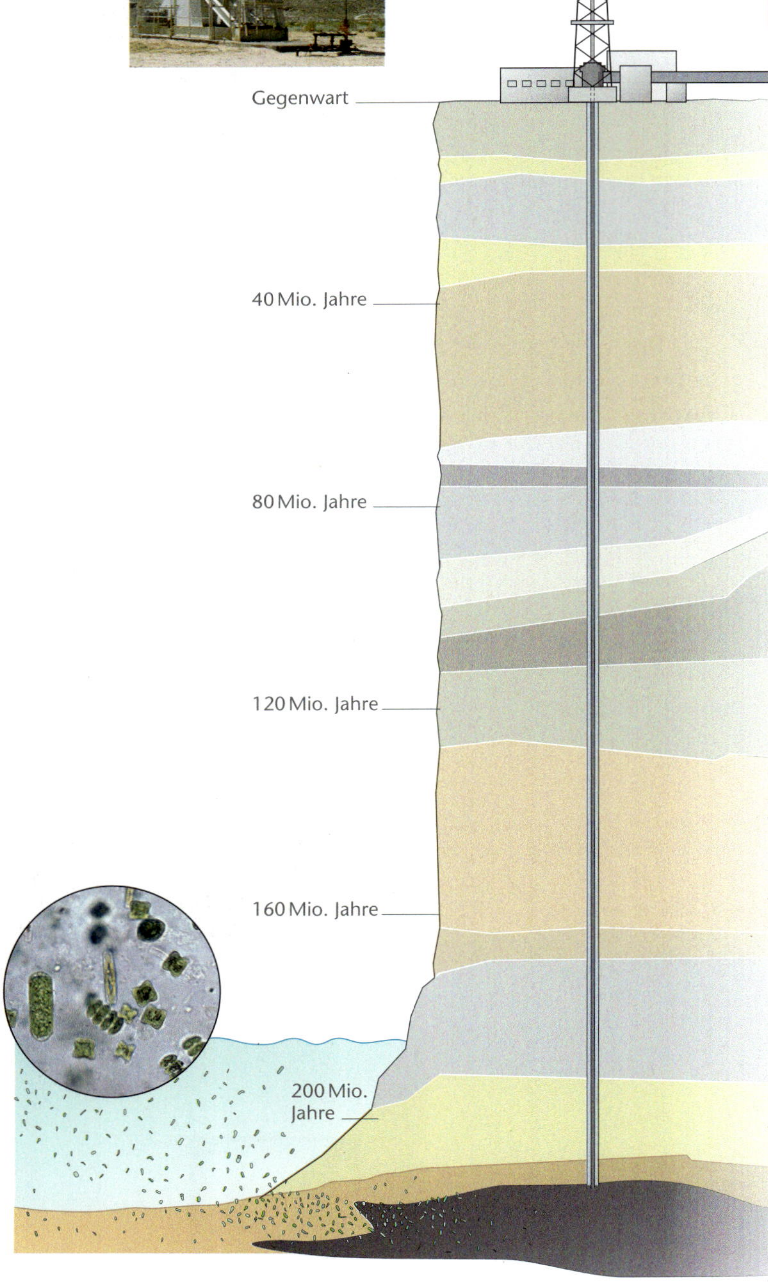

Unser Leben ist verbunden mit einem hohen Energiebedarf. Zum Heizen wird eine große Menge an Kohle, Heizöl oder Erdgas gebraucht. Der Auto-, Schiffs- und Flugverkehr benötigt eine große Menge an Treibstoffen wie Benzin oder Diesel. Im Haushalt werden viele Geräte mit elektrischer Energie betrieben.

Kohle und Erdgas stehen uns als Brennstoff direkt zur Verfügung. Heizöl, Benzin und Diesel müssen dagegen erst aus Erdöl gewonnen werden. Um den großen Energiebedarf zu decken, wird heute ständig nach neuen Erdöl- und Erdgasfeldern gesucht, aber auch nach alternativen Energiequellen, wie zum Beispiel der Nutzung von Sonnen- oder Windenergie.

Die zum Heizen, Kochen oder Autofahren benötigte Energie wird überwiegend durch Verbrennung von Kohle, Gas, Heizöl und Benzin gewonnen. Da beim Verbrennen Abgase entstehen, bedeutet Energienutzung auch eine Zunahme der Luftverschmutzung. Bereits bei der Förderung und dem Transport treten immer wieder Unfälle auf, welche die Umwelt erheblich belasten.
Ein bewusster Umgang mit Energie, technische Einrichtungen wie Abgaskatalysatoren und die verstärkte Nutzung alternativer Energiequellen können mithelfen, die Umweltbelastungen zu verringern.

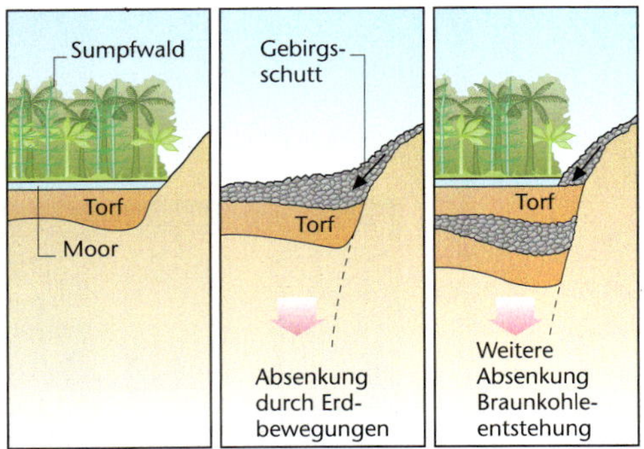

1 Entstehungsgeschichte von Kohle

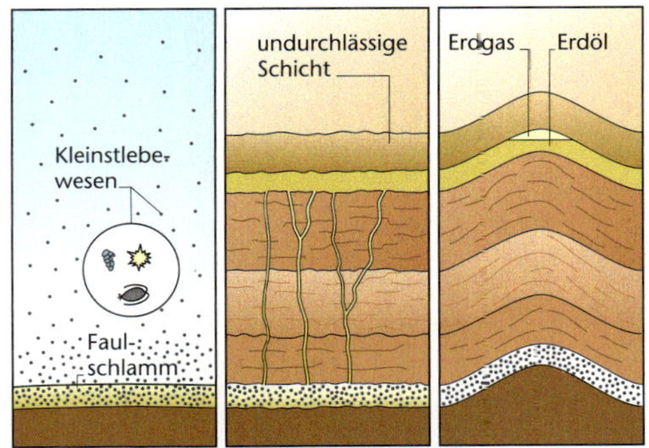

3 Entstehungsgeschichte von Erdgas und Erdöl

2 Pflanzenabdruck in Kohleschicht

Kohle – in Jahrmillionen entstanden
Die Herkunft der Kohle verraten manchmal Kohlestücke, in denen sich Abdrücke von Pflanzen finden (▷ B 2). Vor ca. 300 Millionen Jahren bedeckten große Farn- und Sumpfwälder das Land. Sterben diese ab und werden von Wasser und Schlamm bedeckt, wandeln sich Holz und andere Pflanzenteile in langen Zeiträumen unter Druck und Wärme langsam in Kohle um (▷ B 1). Diesen Vorgang nennt man **Inkohlung**. Je weiter der Inkohlungsprozess vorangeschritten ist, desto höher ist der Kohlenstoffanteil und damit der Heizwert der Kohle. Wichtige Kohlearten sind Braunkohle, Steinkohle und Anthrazit.

Steinkohle – Energieträger und Rohstoff
Erhitzt man Steinkohle unter Luftabschluss, dann entweichen bei etwa 1 000 °C flüchtige Bestandteile. Dieser Vorgang wird **Verkokung** genannt. Bei der Verkokung entstehen feste, flüssige und gasfömige Stoffe. Der feste Rückstand ist **Koks**. Koks besteht fast aus reinem Kohlenstoff und wird für Heizzwecke oder als Reduktionsmittel zur Gewinnung von Eisen genutzt.

Erdöl und Erdgas – fossile Brennstoffe
Wie die Kohle sind auch Erdöl und Erdgas in vielen Jahrmillionen entstanden. Grundstoff des Erdöls ist abgestorbenes Plankton (kleinste Meereslebewesen), das auf dem Meeresgrund infolge von Sauerstoffmangel nicht verwesen konnte. So bildete sich Faulschlamm, der durch Erdbewegungen in immer tiefere Schichten gelangte. Unter hohem Druck wurde der Faulschlamm durch Bakterien in Erdöl und Erdgas umgewandelt (▷ B 3)

Da sich Erdöl, Erdgas und Kohle aus abgestorbenen Pflanzen und Kleinstlebewesen gebildet haben, werden sie oft als **fossile Brennstoffe** bezeichnet.

Förderung und Transport von Erdöl und Erdgas
Bei einer Ölquelle wird in der Regel zuerst das über dem Erdöl angesammelte Erdgas durch Pipelines zu einer zentralen Sammelstelle geleitet. Dort wird es gereinigt, wobei auch hauptsächlich der giftige und nach faulen Eiern riechende Schwefelwasserstoff entfernt wird. Das Erdöl muss meist erst an die Oberfläche gepumpt werden.
Der Transport von Erdöl und Erdgas geschieht zunächst über Pipelines bis zu den Verladehäfen. Von dort übernehmen große Erdöl- und Erdgastanker den weiteren Transport bis zu den Entladehäfen. Schließlich gelangt das Erdöl und das Erdgas über Pipelines zu den Raffinierien, wo eine Weiterverarbeitung erfolgt (▷ B 4).

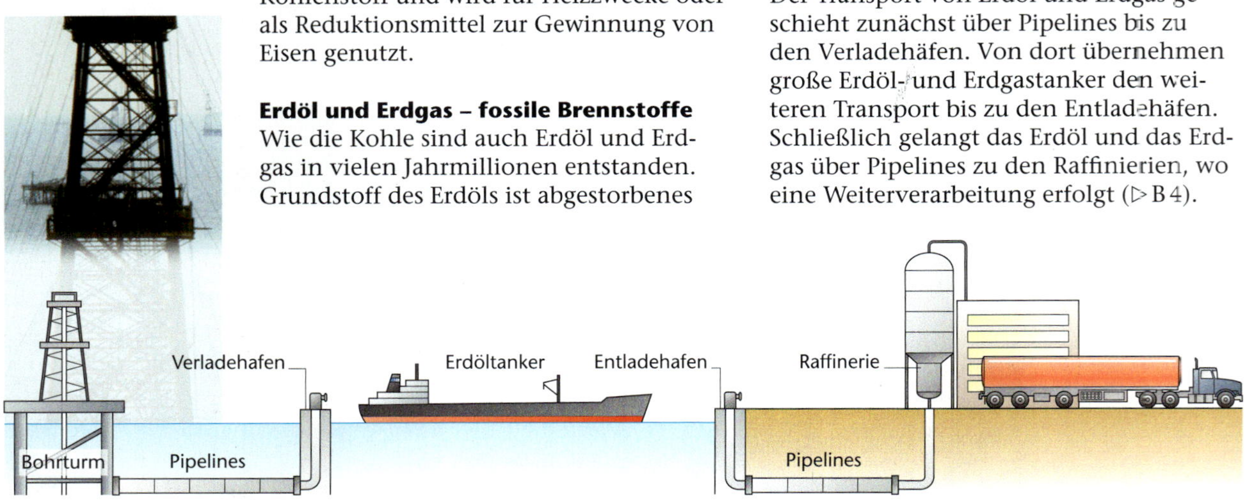

4 Der Weg des Erdöls und Erdgases

Wir untersuchen Erdölbestandteile

1 Brennbarkeit

Material
Schutzbrille, 3 Tropfpipetten, 3 Porzellanschalen, feuerfeste Unterlage, Holzspan, kleine Metallplatte, Streichhölzer, Erdölfraktionen: Wundbenzin, Petroleum, Dieselöl (Heizöl)

Versuchsanleitung
Gib mit einer Tropfpipette einige Tropfen von einer der Flüssigkeiten jeweils in eine Porzellanschale und nähere vorsichtig einen brennenden Holzspan. Wenn die Flüssigkeit nicht sofort zu brennen beginnt, streiche mehrere Male mit der Flamme des Holzspanes über die Probe. Lösche das Feuer durch Abdecken mit einer Metallplatte. Wiederhole den Versuch mit den anderen Flüssigkeiten und beurteile die Entflammbarkeit der Stoffe.

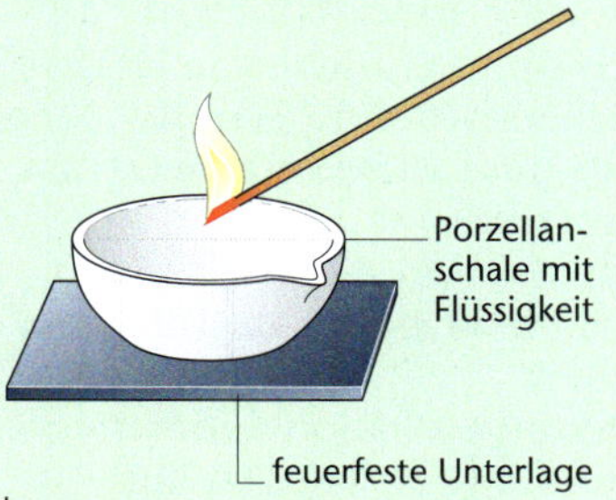

1 Brennbarkeit

2 Löslichkeit

Material
Schutzbrille, 3 Reagenzgläser, 3 Gummistopfen, Messzylinder, Reagenzglasgestell, Wundbenzin, Petroleum, Wasser

Versuchsanleitung
a) Gib in ein Reagenzglas 1 ml Benzin und 1 ml Wasser. Verschließe das Reagenzglas mit einem Gummistopfen und schüttle kräftig mehrere Male. Stelle das Reagenzglas dann in einem Reagenzglasgestell ab und beobachte.

b) Wiederhole den Versuch mit 1 ml Wasser und 1 ml Petroleum.

c) Fülle jetzt ins dritte Reagenzglas 1 ml Benzin und 1 ml Petroleum und prüfe erneut die Löslichkeit durch Schütteln.

Aufgabe
Welche Aussage kann man über das Löslichkeitsverhalten der beiden Erdölbestandteile Benzin und Petroleum machen?

3 Viskosität

Material
Schutzbrille, 3 Reagenzgläser (16 mm), Reagenzglasgestell, Pinzette, 3 Büroklammern (aus Metall), Uhr mit Sekundenanzeige oder Stoppuhr, Wundbenzin, Petroleum, Schmieröl

Versuchsanleitung
Fülle je ein Reagenzglas etwa zur Hälfte mit Benzin, Petroleum und Schmieröl. Die Füllhöhen müssen genau gleich sein. Halte mit einer Pinzette eine Büroklammer über die Reagenzglasöffnung. Lasse die Büroklammer dann fallen und miss die Zeit, bis diese den Reagenzglasbodens erreicht hat (▷ B 2).

Aufgabe
Erstelle ein Versuchsprotokoll. Welche Flüssigkeit ist am zähflüssigsten?

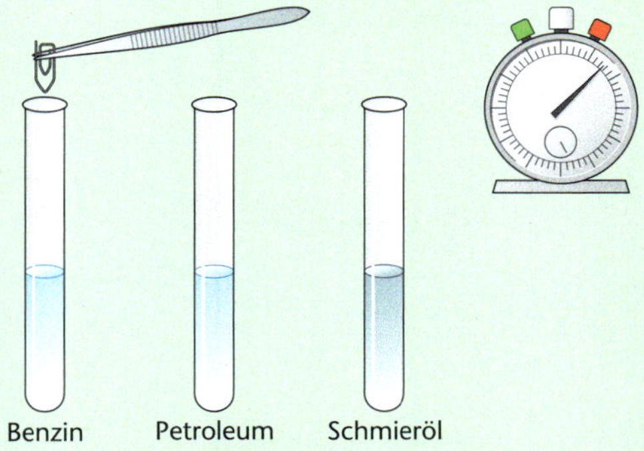

2 Viskosität

4 Verbrennungsprodukte

Material
Schutzbrille, Standzylinder, Glasplatte, Tropfpipette, Verbrennungslöffel, Watesmopapier, Streichhölzer, Kalkwasser, Wundbenzin

Versuchsanleitung
a) Gib in einen Verbrennungslöffel mit einer Tropfpipette einige Tropfen Benzin. Entzünde das Benzin über dem Standzylinder. Senke den Verbrennungslöffel mit brennendem Benzin langsam ab (▷ B 3). Lasse das Benzin einige Sekunden brennen und ziehe den Verbrennungslöffel wieder aus dem Standzylinder. Prüfe den Beschlag an der Glaswand mit Watesmopapier.

b) Führe wie in Teil a) brennendes Benzin in den Standzylinder. Lasse das Benzin so lange brennen, bis die Flamme von selbst erlischt. Gib jetzt einige Milliliter Kalkwasser in den Standzylinder, verschließe mit einer Glasplatte und schüttle mehrere Male kräftig.

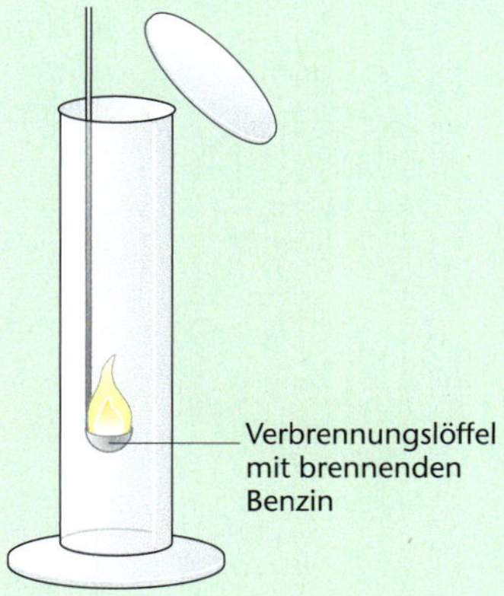

3 Verbrennungsprodukte

Aufgabe
Welche Verbrennungsprodukte des Benzins wurden im Versuch 4 nachgewiesen?

Entsorgung
Reste von Benzin, Petroleum, Öl werden in ein geeignetes Sammelgefäß gegeben. Benzin-Wasser-Gemische und Petroleum-Wasser-Gemische können mit einem Scheidetrichter getrennt werden.

Erdöl – schwarzes Gold
Aus Erdöl werden wichtige Stoffe wie Auto- und Flugzeugbenzin, Dieselöl und Heizöl gewonnen. Es wird daher manchmal auch als „schwarzes Gold" bezeichnet. Das Erdöl aus den Lagerstätten kann nicht direkt verwendet werden, deshalb wird es in einer Raffinerie verarbeitet.

Destillation des Erdöls
Wird Erdöl in einer Destillationsapparatur (▷B 1; V 1) auf ca. 200 °C erhitzt, steigen Dämpfe auf. Ein Teil der Dämpfe kondensiert auf dem ersten Kolonnenboden und bildet dort eine Flüssigkeitsschicht. Ein weiterer Teil der Dämpfe steigt in der Destillationskolonne weiter nach oben und kondensiert erst auf dem zweiten oder dritten Kolonnenboden. Die Temperatur nimmt dabei in der Kolonne von unten nach oben ab. Die Gewinnung unterschiedlicher Destillate ist ein Hinweis dafür, dass Erdöl kein Reinstoff, sondern ein Stoffgemisch ist.

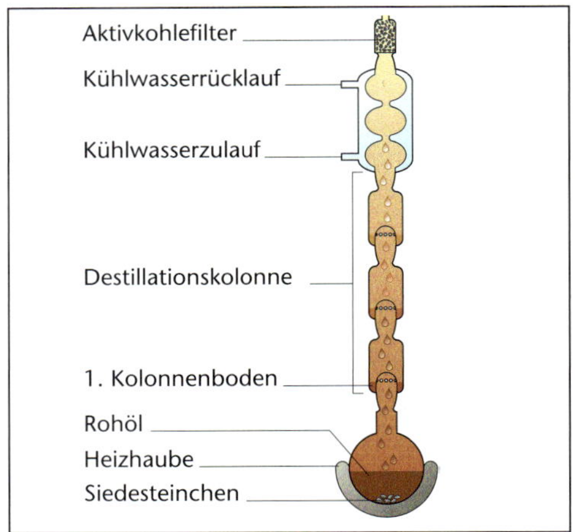

2 Destillation von Erdöl im Versuch

Da die Siedetemperaturen der Bestandteile sehr nahe beieinanderliegen, erhält man jeweils auf den Kolonnenböden keine Reinstoffe, sondern Gemische von Stoffen mit ähnlichen Siedetemperaturen.
Solche Stoffgemische werden **Fraktionen** genannt.
Da die Destillation von Erdöl zu unterschiedlichen Erdölfraktionen führt, wird sie **fraktionierte Destillation** genannt.

Fraktionen sind Gemische von Stoffen mit ähnlichen Siedetemperaturen. Man gewinnt sie durch fraktionierte Destillation von Erdöl.

Die Raffinerie – eine riesige Destillationsanlage für Erdöl
Die fraktionierte Destillation findet in einer **Raffinerie** statt (▷B 4). Das Erdöl wird in einem Röhrenofen auf etwa 400 °C erhitzt, wobei es zum größten Teil verdampft. Der Öldampf wird in einen Destillationsturm geleitet. Ähnlich siedende Stoffe kondensieren und sammeln sich auf Zwischenböden, den **Glockenböden**. Von den Glockenböden werden die Erdölfraktionen dann in Lagertanks gepumpt (▷B 1).

1 Fraktionierte Destillation

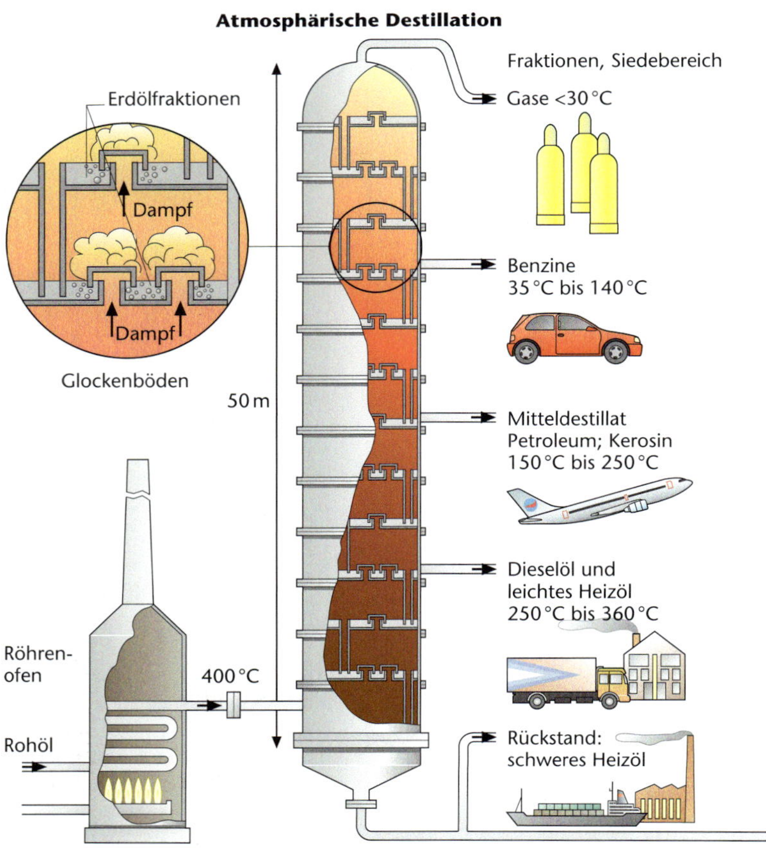

Versuch

1 Man erhitzt in einer Apparatur nach Bild 2 eine Probe künstlichen Erdöls. Mit einem Kontaktthermometer werden an den Kolonnenböden die Temperaturbereiche ermittelt und mit den Angaben in Bild 1 verglichen. (Abzug!) Man prüft die Destillate auf Farbe, Geruch und Brennbarkeit.

Bestandteile des Erdöls – Erdölfraktionen
Gasförmige Bestandteile des Erdöls werden als **Raffineriegas** aufgefangen. Dieses wird entweder zu Heizzwecken bereits in der Raffinerie verbrannt oder zu Flaschengas weiterverarbeitet (▷B5). Ein Teil des Gases wird abgefackelt. Die Fackel ist eine notwendige Sicherheitseinrichtung, damit sich kein Überdruck aufbauen und die Anlage beschädigen kann.

Auf den höheren Glockenböden des Destillationsturmes sammeln sich die **Benzine**. Sie haben einen Siedebereich von 35 °C bis 140 °C. Etwa 20% bis 30% des Erdöls besteht aus Benzinen (▷B6).

Im mittleren Bereich des Destillationsturms verflüssigen sich die **Mitteldestillate** bei Temperaturen von 150 °C bis 250 °C. Zu den Mitteldestillaten gehören **Petroleum** und **Kerosin** (Flugzeugbenzin).

Mit einem Siedebereich von 250 °C bis 360 °C werden im unteren Bereich des Turmes **Dieselöl** und **leichtes Heizöl** gewonnen.

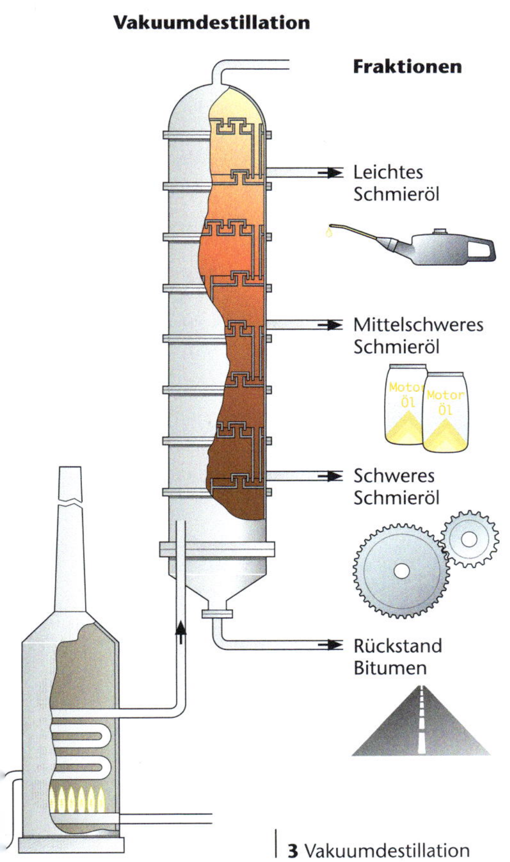

3 Vakuumdestillation

4 Destillation von Rohöl in einer Raffinerie

Der bei 400 °C verbleibende Rückstand wird als **schweres Heizöl** bezeichnet. Er wird zur Verbrennung in Öl-Kraftwerken oder zur Weiterverarbeitung in die Vakuumdestillation geleitet.

Vakuumdestillation – Destillation mit Unterdruck
Die bei 400 °C noch zähflüssigen Bestandteile können nicht weiter erhitzt werden, da sie sich bei höheren Temperaturen zersetzen. Diese Bestandteile werden daher in einen weiteren Destillationsturm geleitet, in dem sie bei vermindertem Druck destilliert werden. Bei vermindertem Druck verdampfen die Bestandteile schon bei geringerer Temperatur. Auf diese Weise kann man den noch verbliebenen Rest des Erdöls weiter auftrennen (▷B3).

Produkte der Vakuumdestillation
Bei vermindertem Druck werden in der Vakuumdestillation aus dem Rückstand **Schmieröle** (▷B7) gewonnen. Diese Fraktionen enthalten auch bei Zimmertemperatur feste Bestandteile, die **Paraffine**. Diese werden abgetrennt und z. B. zu Salben oder Kerzen verarbeitet. Der in der Vakuumdestillation noch verbleibende Rest, das **Bitumen**, wird für Isolieranstriche, Straßenbeläge (▷B8) und zur Herstellung von Dachpappe verwendet.

Aufgabe

1 Warum können Schmieröle und Bitumen nur durch Vakuumdestillation gewonnen werden?

5 Campinggaskocher

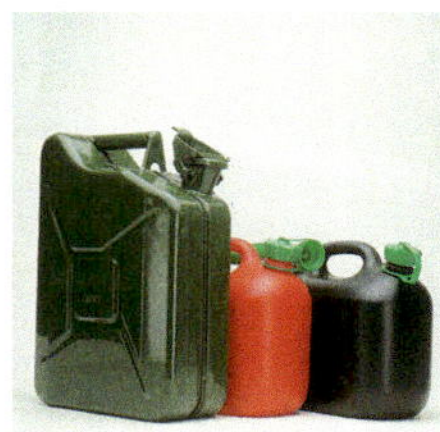
6 Benzinkanister

7 Schmieröl

8 Asphalt im Straßenbau

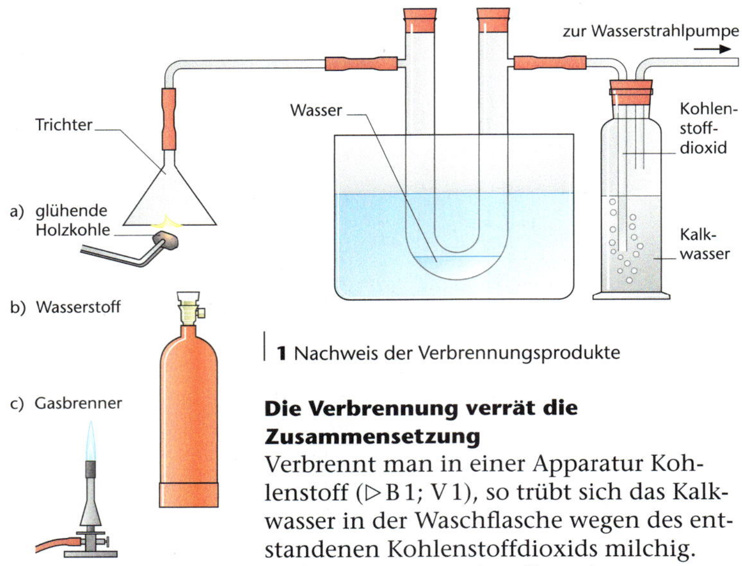

1 Nachweis der Verbrennungsprodukte

2 Erdgas zum Kochen

Die Verbrennung verrät die Zusammensetzung

Verbrennt man in einer Apparatur Kohlenstoff (▷B 1; V 1), so trübt sich das Kalkwasser in der Waschflasche wegen des entstandenen Kohlenstoffdioxids milchig. Verbrennt man in derselben Apparatur dagegen reinen Wasserstoff, so erhält man im U-Rohr eine Flüssigkeit, die sich mit Watesmopapier als Wasser nachweisen lässt (▷V 2).

Leitet man die Verbrennungsgase von Erdgas durch die Apparatur (▷V 2), erhält man beide Reaktionsprodukte: Kohlenstoffdioxid und Wasser. Diese Beobachtung kann dadurch erklärt werden, dass an der Zusammensetzung des Erdgases die beiden Elemente **Kohlenstoff** und **Wasserstoff** beteiligt sind.

Außer den Elementen Kohlenstoff und Wasserstoff lassen sich im Erdgas keine weiteren Elemente mehr nachweisen. Erdgas gehört deshalb zu den **Kohlenwasserstoffen**. Erdgas besteht überwiegend aus **Methan**.

> Verbindungen, deren Moleküle nur aus Kohlenstoff- und Wasserstoffatomen aufgebaut sind, werden Kohlenwasserstoffe genannt.

3 Bergwerkseinsturz nach Methan-Explosion

Methan – ein häufig verwendetes Gas

Methan findet man nicht nur im Erdgas. Es entsteht auch in Sümpfen und am Grunde verschmutzter Gewässer, wenn Pflanzen und Tierreste unter Luftabschluss faulen. Es wird deshalb auch Faulgas genannt. Methangas hat einen hohen Heizwert. Es wird deshalb hauptsächlich in Gasheizungen oder zum Kochen eingesetzt (▷B 2).

Eigenschaften des Methans

Reines Methan ist ein farb- und geruchloses Gas. Es ist leicht entzündlich und verbrennt mit bläulicher Flamme. Im Inneren des Zylinders erlischt die Kerzenflamme (▷V 3). Methan ist brennbar, unterhält jedoch die Verbrennung nicht.

Mit Sauerstoff bildet Methan explosive Gemische. Durch unbemerktes Ausströmen von Erdgas kommt es immer wieder zu folgenschweren Unfällen. Auch für Explosionen in Bergwerken sind Methan-Luft-Gemische verantwortlich („schlagende Wetter") (▷B 3).

Versuche

1 Man verbrennt in der Apparatur nach Bild 1 ein Stück Holzkohle, leitet die Verbrennungsgase durch ein gekühltes U-Rohr und dann durch eine Waschflasche mit Kalkwasser.

2 Man wiederholt den Versuch 1 mit reinem Wasserstoff und danach mit der Flamme des Gasbrenners. Einige Tropfen der kondensierten Flüssigkeit werden auf Watesmopapier gegeben.

3 Man führt in einen nach unten geöffneten, mit Erdgas gefüllten Standzylinder rasch eine Kerze ein und zieht sie wieder heraus. (Schutzbrille! Schutzscheibe!)

Brennpunkt

Biogas – Treibstoff aus Mist

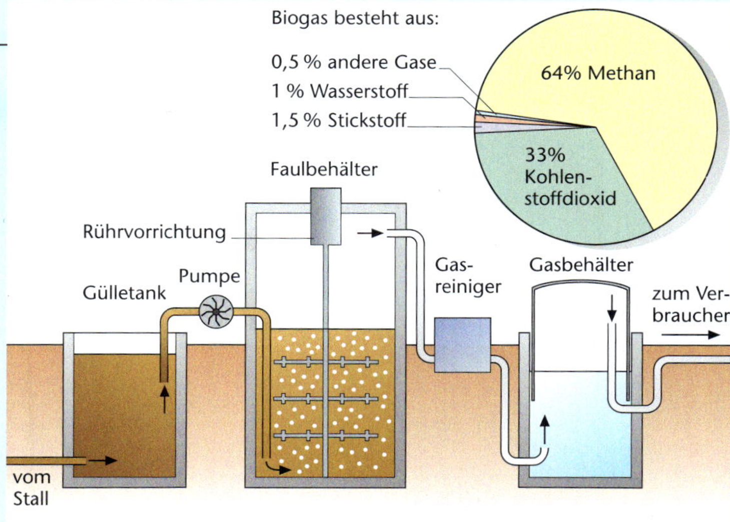

1 Aufbau einer Biogasanlage

Biogas – eine alternative Energiequelle
Die Vorkommen der fossilen Brennstoffe Kohle, Erdöl und Erdgas sind begrenzt. Biogas dagegen wird aus Biomasse (organische Abfälle wie z. B. Pflanzenreste, Gülle) gewonnen und steht daher fast unbegrenzt zur Verfügung. Ein weiterer Vorteil des Biogases ist, dass es im Gegensatz zu fossilen Brennstoffen in der Regel weniger Schwefelverbindungen enthält und daher beim Verbrennen kaum umweltschädigendes Schwefeldioxid bildet. Neben der Sonnen- und Windenergie sowie der Energiegewinnung aus Wasserkraftwerken bildet das Biogas eine wichtige alternative Energiequelle.

Die Biogasanlage – Strom, Wärme und Treibstoff aus Mist
Wenn organische Stoffe unter Luftabschluss faulen, z. B. im Inneren von Misthaufen, in Mülldeponien oder im Inneren eines Faulturms einer Kläranlage, bildet sich ein Gasgemisch, das als **Biogas** bezeichnet wird. Dieses Gas ist aufgrund des hohen Methananteils (▷ B 1) brennbar und kann daher zur Energiegewinnung genutzt werden.
In einer Biogasanlage (▷ B 1) werden organische Abfälle unter Luftabschluss in einem beheizten Faulbehälter mithilfe von **Methanbakterien** zersetzt. Dieser Vorgang wird auch als **Fermentation** bezeichnet. Eine einzige Kuh erzeugt pro Tag etwa 10 bis 20 kg Biomasse. Daraus lassen sich bis zu 3 m³ Biogas gewinnen. Insgesamt liefert eine Kuh dadurch pro Jahr so viel Energie wie aus der Verbrennung von 300 Liter Heizöl gewonnen wird.

Aus einer Tonne organischen Abfalls können pro Tag 100 m³ bis 160 m³ Biogas erzeugt werden. Biogas lässt sich als Heizgas oder zur Gewinnung von Strom in Generatoren einsetzen. Biogas lässt sich unter Druck leicht verflüssigen und kann als Treibstoff für PKWs und LKWs genutzt werden (▷ B 2).

2 Autofahren mit Biogas

Abfälle einer Biogasanlage wirtschaftlich genutzt
Ein zusätzlicher Vorteil von Biogasanlagen ist, dass nach dem Ausfaulen ein hochwertiger Dünger zurück bleibt. Dieser ist nahezu geruchsfrei und kann als Naturdünger in der Landwirtschaft genutzt werden.

Werkstatt

Gewinnung von Biogas

Material
Schutzbrille, Becherglas (400 ml), Trichter, Reagenzglas, Reagenzglashalter, Schere, Teichschlamm oder Pflanzenreste, Teich- oder Regenwasser, Holzspan, Streichhölzer

Versuchsanleitung
Gib auf den Boden eines Becherglases Teichschlamm oder klein geschnittene Pflanzenreste. Auf dieses Material wird ein Trichter mit der Öffnung nach unten gestellt. Fülle das Becherglas jetzt zu etwa drei Viertel mit Teich- bzw. Regenwasser. Spanne ein mit Wasser gefülltes Reagenzglas mithilfe eines Reagenzglashalters, wie in der Skizze angegeben, ein. Lass die Apparatur mehrere Tage an einem möglichst warmen Ort (z. B. Heizungsnähe) stehen.

Prüfe das entstandene Gas im Reagenzglas auf Brennbarkeit.

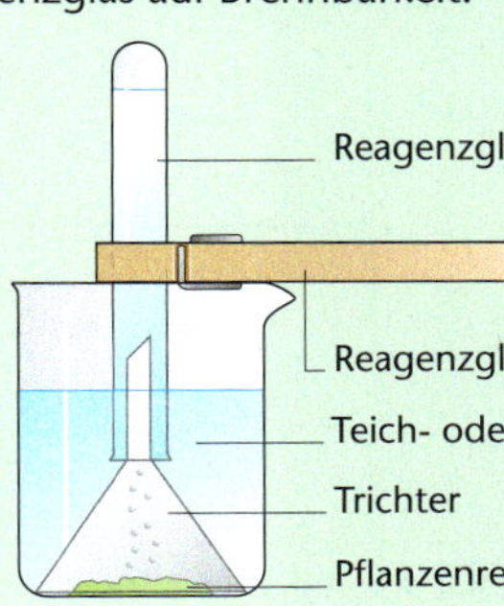

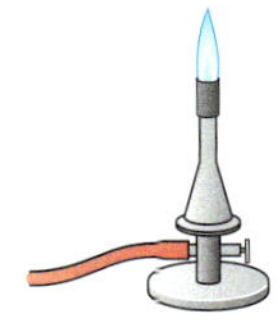

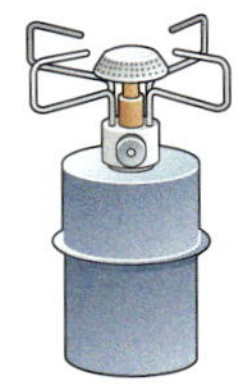

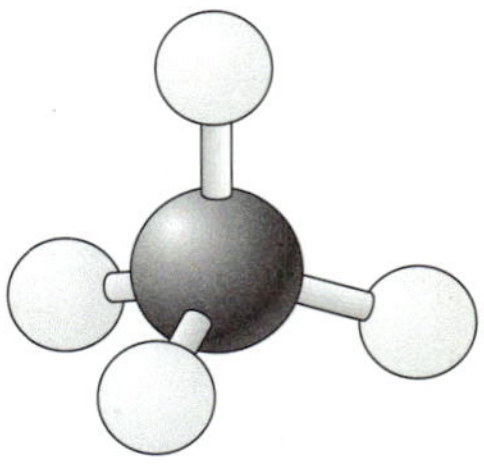

Name	Summenformel	Kugel-Stab-Modell	Strukturformel
Methan	CH_4	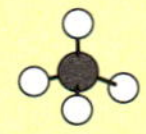	H H-C-H H
Ethan	C_2H_6	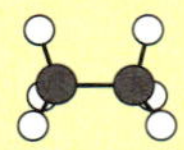	H H H-C-C-H H H
Propan	C_3H_8	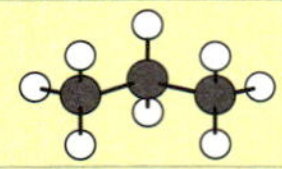	H H H H-C-C-C-H H H H
Butan	C_4H_{10}	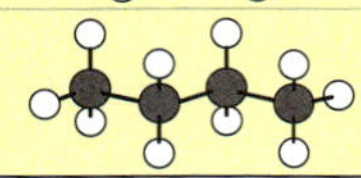	H H H H H-C-C-C-C-H H H H H

1 Die ersten vier Glieder aus der homologen Reihe der Alkane

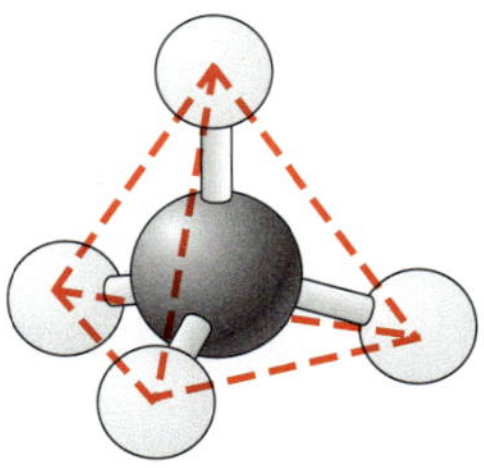

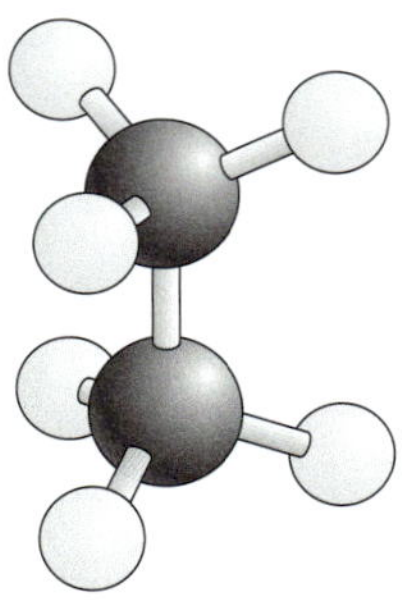

Erdöl und Erdgas enthalten Kohlenwasserstoffe

Verbrennt man Erdgas oder Erdölfraktionen wie Benzin, Dieselöl oder Petroleum, erhält man die Verbrennungsprodukte Kohlenstoffdioxid und Wasser. Da diese Stoffe Oxidationsprodukte des Kohlenstoffs und des Wasserstoffs sind, müssen die Verbindungen im Erdgas und im Erdöl Kohlenwasserstoffe sein. Ein Kohlenstoffatom ist vierwertig und kann daher 4 Wasserstoffatome binden. Der Kohlenwasserstoff mit dem einfachsten Molekülaufbau ist daher **Methan** mit der Formel $\mathbf{CH_4}$.

Molekülmodell des Methans

Aus der Formel CH_4 geht hervor, dass ein Methanmolekül aus einem C-Atom und vier H-Atomen aufgebaut ist. Die Formel CH_4 gibt die Anzahl der Atome im Molekül an, sie wird deshalb auch **Summenformel** genannt. Über die räumliche Anordnung der Atome macht die Summenformel aber keine Aussage.
Um den räumlichen Aufbau eines Moleküls zu verstehen, sind **Molekülmodelle** geeignet. Häufig werden Kugel-Stab-Modelle verwendet (▷ B 2, links).

Vom Molekülmodell zur Strukturformel

Ein Molekülmodell abzuzeichnen wäre sehr aufwändig. Eine Vereinfachung ergibt sich jedoch, wenn man das Molekülmodell in einer Schattenprojektion betrachtet (▷ B 2, Mitte).

Ersetzt man in einem Schattenbild des Methans die schwarzen Kreisflächen durch die entsprechenden Elementsymbole, dann erhält man eine Darstellung des Moleküls, die als **Strukturformel** bezeichnet wird (▷ B 2, rechts).

Homologe Reihe der Alkane

Neben dem Methan, dessen Molekül nur ein Kohlenstoffatom enthält, findet man im Erdgas auch Moleküle mit 2, 3 oder 4 C-Atomen. Die Reihe dieser ähnlich aufgebauten Kohlenwasserstoffe nennt man die Reihe der **Alkane** (▷ B 1).
Die ersten Glieder heißen Methan, Ethan, Propan und Butan. Alle Glieder dieser Reihe besitzen die Endsilbe **-an**. Ab 5 Kohlenstoffatomen leiten sich die Namen von den griechischen Zahlwörtern ab: Pentan, Hexan, Heptan, Octan, usw.

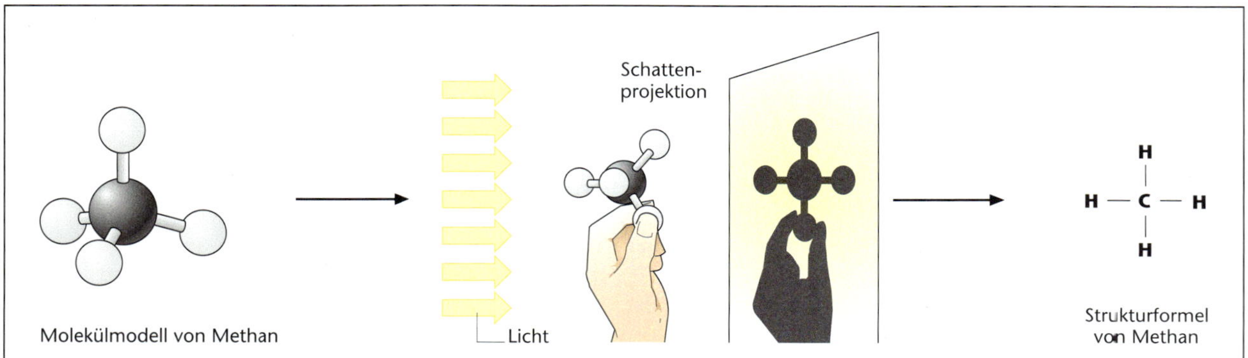

2 Vom Molekül zur Strukturformel

3 Vergleich der Brennbarkeit verschiedener Kohlenwasserstoffe

Beim Vergleich der Molekülmodelle (▷ B 1) fällt auf, dass sich die Moleküle aufeinander folgender Glieder jeweils um eine **CH_2-Gruppe** unterscheiden. Eine solche Reihe wird allgemein als **homologe Reihe** bezeichnet. Die allgemeine Summenformel eines Alkans lautet $\mathbf{C_nH_{2n+2}}$.

> Eine Reihe von Verbindungen, deren Moleküle sich jeweils um eine CH_2-Gruppe unterscheiden, wird homologe Reihe genannt.

Eigenschaften und Vorkommen der Alkane

In der homologen Reihe der Alkane sind die ersten vier Glieder gasfömig. **Methan** ist zu etwa 90 % im Erdgas vorhanden, **Ethan** zu etwa 5 %. **Propan** und **Butan** sind Gase, die sich unter Druck leicht verflüssigen lassen und als Campinggas (Propan) oder Feuerzeuggas (Butan) Verwendung finden.
Die mittleren Alkane von **Pentan** bis **Nonan** sind dünnflüssig. Diese Alkane kommen hauptsächlich in Treibstoffen (Benzin, Dieselöl, Kerosin) vor. Alkane, deren Moleküle längere Kohlenstoffketten aufweisen, werden ölig und schließlich zähflüssig (▷ V 1; V 2).

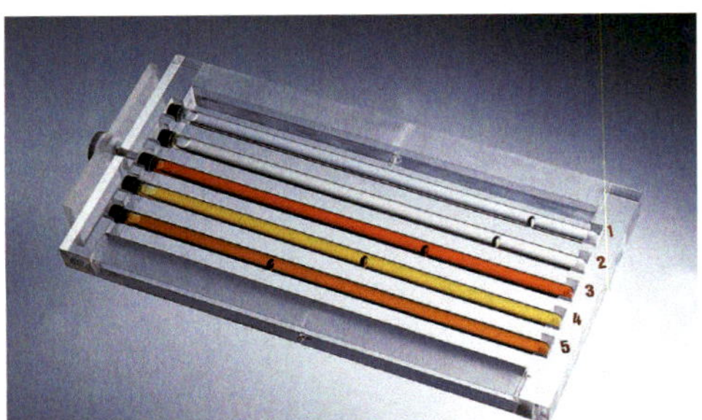

4 Vergleich der Viskosität verschiedener Kohlenwasserstoffe

Name	Formel	Schmelztemp. (° C)	Siedetemp. (° C)	Dichte	Viskosität
Methan	CH_4	–183	–162	* 0,466	nimmt zu ↓
Ethan	C_2H_6	–172	–89	* 0,572	
Propan	C_3H_8	–190	–42	* 0,585	
Butan	C_4H_{10}	–138	–1	* 0,601	
Pentan	C_5H_{12}	–130	36	0,626	
Hexan	C_6H_{14}	–95	69	0,660	
Heptan	C_7H_{16}	–91	98	0,684	
Octan	C_8H_{18}	–57	126	0,703	
Nonan	C_9H_{20}	–54	151	0,717	
Decan	$C_{10}H_{22}$	–30	174	0,730	
⋮	⋮				
Hexadecan	$C_{16}H_{34}$	18	287	0,773	
Heptadecan	$C_{17}H_{36}$	22	302	0,778	

* im flüssigen Zustand (nahe der Siedetemperatur)

5 Eigenschaften der Alkane im Vergleich

Die Zähflüssigkeit eines Stoffes wird auch als **Viskosität** bezeichnet.
Je länger die Molekülketten sind, desto stärker rußen und leuchten die Flammen der Alkane (▷ V 3; B 3). Langkettige Alkane sind daher zum Verbrennen weniger geeignet, sie dienen hauptsächlich als Schmierstoffe.

Ab **Heptadecan** mit der Formel $C_{17}H_{36}$ sind die Alkane fest. Gemische von festen Alkanen werden als **Paraffine** bezeichnet. Paraffine findet man z. B. in Kerzen oder im Bohnerwachs.

Versuche

1 Man füllt die Apparatur nach Bild 4 mit flüssigen Kohlenwasserstoffen und überprüft die unterschiedliche Viskosität durch Absinkenlassen gleicher Kugeln.

2 Man misst die Auslaufzeit von je 50 ml Wundbenzin, Petroleum, Fahrradöl und Motorenöl aus einer Bürette.

3 In einer Porzellanschale wird je eine kleine Portion Wundbenzin, Petroleum und Paraffinöl entzündet (Petroleum und Paraffinöl vorher anwärmen). Man vergleicht die unterschiedlichen Flammen. (Abzug!)

Wir untersuchen Feuerzeuggas

1 Auffangen des Feuerzeuggases

Material
Schutzbrille, Feuerzeug, großes Becherglas (weite Form), Reagenzglas, Stopfen, Wasser

Versuchsanleitung
Fülle das Becherglas etwa zu drei Viertel mit Wasser. Fülle ein Reagenzglas mit Wasser, verschließe es mit dem Daumen und halte es umgekehrt in das Becherglas. Jetzt kann das Reagenzglas wieder geöffnet werden, ohne dass Wasser ausläuft.

Tauche das Feuerzeug so in das Becherglas ein, dass sich das Ausströmventil unmittelbar unter der Reagenzglasöffnung befindet (▷ B 1). Betätige das Feuerzeug und lasse die Gasblasen in dem Reagenzglas aufsteigen. Wenn das Reagenzglas mit Gas gefüllt ist, verschließe es mit einem Stopfen und nimm es aus dem Wasser heraus.

Nach dem Versuch muss das Feuerzeug mehrere Male betätigt werden, damit es wieder funktioniert.

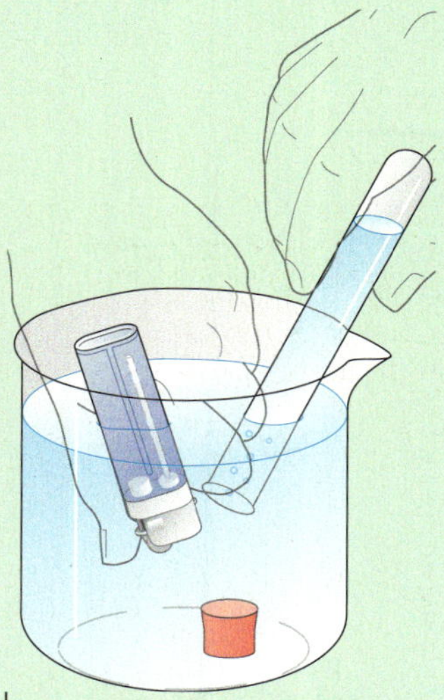

1 Auffangen des Feuerzeuggases

2 Brennbarkeit

Material
Schutzbrille, mit Gas gefülltes Reagenzglas aus Versuch 1, Holzspan, Reagenzglashalter, Feuerzeug

Versuchsanleitung
Entzünde den Holzspan mit dem Feuerzeug. Halte das Reagenzglas aus Versuch 1 bei der Versuchsdurchführung mit einem Reagenzglashalter fest (▷ B 2). Entferne dann den Stopfen des Reagenzglases und halte den brennenden Holzspan unmittelbar an die Reagenzglasöffnung.

2 Brennbarkeit

3 Reibzünder

Material
Schutzbrille, Feuerzeug, Gasanzünder mit Reibstein (Reibzünder)

Versuchsanleitung
Lasse Gas aus dem Feuerzeug ausströmen. Betätige in einem Abstand von etwa 5 cm einen Gasanzünder mit Reibstein (▷ B 3).

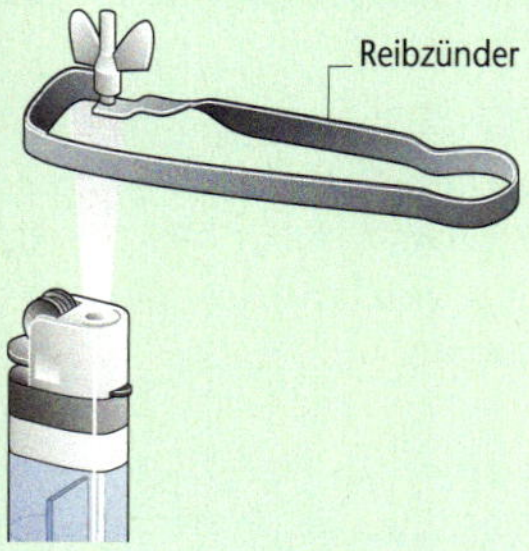

3 Zündung durch Reibung

4 Untersuchung der Verbrennungsgase

Material
Schutzbrille, Feuerzeug, Standzylinder, Stativ, Universalklemme, Doppelmuffe, Deckglas, Kalkwasser, Watesmopapier

Versuchsanleitung
Spanne den Standzylinder mit der Öffnung nach unten ins Stativ ein. Halte das brennende Feuerzeug etwa 20 Sekunden unmittelbar unter den Standzylinder, sodass die Verbrennungsgase in den Zylinder einströmen können (▷ B 4). Prüfe sofort den entstehenden Beschlag an der Glaswand mit Watesmopapier. Lasse erneut Verbrennungsgas in den Standzylinder einströmen. Fasse den Standzylinder am Fuß, drehe ihn um und gib jetzt einige Milliliter Kalkwasser hinein. Verschließe den Zylinder mit dem Deckglas und schüttle ihn einige Male kräftig.

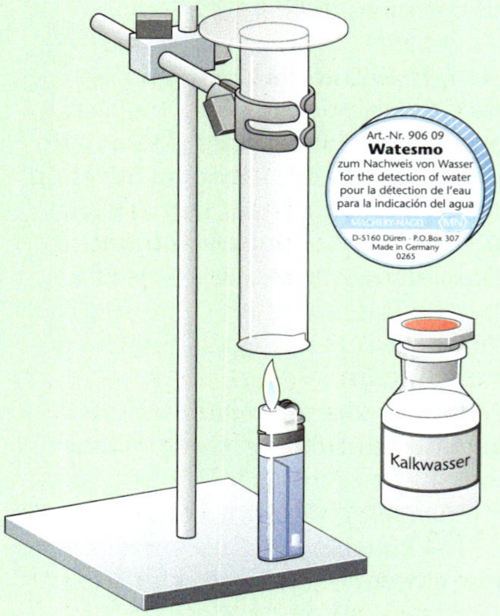

4 Untersuchung der Verbrennungsgase

Aufgaben
1. Fertige eine Skizze eines Feuerzeuges an, in der die wichtigsten Teile deutlich werden.

2. Auf welche Zusammensetzung des Feuerzeuggases deuten die Versuchsergebnisse hin?

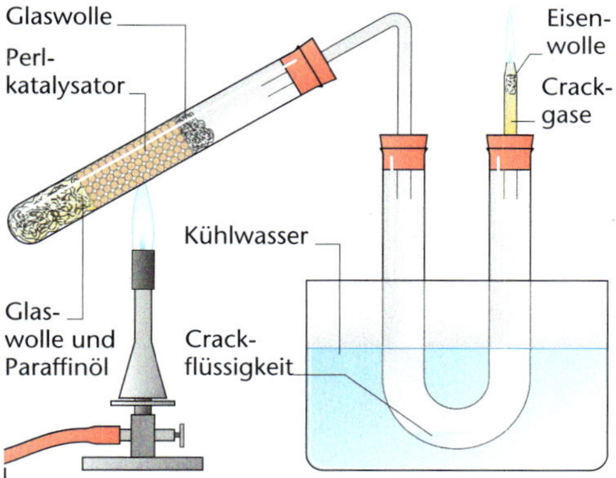

1 Cracken im Versuch

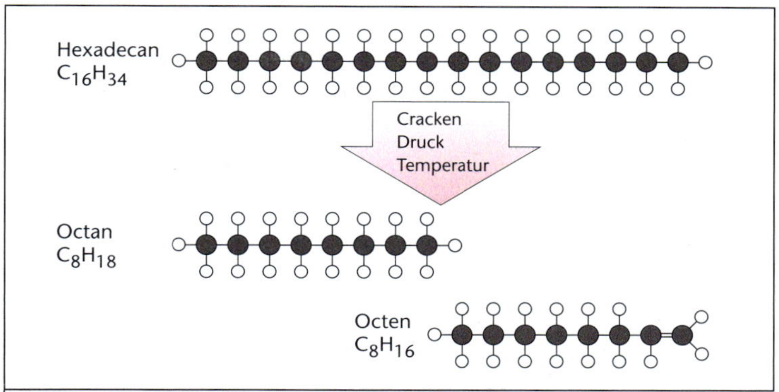

2 Cracken: Aufbrechen langer Moleküle

Gewinnung von Benzin durch Cracken
Wird Paraffinöl erhitzt und über heiße Katalysatorperlen geleitet (▷ B 1; V 1), so bildet sich eine nach Benzin riechende Flüssigkeit und ein brennbares Gas. Das Paraffinöl dagegen ist nicht brennbar und riecht auch nicht nach Benzin.
Bei diesem Versuch sind langkettige Kohlenwasserstoffmoleküle des Paraffinöls in kleinere Moleküle aufgespalten worden. Die kleineren Moleküle sind Bestandteile der nach Benzin riechenden Flüssigkeit und des brennbaren Gases. Das Aufbrechen langer Moleküle wird **Cracken** genannt (engl.: to crack, aufbrechen).
Das Crackverfahren wird in Raffinerien angewendet, um aus Schmierölen mit langkettigen Molekülen Benzine mit kurzkettigen Molekülen herzustellen (▷ B 2). Das Cracken bietet daher eine Möglichkeit, die Benzinausbeute aus Erdöl zu erhöhen.

▶ Durch Cracken können langkettige Kohlenwasserstoffmoleküle in kurzkettige Moleküle aufgespalten werden.

Versuch

1 Man erhitzt in einer Apparatur nach Bild 1 zunächst die Katalysatorperlen und bringt dann ca. 5 ml Paraffin in Glaswolle zum Sieden. Nach Durchführung der Knallgasprobe werden die Gase an der Glasspitze entzündet.
Ein Teil der Crackflüssigkeit im U-Rohr wird auf Geruch und Entflammbarkeit geprüft. (Abzug!)
Der zweite Teil der Crackflüssigkeit wird mit etwas angesäuerter Kaliumpermanganatlösung versetzt.
Wie sind die Beobachtungen zu erklären?

Alkene – reaktionsfähige Crackprodukte

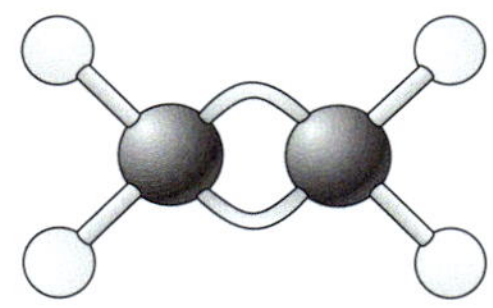

Gibt man zu der im Versuch 1 gewonnenen Crackflüssigkeit etwas angesäuerte Kaliumpermanganatlösung, dann entfärbt sich die zuvor intensiv violett gefärbte Lösung sehr rasch. Dieses ist ein Nachweis dafür, dass sich beim Cracken Kohlenwasserstoffmoleküle mit **Doppelbindungen** gebildet haben. Man nennt sie **Alkene**.

Die homologe Reihe der Alkene
Wie die Alkane bilden auch die Alkene eine **homologe Reihe** (▷ B 3). Das einfachste Alken ist Ethen mit der Formel C_2H_4, dann folgen Propen C_3H_6, Buten C_4H_8 und Penten C_5H_{10}. Die allgemeine Summenformel der Alkene lautet $\mathbf{C_nH_{2n}}$. Ihre Namen leiten sich von den Namen der entsprechenden Alkane ab. Zur Kennzeichnung der Doppelbindung im Namen wird die Endsilbe **-en** verwendet. In den Strukturformeln wird die Doppelbindung mit einem Doppelstrich gekennzeichnet (▷ B 3).

▶ Alkene sind Kohlenwasserstoffe, deren Moleküle Doppelbindungen aufweisen.

Name	Summenformel	Modell	Strukturformel
Ethen	C_2H_4	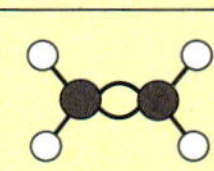	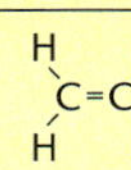
Propen	C_3H_6	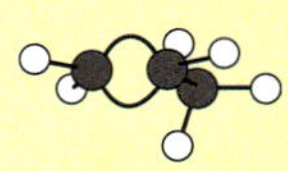	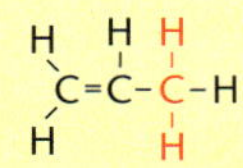
Buten	C_4H_8	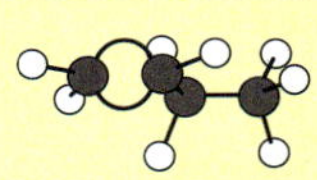	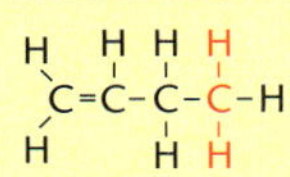
Penten	C_5H_{10}	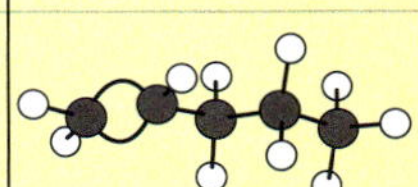	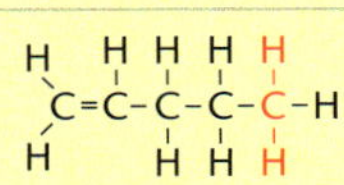

3 Die homologe Reihe der Alkene

1 Benzintreibstoffe

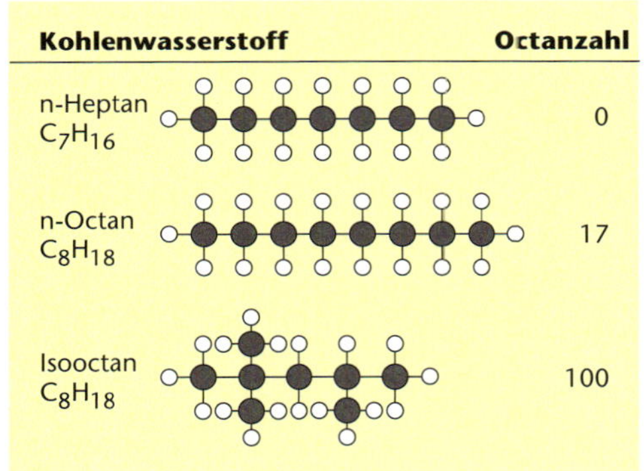

4 Octanzahl und Verzweigung

2 Nicht klopfende Verbrennung

Für jeden Motor den richtigen Treibstoff
Ein Blick auf die Zapfsäulen einer Tankstelle zeigt die verschiedenen Treibstoffsorten (▷ B 1). Da Diesel- und Benzinmotoren unterschiedlich arbeiten, benötigen sie auch unterschiedliche Treibstoffe. Für bestimmte Benzinmotoren ist Normalbenzin ausreichend, andere dagegen benötigen Super oder Super-Plus.

Verbrennung – normal oder klopfend
Arbeitet ein Benzinmotor richtig, wird das im Zylinder befindliche Benzin-Luft-Gemisch genau dann gezündet, wenn der Kolben die höchste Stellung im Zylinder erreicht hat (▷ B 2). Die Zündung erfolgt dabei mithilfe der Zündkerze (▷ V 1). Bei der Aufwärtsbewegung des Kolbens wird das Benzin-Luft-Gemisch stark verdichtet. Dabei kann es sich so stark erwärmen, dass es sich bereits entzündet, bevor der Kolben die höchste Stellung erreicht hat und ein Funke aus der Zündkerze kommt (▷ B 3). Dadurch wird auf den Kolben zu früh ein starker Explosionsdruck augelöst, der die Aufwärtsbewegung hemmt.
Diese Fehlzündungen sind als **Klopfen** des Motors hörbar. Das Klopfen verringert die Leistung und kann den Motor beschädigen. Um dieses zu verhindern, muss das Benzin klopffest gemacht werden.

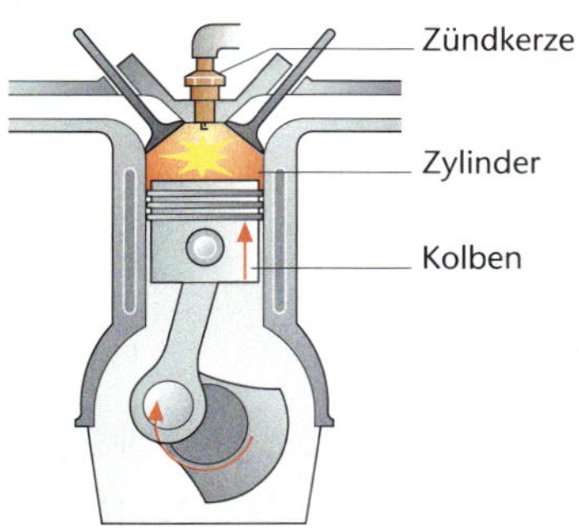

3 Klopfende Verbrennung

Normalbenzin oder Super – die Octanzahl entscheidet
Im Benzin sind über 150 verschiedene Alkane zu finden. Dabei findet man Alkane mit verzweigten und unverzweigten Molekülen (▷ B 4). Alkane mit verzweigten Molekülen besitzen eine hohe, Alkane mit unverzweigten Molekülen dagegen eine niedrige **Klopffestigkeit**. Die Klopffestigkeit wird mit der **Octanzahl OZ** angegeben. Als Bezugsgröße für die Klopffestigkeit dient das in Bild 4 abgebildete verzweigte Octan (Isooctan), das besonders klopffest ist und die OZ 100 erhält. Heptan mit kettenförmigen, unverzweigten Molekülen (n-Heptan) erhält dagegen die OZ 0. Ein Benzin hat demnach z. B. die OZ 80, wenn es so klopffest ist wie ein Gemisch aus 80 % des Isooctans und 20 % des n-Heptans. Normalbenzin hat in Deutschland mindestens die OZ 91, Superbenzin die OZ 95 und Super Plus die OZ 98.
Wie Bild 4 zeigt, haben n-Octan und Isooctan dieselbe Summenformel C_8H_{18}, aber unterschiedliche Strukturen. Die Molekülstruktur bestimmt demnach die Eigenschaften der Verbindungen.

▶ Moleküle mit gleicher Summenformel aber verschiedener Struktur werden als **Isomere** bezeichnet.

Versuch

1 Man tropft mit einer Pipette 4 bis 5 Tropfen Wundbenzin in ein Zündrohr, verschließt mit einem Kunststoffdeckel, schüttelt gut durch und zündet dann mithilfe des Piezo-Zünders.
Man wiederholt den Versuch nach Belüften des Rohres mit einer geringeren und mit einer höheren Tropfenzahl.

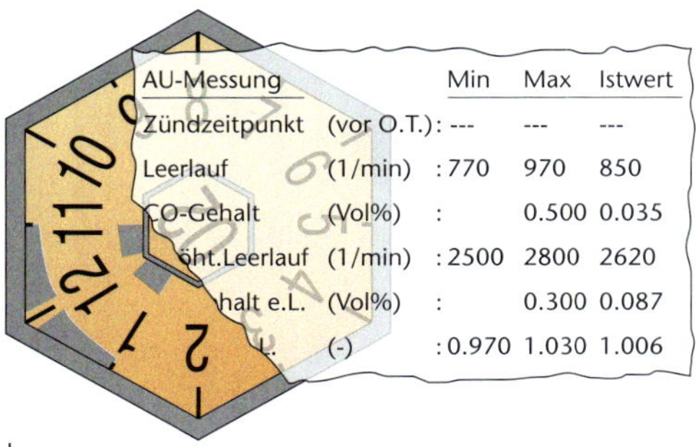

1 AU-Plakette und Prüfprotokoll

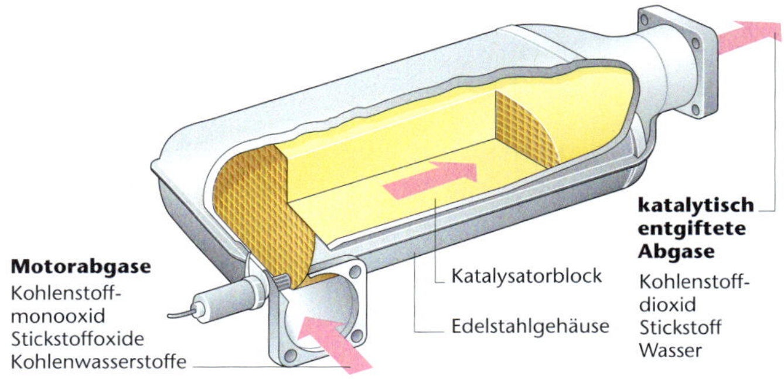

2 Der Drei-Wege-Katalysator

PKW-Abgase auf dem Prüfstand – die Abgasuntersuchung

Auf dem vorderen Kennzeichenschild der Autos befindet sich eine sechseckige Plakette (▷ B 1), die auf den nächsten Termin der Abgasuntersuchung hinweist. Dabei wird in der Mitte der Plakette das Jahr der nächsten Überprüfung angegeben, die Zahl in der oberen Ecke gibt den Monat an. Abgasuntersuchungen müssen regelmäßig durchgeführt werden, um sicherzustellen, dass ein Motor nicht zu viel Schadstoff produziert. Mit der Abgasuntersuchung erhält man ein Protokoll mit den Messergebnissen.

Schadstoffe bei der Benzinverbrennung

Zu den wichtigsten Schadstoffen des Motorabgases gehören Kohlenstoffmonooxid und Stickstoffoxide (z. B. Stickstoffmonooxid und Stickstoffdioxid) (▷ V 1). Ein geringer Teil des Benzins verbrennt überhaupt nicht und wird zu neuen Kohlenwasserstoffen umgewandelt. Da Kohlenstoffmonooxid, Stickstoffoxide und Kohlenwasserstoffe gesundheits- und umweltschädlich sind, muss ihr Anteil im Abgas möglichst gering gehalten werden.

Abgasreinigung mit dem Drei-Wege-Kat

Mit dem Einsatz eines Abgaskatalysators ist es möglich, den Schadstoffanteil des Abgases zu verringern. Da die drei Hauptschadstoffe Kohlenstoffmonooxid, Stickstoffoxide und Kohlenwasserstoffe vermindert werden, nennt man den Abgaskatalysator im Auto auch **Drei-Wege-Kat**. Der Abgaskatalysator besteht aus einem Keramikkörper, durch den zahlreiche dünne Kanäle mit quadratischem Querschnitt verlaufen (▷ B 2). Die Wandungen der Kanäle sind mit den Katalysatormetallen Platin, Rhodium und Palladium beschichtet. Je nach Motorgröße werden etwa 2 g bis 3 g dieser Metalle verwendet.

Chemische Reaktionen bei der Abgasreinigung

An den Katalysatoroberflächen werden die Schadstoffe durch Redoxreaktionen umgewandelt.
Kohlenstoffmonooxid wird dabei zu Kohlenstoffdioxid oxidiert. Unverbrannte Kohlenwasserstoffe werden zu Kohlenstoffdioxid und Wasser oxidiert. Stickstoffoxide dagegen werden zu unschädlichem Stickstoff reduziert (▷ B 2). Durch diese Reaktionen können die Hauptschadstoffe im Abgas bis zu 90 % verringert werden.

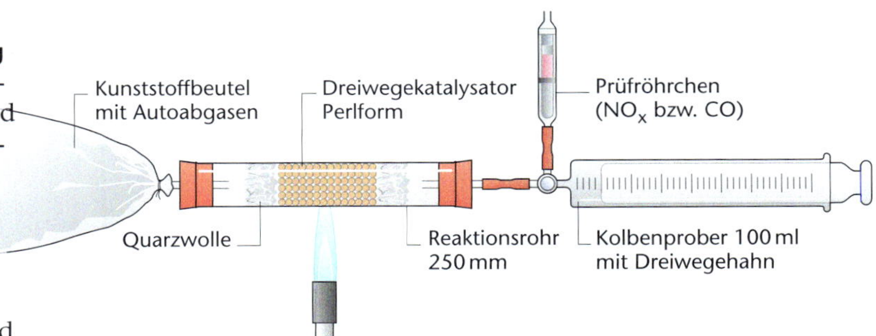

3 Modellversuch zur Abgasreinigung

Versuch

1 Einem PKW wird in einem Kunststoffbeutel Abgas entnommen. Mit diesem Abgas wird die Apparatur nach Bild 3 zunächst ohne Prüfröhrchen mehrere Male gespült. Dann werden erneut 100 ml Abgas (oder mehrere 100 ml-Portionen, Angabe auf Prüfröhrchen beachten) angesaugt und durch ein Prüfröhrchen für Stickstoffoxide gedrückt. Der Versuch wird ebenfalls mit einem Röhrchen für Kohlenstoffmonooxid durchgeführt. Danach werden die Katalysatorperlen zum Glühen erhitzt und die Messungen wiederholt.

Brennpunkt

Wasserstoff oder Benzin?

Wasserstoff, ein Raketentreibstoff

Fast ist es zur alltäglichen Information der Fernseh- und Zeitungsnachrichten geworden, dass über Raketenstarts aus Cape Canaveral (USA), aus Baikonur (Kasachstan) oder aus Französisch Guyana berichtet wird. Am 21. Juli 1969 wurde zum ersten Mal ein alter Traum der Menschen wahr. Astronauten verließen die Erde und landeten mithilfe von Raketen auf dem Mond. Alle Starts der amerikanischen Raumfahrt erfolgen mit flüssigem Wasserstoff und flüssigem Sauerstoff.

Dabei wird Wasserstoff durch Verbrennung in sein Oxid (Wasser) überführt. Diese stark exotherme Reaktion führt zu gasförmigem Wasser. Die dabei erfolgende Ausdehnung treibt die Rakete an.
Die bei einem Raketenstart zu beobachtende riesige weiße Wolke besteht aus kondensiertem Wasserdampf.

Kann Wasserstoff auch Benzin ersetzen?

Wir alle können uns ein Leben ohne Autos nur sehr schwer vorstellen. Genauso haben wir uns an die Vorstellung gewöhnt, dass ein Auto mit Benzin oder Dieselöl fährt. Aber was geschieht, wenn nicht mehr genug Erdöl für das Benzin vorhanden ist?

1 Ein Auto wird mit Wasserstoff betankt

3 Wasserstoff wird gespeichert

Vor ca. 60 Jahren besaßen nur sehr wenige Menschen ein Auto, heute fahren allein in Deutschland täglich etwa 42 Millionen Autos auf den Straßen.
Schlagworte wie „Luftverschmutzung", „Lungenerkrankungen", „Treibhausgase" hören wir täglich. Die durch Autoabgase aus dem Benzin verursachten Umwelt- und Gesundheitsschäden nehmen zu und sind kaum wieder zu beheben. Hier bietet die Chemie Lösungen in Form der Wasserstofftechnik an: Wasserstoff anstelle von Benzin tanken.

Wasserstoff tanken

Das mit Wasserstoff betriebene Fahrzeug gilt heute als technisch gelöst. Im April 1991 fuhr an die erste Flüssig-Wasserstoff-Tankstelle in Bayern ein Auto zum Tanken vor (▷ B 1). Ein Wasserstoffauto gibt im Gegensatz zu den Benzinautos Wasserdampf als Auspuffgas ab (= emissionsfrei). **NECAR** (**N**o **E**missions **Car**) ist das erste alltagstaugliche emissionsfreie Fahrzeug.

Da Wasserstoff unter normalem Luftdruck erst unter −253 °C vom gasförmigen in den flüssigen Zustand übergeht, ist der Tankvorgang nicht so einfach wie beim Benzin. Über einen speziellen Schraubverschluss wird der Einfüllstutzen mit dem Tank verbunden, ohne dass Luft bzw. Feuchtigkeit eindringen kann, sonst würde sich Eis im Tank bilden (▷ B 1).

2 Wasserstoff – ein Raketentreibstoff und Benzinersatz

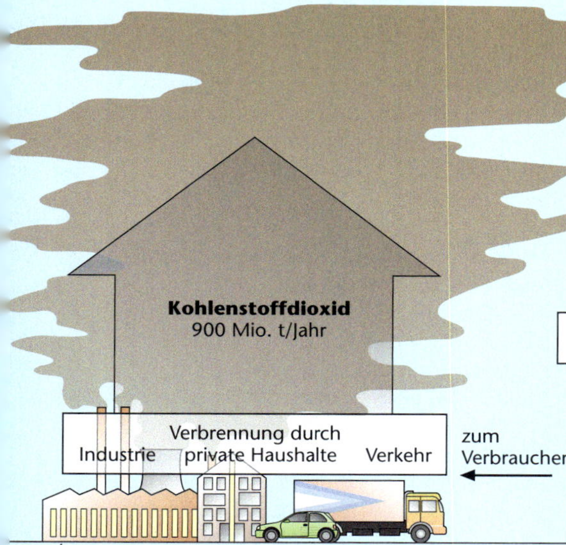

4 Von der Einbahnstraße …

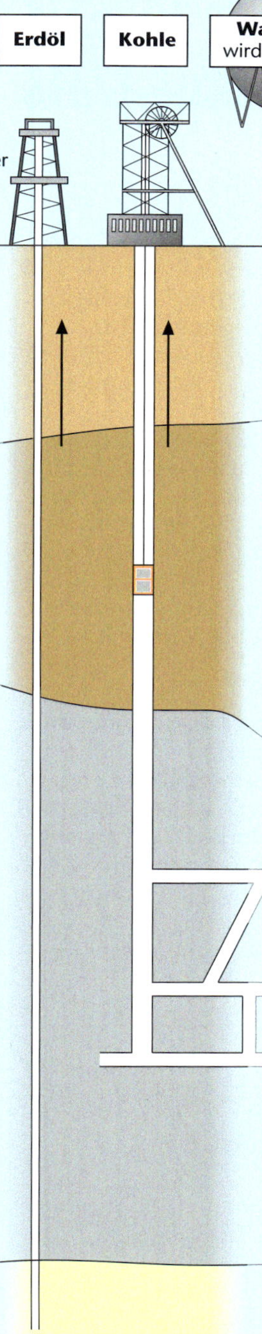

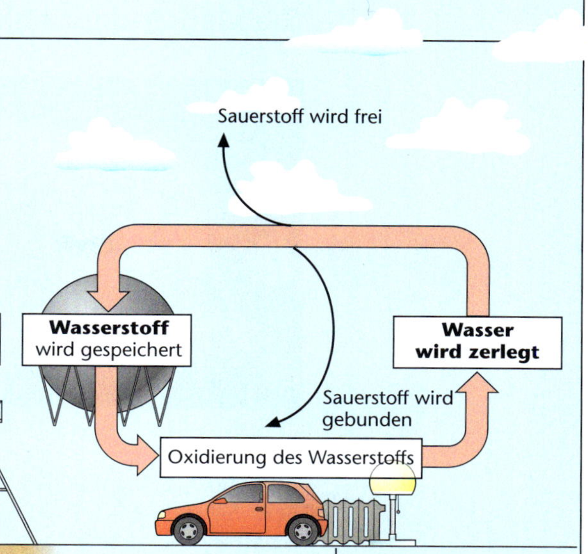

5 … zum Kreisprozess

Der Tankschlauch ist, wegen der niedrigen Temperatur, besonders gut isoliert. Bevor Wasserstoff als Benzinersatz flächendeckend eingesetzt werden kann, ist noch die Produktion großer Mengen Wasserstoff und der Aufbau eines Tankstellennetzes zu lösen.

Von der Einbahnstraße zum Kreisprozess
Der Bedarf an Energie ist besonders in den letzten 150 Jahren enorm angestiegen. Seit es möglich ist, will jeder eine Heizung und elektrischen Strom im Haus, ein Auto haben und Industrieprodukte aus Aluminium und Stahl kaufen.
Die hierzu notwendige Energie wird bisher weitgehend aus Kohle, Erdöl und Erdgas gewonnen. Bei der Verbrennung gelangen jährlich durchschnittlich 900 Millionen Tonnen Kohlenstoffdioxid in die Luft. Die Natur hat in Millionen von Jahren der Erdgeschichte den Kohlenstoff im Erdöl, im Erdgas und in der Kohle gesammelt. Die Menschen holen den Kohlenstoff in wenigen Jahrzehnten aus der Erde heraus. Wie auf einer „Einbahnstraße" wird ständig Kohlenstoffdioxid produziert und nicht mehr beseitigt (▷B 4).

Günstiger ist es, Energieträger zu nutzen, die keinen Abfall produzieren, sondern sich wie in einem Kreisprozess immer wieder verwerten lassen.

Ein chemischer Kreisprozess ohne Abfall: die Wasserstofftechnik
Mit der modernen Wasserstofftechnik könnte es erstmals gelingen, diese Idee in großem Maßstab umzusetzen.

Wasser kann durch Elektrolyse in Wasserstoff und Sauerstoff zerlegt werden. Den dabei frei werdenden Sauerstoff kann man in die Atmosphäre entlassen. Der Wasserstoff wird gespeichert (▷B 3). Später kann der Wasserstoff an beliebiger Stelle wieder zu Wasser oxidiert werden (▷B 5).
Die dabei frei werdende Energie kann in den Heizungen der Häuser, in Autos, in Fabriken und an vielen anderen Stellen genutzt werden. Anstelle von Öl müsste Wasserstoff dorthin transportiert werden, wo Energie gebraucht wird. Damit auch bei der Herstellung von Wasserstoff keine Abfallprodukte anfallen, kann Wasser im Idealfall mithilfe von Solarenergie zerlegt werden.

Aufgaben

1 Papier, Glas und Eisen sind „recycelbar".
a) Was versteht man darunter?
b) Welche Vorteile bietet „Recycling"?
c) Suche Gründe, warum man mit dem „Recycling" erst sehr spät begonnen hat.

2 Warum wird im Text oben von „Einbahnstraße" gesprochen (▷B 4)?

3 Kohlenstoffdioxid ist ein Gas, das schon immer bei der Atmung der Lebewesen, bei Waldbränden (Blitzschlag) usw. natürlich entstanden ist. Warum ist es in den letzten Jahren zum Problem geworden?

4 In der chemischen Industrie kann auf verschiedenen Wegen Wasserstoff erzeugt werden. Immer muss Energie aufgewandt werden. Warum wird im Text vom „Idealfall" Solarenergie gesprochen?

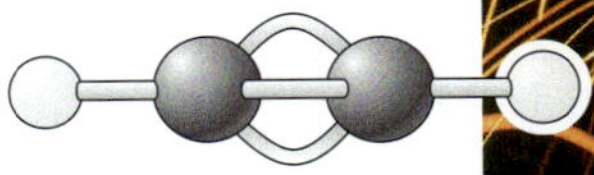

1 Acetylen – ein Schweißgas

Acetylen – ein Schweißgas

Beim Schweißen und Schneiden (▷ B 1) erhält man eine helle, sehr heiße Flamme von etwa 3 000 °C. Diese hohe Temperatur wird nur erreicht, weil dem Schweißgas Acetylen Sauerstoff beigemischt ist.
Acetylen ist ein Kohlenwasserstoff mit dem chemischen Namen **Ethin** und der Formel $\mathbf{C_2H_2}$.
Das Ethinmolekül weist zwischen den C-Atomen eine **Dreifachbindung** auf. Es ist das erste und wichtigste Glied der homologen Reihe der **Alkine** mit der allgemeinen Summenformel $\mathbf{C_nH_{2n-2}}$.

▶ Alkine sind Kohlenwasserstoffe, deren Moleküle Dreifachbindungen aufweisen.

Ringförmige Kohlenwasserstoffmoleküle – Bestandteile im Benzin

Ein Bestandteil des Benzins ist ein Stoff mit der Summenformel C_6H_{12}. Dieser Stoff müsste der Summenformel nach eigentlich ein Alken sein. Überraschenderweise entfärbt dieser Stoff aber eine Kaliumpermanganatlösung nicht.
Es liegt die besondere Struktur einer Ringverbindung vor.

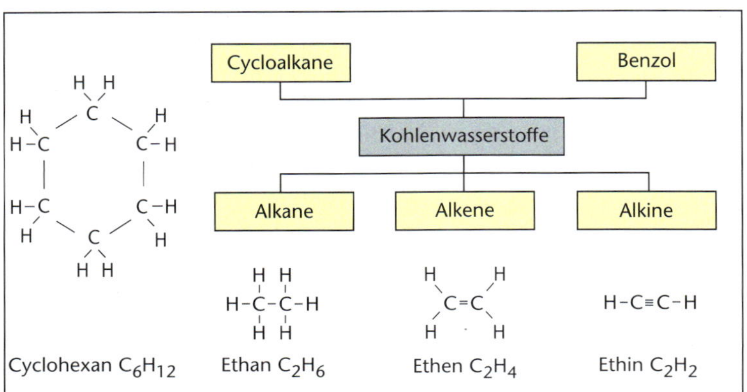

2 Vielfalt der Kohlenwasserstoffe

Cyclohexan (▷ B 2) gehört zu den Kohlenwasserstoffen, deren Verbindungen ringförmig aufgebaut sind. Ihren Namen wird die Silbe **Cyclo** (griech.: kyklos, Kreis) vorangestellt.

Benzol – ein Kohlenwasserstoff mit hoher Klopffestigkeit

Das **Benzol** mit der Formel C_6H_6 wurde 1825 von MICHAEL FARADAY im Steinkohlenteer entdeckt.
Benzol ist eine farblose, aromatisch riechende Flüssigkeit, die giftig und krebserzeugend ist. Wegen seiner hohen Klopffestigkeit wird Benzol den Benzinen zugegeben (▷ B 4). Beim Tanken sollte wegen des Benzolgehaltes das Einatmen der Benzindämpfe vermieden werden. Aus diesem Grund sollten Zapfpistolen mit einem Rückführungssystem (Saugrüssel; ▷ B 3) ausgestattet sein.

3 Zapfpistole mit Rückführungssystem

Ottokraftstoff
enthält: Benzol (1-5 Vol.-%), Methanol (max. 3 Vol.-%), Toluol, Xylole

Gefahrenhinweise:
Giftig beim Einatmen, Verschlucken und bei Berührung mit der Haut. Dampf-Luftgemisch explosionsfähig. Kann Krebs erzeugen (Gefahrstoff V Gruppe II).
Sicherheitsratschläge:
Von Zündquellen fernhalten – nicht rauchen. Dämpfe nicht einatmen. Berührung mit den Augen und der Haut vermeiden. Nie zu Reinigungszwecken verwenden.

4 Benzol – ein Kohlenwasserstoff mit hoher Klopffestigkeit

Brennpunkt

CFKW und Ozonloch

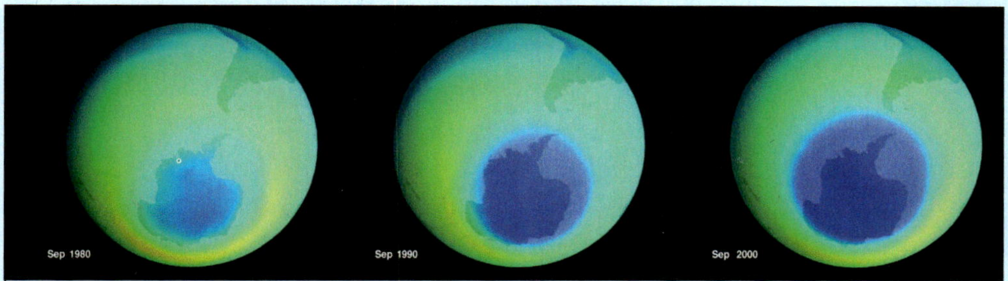

1 Satellitenaufnahme vom Ozonloch (je dunkler blau, desto weniger Ozon)

Halogenkohlenwasserstoffe – Vielseitig verwendbar

Manche Kohlenwasserstoffmoleküle enthalten neben Kohlenstoff- und Wasserstoffatomen noch Halogenatome wie Brom-, Fluor- oder Chloratome. Solche Verbindungen nennt man allgemein **Halogenkohlenwasserstoffe**.

Besonders häufig trifft man Halogenkohlenwasserstoffe an, deren Moleküle Chlor- oder Fluoratome enthalten. Diese Stoffe werden **Chlor-Fluor-Kohlenwasserstoffe** – in Kurzform **CFKW** – genannt. Häufig spricht man auch von Fluor-Chlor-Kohlenwasserstoffen (FCKW).

Gasförmige CFKW lassen sich leicht verflüssigen. Da sie nicht brennbar sind, werden sie zum Aufschäumen von Kunststoffen, in Feuerlöschern und als Kältemittel in Kühlschränken in großen Mengen verwendet. Bei der Entsorgung von Kühlschränken werden die CFKW heute sorgfältig entfernt. Außerdem sind sie gute Lösungsmittel besonders für Fette. Deshalb werden CFKW zur Entfettung von Metallteilen und zur chemischen Reinigung von Kleidungsstücken eingesetzt.

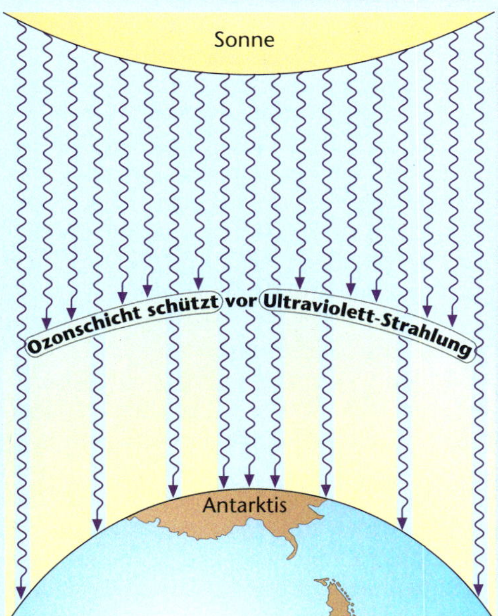

2 Wirkung der Ozonschicht

CFKW – der Hauptfeind des Ozons

Die Sonne gibt unter anderem für Lebewesen gefährliche UV-Strahlen ab. Diese Strahlen können zu Augenerkrankungen und zu Hautkrebs führen. Ein Teil dieser UV-Strahlen wird durch eine schützende Ozonschicht um die Erde herum abgeschwächt. Ozon ist eine besondere Form des Sauerstoffs mit der Formel O_3.
Die Ozonschicht umgibt die Erde in 20 bis 50 km Höhe.
Satellitenaufnahmen zeigen, dass der Ozongehalt der Ozonschicht über der Antarktis abnimmt (▷ B 1).

Als Hauptursache für den Ozonabbau werden heute die CFKW angesehen. Bei starker Sonneneinstrahlung können aus den CFKW-Molekülen aggressive Chloratome abgespalten werden. Jedes Chloratom kann in einer Kettenreaktion bis zu 100 000 Ozonmoleküle zerstören. Die schützende Ozonschicht bekommt dadurch ein Loch (▷ B 2).

Heute werden in Deutschland CFKW in vielen Bereichen (z. B. als Treibgas in Spraydosen) nicht mehr eingesetzt. Dennoch dauert es noch viele Jahre, bis die früher eingesetzten CFKW in der Atmosphäre abgebaut worden sind.

Energie und Umwelt

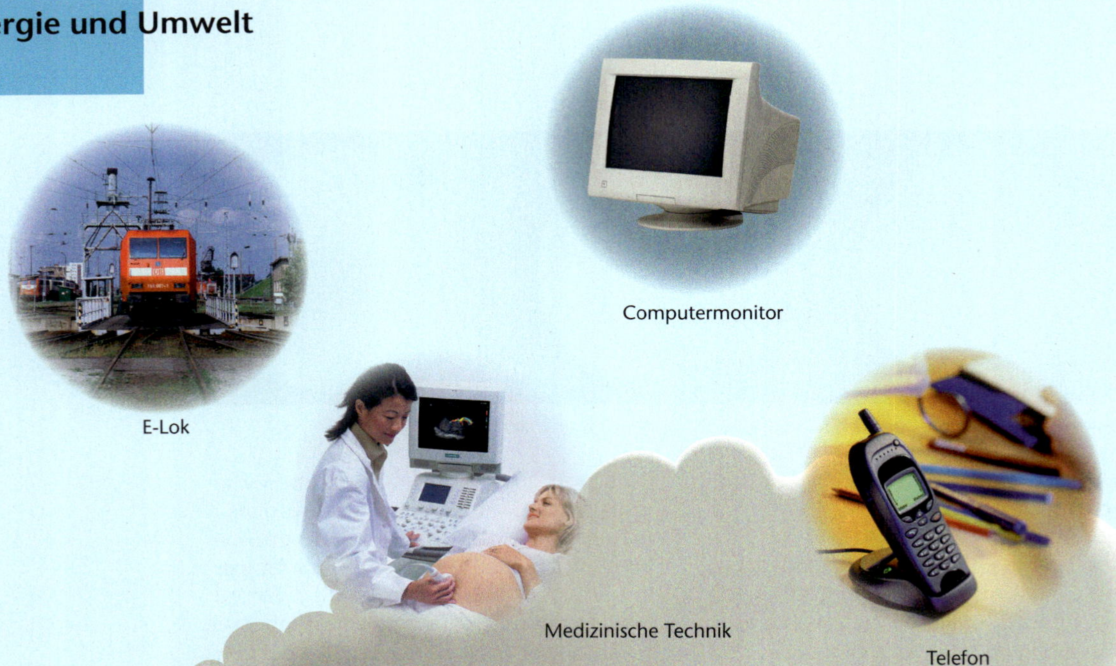

1 Elektrische Energie macht mobil

Das heutige Leben ist energiegeladen
Ohne Energie wäre unser heutiges Leben undenkbar. Handys, CD- und DVD-Player, Fernsehgeräte und Computer benötigen zum Betrieb ständig Energie. Ohne Zufuhr von Energie würde sich kein Auto, kein Bus, keine Bahn, kein Flugzeug fortbewegen (▷ B 1).

Energie – woher?
Unser Energiebedarf wird hauptsächlich durch Verbrennungsreaktionen gedeckt. In der Natur vorkommende Brennstoffe wie **Kohle** und **Erdgas** oder aus natürlichen Rohstoffen hergestellte Stoffe (Heizöl und Benzin aus **Erdöl**) sind Energieträger und werden zur Bereitstellung von nutzbarer Energie verbrannt. Dabei gewinnt man Wärme, Licht, elektrische und mechanische Energie, die sogenannte Nutzenergie.

Aufarbeitung von Energieträgern
In Erdölraffinerien wird das Rohöl unter anderem zu Benzin, Kerosin, Dieselöl und Heizöl aufgearbeitet. Die Kraftstoffe Benzin, Dieselöl und Kerosin treiben Autos, Lastwagen und Flugzeuge an.
Bei der Verbrennung entstehen aus energiereichen Stoffen energiearme Reaktionsprodukte. Von der dabei frei werdenden Energie kann nur ein geringer Teil genutzt werden. So kann z. B. ein Auto nur 16 % der Energie, die im Benzin steckt, in Bewegungsenergie umwandeln.

Energie aus der Steckdose?
Bevor wir elektrische Energie beispielsweise zum Betreiben eines Fernsehgerätes einsetzen, hat diese bereits einen langen Weg zurückgelegt. Ein Großteil der elektrischen Energie stammt aus Kraftwerken, in denen mithilfe von Verbrennungswärme Wasserdampf erzeugt wird. Dieser treibt über Turbinen Generatoren an, die elektrischen Strom erzeugen.

2 Wasserkraftwerke

3 Biomasse

Energiegewinnung aus Sicht der Umwelt

Ein großer Teil der Energie, die uns heute zur Verfügung steht, wird durch Verbrennung fossiler Brennstoffe gewonnen. Dabei entstehen jedoch auch viele gasförmige Verbrennunsgprodukte, die zur Luftverschmutzung und zum Treibhauseffekt beitragen. Außerdem reicht der Vorrat fossiler Brennstoffe nur noch eine begrenzte Zeit. Aus diesen Gründen wird heute intensiv versucht, andere Energiequellen zu erschließen. Zu diesen alternativen Energiequellen gehören **Wasser-** und **Windkraft** (▷ B 2; B 6) sowie **Solarenergie** (▷ B 4) und die **Verwertung von Biomasse** (▷ B 3).

Energie sparen

Der größte Teil der Energie im Haushalt wird zum Heizen genutzt. Ein Wärmefoto, aufgenommen mit einer wärmeempfindlichen Spezialkamera, verdeutlicht den Wärmeverlust eines Hauses (▷ B 5). Rote und gelbe Bereiche im Foto zeigen, wo am meisten Wärme verloren geht. Wärmeschutzverglaste Fenster oder eine verbesserte Wärmedämmung der Außenwände können viel Heizenergie sparen. Auch durch energiebewusstes Verhalten lässt sich der Energiebedarf verringern. Wird z. B. die Raumtemperatur nur um ein Grad gesenkt, sind die Heizkosten um ca. 6 % niedriger. Eine besondere Art der Energieverschwendung ist der Standby-Betrieb von elektronischen Geräten. Die Energie sparende Lösung ist, das Gerät einfach abzuschalten, wenn es nicht benötigt wird.

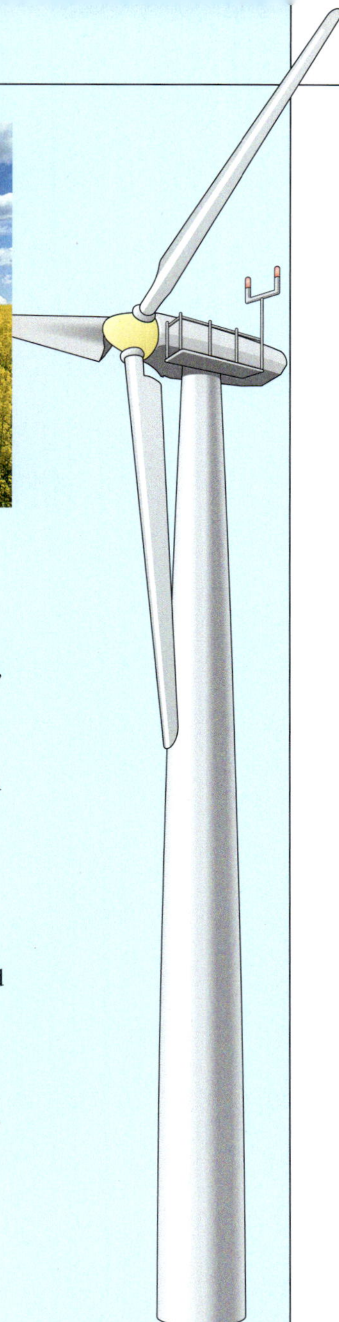

6 Windkraft

4 Solarenergie wird auf einem Hausdach genutzt

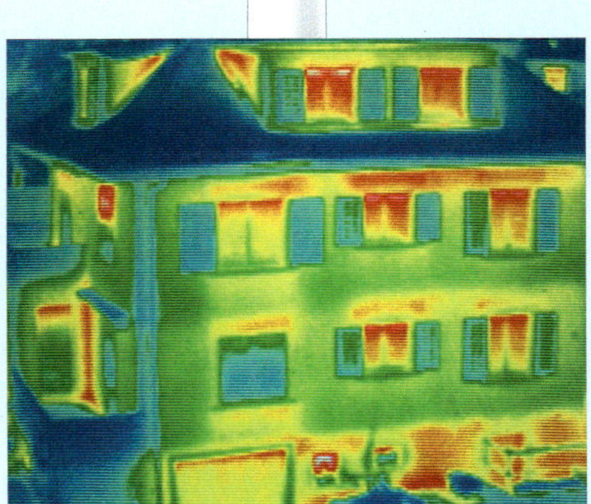

5 Wärmeverluste werden sichtbar

Kohlenwasserstoffe und fossile Brennstoffe

Kohle, Erdöl und Erdgas
Kohle, Erdöl und Erdgas gehören zu den fossilen Brennstoffen. Kohle ist in Jahrmillionen aus abgestorbenen Pflanzen entstanden, Erdöl und Erdgas haben sich aus abgestorbenem Plankton gebildet.

Fraktionierte Destillation
Mithilfe der fraktionierten Destillation werden aus Erdöl wichtige Erdölfraktionen gewonnen. Dazu gehören: Benzine, Petroleum und Kerosin, Dieselöl und Heizöl (▷ B 1).

Kohlenwasserstoffe
Verbindungen, deren Moleküle nur aus Kohlenstoff- und Wasserstoffatomen aufgebaut sind, werden Kohlenwasserstoffe genannt.

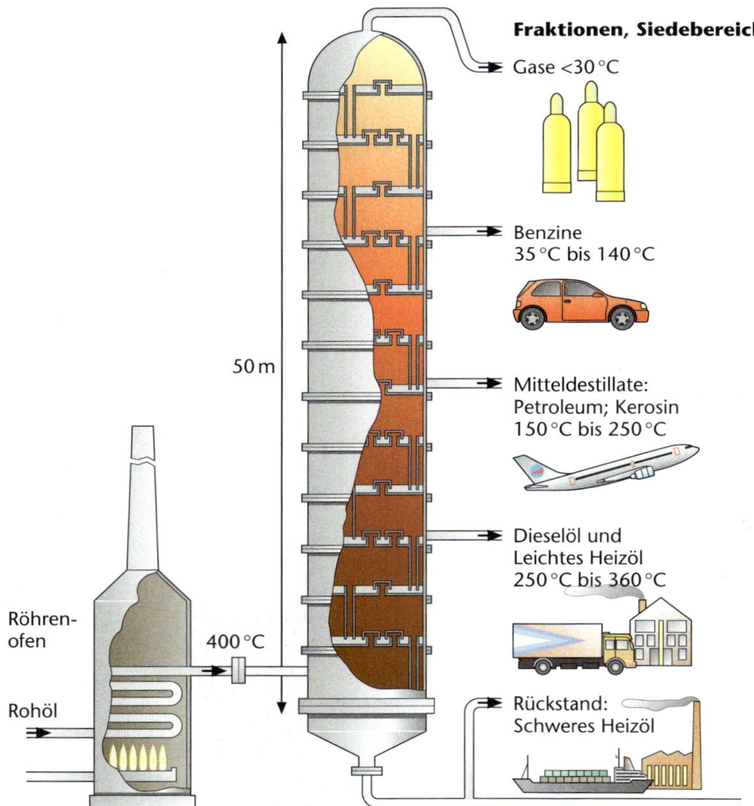

1 Fraktionierte Destillation von Rohöl

Alkane weisen im Molekül Einfachbindungen, **Alkene** Doppelbindungen und **Alkine** Dreifachbindungen auf. Alkane haben die allgemeine Formel C_nH_{2n+2}, Alkene die allgemeine Formel C_nH_{2n}, Alkine die allgemeine Formel C_nH_{2n-2}.

Homologe Reihen
Eine Reihe von Verbindungen, deren Moleküle sich jeweils um eine CH_2-Gruppe unterscheiden, wird homologe Reihe genannt.

Octanzahl
Die Octanzahl gibt die Klopffestigkeit eines Benzins an. Kohlenwasserstoffe mit verzweigten Molekülen sind klopffester als Kohlenwasserstoffe mit unverzweigten Molekülen.

Cracken
Durch Cracken können langkettige Kohlenwasserstoffmoleküle in kurzkettige aufgespalten werden.
Mithilfe des Crackens lässt sich die Benzinausbeute des Erdöls erhöhen. Dabei entstehen unter anderem Alkene.

Drei-Wege-Katalysator
Mithilfe des Drei-Wege-Katalysators kann der Ausstoß der drei Hauptschadstoffe des Abgases – Kohlenstoffmonooxid, Stickstoffoxide und Kohlenwasserstoffe – vermindert werden (▷ B 2).

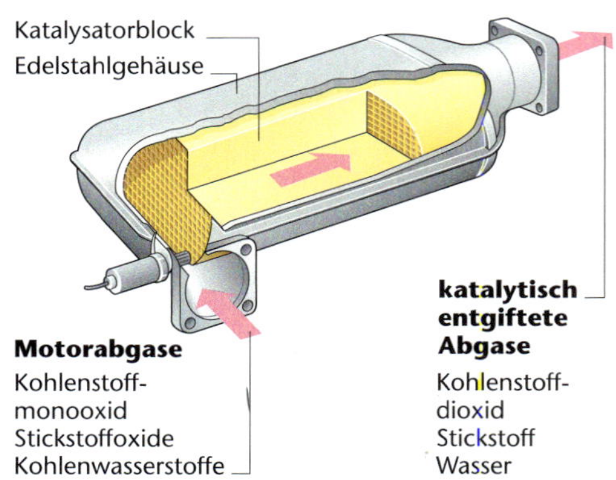

2 Drei-Wege-Katalysator

Isomere
Moleküle mit gleicher Summenformel aber verschiedener Struktur werden Isomere genannt.

Aufgaben

1 Erkläre die unterschiedliche Entstehung von Kohle und Erdöl.

2 Warum wird Erdöl manchmal als „schwarzes Gold" bezeichnet?

3 Erkläre die Besonderheit einer fraktionierten Destillation.

4 Benzin, Dieselöl und Heizöl sind Rohölprodukte. Beschreibe, wie diese Produkte aus dem Erdöl gewonnen werden.

5 Was versteht man unter einer „homologen Reihe"?

6 Worin besteht der Unterschied zwischen Normalbenzin und Superbenzin?

7 a) Was versteht man unter der Octanzahl eines Benzins?
b) Ein Benzin hat die Octanzahl 92. Was bedeutet dies?

8 Warum sollte Tankstellenbenzin nicht zum Reinigen von verschmutzten Händen benutzt werden?

9 Dieselmotoren arbeiten nach einem anderen Prinzip als Benzinmotoren (▷ B 1). Erkundige dich nach der Arbeitsweise eines Dieselmotors.

1 Zu Aufgabe 9

10 Gib die Summenformeln folgender Kohlenwasserstoffe an:
a) Pentan,
b) Hepten,
c) Butin.

11 Wie heißen die Alkane mit 3 (7; 9) Kohlenstoffatomen im Molekül?

12 a) Welche Vorteile bringt das regelmäßige Ölen einer Fahrradkettenschaltung?
b) Aus welchen Kohlenwasserstoffen könnte das in Bild 2 abgebildete Schmieröl zusammengesetzt sein?

2 Zu Aufgabe 12

3 Zu Aufgabe 13

13 Mit dem Transport von Erdöl sind Umweltgefährdungen verbunden (▷ B 3).
a) Welche Gefahren bestehen?
b) Wie könnte man diese Gefährdungen verringern?

14 Bild 5 zeigt einen flüssigen Kohlenwasserstoff, der mit rußender Flamme verbrennt. Auf welchen Bestandteil deutet der Ruß hin?

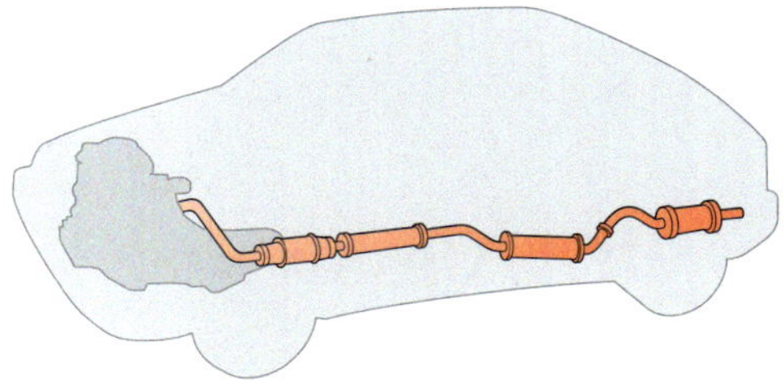

4 Zu Aufgabe 15

15 In Bild 4 ist die Abgasanlage eines Autos mit drei Schalldämpfern sowie der Abgaskatalysator eingezeichnet.
a) Beschreibe, an welcher Stelle sich der Abgaskatalysator befindet.
b) Welche Hauptschadstoffe sind an der Zusammensetzung der Autoabgase beteiligt?
c) Zu welchen Reaktionsprodukten werden diese Schadstoffe bei der Abgasreinigung umgewandelt?

16 Im Erdöl ist ein hoher Anteil an Schmierölen vorhanden, während der Anteil an Benzinen für den tatsächlichen Bedarf zu gering ist. Wie kann man dieses Problem lösen?

17 a) Was versteht man unter „Cracken" eines Kohlenwasserstoffs?
b) Welche Kombinationen von Kettenlängen können beim Cracken eines Alkanmoleküls aus 14 C-Atomen entstehen? Gib drei verschiedene Möglichkeiten an!

5 Zu Aufgabe 14

Alkohole
und
organische Säuren

Wein und Essig aus vergorenen Säften wurden in vorgeschichtlicher Zeit von vielen Naturvölkern genutzt. Der im Wein enthaltene Alkohol und die Säure im Essig sind wichtige organische Kohlenstoffverbindungen.

Im Herbst werden Trauben geerntet und zu Traubensaft gepresst. In Fässern gärt der Saft, es entsteht Alkohol. Auch andere zuckerhaltige Fruchtsäfte beginnen zu gären, wenn man sie längere Zeit an der Luft stehen lässt. Es bilden sich alkoholhaltige Flüssigkeiten. Schon vor Jahrhunderten haben die Menschen erkannt, dass man durch Erhitzen und Destillieren daraus hochprozentigen Schnaps gewinnen kann.

Außer dem Trinkalkohol gibt es noch eine Reihe weiterer Alkohole. Bestimmte Alkohole werden beispielsweise als umweltfreundliche Treibstoffe beim Rennmotorsport verwendet.

Lässt man naturbelassenen Wein an der Luft stehen, wird er mit der Zeit sauer. Es bildet sich Weinessig. Die saure Würze verfeinert den Geschmack von Salaten und macht Lebensmittel haltbar. Speiseessig ist stark verdünnte Essigsäure.

Außer Essigsäure gibt es noch andere organische Säuren. Aus Zitronen kann man Citronensäure gewinnen, eine weiße kristalline Substanz, die stark sauer schmeckt. Ameisen produzieren in ihren Drüsen beißende Ameisensäure.

Ethanol

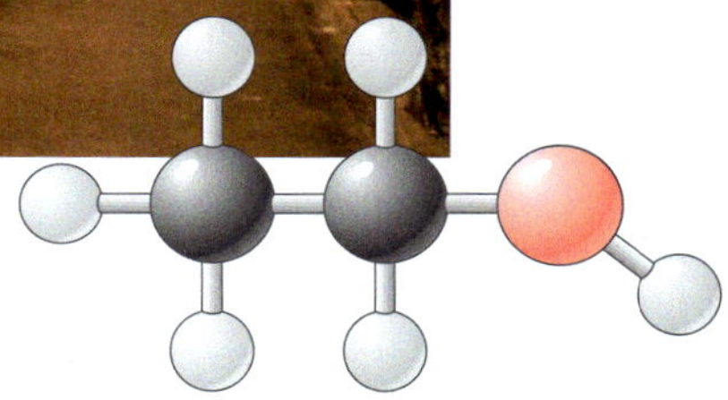

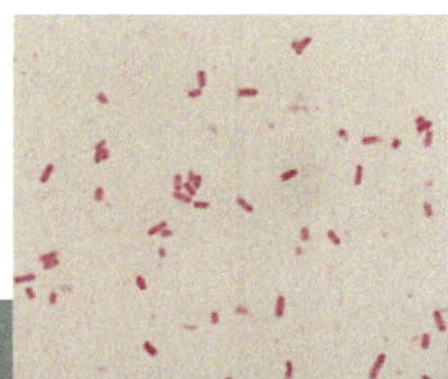

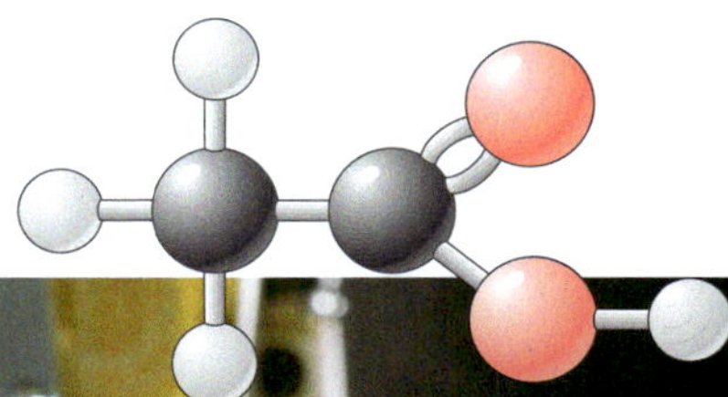

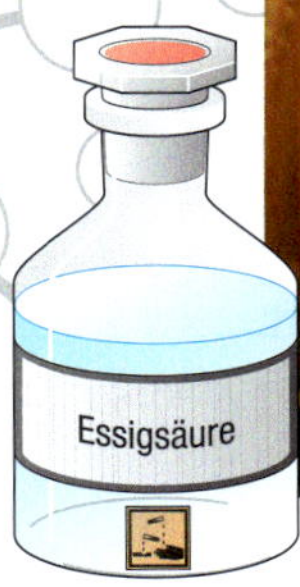
Essigsäure

Promille

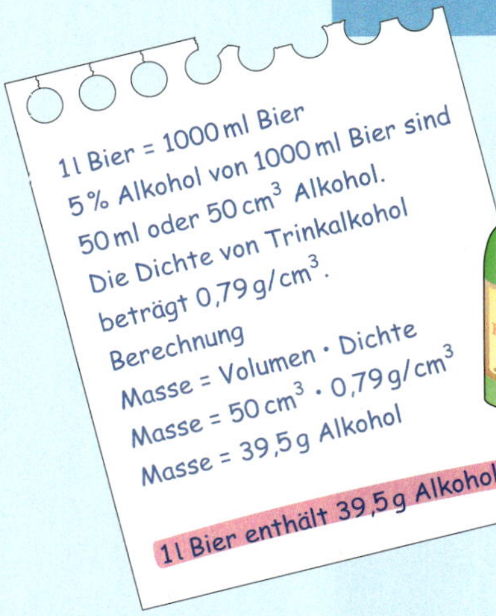

1 Wie viel Gramm Alkohol sind in 1 Liter Bier?

Alkohol – eine Droge wird unterschätzt

Bier, Wein und Schnaps sind leicht zugänglich. Je hochprozentiger das Getränk ist, um so größer ist der Alkoholanteil (▷B 2). Schon geringe Alkoholmengen im Blut verändern das Verhalten eines Menschen. Alkohol macht scheinbar sorglos, belebt und enthemmt. Mit steigendem Alkoholgehalt im Blut lässt die Aufmerksamkeit und Reaktionsfähigkeit nach, Sehstörungen treten auf (▷B 3; B 4) und man gerät aus dem Gleichgewicht. Besonders gefährlich ist die Wirkung von Alkohol auf das Gehirn. Im Vollrausch können Millionen von Gehirnzellen zerstört werden.

Alkohol am Steuer

Alkohol im Blut führt zu riskantem Fahrverhalten und zu Verkehrsunfällen mit oft tödlichen Folgen. Bei Kontrollen im Straßenverkehr wird der Alkoholgehalt in der Ausatmungsluft mit einem elektronischen Messgerät ermittelt (▷B 3). Nur wenig Alkohol wird ausgeatmet. Der größte Teil bleibt im Blut und wird in der Leber abgebaut.
Der Blutalkoholgehalt wird in einer Blutprobe bestimmt und in **Promille** (‰) angegeben.

Ein Promille (lat.: pro mille, je Tausend) bedeutet, dass in 1000 ml Blut 1 ml reiner Alkohol enthalten sind. Pro Stunde vermindert sich der Promillegehalt im Blut durch die Abbautätigkeit der Leber um etwa 0,10 ‰ bis 0,15 ‰.

Der Alkoholgehalt im Blut ist abhängig von Geschlecht, Alter, Körpermasse und vielen anderen Faktoren.
Für die grobe Berechnung des Alkoholgehaltes multipliziert man die Körpermasse von Frauen mit dem Faktor 0,55, die von Männern mit 0,68.
Nach Konsum von 1 Liter Bier lassen sich für eine 56 kg schwere Frau folgende Promillewerte berechnen:

$$\frac{\text{Alkoholmenge (g)}}{\text{Körpermasse (kg)} \cdot 0{,}55} = \frac{39{,}5\,\text{g}}{56\,\text{kg} \cdot 0{,}55}$$
$$= 1{,}28\,\text{g/kg}$$
$$= 1{,}28\,‰$$

4 Tunnelblick

2 Durchschnittlicher Alkoholgehalt einiger Spirituosen

Wein
79 g/Liter

Sekt
95 g/Liter

Likör
237 g/Liter

Weinbrand
300 g/Liter

0,2 ‰	– zunehmende Risikobereitschaft – nachlassende Aufmerksamkeit und Konzentration
0,5 ‰	– verringerte Reaktionsfähigkeit – falsche Einschätzung von Entfernungen und Geschwindigkeiten – eingeengtes Sehfeld (Tunnelblick), erhöhte Blendgefahr
0,8 ‰	– fehlende Reaktionsfähigkeit – Sehstörungen (Doppeltsehen), Beeinträchtigung der Nachtsicht – zunehmende Enthemmung – Fahrtüchtigkeit stark eingeschränkt
1,1 ‰	– Gleichgewichtsstörungen – vollkommene Enthemmung, maßlose Selbstüberschätzung – absolute Fahruntüchtigkeit

3 Wenn Alkohol mitfährt

Bier im Wandel der Zeit

1 Ägyptische Soldaten mit Bierkrug und Trinkhalm

Aus Wasser, Hopfen und Getreide wurde im vorderen Orient schon vor 6000 Jahren Bier gebraut. Die Babylonier, die an den Flüssen Euphrat und Tigris lebten, kannten mehr als 20 Biersorten.

Brotbier in Ägypten
Bereits 2000 Jahre v. Chr. wurde in Ägypten Bier aus Gerstenbroten hergestellt. Die einzelnen Arbeitsschritte sind in einem Holzmodell dokumentiert (▷ B 2). Aus Gerste und Weizen wurde mit Wasser ein Teig geknetet und daraus Brot geformt. Die Braubrote wurden leicht angebacken, anschließend zerbröselt, mit Datteln vermischt und mit Wasser übergossen. Die Flüssigkeit ließ man einige Zeit gären. Danach wurde das vergorene Bier durch ein Tuch gepresst und in hohe Krüge gefüllt. Aus Abbildungen weiß man, dass die Ägypter das ungefilterte Bier mit langen Strohhalmen aus hohen Krügen tranken (▷ B 1).

Bier, nicht immer genießbar
Römer und Griechen tranken meist Wein mit Wasser vermischt. Bier galt bei ihnen als Getränk der Barbaren. Germanen und Kelten dagegen bevorzugten Bier, gegoren aus Gerste oder Weizen.

Im Mittelalter wurde Bier in deutschen Klöstern gebraut, zuerst für den Eigenbedarf, dann wurde es auch an Bedürftige abgegeben oder verkauft. Das damals gebraute Bier ist mit dem heutigen nicht vergleichbar. Häufig wurden Zusätze wie Ochsengalle, Ruß oder berauschende Kräuter ins Bier gemischt.

2 Bierherstellung im alten Ägypten um 2000 v. Chr.

Damit die Bierpanscherei ein Ende hatte, erließ Herzog WILHELM IV. aus Bayern am 23. April 1516 in Ingolstadt eine genaue Brauvorschrift, die unter dem Namen Reinheitsgebot bekannt wurde (▷ B 3). Danach durfte Bier ausschließlich aus Gerste, Hopfen und Wasser gebraut werden. Die Hefe wurde in dieser mittelalterlichen Ausgabe des Reinheitsgebots nicht erwähnt, weil sie damals noch nicht bekannt war. Vermutlich wurde die Gärung durch Wildhefen aus der Luft von alleine ausgelöst. Von 1516 bis heute wird in Deutschland Bier nach dem Reinheitsgebot gebraut.

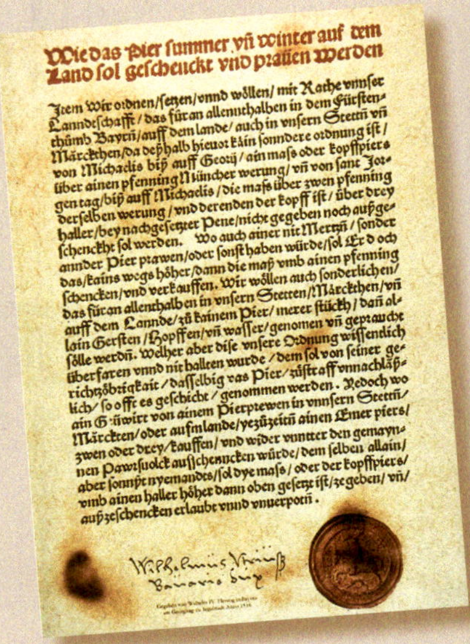

Wie das Pier summer vñ winter auf dem
Land sol geschenckt vnd prawen werden

Item Wir ordnen/setzen/vnnd wöllen/ mit Rathe vnnser
Lanndtschafft/ das füran allenthalben in dem Fürsten-
thumb Bayrñ/auff dem lande/ auch in vnsern Stettñ vñ
Märckthen/da deßhalb hieuor kain sonndere ordnung ist/
von Michaelis biß auff Georij/ ain maß oder kopffpiers
über ainen pfenning Münchner werung/ vñ von sant Jor-
gen tag/biß auff Michaelis/die maß über zwen pfenning
derselben werung/ vnd derenden der kopff ist/ über drey
haller/bey nachgesetzter Pene/nicht gegeben noch außge-
schenckht sol werden. Wo auch ainer nit Mertzñ/ sonder
annder Pier prawen/oder sonst haben würde/sol Er doch
das/kains wegs höher/dann die maß vmb ainen pfenning
schencken/vnd verkauffen. Wir wöllen auch sonderlichen/
das füran allenthalben in vnsern Stetten/Märckthen/vñ
auff dem Lannde/zů kainem Pier/ merer stückh/ dañ al-
lain Gersten/Hopffen/vñ wasser/genomen vñ gepraucht
sölle werdñ. Welher aber dise vnsere Ordnung wissendlich
überfaren vnnd nit hallten wurde/dem sol von seiner ge-
richtzöbrigkait/dasselbig vas Pier/zůstraff vnnachläß-
lich/so offt es geschicht/genommen werden. Yedoch wo
ain Gäuwirt von ainem Pierprewen in vnnsern Stettñ/
Märckten/oder aufm lande/yezůzeitñ ainen Emer piers/
zwen oder drey/kauffen/vnd wider vnnter den gemayn-
nen Pawrsuolck außschencken würde/dem selben allain/
aber sonnst nyemandts/sol dye maß/oder der kopffpiers/
vmb ainen haller höher dann oben gesetzt ist/zegeben/vñ/
außzeschencken erlaubt vnnd vnuerpotñ.

3 Herzog WILHELM IV von Bayern erließ 1516 das Reinheitsgebot

Bierherstellung

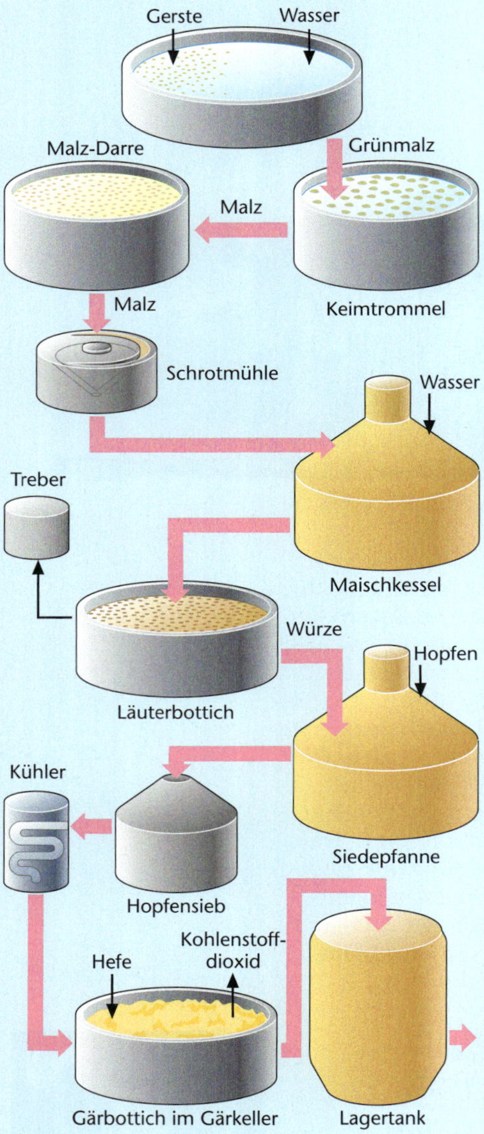

1 Stationen der Bierherstellung

Gerste

Wasser

Malz

Hopfen

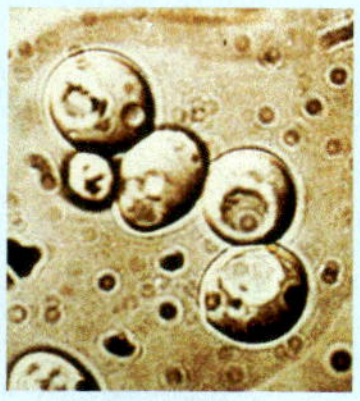

Bierhefe (Mikroskop)

Im Jahre 1516 wurde das Reinheitsgebot für Bier erlassen, nach dem nur Hopfen, Malz, Hefe und Wasser zur Herstellung von Bier zugelassen sind.

Das Mälzen

Ausgangsstoff für die Bierherstellung ist Gerste. Die Körner werden mit Wasser zum Keimen gebracht. Das dabei entstehende Grünmalz wird auf der Darre, einem gitterartigen Boden, getrocknet. Man erhält Malz.

Geschrotetes Malz wird mit Wasser auf etwa 75 °C erwärmt. Diese Maische wird in großen Kupferkesseln, den Maischkesseln, in Malzzucker verwandelt. Im Läuterbottich wird der Rückstand des Mälzens, der Treber, von der süßschmeckenden Würze getrennt. Malztreber stellt ein sehr nahrhaftes Futtermittel dar.

Das Sieden

In der Siedepfanne (▷ B 2) wird die Würze mit den Hopfen-Zapfen gekocht. So gelangen Aroma- und Bitterstoffe in die Lösung und verleihen dieser einen herben Geschmack. Außerdem machen die Gerbstoffe das Bier haltbar.

Nach dem Abtrennen der Hopfenrückstände wird die Würze gekühlt. Eiweißstoffe, Gerbstoffe und Hopfenharze werden bei etwa 5 °C bis 10 °C abgetrennt.

Das Gären

Im Gärkeller (▷ B 3) wird die Würze mit Reinzuchthefe versetzt und etwa 8 bis 10 Tage lang bei einer Temperatur von 5 °C bis 10 °C vergoren. Dabei setzt sich die Hefe am Boden ab, es entsteht untergäriges Bier.

Wird die Würze bei Temperaturen von 15 °C bis 20 °C vergoren und steigt die Hefe nach der Gärung an die Oberfläche, erhält man obergäriges Bier.

In Lagertanks erfolgt die Nachgärung bei 0 °C bis 2 °C. Dabei kommt es zu einer Anreicherung mit Kohlenstoffdioxid, das zur Klärung des Biers beiträgt.

Biere: mit und ohne Alkohol

Seit einigen Jahren gibt es auch „Alkoholfreies Bier". Es hat einen Alkoholgehalt von maximal 0,5 Vol.-%. Um das zu erreichen, wird dem Bier weitgehend der Alkohol entzogen, oder es werden besondere Hefen zur Gärung eingesetzt.

2 Hopfenzugabe

3 Gärbottich im Gärkeller

Vergorenes

1 Hefe – mikroskopisch klein

Material
Erlenmeyerkolben (250 ml), Mikroskop, Deckglas, Objektträger, Pipette, Hefe, Wasser

Versuchsanleitung
Stelle eine Hefesuspension her (▷ B 1). Gib einen Tropfen davon auf einen Objektträger. Lege ein Deckglas darüber und betrachte die Hefezellen unter dem Mikroskop.

1 Hefesuspension

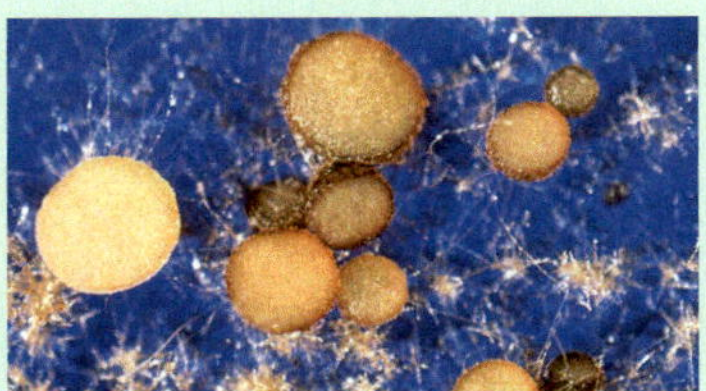

2 Hefezellen unter dem Rasterelektronenmikroskop

2 Traubensaft gärt

Material
Schutzbrille, Weintrauben, Kalkwasser, Erlenmeyerkolben (250 ml), Stopfen (einfach durchbohrt), 2 Glasröhrchen (ungleichschenklig, rechtwinklig), Gummischlauchstück, Standzylinder, Reibschale mit Pistill

Versuchsanleitung
Drücke in einer Reibschale ungewaschene Weintrauben mit einem Pistill aus. Fülle den Saft von diesen Beeren in einen Erlenmeyerkolben. Verschließe diesen mit einem Gasableitungsrohr, dessen offenes Ende in Kalkwasser eintaucht (▷ B 3). Lasse die Lösung für weitere Versuche stehen.

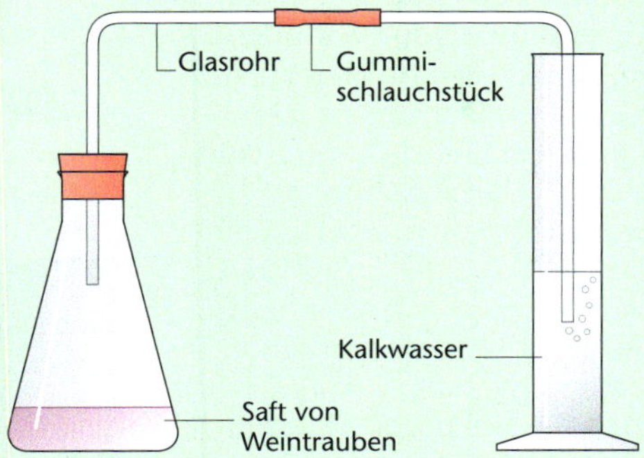

3 Welches Gas entsteht?

3 Mit und ohne Hefe

Material
Schutzbrille, 2 Erlenmeyerkolben (250 ml), 2 Stopfen (einfach durchbohrt), 2 Gärröhrchen, Kalkwasser, Wasser, Back-, Bier- oder Weinhefe, Traubenzucker, Waage, Spatellöffel, Glasstab, Becherglas (400 ml)

Versuchsanleitung
Stelle eine Traubenzuckerlösung her. Löse dazu 30 g Traubenzucker in 300 ml Wasser. Verteile die Lösung auf zwei Erlenmeyerkolben und füge zu einer Lösung noch 1 g Hefe hinzu (gut aufrühren). Setze auf beide Erlenmeyerkolben jeweils ein Gärröhrchen mit Kalkwasser (▷ B 4). Vergiss nicht die beiden Erlenmeyerkolben zu beschriften.

4 Gasbildung – woher?

4 Die Brennprobe

Material
Schutzbrille, Stativ, Doppelmuffe, Universalklemme, Dreifuß mit Keramikdrahtnetz, Gasbrenner, Holzspan, Siedesteinchen, Rundkolben (250 ml), Glasrohr (ca. 80 cm lang), Stopfen (einfach durchbohrt), Lösungen aus den Versuchen 2 und 3

Versuchsanleitung
Führe nach einer Woche mit den Gärflüssigkeiten aus den Versuchen 2 und 3 entsprechend Bild 5 den Alkoholnachweis durch Abfackeln durch. Setze den Flüssigkeiten einige Siedesteinchen zu. Erhitze die Flüssigkeiten langsam bis zum Sieden und versuche die Dämpfe mit einem brennenden Holzspan am Ende des Steigrohres zu entflammen.

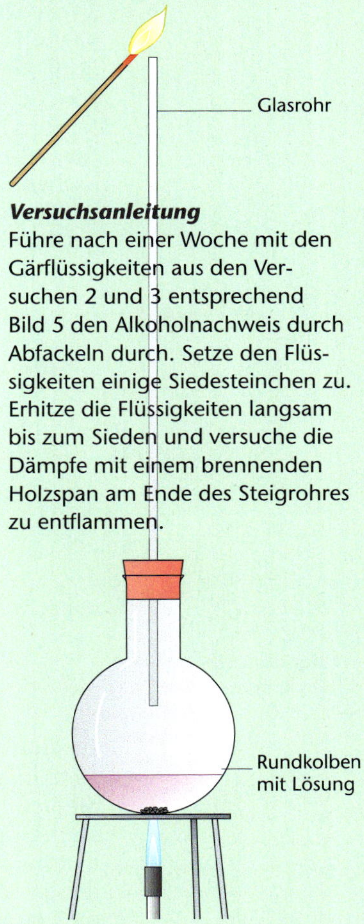

5 Brennt es oder brennt es nicht?

Aufgaben

1. Finde eine Erklärung dafür, dass nur in einer Lösung aus Versuch 3 keine Gärung stattgefunden hat.

2. Welche Funktion hat das Gärröhrchen auf der Flasche mit dem Gäransatz (▷ B 4)?

Ethanol im Alltag

In Apotheken, in Kliniklabors und in Haushalten wird **Ethanol** verwendet. Manche Medikamente sind alkoholische Lösungen (▷B 3). Die Wirkstoffe von Pflanzen werden dabei in Ethanol gelöst. Kosmetikprodukte, wie z. B. Haarwasser, enthalten Ethanol, weil es auf der Haut schnell verdunstet und dadurch kühlend wirkt. Die gelösten Duftstoffe bleiben auf der Haut zurück. Brennspiritus ist fast reiner Alkohol, er enthält in Deutschland 94 Vol.- % Ethanol. Da er rußfrei und ohne Rückstände verbrennt, wird er beim Fondue verwendet. Als gutes Lösungsmittel wird Brennspiritus im Alltag benutzt. Am bekanntesten ist Ethanol von alkoholischen Getränken. Deshalb wird Ethanol häufig nur Trinkalkohol (kurz: Alkohol) genannt.

3 Alltagsprodukte mit Alkoholgehalt

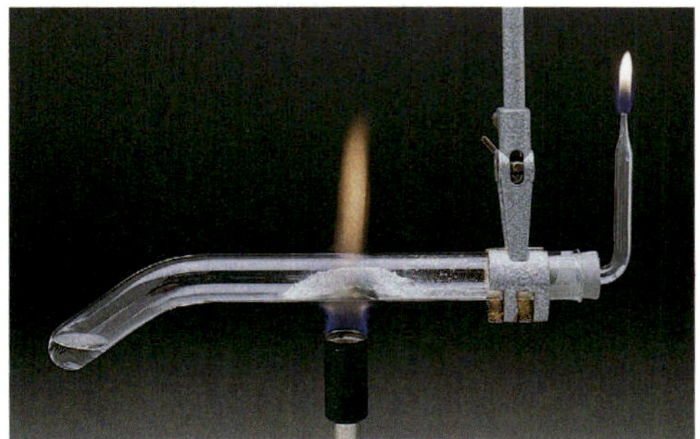

4 Ethanoldampf oxidiert Magnesium

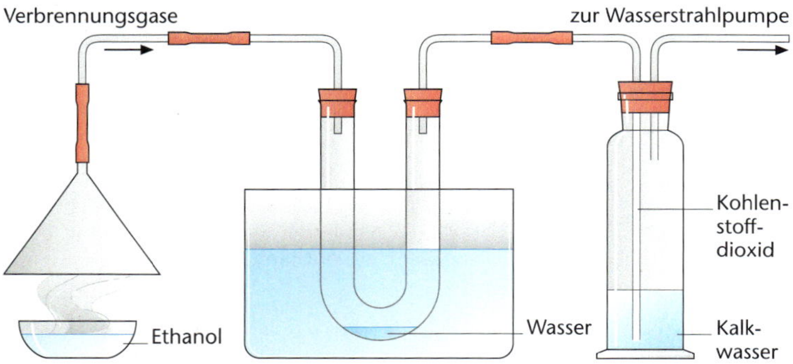

1 Nachweis von Verbrennungsprodukten

Ethanol – chemisch betrachtet

Lässt man Ethanol verbrennen und saugt die Verbrennungsgase mithilfe einer Wasserstrahlpumpe durch ein gekühltes U-Rohr, befindet sich nach kurzer Zeit in diesem eine farblose Flüssigkeit. Durch die Blaufärbung von Watesmopapier wird Wasser nachgewiesen. Auf ihrem weiteren Weg trüben die Verbrennunsgase farbloses Kalkwasser (▷B 1; V 1).

Kohlenstoffdioxid und Wasser können demnach als Verbrennungsprodukte von Ethanol nachgewiesen werden. Leitet man in einem weiteren Versuch Ethanoldampf über erhitztes Magnesiumpulver, wird dieses oxidiert und ein brennbares Gas entsteht (▷V 2; B 4).
Die Versuche zeigen, dass Kohlenstoff-, Wasserstoff- und Sauerstoffatome am Aufbau von Ethanolmolekülen beteiligt sind.

An der Molekülformel **C_2H_5OH** kann man erkennen, dass Ethanolmoleküle ein Wasserstoffatom zusammen mit einem Sauerstoffatom an ein C-Atom gebunden enthalten. Diese OH-Gruppe wird **Hydroxylgruppe** genannt. Der Name Ethanol leitet sich von Ethan und der Endung **-ol** für Alkohol ab (▷B 2).

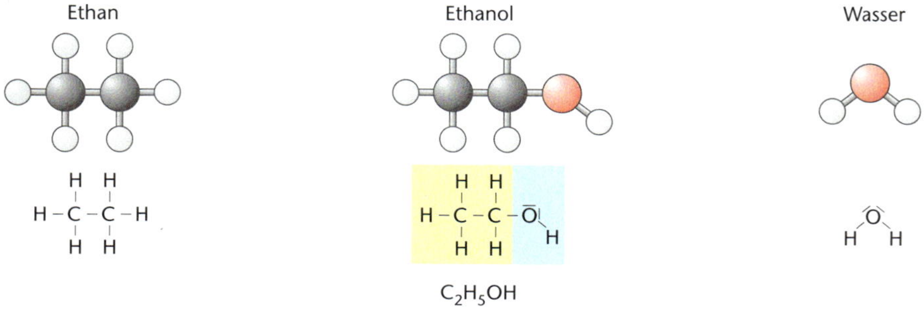

2 Ethanol zwischen Alkan und Wasser

Löslichkeitsverhalten von Ethanol

Beim Mischen von Ethanol mit Wasser bzw. Benzin stellt man fest, dass Ethanol in beiden löslich ist (▷V3). Da Wasser und Benzin nicht ineinander löslich sind, zeigt das Versuchsergebnis ein erstaunliches Verhalten von Ethanol.
Verantwortlich für die Wasserlöslichkeit von Ethanol ist die Hydroxylgruppe (OH-Gruppe). Sie ist ähnlich wie Wassermoleküle gebaut und ist wasserfreundlich, **hydrophil**. Der Alkylrest des Ethanolmoleküls, die Ethylgruppe, ist wasserabstoßend (**hydrophob**), da ihr Aufbau dem eines Alkanmoleküls entspricht. Ethanol löst daher auch Stoffe wie Benzin (▷B2; B5). Die Hydroxylgruppe bestimmt die Eigenschaften und Reaktionen von Ethanol. Man bezeichnet diese Gruppe als **funktionelle Gruppe**.

Funktionelle Gruppen bestimmen die Eigenschaften von Stoffen.

Ablenkbarkeit von Ethanol

Lässt man einen Ethanolstrahl an einer negativ geladenen bzw. positiv geladenen Folie vorbeifließen, wird der Strahl angezogen (▷B6; V4). Ethanolmoleküle sind wie Wassermoleküle polar. Das Sauerstoffatom der OH-Gruppe besitzt eine negative Teilladung, das Wasserstoffatom eine positive Teilladung.

Ethanolmoleküle sind Dipolmoleküle. Die OH-Gruppe besitzt eine negative und positive Teilladung. Die OH-Gruppe ist polar.

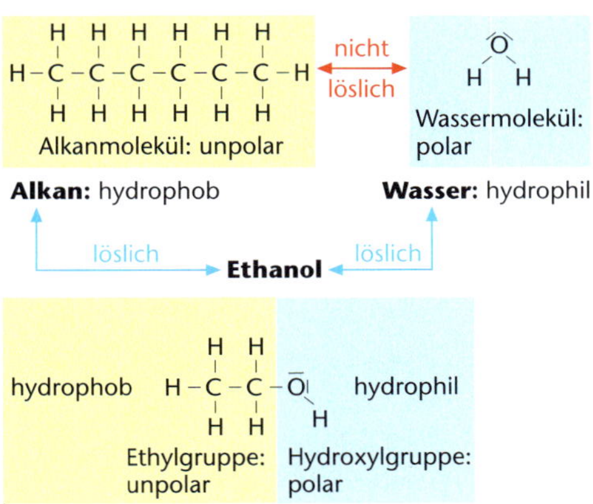

5 Löslichkeitsverhalten

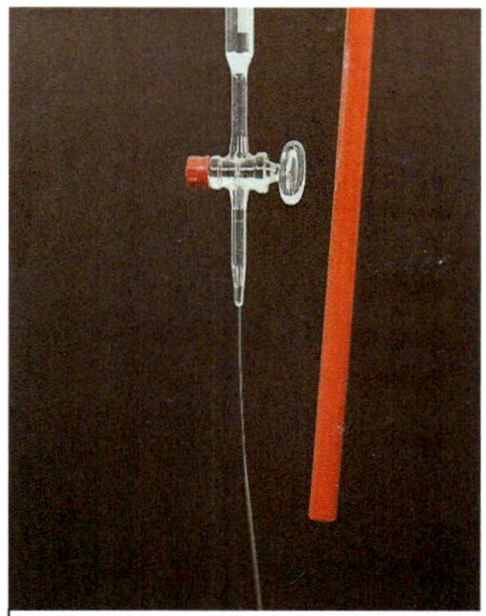

6 Ablenkung eines Ethanolstrahls

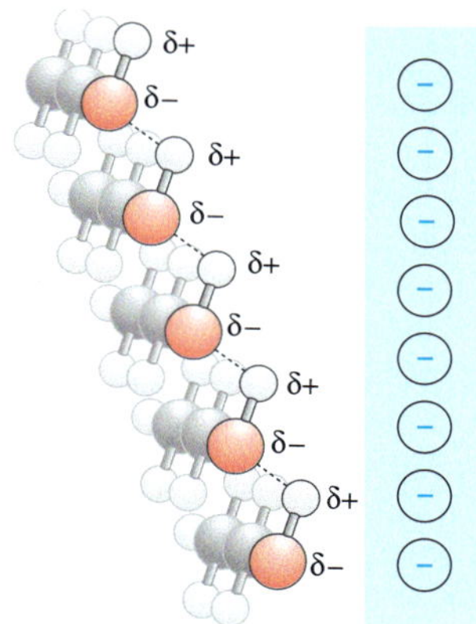

Wasserstoffbrücken und Siedetemperatur

Ethanol hat eine Siedetemperatur von 78 °C. Diese liegt über 100 °C höher als die Siedetemperatur von Propan, einem Alkan mit ähnlicher Molekülmasse und Molekülgröße. Die positive Teilladung des Wasserstoffatoms eines Ethanolmoleküls und die negative Teilladung des Sauerstoffatoms eines anderen Ethanolmoleküls ziehen sich an (▷B7).

Es bilden sich, ähnlich wie zwischen Wasserdipolen, auch zwischen Ethanolmolekülen **Wasserstoffbrücken** aus. Diese bewirken die höhere Siedetemperatur von Ethanol im Vergleich zu Propan.

Versuche

1. Verbrenne wenige Milliliter Ethanol in einer Porzellanschale unter einem Metalltrichter. Sauge die Verbrennungsgase durch ein gekühltes U-Rohr und eine Waschflasche mit Kalkwasser (▷B1). Prüfe das Kondensat aus dem U-Rohr mit Watesmopapier.
2. Ethanol wird in einer Apparatur wie in Bild 4 erhitzt. Die entweichenden Dämpfe werden entzündet. Dann erhitzt man die Magnesiumspäne, bis eine Reaktion an der Oberfläche erkennbar wird.
3. Prüfe die Löslichkeit von Ethanol in Wasser und in Wundbenzin.
4. Nähere eine geladene Folie je einem Strahl Ethanol, Wasser bzw. Wundbenzin (Auffangwanne verwenden). Vergleiche und erkläre.

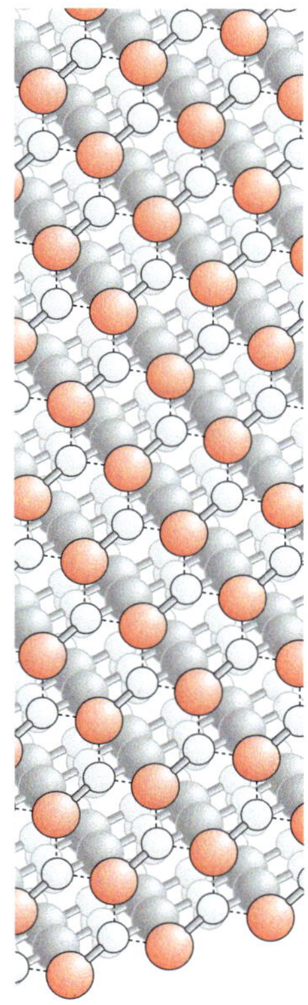

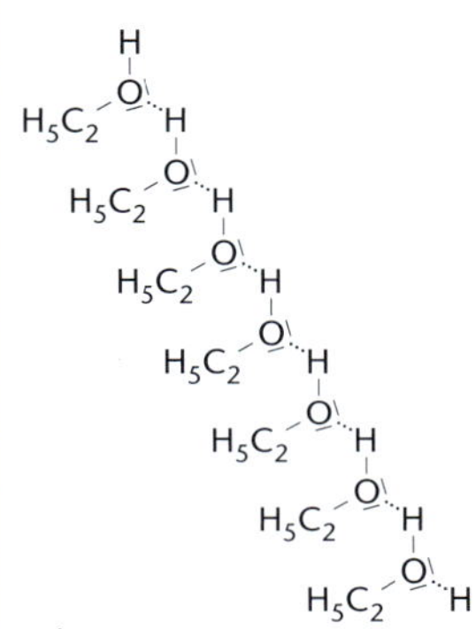

7 Wasserstoffbrücken zwischen Ethanolmolekülen

Werkstatt

Steckbrief von Ethanol

1 Wie sind Ethanol und Wasser zu unterscheiden?

Material
Schutzbrille, Reagenzglasgestell, 2 Reagenzgläser (Ø 20 mm), Ethanol, destilliertes Wasser, Messzylinder, wasserfester Filzstift

Versuchanleitung
a) Gib ca. 15 ml Ethanol und ca. 15 ml destilliertes Wasser in je ein Reagenzglas. Kennzeichne das Glas mit Ethanol eindeutig mit dem Filzstift. Halte beide Gläser gegen das Licht und vergleiche. Gibt es einen Unterschied?

b) Rieche am Wasser und an Ethanol. Notiere die Ergebnisse.

2 Welche Dichte hat Ethanol?

Material
Schutzbrille, Messzylinder (50 ml) Ethanol, Waage

Versuchsanleitung
a) Wiege den leeren Messzylinder und notiere seine Masse.
b) Gib 10 ml (= 10 cm³) Ethanol in den Messzylinder und wiege wieder. Notiere auch hier die Masse.
c) Berechne die Masse von 10 ml Ethanol.
d) Berechne die Dichte von Ethanol: $\rho_{\text{Ethanol}} = \frac{m_{\text{Ethanol}}}{10\,\text{cm}^3}$ (▷ B 1).

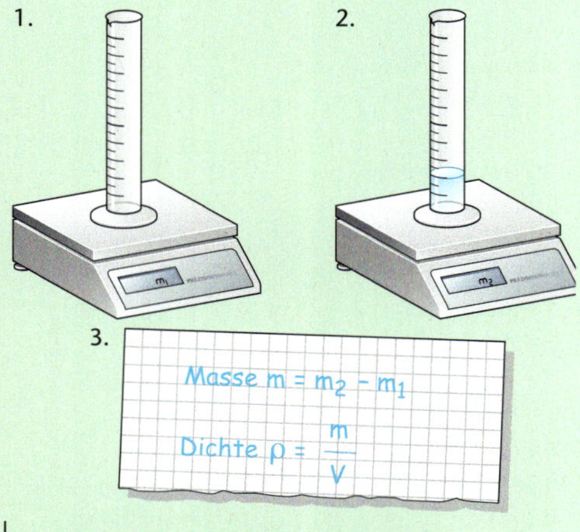

1 Bestimmung der Dichte von Ethanol

3 Brennt Ethanol?

Material
Schutzbrille, Ethanol, Ceranplatte, Streichhölzer, Tropfpipette

Versuchsanleitung
Tropfe maximal 5 bis 6 Tropfen Ethanol mithilfe der Tropfpipette auf die Ceranplatte. Überprüfe, ob in der näheren Umgebung kein brennbarer Stoff steht. Zünde dann ein Streichholz an und prüfe, ob Ethanol brennt.

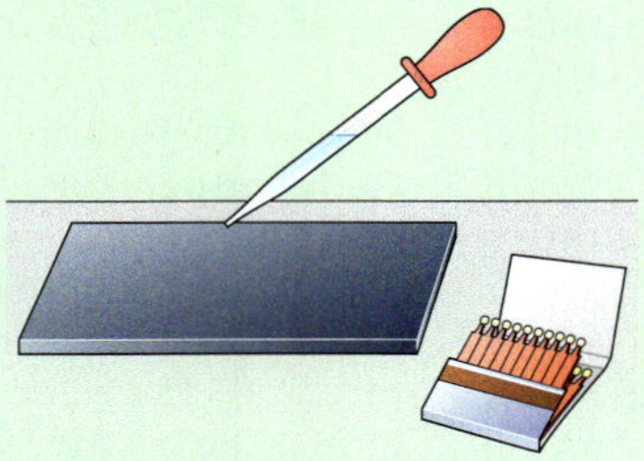

2 Bestimmung der Brennbarkeit

4 Wann siedet Ethanol?

Material
Schutzbrille, Dreifuß mit Keramikdrahtnetz, Gasbrenner, Becherglas (250 ml), Reagenzglas, Siedesteinchen, Thermometer, Stativ, Doppelmuffe, Universalklemme, Wasser, Ethanol

Versuchanleitung
Fülle das Becherglas etwa zur Hälfte mit Wasser und stelle es auf den Dreifuß über den Gasbrenner. Gib in das Reagenzglas 1 bis 2 cm Ethanol und 2 Siedesteinchen. Befestige das Reagenzglas so am Stativ, dass es durch Absenken gut in das Becherglas getaucht werden kann. Das Stativ mit dem Reagenzglas wird zunächst weit weg vom Gasbrenner gestellt. Erhitze jetzt das Wasser auf dem Dreifuß zum Sieden (▷ B 3a). Schließe dann die Gaszufuhr zum Brenner. Senke nun das Reagenzglas am Stativ so ab, dass es in das Wasserbad eintaucht. Das Ethanol im Reagenzglas muss sich dabei vollständig im Wasserbad befinden. Stelle ein Thermometer ins Reagenzglas (▷ B 3b).
Notiere die Temperatur, wenn diese nicht mehr ansteigt.

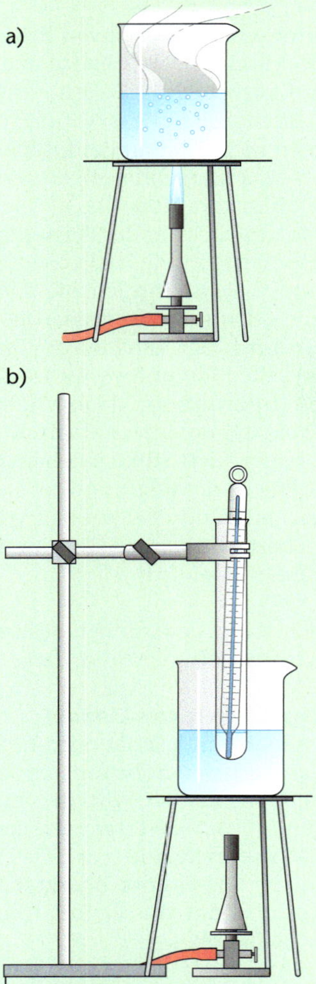

3 Bestimmung der Siedetemperatur

Aufgabe
Erstelle mit den Ergebnissen aus den Versuchen einen Stoffsteckbrief für Ethanol.
Vergleiche mit dem Stoffsteckbrief von Wasser (▷ B 4).

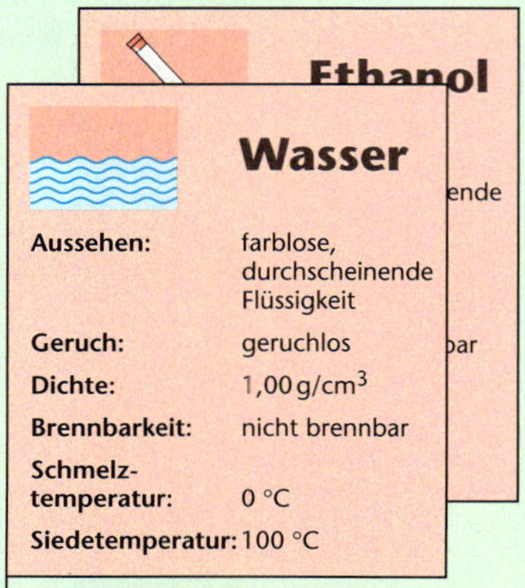

4 Stoffsteckbriefe

Destillation von Rotwein

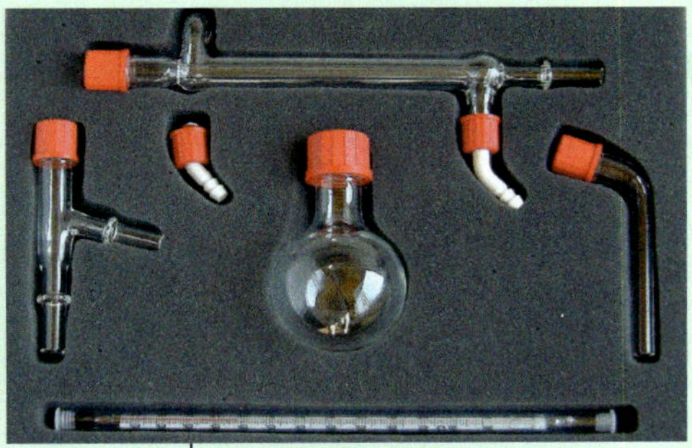

1 Materialkästchen mit Kleindestilliergerät

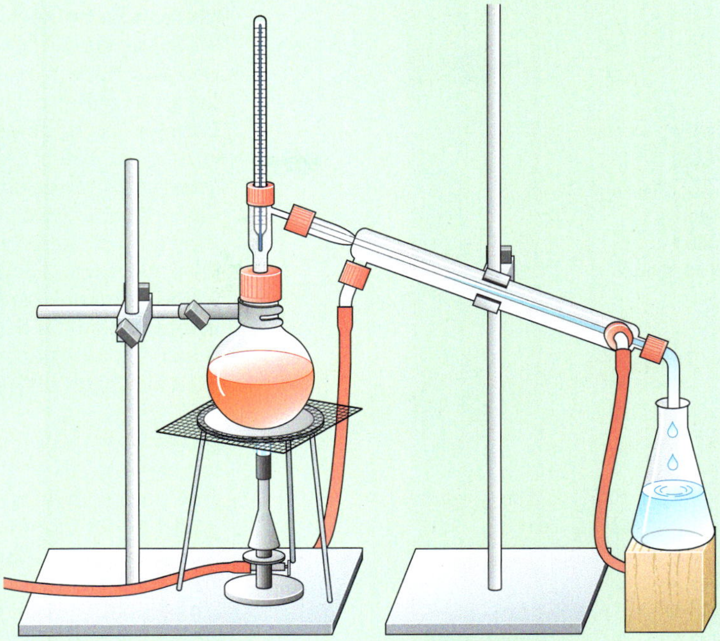

2 Destillation von Rotwein in einer Kleindestillationsapparatur

1 Branntwein aus Rotwein

Material

Schutzbrille, Rundkolben (100 ml), Korkring, Liebigkühler (15 cm) mit Kunststoffoliven, Destillieraufsatz, Vorstoß, Thermometer (bis 110 °C), Erlenmeyerkolben (100 ml, Enghals), 2 Universalklemmen, 2 Doppelmuffen, 2 Stative oder 2 sfs-Leistenfüsse (11 cm) mit 2 Stativstangen, Gasbrenner, Keramikdrahtnetz, Dreifuß, Unterlegklötze oder Hebebühne, 2 Wasserschläuche, Rotwein, Kühlwasser

Versuchsanleitung

a) Gib in den Rundkolben ca. 50 ml Rotwein und stelle den Kolben auf einen Korkring. Baue ein Stativ auf. Stelle über die Stativplatte den Gasbrenner und den Dreifuß mit Keramikdrahtnetz. Befestige den Rundkolben so am Stativ, dass er sich auf dem Keramikdrahtnetz über dem Gasbrenner befindet.

3 Brennprobe

b) Setze den Destillieraufsatz senkrecht auf den Rundkolben auf. Verbinde den Liebigkühler mit dem Destillieraufsatz und dem Vorstoß. Schiebe die offene Universalklemme spannungsfrei unter den Kühler und schließe sie.

c) Befestige die Schläuche am Kühler und verbinde den unteren Schlauch mit der Wasserleitung. Lass vorsichtig Kühlwasser in den Kühlmantel fließen.

d) Schiebe das Thermometer vorsichtig durch die Dichtung im Schraubverschluss des Destillieraufsatzes. Achte darauf, dass die Temperatur am Übergang zum Liebigkühler gemessen wird. Stelle einen Erlenmeyerkolben unter das Ende des Kondensationsrohrs.

e) Erhitze den Rotwein bis zum Sieden und beobachte Kühler und Vorlage. Wechsle mehrmals die Vorlage. Notiere jeweils die Kondensationstemperatur der Destillate.

f) Kennzeichne die Reihenfolge der aufgefangenen Destillate und bewahre sie für weitere Untersuchungen auf.

Aufgaben

1. Plane Experimente zur Untersuchung der Destillate (vgl. ▷ B 3, B 4).
Welche Eigenschaften können Hinweise geben, ob es sich bei den Destillaten um reinen Alkohol (Ethanol) oder Gemische handelt?

2. Stelle für die geplanten Experimente eine Materialliste zusammen und führe die Versuche durch.

3. Vergleiche die Eigenschaften der Destillate mit denen von Ethanol. Deute die Ergebnisse.

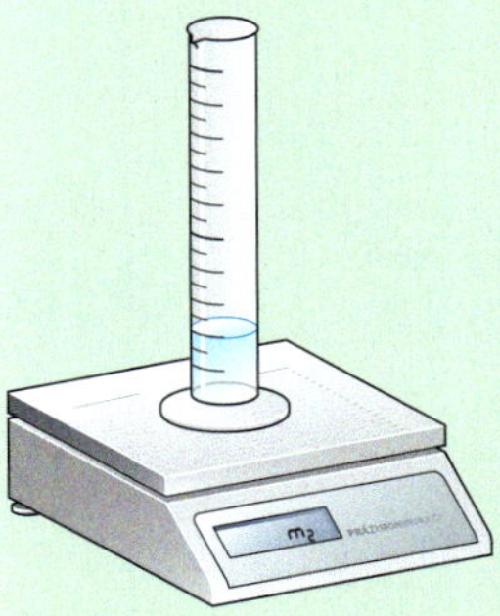

4 Dichtebestimmung

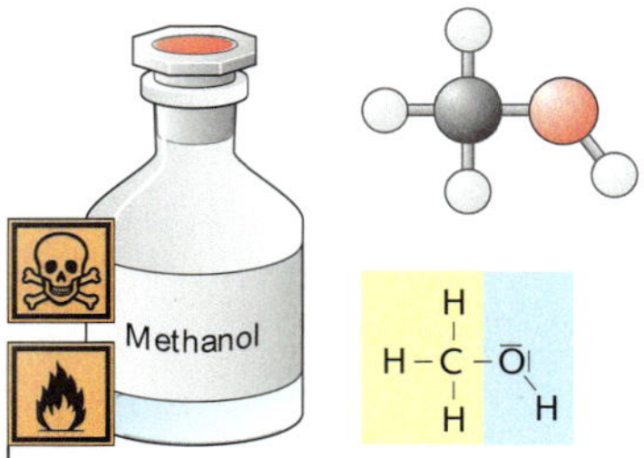

1 Methanol

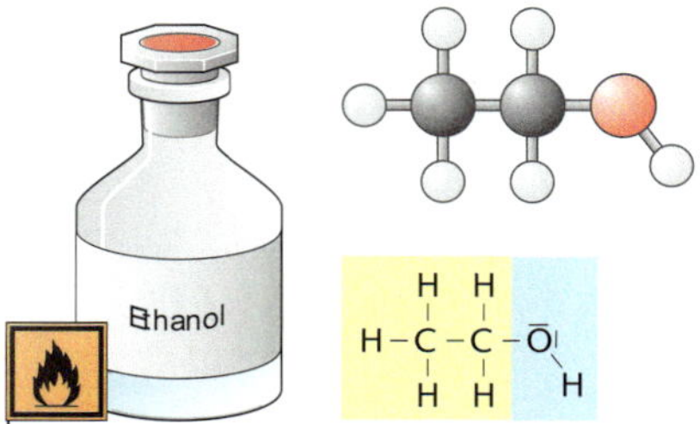

2 Ethanol

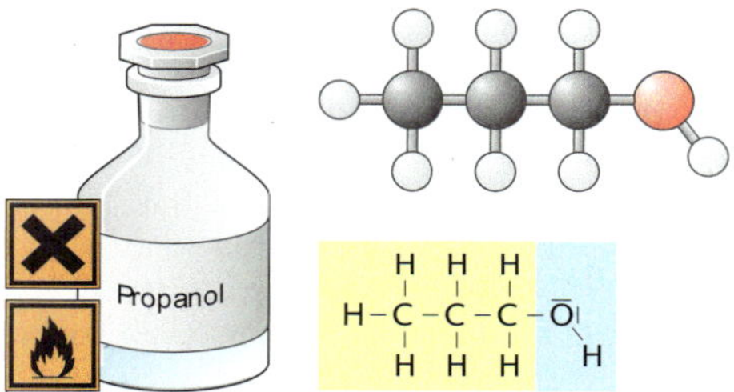

3 Propanol

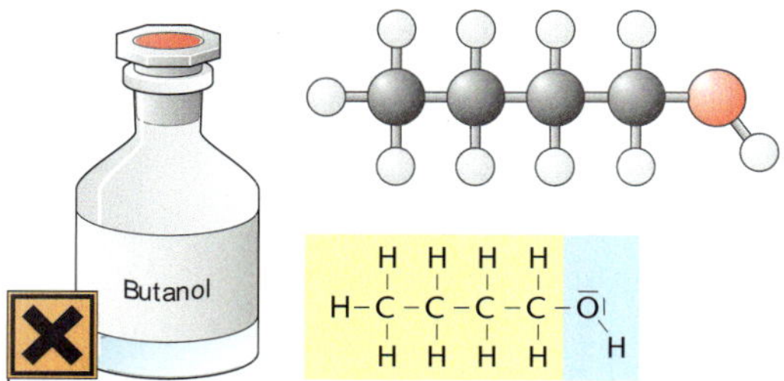

4 Butanol

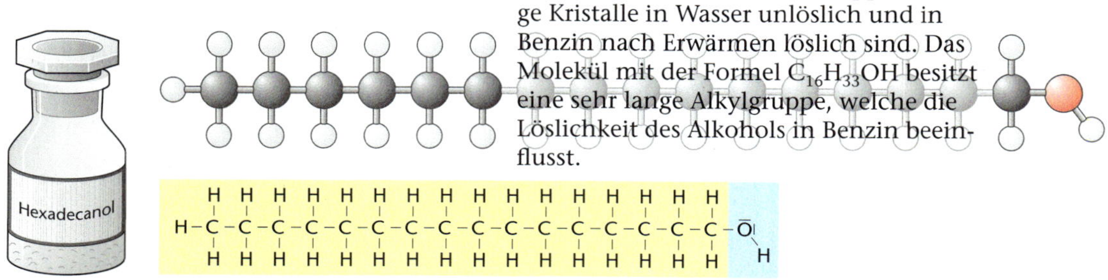

5 Hexadecanol

Methanol (Holzgeist)

Methanol (▷ B 1) wird bei der trockenen Destillation von Holz gewonnen. Man nennt es daher auch Holzgeist. Es ist eine farblose, leicht bewegliche, brennbare Flüssigkeit, die im Aussehen kaum von Ethanol zu unterscheiden ist. Für den Menschen ist Methanol bereits in geringsten Mengen ein gefährliches Gift. Flüssigkeit und Dämpfe verursachen eine Schädigung des Zentralnervensystems, insbesondere der Sehnerven mit nachfolgender Erblindung. Die tödliche Dosis wird auf 30 ml bis 100 ml geschätzt.

Das Methanolmolekül ist das am einfachsten gebaute Alkoholmolekül. Es besitzt eine polare Hydroxylgruppe und eine unpolare Methylgruppe. Methanol ist in jedem Verhältnis mit Wasser mischbar, aber auch zu einem geringen Teil in Benzin löslich. Die bei der Verbrennung freiwerdende Energie kann zum Antrieb von Kraftfahrzeugen genutzt werden.

Ethanol (Weingeist)

Bei der alkoholischen Gärung von zuckerhaltigen Flüssigkeiten wie Traubensaft entsteht **Ethanol** (▷ B 2). Bereits seit Jahrtausenden werden so alkoholische Getränke hergestellt. Deshalb wird Ethanol noch heute als Weingeist bezeichnet. Ethanol ist der zweite Vertreter in einer Reihe von Alkoholen. Die Moleküle besitzen eine Ethylgruppe und eine Hydroxylgruppe.

Fuselöle

In alkoholischen Getränken sind als Begleitalkohole **Propanol** (▷ B 3), **Butanol** (▷ B 4) und **Pentanol** enthalten. Man bezeichnet sie als Fuselöle. Sie entstehen bei der alkoholischen Gärung aus Eiweißverunreinigungen als gesundheitsschädliche Nebenprodukte.

Hexadecanol (Cetylalkohol)

Bei **Hexadecanol** handelt sich um einen Alkohol, dessen farblose, schuppenartige Kristalle in Wasser unlöslich und in Benzin nach Erwärmen löslich sind. Das Molekül mit der Formel $C_{16}H_{33}OH$ besitzt eine sehr lange Alkylgruppe, welche die Löslichkeit des Alkohols in Benzin beeinflusst.

Die homologe Reihe der Alkanole
Wie die Alkane bilden auch die Alkohole eine homologe Reihe, deren Moleküle sich durch eine CH_2-Gruppe unterscheiden. Um die Formel eines Alkoholmoleküls dieser Reihe zu bilden, wird im entsprechenden Alkanmolekül ein Wasserstoffatom durch eine Hydroxylgruppe ersetzt. Diese Reihe wird als Reihe der **Alkanole** bezeichnet.

Alkanole bilden eine homologe Reihe. Die allgemeine Formel der Alkanole lautet $C_nH_{2n+1}OH$.

Eigenschaften ändern sich innerhalb der homologen Reihe
Vergleicht man wie bei den Alkanen die Viskosität der Alkanole (▷V 2), stellt man fest, dass diese mit zunehmender Länge der Alkylgruppe höher wird. Alkanole mit kurzen Ketten in den Molekülen sind dünnflüssig ähnlich wie Wasser, solche mit langen Ketten dagegen zähflüssig bis fest. Das Löslichkeitsverhalten der Alkanole gegenüber Wasser ist durch die polare Hydroxylgruppe bedingt (▷V 1). Es bilden sich Wasserstoffbrücken zwischen den Molekülen aus. Der Einfluss dieser Hydroxylgruppe wird mit zunehmender Kettenlänge geringer, d. h., die hydrophobe Alkylgruppe wird stärker wirksam. Alkanole, deren Moleküle lange Ketten bilden, sind daher wasserunlöslich, lösen sich dagegen sehr gut in Benzin.
Ein Vergleich der Schmelz- und Siedetemperaturen der Alkanole mit denen der Alkane macht deutlich, dass die Werte bei den Alkanolen deutlich höher liegen. Der Grund dafür ist die Ausbildung von Wasserstoffbrücken zwischen den Hydroxylgruppen.
Die Eigenschaften der Alkanole ändern sich mit zunehmender Kettenlänge ihrer Moleküle. Es besteht daher ein direkter Zusammenhang zwischen der Struktur der Moleküle und den Eigenschaften der Stoffe (▷B 6).

Wie man die Verwechslungsgefahr bei Methanol und Ethanol bannt
Um die geringen Abweichungen der Eigenschaften von Ethanol und dem giftigen Methanol eindeutig zuordnen zu können, führt man die **Boraxprobe** durch (▷V 3). Die Grünfärbung der Methanolprobe gegenüber der Gelbfärbung der Ethanolprobe (▷B 7) gibt eine klare Unterscheidungshilfe.

Name (Trivialname)	Molekülformel	Schmelztemp. (°C)	Siedetemp. (°C)	Löslichkeit in Wasser	Löslichkeit in Benzin	Viskosität
Methanol (Methylalkohol)	CH_3OH	−97	65	↑ nimmt zu	↓ nimmt zu	↓ nimmt zu
Ethanol (Ethylalkohol)	C_2H_5OH	−114	78			
Propanol (Propylalkohol)	C_3H_7OH	−126	97			
Butanol (Butylalkohol)	C_4H_9OH	−90	118			
Pentanol (Pentylalkohol)	$C_5H_{11}OH$	−78	138			
Hexanol (Hexylalkohol)	$C_6H_{13}OH$	−47	158			
Dodecanol (Laurylalkohol)	$C_{12}H_{25}OH$	26	256			
Hexadecanol (Cetylalkohol)	$C_{16}H_{33}OH$	50	344			

6 Die homologe Reihe der Alkanole

7 Die Boraxprobe

Versuche

1 Gib zu kleinen Portionen verschiedener Alkohole tropfenweise Wasser bzw. Wundbenzin. Erwärme feste Alkohole im Wasserbad.

2 Prüfe die Viskosität unterschiedlicher Alkohole.

3 Man gibt zu wenig Methanol (Abzug!) bzw. Ethanol in einer Porzellanschale eine Spatelspitze Borsäure und entzündet die Proben. Ein dunkler Hintergrund lässt die unterschiedlichen Flammenfarben noch deutlicher werden.

Brennpunkt

Alkohole im Tank

1 Methanol als Treibstoff

Methanol als Treibstoff

Methanol brennt, hat aber einen viel geringeren Brennwert als Benzin. Fährt ein Fahrzeug mit Methanol, ist der Kraftstoffverbrauch höher als mit Benzin. Um genauso weit fahren zu können, müssen Methanoltanks im Auto größer sein als Benzintanks. Der Alkohol verbrennt wie Benzin zu Wasser und Kohlenstoffdioxid. Der Anteil von Schadstoffen im Abgas ist jedoch bei Methanol geringer, weil die Verbrennungstemperatur im Motor niedriger ist. Mit Alkohol im Tank fährt man umweltfreundlicher, die Abgase enthalten weniger Stickstoffoxide und Kohlenstoffmonooxid als die von Benzin.

Heute werden Gemische aus Methanol und Benzin (z. B. 15 % Methanol, M 15) und reines Methanol (M 100) als Treibstoffe erprobt (▷ B 1). Reiner Alkohol erfordert jedoch Veränderungen am Motor. Methanol verdunstet nicht so leicht wie Benzin. Die Zündung eines Alkohol-Luft-Gemisches kann vor allem beim Kaltstart Probleme bereiten. Da Alkohole hydrophil sind, kann aufgenommenes Wasser im Treibstoff zu Korrosion im Tank und in Treibstoffleitungen führen.

Methanol wird heute meist aus Erdgas hergestellt, es kann aber auch aus Kohle, Holz oder Müll gewonnen werden. Da Methanol zur Zeit noch viel teurer ist als Benzin, wird der Alkohol nur bei manchen Motorrennsportarten (▷ B 2) als Treibstoffzusatz genutzt.

Ethanol als Treibstoff

Methanol wird meist aus fossilen Rohstoffen hergestellt, deren Vorräte auf der Erde begrenzt sind. Ethanol dagegen wird aus nachwachsenden Rohstoffen gewonnen. Man spricht deshalb auch von **Bioethanol**. Es entsteht bei der alkoholischen Gärung von zucker- und stärkehaltigen Produkten, z. B. aus Zuckerrohr (▷ B 4), Zuckerrüben (▷ B 5), Weizen, Mais, u. a.
In Brasilien wird seit 1975 auf großen Feldern Zuckerrohr oder Mais angebaut und daraus Ethanol gewonnen. Viele Autofahrer tanken dort Bioethanol (▷ B 3). Das Land muss daher weniger Benzin und Rohöl auf dem Weltmarkt einkaufen. Die Felder, auf denen z. B. Zuckerrohr wächst, können aber nicht mehr für den Anbau anderer Nahrungsmittel genutzt werden. Dies führte dazu, dass Brasilien für die wachsende Bevölkerung heute Grundnahrungsmittel importieren muss. Wollte man in Deutschland Benzin durch Bioethanol ersetzen, müsste man die doppelte Fläche von Deutschland z. B. mit Weizen bepflanzen, um genügend Alkohol für alle Fahrzeuge zu erhalten.

4 Zuckerrohr

5 Zuckerrüben

2 Methanol wird im Motorrennsport als Benzinzusatz genutzt

3 Ethanol im Tank

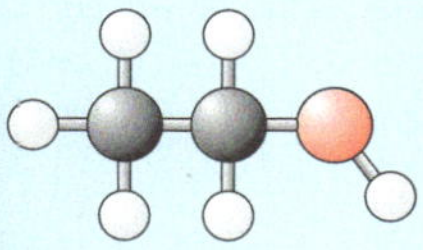

C_2H_5OH

Strategie

Debattieren, Pro und Contra

Debattieren und Diskutieren will gelernt sein. Nicht bei jedem Thema kann man sofort mitreden, wenn man darüber noch nicht viel weiß. Ohne Informationen kann man nur schwer entscheiden, ob es günstiger ist, z. B. Benzin zu tanken oder Bioethanol als Treibstoff zu nutzen. Aber wie wird man Experte für ein Thema?
Die einzelnen Arbeitsschritte werden am Beispiel „Bioethanol contra Benzin" näher betrachtet.

A. Sammle Daten und Fakten
Zunächst müssen viele Informationen aus Büchern, Zeitschriften oder aus dem Internet gesammelt werden, z. B.
- Wie werden die Treibstoffe Benzin und Bioethanol gewonnen?
- Welche Rohstoffe werden benötigt?
- Wie hoch ist der Energiebedarf?
- Welche Umweltbelastungen treten auf?
- Gibt es Abfälle oder Abwässer? Müssen Abfälle entsorgt werden?
- Gibt es Emissionen von Schadstoffen? Muss das Abgas gereinigt werden?
- ...

B. Bewerte die Argumente
Vor einer öffentlichen Debatte müssen die gesammelten Daten und Fakten bewertet werden, d. h., die Vor- und Nachteile der beiden Treibstoffe müssen bekannt sein.
- Was spricht für Bioethanol, was spricht dagegen?
- Was spricht für Benzin als Treibstoff, was spricht dagegen?

C. Bilde Expertengruppen
Nicht jede Teilnehmerin, nicht jeder Teilnehmer an einer Debatte muss alles wissen. Die Vielzahl der einzelnen Informationen kann je nach Interesse auf mehrere Personen verteilt werden. Zunächst bildet man zwei Gruppen, eine „Benzingruppe" und eine „Bioethanolgruppe". In jeder Gruppe gibt es Experten, die verschiedene Argumente zum Thema vortragen und erklären können.
Beispiel „Bioethanolgruppe":
- Experte für Rohstoffe
- Experte für Umweltfragen
- Experte für Energiebedarf
- Experte für Flächenbedarf der benötigten Pflanzen
- Experte für Abfallprodukte
- Experte für ...

D. Debattiere im Plenum
Beim Debattieren und Diskutieren erkennt man, welche Vorteile und welche Nachteile die Treibstoffe haben. Das Ergebnis der Debatte kann eine **Ökobilanz** sein. Eine andere Gruppe kann zur selben Zeit zu einer anderen Bewertung kommen.

Die **Ökobilanz** berücksichtigt alle Schritte bei Herstellung,Transport, Gebrauch und Entsorgung eines Produkts

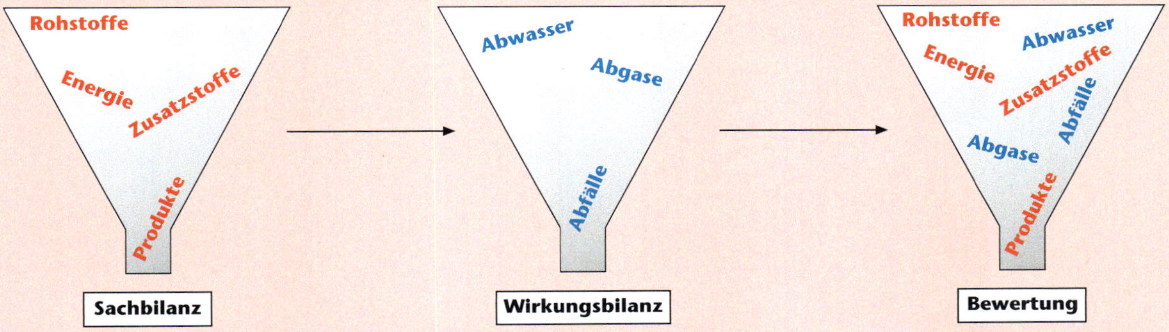

In der **Sachbilanz** werden Rohstoffe, Zusatzstoffe, Produkte und Energiebedarf betrachtet.

In der **Wirkungsbilanz** werden die Ergebnisse der Sachbilanz im Hinblick auf Umweltbelastungen (Abfall, Abwasser, Abgas) beurteilt.

Sach- und Wirkungsbilanz führen zu einer **Bewertung**, welcher Treibstoff geeignet ist für die Zukunft.

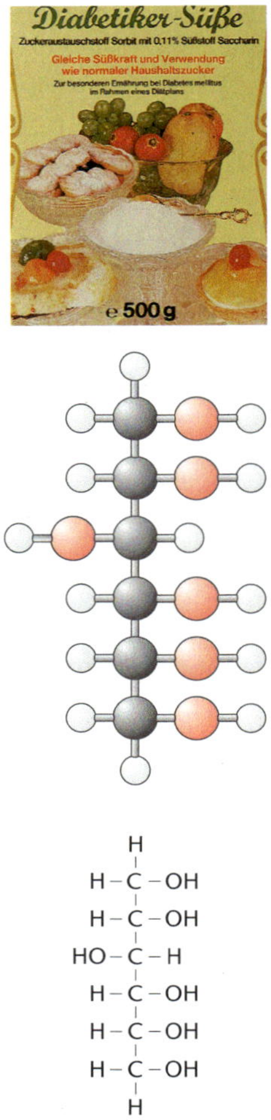

1 Sorbit

Sorbit, ein süßer Alkohol

Sorbit ist ein weißer, süßschmeckender fester Stoff. In der Natur kommt er in den Früchten der Eberesche und im Weißdorn vor. In kleineren Mengen findet sich Sorbit auch in Äpfeln, Aprikosen, Birnen, Kirschen und anderen Früchten. Der süße Geschmack ist auf eine Anhäufung von sechs OH-Gruppen im Molekül zurückzuführen (▷ B 1). Wegen dieser Hydroxylgruppen ist Sorbit wasserlöslich und hygroskopisch und gehört zu den Alkoholen. In Diabetikersüßwaren wird Sorbit als Zuckeraustauschstoff verwendet.

Glykol

Der einfachste Alkohol mit zwei OH-Gruppen im Molekül ist **Ethandiol** (▷ B 2). Es ist eine farblose, hygroskopische, gesundheitsschädliche, süß schmeckende Flüssigkeit, die auch Glykol (griech.: glykys, süß) genannt wird. Die benachbarten Moleküle bilden untereinander Wasserstoffbrücken. Diese führen zu einer deutlich höheren Siedetemperatur und Viskosität im Vergleich zu Ethanol (▷ V 3). Die wässrige Lösung hat eine tiefe Erstarrungstemperatur. Deshalb benutzt man Ethandiol hauptsächlich als Gefrierschutzmittel (▷ B 2) in Scheibenwischanlagen der PKW's und bei der Enteisung von Flugzeugen (▷ B 3).

Glycerin

Glycerinmoleküle besitzen jeweils drei OH-Gruppen. Deshalb wird dieser Alkohol als **Propantriol** bezeichnet. Im Vergleich zu Glykol ist Glycerin noch viskoser (▷ V 3), besitzt eine weit höhere Siedetemperatur (290 °C) und ist in Wasser unbegrenzt löslich (▷ V 1).

3 Enteisung eines Flugzeuges

Glycerin ist ungiftig und schmeckt süß. Als Zusatz in Cremes, Zahnpasten und Stempelfarben (▷ B 4) wird es wegen seiner hygroskopischen Wirkung (▷ V 2) verwendet. Es sorgt für genügend Feuchtigkeit.

Versuche

1. Prüfe die Löslichkeit von Glycerin in Wasser und in Wundbenzin. Vergleiche mit dem Löslichkeitsverhalten von Propanol.
2. Fülle ein großes Uhrglas mit Glycerin, stelle es auf eine Waage und notiere sofort und nach 35 Minuten die Masse.
3. Lasse aus 1-ml-Pipetten jeweils gleiche Mengen Glykol, Glycerin und Propanol fließen. Vergleiche die Auslaufzeiten mit einer Stoppuhr.
4. Erwärme eine kleine Portion Glycerin in einer Porzellanschale und entzünde die Dämpfe. Beobachte Entflammbarkeit und Flamme.

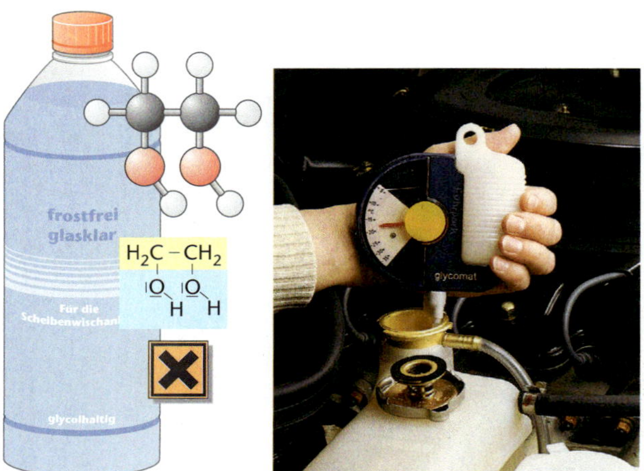

2 Glykol

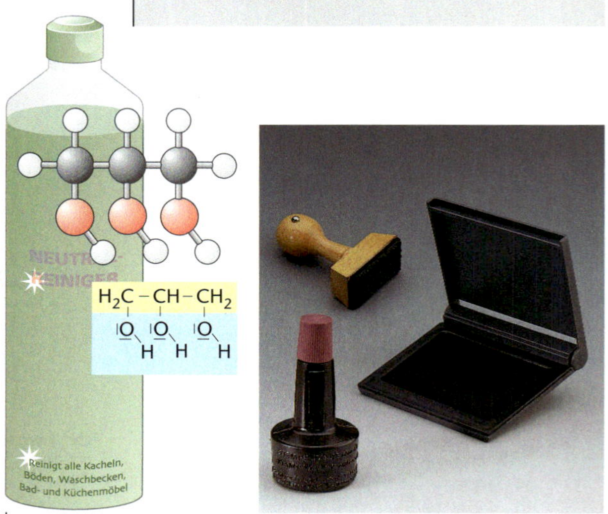

4 Glycerin

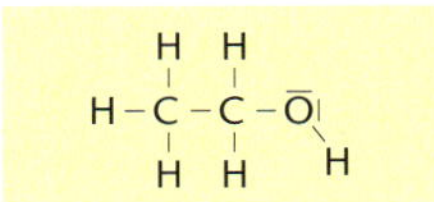

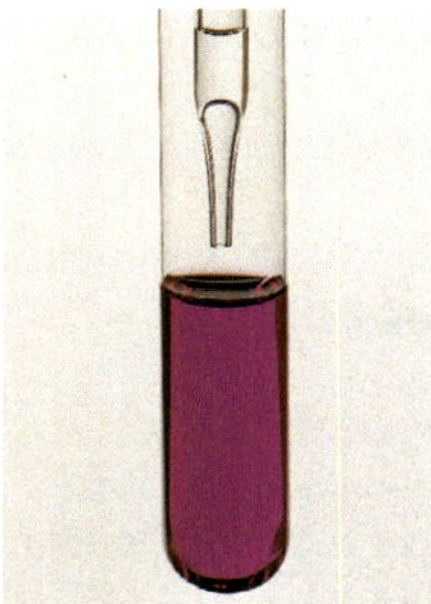

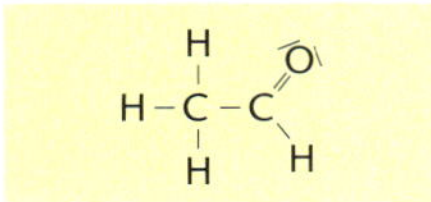

1 Aus Ethanol wird Ethanal

Ethanol verändert das „o" im Namen
Ein Kupferdrahtnetz wird beim Erhitzen zu schwarzem Kupferoxid oxidiert. Taucht man das heiße, oxidierte Kupfer in Ethanol, beobachtet man Veränderungen (▷B 1, links; V 1). Schwarzes Kupferoxid wird zu rötlichem Kupfer reduziert. Wird ein Stoff reduziert, muss der andere oxidiert werden. Ethanol wurde zu Ethanal oxidiert. Ein Nachweis für Ethanal ist die Rotfärbung von fuchsinschwefliger Säure (▷B 1, rechts; V 2).

Ethanal wird auch als Acetaldehyd bezeichnet. Die stechend riechende Flüssigkeit verdampft leicht und ist hochentzündlich. Ethanal dient zur Herstellung von Farbstoffen, Synthesekautschuk und Medikamenten.

Alkanale bilden eine Reihe
Ethanal gehört zu einer Reihe von Stoffen, deren Moleküle die funktionelle Gruppe –CHO enthalten. Ihre Namen leiten sich von den Namen der Alkane ab, die Endsilbe **–al** wird angefügt. Vertreter dieser Reihe bilden die homologe Reihe der **Alkanale** (▷B 5). Die Alkanale werden auch **Aldehyde** genannt.

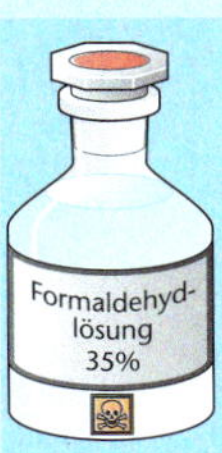

Formaldehyd

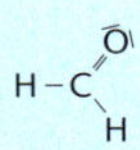

Eigenschaften:	Farbloses, stechend riechendes Gas, brennbar, giftig; sehr gut wasserlöslich;
Schmelztemperatur:	–92 °C
Siedetemperatur:	–21 °C

2 Formaldehyd

Alkanalmoleküle enthalten die Aldehydgruppe –CHO als funktionelle Gruppe.

Das Alkanal mit nur einem Kohlenstoffatom heißt **Methanal** oder Formaldehyd (▷B 2). Das stechend riechende Gas ist giftig. Formaldehyddämpfe in Innenräumen von Gebäuden können durch Farbänderungen in Prüfröhrchen nachgewiesen werden (▷B 3). Methanal kommt in Wasser gelöst unter dem Namen Formalin in den Handel.
Es wird zur Herstellung von Harzen, Gerbstoffen und Kunststoffen verwendet. Der erste synthetische Kunststoff wurde mithilfe von Methanal hergestellt. Man nannte ihn Bakelit (▷B 4) nach seinem Erfinder LEO HENDRIK BAEKELAND.

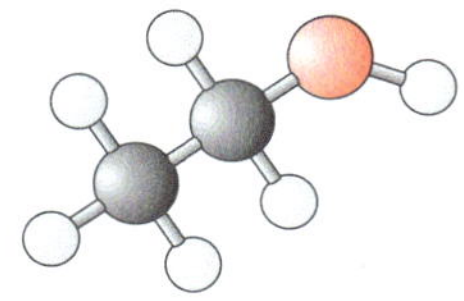

Ethanol

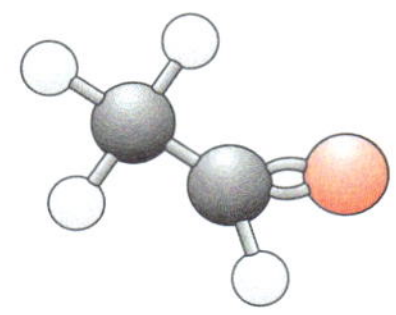

Ethanal

Versuche

1. Man gibt in ein kleines Becherglas ca. 10 ml Ethanol und taucht ein erhitztes Kupferdrahtnetz in die Flüssigkeit. Man wiederholt das Eintauchen mehrmals und gibt einige Tropfen fuchsinschweflige Säure zu. (Abzug!)

2. Man tropft fuchsinschweflige Säure zu etwas Ethanal im Reagenzglas (Abzug!).

Aufgaben

1. Formuliere das Reaktionsschema und die Reaktionsgleichung (mit Strukturformeln) für die Reaktion von Ethanol mit schwarzem Kupferoxid. Um welche Reaktionsart handelt es sich dabei?

2. Infomiere dich, wodurch Methanaldämpfe in die Atemluft von Innenräumen in Gebäuden gelangen können.

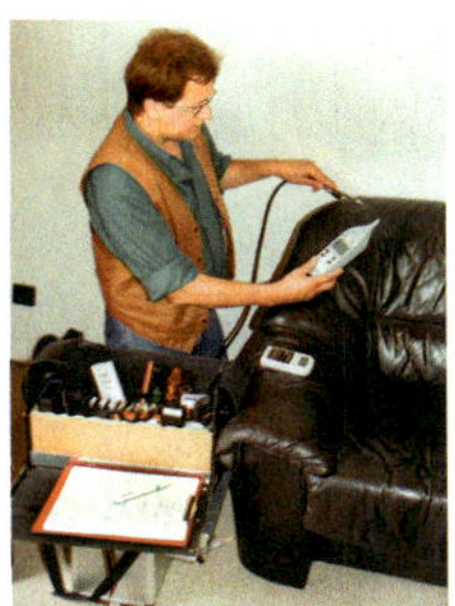

3 Prüfung auf Formaldehyd

4 Teile aus Bakelit

Methanal	H–CHO
Ethanal	CH_3–CHO
Propanal	C_2H_5–CHO
Butanal	C_3H_7–CHO
Pentanal	C_4H_9–CHO
Hexanal	C_5H_{11}–CHO
Heptanal	C_6H_{13}–CHO

5 Die Reihe der Alkanale

Aceton – ein Keton

Kleiner Unterschied, andere Reaktion
Auf dem Etikett von Türschlossenteisern findet man den Bestandteil Isopropanol (▷ B 1). Die Silbe Iso- deutet darauf hin, dass der Stoff eine isomere Verbindung von Propanol ist. Das Molekülmodell zeigt, dass im Isopropanolmolekül die Hydroxylgruppe am zweiten Kohlenstoffatom gebunden ist. Daher nennt man die Verbindung auch **2-Propanol**.
Taucht man ein erhitztes Kupferdrahtnetz in 2-Propanol, wird schwarzes Kupferoxid zu Kupfer reduziert. Der Alkohol wird oxidiert. Aus 2-Propanol entsteht **Propanon**, das im Handel unter dem Namen Aceton bekannt ist. Die funktionelle Gruppe im Propanonmolekül ist die **Ketogruppe** >C=O. Propanon (▷ B 2) gehört zur Stoffgruppe der **Alkanon**e oder **Ketone**.

▶ Alkanonmoleküle enthalten die Ketogruppe >C=O als funktionelle Gruppe.

Propanon (Aceton) wurde früher als Nagellackentferner verwendet. Es ist ein gutes Lösungsmittel für Öle, Fette und Benzine, löst sich aber auch gut in Wasser. Die Flüssigkeit riecht angenehm aromatisch und ist leicht brennbar. Propanon findet Verwendung als Abbeizmittel für Öl- und Lackfarben sowie als Lösungsmittel (▷ B 2) für Klebstoffe und Kunststoffe (z. B. Styropor®).

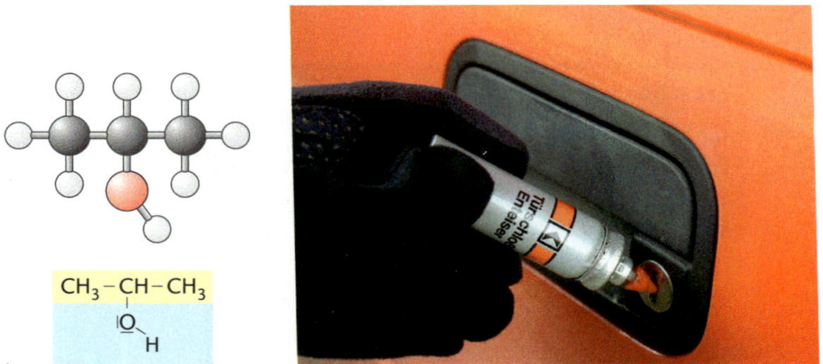

1 Isopropanol in Türschlossenteisern

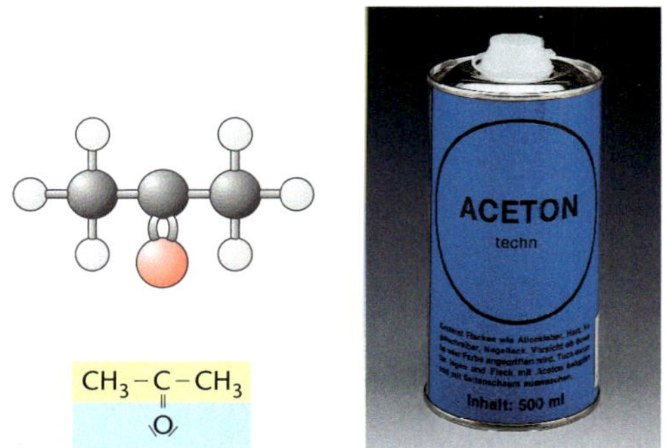

2 Propanon (Aceton) als Lösungsmittel

Lexikon

Aldehyde als Aroma- und Duftstoffe

Benzaldehyd ist eine ölige Flüssigkeit, die nach bitteren Mandeln riecht. Sie wird in Backwaren als Bittermandelöl verwendet. Benzaldehyd ist in einigen Pflanzenölen enthalten und entsteht in den Kernen von Mandeln, Pfirsichen, Aprikosen und Pflaumen.

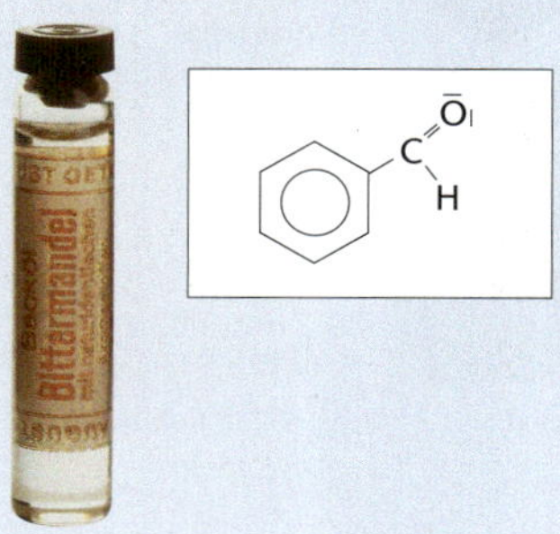

Vanillaldehyd (Vanillin) kommt in Vanilleschoten vor. Künstlich hergestelltes Vanillin wird häufig anstelle der teuren natürlichen Vanille als Aromastoff in Vanillezucker, Schokolade und Backwaren verwendet. Auch der Geruch von altem, vergilbtem, holzigem Papier geht auf Vanillin zurück.

Zimtaldehyd kommt natürlich in Zimtöl vor, das bei der Gewinnung von Zimtstangen anfällt. Seit ca. 130 Jahren wird Zimtaldehyd künstlich hergestellt. Es wird in Gewürzen und zur Parfümierung von Seifen verwendet. Zimtaldehyd ist ein wesentlicher Bestandteil der Myrrhe.

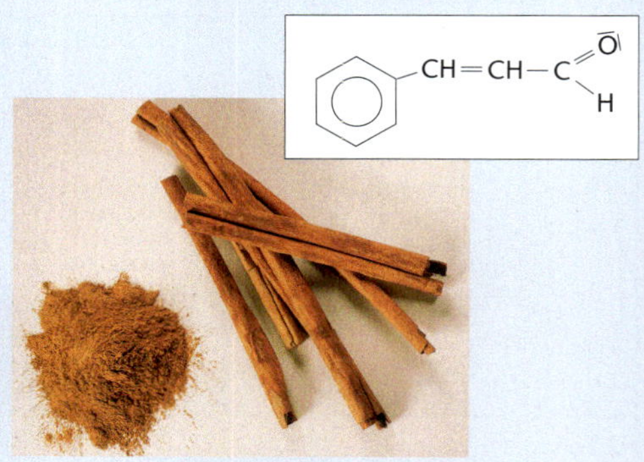

Biotechnische Arbeiter – klein aber fleißig

1 Bioreaktor

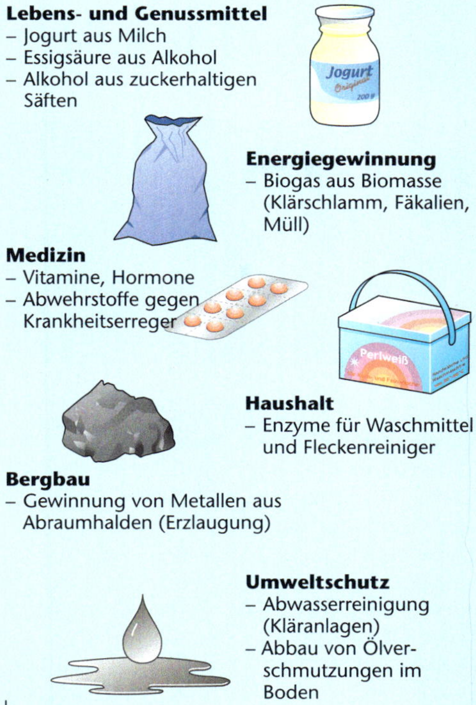

2 Biotechnologische Bereiche

Die Wissenschaft zwischen Biologie, Chemie und Technik nennt man **Biotechnologie** (▷ B 2). Sie beschäftigt sich mit Mikroorganismen. Bakterien, Pilze und Hefen entfalten ihre Wirkung oft zum Nutzen, manchmal zum Schaden der Menschen. Die Vermehrung der Mikroorganismen erfolgt in Bioreaktoren (▷ B 1). Das sind große Behälter, in denen günstige Lebensbedingungen für Bakterien und Pilze geschaffen werden.

Kleine Helfer in Lebensmitteln
Lässt man frische Milch einige Tage stehen, wird sie dick und sauer. Es entsteht Sauermilch. Die Veränderungen sind auf die Tätigkeit von Milchsäurebakterien zurück zu führen. Auch bei der Herstellung von Käse, Jogurt und Sauerkraut sind diese Bakterien beteiligt (▷ B 3).

Citronensäure – nicht aus Zitronen
Citronensäure wurde früher aus Zitronen gewonnen. Seit 1893 weiß man, dass Schimmelpilze Zucker abbauen und dabei Citronensäure bilden. Heute werden pro Jahr ca. 400 000 Tonnen Citronensäure mithilfe des Pilzes Aspergillus niger hergestellt (▷ B 4). Der Pilz wächst in der Nährlösung aus Melasse (Abfallprodukt der Zuckerindustrie) und wandelt Zucker in Citronensäure um.

Kleine Helfer im Dienst des Menschen
Viele Waschmittel enthalten spezielle Eiweiße (Enzyme), die bei Temperaturen von 30 °C bis 60 °C hartnäckige Flecken von Blut, Eigelb, Kakao oder Gras entfernen. Die Enzyme werden biotechnologisch mithilfe von Bakterien hergestellt.

Bakterien und Einzeller zersetzen organische Schmutzteilchen während der biologischen Reinigung in der Kläranlage. Den überschüssigen Belebtschlamm lässt man in Faultürmen gären und verkauft ihn als Pflanzendünger.

Im Bergbau werden Bakterien eingesetzt, um Spuren von Metallerzen aus dem Gestein zu lösen. Vor allem Kupfererz und Uranerz werden bakteriell abgebaut.

Mit gentechnisch veränderten Bakterien kann seit 1982 das Eiweiß Insulin für Diabetiker (zuckerkranke Menschen) hergestellt werden. Früher wurde das lebenswichtige Hormon Insulin aus den Bauchspeicheldrüsen von Schlachttieren gewonnen. Problematisch dabei waren störende Begleitsubstanzen und allergische Reaktionen.

3 Milchsäurebakterien in Sauerkraut

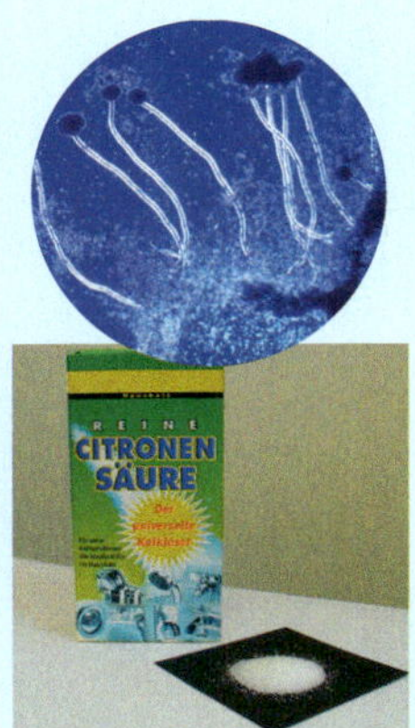

4 Aspergillus niger zur Herstellung von Citronensäure

Essigherstellung – eine jahrtausendealte Tradition

1 Weinlese in Ägypten

Weinessig, die älteste saure Würze
5000 Jahre vor Christus wurden in Ägypten Weintrauben geerntet (▷ B 1) und mit den Füssen zerstampft. Ließ man den Traubensaft an der Luft stehen, fing er an zu gären. Es entstand Wein, der sich oft nur kurze Zeit hielt. Der Wein wurde sauer. Der ägyptische Essig war auch in Rom bekannt. Um Christi Geburt trugen römische Legionäre Weinessig mit sich, der mit Kräutern versetzt und mit Wasser verdünnt war. Das Wort für Essig hatte bei den Römern die gleiche Bedeutung wie Säure (lat.: acetum, Säure, Essig). Essig wurde als saure Würze von Speisen, als Erfrischungsgetränk und zum Konservieren von Lebensmitteln verwendet.

2 Essigverkäufer im 17. Jahrhundert

Von Kleopatra erzählte man sich, dass sie mit dem römischen Kaiser Antonius gewettet hatte, sie könne eine Mahlzeit im Wert von 10 Millionen Sesterzen zu sich nehmen. Sie gewann die Wette.
Sie warf eine ihrer wertvollsten Perlen in einen Krug mit Essig. Nachdem sich die kalkhaltige Perle in der Säure aufgelöst hatte, trank sie die Flüssigkeit.

Essig in Krügen oder aus Orleans
Essig war im Mittelalter zusammen mit Salz, Senf und Kräutern das Hauptgewürz für Suppen und viele Breigerichte. Meist gewann man den Essig einfach durch Stehenlassen von Wein oder anderen alkoholischen Flüssigkeiten in Essigkrügen.

Im 14. Jahrhundert wurde in Orleans in Frankreich ein besonderes Verfahren zur Herstellung von Essig entwickelt. Man ließ Traubenwein in Holzbottichen mit großer Oberfläche langsam sauer werden. Nach mehreren Wochen entstand Weinessig von guter Qualität. Essigverkäufer zogen damit über das Land (▷ B 2).

Louis Pasteur entdeckte das Geheimnis der Essigbildung
Der französische Chemiker und Biologe Louis Pasteur (▷ B 3) untersuchte 1864 die dünne Haut, die bei der Essiggärung auf der alkoholhaltigen Flüssigkeit schwamm, unter dem Mikroskop. Er entdeckte winzig kleine Stäbchen, die nur 1/1 000 mm dick und bis zu 4/1 000 mm lang waren. Er nannte sie Essigbakterien (▷ B 4). Sie lebten und vermehrten sich in der Essigmutter, so nannte man die dünne Bakterienhaut auf dem Weinessig. Durch die Tätigkeit der Essigbakterien wurde Alkohol in Essig umgewandelt.

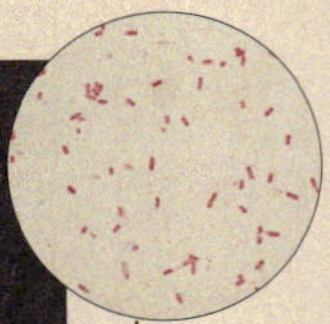

4 Essigbakterien

3 Louis Pasteur in seinem Labor (1885)

Brennpunkt

Essig – unterschiedlich hergestellt

Fertiger Essig nach einem Tag
Lässt man Wein offen an der Luft stehen, dauert es mehrere Wochen, bis Essig entsteht. SEBASTIAN SCHÜZENBACH (1793–1869) verwendete Buchenholzspäne (▷B5), um die Essigbildung zu beschleunigen. Auf der großen Oberfläche der Späne konnten Milliarden von Essigbakterien leben. Die Essigspäne wurden von oben langsam mit Wein berieselt. Durch eine Öffnung an der Seite des Bottichs konnte Luft eintreten. Unten wurde täglich fertiger Essig entnommen. Das Problem war die Selbsterwärmung der Flüssigkeit. Bei einer Temperatur von 42 °C starben die Essigbakterien ab und die Essigbildung hörte auf.

Essigbakterien bei der Arbeit – auf Holzspänen oder untergetaucht
Bis vor wenigen Jahren wurde Speiseessig noch in Großraumbildnern hergestellt, das sind 90 m^3 große Behälter aus Holz (▷B4). Über ein Spritzrad ließ man ethanolhaltige Flüssigkeiten über Buchenholzspäne rieseln, die zuvor mit Essigbakterien geimpft wurden. Von unten wurde Frischluft eingeblasen. Unter Einfluss der Essigbakterien reagierte Ethanol mit Luftsauerstoff zu Essigsäure. Die Flüssigkeit wurde mehrmals über Kühlrohre umgepumpt, die außen rund um den Behälter verlaufen. Das Verfahren nennt man daher **Rundpumpverfahren** (▷B2). Bei Temperaturen zwischen 28 °C und 37 °C wurde in 24 bis 36 Stunden das gesamte Ethanol zu Essigsäure umgesetzt.

Ein heute gängiges Verfahren der Essigherstellung ist das **Submersverfahren**. Dabei schwimmen die Essigbakterien untergetaucht (submers) ohne Holzspäne in der alkoholhaltigen Flüssigkeit (▷B1). Über eine Turbine am Boden wird eingeblasene Luft fein verteilt, sodass die Flüssigkeit schäumt. Auf der großen Oberfläche der Schaumbläschen können sich mehr Bakterien ansiedeln als auf Spänen. Daher verläuft die Essigbildung schneller. Die Kühlrohre mit Kühlwasser befinden sich im Inneren des Behälters.

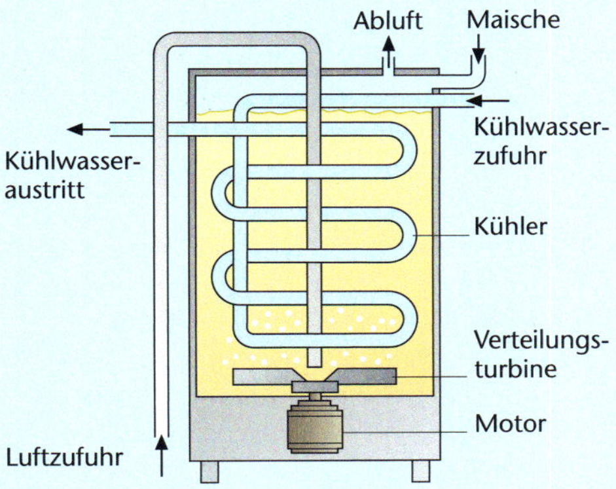

1 Essigherstellung nach dem Submersverfahren

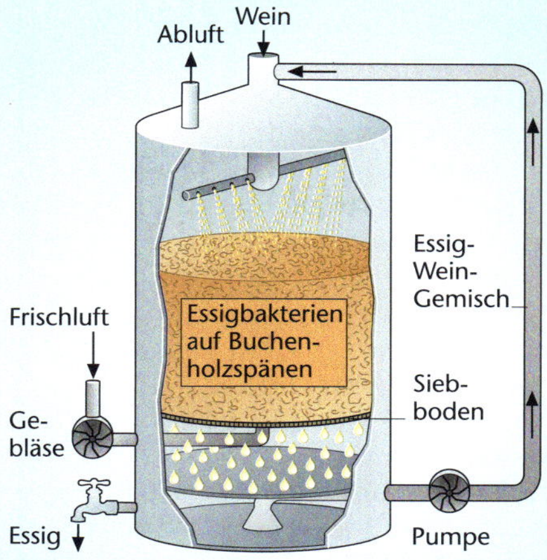

2 Essigherstellung nach dem Rundpumpverfahren

4 Großraumbildner

Versuche

1 Stelle naturbelassenen Wein im offenen Gefäß an einen warmen Ort. Prüfe den pH-Wert der Flüssigkeit zu Beginn und nach 1 bis 2 Wochen.

2 Gib 2 ml Essigmutter (Essigbakterien) zu einem Gemisch aus 3 Teilen naturbelassenem Wein und 2 Teilen Wasser. Lasse das Gemisch eine Woche an einem warmen Ort stehen und filtriere es dann durch einen Kaffeefilter in ein kleines Fläschchen.

5 Buchenholzspäne

Tafelessig stellt man aus verdünntem Kartoffel-, Getreide- oder Zuckerrübenschnaps her.

Weinessig muss aus Wein hergestellt werden. Er ist deshalb besonders aromatisch.

Obstessig hat einen fruchtigen Geschmack. Er wird vorwiegend aus Apfelwein hergestellt.

Kräuteressig erhält man, wenn man Gewürze oder Kräuter längere Zeit in Essig ziehen lässt.

Essigessenz ist eine 25 %ige Essigsäure. Sie wird nicht biologisch gewonnen, sondern chemisch hergestellt. Zum Verzehr darf man sie nur verdünnt verwenden.

3 Essigsaure Vielfalt

Essig, Essigessenz, Essigsäure

Im Haushalt gehört Essig zu den am häufigsten verwendeten Würzen. Seltener findet man Essigessenz (25 Vol.-%), aus der durch Verdünnen mit Wasser Essig (5 Vol.-% bis 6 Vol.-%) hergestellt werden kann. Essig und Essigessenz (▷ B 2) unterscheiden sich durch ihre Konzentration von Essigsäure. Essigsäure findet man in reiner Form meist nur in Labors und Chemiesammlungen.

Säureeigenschaften

Reine Essigsäure erstarrt bei 16,6 °C zu eisartigen Kristallen. Dies führte zur Bezeichnung Eisessig (▷ B 1, oben). Beim Umgang mit reiner Essigsäure ist Vorsicht geboten, da sie stark ätzend wirkt. Ihre stechend riechenden Dämpfe sind brennbar (▷ V 3). Die typischen Eigenschaften einer Säure können auch bei Essigsäure nachgewiesen werden (▷ B 1). Prüft man verdünnte Essigsäure mit Universalindikator (▷ V 1) tritt eine Rotfärbung auf. Verdünnte Essigsäure leitet den elektrischen Strom (▷ V 2) und reagiert mit unedlen Metallen wie z. B. Magnesium unter Wasserstoffbildung (▷ V 4; V 5).

Essigsäure hat die Formel **CH_3COOH** und wird auch **Ethansäure** genannt. Bei der Verdünnung von konzentrierter Essigsäure mit Wasser bilden sich Wasserstoffionen (H^+-Ionen) und Säurerest-Ionen (CH_3COO^--Ionen), die als Acetat- oder Ethanoationen bezeichnet werden. Die H^+-Ionen werden durch den Indikator nachgewiesen und sind für die saure Reaktion verantwortlich. Die vorliegenden Ionen bestimmen die elektrische Leitfähigkeit. Reine Essigsäure leitet den elektrischen Strom nicht, sie enthält nur Moleküle und keine Ionen.

Salzbildung mit unedlen Metallen

Bei der Reaktion von verdünnter Essigsäure mit Magnesium entsteht neben Wasserstoff ein Salz, Magnesiumacetat (Magnesiumethanoat) (▷ B 3).

Das bekannteste Salz der Essigsäure ist Grünspan (▷ B 4), dieses Salz enthält hauptsächlich Kupferacetat. Grünspan bildet sich zum Beispiel, wenn essigsaure Speisen in Kupfergefäßen an der Luft stehen bleiben. Die Giftigkeit des Salzes wird durch die Kupferionen hervorgerufen. Aluminiumacetat, ein weiteres Salz der Essigsäure, wurde als essigsaure Tonerde für entzündungshemmende Umschläge verwendet (▷ B 5).

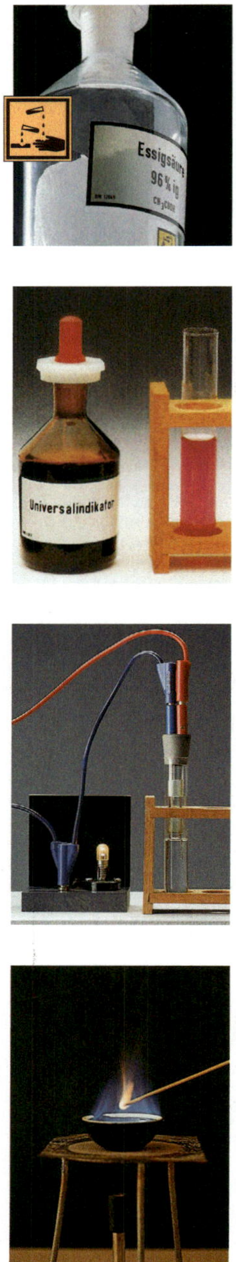

1 Essigsäure und ihre Eigenschaften

2 Essig, Essigessenz, Essigsäure

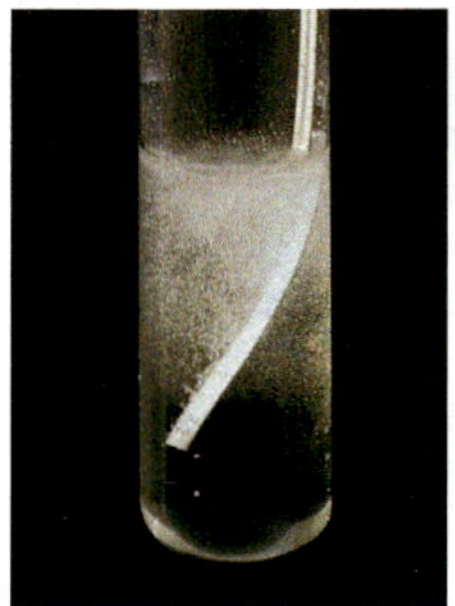
3 Magnesium in Essigsäure

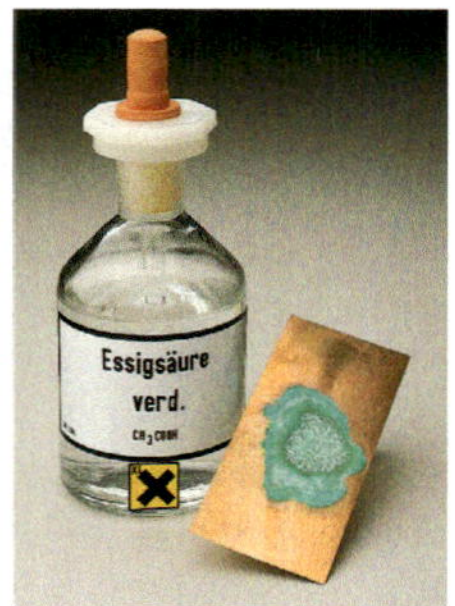

4 Grünspan

Versuche

1 Prüfe die saure Reaktion von verdünnter Essigsäure mit Universalindikator.

2 Untersuche die elektrische Leitfähigkeit von verdünnter Essigsäure.

3 In eine schwarze Porzellanschale gibt man wenige Milliliter 100 %ige Essigsäure. Man nähert der Flüssigkeitsoberfläche einen brennenden Holzspan. (Schutzbrille! Abzug!)

4 In der Projektion beobachtet man nebeneinander die Reaktion von Magnesiumspänen in Eisessig und in verdünnter Essigsäure.

5 In ein großes Reagenzglas füllt man verdünnte Essigsäure und fügt einen Magnesiumstreifen hinzu. Man fängt das entstehende Gas auf und führt die Knallgasprobe durch.

6 Eine kleine Probe Eisessig lässt man in einer flachen Petrischale mit Deckel einige Minuten im Gefrierfach stehen. Anschließend kann man die eisartigen Kristalle der Essigsäure beim Schmelzen beobachten.

Aus Ethanol entsteht Ethansäure

Ethanol lässt sich stufenweise oxidieren (▷ B 6). Das sich bildende Molekül enthält wie Ethanol und Ethan zwei Kohlenstoffatome. Daher wird Essigsäure auch als **Ethansäure** bezeichnet. Sie enthält als funktionelle Gruppe eine **Carboxylgruppe** (–COOH). Verbindungen mit Carboxylgruppen werden allgemein als **Carbonsäuren** bezeichnet.

> Die funktionelle Gruppe der Carbonsäuren ist die Carboxylgruppe –COOH .

Verwendung von Essigsäure

Haushaltsessig (5 Vol.-% bis 6 Vol.-% Essigsäure) wird zum Würzen von Speisen, aber auch zum Konservieren von Nahrungsmitteln wie zum Beispiel Essiggurken verwendet. In 2 %iger bis 3 %iger Essigsäure sind krankheitserregende Bakterien nicht mehr lebensfähig.

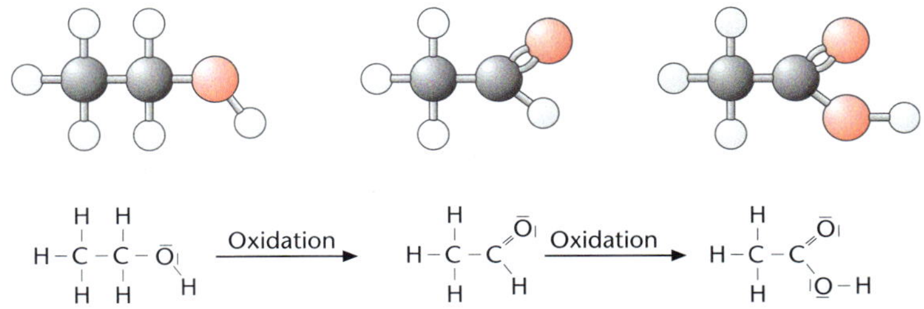

Ethanol Ethanal Ethansäure

6 Aus Ethanol entsteht Essigsäure

Kalkablagerungen auf Badfliesen, in Perlatorsieben im Wasserhahn und in den Verbindungsröhrchen von Kaffeemaschinen können durch Essigsäure aufgelöst werden. Der größte Teil der technisch gewonnenen Essigsäure ist Ausgangsstoff zur Herstellung von Lösungsmitteln, Kunstseide (Acetatseide), Kunststoffen (Fugendichter) und Medikamenten, z. B. Aspirin® (▷ B 5).

Reinigungsmittel

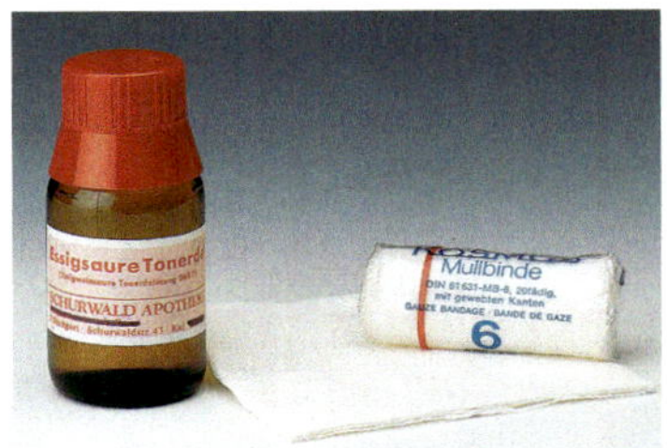

Arzneimittel

Gewürz

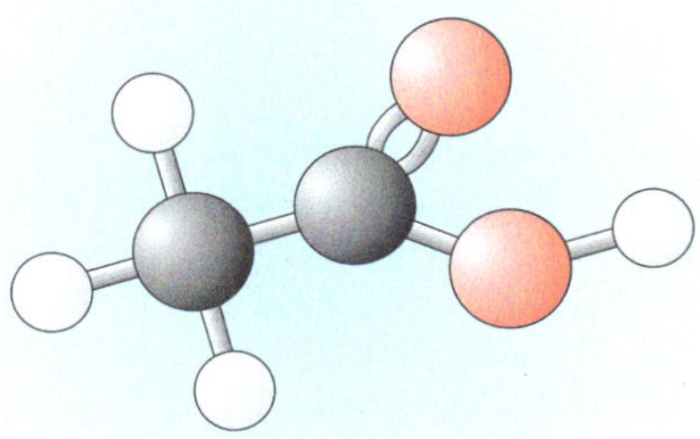

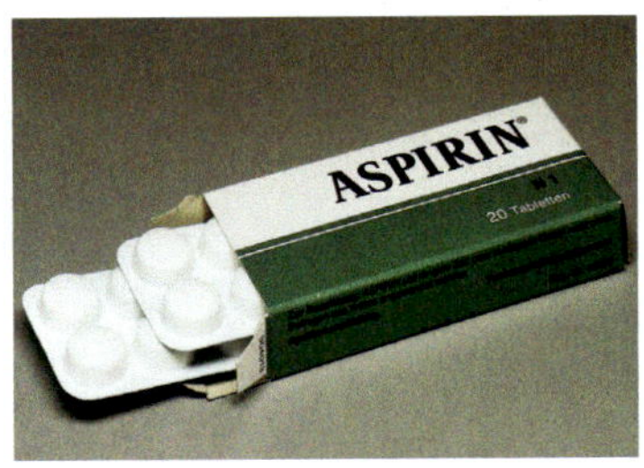

Medikament

Dichtungsmittel

Kunstseidenproduktion

5 Verwendung von Essigsäure

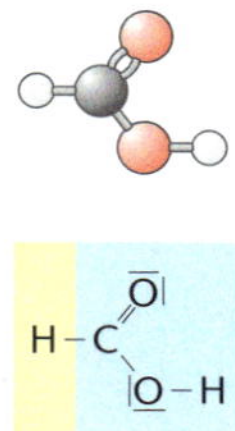

1 Methansäure in den Giftdrüsen von Ameisen

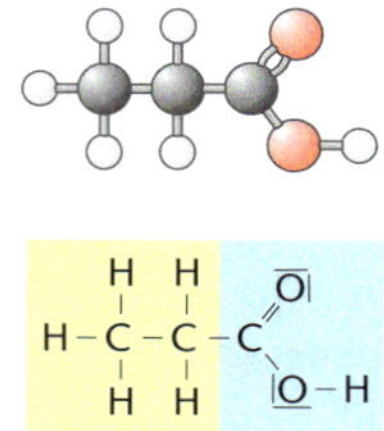

3 Propansäure in Wein

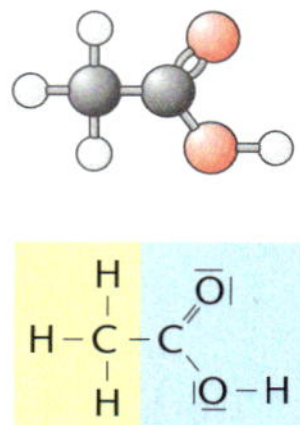

2 Ethansäure als Konservierungsmittel

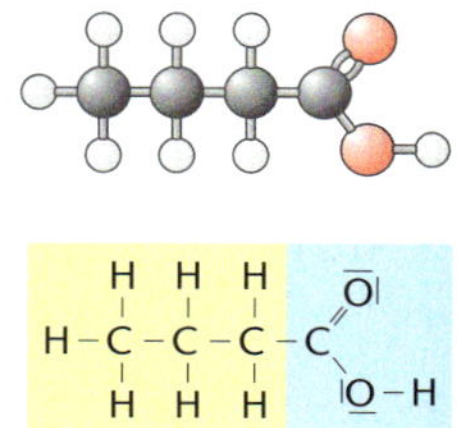

4 Butansäure in ranziger Butter

Methansäure

Ameisen produzieren in ihren Giftdrüsen eine stark ätzend wirkende Flüssigkeit, die Ameisensäure (▷ B 1). Der chemische Name dieser Säure ist **Methansäure**. Auch Nesselkapseln mancher Hohltiere (Quallen), die Brennhaare der Brennnesseln und die Nadeln von Tannen enthalten diese Säure.

Die wässrige Lösung von Ameisensäure färbt Universalindikator rot und leitet den elektrischen Strom (▷ V 1). Mit unedlen Metallen reagiert sie heftig unter Bildung von Wasserstoff (▷ V 2). Die entstehenden Salze heißen Formiate (lat.: formica, Ameise) oder Methanoate.

Propansäure

In geringen Mengen ist **Propansäure** (Propionsäure) im Steinkohlenteer, im Latschenkiefernöl und im Wein (▷ B 3) enthalten. Es ist eine farblose, stechend riechende Flüssigkeit, die mit Wasser in jedem Verhältnis mischbar ist. Der Kontakt mit der Flüssigkeit führt zu starken Verätzungen der Augen und der Haut.

Butansäure

Butansäure (Buttersäure) ist eine ölige, unangenehm ranzig riechende Flüssigkeit. Sie wird beim Ranzigwerden von Butter frei (▷ B 4). Ihr typischer Geruch ist auch im Schweiß von Menschen und Säugetieren enthalten, wenn dieser sich auf der Haut zersetzt. Er wird von blutsaugenden Insekten und Hunden in geringster Konzentration wahrgenommen.

Die homologe Reihe der Alkansäuren

Methansäure, Ethansäure, Propansäure und Butansäure bilden die ersten Glieder der homologen Reihe der **Alkansäuren**. Die funktionelle Gruppe ist die **Carboxylgruppe** (–COOH).

▶ Alkansäuren bilden eine homologe Reihe. Die allgemeine Formel der Alkansäuren lautet $C_nH_{2n+1}COOH$.

Eigenschaften der Alkansäuren im Vergleich

Untersucht man bei den ersten Vertretern der homologen Reihe der Alkansäuren die Wasserlöslichkeit, stellt man fest, dass diese am stärksten bei Methansäure ist (▷ V 3). Mit steigender Kettenlänge nimmt der Einfluss der polaren Carboxylgruppe ab, d. h. die Löslichkeit der Alkansäuren in Benzin nimmt zu (▷ B 5). Alkansäuren mit langen Kohlenstoffketten im Molekül lösen sich

beim Erwärmen gut in Benzin. Da viele Alkansäuren am Aufbau der Fette beteiligt sind, werden sie **Fettsäuren** genannt. Wichtige Fettsäuren sind Palmitinsäure und Stearinsäure.
Mit zunehmender Kettenlänge steigen auch Molekülmassen und Siedetemperaturen der Alkansäuren an (▷B 5).

Gesättigte und ungesättigte Fettsäuren
Ölsäure ist eine ölige Flüssigkeit, das Molekül enthält wie **Octadecansäure** (Stearinsäure) 18 Kohlenstoffatome. Beide Säuren unterscheiden sich nicht nur in ihren Schmelz- und Siedetemperaturen, sondern auch in ihrer Reaktionsfähigkeit. Angesäuerte Kaliumpermanganatlösung wird bei Zugabe von Ölsäure rasch entfärbt (▷V 4), von Stearinsäure jedoch nicht. Ölsäure ist eine **ungesättigte Fettsäure** mit einer Doppelbindung zwischen benachbarten C-Atomen und heißt auch **Octadecensäure** (▷B 7).

Name (Trivialname)	**Molekülformel**	**Schmelztemp.** (°C)	**Siedetemp.** (°C)	**Löslichkeit in Wasser**	**Löslichkeit in Benzin**
Methansäure (Ameisensäure)	HCOOH	8	101	↑	
Ethansäure (Essigsäure)	CH_3COOH	17	118		
Propansäure (Propionsäure)	C_2H_5COOH	−21	141		
Butansäure (Buttersäure)	C_3H_7COOH	−5	166	nimmt zu	nimmt zu
Dodecansäure (Laurinsäure)	$C_{11}H_{23}COOH$	44	225*		
Hexadecansäure (Palmitinsäure)	$C_{15}H_{31}COOH$	63	269*		
Octadecansäure (Stearinsäure)	$C_{17}H_{35}COOH$	71	287*		↓

* bei 133 mbar

5 Die homologe Reihe der Alkansäuren

Versuche

1 Prüfe die elektrische Leitfähigkeit und den pH-Wert von verdünnter Ameisensäure.

2 Lasse ein Stück Magnesiumband mit verdünnter Ameisensäure reagieren.

3 Prüfe das Löslichkeitsverhalten einiger Vertreter der homologen Reihe der Alkansäuren in Wasser und Wundbenzin.

4 Schüttle Ölsäure mit angesäuerter Kaliumpermanganatlösung kräftig. Beobachte und erkläre.

6 Octadecansäure (Stearinsäure), eine gesättigte Fettsäure

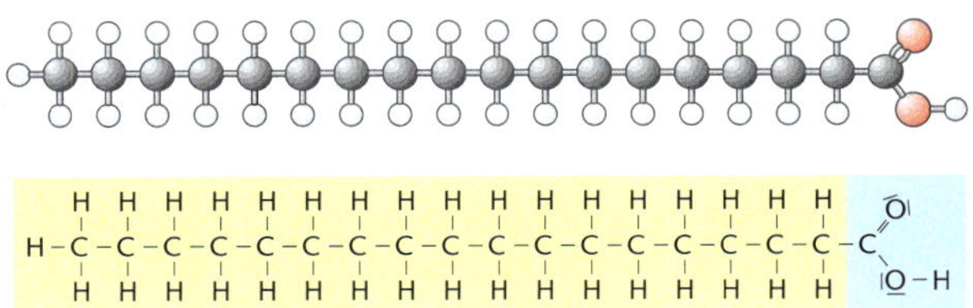

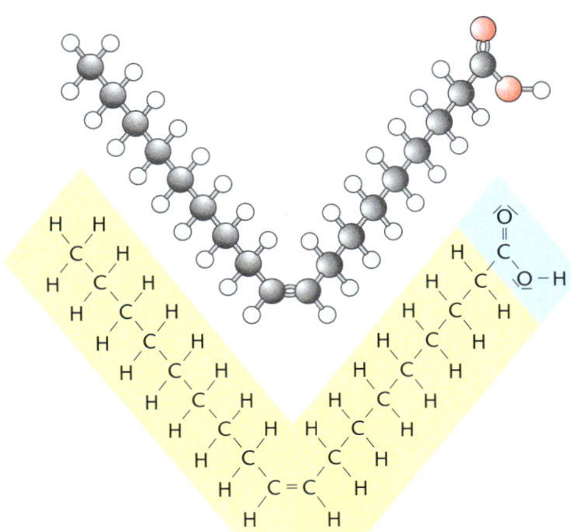

7 Octadecensäure (Ölsäure), eine ungesättigte Fettsäure

Carbonsäuren in der Natur

Carbonsäuren sind organische Säuren mit Carboxylgruppen. Alkansäuren mit nur einer Carboxylgruppe nennt man auch Monocarbonsäuren, Alkansäuren mit zwei Carboxylgruppen Dicarbonsäuren.

Äpfelsäure kommt in vielen Obstsorten wie Äpfeln (▷ B 1), Birnen, Quitten, Stachelbeeren und Trauben vor. Sie ist neben Citronensäure das wichtigste Säuerungsmittel in Gelee, Marmelade, Getränken und Speiseeis.

$$HOOC-CH_2-\underset{\displaystyle OH}{\underset{|}{CH}}-COOH$$

1 Äpfel

Benzoesäure kommt in der Natur in vielen Harzen und manchen Beeren, z. B. in Heidelbeeren und Preiselbeeren (▷ B 2) vor. Sie wird zur Konservierung von sauren Lebensmitteln verwendet. In der chemischen Industrie wird sie zur Herstellung von Kunstharzen, Weichmachern und Riechstoffen benötigt.

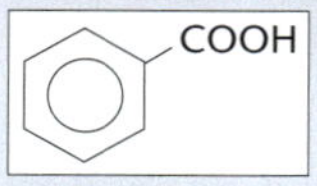

2 Preiselbeeren

3 Citronensäurehaltige Getränke

$$HOOC-CH_2-\underset{\displaystyle COOH}{\underset{|}{\overset{\displaystyle OH}{\overset{|}{C}}}}-CH_2-COOH$$

Citronensäure findet man nicht nur in Zitronen, sondern auch in vielen anderen Früchten. Sie ist die wichtigste Fruchtsäure und Säuerungsmittel von Getränken (▷ B 3), Brausepulver, Backpulver, Sirup, Marmelade u. a. Außerdem findet sie Verwendung in Citrusreinigern und umweltfreundlichen Entkalkern, beim Entrosten und Reinigen von Metalloberflächen, zum Entfernen von Tintenflecken u. a. Citronensäure wird heute biotechnologisch aus Melasse, einem Zuckerabfallprodukt, hergestellt.

$$H_3C-\underset{\displaystyle OH}{\underset{|}{CH}}-COOH$$

4 Milchprodukte

Milchsäure entsteht bei der Umwandlung von Zucker durch Milchsäurebakterien, z. B. beim Sauerwerden der Milch (▷ B 4). Sie bildet sich bei der Herstellung von Jogurt, Kefir, Sauerkraut und Silofutter.

Oxalsäure bildet farblose Kristalle. Sie ist für Menschen giftig, die gefährliche Menge wird mit 1 g bis 5 g angegeben. Mit den im Blut vorhandenen Calciumionen bildet Oxalsäure das schwer lösliche Salz Calciumoxalat. Dieses Salz kann Nieren schädigen, da es die Nierenkanälchen verstopft und zum Tod führt. Salze der Oxalsäure verleihen Sauerklee, Rhabarber (▷ B 5), Sauerampfer und Stachelbeeren den sauren Geschmack.

$$HOOC-COOH$$

5 Rhabarber

Sorbinsäure ist eine ölige Flüssigkeit mit aromatischem Geruch. Sie kommt in Vogelbeeren, den Früchten der Eberesche vor (▷ B 7) und chemisch gebunden im Fett einiger Blattlausarten. Sorbinsäure ist als Konservierungsmittel z. B. für Margarine, Schnittbrot, Futtermittel und Kosmetika zugelassen.

$$HOOC-\underset{\displaystyle OH}{\underset{|}{CH}}-\underset{\displaystyle OH}{\underset{|}{CH}}-COOH$$

6 Wein

$$CH_3-HC=CH-CH=CH-COOH$$

7 Früchte der Eberesche

Weinsäure verursacht unter anderem den Geschmack von reifen Weinen (▷ B 6) und bestimmt ihre Haltbarkeit. Weinstein, der sich beim Lagern von Wein in der Flasche absetzt, ist ein Gemisch verschiedener Salze der Weinsäure. Die Säure wird vielen Limonaden, Brausepulvern und manchen Backpulvern zugesetzt.

E 200	Sorbinsäure
E 210	Benzoesäure
E 236	Ameisensäure
E 260	Essigsäure
E 270	Milchsäure
E 280	Propansäure
E 296	Äpfelsäure
E 300	Vitamin C
E 330	Citronensäure
E 334	Weinsäure

8 E-Nummern

Organische Säuren in Lebensmitteln

1 Vitamin C aufspüren

Material
Schutzbrille, Reagenzglasgestell, Reagenzgläser, Wasser, Fruchtsäfte unterschiedlicher Geschmacksrichtung, Vitamin C-Tablette, Ascorbinsäure, Ascorbinsäure-Teststreifen

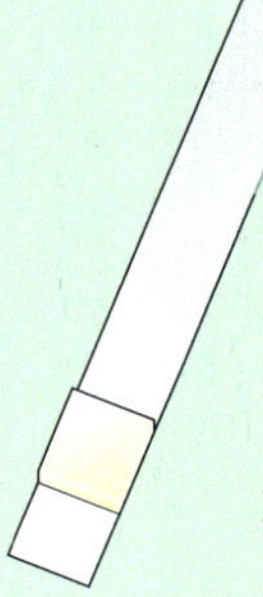

Versuchsanleitung
Prüfe mit Ascorbinsäure-Teststreifen verschiedene Proben von Fruchtsäften jeweils im Reagenzglas. Gib in ein Reagenzglas ein Stück einer Vitamin C-Tablette und in ein weiteres Reagenzglas etwas Ascorbinsäure und füge jeweils Wasser dazu. Prüfe die Lösungen ebenfalls mit Ascorbinsäure-Teststreifen.

1 Vitamin C in Lebensmitteln

2 Vitamin C, nicht immer dabei

Material
Schutzbrille, Reagenzgläser, Reagenzglasgestell, Zitronensaft (frisch gepresst und drei Tage alt), Citronensäure, Wasser, Zitronenbonbon, Ascorbinsäure-Teststreifen

Versuchsanleitung
Prüfe den Vitamin C-Gehalt folgender Lösungen mit Ascorbinsäure-Teststreifen:
a) frisch gepresster Zitronensaft,
b) Zitronensaft, der mehrere Tage offen an der Luft stand,
c) Lösung von Citronensäure in Wasser,
d) In Wasser aufgelöstes Zitronenbonbon.

Aufgabe
Fertige ein Versuchsprotokoll an und werte die Versuche aus.

2 Zitronenbonbons

3 Oxalsäure – Vorsicht Gift!

Material
Schutzbrille, Reagenzglasgestell, 2 Reagenzgläser, Becherglas (100 ml), Gasbrenner, Gasanzünder, Dreifuß, Keramikdrahtnetz, Trichter, Filterpapier, Wasser, verdünnte Oxalsäure, Rhabarberstück, Calciumchloridlösung

Versuchsanleitung
a) Gib in ein Reagenzglas zu einigen Millilitern verdünnter Oxalsäure etwas Calciumchloridlösung. Notiere die Beobachtung.

b) Gib ein Rhabarberstück in ein Becherglas, füge Wasser dazu und erhitze solange, bis der Rhabarber weich ist und zerfällt. Filtriere den gekochten Rhabarber in ein Reagenzglas. Gib zum Filtrat etwas Calciumchloridlösung. Notiere die Beobachtungen und vergleiche mit Versuch a).

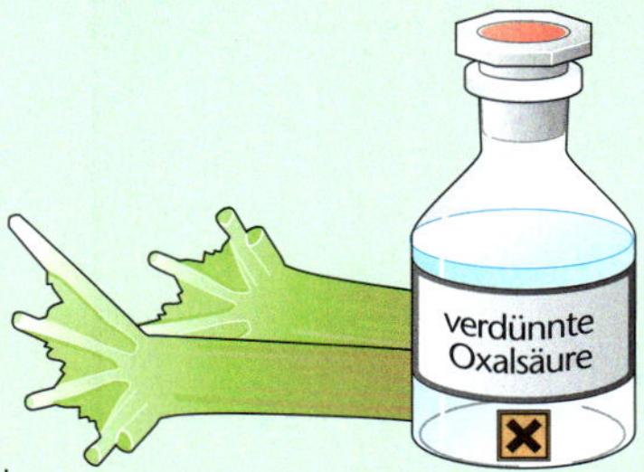

3 Rhabarber und Oxalsäure

4 Brausepulver selbst gemacht

Material
Trinkglas, Kaffeelöffel, Citronensäure, Natriumhydrogencarbonat, Zucker, Wasser

Versuchsanleitung
Stelle im Trinkglas ein Gemisch aus 2 Teilen Citronensäure und 1 Teil Natriumhydrogencarbonat her. Gib Wasser dazu und je nach Geschmack etwas Zucker.

4 Brausepulver, selbst gemacht

5 Jogurt selbst gemacht

Material
Thermometer, Jogurtgläser mit Deckel, Elektroplatte, Milchtopf, Löffel, Wärmeschrank, H-Milch, frischer (Natur) Jogurt

Versuchsanleitung
Erwärme die Milch auf ca. 40 °C. Kontrolliere die Temperatur mit dem Thermometer. Fülle die Milch in sauber gespülte oder sterile Gläser. Gib einen Löffel Jogurt dazu und stelle die Gläser bei einer gleichbleibenden Temperatur von 40 °C in eine Jogurtmaschine oder in den Wärmeschrank.

Aufgabe
Jogurt schmeckt leicht sauer. Welche Säure ist darin enthalten?

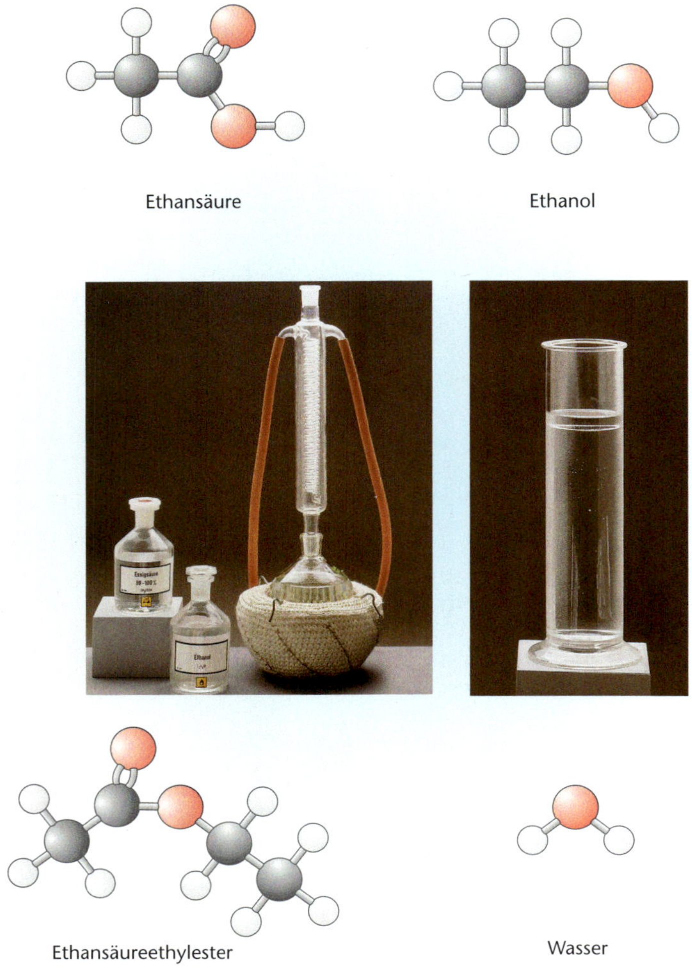

1 Herstellung von Ethansäureethylester

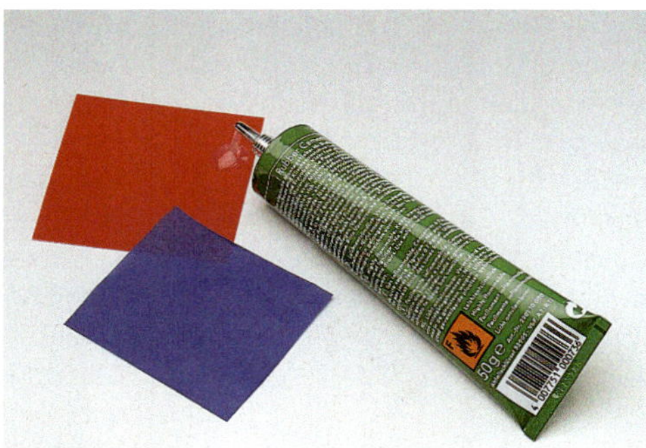

2 Ethansäureethylester als Lösungsmittel in Klebstoffen

Gerüche wandeln sich, ein neuer Duft entsteht

Ethansäure und Ethanol sind an ihrem typischen Geruch erkennbar. Erhitzt man ein Gemisch aus Eisessig und Ethanol, so entsteht eine Flüssigkeit, die stark nach Essig riecht. Eine chemische Reaktion ist nicht nachweisbar. Wiederholt man den Versuch unter Zugabe von konzentrierter Schwefelsäure, so bilden sich zwei getrennte Flüssigkeiten (▷ V 1; B 1). Es entsteht als Reaktionsprodukt **Ethansäureethylester**. Schwefelsäure dient hier als Katalysator. Der Geruch ist von Klebstoffen bekannt. Im Gegensatz zur Ethansäure ist dieser Ester nicht elektrisch leitfähig (▷ V 3). Er ist demnach nicht aus Ionen aufgebaut, sondern aus Molekülen.
Bei der Reaktion zwischen Ethansäure und Ethanol haben die jeweiligen funktionellen Gruppen der Moleküle miteinander reagiert. Es entstand neben einem Estermolekül noch ein Wassermolekül (▷ B 3).

Eine Reaktion, bei der sich Moleküle unter Abspaltung von Wassermolekülen verbinden, heißt Kondensation. Bei der Kondensation von Säuren mit Alkoholen entstehen Ester.

Eigenschaften von Ethansäureethylester

Durch die Kondensationsreaktion sind die funktionellen Gruppen der Ausgangsstoffe nicht mehr vorhanden. Estermoleküle können untereinander keine Wasserstoffbrücken ausbilden. Ethansäureethylester hat daher eine niedrige Siedetemperatur, ist leicht flüchtig und löst sich gut in Benzin. In Wasser ist der Ester sehr wenig löslich (▷ V 2). Für unpolare Stoffe ist er ein sehr gutes Lösungsmittel (▷ B 2).

Aroma- und Duftstoffe

Ester, die aus Alkansäuren und Alkanolen mit jeweils kurzkettigen Molekülen gewonnen werden, sind leichtflüchtig und haben einen angenehm fruchtartigen oder blumigen Geruch. Es sind vielfach Aroma- und Duftstoffe, die in der Natur vorkommen.

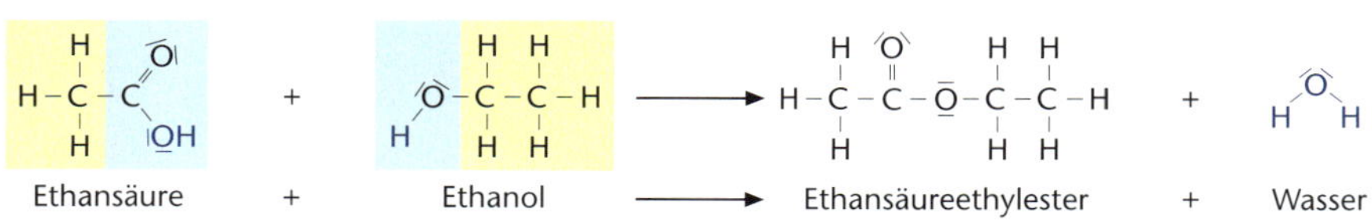

3 Esterbildung

4 Aromastoffe zum Backen

Butansäuremethylester kommt in Äpfeln, Butansäureethylester in Ananas, Ethansäurepentylester in Bananen und Butansäurepropylester in Erdbeeren als Aromastoff vor.

Natürliche, naturidentische und synthetische Aromastoffe

Natürliche Aromastoffe werden aus den entsprechenden Pflanzenteilen gewonnen. Es handelt sich dabei meist um Stoffgemische.

Naturidentische Aromastoffe werden zwar synthetisch hergestellt, kommen jedoch auch in der Natur vor. Ein bekanntes Beispiel ist Vanillin.

Künstliche Aromastoffe haben keine Entsprechung in der Natur und werden im Labor entwickelt. Sie sind als Zusätze nur für bestimmte Lebensmittel, wie z. B. Pudding (▷ B 6), erlaubt und müssen einzeln auf der Verpackung angegeben werden.

Wachse

Ester aus Alkansäuren und Alkanolen mit jeweils langkettigen Molekülen sind Wachse, die in der Natur als Schutzschicht auf Blättern, Nadeln, Blüten, Früchten und in der Technik eine große Rolle spielen. Der Hauptbestandteil des Bienenwachses (▷ B 5) ist ein Ester der Palmitinsäure mit einem langkettigen Alkohol.

Ester lassen sich zerlegen – Die Hydrolyse

Durch die Reaktion mit Wasser können Ester wieder in Alkohol und Säure gespalten werden.

Diese Reaktion erfolgt unter Zugabe von Natronlauge (▷ V 4) und ist ein Beispiel für eine **Hydrolyse** und zugleich die Umkehrung der Esterbildung:

$$\text{Säure} + \text{Alkohol} \xrightarrow{\text{Kondensation}} \text{Ester} + \text{Wasser}$$

$$\text{Wasser} + \text{Ester} \xrightarrow{\text{Hydrolyse}} \text{Säure} + \text{Alkohol}$$

Esterbildung (Kondensationsreaktion) und Esterspaltung (Hydrolyse) sind ein Beispiel für umkehrbare Reaktionen.

Versuche

1. Man erhitzt ein Gemisch aus 20 ml Eisessig, 20 ml Ethanol und 2 ml konz. Schwefelsäure (Vorsicht! Spritzgefahr!) ca. 10 Minuten am Rückflusskühler. Anschließend wird das Gemisch in einen Standzylinder mit Wasser gegossen. Man prüft den Geruch vor und nach der Reaktion.

2. Prüfe das Löslichkeitsverhalten von Ethansäureethylester in Wasser.

3. Untersuche die elektrische Leitfähigkeit von Ethansäureethylester.

4. Man gibt zu Ethansäureethylester konz. Natronlauge und erwärmt vorsichtig (Spritzgefahr!). Die Flüssigkeit wird auf ihre Eigenschaften im Vergleich zu den Ausgangsstoffen untersucht.

5 Kerze aus Bienenwachs

6 Süßspeisen

Werkstatt

Ester selbst gemacht

1 Herstellen eines Aromastoffs

Material

Schutzbrille, Schutzhandschuhe, Erlenmeyerkolben (100 ml, weite Form), Stopfen, Kunststoffwanne, 2 Messzylinder, Thermometer, Glasstab, n-Butanol, Ethansäure, konzentrierte Schwefelsäure (wird von der Lehrkraft ausgegeben)

Versuchsanleitung

Stelle den Erlenmeyerkolben in die Kunststoffwanne. Gib in den Erlenmeyerkolben 10 ml Ethansäure und füge 10 ml Butanol dazu. Vermische vorsichtig durch Umrühren und lass das Gemisch stehen (▷ B 1).

1 Ethansäure und Butanol

Miss die Temperatur der Flüssigkeit und prüfe den Geruch durch Zufächeln. Anschließend tropft die Lehrerin oder der Lehrer noch 2 ml konzentrierte Schwefelsäure zum Gemisch, verschließt mit dem Stopfen und schwenkt leicht. Miss erneut die Temperatur und prüfe den Geruch durch zufächeln.

2 Neues Aroma mit anderen Eigenschaften

Material

Schutzbrille, 8 Reagenzgläser, Reagenzglasgestell, Porzellanschale, Gasbrenner, Gasanzünder, Holzspan, dest. Wasser, Ethansäure, n-Butanol, Ethansäurebutylester, Gemisch aus Versuch 1, Wundbenzin

Versuchsanleitung

a) Untersuche die Löslichkeit von Ethansäurebutylester in Wasser und in Benzin. Wiederhole den Versuch mit Ethansäure, mit Butanol und dem Gemisch aus Versuch 1.

b) Gib einige Tropfen Ethansäurebutylester in eine Porzellanschale und nähere der Flüssigkeit einen brennenden Holzspan (▷ B 2).

2 Brennbarkeit von Ethansäurebutylester

Aufgaben

1. Formuliere für die Esterbildung aus Ethansäure und Butanol die Reaktionsgleichung.

2. Trage die Ergebnisse aus Versuch 2 in eine Tabelle ein. Informiere dich im Buch oder im Internet über die Brennbarkeit der Stoffe.

Stoffe	Ethansäure	Butanol	Ester
Löslichkeit in Wasser			
Löslichkeit in Benzin			
Brennbarkeit			

3 Eigenschaftsvergleich

Zeitpunkt

Dynamit

1 Alfred Nobel

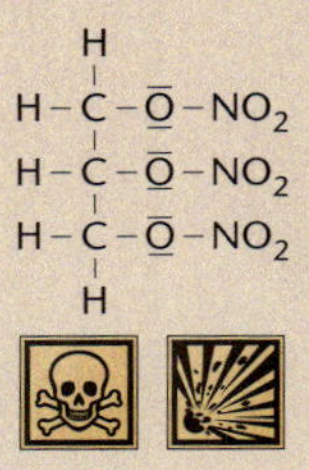

2 Glycerintrinitrat

Hochexplosiv und doch sicher

Der Hauptbestandteil von Dynamit ist Nitroglycerin. Die hochexplosive Substanz wurde 1846 von Ascanio Sobrero entdeckt. In der Fachsprache wird **Nitroglycerin** als Glycerintrinitrat oder Trisalpetersäureglycerinester bezeichnet (▷ B 2). Die ölige, leicht gelbe Flüssigkeit explodiert schon bei leichter Erschütterung, Schlag oder Stoss. Als Sprengstoff ist Nitroglycerin viel zu gefährlich.

Im Jahr 1867 entdeckte der schwedische Ingenieur Alfred Nobel (▷ B 1) ein Verfahren, mit dem Transport und Lagerung von Nitroglycerin möglich wurden. Er erhielt als festen Sprengstoff Dynamit (▷ B 3), als er Nitroglycerin in Kieselgur aufsaugen konnte. Kieselgur ist ein sehr feiner Schwamm, der aus den Gehäusen abgestorbener Kieselalgen besteht. Heute wird Dynamit meist durch andere Sprengstoffe ersetzt, z. B. ANC-Sprengstoffe. AN ist abgeleitet von Ammoniumnitrat und C steht für Kohlenstoffverbindungen. Außerdem wird Nitroglycerin in der Medizin zur Behandlung von Gefäßerkrankungen verwendet. Bei akuten Anfällen hilft dieses Medikament in Kapselform.

3 Dynamitstangen

Dominospiel – Chemie spielerisch lernen

Chemiedomino spielen mit Namen und Formeln

Mit Chemiedomino lernt man spielerisch leicht: Welcher Name gehört zu welcher Formel? Welches Bild gehört zu welchem Stoff? Wie heißt die funktionelle Gruppe der Alkanole? Wie lautet der Alltagsname von Ethansäure?

Die Dominokärtchen werden zu Übungskärtchen. Bei der Suche nach dem passenden Kärtchen kann man chemisches Wissen abfragen, einüben und wiederholen. Die chemischen Zusammenhänge werden deutlich durch vielfältiges Kombinieren.

Domino lässt sich allein, zu zweit oder in der Gruppe spielen. Übt man alleine z. B. während der Stillarbeit, kann man die richtigen Lösungen mit dem Chemiebuch kontrollieren.

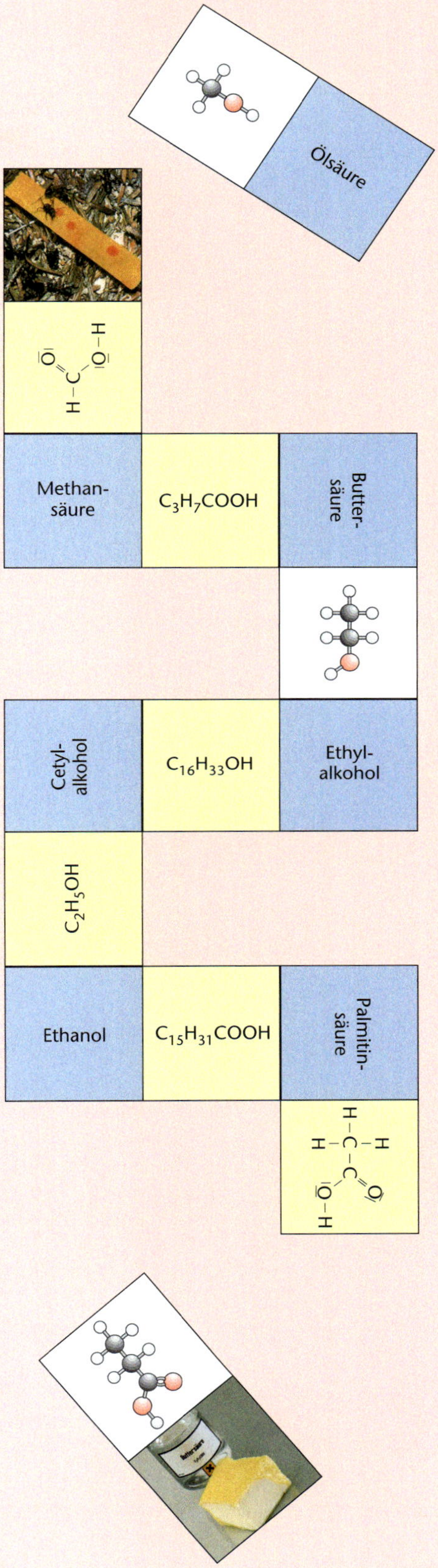

A. Anfertigen von Domino-Kärtchen

- Zeichne so viele Rechtecke wie möglich auf ein Blatt Papier mit den Maßen von Dominosteinen (oder Spielkärtchen). Die Vorlage lässt sich zum Kopieren verwenden. Geschickt ist es, wenn für jedes Spiel eine eigene Farbe gewählt wird.
- Wähle 8 Alkanole und 8 Alkansäuren aus. Schreibe jeweils den Handelsnamen, den chemische Namen, die Molekülformel und die Strukturformel auf eine Hälfte eines Domino-Kärtchens.
- Nach dem Überziehen der Kärtchen mit Folie (laminieren) kann das Spiel beginnen. Es dürfen nur passende Spielkärtchen angelegt werden, z. B. Ethansäure / Essigsäure oder Ethansäure/CH_3COOH.

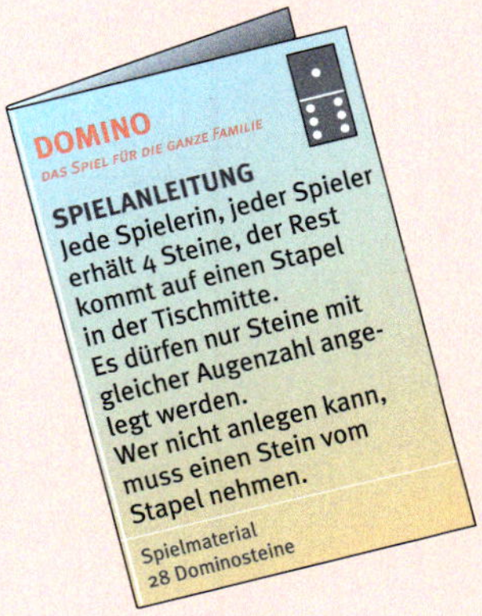

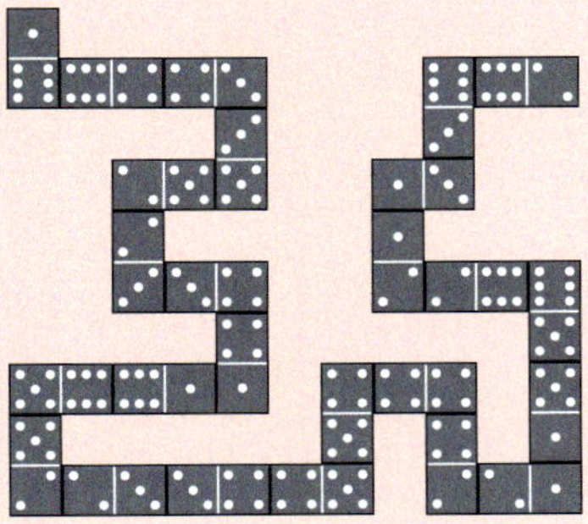

1 Dominospiel

B. Noch mehr Möglichkeiten

Die Anzahl der Dominokärtchen lässt sich beliebig vermehren. Aus der Vielzahl der organischen Verbindungen mit funktionellen Gruppen kann man noch weitere auswählen und damit neue Dominokärtchen herstellen. Man kann auch Bilder aufkleben, die zu den ausgewählten Stoffen passen oder man bringt die funktionellen Gruppen mit ins Spiel.

Beispiele für weitere Kärtchen sind:

- Passende Bilder und Fotos
- Funktionelle Gruppen
- Alkanale und Alkanone
- Abbildungen von Molekülmodellen
- Süße Alkohole
- Namen der Stoffgruppen
- …

Schlusspunkt

Alkohole und organische Säuren

Stoffgruppe	**Alkanole** (Alkohole)	**Alkanale** (Aldehyde)	**Alkansäuren** (Carbonsäuren)
Namensgebung	Alkanname + Endsilbe „**-ol**“	Alkanname + Endsilbe „**-al**“	Alkanname + Endsilbe „**-säure**“
Funktionelle Gruppe	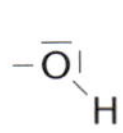	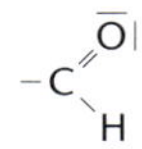	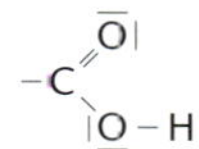
Allgemeine Formel der homologen Reihe	$C_nH_{2n+1}OH$	$C_nH_{2n+1}CHO$	$C_nH_{2n+1}COOH$
Beispiel (mit zwei Kohlenstoffatomen)	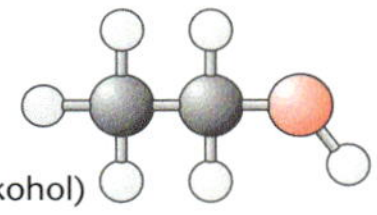 Ethan**ol** (Ethylalkohol)	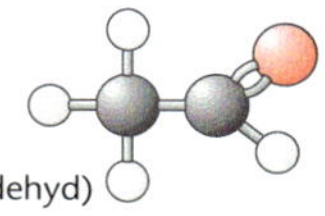 Ethan**al** (Acetaldehyd)	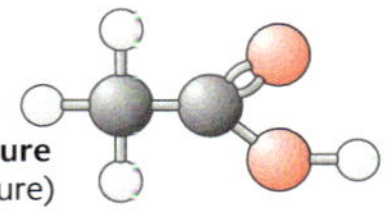 Ethan**säure** (Essigsäure)
Löslichkeitsverhalten hydrophob (wasserabstoßend) hydrophil (wasserfreundlich)	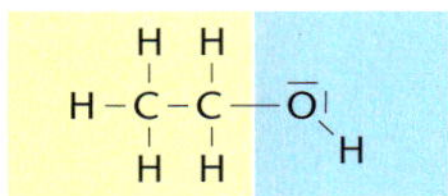 unpolar (hydrophob) polar (hydrophil)	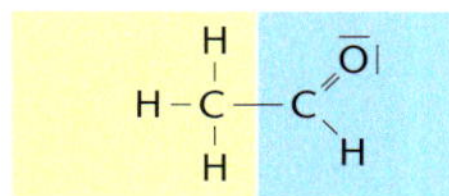 unpolar (hydrophob) polar (hydrophil)	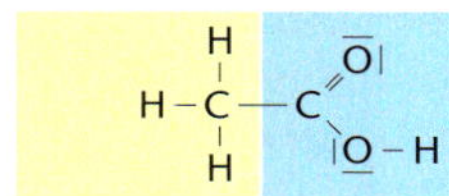 unpolar (hydrophob) polar (hydrophil)

1 Alkanole, Alkanale, Alkansäuren im Überblick

Süße Alkohole

Beispiele für Alkohole mit mehreren Hydroxylgruppen sind Ethandiol (Glykol) und Propantriol (Glycerin) (▷ B 2).

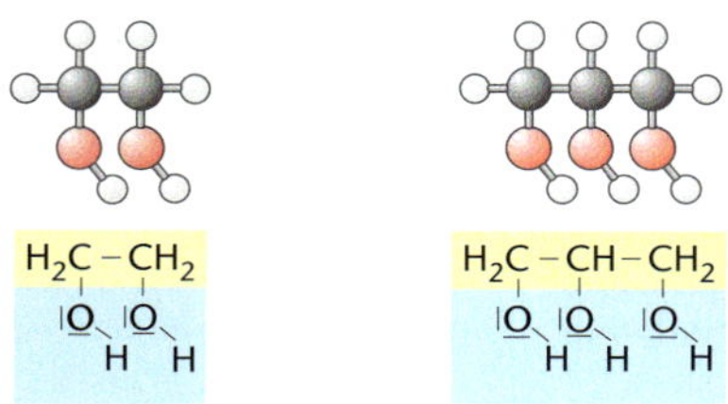

2 Ethandiol und Propantriol

Alkanone (Ketone)

Die Namen der Alkanone leiten sich von denen der Alkane ab und haben die Endsilbe –on. Die funktionelle Gruppe der Alkanone ist die Ketogruppe >C=O.

Esterbildung

Methansäure + Methanol ⟶ Methansäuremethylester + Wasser

Methansäure + Methanol ⟵ Methansäuremethylester + Wasser

Esterspaltung

3 Esterbildung und Esterspaltung

Gesättigte und ungesättigte Fettsäuren

In den Molekülen von gesättigten Fettsäuren sind die Kohlenstoffatome über Einfachbindungen verknüpft.
Die Moleküle von ungesättigten Fettsäuren enthalten eine oder mehrere Doppelbindungen zwischen den Kohlenstoffatomen (▷ B 4).

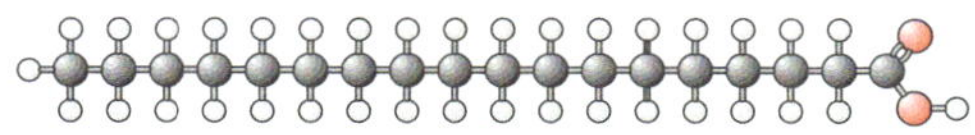

Stearinsäure, eine gesättigte Fettsäure $C_{17}H_{35}COOH$

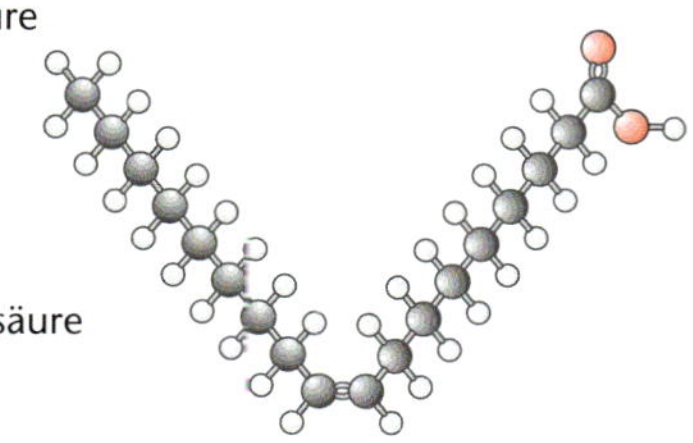

Ölsäure, eine ungesättigte Fettsäure $C_{17}H_{33}COOH$

4 Octadecansäure (Stearinsäure) und Octadecensäure (Ölsäure)

Ester

Ester entstehen bei der Reaktion von Säuren mit Alkoholen. Die Esterbildung ist eine Kondensation. Bei einer Kondensation verbinden sich Moleküle unter Abspaltung von Wassermolekülen.
Die Spaltung einer Verbindung bei der Reaktion mit Wasser nennt man Hydrolyse (▷ B 3). Die Esterspaltung ist eine Hydrolyse.

Aufgaben

1 Zu Aufgabe 1

1 Der Hauptbestandteil von Brennspiritus ist Ethanol.
a) In welchen Bereichen des Alltags wird Brennspiritus verwendet? Nenne jeweils einige wichtige Beispiele.
b) Warum wird beim Fondue heute meist eine Paste als Brennstoff verwendet und nicht Brennspiritus (▷ B 1)?

2 Zu Aufgabe 2

2 Ein Alkoholometer ist ein Messgerät für den Alkoholgehalt von Flüssigkeiten (▷ B 2). Es besteht aus einer geschlossenen Glasröhre, die unten beschwert ist, damit das Alkoholometer senkrecht in die Flüssigkeit eintaucht. An einer geeichten Skala kann man den Alkoholgehalt der Lösung in Volumen-% direkt ablesen. Überlege, welcher Zusammenhang zwischen Eintauchtiefe und Alkoholgehalt besteht?

3 Alkoholthermometer sind mit angefärbtem Ethanol gefüllt (▷ B 3). Für welchen Temperaturbereich können solche Thermometer verwendet werden? Begründe die Werte.

3 Zu Aufgabe 3

4 Zu Aufgabe 4

4 Ameisensäure ist Bestandteil mancher Entkalkungsmittel (▷ B 4). Gib den chemischen Namen dieser Säure an. Welche Warnhinweise und Sicherheitsratschläge sind auf Behältern von Entkalkern aufgedruckt?

5 In der Abbildung 5 sind verschiedene Stoffe der pH-Wertskala zugeordnet. Werte die Tabelle aus und vergleiche.

Beispiel	pH-Wert und Farbe von Universalindikator
3,65 %ige Salzsäure	0
	1
Zitronensaft	2
Speiseessig	3
Wein	4
	5
Milch	6
reines Wasser	7

5 Zu Aufgabe 5

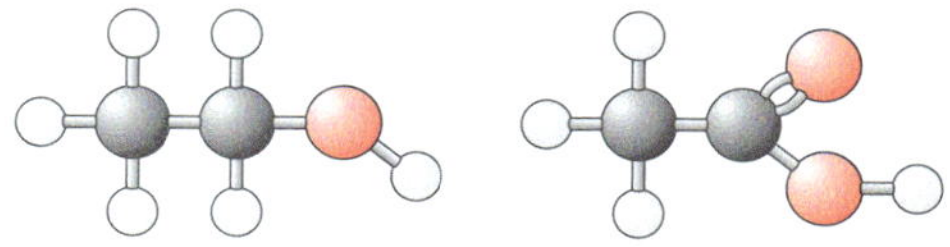

6 Zu Aufgabe 6

6 Zu welchen Stoffgruppen gehören die abgebildeten Molekülmodelle (▷ B 6)? Beschreibe Unterschiede und Gemeinsamkeiten im Aufbau der beiden Moleküle und in den Eigenschaften der Stoffe.

7 Octadecansäure (Stearinsäure) und Octadecensäure (Ölsäure) sind beide Fettsäuren (▷ B 7). Beschreibe die Unterschiede im Aufbau der Moleküle, im Vorkommen und in den Eigenschaften der Stoffe.

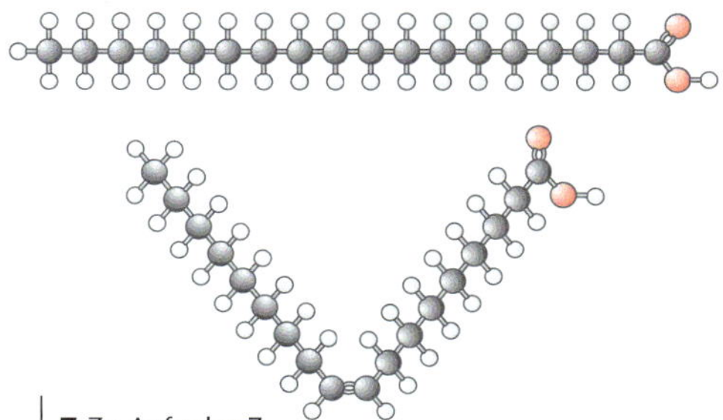

7 Zu Aufgabe 7

8 Viele Fruchtester sind Duft- und Aromastoffe.
Welche Ausgangsstoffe wurden jeweils für die Bildung der Fruchtester in Bild 8 benötigt? Formuliere für eines der Beispiele das Reaktionsschema und die Reaktionsgleichung. Um welche Reaktionsart handelt es sich dabei?

Propansäure-ethylester (Rumaroma)	$C_2H_5-\overset{\overset{O}{\|}}{C}-\overline{O}-C_2H_5$
Butansäure-methylester (Apfelaroma)	$C_3H_7-\overset{\overset{O}{\|}}{C}-\overline{O}-CH_3$
Butansäure-ethylester (Ananasaroma)	$C_3H_7-\overset{\overset{O}{\|}}{C}-\overline{O}-C_2H_5$
Ethansäure-pentylester (Bananenaroma)	$CH_3-\overset{\overset{O}{\|}}{C}-\overline{O}-C_5H_{11}$

8 Zu Aufgabe 8

Große Moleküle

Nährstoffe, Tenside und Kunststoffe haben eines gemeinsam – es sind organische Stoffe, die aus großen Molekülen aufgebaut sind. Der Zusammenhang zwischen dem Aufbau und den Funktionen dieser Stoffe soll aufgedeckt werden.

Eiweiß	18 %
Fett	10 %
Kohlenhydrate	0 %

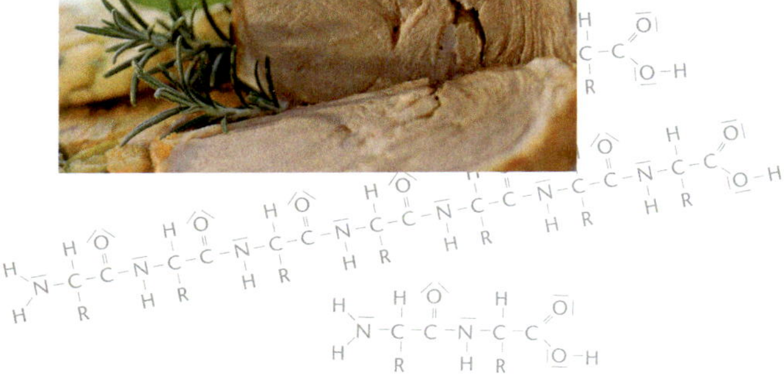

Eiweiß	0 %
Fett	80 %
Kohlenhydrate	0,5 %

Damit wir leben können, muss unser Stoffwechsel ohne Pause funktionieren. Eine ausgewogene Ernährung ist deshalb unerlässlich. Nahrungsmittel enthalten neben Mineralstoffen, Vitaminen, Ballaststoffen und Wasser Nährstoffe, das sind Eiweiße, Fette und Kohlenhydrate.

Zu den elementaren menschlichen Bedürfnissen gehören die Körperpflege und das Waschen. Fast in jedem Haushalt steht eine Waschmaschine, die mithilfe von geeigneten Waschmitteln ganze Arbeit gegen den Schmutz in der Wäsche leistet. Bestandteil vieler Waschmittel und Produkte für die Körperpflege sind Tenside.

Noch zu Beginn des 19. Jahrhunderts wurden Gegenstände des täglichen Gebrauchs aus Naturstoffen wie Holz, Stein oder Metall hergestellt. Heute werden viele dieser Gegenstände aus Kunststoffen gefertigt. Diese „synthetischen" Werkstoffe können „nach Bedarf" entwickelt werden, d. h. ein Stoff mit bestimmten Eigenschaften wird hergestellt.

Eiweiß	8 %
Fett	1 %
Kohlenhydrate	47 %

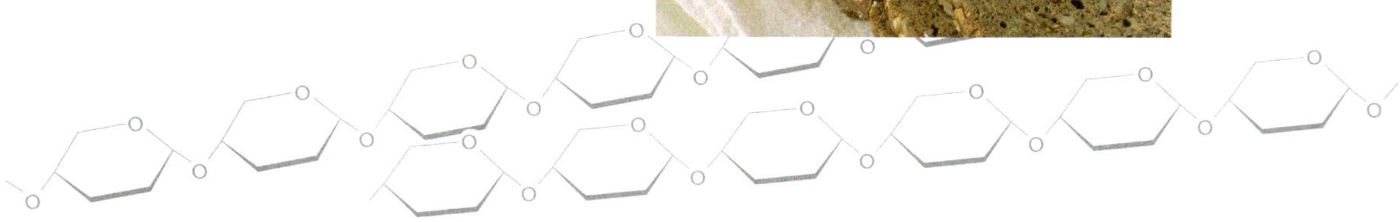

60
Cl
P

„Fette" Versuche

1 Fette hinterlassen Flecken – Die Fettfleckprobe

Material

Schutzbrille, Filterpapier, Spatellöffel, Pipette, Kugelschreiber, Mörser mit Pistill, Wasser, Erdnüsse mit Schale

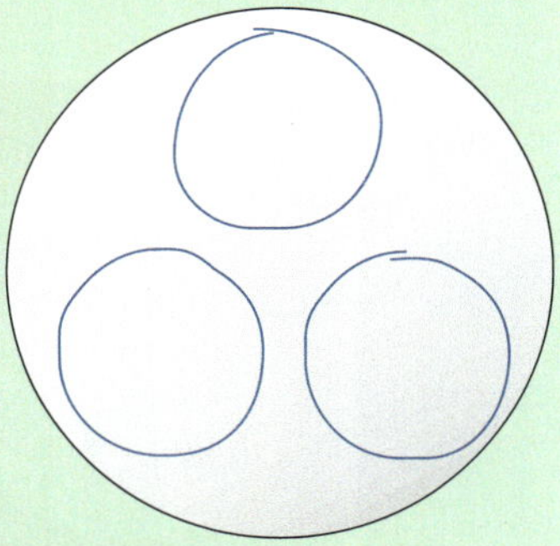

1 Die Fettfleckprobe

Versuchsanleitung

Markiere mit einem Kugelschreiber drei Kreise auf einem Filterpapier. Tropfe anschließend aus einer Pipette einen Tropfen Wasser in einen Kreis. Reibe danach mithilfe des Spatels Erdnussschalen in den zweiten Kreis. Zerreibe schließlich im Mörser Erdnusskerne und drücke die Masse mit dem Spatel gleichmäßig dünn innerhalb der dritten Markierung auf (▷ B 1). Vergleiche im Gegenlicht.

2 Löslichkeit von festen und flüssigen Fetten

Material

Schutzbrille, 6 Reagenzgläser mit passenden Gummistopfen, Reagenzglasgestell, Tropfpipette, Folienstift, Spatel, Wasser, Wundbenzin, Spiritus, Olivenöl, festes Fett (z. B. Biskin)

Versuchsanleitung

a) Lege sechs gleich große Reagenzgläser mit passenden Stopfen zurecht.
Gib in ein Reagenzglas Wasser, in das zweite Wundbenzin und in das dritte Spiritus (▷ B 2).

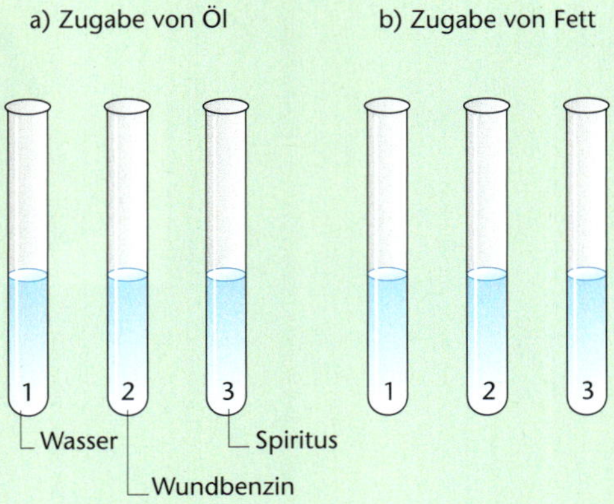

2 Löslichkeit von Fetten

Lasse nun aus der Tropfpipette gleich viele Tropfen Öl hinzu laufen. Verschließe die Reagenzgläser mit dem Stopfen und schüttle sie einige Male. Stelle sie anschließend in das Reagenzglasgestell. Notiere die Beobachtungen.

b) Verfahre nun mit den restlichen drei Reagenzgläsern so wie in Versuch a). Nimm aber jetzt statt des Öls das feste Fett. Achte darauf, gleich viel Fett für jedes Reagenzglas zu nehmen.
Notiere die Ergebnisse und vergleiche mit Versuch a).

3 Margarineherstellung

Material

Schutzbrille, Erlenmeyerkolben (250 ml) mit passendem Gummistopfen, Becherglas (400 ml, weite Form), Thermometer, Messzylinder, Gasbrenner, Dreifuß, Keramikdrahtnetz, Glasstab, Becherglas (150 ml, hohe Form), Magermilch, Eigelb, festes Fett, Wasser

Versuchsanleitung

Gib in den Erlenmeyerkolben etwa 5 cm hoch festes Fett. Erwärme in dem 400-ml-Becherglas 150 ml Wasser auf ca. 50 °C. Stelle an-

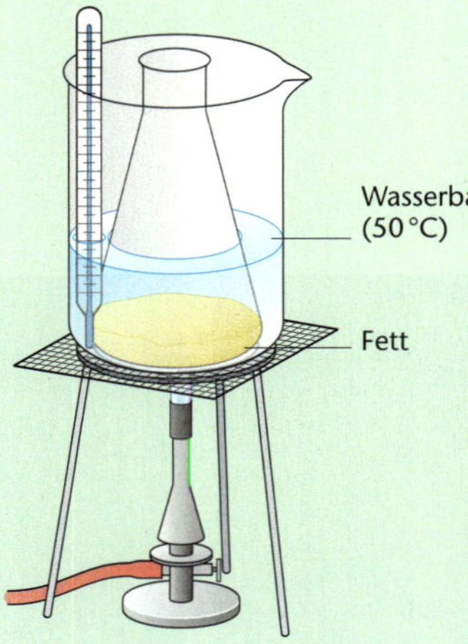

3 Erwärmen des Fettes

schließend den Erlenmeyerkolben in das Wasserbad und schmilz das Fett (▷ B 3). Gib danach ca. 1 cm hoch ein Gemisch aus Magermilch und einem Eigelb dazu. Verschließe nun den Erlenmeyerkolben mit einem Stopfen und schüttle so lange bis eine homogene Mischung entstanden ist (▷ B 4). Kühle danach den Kolbeninhalt unter fließendem kalten Wasser ab. Rühre dabei das Gemisch mit einem Glasstab um. Der Versuch ist beendet, wenn eine streichfähige Masse entstanden ist.
Achte darauf, dass beim Abkühlen kein Wasser in den Erlenmeyerkolben gelangt.

Aufgabe

Was bewirkt die Eigelbzugabe bei der Margarineherstellung?

4 Margarineherstellung

▶13
▶38

1 Fettaugen schwimmen auf der Suppe

2 Öl und Wasser

3 Öl und Benzin

Fette – wichtig, aber in Maßen
Fette gehören neben den Kohlenhydraten und Eiweißen zu den Nährstoffen. Fette sind als tierische Fette (z. B. Milchfett, Rindertalg, Schmalz) oder pflanzliche Fette (z. B. Samenfette) in unserer Nahrung enthalten. Fette sind neben Kohlenhydraten die wichtigsten Energielieferanten. Zudem dienen sie als Polster und Wärmeschutz.

Es ist etwas Alltägliches
Fettaugen schwimmen auf der Suppe. Man kann die Suppe immer wieder umrühren, die Fettaugen erscheinen an der Oberfläche und bilden unterschiedlich große Kreise (▷ B 1). Eine zubereitete Salatsoße aus Essig und Öl entmischt sich nach einiger Zeit. Hinter diesen alltäglichen Erscheinungen stecken bestimmte Eigenschaften von Fetten.

Fette und Wasser
Gibt man zu Wasser Öl, so sammelt sich das Öl nach kurzer Zeit an der Wasseroberfläche (▷ V 2; B 2).
Schüttelt man das Gemisch, so zerteilt sich die Ölschicht in viele kleine Tropfen. Diese verteilen sich gleichmäßig im Wasser. Es bildet sich vorübergehend eine Öl-Wasser-Emulsion. Nach einiger Zeit erfolgt eine Entmischung, Öl sammelt sich über dem Wasser an.
Ähnlich verhält es sich mit einem Essig-Öl-Gemisch z. B. bei Salatsoßen. In relativ kurzer Zeit ist der ursprüngliche Zustand wieder erreicht: Öl schwimmt auf dem Wasser bzw. auf Essig.
Da Wassermoleküle polar sind, müssen die im Fett bzw. Öl enthaltenen Moleküle unpolar und hydrophob sein.

Gleiches löst sich in Gleichem
Gibt man dagegen Öl zu Benzin, so löst es sich darin dauerhaft (▷ V 2; B 3). Fette sind wie Benzine unpolare Stoffe. Sie sind daher ineinander löslich.

▶ Fette sind unpolar. Sie lösen sich gut in unpolaren und schlecht in polaren Lösungsmitteln.

Fette kann man leicht nachweisen
Fette hinterlassen auf Kleidung, Papier, oder dem Tischtuch unschöne Flecken. Diese Erscheinung macht man sich als einfachen Nachweis für Fette zu Nutze. Gibt man etwas Fett auf ein Stück Filterpapier, bleibt auch nach dem Trocknen ein Fleck zurück (▷ B 4). Diese Nachweismethode wird **Fettfleckprobe** genannt.

4 Fette hinterlassen Fettflecken

Versuche

1 Gib in ein Reagenzglas Wasser und tropfe dann aus einer Pipette Öl hinzu. Tropfe anschließend Wasser auf Öl. Vergleiche.

2 Gib in einen Standzylinder Öl und Wasser, schüttle kräftig und lass ihn dann stehen. Was stellst du fest? Wiederhole den Versuch mit Öl und Benzin.

Die Vielfalt der Fette

1 Öl brennt

Öl brennt

Öllampen waren bereits bei den Römern bekannt. Hält man einen brennenden Docht einer solchen Lampe an eine kalte Porzellanschale, so wird die Schale schwarz (▷V 1; B 1). Es hat sich Ruß gebildet. Die Moleküle des Öls enthalten demnach viele Kohlenstoffatome.

Butter wird ranzig

Lässt man Butter längere Zeit ungekühlt offen liegen, so wird sie ranzig. Sie beginnt, unangenehm nach Buttersäure (Butansäure) zu riechen. Beim Test mit Universalindikatorpapier färbt sich dieses rot. Dies deutet darauf hin, dass am Aufbau von Butter die Fettsäure Butansäure beteiligt ist. Beim Ranzigwerden wird diese Säure frei, was man dann auch riechen kann.

Auch bei anderen Fetten sind organische Säuren beteiligt. Diese liegen in den „Fettmolekülen" mit Glycerin verestert vor. Da das Glycerinmolekül drei OH-Gruppen besitzt, findet eine **Veresterung** an drei Stellen statt. Verestert man Glycerin mit drei Molekülen Butansäure, entsteht ein Molekül mit dem Namen Tributansäureglycerinester (▷B 3).

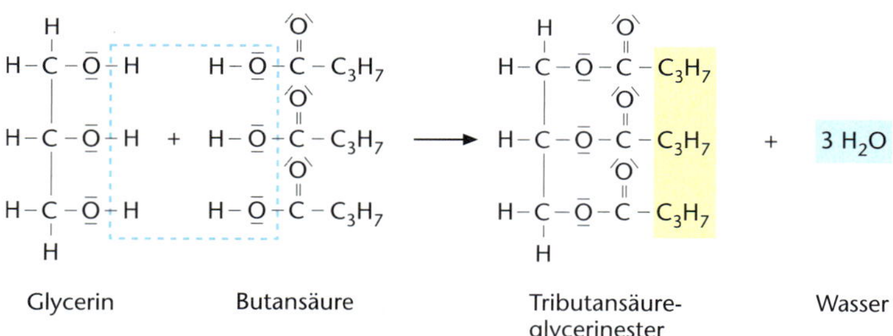

3 Entstehung von Tributansäureglycerinester

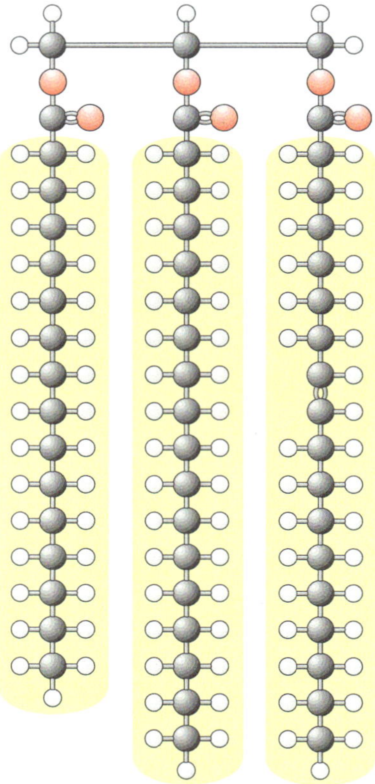

2 Palmitinsäure-Stearinsäure-Ölsäureglycerinester-molekül

Die Vielfalt der Fette

Meist sind mit dem Glycerinmolekül drei verschiedene Fettsäuremoleküle verestert. Die Fettsäuren sind oft langkettig, wie das Stearinsäuremolekül oder Palmitinsäuremolekül.
Werden Ölsaure, Stearinsäure und Palmitinsäure mit Glycerin verestert, können, je nach Anordnung der Fettsäuremoleküle, verschiedene Glycerinestermoleküle entstehen. Eine mögliche Anordnung zeigt Bild 2.

Fette bestehen zudem nie aus nur einem Glycerinester, vielmehr sind sie ein Gemisch aus verschiedenen Estern. Deshalb gibt es eine Vielzahl unterschiedlicher Fette (▷B 4).

Fettmoleküle sind Ester aus Glycerin und Fettsäuren. Fette sind Gemische aus verschiedenen Estern.

Aufgrund des Aufbaus von Fetten lässt sich die schlechte Wasserlöslichkeit gut erklären. Die Fettsäureglycerinestermoleküle sind wegen ihres langen unpolaren Kohlenwasserstoffrestes hydrophob.

		tierische Fette			pflanzliche Fette		
gesättigte Fettsäuren	**Butter**	**Schweine-schmalz**	**Rindertalg**	**Kokosfett**	**Olivenöl**	**Sonnen-blumenöl**	**Leinöl**
Buttersäure C_3H_7COOH	3 %			9 %			
Palmitinsäure $C_{15}H_{31}COOH$	27 %	27 %	30 %	3 %	15 %	5 %	7 %
Stearinsäure $C_{17}H_{35}COOH$	10 %	2 %	20 %	32 %	2 %	2 %	3 %
ungesättigte Fettsäuren							
Ölsäure $C_{17}H_{33}COOH$	30 %	45 %	39 %	6 %	71 %	27 %	18 %
Linolsäure $C_{17}H_{31}COOH$	4 %	8 %	3 %	2 %	8 %	65 %	14 %
Linolensäure $C_{17}H_{29}COOH$	1 %						58 %

4 Welche Fettsäuren sind enthalten?

Ungesättigte Fettsäuren
Einfach ungesättigte Fettsäuren besitzen im Molekül eine Doppelbindung zwischen zwei Kohlenstoffatomen. **Mehrfach ungesättigte Fettsäuren** enthalten mehrere Doppelbindungen (▷ V 2).
Die mehrfach ungesättigten Fettsäuren haben große Bedeutung für unseren Stoffwechsel. Da der Körper sie nicht selbst herstellen kann, müssen sie mit der Nahrung zugeführt werden. Man bezeichnet sie daher als **essenzielle** (lebensnotwendige) Fettsäuren (▷ B 5).

Essenzielle Fettsäuren sind organische Säuren, die vom menschlichen Körper nicht selbst produziert werden können. Sie müssen mit der Nahrung aufgenommen werden.

Feste, halbfeste und flüssige Fette
Vergleicht man den Anteil der verschiedenen Fettsäuren in den einzelnen Fetten, fällt auf, dass Öle einen höheren Anteil an ungesättigten Fettsäuren enthalten (▷ B 4).
Je größer der Anteil an ungesättigten Fettsäuren in einem Fett ist, desto flüssiger ist es.

5 Einfach und mehrfach ungesättigte Fettsäuremoleküle

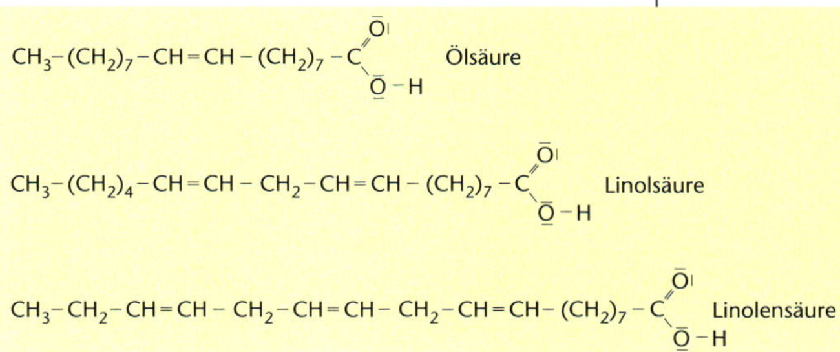

Versuche

1 Gib in ein Reagenzglas etwas Lampenöl. Verschließe das Gefäß mit einem durchbohrten Stopfen. Führe durch die Öffnung ein kurzes Glasrohr und ziehe einen Docht hindurch, der in das Öl taucht. Zünde den Docht an und halte eine kalte Porzellanschale über die Flamme.

2 Gib zu angesäuerter Kaliumpermanganatlösung in je einem Reagenzglas einige Tropfen a) Stearinsäure, b) Linolsäure und c) Ölsäure. Vergleiche.

Aufgaben

1 Zeichne die Strukturformeln von folgenden Estermolekülen:
a) Tripalmitinsäureglycerinestermolekül
b) Ölsäure-Linolsäure-Palmitinsäure-glycerinestermolekül.

2 Besitzen Fette eine Schmelztemperatur? Begründe.

3 Wie viele Estermoleküle können entstehen, wenn man Ölsäure und Stearinsäure mit Glycerin verestert?

▶14
▶135

Eiweiße – eine Elementaranalyse

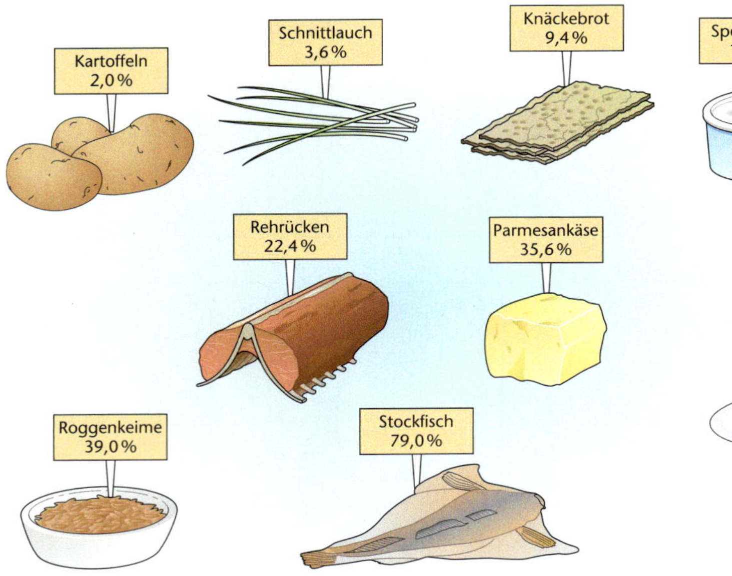

1 Eiweißgehalt ausgewählter Nahrungsmittel

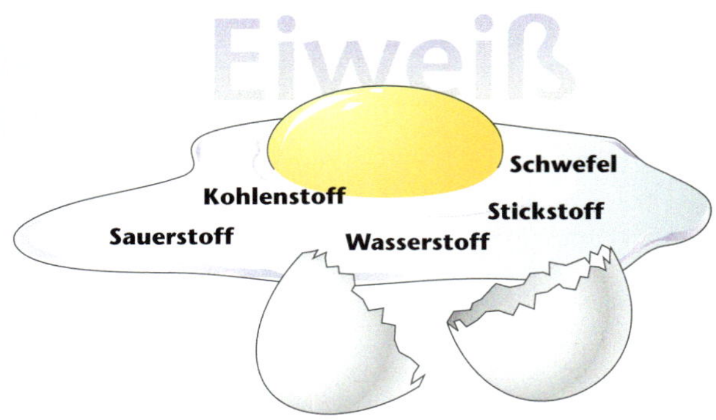

3 Die verschiedenen Eiweißbestandteile

Bedeutung und Vorkommen

In vielen Nahrungsmitteln sind Eiweiße enthalten. Diese können sowohl pflanzlicher als auch tierischer Herkunft sein.
In Fleisch, Fisch und Eiern ist relativ viel Eiweiß enthalten (▷B 1).
Eiweiße sind für den menschlichen Körper von großer Bedeutung. Sie sind am Aufbau der Haut, der Haare und vor allem der Muskeln beteiligt. Die Zellen aller Lebewesen enthalten Eiweiße.

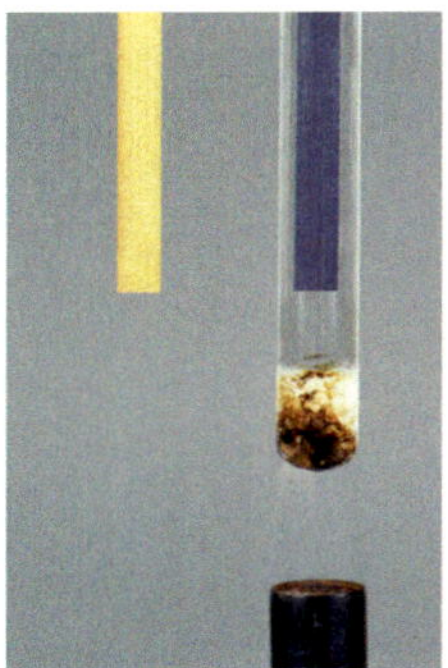

2 Die Elemente C und N werden nachgewiesen

Versuche

1 Man erwärmt etwas Eiklar über der nicht leuchtenden Gasbrennerflamme (Abzug!).

2 Man gibt in eine kleine Abdampfschale etwas festes Eiklar sowie zwei Plätzchen Natriumhydroxid. Das Gemisch wird vorsichtig über dem Gasbrenner erwärmt. Die aufsteigenden Dämpfe werden mit angefeuchtetem Universalindikatorpapier getestet. (Abzug!)

3 Man erwärmt in einem Reagenzglas mit Gasableitungsrohr etwas festes Eiklar mit Kupfer(II)-oxid. Die Reaktionsprodukte werden zuerst durch ein gekühltes U-Rohr und anschließend durch eine Waschflasche mit Kalkwasser geleitet. (Abzug!). Die entstehende Flüssigkeit im U-Rohr wird mit Watesmopapier getestet.

Woraus besteht Eiweiß?

Nach dem klaren, hellen Bestandteil des frischen Hühnereis, dem Eiweiß, ist die Stoffgruppe der Eiweiße benannt. Erwärmt man etwas Eiweiß (Eiklar) so bildet sich ein schwarz-brauner Rückstand. Dieser deutet auf die Anwesenheit von Kohlenstoff hin (▷V 1; B 2).

Ein Gemisch aus getrocknetem Hühnereiweiß und Kupferoxid entwickelt beim Erwärmen Kohlenstoffdioxid. Gleichzeitig bilden sich bei diesem Versuch Wassertropfen, die sich mit Watesmopapier nachweisen lassen (▷V 3).

Erwärmt man etwas eingetrocknetes Hühnereiweiß mit Natriumhydroxid-Plätzchen, steigen unangenehm riechende Dämpfe auf. Feuchtes Universalindikatorpapier wird durch die Dämpfe grün-blau gefärbt (▷V 2; B 2). Es bildet sich Ammoniak NH_3. Dies deutet darauf hin, dass das Element Stickstoff im Hühnereiweiß gebunden ist.

Diese Experimente zeigen, dass die Elemente Kohlenstoff, Wasserstoff, Sauerstoff und Stickstoff im Eiweiß enthalten sind. Weitere Untersuchungen weisen zusätzlich noch das Element Schwefel nach.

▶ Eiweiße sind organische Verbindungen, die hauptsächlich aus den Elementen Kohlenstoff, Sauerstoff, Wasserstoff und Stickstoff aufgebaut sind.

Eiweiße bestehen aus Aminosäuren

Wie man Eiweiße nachweist

Gibt man zu einer Eiklarlösung eine alkalischen Kupfersulfatlösung (▷V 2), färbt sich die Lösung charakteristisch von blau nach violett. Dies ist ein Nachweis von Eiweißen und heißt **Biuret-Reaktion** (▷B 1).
Beim Erwärmen einer Hühnereiweißlösung mit konzentrierter Salpetersäure setzen sich gelbe Flocken ab (▷V 1). Der Name dieser Reaktion lautet **Xanthoprotein-Reaktion** (griech.: xanthos, gelb und Protein, anderer Name für Eiweiß). Auch mit dieser Reaktion kann man Eiweiße nachweisen (▷B 2).

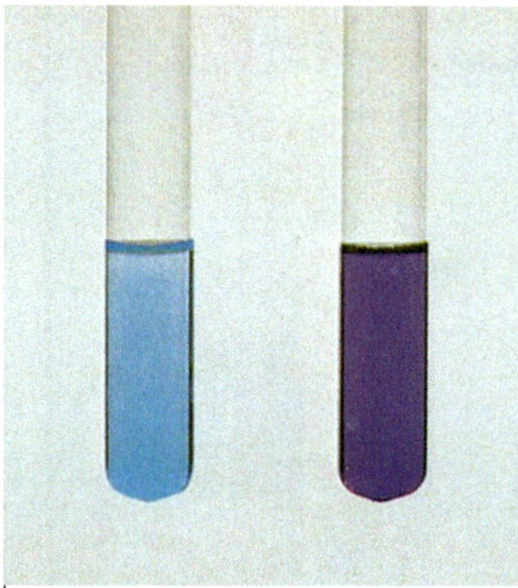

1 Biuret-Reaktion

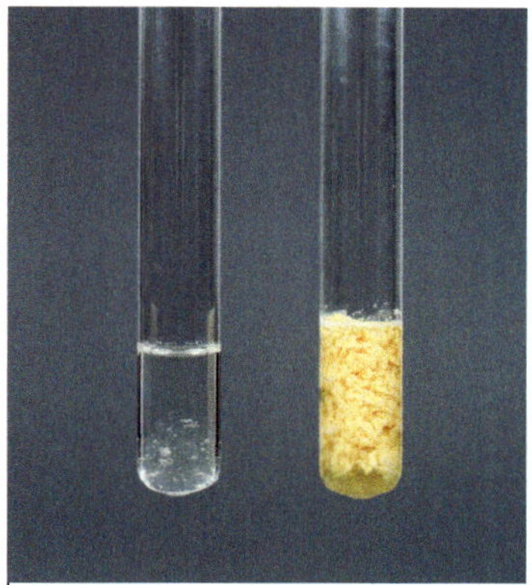

2 Xanthoprotein-Reaktion

Eiweiße zeigen mit der Xanthoprotein-Reaktion eine typisch gelbe und mit der Biuret-Reaktion ein typisch violette Verfärbung.

Eiweiße werden verdaut

Essen wir eiweißhaltige Nahrungsmittel, wird im Magen das Eiweiß verdaut. Die Magensäure und das körpereigene Enzym Pepsin spalten Eiweißmoleküle in kleinere Moleküle. Diese kleinen Bausteine gehören zu einer Verbindungsklasse, den **Aminosäuren**.

Versuche

1 Man gibt zu einer Eiklarlösung bzw. Glycinlösung konzentrierte Salpetersäure und erwärmt vorsichtig (Abzug!).

2 Stelle mit verdünnter Natronlauge eine alkalische Kupfersulfatlösung her und gib sie auf eine Eiklarlösung. Falls keine Farbänderung eintritt, erwärme leicht. Wiederhole den Versuch mit Glycin.

Eiweiße bestehen aus Aminosäuren

Aminosäuren leiten sich in ihrer Struktur von der Ethansäure ab. Wird am zweiten Kohlenstoffatom ein Wasserstoffatom durch eine **Aminogruppe –NH_2** ersetzt, erhält man die einfachste Aminosäure, **Glycin**. Ersetzt man am zweiten Kohlenstoffatom ein weiteres Wasserstoffatom durch einen Kohlenwasserstoffrest oder eine andere Gruppe (–R), so entstehen weitere Aminosäuren. Die Strukturformeln von Alanin erhält man beispielsweise, wenn für –R die Methylgruppe –CH_3 eingesetzt wird (▷B 4).
Alle Aminosäuren haben als kennzeichnende funktionelle Gruppen die Aminogruppe –NH_2 und die Carboxylgruppe –COOH.

Eiweiße bestehen aus Aminosäuren. Aminosäuren bilden somit das Grundgerüst der Eiweiße.

Aminosäuren enthalten die Aminogruppe –NH_2 und die Carboxylgruppe –COOH als funktionelle Gruppen.

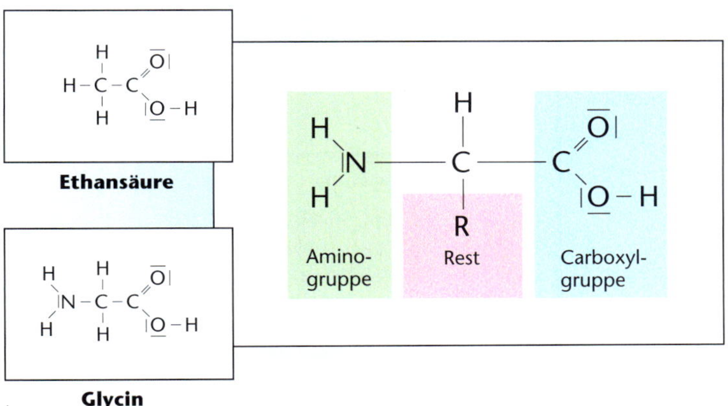

3 Allgemeine Darstellung von Aminosäuren

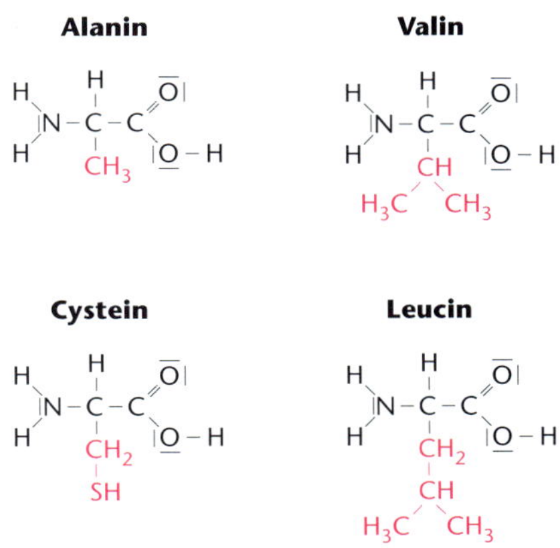

4 Die Strukturformeln einiger Aminosäuren

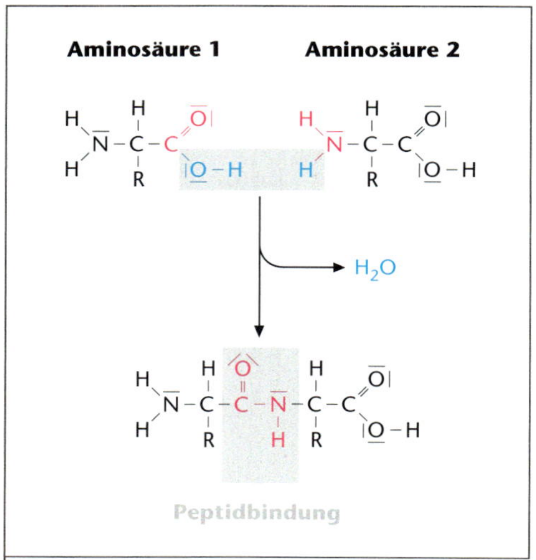

1 Die Bildung eines Dipeptids

Aminosäuren können sich miteinander verbinden

Zwei Aminosäuremoleküle können sich miteinander verbinden. Hierbei wird ein Wassermolekül abgespalten. Es handelt sich um eine Kondensationsreaktion, bei der neben Wasser ein **Dipeptidmolekül** entsteht. Die Verknüpfung der beiden Aminosäuren erfolgt über die **Peptidbindung** (▷B 1).

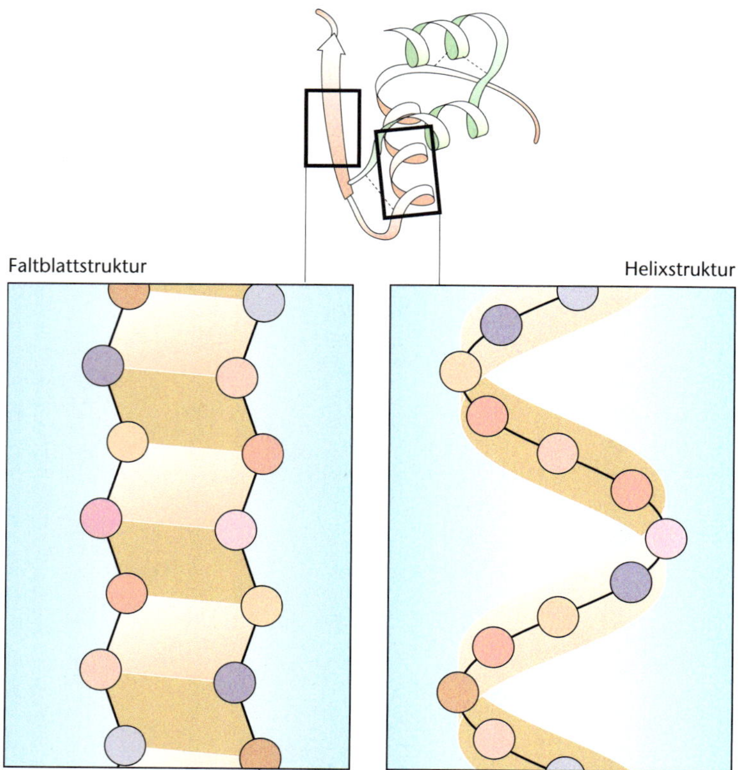

2 Die räumliche Struktur eines Proteins

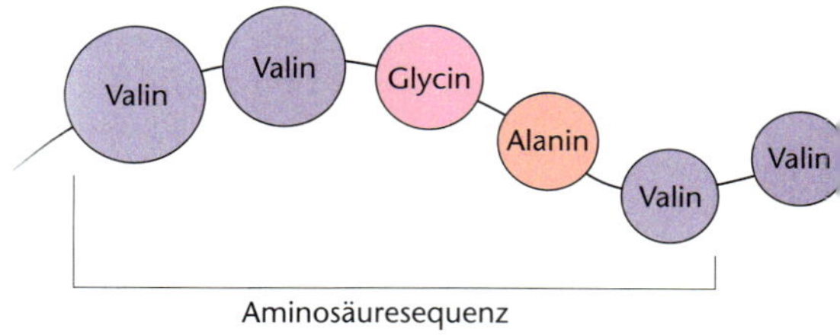

3 Die Aminosäuresequenz

Vom Dipeptid zum Polypeptid – eine Kette wächst

Dipeptide können sich in einer erneuten Kondensationsreaktion mit weiteren Aminosäuren verbinden. Es entstehen auf diese Weise lange Ketten, die **Polypeptide**. Die Abfolge (Reihenfolge) der einzelnen Aminosäuren nennt man **Aminosäuresequenz** (▷B 3). Meist benutzt man Kennbuchstaben für die verschiedenen Säuren. Dadurch wird die Sequenz übersichtlicher.

Die Kette bildet räumliche Strukturen

Polypeptidketten bilden keine gradlinigen Stränge aus, sondern lange Molekülketten, die sich falten oder knäulen können. Solche räumliche Strukturen werden als Sekundär- und Tertiärstruktur bezeichnet. Jedes Eiweiß bildet eine für seine Sequenz typische räumliche Struktur aus (▷B 2). Polypeptide sind häufig Eiweißmoleküle mit sehr großen Molekülmassen. Diese Moleküle nennt man auch **Proteine** (griech.: protos, zuerst, ursprünglich).

▶ Aminosäuren verbinden sich miteinander durch Kondensationsreaktionen. Dabei entstehen Di- oder Polypeptide.

Die Anordnung der Aminosäuren ist wie ein Fingerabdruck

Beim Aufbau der für alle Lebewesen wichtigen Proteinen spielen „nur“ 20 verschiedene Aminosäuren eine Rolle.

Aufgaben

1 Verknüpfe ein Molekül Valin und ein Molekül Leucin zu einem Dipeptid. Benutze die Strukturschreibweise.

2 Wie viele verschiedene Aminosäuresequenzen können entstehen, wenn sich zwei Aminosäuren Glycin und zwei Aminosäuren Valin miteinander verbinden?

Die dennoch riesige Anzahl verschiedener Proteine ist zurück zu führen auf die unterschiedlichsten Kombinationsmöglichkeiten zwischen den 20 Aminosäuren. Jedes Eiweißmolekül enthält dabei eine ganz bestimmte Reihenfolge von Aminosäuren (Sequenzen). In einem Protein mit 100 Aminosäurenmolekülen lassen sich, wenn 20 verschiedenen Aminosäuren vorkommen, 20^{100} Kombinationen bilden. So besteht beispielsweise Hämoglobin aus 146 Aminosäuremolekülen, die in charakteristischer Weise verknüpft sind.

Eiweißstrukturen werden zerstört
Hält man eine Eiweißlösung über den Gasbrenner, so wird diese trüb. Es flockt ein weißer Niederschlag aus (▷V 1; ▷B 4). Dieser Vorgang wird als Gerinnung oder **Denaturierung** bezeichnet.

Eiweiße lassen sich nicht nur durch Wärme denaturieren. Bei Zugabe von Säuren (▷V 1; B 5) oder Schwermetalllösungen zu einer Eiklarlösung zeigt sich die gleiche Reaktion wie beim Erwärmen. Die Eiweißstruktur wird unwiderruflich zerstört.

Durch Wärme, Säuren oder Schwermetalle wird die Eiweißstruktur zerstört. Dieser Vorgang wird als Denaturierung bezeichnet.

4 Eiweiß denaturiert durch Wärme

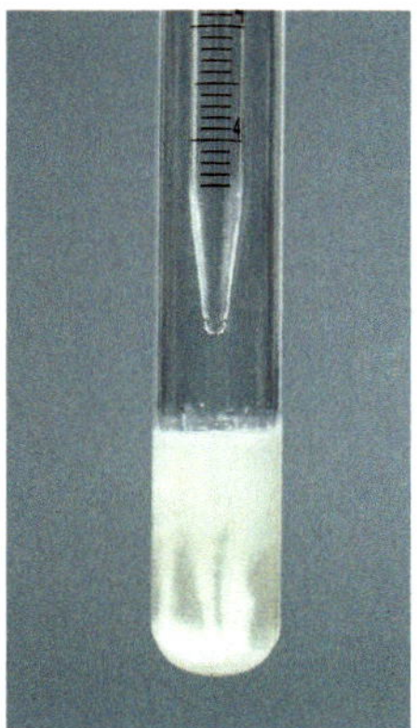

5 Eiweiß denaturiert durch Säure

Versuch

1 Gib in zwei Reagenzgläser jeweils Eiklarlösung. Gib in das erste Reagenzglas eine verdünnte Säure. Erwärme das zweite Reagenzglas vorsichtig über der Gasbrennerflamme.

▶29

Werkstatt

Eiweiße werden verdaut

Material
Schutzbrille, 4 Reagenzgläser, Reagenzglashalter, Reagenzglasgestell, Watte, 2 Tropfpipetten, Spatellöffel, Wärmeschrank, gekochtes Hühnereiweiß, destilliertes Wasser, verdünnte Salzsäure, Pepsinlösung

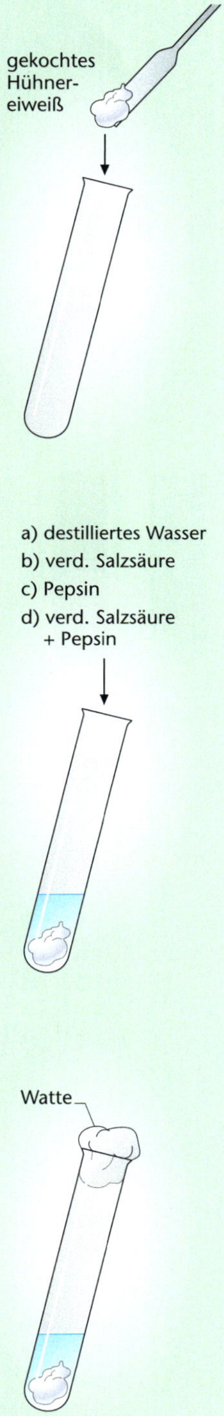

Versuchsanleitung
Gib jeweils eine Spatelspitze gekochtes Hühnereiweiß in vier Reagenzgläser.

a) Gib in das erste Reagenzglas so viel destilliertes Wasser, dass das Eiweiß ca. 1 cm hoch bedeckt ist. Verschließe das Reagenzglas mit einem Wattebausch.

b) Gib in das zweite Reagenzglas mithilfe der Tropfpipette so viel verdünnte Salzsäure, dass das Eiweiß ca. 1 cm hoch bedeckt ist. Verschließe das Reagenzglas mit einem Wattebausch.

c) Gib in das dritte Reagenzglas mithilfe der Tropfpipette so viel Pepsinlösung, dass das Eiweiß ca. 1 cm hoch bedeckt ist. Verschließe das Reagenzglas mit einem Wattebausch.

d) Gib in das vierte Reagenzglas mithilfe der Tropfpipette so viel Pepsinlösung und verdünnte Salzsäure, dass das Eiweiß ca. 1 cm hoch bedeckt ist. Verschließe das Reagenzglas mit einem Wattebausch.

Stelle alle Reagenzgläser anschließend in einen Wärmeschrank und lasse sie dort bei einer Temperatur von 50 °C stehen. Hole die Gefäße nach einer Woche heraus und beobachte.
Deute deine Beobachtungen.

Aufgabe
Was hat dieser Versuch mit der Verdauung von Eiweißen zu tun?

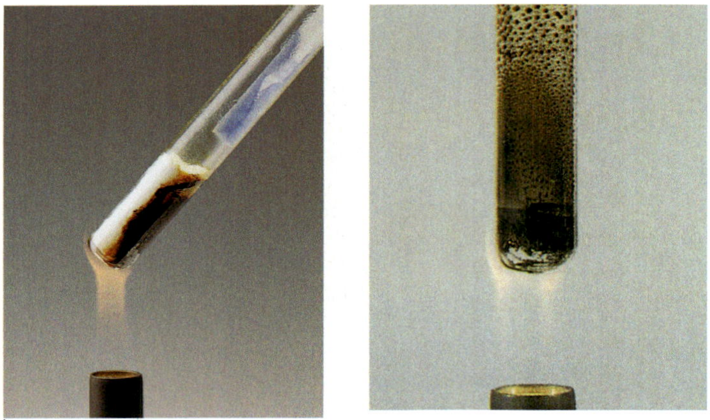

1 Traubenzucker wird erhitzt

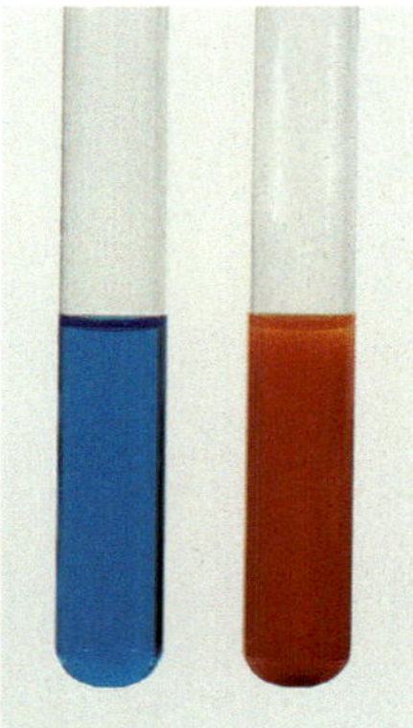

2 Fehlingsche Lösung

Traubenzucker – ein Kohlenhydrat

Erhitzt man etwas Traubenzucker im Reagenzglas, so wird dieser langsam flüssig und ändert seine Farbe von hellgelb über orange bis schwarz (▷V 1; B 1). Die Schwärzung weist auf das Element Kohlenstoff hin, der Traubenzucker verkohlt. Am Reagenzglasrand bilden sich Wassertropfen, welche mit Watesmopapier nachgewiesen werden können. Dies beweist, dass Wasserstoff am Aufbau von Traubenzucker beteiligt ist.

Traubenzucker und Traubenzuckerlösungen schmecken süß. Ähnlich wie beim Propantriol sind im Traubenzuckermolekül mehrere Hydroxylgruppen (OH-Gruppen) vorhanden (▷B 3).

Traubenzucker gehört zu der Stoffklasse der **Kohlenhydrate**. Der Name „Kohlenhydrat" hat eigentlich nur noch historische Bedeutung. Er leitet sich aus der Erkenntnis ab, dass im Traubenzuckermolekül neben den Kohlenstoffatomen noch Wasserstoffatome und Sauerstoffatome im Verhältnis 2 : 1, wie beim Wassermolekül, vorliegen.

Traubenzucker – ein Aldehyd?

Versetzt man Ethanal mit Fehlingscher Lösung, entsteht erst eine tiefblaue Färbung (▷V 2). Nach kurzem Erwärmen dieser Lösung bildet sich ein ziegelroter Niederschlag (▷B 2). Dies weist auf die funktionelle Gruppe der Aldehyde hin. Gibt man zu einer Traubenzuckerlösung Fehlingsche Lösung, so zeigt sich der gleiche Niederschlag. Traubenzuckermoleküle enthalten demnach eine Aldehydgruppe –CHO im Molekül.

Eine genauere Untersuchung zeigt, dass das Traubenzuckermolekül 6 Kohlenstoffatome, 1 Aldehydgruppe und 5 Hydroxylgruppen enthält. Traubenzucker hat den chemischen Namen **Glucose** und die Formel $\mathbf{C_6H_{12}O_6}$. Man bezeichnet Glucose auch als Einfachzucker oder **Monosaccharid** (lat.: saccharum, Zucker).
Neben Glucose gibt es eine Vielzahl weiterer Kohlenhydrate. Man erkennt sie an der Endung **-ose**.

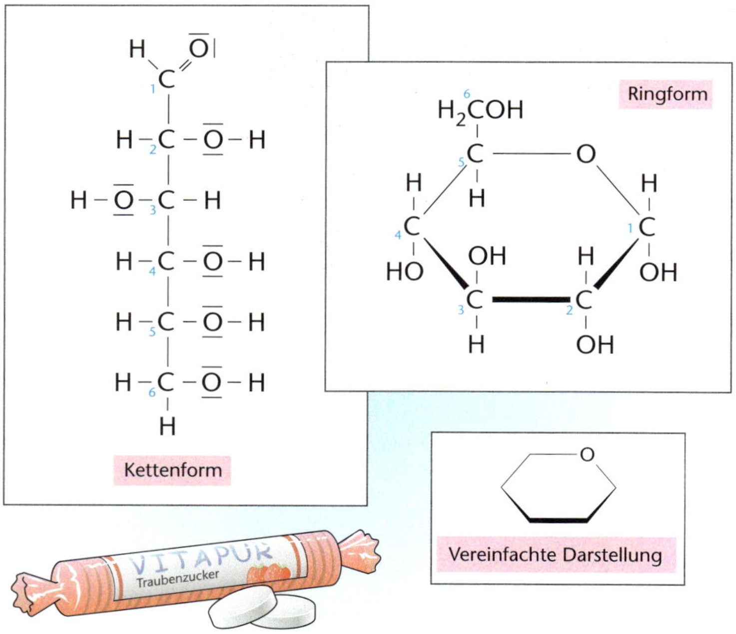

3 Glucosemolekül in Ketten- und Ringform

Glucose ist ein Monosaccharid (Einfachzucker) und besitzt die Summenformel $C_6H_{12}O_6$.

Glucose – mal Kette, mal Ring
Glucosemoleküle können sowohl in Ketten- als auch in Ringform vorkommen. Glucose liegt nur zu einem geringen Teil (ca. 0,1 %) in der Kettenform vor. Vorherrschend ist die Ringform (▷ B 3).

Es können sich jedoch ringförmige Moleküle in kettenförmige umwandeln und umgekehrt. Die positive Reaktion mit Fehlingsche Lösung ist auf die Kettenform des Moleküls zurück zuführen, da hier die Aldehydgruppe ungebunden vorliegt.

Maltose – ein Zweifachzucker
Maltose (Malzzucker) kommt in der keimenden Gerste vor. Sie wird durch Biokatalysatoren aus Stärke gebildet. Maltose spielt bei der Bierherstellung eine große Rolle (▷ B 5). Im Vergleich zur Glucose hat Maltose aber eine geringere Süßkraft. Deshalb wird sie vorwiegend als Geschmacksträger bei Backwaren, Malzkaffee oder Süßwaren eingesetzt (▷ B 6).

Maltose ist aus der Sicht der Chemie ein Zweifachzucker oder **Disaccharid**. Ein Disaccharidmolekül entsteht, wenn sich zwei Monosaccharidmoleküle miteinander verbinden. Das Maltosemolekül setzt sich aus zwei Glucosemolekülen zusammen (▷ B 7). Die Kopplung findet immer an den gleichen Stellen statt. Versetzt man Maltose mit Fehlingscher Lösung, ist eine positive Reaktion festzustellen (▷ V 3). Das Molekül kann sich so umlagern, dass am zweiten Glucosemolekül die Aldehydgruppe wirksam wird.

▶ Maltose ist ein Disaccharid (Zweifachzucker). Es besteht aus zwei Molekülen Glucose.

4 Gerstenfeld

5 Siedepfannen in einer Brauerei

6 Produkte aus Malz

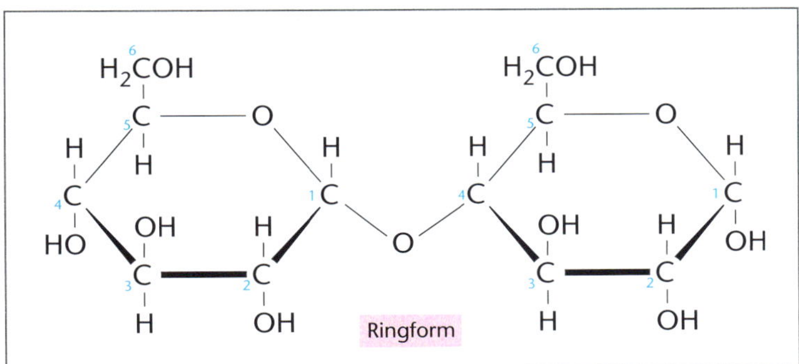

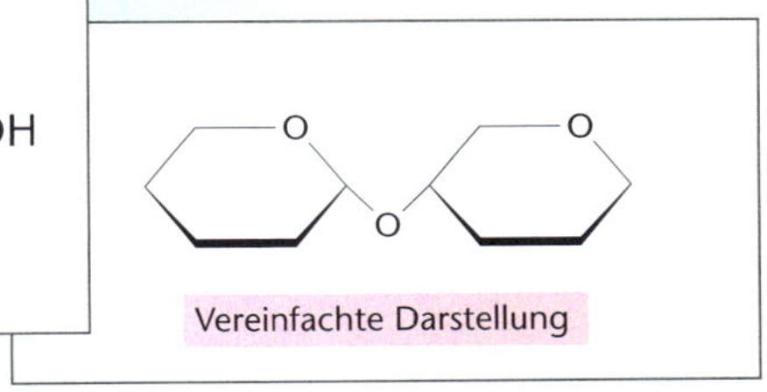

7 Struktur des Maltosemoleküls

Werkstatt

Wir untersuchen Zucker

1 Viele OH-Gruppen hinterlassen ihre Spuren

Material

Schutzbrille, 4 Reagenzgläser, Reagenzglasgestell, Reagenzglashalter, Spritzflasche mit Wasser, Kupfersulfatlösung (ca. 10%ig), Natronlauge (ca. 10%ig), 2 Tropfpipetten, Siedesteinchen, Gasbrenner, Glucose, Fructose, Propanol, Propantriol, Spatellöffel

Versuchsanleitung

a) Löse in einem Reagenzglas eine Spatelspitze Glucose in Wasser. Gib einige Tropfen Natronlauge und Kupfersulfatlösung hinzu, sodass eine tiefblaue Lösung entsteht. Erhitze dann die Flüssigkeit mit einigen Siedesteinchen vorsichtig zum Sieden. Notiere deine Beobachtungen.

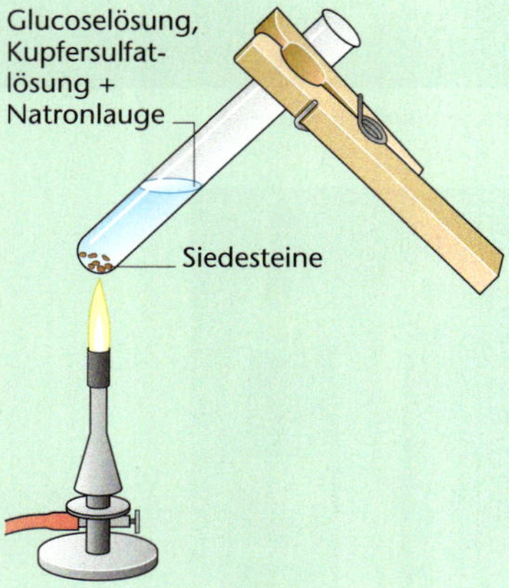

1 Glucoselösung wird mit Kupfersulfat erhitzt

b) Wiederhole Versuch a) mit Fructose.

c) Wiederhole Versuch a) mit Propanol.

d) Wiederhole Versuch a) mit Propantriol.

Aufgabe

Werte die Ergebnisse dieser Versuchsreihe aus.

2 Zucker lassen sich unterscheiden

Material

Schutzbrille, 4 Reagenzgläser, Reagenzglasgestell, Reagenzglashalter, Spatellöffel, Tropfpipette, Siedesteinchen, Gasbrenner, Glucose, Fructose, Saccharose, Maltose, Resorcin, Salzsäure (ca. 10%ig)

Versuchsanleitung

a) Gib in je ein Reagenzglas eine Spatelspitze Glucose bzw. Fructose. Fülle anschließend ca. 1 ml Salzsäure zu und gib in jedes Reagenzglas ein Körnchen Resorcin (▷ B 2). Erwärme dann nacheinander beide Reagenzgläser (Siedesteinchen nicht vergessen!) über der nicht rauschenden Brennerflamme. Vergleiche.

b) Wiederhole den Versuch a) mit Saccharose und Maltose und vergleiche. Erkläre das Versuchsergebnis.

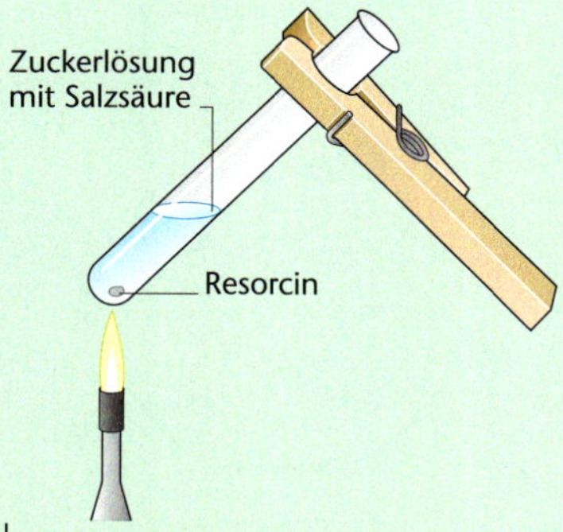

2 Zuckerlösung mit Resorcin

3 Zucker in Lebensmitteln

Material

Schutzbrille, Schutzhandschuhe, Gasbrenner, Dreifuß, Keramikdrahtnetz, Reagenzgläser, Reagenzglasständer, Messer, Spatellöffel, Becherglas (250 ml), Fehlingsche Lösung I und II, Salzsäure (ca. 10%ig), Resorcin, Glucoseteststäbchen, zuckerhaltige Lebensmittel (wie Apfel, Birne, Rosinen, Honig)

Versuchsanleitung

a) Gib in einige Reagenzgläser ca. 1 ml Fehlingsche Lösung I und II (Vorsicht! Lösung ist stark alkalisch!). Füge jeweils eine kleine Menge der Lebensmittelprobe hinzu. Stelle dann die Reagenzgläser in ein Wasserbad mit heißem Wasser (▷ B 3, oben).

b) Gib in einige Reagenzgläser jeweils ca. 2 cm hoch Salzsäure und einige Körnchen Resorcin. Füge dann zerkleinerte Proben der Nahrungsmittel hinzu. Stelle die Reagenzgläser in ein heißes Wasserbad.

c) Prüfe Proben der Nahrungsmittel mit dem Glucoseteststäbchen.

Aufgabe

Lege eine Tabelle an und notiere die Versuchsergebnisse. Werte die Ergebnisse aus.

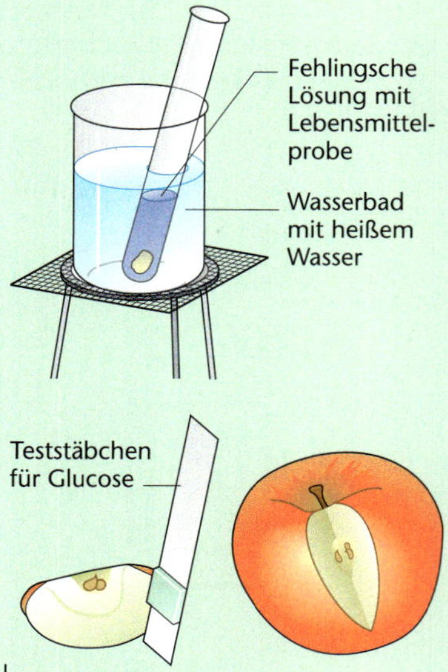

3 Untersuchung verschiedener Lebensmittel

Stärke – ein Polysaccharid

Ähnliche Bilder – ähnliche Stoffe?
Zerkleinert man eine rohe Kartoffel und stellt daraus eine wässrige Lösung her, so erkennt man unter dem Mikroskop ein charakteristisches Bild (▷V 1a).

Ähnliche Bilder lassen sich unter dem Mikroskop erkennen, wenn man wässrige Lösungen von Bohnen, Haferkörnern oder Weizenkörnern betrachtet (▷B 1).

Anscheinend enthalten Kartoffeln, Bohnen und Getreide einen gemeinsamen Bestandteil. Dabei handelt es sich um **Stärke**. Stärke kommt vor allem in Brot, Kartoffeln, Teigwaren und Hülsenfrüchten vor und gehört zu der Stoffgruppe der **Kohlenhydrate** (▷B 1).

Stärke – ein besonderes Kohlenhydrat
Stärke ist kein einheitlicher Stoff, sondern setzt sich zusammen aus 80 % Amylopektin und 20 % Amylose.
Amylose ist aus Tausenden von Glucosemolekülen aufgebaut. Sie sind auf charakteristische Weise miteinander verbunden und bilden unverzweigte Ketten. Stärke gehört deshalb zu den **Polysacchariden** (▷B 2).

Die Kettenmoleküle wickeln sich spiralförmig auf. Man nennt diese Form Helix. Der Hohlraum der Wicklungen ist so groß, dass sich dort Polyiodidionen (I_5^-) einlagern können (▷B 3). Versetzt man eine Aufschlämmung aus Kartoffeln mit einer Iod-Kaliumiodidlösung (Lugols-Lösung), dann werden Iodidionen in die Amylose-Helix eingelagert, dadurch erscheint die Lösung blau (▷V 1b). Die Prüfung mit Lugols-Lösung ist ein Nachweis für Stärke.

> Stärke ist ein Polysaccarid, bei dem viele Glucosemoleküle miteinander verbunden sind.

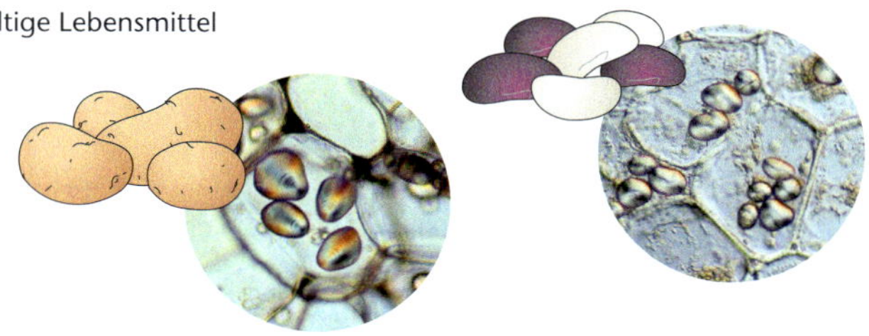

1 Stärkehaltige Lebensmittel

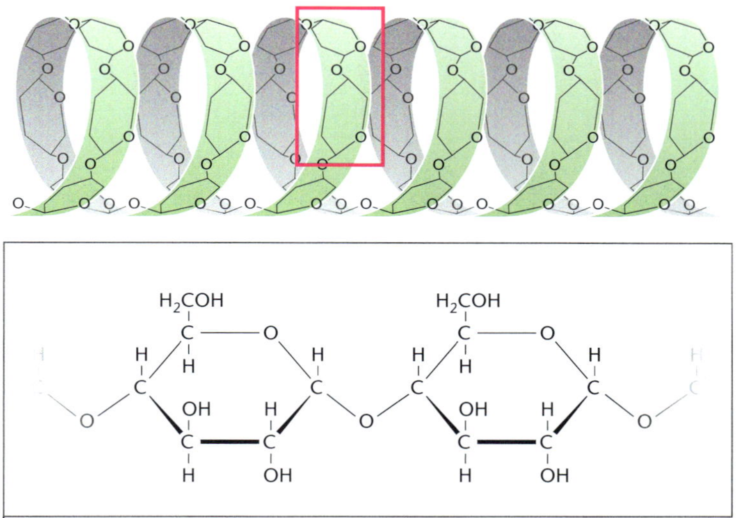

2 Die Struktur von Amylose

Versuch

1 a) Betrachte die Aufschlämmungen von weißen Bohnen, Haferkörnern oder Kartoffelstücken unter dem Mikroskop.
b) Prüfe eine wässrige Aufschlämmung dieser Stoffe sowie Stärkekleister mit Lugols-Lösung (Iod-Kaliumiodidlösung).

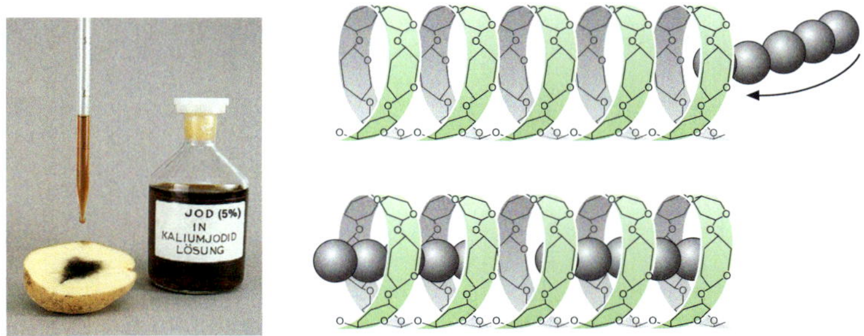

3 Stärke kann mit Lugols-Lösung nachgewiesen werden

1 Kernseife

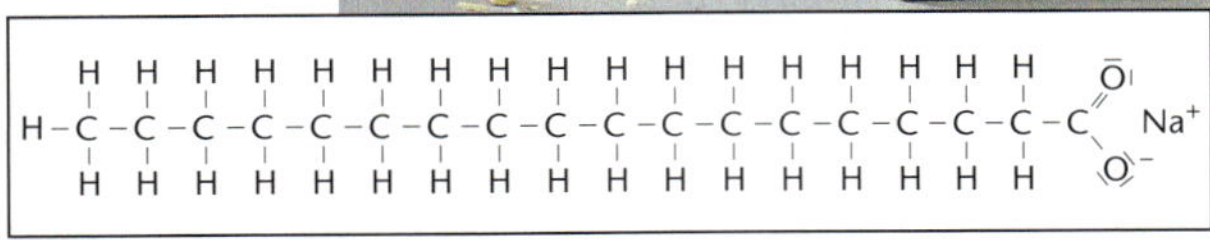

2 Schmierseife

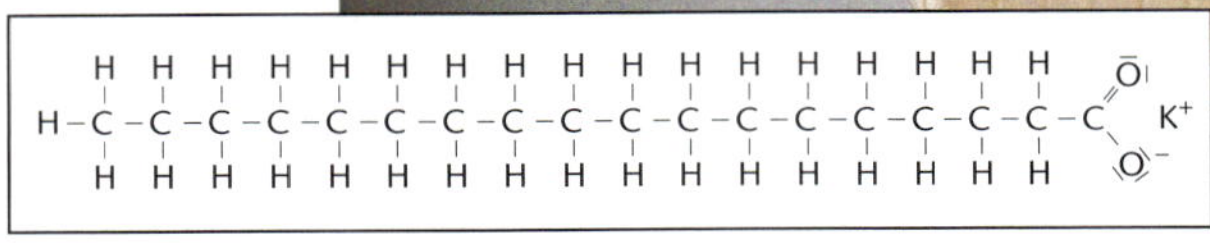

Seife aus Fett
Erhitzt man Pflanzenfett mit Natronlauge oder Kalilauge, so entstehen Seife und Glycerin (▷V 1).

Fett + Lauge ⟶ Seife + Glycerin

Bei der Seifenherstellung wird der wasserunlösliche Ester durch die Hydroxidionen der Lauge aufgespalten. Es entstehen zwei wasserlösliche Produkte: Glycerin, ein mehrwertiger Alkohol und ein Alkalisalz der Fettsäure, die **Seife**.

Seifen sind Alkalisalze langkettiger Fettsäuren.

Wird die Reaktion mit Natronlauge durchgeführt, so entstehen Natriumsalze der Fettsäuren.

Zeitpunkt

Die Geschichte der Seifenherstellung

1 Alte Zeugnisse vom Waschen

Waschen mit Seife – so alt wie die Menschheit
Das älteste „Waschmittel" ist in jedem Fall das Wasser. Um seine Waschwirkung zu verstärken, wurde es mit Zusätzen versehen. Das älteste Rezept zum Kochen von Seife ist ca. 4500 Jahre alt. Es befindet sich auf einer Steintafel der Sumerer (▷B 1, unten), in die es mit Keilschrift eingemeißelt ist. Bei diesem Rezept kamen auf einen Liter Öl 5,5 Liter Pottasche. Die Mischung wurde erhitzt und es entstand eine sogenannte Schmierseife. Damit ist Seife eines der ältesten Chemieprodukte.

Der Waschvorgang selbst ist auf historischen Wandmalereien der Ägypter überliefert. Die Wäsche wurde in Wasser und Seife eingelegt und von Sklaven bearbeitet (▷B 1, oben). Bis nach 1900 wurde von Hand gewaschen. Das erste Waschpulver kam 1907 auf den Markt.

Seifensieden ist eine Handwerkskunst
Früher war Seifensieden eine hohe Handwerkskunst (▷B 2). Die Seifensieder hüteten das Geheimnis um das Seifenrezept. Es wurde ausschließlich innerhalb der Familie an die nächste Generation weitergegeben. Allerdings war Seife sehr teuer und die Rohstoffe knapp. Die arme Bevölkerung konnte sich Seife nicht leisten, weshalb die hygienischen Zustände sehr schlecht waren und sich Seuchen ausbreiten konnten.
Heute werden die Rohstoffe industriell hergestellt und die Seife kann von jedem gekauft werden.

2 Seifensieden um 1840

Das feste Produkt wird als **Kernseife** bezeichnet (▷B 1).

Fett + Natronlauge ⟶
Glycerin + Seifenanion + Natriumion

Nimmt man Kalilauge für die Reaktion, so entstehen Kalisalze der Fettsäuren. Die Produkte sind weich und zähflüssig und werden deshalb **Schmierseife** (▷B 2) genannt.

Fett + Kalilauge ⟶
Glycerin + Seifenanion + Kaliumion

Industriell hergestellte Seife
In großen Kesseln wird in Fette und Öle 180 °C heißer Wasserdampf eingeblasen. Das passiert unter hohem Druck und in Gegenwart eines Katalysators. Dabei werden die Fette und Öle in Glycerin und in Fettsäuren gespalten.
Diesen Vorgang nennt man **Hydrolyse** oder **Verseifen**. Die Fettsäuren werden dann entweder direkt weiterverarbeitet oder aufbereitet.
Für die Seifenherstellung werden die Fettsäuren in einer zweiten Stufe mit Natronlauge oder Natriumcarbonat (Soda) versetzt und dabei neutralisiert. Es bildet sich Seife (▷V 1; B 3).

Kernseifen sind Natriumsalze der Fettsäuren. Schmierseifen sind Kaliumsalze der Fettsäuren.

Das riecht gut!
Feinseifen oder Toilettenseifen werden zur Körperreinigung verwendet. Zur Herstellung dieser Seifen wird meist ein Ansatz von 80 % Rindertalg (tierisches Fett) und 20 % Kokosöl benötigt. Dieser Ansatz wird nach der Hydrolyse mit Natronlauge zur Seife umgesetzt. Zusätzlich werden den Seifen Farbstoffe und Parfümöle zugesetzt. In ansprechende Formen gepresst und schön verpackt werden sie dann verkauft.

Versuch

1 Erwärme in einem Becherglas (400 ml, weite Form) 10 g Ölsäure mit 5 ml destilliertem Wasser vorsichtig auf 70 °C (Schutzhandschuhe! Schutzbrille! Spritzgefahr!).
Gib langsam 20 ml 20 %ige Natronlauge zu. Erwärme weiter für ca. 20 Minuten. Ersetze dabei vorsichtig immer wieder verdampftes Wasser. Gieße dann 50 ml gesättigte Kochsalzlösung zu, rühre dabei ständig um und lasse das Gemisch erkalten. Schöpfe die Seife ab und lasse sie auf einem saugfähigen Papier trocknen.
Fülle ein Reagenzglas zu einem Drittel mit destilliertem Wasser. Gib etwas von der getrockneten Seife hinzu, verschließe das Reagenzglas mit einem Stopfen und schüttle kräftig („Schaumprobe“).

Fette in Sonnenblumen

Seifensieden

Ausstanzen von Seifenstücken

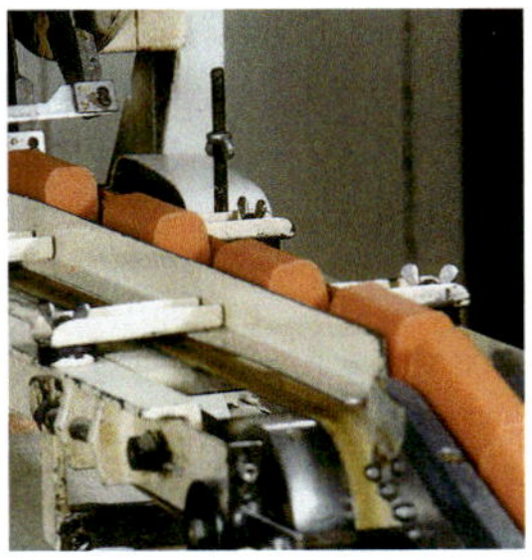
Verpacken

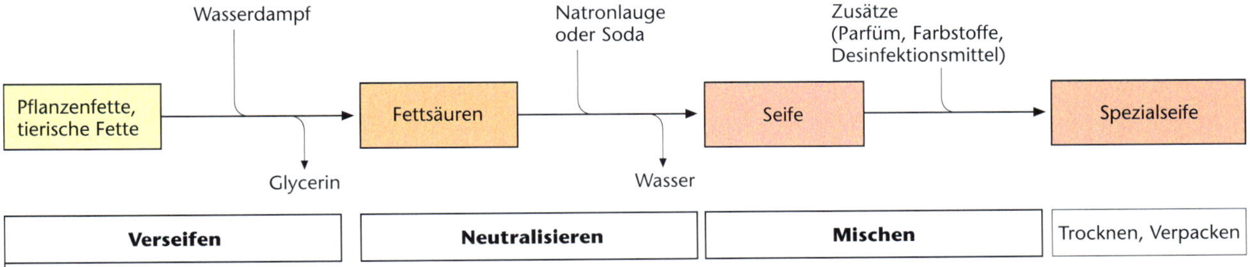

3 Stationen der industriellen Seifenherstellung

Seife und Seifenblasen

1 Seife selbst gemacht

Materialien

Schutzbrille, 2 Bechergläser (100 ml, 250 ml), Glasstab, Spatellöffel, Gasbrenner, Waage, Messzylinder (100 ml), Keksförmchen oder Streichholzschachteln, Dreifuß, Keramikdrahtnetz, Kokosfett (z. B. Palmin), 25 %ige Natronlauge, gesättigte Kochsalzlösung, destilliertes Wasser, verschiedene Duftöle (z. B. Lavendelöl), Anzünder

1 Vorsicht beim Erhitzen von heißem Fett und Natronlauge!

Versuchsanleitung

Erhitze vorsichtig (Achtung! Spritzgefahr! Schutzbrille!) und unter ständigem Rühren 10 g Kokosfett im 250-ml-Becherglas. Gib nach und nach unter ständigem Rühren 10 ml 25 %ige Natronlauge zu. Rühre die Mischung dabei ständig mit dem Glasstab um (▷ B 1). Achte darauf, dass verdampftes Wasser durch destilliertes Wasser ersetzt wird. Lasse die Mischung abkühlen.

Gieße dann den Inhalt des Becherglases in das 100-ml-Becherglas mit der gesättigten Kochsalzlösung. Schöpfe die entstandene Seife mit dem Spatellöffel ab. Gib jetzt das Duftöl zu. Presse die Seifenmasse in ein Förmchen oder in eine Streichholzschachtel und lasse sie trocknen (▷ B 2).

2 Seifenstücke in verschiedenen Formen

2 Ein einfaches Seifenrezept nachgemacht

Materialien

Schutzbrille, Becherglas (250 ml, weite Form), Glasstab, Messzylinder (100 ml), Teelicht, Streichhölzer, Reagenzglas, Holzasche, Wasser, Universalindikatorpapier, Leinenstoff, Spatellöffel

Versuchsanleitung

Gib 125 ml Wasser in das Becherglas und rühre mithilfe des Glasstabs 5 Portionen Holzasche ein. Prüfe die Lösung mit den Fingern. Fühlt sich die Lösung seifig an? Stelle mit dem Indikatorpapier den pH-Wert fest.

Berußе mit der Flamme des Teelichtes das Reagenzglas von außen und streife den Ruß auf dem Leinenstoff ab. Schwenke den Leinenstoff in der Lösung und beobachte.

3 Seifenherstellung nach einem alten Rezept

3 Riesen-Seifenblasen

Materialien

Schutzbrille, flache, große Glasschale, Glasstab, Waage, Gärtnerdraht, Kneifzange, Wolle, Messzylinder (100 ml), Wasser (lauwarm), Seifenpulver, Zucker, Glycerin

Versuchsanleitung

Löse 10 g Seifenpulver in 250 ml lauwarmem Wasser auf. Rühre 3 g Zucker und zum Schluss 1 ml Glycerin ein.

Lass die Flüssigkeit abkühlen.

4 Seifenblasen

Biege den Draht zu einem großen Kreis oder Stern und umwickle die Form eng mit einem Wollfaden. Tauche die Drahtform in die Seifenlösung, ziehe die Form schnell durch die Luft und erzeuge so „Riesen-Seifenblasen“.

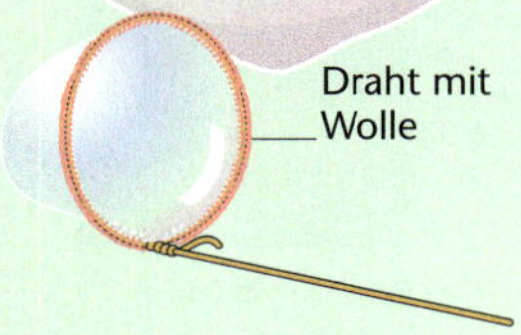

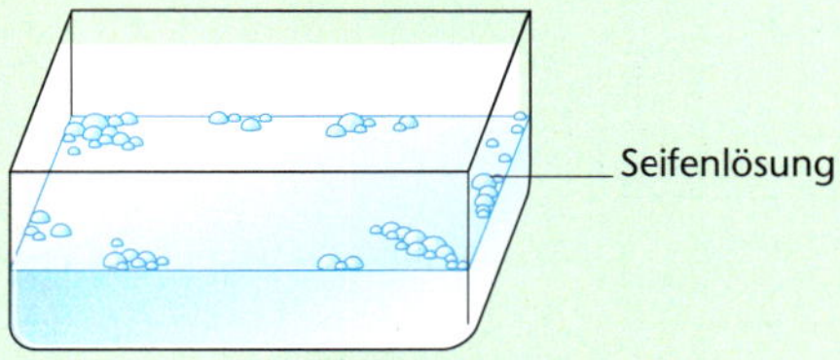

5 Die fertige Seifenblasenlösung

Experimentieren mit Waschmitteln

1 Waschen mit Seife

Materialien

2 weiße Stoffstücke (ca. 5 cm · 5 cm), Teelicht, Reagenzglas, 2 Bechergläser (250 ml), Wasser, Seifenflocken, Spatellöffel, Streichhölzer

Versuchsanleitung

Entzünde den Docht eines Teelichtes und halte das Reagenzglas über die Flamme bis es berußt ist. Verteile den entstanden Ruß gleichmäßig auf die beiden Stoffstücke. Stelle eine Seifenlösung her: Gib dazu einen Spatellöffel Seifenflocken in 100 ml Wasser. Rühre um. Tauche dann das eine Stoffstück in das Becherglas mit 100 ml Wasser, das andere in das Becherglas mit 100 ml Seifenlösung und beobachte.

1 Waschen mit Seife

2 Waschmittelbestandteile unter der Lupe

Materialien

Vollwaschmittel und Feinwaschmittel in Pulverform, Pinzette, Reagenzglasgestell, Reagenzglashalter, Becherglas (100 ml), Petrischale, Reagenzgläser, Glasstab, Spatel, Universalindikatorpapier, Wasser, Lupe, Leitungswasser, destilliertes Wasser, Öl, Mineralwasser, Gummistopfen

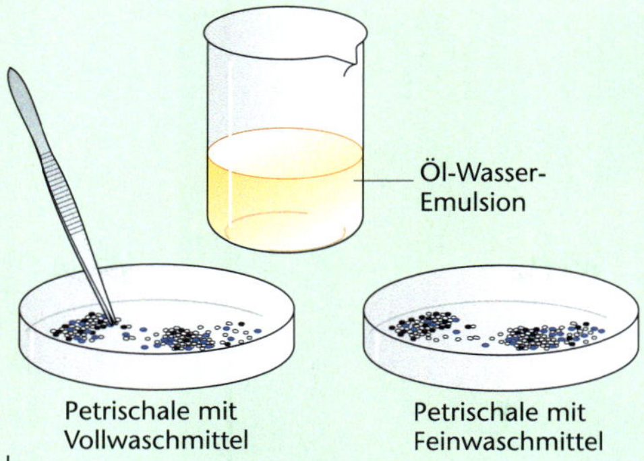

2 Aussortieren der Bestandteile

Versuchsanleitung

a) Gib in den Deckel der Petrischale eine Spatelspitze Vollwaschmittel, in den Boden eine Spatelspitze Feinwaschmittel. Sortiere mithilfe der Lupe und der Pinzette die einzelnen Bestandteile auseinander (▷ B 2). Gib jeden einzelnen der Bestandteile zu einer Öl-Wasser-Emulsion in ein Reagenzglas und schüttle.
Finde heraus, welcher der einzelnen Bestandteile für das Waschen verantwortlich ist.

b) Gib in je zwei Reagenzgläser Leitungswasser, destilliertes Wasser und Mineralwasser (▷ B 3). Gib nun zu jeder Wasserart einmal Voll- und einmal Feinwaschmittel. Setze jeweils einen Stopfen auf das Reagenzglas und schüttle.
Erkläre die Beobachtungen.
Miss dann den pH-Wert der einzelnen Lösungen. Erkläre die Beobachtungen.

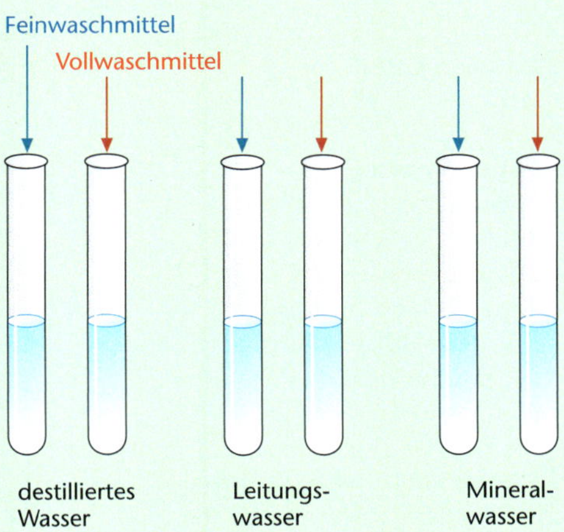

3 Wasser und Waschmittel

3 Vollwaschmittel gegen Feinwaschmittel

Materialien

2 Bechergläser (100 ml, weite Form), Glasstab, Spatellöffel, Vollwaschmittel, Feinwaschmittel, 2 Blätter weißes Rundfilterpapier, Wasser, UV-Lampe

Versuchsanleitung

Stelle jeweils eine wässrige Lösung Vollwaschmittel und Feinwaschmittel her. Tauche nun in die Lösungen je ein Filterpapier und lasse es anschließend antrocknen. Halte die beiden Filterpapiere dann unter eine UV-Lampe (▷ B 4).

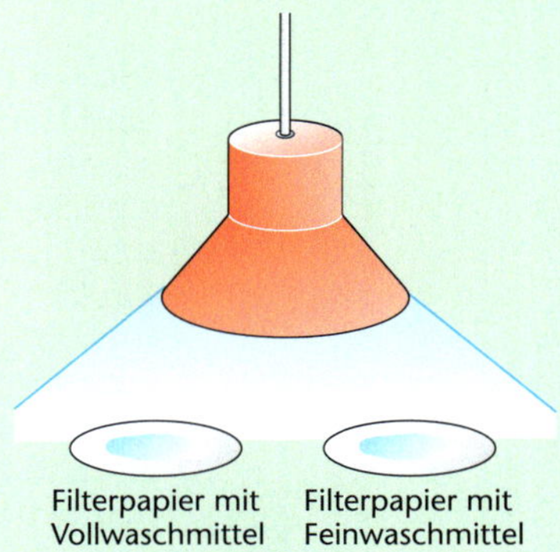

4 UV-Licht bringt es an den Tag

4 Allerlei Untersuchungen

Materialien

Schutzbrille, Bechergläser (100 ml), Reagenzglasgestell, Reagenzgläser, Reagenzglashalter, Gummistopfen, Glasstab, verschiedene Waschpulver, verd. Salzsäure, Universalindikator, hartes Wasser, Kochsalzlösung, Folienstift

Versuchsanleitung

Stelle jeweils vier Lösungen der verschiedenen Waschmittel her und beschrifte die Gläser.
Versetze jede Waschmittellösung mit:
a) Universalindikator,
b) hartem Wasser,
c) Kochsalzlösung,
d) verd. Salzsäure.
Setze die Gummistopfen auf und schüttle.
Finde Erklärungen für die Beobachtungen.

1 Schmutzige Hände und T-Shirt, was nun?

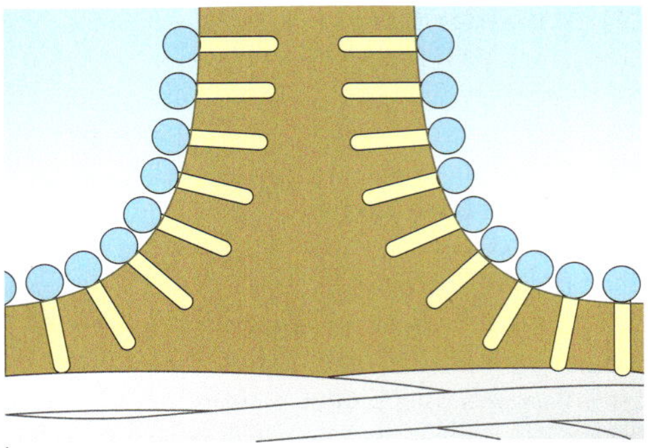

4 Ablösen von den Fasern

Die Schmutzkiller-Eigenschaften

Sind Hände oder ein Kleidungsstück verschmutzt (▷B1), so reicht Wasser alleine zum Säubern nicht aus. Die meisten Verschmutzungen sind öl- oder fetthaltig. Ein Waschvorgang läuft, ob an einer verschmutzten Faser oder beim Händewaschen, in einer bestimmten Reihenfolge ab. Im Folgenden wird der Waschvorgang anhand einer ölverschmutzen Faser verdeutlicht (▷B2 bis B5).

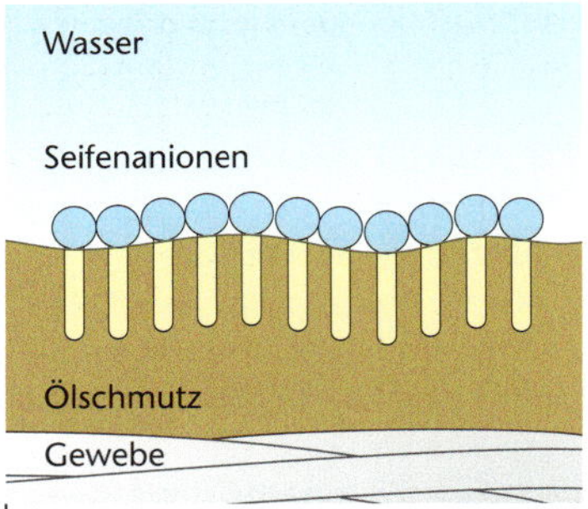

2 Seifenanionen lagern sich an der Grenzfläche an

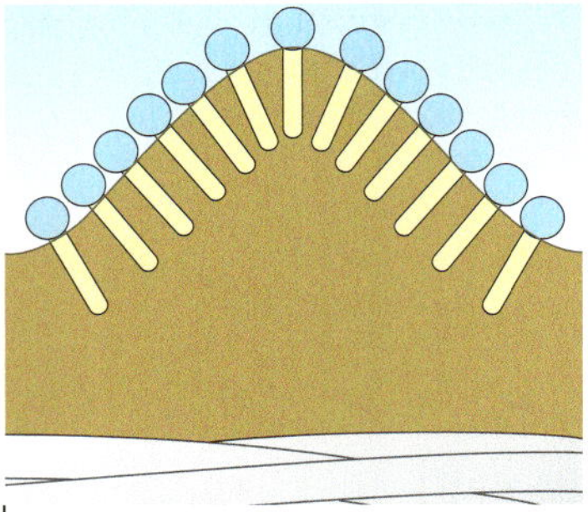

3 Ein Tropfen bildet sich

Anlagern an den Schmutz

Die Seifenanionen lagern sich an der Grenzfläche zwischen Ölschmutz und Wasser an. Dabei dringen sie mit dem hydrophoben Ende in den ölhaltigen Schmutz ein. Die hydrophilen Köpfe befinden sich im Wasser (▷B2).

Ablösen von der Faser

Es lagern sich immer mehr Seifenanionen an den Ölschmutz an. Dabei ragt der hydrophile negativ geladene Kopf weiterhin ins Wasser. Der Ölschmutz wird durch die Seifenmoleküle schließlich vollständig umhüllt. Dabei schiebt sich ein Tropfen zusammen (▷B3) und der Schmutz trennt sich von der Faser (▷B4).

Schmutz wird zerteilt

Die Schmutzteilchen werden von den Seifenanionen umlagert. Da alle Schmutzteilchen nach außen negativ geladen sind, stoßen sie sich gegenseitig ab. Deshalb können sie sich nicht mehr zusammenlagern. Sie liegen fein verteilt in der Waschlösung vor (▷B5). Die Verteilung der Schmutzteilchen in der Waschlösung wird auch als Dispersion bezeichnet.

Waschmaschinen erleichtern die Arbeit

In die Waschmaschine wird Wasser gepumpt. Zum Wasser wird Waschmittel gegeben, wodurch die Wäsche benetzt wird. Die mechanische Bewegung der Wäschetrommel unterstützt das Ablösen des Schmutzes. Mit dem Spülwasser wird der feinverteilte Schmutz dann abgepumpt.

▶ Seifen wirken benetzend und schmutzablösend. Die Seifenanionen umhüllen den Schmutz und zerteilen diesen.

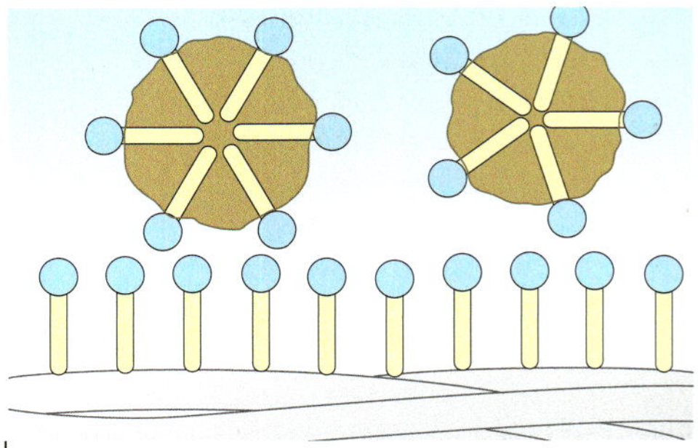

5 Der Schmutz wird fein verteilt

Nachteile der Seife

Reine Seife wird heute kaum noch zum Waschen verwendet. Seifen können leicht einen pH-Wert von 9 und größer annehmen (▷V 1). Sie schädigen die Haut wie auch die Kleidungsstücke. Bei häufigem Händewaschen löst die Seife das Fett der Haut heraus, sie „trocknet aus". In Leitungswasser sind Calciumionen enthalten. Beim Waschen bilden diese Calciumionen mit den Seifenanionen schwerlösliche Kalkseife (▷B 4). Sie lagert sich auf den Gewebefasern ab. Die Wäsche vergraut, verfilzt und wird brüchig (▷V 2; B 3).

Deshalb werden Seifen in den heutigen Waschmitteln durch **synthetische Tenside** (▷B 2) ersetzt. Sie bilden in Wasser keine Niederschläge und schäumen weniger. Außerdem verändern sie den pH-Wert des Wassers nicht (▷V 1).

Waschmittel werden den Bedürfnissen angepasst

Die Weiterentwicklung von Waschmitteln ist eine ständige Aufgabe der Forschungslabors von Waschmittelherstellern. Die wichtigsten Inhaltsstoffe von Waschmitteln sind die Tenside. Sie werden auch **waschaktive Substanzen** (WAS) genannt. Phosphate, die ehemaligen Wasserenthärter, wurden durch besser biologisch abbaubare Substanzen ersetzt. Häufig wird Citronensäure als Wasserenthärter eingesetzt.

5 Verschiedene Waschmittel

Fast alle Waschmittel enthalten Enzyme zum Lösen der unterschiedlichen Flecken, Duftstoffe und Stoffe, die eine Schaumbildung regulieren. Weiterhin Stoffe, die die Waschmaschine vor Korrosion schützen und Stoffe, die Verfärbungen verhindern. Vollwaschmitteln sind häufig noch optische Aufheller und Bleichmittel zugesetzt.

Aber umweltfreundlich muss es sein

In Tabs und Kompaktwaschmitteln sind keine Füllstoffe mehr enthalten. Sie brauchen daher kleinere Verpackungen. Auch Nachfüllsysteme verringern den Abfall. Bei Baukastensystemen können die Verbraucher das Waschmittel sogar selbst zusammenstellen. Dabei werden einem Grundwaschmittel z. B. noch Wasserenthärter und Bleichmittel zugemischt.

1 Schaum galt lange als ein Zeichen für Sauberkeit

$$H_3C-CH_2-CH_2-CH_2-CH_2-CH_2-CH_2-CH_2-CH_2-CH_2-CH_2-CH_2-CH_2-CH_2-CH_2-CH_2-CH_2-CH_2-COO^-$$

$$H_3C-CH_2-CH_2-CH_2-CH_2-CH_2-CH_2-CH_2-CH_2-CH_2-CH_2-CH_2-CH_2-CH_2-CH_2-SO_3^-$$

2 Seifenanion und Anion eines technischen Tensids (unten)

Versuche

1 Benetze jeweils ein Stück Kernseife, Schmierseife und Feinseife mit Wasser und lege ein Stück pH-Indikatorpapier (0,5 pH-Wert-Schritte) darauf. Überprüfe und vergleiche mit den pH-Werten verschiedener Waschmittel.

2 Gib Seifenflocken in hartes Wasser. Tauche dann ein mit Ruß beschmutztes Tuch in die Seifenlösung. Führe diesen Versuch auch mit weichem Wasser durch und vergleiche.

3 Ablagerung von Kalkseife auf dem Gewebe

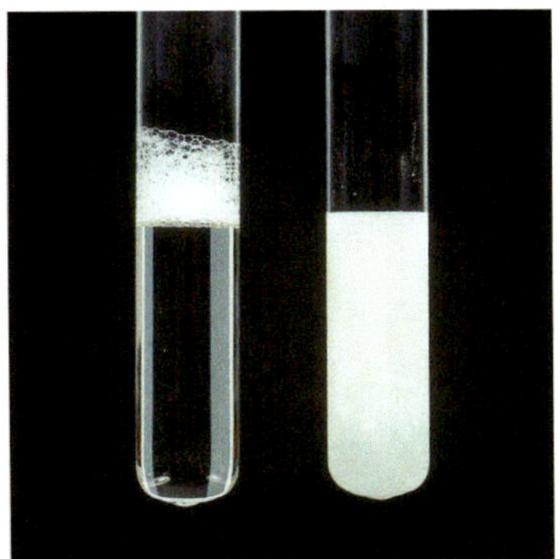

4 Waschmittel in destilliertem und hartem Wasser

Werkstatt

Wir untersuchen Kunststoffe

1 Verschiedene Gegenstände aus Kunststoff

1 Schwimmverhalten von Kunststoffen

Material

Becherglas (1 l), Becherglas (250 ml), Glasstab, Wasser, gleich große Proben verschiedener Kunststoffe, Kochsalz, Kunststoffprodukte aus dem Alltag, Schere

Versuchsanleitung

a) Fülle 1 l Wasser in ein Becherglas. Gib dann nacheinander die verschiedenen Kunststoffstücke einer Sorte hinein.

b) Stelle 100 ml gesättigte Kochsalzlösung her. Verfahre dann wie in a). Vergleiche.

c) Zerschneide einen Jogurtbecher, eine Plastikflasche oder ähnliches in gleich große Stücke und überprüfe das Schwimmverhalten in Wasser.

2 Materialien zu Versuch 1

2 Elektrische Leitfähigkeit von Kunststoffen

Material

Flachbatterie (4,5 V), Glühlampe mit Fassung (4 V; 0,04 A), 3 Experimentierkabel, 2 Krokodilklemmen, verschiedene Kunststoffproben, Büroklammer

Versuchsanleitung

Baue einen Stromkreis auf und überprüfe mithilfe der Büroklammer, ob der Stromkreis geschlossen ist. Prüfe dann die verschiedenen Kunststoffproben auf ihre elektrische Leitfähigkeit.

3 Sind Kunststoffe löslich?

Material

Schutzbrille, 3 Reagenzgläser, Reagenzglasgestell, Pipette, Aceton, Brennspiritus, Wundbenzin, verschiedene Kunststoffproben

Versuchsanleitung

Arbeitet in Gruppen. Jede Gruppe sollte einen anderen Kunststoff verwenden.

a) Informiert euch über R- und S-Sätze von Aceton, Brennspiritus und Wundbenzin.

b) Gib in jedes Reagenzglas ein Stück von dem gleichen Kunststoff. Gib nun mithilfe der Pipette einige Tropfen des jeweiligen Lösungsmittels auf den Kunststoff (▷ B 3).

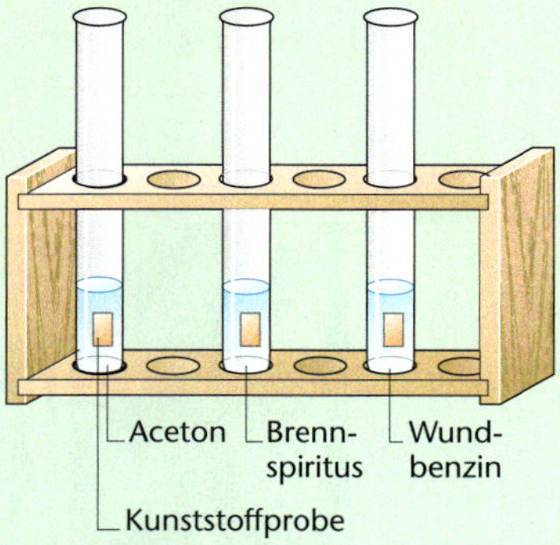

3 Kunststoffe in Lösungsmitteln

Aufgabe

Beobachte und fasse die Ergebnisse in einer Tabelle zusammen. Vergleiche mit den Ergebnissen der anderen Gruppen.

4 Kunststoffe in heißem Wasser

Material

Schutzbrille, Dreifuß, Keramikdrahtnetz, Gasbrenner, Tiegelzange, Becherglas, Wasser, Thermometer, Kunststoffproben, Fallrohr (Biegeglas Ø 8 mm), Nagel (ca. 6 cm lang), Anzünder

Versuchsanleitung

a) Lasse einen Nagel durch das Fallrohr auf die einzelnen Kunststoffproben fallen. Notiere die Härte der Kunststoffe (▷ B 4, oben).

b) Erhitze dann die Kunststoffproben mithilfe einer Tiegelzange in einem Becherglas mit 80 °C heißem Wasser (▷ B 4, unten). Vorsicht! Spritzgefahr!

c) Wiederhole Versuch a) mit den heißen Kunststoffproben. Notiere deren Härte und vergleiche.

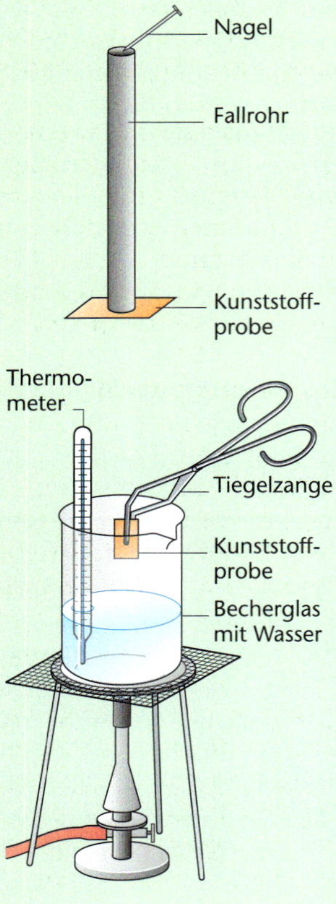

4 Verändern sich die Kunststoffeigenschaften in heißem Wasser?

CD und DVD – Kunststoffe als Datenspeicher

1 Das Datenspeicherwunder – die CD

Klein aber fein

Sie hat einen Durchmesser von 12 cm und wiegt nur 18 g. Sie wird aus einem Kunststoff hergestellt. Vor 20 Jahren entstand bei der Firma Philips das erste Speicherwunder: die **C**ompact **D**isc, kurz **CD**.

Viele gute Eigenschaften

Der Kunststoff für den CD-Rohling hat besondere Eigenschaften. Er bleibt bis 100 °C fest und zähelastisch. Bis ca. 140 °C bleiben Teile daraus formstabil. Der Kunststoff wird erst bei 150 °C weich, brennt aber erst, wenn er auf ca. 500 °C erhitzt wird. Er ist ungiftig, leicht einfärbbar und riecht nicht. Gegenüber elektrischem Strom und Wärme wirkt er isolierend. Er ist bruchsicher und außerdem wieder verwertbar.

Die herausragenden Eigenschaften dieses Kunststoffs sind jedoch die gute Lichtdurchlässigkeit und Genauigkeit, mit der Informationen gespeichert und übertragen werden können. Auch bei Temperaturschwankungen wird die Information auf dem Kunststoff nicht verändert.

So wird sie gemacht

Die CD ist je nach ihrer Art unterschiedlich aufgebaut. **CD-ROM** ist in der Herstellung die billigste, da die Information direkt in den Kunststoff gepresst wird. Hierauf wird eine Metallschicht, an der der Laserstrahl reflektiert wird, aufgedampft. Eine Schutzschicht verhindert mechanische Beschädigungen.

CD-Rs (einmal beschreibbar) oder **CD-RWs** (mehrmals beschreibbar) haben, auf den Kunststoff aufgetragen, eine Farbstoffschicht, in die die Information mit dem Laser gebrannt wird. Darüber befindet sich die reflektierende Metallschicht und schließlich die Schutzschicht (▷ B 2).

Die CD als Datenspeicher

Ein vielgenütztes Speichermedium für digitale Informationen ist die CD-R bzw. CD-RW. In die Farbschicht der CD werden mit einem Laser ca. 4 Milliarden Pits (Vertiefungen; ▷ B 1, links) eingebrannt. Sie speichern die Information in digitaler Form und können von einem CD-Laufwerk oder CD-Spieler wieder entschlüsselt werden (▷ B 1). Auf einer CD können bis zu 700 MByte (Megabyte) Daten gespeichert werden. Im Gegensatz zu magnetischen Speichermedien wird die Information über Jahrzehnte sicher gespeichert.

Die große Schwester der CD

Auf der **D**igital **V**ersatile **D**isc, kurz **DVD**, können über 20 GByte (Gigabyte) gespeichert werden. Das entspricht einem Spielfilm von 135 Minuten Länge und 5 Synchronsprachen oder 1,7 Millionen Schreibmaschinenseiten.

In der Entwicklung befindet sich bereits eine DVD mit 26 GByte Kapazität, welches bestimmt nicht die letzte Weiterentwicklung sein wird.

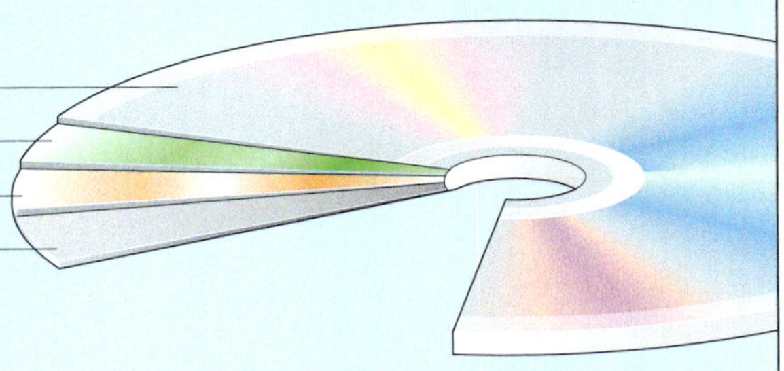

2 Schichtenfolge bei einer CD-R

1 Radiogehäuse bestanden meistens aus Bakelit

Durch Zufall gefunden

Der erste Kunststoff verdankt seinen Namen seinem Erfinder Leo Hendrik Baekeland. Dieser Kunststoff heißt Bakelit und wurde bereits 1907 durch Synthese aus den Stoffen Phenol und Formaldehyd hergestellt. Bakelit ist ein festes, unschmelzbares und unlösliches Kunstharz. Früher wurden aus Bakelit vor allem Spritzgussteile für die Elektroindustrie, Gehäuse für Radios (▷ B 1) oder Fernseher, Haushaltsgeräte und Essgeschirr hergestellt.

Vorteilhafte Eigenschaften von Kunststoffen

Kunststoffteile werden beispielsweise als Ersatzstoffe für Metallteile in Autos eingebaut (▷ B 4; B 5). Dabei wird die Eigenschaft der geringen Dichte von Kunststoffen ausgenutzt (▷ V 4; B 2). Kunststoffteile sind leichter als viele Metallteile, senken dadurch das Gewicht und den Treibstoffverbrauch eines Autos.

Viele Kunststoffe sind zudem wasser-, luft- und lichtbeständig. Sie können in nahezu jede Form gegossen, gespritzt oder gepresst werden.

Selbst komplizierte Formen lassen sich schnell und preiswert herstellen. So werden ganze Armaturenbretter, Gehäuse für Computer, Fernseher und vieles mehr produziert.
Andere Kunststoffteile werden nachträglich erhitzt und dann entsprechend geformt. Diese Eigenschaft wird als Verformbarkeit bezeichnet.

Kunststoffe sind in der Regel elektrische Nichtleiter (▷ V 1). Sie werden deshalb auch verwendet um Stromkabel zu isolieren.

4 Oldtimer

5 Modernes Auto

Höher, schneller, weiter

Sportbekleidungen und Sportgeräte wären heute ohne Kunststoffe undenkbar. Bei Schwimmwettkämpfen schwimmen die Wettkämpfer in Ganzkörperanzügen aus Kunstfasern (▷ B 3), deren Oberfläche der Haut eines Delfins nachempfunden ist. Sie schwimmen damit schneller, da die Strömungswiderstände im Wasser verkleinert werden.
Surfbretter, Snowboards und Bootsrümpfe sind aus Kunststoffen hergestellt. Ihre glatte Oberfläche macht sie gleitfähiger.

2 Schwimmverhalten verschiedener Kunststoffproben

3 Schwimmerin im Ganzkörperanzug

6 Hausmülltonnen sind nicht hitzebeständig

7 Teflonpfannen sind nicht kratzfest

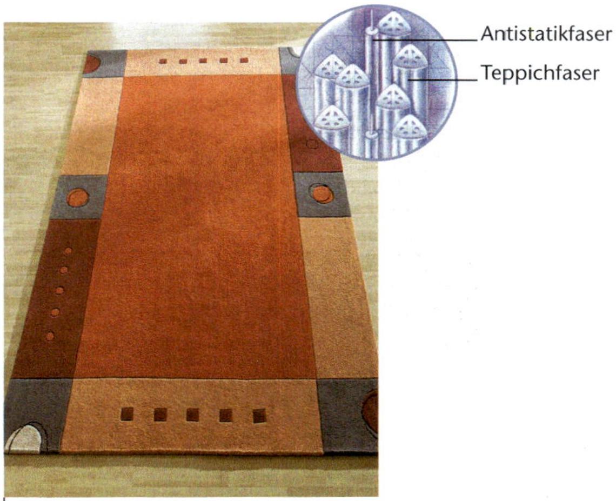

8 Antistatikfasern wirken der elektrostatischen Aufladung entgegen

Nachteilige Eigenschaften von Kunststoffen
Manche Eigenschaften der Kunststoffe sind weniger vorteilhaft. So ist der einstmalige Traum der Autoindustie vom „Ganzplastik-Auto" inzwischen ausgeträumt. Verschiedene Eigenschaften von Kunststoffen sprechen dagegen.

„Keine heiße Asche einfüllen!"
In manchen Fällen ist die gute Verformbarkeit der Kunststoffe von Nachteil. So dürfen z. B. in Hausmülltonnen keine heißen oder glühenden Abfälle eingefüllt werden. Durch die Hitzeeinwirkung könnte die Hausmülltonne sonst beschädigt werden (▷ B 6).
Manchmal entzündet sich der Kunststoff sogar und verbrennt. Je nachdem, um welchen Kunststoff es sich handelt, entstehen beim Verbrennen Gase. Erhitzt man PVC, so zersetzt es sich unter Bildung von Chlorwasserstoff. Zusammen mit der Luftfeuchtigkeit bildet sich Salzsäure. Das Universalindikatorpapier (▷ B 9) zeigt dies durch Rotfärbung an.

Kratzempfindlich und anfällig gegen Lösungsmittel
Kunststoffoberflächen zerkratzen sehr leicht (▷ V 2). Mit Teflon® beschichtete Pfannen dürfen deshalb nur mit Holz- oder Spezialpfannenwendern benutzt werden (▷ B 7).
Manche Kunststoffe werden von organischen Lösungsmitteln angegriffen. Haushaltsgegenstände aus Kunststoff können z. B. unter Einwirkung von Nagellackentferner „angelöst" und unansehnlich werden.

Bei Licht- und Wärmeeinwirkung können manche Kunststoffe außerdem sehr spröde werden und zerbrechen. Billige Kunststoffartikel, deren Reparatur nicht lohnt, landen deshalb auf dem Müll.

Elektrostatisch aufladbar
Beim Reiben laden sich Kunststoffe häufig elektrostatisch auf (▷ V 3). Einige einfache Kunststoffteppiche zeigen diese Eigenschaft: Bei der Entladung spürt man einen elektrischen Schlag. Außerdem ziehen diese Böden den Staub geradezu an. Abhilfe schaffen Antistatikfasern (▷ B 8).

Versuche

1 Untersuche Kunststoffproben auf ihre elektrische Leitfähigkeit.

2 Versuche, verschiedene Kunststoffe zuerst mit dem Fingernagel, dann mit einem Messer anzuritzen.

3 Reibe eine Overheadfolie mit einem Fell oder Wolltuch und halte sie dann über Papierschnipsel.

4 Bestimme die Dichte verschiedener Kunststoffproben.

9 Chlorwasserstoffnachweis beim Verbrennen von PVC

Aufgabe

1 Finde 10 Gegenstände, die aus Kunststoff hergestellt sind. Überlege, welche Eigenschaften der Kunststoff in seiner Verwendung haben muss.

1 Mikrofaser unter dem Mikroskop

Der Aufbau der Kunststoffe

Erst im 20. Jahrhundert konnten der Aufbau und die Struktur der Kunststoffe aufgeklärt werden. Das Innere von Holunderbuschzweigen, das Holundermark, fühlt sich ganz ähnlich an wie das künstlich hergestellte aufgeschäumte Styropor®. Vergleicht man die mikroskopischen Bilder von Holundermark und Styropor®, so ähneln sich beide Stoffe in der Struktur (▷ B 2; B 3).

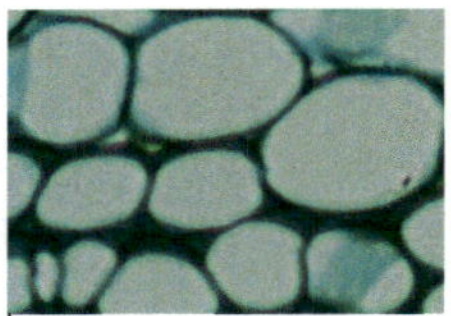

2 Holundermark unter dem Mikroskop

Durch gezielte Forschung zum Aufbau und zu den Strukturen der Kunststoffe fand man heraus, dass die Moleküle der Kunststoffe aus sehr langen Kohlenstoffketten bestehen. Man bezeichnet sie als **Makromoleküle** (griech.: makros, lang, groß). Sie können Molekülmassen über 100 000 u aufweisen.

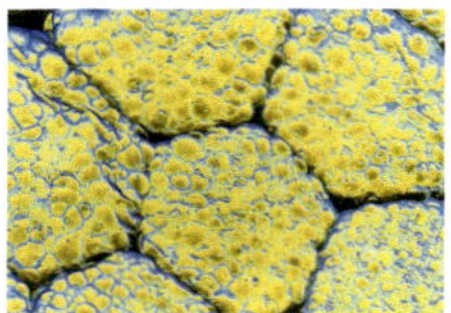

3 Polystyrolschaum unter dem Mikroskop

Vom Monomer zum Polymer

Bei der Bildung von Kunststoffen werden aus vielen einzelnen kleinen Molekülen eines Stoffes, den sogenannten **Monomeren**, lange Kettenmoleküle gebildet. Diese bezeichnet man als **Polymere**.

Die Polymerketten können aber auch noch untereinander verbunden sein, was die besonderen Eigenschaften der Kunststoffe ergibt (▷ B 4 bis B 6).

Es gibt Kunststoffe, die fadenförmig und unverzweigt sind. Andere sind verzweigt und in der Fläche vernetzt und wieder andere sind sogar räumlich vernetzt. Kunststoffe können heute gezielt hergestellt werden, sodass sie bestimmte Eigenschaften besitzen.

Kunststoffe bestehen aus Makromolekülen. Makromoleküle sind Polymere. Sie setzen sich aus vielen Monomeren zusammen.

Aufgaben

1 Erkläre die Elastizität von Elastomeren anhand ihres Aufbaus.

2 Griffe an Kochtöpfen sind oft aus Kunststoff. Welche Eigenschaften muss dieser Kunststoff haben?

3 Aus welchen Kunststoffen würde man einen Haartrockner herstellen? Begründe.

Zeitpunkt

Lang oder kurz?

1 Hermann Staudinger

Erst seit Beginn des 20. Jahrhunderts sind die molekularen Strukturen von Stoffen bekannt. Der Freiburger Chemieprofessor Hermann Staudinger (1881–1965) beschäftigte sich intensiv mit dem Aufbau der Molekülstruktur von Stoffen wie beispielsweise Cellulose oder Naturkautschuk. Er fand durch zahlreiche Versuche heraus, dass die Stoffe aus langen Molekülketten bestehen und nannte diese **Makromoleküle**.

Staudinger musste sich gegen viele „ungläubige Kollegen" durchsetzen und wurde in den 20er Jahren sogar von Kollegen aufgefordert, diese verrückten Ideen doch zu verwerfen.

Staudingers Arbeit zur Strukturaufklärung von Makromolekülen wurde 1953 mit dem Nobelpreis für Chemie belohnt. Heute gibt es keine Zweifel mehr an Staudingers Überlegungen. Der Streit der Wissenschaftler um den Aufbau und die Anordnung der Molekülketten geht jedoch weiter. Vielfach wird das Verhalten der Makromoleküle mit denen von Spaghetti verglichen.

2 Spaghetti als Modell für Makromoleküle

Einteilung der Kunststoffe

Aufgrund ihres Verhaltens gegenüber Wärme und Druck kann man die Kunststoffe in drei Gruppen einteilen.

Bei der Gruppe der **Thermoplaste** (griech.: thermos, warm, heiß; plastos, verformbar) sind die Makromoleküle hauptsächlich nebeneinander angeordnet (▷ B 4). Wird der Kunststoff erwärmt, können die langen Ketten aneinander „vorbeigleiten". Dabei wird der Kunststoff plastisch verformbar, etwa so wie Knetmasse oder Wachs. Beim Abkühlen erhärten die Kunststoffe wieder und behalten die neue Form bei. Dieser Vorgang des Erwärmens und Erkaltens kann beliebig oft wiederholt werden.

> Thermoplaste lassen sich beim Erwärmen leicht verformen. Sie bestehen aus nebeneinander liegenden Kohlenstoffketten.

Die **Elastomere** (griech.: elastos, dehnbar; meros, Teil) enthalten Kettenmoleküle, die elastisch sind wie Gummi. Die langen Kettenmoleküle bilden Netzwerke, die nach Druck oder Zug wieder in die ursprüngliche Form zurückkehren (▷ B 5).
Durch die netzartige Verknüpfung sind die Elastomere nicht schmelzbar, sondern zersetzen sich oberhalb einer bestimmten Temperatur.

> Elastomere lassen sich beim Erwärmen nur schwach verformen. Sie bestehen aus vernetzten, elastischen Kettenmolekülen.

Die **Duroplaste** (lat.: durus, hart) sind Kunststoffe, die einen stark räumlich vernetzen Aufbau besitzen (▷ B 6). Sie lassen sich auch beim Erwärmen nicht verformen, da die Bindungen nicht verschoben werden können. Deshalb sind Duroplaste nicht schmelzbar. Erst bei hohen Temperaturen zersetzt sich der Kunststoff.

> Duroplaste lassen sich beim Erwärmen nicht verformen. Sie bestehen aus stark vernetzten Kettenmolekülen.

Verwendungsbeispiele
- Trinkbecher
- Folienverpackungen
- Kunststoffflaschen
- Plastikgeschirr
- Eimer
- Wasserleitungsrohre

4 Angeschmolzener Plastikbecher

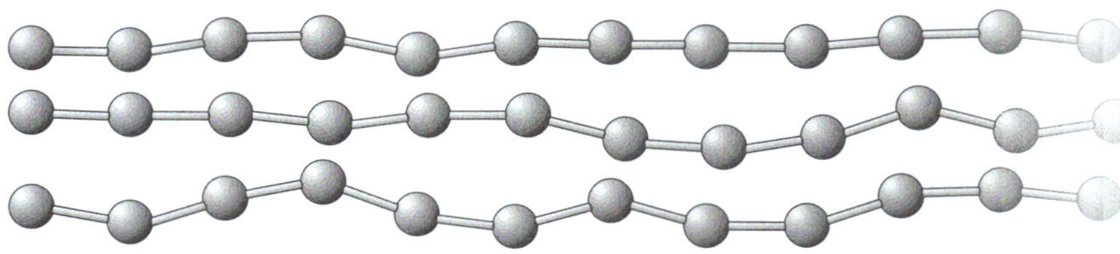

Verwendungsbeispiele
- Matratzen
- Schaumgummi aller Art
- Dichtungen
- Turnmatten
- Sicherung von Skipisten

5 Der Schwamm behält nach Druck seine Form

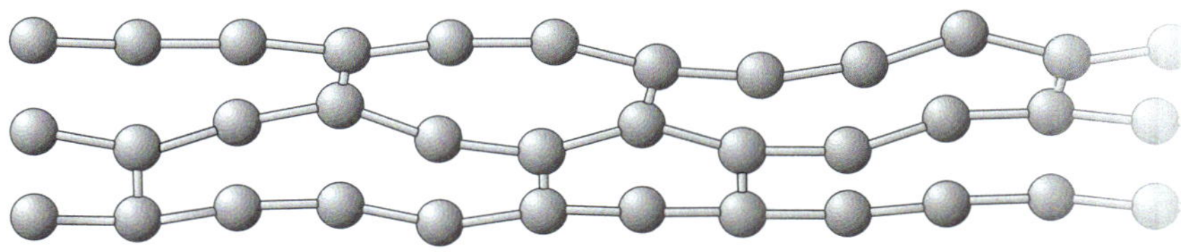

Verwendungsbeispiele
- Elektrische Schalter
- Gehäuse für elektrische Geräte
- Steckdosen
- Küchenmaschinen
- hitzebeständige Lager

6 Duroplaste sind nicht verformbar, sondern zerbrechen bei hohem Druck

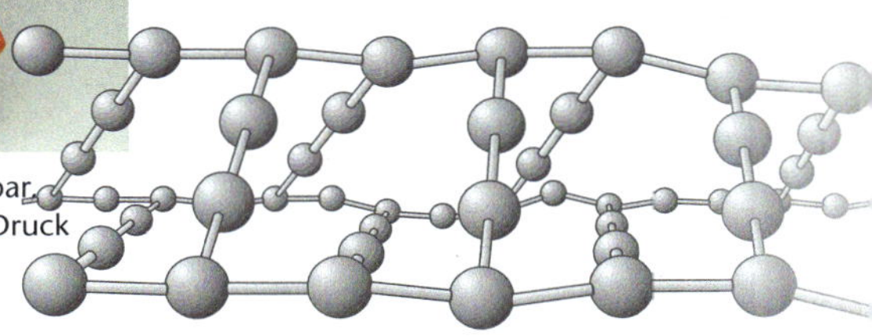

Große Moleküle

Fette
Fette sind Ester aus Glycerin und Fettsäuren (▷B 1). Fette sind Gemische verschiedener Ester.

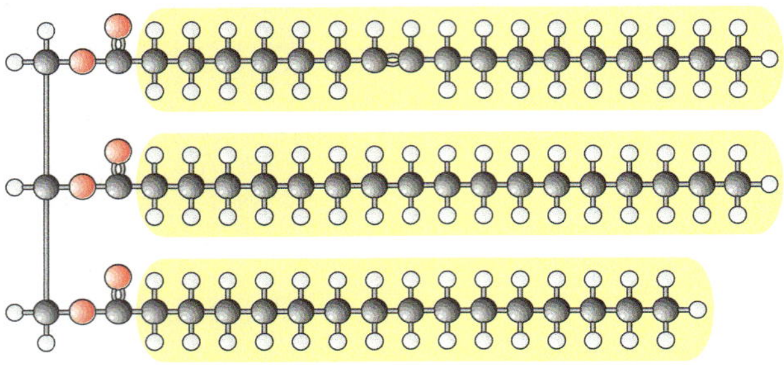

1 Aufbau eines Fettsäureglycerinestermoleküls

Seifen und Seifenanionen
Seifen sind Alkalisalze langkettiger Fettsäuren. Seifen gehören zu den Tensiden.
Ein Seifenmolekül lässt sich modellhaft so darstellen: ein hydrophiler „Kopf“ und ein hydrophober Rest (▷B 2).

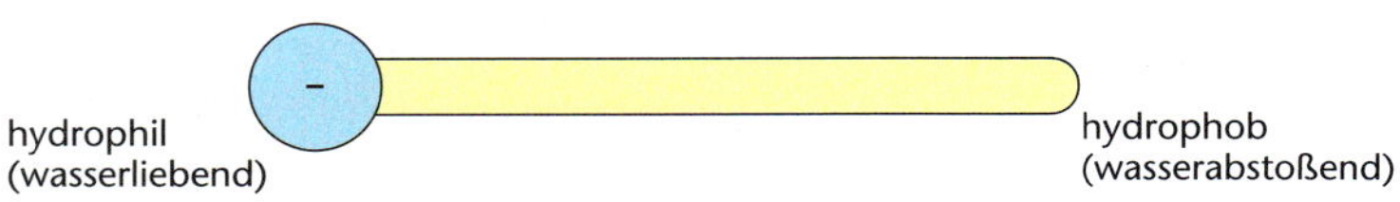

2 Bau eines Seifenanions im Modell

Mono- und Disaccharide
Mono- und Disaccharide gehören zu den Kohlenhydraten. Dissaccharidmoleküle bilden sich durch Verknüpfung zweier Monosaccharidmoleküle (▷B 3).

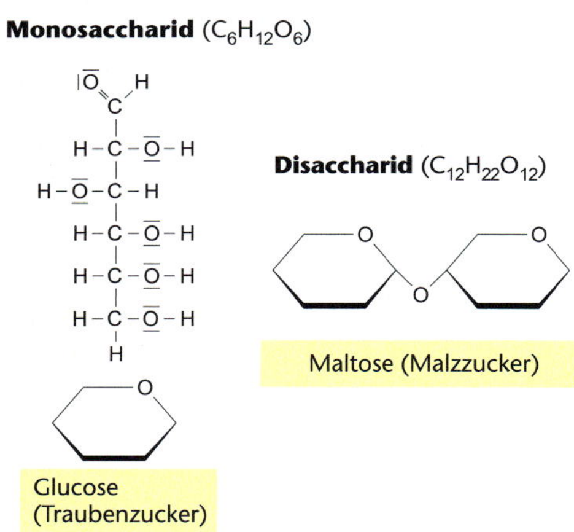

3 Glucose und Maltose

Stärke
Stärke (Amylose) ist ein Kohlenhydrat, das sich aus vielen miteinander verbundenen Glucosemolekülen zusammensetzt. Stärke gehört zu den Polysacchariden.

Eiweiße
Eiweiße sind aus Aminosäuren aufgebaut. Aminosäuren besitzen im Molekül zwei funktionellen Gruppen: die Aminogruppe ($–NH_2$) und die Carboxylgruppe (–COOH).
Aminosäuremoleküle verbinden sich unter Wasserabspaltung miteinander in einer Kondensationsreaktion. Dabei entstehen Dipeptide (▷B 4) oder Polypeptide.

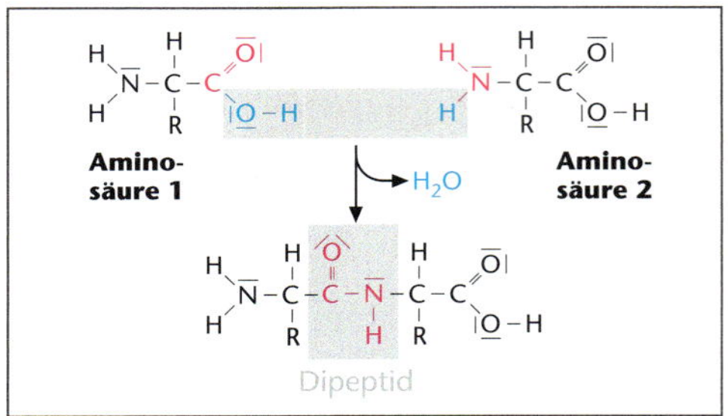

4 Die Bildung eines Dipeptids

Kunststoffe
Kunststoffe entstehen aus der Reaktion vieler kleiner Moleküle (Monomere) zu langen Kohlenstoffketten (Polymeren). Kunststoffe bestehen aus **Makromolekülen**.

Einteilung der Kunststoffe
Thermoplaste lassen sich beim Erwärmen plastisch verformen. Nach dem Erkalten behalten sie die neue Form. Sie bestehen aus langen, nebeneinander liegenden Kohlenstoffketten.

Elastomere lassen sich beim Erwärmen nur schwach verformen. Sie enthalten vernetzte Kettenmoleküle, die elastisch sind wie Gummi.

Duroplaste sind Kunststoffe, die einen stark räumlich vernetzen Aufbau besitzen. Sie lassen sich auch beim Erwärmen nicht verformen.

Aufgaben

1 Zeichne die Strukturformeln aller Ester, die sich aus einem Glycerinmolekül, Ölsäuremolekülen und Butansäuremolekülen bilden können.

2 Fette Öle sind bei Zimmertemperatur flüssig. Beschreibe den Aufbau eines Ölmoleküls im Gegensatz zu einem Fettmolekül (▷ B 1).

1 Zu Aufgabe 2

3 a) Wodurch lässt sich die Vielfalt der Polypeptide erklären?
b) Informiere dich, aus welchen und wie vielen Aminosäuren das Hormon Insulin aufgebaut ist.
c) Nenne und beschreibe zwei Nachweismethoden für Eiweiße.

4 Bilde ein Dipeptidmolekül aus einem Molekül Valin und einem Molekül Alanin. Wie lautet der Name dieser Reaktion?

5 Beschreibe die Wirkung von Seifenlösung auf verschmutzte Kleidung.

6 Schokolade oder Chips beispielsweise (▷ B 2) enthalten „versteckte Fette". Was ist unter diesem Begriff zu verstehen? Finde noch andere Lebensmittel, die „versteckte Fette" enthalten.

2 Zu Aufgabe 6

7 Gib den Namen der folgenden Fettsäuren an:
a) $C_{17}H_{29}COOH$
b) $C_{15}H_{31}COOH$
c) $C_{3}H_{7}COOH$
Welche dieser Säuren gehören zu den essenziellen Fettsäuren? Warum sind diese für die Ernährung unentbehrlich?

8 Welche Kohlenhydrate zeigen mit Fehlingscher Lösung eine Farbänderung (▷ B 3)? Begründe.

9 Auch in der modernen Medizin werden Kunststoffe verwendet. Finde Beispiele (▷ B 4).

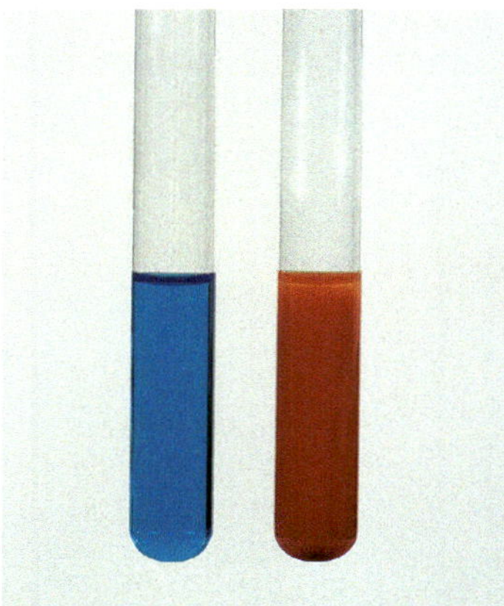
3 Zu Aufgabe 8

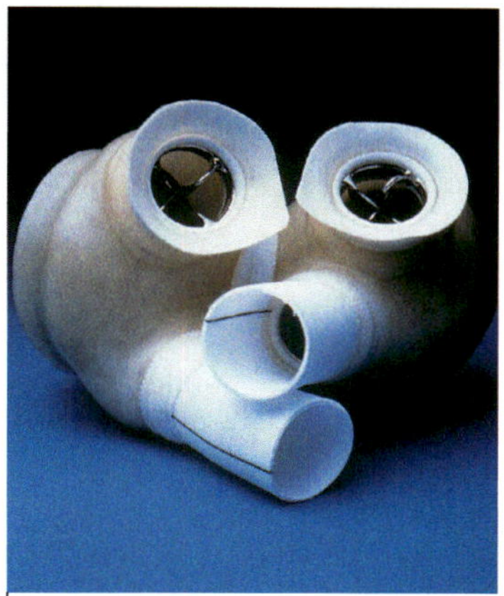
4 Zu Aufgabe 9

10 Weshalb werden bei Grillwürsten Naturdärme verwendet?

11 Erkläre den Unterschied zwischen Elastomer und Thermoplast. Nenne jeweils drei Beispiele.

12 Schaue nach, bei welchen maximalen Temperaturen Kleidung aus Kunstfasern gewaschen werden darf. Begründe.

13 Nenne Eigenschaften eines Kunststoffs, der zu einer Kunststoffmatratze verarbeitet wird.

14 a) Wie sind Kunststoffverpackungen gekennzeichnet? Zeichne und erkläre.

b) Was bedeutet in diesem Zusammenhang der „Grüne Punkt" (▷ B 5)?

5 Zu Aufgabe 14

Dezimale Vielfache und Teile von Einheiten

Kürzel	Vorsatz	Faktor
p	Piko	$10^{-12} = \frac{1}{1\,000\,000\,000\,000}$
n	Nano	$10^{-9} = \frac{1}{1\,000\,000\,000}$
µ	Mikro	$10^{-6} = \frac{1}{1\,000\,000}$
m	Milli	$10^{-3} = \frac{1}{1\,000}$
c	Zenti	$10^{-2} = \frac{1}{100}$
d	Dezi	$10^{-1} = \frac{1}{10}$
da	Deka	10
h	Hekto	$10^{2} = 100$
k	Kilo	$10^{3} = 1\,000$
M	Mega	$10^{6} = 1\,000\,000$
G	Giga	$10^{9} = 1\,000\,000\,000$
T	Tera	$10^{12} = 1\,000\,000\,000\,000$

Griechische Zahlwörter
(nach chemischer Nomenklatur)

$\frac{1}{2}$	hemi	10	deca
1	mono	11	undeca
2	di	12	dodeca
3	tri	13	trideca
4	tetra	14	tetradeca
5	penta	15	pentadeca
6	hexa	16	hexadeca
7	hepta	17	heptadeca
8	octa	18	octadeca
9	nona	19	enneadeca
10	deca	20	eicosa

Umrechnung von Zeiteinheiten

Jahr a	Tag d	Stunde h	Minute min	Sekunde s
1 a =	365 d			
	1 d =	24 h		
		1 h =	60 min	
			1 min =	60 s

Umrechnung von Volumeneinheiten

Kubikmeter m^3	Kubikdezimeter dm^3	Kubikzentimeter cm^3	Kubikmillimeter mm^3
$1\,m^3$ =	$1\,000\,dm^3$		
	$1\,dm^3$ (l) =	$1\,000\,cm^3$ (ml)	
		$1\,cm^3$ =	$1\,000\,mm^3$

Umrechnung von Masseneinheiten

Tonne t	Kilogramm kg	Gramm g	Milligramm mg
1 t =	1 000 kg		
	1 kg =	1 000 g	
		1 g =	1 000 mg

Umrechnung von Druckeinheiten

Megapascal MPa	Bar bar	Hektopascal hPa	Pascal Pa
1 MPa =	10 bar		
	1 bar =	1 000 hPa	
		1 hPa =	100 Pa

Größe und Einheiten

Größe				Einheiten	
Name	Zeichen	Beziehung	Erläuterungen	Name	Zeichen
Masse	m			Gramm Kilogramm	g kg
Volumen	V		Produkt aus drei Längen	Kubikmeter Liter Milliliter	m^3 $1\,l = 1\,dm^3$ $1\,ml = 1\,cm^3$
Stoffmenge	n	$n = \frac{m}{M}$	M: molare Masse m: Masse der Stoffportion	Mol	mol
Dichte	ρ	$\rho = \frac{m}{V}$	m: Masse der Stoffportion V: Volumen der Stoffportion		g/cm^3 $1\,g/m^3 = 0{,}001\,g/cm^3$
Celsiustemperatur	ϑ			Grad Celsius	°C
thermodynamische Temperatur	T	$T = (\frac{\vartheta + 273{,}15}{°C})\,K$		Kelvin	K
Stromstärke	I	$I = \frac{U}{R}$		Ampere Milliampere	A mA
Spannung	U	$U = R \cdot I$	I: Stromstärke R: Widerstand	Volt Millivolt	V mV

Entsorgungsplan

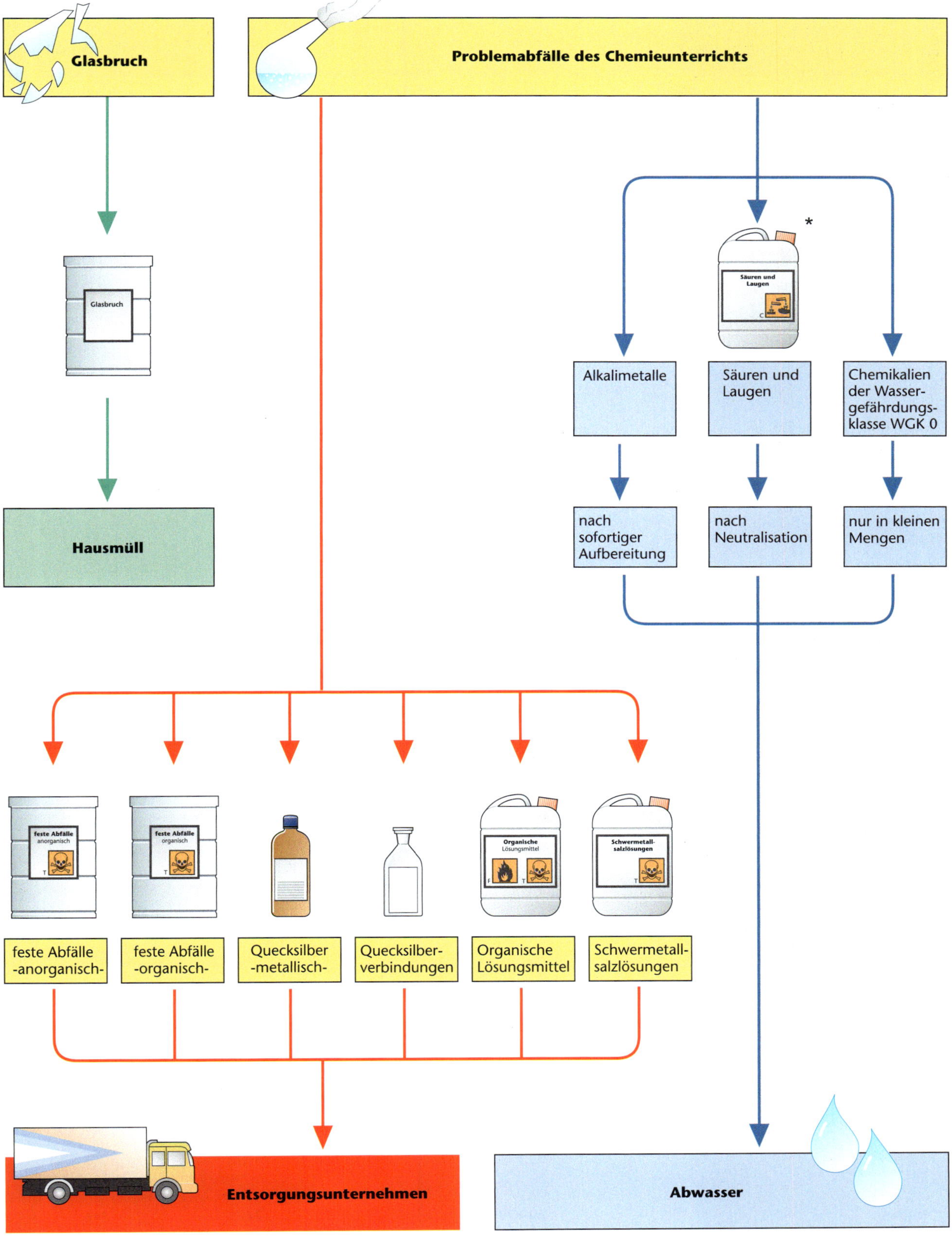

* Problemabfälle müssen in geeigneten Sammelgefäßen aus Kunststoff oder Glas gesammelt werden.

Elementname	Symbol	Ordnungszahl	Atommasse in u	Dichte in g/cm³ (Gase in g/l)	Schmelztemperatur in °C	Siedetemperatur in °C
Actinium	Ac	89	227,0278	10,10	1050	3200
Aluminium	Al	13	26,9815	2,70	660	2467
Antimon	Sb	51	121,7570	6,68	630	1750
Argon	Ar	18	39,9480	1,66	−189	−186
Arsen	As	33	74,9216	5,72	613 s	817 p
Astat	At	85	210,0000	–	302	337
Barium	Ba	56	137,3300	3,51	725	1640
Beryllium	Be	4	9,0122	1,85	1278	2970
Bismut	Bi	83	208,9804	9,8	−7	1560
Blei	Pb	82	207,2000	11,4	327	1740
Bor	B	5	10,8110	2,34	2300	2550 s
Brom	Br	35	79,9040	3,12	27	59
Cadmium	Cd	48	112,4100	8,65	321	765
Caesium	Cs	55	132,9054	1,88	28	669
Calcium	Ca	20	40,0780	1,54	839	1484
Cer	Ce	58	140,1200	6,65	799	3426
Chlor	Cl	17	35,4530	2,95	−101	−35
Chrom	Cr	24	51,9961	7,20	1857	2672
Cobalt	Co	27	58,9332	8,9	1495	2870
Eisen	Fe	26	55,8470	7,87	1535	2750
Fluor	F	9	18,9984	1,58	−219	−188
Francium	Fr	87	223,0000		27	677
Gallium	Ga	31	69,7230	5,90	30	2403
Germanium	Ge	32	72,6000	5,32	937	2830
Gold	Au	79	196,9665	19,32	1064	3080
Hafnium	Hf	72	178,4900	13,3	2227	4602
Helium	He	2	4,0026	0,17	−272 p	−269
Indium	In	49	114,8180	7,30	156	2080
Iod	I	53	126,9045	4,93	113	184
Iridium	Ir	77	192,2200	22,41	2410	4130
Kalium	K	19	39,0983	0,86	63	760
Kohlenstoff	C	6	12,0110	2,25 [2)]	3650 [2)]	4827
Krypton	Kr	36	83,8000	3,48	−157	−152
Kupfer	Cu	29	63,5460	8,92	1083	2567
Lanthan	La	57	138,9055	6,17	921	3457
Lithium	Li	3	6,9410	0,53	180	1342
Magnesium	Mg	12	24,3050	1,74	649	1107
Mangan	Mn	25	54,9380	7,20	1244	1962
Molybdän	Mo	42	95,9400	10,2	2610	5560
Natrium	Na	11	22,9898	0,97	98	883
Neon	Ne	10	20,1790	0,84	−249	−246
Nickel	Ni	28	58,6934	8,90	1455	2730
Niob	Nb	41	92,9064	8,57	2468	4742

Elementname	Symbol	Ordnungs-zahl	Atommasse in u	Dichte in g/cm³ (Gase in g/l)	Schmelz-temperatur in °C	Siede-temperatur in °C
Osmium	Os	76	190,2300	22,5	2700	5300
Palladium	Pd	46	106,4000	12,0	1554	2970
Phosphor	P	15	30,9738	1,82 3)	44 3)	280
Platin	Pt	78	195,0800	21,4	1772	3827
Polonium	Po	84	209,0000	9,4	254	962
Praseodym	Pr	59	140,9077	6,77	931	3512
Protactinium	Pa	91	231,0358	15,4	–	–
Quecksilber	Hg	80	200,5900	13,6	−39	357
Radium	Ra	88	226,0254	5,0	700	1140
Radon	Rn	86	222,0000	9,23	−71	−62
Rhenium	Re	75	186,2070	20,5	3180	5627
Rhodium	Rh	45	102,9055	12,4	1966	3727
Rubidium	Rb	37	85,4678	1,53	39	686
Ruthenium	Ru	44	101,0700	12,3	2310	3900
Sauerstoff	O	8	15,9994	1,33	−219	−183
Scandium	Sc	21	44,9559	3,0	1541	2831
Schwefel	S	16	32,0660	2,07	119	444
Selen	Se	34	78,9600	4,81	217	685
Silber	Ag	47	107,8680	10,5	962	2212
Silicium	Si	14	28,0855	2,32	1410	2355
Stickstoff	N	7	14,0067	1,17	−210	−196
Strontium	Sr	38	87,6200	2,60	769	1384
Tantal	Ta	73	180,9479	16,6	2996	5425
Technetium	Tc	43	98,9062	11,5	2172	4877
Tellur	Te	52	127,6000	6,0	449	990
Thallium	Tl	81	204,3700	11,8	303	1457
Thorium	Th	90	232,0381	11,7	1750	4790
Titan	Ti	22	47,8800	4,51	1660	3287
Uran	U	92	238,0290	19,0	1132	3818
Vanadium	V	23	50,9415	5,96	1890	3380
Wasserstoff	H	1	1,0079	0,083	−259	−253
Wolfram	W	74	183,8400	19,3	3410	5660
Xenon	Xe	54	131,3000	5,49	−112	−107
Yttrium	Y	39	88,9059	4,47	1522	3338
Zink	Zn	30	65,3900	7,14	419	907
Zinn	Sn	50	118,7100	7,30	232	2270
Zirconium	Zr	40	91,2240	6,49	1852	4377

1) Dichteangaben für 20 °C und 1013 hPa
2) Angaben gelten für Graphit; Diamant: Schmelztemp. 3550, Dichte 3,51
3) Angaben gelten für weißen Phosphor; roter Phosphor: Schmelztemp. 590 p, Dichte 2,34

s = sublimiert
p = unter Druck
– = Werte nicht bekannt

Versuchsaufbauten zeichnen

Für die Erstellung eines Versuchsprotokolls oder für Hefteinträge ist es oft notwendig, Versuchsaufbauten zu zeichnen. Ein exakt gezeichneter Versuchsaufbau hilft bei der Auswertung von Versuchsergebnissen und dient als Vorlage für den Aufbau ähnlicher Experimente.

Wie man einen Versuchsaufbau zeichnet
Wegen der einheitlichen Darstellung, sollten die chemischen Geräte und ihre Zusammenstellung in einer Schnittzeichnung dargestellt werden (▷B 3). Im Gegensatz zum realen Versuchsaufbau (▷B 2) gibt eine Schnittdarstellung vom Versuchsaufbau (▷B 1) das Wesentliche übersichtlich wieder.
Dabei reicht es oft aus, die für den Aufbau wichtigen Laborgeräte als Schnittzeichnungen darzustellen. Viele andere Geräte (z. B. Brenner, Dreifuß, Stativ) können in vereinfachter Form gezeichnet oder ganz weggelassen werden.
Die Versuchsskizze sollte jedoch immer beschriftet werden.

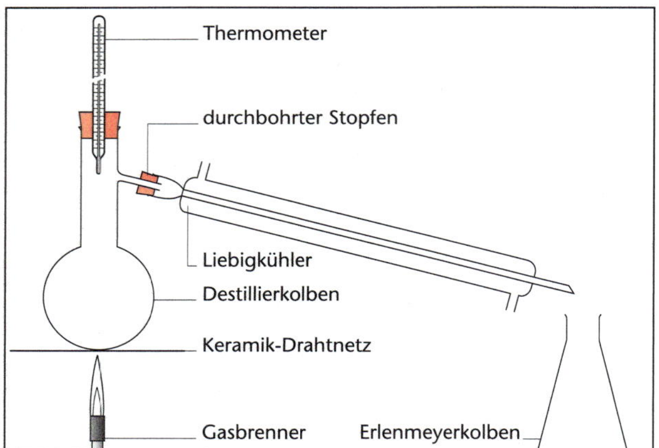

1 Schnittzeichnung vom Versuchsaufbau

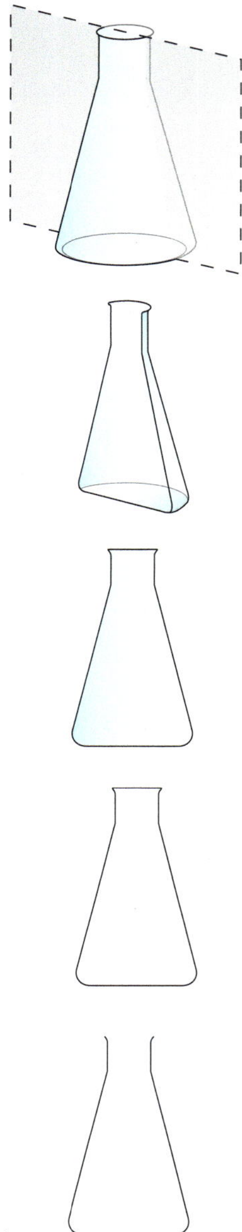

Duch einen Erlenmeyerkolben wird in der **perspektivischen Darstellung** eine Schnittebene (graue Fläche) gelegt.

So sieht die perspektivische Abbildung des Erlenmeyerkolbens nach dem Schnitt aus. Man erkennt die Innenseite, die Schnittkanten und Rundung der Öffnung oben.

Die **Frontalansicht** zeigt nur noch die Schnittkanten und die Innenseite.

In der **Schnittzeichnung** werden die geschnittenen Kanten mit dicken Linien und die nicht geschnittenen Kanten mit dünnen Linien dargestellt.

Bei weiterer Vereinfachung entfallen auch die nicht geschnittenen Kanten. Dadurch wird die Gefäßöffnung besser sichtbar.

3 Eine Schnittzeichnung wird erstellt

2 Realer Versuchsaufbau

Laborgeräte

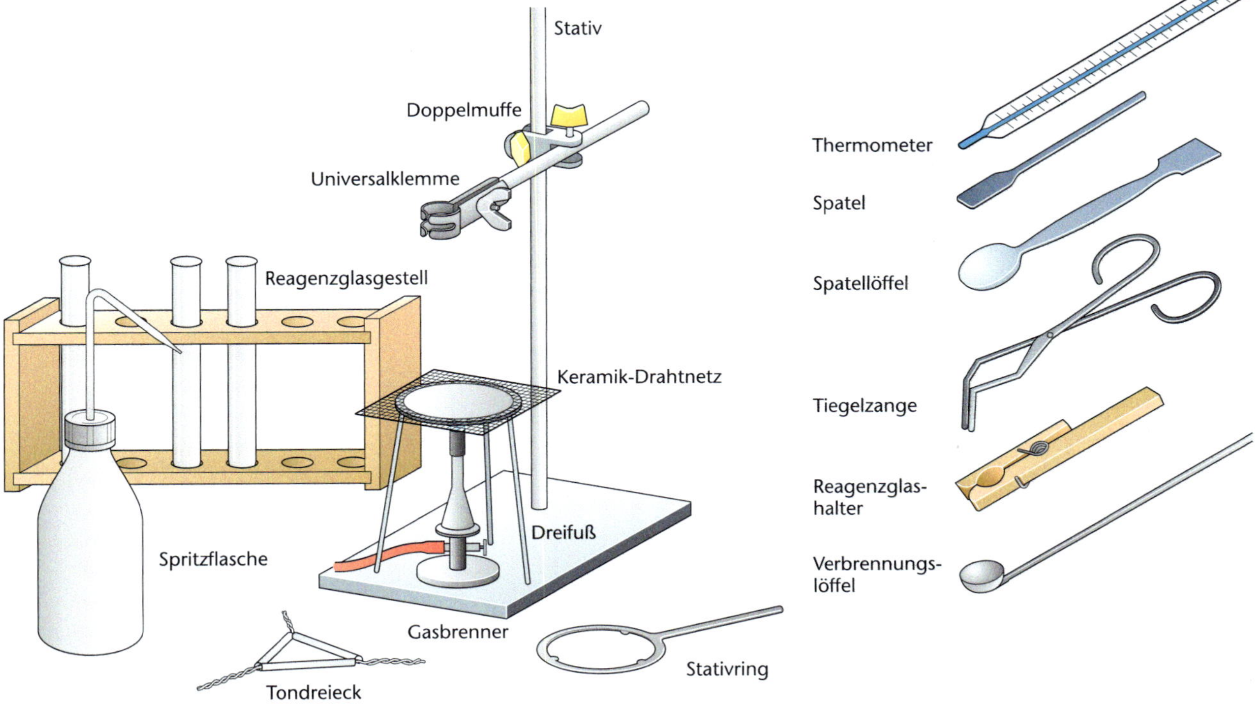

Schnittzeichnungen einiger Laborgeräte

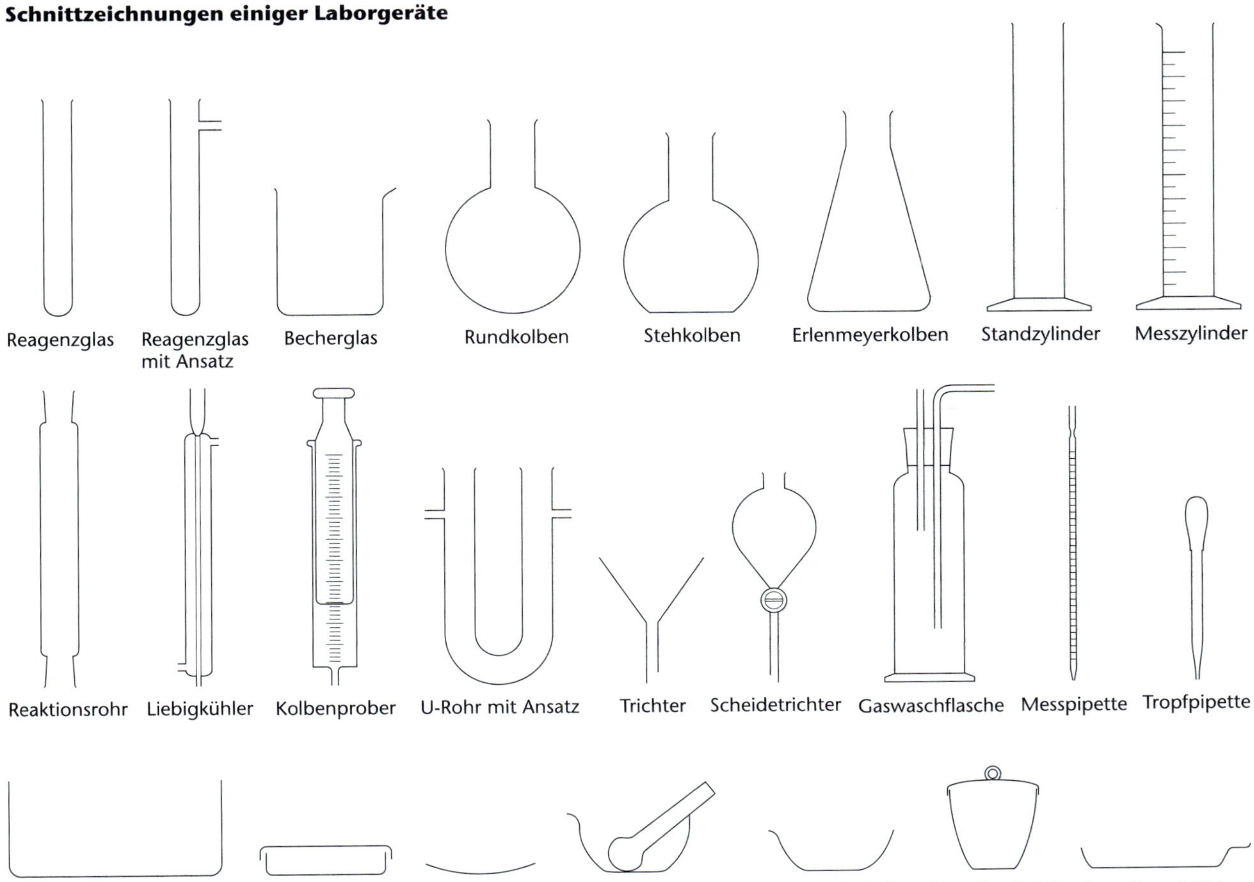

Liste der Gefahrenstoffe

In der nachfolgenden Liste werden Gefahrstoffe aufgeführt, die in den Versuchsanleitungen des vorliegenden Buches vorkommen. Die in der zweiten Spalte stehenden Kennbuchstaben sind den Gefahrensymbolen zugeordnet. Die Bedeutungen der Kurzdarstellungen der R- und S-Sätze ist im Anschluss aufgeführt.

Aus der Nichterwähnung eines Stoffes darf nicht auf seine Unbedenklichkeit geschlossen werden. Vielmehr ist mit Chemikalien grundsätzlich besonnen umzugehen!

Bezeichnung des Stoffes	Kennbuchstabe des Gefahrensymbols	Gefahrenhinweise (R-Sätze)	Sicherheitsratschläge (S-Sätze)	AGW-Wert in mg/m^3
Aceton (2-Propanon)	F, Xi	11-36-66-67	2-9-16-26	1200
Ameisensäure, 90 % und größer	C	35	1/2-23-26-45	9,5
Ameisensäure, 10 % bis unter 90 %	C	34	1/2-23-26-45	9,5
Ameisensäure, 2 % bis unter 10 %	Xi	36/38	1/2-23-26-45	9,5
Ammoniak, wasserfr., 5 % und größer	T, N	10-23-34-50	1/2-9-16-26-36/37/39-45-61	35
Ammoniak, wasserfr. 05, % bis unter 5 %	Xn	20-36/37/38	1/2-9-16-26-36/37/39-45-61	35
Ammoniaklösung, 25 % und größer	C, N	34-50	1/2-26-36/37/39-45-61	35
Ammoniaklösung, 10 % bis unter 25 %	C	34	1/2-26-36/37/39-45-61	35
Ammoniaklösung, 5 % bis unter 10 %	Xi	36/37/38	1/2-26-36/37/39-45-61	35
Bariumchlorid	T	20-25	1/2-45	0,5
Brennspiritus (siehe Ethanol)				
Bariumhydroxid	C	20/22-34	2-26-36/37/39-45	0,5
Brom	T+, C, N	26-35-50	1/2-7/9-26-45-61	0,66
Butan	F+	12	2-9-16	2400
n-Butanol	Xn	10-22-37/38-41-67	2-7/9-13-26-37/39-46	310
Calcium	F	15	2-8-24/25-43	
Calciumchlorid	Xi	36	2-22-24	
Calciumhydroxid (gelöschter Kalk)	Xi	41	2-22-24-26-39	5
Citronensäure	Xi	36	24/25	
Chlor	T, N	23-36/37/38-50	1/2-9-45-61	1,5
Essigsäure, 90 % und größer	C	10-35	1/2-23-26-45	25
Essigsäure, 25 % bis unter 90 %	C	34	1/2-23-26-45	25
Essigsäure, 10 % bis unter 25 %	Xi	36/38	1/2-23-26-45	25
Ethanal (Acetaldehyd)	F+, Xn	12-36/37-40	2-16-33-36/37	91
Ethanol (Ethylalkohol)	F	11	2-7-16	960
Ethansäure	siehe Essigsäure			
Ethansäurebutylester	----	10-66-67	2-25	480
Ethansäureethylester	F, Xi	11-36-66-67	2-16-26-33	1500
Fehlingsche Lösung II	C	35	2-26-27/37/39	
Glykol (Ethandiol)	Xn	22	2	26
Iod	Xn, N	20/21-50	2-23-25-61	1,1
Kalium	F, C	14/15-34	1/2-5-8-43-45	
Kalilauge, 25 % und größer	C	22-35	1/2-26-37/39-45	
Kalilauge, 5 % bis unter 25 %	C	35	1/2-26-37/39-45	
Kalilauge, 2 % bis unter 5 %	C	34	1/2-26-37/39-45	
Kalilauge, 0,5 % bis unter 2 %	Xi	36/38	1/2-26-37/39-45	
Kaliumnitrat	O	8	16-41	

Bezeichnung des Stoffes	Kennbuchstabe des Gefahren-symbols	Gefahrenhinweise (R-Sätze)	Sicherheitsratschläge (S-Sätze)	AGW-Wert in mg/m^3
Kaliumpermanganat	O, Xn, N	8-22-50/53	2-60-61	0,5 E
Kupfer(II)-oxid	Xn	22-50/53	2-22-61	0,1 E
Kupfer(II)-sulfat	Xn, N	22-36/38-50/53	2-22-60-61	0,1 E
Lithium	F, C	14/15-34	1/2-8-43-45	
Lithiumcarbonat	Xn	22-36	24	
Lithiumchlorid	Xn	22-36/38	24	
Magnesiumband	F	11-15	2-7/8-43	
Magnesiumpulver (phlegmat.)	F	11-15	2-7/8-43	
Magnesiumspäne	F	11-15	2-7/8-43	
Methanol (Methylalkohol)	F, T	11-23/24/25-39/23/24/25	1/2-7-16-36/37-45	270
Methansäure	siehe Ameisensäure			
Natrium	F, C	14/15-34	1/2-5-8-43-45	
Natriumcarbonat	Xi	36	2-22-26	
Natriumhydroxid	C	35	1/2-26-37/39-45	2
Natronlauge, 5 % und größer	C	35	1/2-26-37/39-45	2
Natronlauge, 2 % bis unter 5 %	C	34	1/2-26-37/39-45	2
Natronlauge, 0,5 % bis unter 2 %	Xi	36/38	1/2-26-37/39-45	2
Oxalsäure	Xn	21/22	2-24/25	1
Pepsin	Xn	36/37/38-42	22-24-26-36/37	
1-Propanol	F, Xi	11-41-67	2-7-16-24-26-39	
Resorcin, 20 % und größer	Xn, N	22-36/38-50	2-26-61	45
Resorcin, 10 % bis unter 20 %	Xn	22	2-26-61	45
Salpetersäure, 70 % und größer	O, C	8-35	1/2-23-26-36-45	5,2
Salpetersäure, 20 % bis unter 70 %	C	35	1/2-23-26-36-45	5,2
Salpetersäure, 5 % bis unter 20 %	C	34	1/2-23-26-36-45	5,2
Salzsäure, 25 % und größer	C	34-37	1/2-26-45	8
Salzsäure, 10 % bis unter 25 %	Xi	36/37/38	1/2-26-45	8
Schwefeldioxid, 20 % und größer	T	23-34	1/2-7/9-26-36/37/39-45	5
Schwefeldioxid, 5 % bis unter 20 %	C	20-34	1/2-7/9-26-36/37/39-45	5
Schwefeldioxid, 0,5 % bis unter 5 %	Xi	36/37/38	1/2-7/9-26-36/37/39-45	5
Schwefelsäure, 15 % und größer	C	35	1/2-26-30-45	1
Schwefelsäure, 5 % bis unter 15 %	Xi	36/38	1/2-26	1
Schwefelwasserstoff, 10 % und größer	F+, T+, N	12-26-50	1/2-9-16-28-36/37-45-61	14
Schwefelwasserstoff, 5 % bis unter 10 %	T	23	1/2-9-16-28-36/37-45-61	14
Schwefelwasserstoff, 1 % bis unter 5 %	Xn	20	1/2-9-16-28-36/37-45-61	
Silbernitrat	C, N	34-50/53	1/2-26-45-60-61	0,01 E
Wasserstoff	F+	12	2-9-16-33	
Weinsäure	Xi	36	2-24/25	
Wundbenzin (oder Waschbenzin)	Herstellereinstufung beachten			
Zinkpulver (nicht stabilisiert)	F, N	15-17-50/53	2-43-46-60-61	
Zinkpulver, stabilisiert	---	10-15	2-7/8-43	

Bezeichnung des Stoffes	Kennbuchstabe des Gefahrensymbols	Gefahrenhinweise (R-Sätze)	Sicherheitsratschläge (S-Sätze)	AGW-Wert in mg/m³
Zinkspäne, gekörnt	---	15-17	2-7/8-43	
Zinkchlorid (wasserfrei)	C, N	22-34-50/53	1/2-26-36/37/39-45-60-61	
Zinksulfat	Xi, N	36/38-50-53	2-22-25-60-61	

Auch viele Haushaltschemikalien wie z. B. Rohrreiniger, Entkalker oder Reinigungsbenzin sind Gefahrstoffe. Informationen über ihre Gefährlichkeit sind dem jeweiligen Etikett zu entnehmen.

Spalte 3: Gefahrenhinweise (R-Sätze, r = risk)
Es sind die Nummern der R-Sätze angegeben. Die Nummern sind durch einen Bindestrich getrennt; sind Nummern mit einem Schrägstrich versehen, handelt es sich um eine Kombination von R-Sätzen.

Spalte 4: Sicherheitsratschläge (S-Sätze, s = security)
Es sind die Nummern der S-Sätze angegeben. Die Nummern sind durch einen Bindestrich getrennt; sind Nummern mit einem Schrägstrich versehen, handelt es sich um eine Kombination von S-Sätzen.

Spalte 5: AGW-Wert
Der Arbeitsplatzgrezwert (AGW-Wert) gibt die Konzentration eines Gefahrstoffes am Arbeitsplatz an, der nicht überschritten werden darf. E = Einatembare Fraktion

Gas (für technische Anwendungen)	Gewinde	alte Farbkennzeichnung	neue Farbkennzeichnung nach DIN-EN 1089-3 (zusätzliche Kennzeichnung „N" bis Juni 2006)	
			Flaschenschulter	Flaschenmantel*
Sauerstoff	rechts	blau	weiß	blau oder grau
Stickstoff	rechts	dunkelgrün	schwarz	grau, schwarz oder dunkelgrün
Druckluft	rechts	grau	leuchtend grün	grau
Argon	rechts	grau	dunkelgrün	grau oder dunkelgrün
Helium	rechts	grau	braun	grau
Kohlenstoffdioxid	rechts	grau	grau	grau
Wasserstoff	links	rot	rot	rot
Acetylen	Spezialgewinde	gelb	kastanienbraun	kastanienbraun, schwarz oder gelb

* Die einzig verbindliche Kennzeichnung des Flascheninhalts erfolgt durch den Gefahrgutaufkleber. Die Farbkennzeichnung dient als ergänzende und unterstützende Information. In Deutschland soll ab 01.07.2006 bei Sauerstoff, Stickstoff und Argon die Rumpffarbe grau verwendet werden.

Satzziffer	Bedeutung
R 1	In trockenem Zustand explosionsgefährlich
R 2	Durch Schlag, Reibung, Feuer oder andere Zündquellen explosionsgefährlich
R 3	Durch Schlag, Reibung, Feuer oder andere Zündquellen besonders explosionsgefährlich
R 4	Bildet hochempfindliche explosionsgefährliche Metallverbindungen
R 5	Beim Erwärmen explosionsfähig
R 6	Mit und ohne Luft explosionsfähig
R 7	Kann Brand verursachen
R 8	Feuergefahr bei Berührung mit brennbaren Stoffen
R 9	Explosionsgefahr bei Mischung mit brennbaren Stoffen
R 10	Entzündlich
R 11	Leicht entzündlich
R 12	Hoch entzündlich
R 14	Reagiert heftig mit Wasser
R 15	Reagiert mit Wasser unter Bildung hoch entzündlicher Gase
R 16	Explosionsgefährlich in Mischung mit brandfördernden Stoffen
R 17	Selbstentzündlich an der Luft
R 18	Bei Gebrauch Bildung explosionsfähiger/leicht entzündlicher Dampf/Luftgemische möglich
R 19	Kann explosionsfähige Peroxide bilden
R 20	Gesundheitsschädlich beim Einatmen
R 21	Gesundheitsschädlich bei Berührung mit der Haut
R 22	Gesundheitsschädlich beim Verschlucken
R 23	Giftig beim Einatmen
R 24	Giftig bei Berührung mit der Haut
R 25	Giftig beim Verschlucken
R 26	Sehr giftig beim Einatmen
R 27	Sehr giftig bei Berührung mit der Haut
R 28	Sehr giftig beim Verschlucken
R 29	Entwickelt bei Berührung mit Wasser giftige Gase
R 30	Kann bei Gebrauch leicht entzündlich werden
R 31	Entwickelt bei Berührung mit Säure giftige Gase
R 32	Entwickelt bei Berührung mit Säure sehr giftige Gase
R 33	Gefahr kumulativer Wirkungen
R 34	Verursacht Verätzungen
R 35	Verursacht schwere Verätzungen
R 36	Reizt die Augen
R 37	Reizt die Atmungsorgane
R 38	Reizt die Haut
R 39	Ernste Gefahr irreversiblen Schadens
R 40	Irreversibler Schaden möglich
R 41	Gefahr ernster Augenschäden
R 42	Sensibilisierung durch Einatmen möglich
R 43	Sensibilisierung durch Hautkontakt möglich
R 44	Explosionsgefahr bei Erhitzen unter Einschluss
R 45	Kann Krebs erzeugen

Satzziffer	Bedeutung
R 46	Kann vererbbare Schäden verursachen
R 48	Gefahr ernster Gesundheitsschäden bei längerer Exposition
R 49	Kann Krebs erzeugen beim Einatmen
R 50	Sehr giftig für Wasserorganismen
R 51	Giftig für Wasserorganismen
R 52	Schädlich für Wasserorganismen
R 53	Kann in Gewässern längerfristig schädliche Wirkung haben
R 54	Giftig für Pflanzen
R 55	Giftig für Tiere
R 56	Giftig für Bodenorganismen
R 57	Giftig für Bienen
R 58	Kann längerfristig schädliche Wirkungen auf die Umwelt haben
R 59	Gefährlich für die Ozonschicht
R 60	Kann die Fortpflanzungsfähigkeit beeinträchtigen
R 61	Kann das Kind im Mutterleib schädigen
R 62	Kann möglicherweise die Fortpflanzungsfähigkeit beeinträchtigen
R 63	Kann das Kind im Mutterleib möglicherweise schädigen
R 64	Kann Säuglinge über die Muttermilch schädigen
R 65	Gesundheitsschädlich: Kann beim Verschlucken Lungenschäden verursachen
R 66	Wiederholter Kontakt kann zu spröder und rissiger Haut führen
R 67	Dämpfe können Schläfrigkeit und Benommenheit verursachen
R 68	Irreversibler Schaden möglich

Beispielhafte Kombinationen der R-Sätze (Auszug)

R 14/15	Reagiert heftig mit Wasser unter der Bildung hoch entzündlicher Gase
R 15/29	Reagiert mit Wasser unter Bildung giftiger und leicht entzündlicher Gase
R 20/21	Gesundheitsschädlich beim Einatmen und bei Berührung mit der Haut
R 20/22	Gesundheitsschädlich beim Einatmen und Verschlucken
R 20/21/22	Gesundheitsschädlich beim Einatmen, Verschlucken und Berührung mit der Haut
R 21/22	Gesundheitsschädlich bei Berührung mit der Haut und beim Verschlucken
R 23/24/25	Giftig beim Einatmen, Verschlucken und bei Berührung mit der Haut
R 26/27/28	Sehr giftig beim Einatmen, Verschlucken und bei Berührung mit der Haut
R 36/37/38	Reizt die Augen, Atmungsorgane und die Haut

Satzziffer	Bedeutung
S 1	Unter Verschluss aufbewahren
S 2	Darf nicht in die Hände von Kindern gelangen
S 3	Kühl aufbewahren
S 4	Von Wohnplätzen fernhalten
S 5	Unter … aufbewahren (geeignete Flüssigkeit vom Hersteller anzugeben)
S 6	Unter … aufbewahren (inertes Gas vom Hersteller anzugeben)
S 7	Behälter dicht geschlossen halten
S 8	Behälter trocken halten
S 9	Behälter an einem gut gelüfteten Ort aufbewahren
S 12	Behälter nicht gasdicht verschließen
S 13	Von Nahrungsmitteln, Getränken und Futtermitteln fern halten
S 14	Von … fern halten (inkompatible Substanzen vom Hersteller anzugeben)
S 15	Vor Hitze schützen
S 16	Von Zündquellen fern halten – nicht rauchen
S 17	Von brennbaren Stoffen fern halten
S 18	Behälter mit Vorsicht öffnen und handhaben
S 20	Bei der Arbeit nicht essen und trinken
S 21	Bei der Arbeit nicht rauchen
S 22	Staub nicht einatmen
S 23	Gas/Rauch/Dampf/Aerosol nicht einatmen (geeignete Bezeichnung[en] vom Hersteller anzugeben)
S 24	Berührung mit der Haut vermeiden
S 25	Berührung mit den Augen vermeiden
S 26	Bei Berührung mit den Augen gründlich mit Wasser abspülen und Arzt konsultieren
S 27	Beschmutzte, getränkte Kleidung sofort ausziehen
S 28	Bei Berührung mit der Haut sofort abwaschen mit viel … (vom Hersteller anzugeben)
S 29	Nicht in die Kanalisation gelangen lassen
S 30	Niemals Wasser hinzugießen
S 33	Maßnahmen gegen elektrostatische Aufladung treffen
S 35	Abfälle und Behälter müssen in gesicherter Weise beseitigt werden
S 36	Bei der Arbeit geeignete Schutzkleidung tragen
S 37	Geeignete Schutzhandschuhe tragen
S 38	Bei unzureichender Belüftung Atemschutzgerät anlegen
S 39	Schutzbrille/Gesichtsschutz tragen
S 40	Fußboden und verunreinigte Gegenstände mit … reinigen (vom Hersteller anzugeben)
S 41	Explosions- und Brandgase nicht einatmen
S 42	Beim Räuchern/Versprühen geeignetes Atemschutzgerät anlegen (geeignete Bezeichnung[en] vom Hersteller anzugeben)
S 43	Zum Löschen … (vom Hersteller anzugeben) verwenden (wenn Wasser die Gefahr erhöht, anfügen: „Kein Wasser verwenden")
S 45	Bei Unfällen oder Unwohlsein sofort Arzt zuziehen (wenn möglich, dieses Etikett vorzeigen)
S 46	Bei Verschlucken sofort ärztlichen Rat einholen und Verpackung oder Etikett vorzeigen
S 47	Nicht bei Temperaturen über … °C aufbewahren (vom Hersteller anzugeben)
S 48	Feucht halten mit … (geeignetes Mittel vom Hersteller anzugeben)
S 49	Nur im Originalbehälter aufbewahren
S 50	Nicht mischen mit … (vom Hersteller anzugeben)
S 51	Nur in gut belüfteten Bereichen verwenden
S 52	Nicht großflächig für Wohn- und Aufenthaltsräume zu verwenden
S 53	Exposition vermeiden. Vor Gebrauch besondere Anweisung einholen
S 56	Diesen Stoff und seinen Behälter der Problemabfallentsorgung zuführen
S 57	Zur Vermeidung einer Kontamination der Umwelt -geeigneten Behälter verwenden
S 59	Informationen zur Wiederverwendung/Wiederverwertung beim Hersteller/Lieferanten erfragen
S 60	Dieser Stoff und/oder sein Behälter sind als gefährlicher Abfall zu entsorgen
S 61	Freisetzung in die Umwelt vermeiden. Besondere Anweisungen einholen/Sicherheitsdatenblatt zu Rate ziehen
S 62	Bei Verschlucken kein Erbrechen herbeiführen. Sofort -ärztlichen Rat einholen und Verpackung oder dieses Etikett vorzeigen
S 63	Bei Unfall durch Einatmen: Verunfallten an die frische Luft bringen und ruhig stellen
S 64	Bei Verschlucken Mund mit Wasser ausspülen (nur wenn Verunfallter bei Bewusstsein ist)

Beispielhafte Kombinationen der S-Sätze (Auszug)	
S 1/2	Unter Verschluss und für Kinder unzugänglich aufbewahren
S 3/7	Behälter dicht geschlossen halten und an einem kühlen, gut gelüfteten Ort aufbewahren
S 3/14	An einem kühlen Ort entfernt von … aufbewahren (die Stoffe, mit denen Kontakt vermieden werden muss, sind vom Hersteller anzugeben)
S 3/9/14	An einem kühlen, gut gelüfteten Ort, entfernt von … aufbewahren (die Stoffe, mit denen Kontakt vermieden werden muss, sind vom Hersteller anzugeben)
S 3/9/49	Nur im Originalbehälter an einem kühlen, gut gelüfteten Ort aufbewahren
S 3/9/14/49	Nur im Originalbehälter an einem kühlen, gut gelüfteten Ort, entfernt von … aufbewahren (die Stoffe, mit denen Kontakt vermieden werden muss, sind vom Hersteller anzugeben)
S 7/8	Behälter trocken und dicht verschlossen halten
S 20/21	Bei der Arbeit nicht essen, trinken oder rauchen
S 24/25	Berührungen mit den Augen und der Haut vermeiden

Sicherheit beim Experimentieren

2 a) An dem Gefahrensymbol ist zu erkennen, dass es sich um eine ätzende Flüssigkeit handelt.
Beim Entsorgen dieser Flüssigkeit sollten Schutzhandschuhe und Schutzbrille getragen werden, da der Stoff zu Verätzungen führen kann.
b) Nicht mehr identifizierbare Stoffe sollten vorsichtshalber als Problemabfall entsorgt werden.

Die Chemische Reaktion

5 a) Schwarzes Silbersulfid wird beim Erhitzen zerlegt, es findet eine chemische Reaktion statt.
Aus einem Ausgangsstoff (einem Edukt) entstehen zwei Endstoffe (zwei Reaktionsprodukte). Bei der Zerlegung von Silbersulfid entstehen unter Wärmezufuhr die Reaktionsprodukte Silber (silbrig glänzende Kugel) und Schwefel (gelber Stoff). Das Reaktionsschema für die chemische Reaktion lautet:

Silbersulfid ⟶ Silber + Schwefel

b) Silber und Schwefel sind Elemente. Sie sind Grundstoffe, die sich nicht in weitere Stoffe zerlegen lassen. Silbersulfid ist eine Verbindung, sie lässt sich in Silber und Schwefel zerlegen.
c) Es hat eine endotherme Reaktion stattgefunden, da bei der Zerlegung von Silbersulfid ständig Energie (in Form von Wärme) zugeführt wird.
Im Reaktionsschema wird die endotherme Reaktion wie folgt angegeben:

Silbersulfid ⟶ Silber + Schwefel | endotherm

6 a) Beim Erhitzen von Kupfer und Schwefel findet eine chemische Reaktion statt. Aus zwei Ausgangsstoffen (zwei Edukten) entsteht ein Endstoff (ein Reaktionsprodukt).
Die Ausgangsstoffe (Edukte) sind Kupfer und Schwefel.
Der Endstoff (Reaktionsprodukt) ist Kupfersulfid.
Das Reaktionsschema für diese chemische Reaktion lautet:

Kupfer + Schwefel ⟶ Kupfersulfid | exotherm

b) Bei der Reaktion von Kupfer und Schwefel hat sich die Verbindung Kupfersulfid gebildet. Die Bildung einer Verbindung nennt man Synthese.
c) Der Ablauf einer exothermen Reaktion kann mit folgender Modellvorstellung verglichen werden: Eine Kugel soll über einen Hügel nach unten gebracht werden. Sie kann den Hügel nicht von alleine überwinden. Dazu benötigt man Energie. Oben, von der Spitze des Hügels aus, kann die Kugel dann von selbst ins Tal rollen.
Die chemische Reaktion kommt nicht von alleine in Gang. Die Ausgangsstoffe Kupfer und Schwefel müssen zuerst aktiv gemacht werden. Dazu benötigt man Aktivierungsenergie, man muss erwärmen. Hat die Reaktion eingesetzt, wird viel Energie (in Form von Wärme und Licht) frei. Sie reicht aus, um die chemische Reaktion in Gang zu halten.

Reaktionen mit Sauerstoff

3 Bei der Verbrennung von rötlichem Kupfer über dem Gasbrenner findet eine Oxidation statt.

Kupfer + Sauerstoff ⟶ Kupferoxid

Wird Kupfer jedoch über eine Kerzenflamme gehalten, entsteht kein Kupferoxid, sondern nur Ruß. Die Kerzenflamme ist nicht heiß genug, um die Oxidation von Kupfer zu bewirken. Die Aktivierungsenergie, die erforderlich ist, damit die Reaktion in Gang kommt, wird nicht erreicht. Stattdessen schlägt sich Ruß der Kerzenflamme (entsteht aus der Verbrennung des Kerzenwachses) am Kupfer nieder.

9 Menschen und Tiere atmen Kohlenstoffdioxid in die Luft aus und Pflanzen nehmen das Kohlenstoffdioxid zur Fotosynthese wieder auf. In diesem Rahmen ist Kohlenstoffdioxid ein natürlicher Luftbestandteil. In sauberer Luft ist Kohlenstoffdioxid zu ca. 0,04 % enthalten. Durch Verbrennung von kohlenstoffhaltigen Brennstoffen und der zunehmenden Verkehrsbelastung wird so viel Kohlenstoffdioxid produziert, dass dieses von den grünen Pflanzen nicht mehr gebunden werden kann. Ein zu hoher Kohlenstoffdioxidanteil in der Luft trägt zur übermäßigen Erwärmung der Erdatmosphäre bei (Treibhauseffekt) und gilt in diesem Sinne als Luftschadstoff.

Reduktion und Redoxreaktion

2 Eine Reduktion von Eisenoxid bedeutet, dass dieser Verbindung der Sauerstoff entzogen werden muss. Es bleibt dann elementares Eisen zurück.
Da Eisen bereits mit Luftsauerstoff reagiert und dabei Eisenoxid (Rost) bildet, kann die Reduktion nur mit einem Metall erfolgen, das noch intensiver mit Sauerstoff reagiert. Daher lässt sich Eisenoxid mit den starken Reduktionsmitteln Magnesium oder Aluminium (vgl. Thermitverfahren) reduzieren:

Eisenoxid + Magnesium ⟶ Eisen + Magnesiumoxid

Eisenoxid + Aluminium ⟶ Eisen + Aluminiumoxid

Die chemische Zeichensprache

4 Im Folgenden wird der Weg zur Erstellung einer Reaktionsgleichung schrittweise dargestellt.
1. Schritt: Reaktionsschema in Worten
Die Elemente, die hier miteinander reagieren, sind Wasserstoff und Chlor. Dies erkennt man an dem Namen des Reaktionsproduktes: Chlorwasserstoff.

Wasserstoff + Chlor ⟶ Chlorwasserstoff

2. Schritt: Symbole und Formeln ergänzen
Beide Elemente liegen, da es Gase sind, als zweiatomige Moleküle vor. Dann haben sie die Formeln H_2 und Cl_2.
Die Verbindung Chlorwasserstoff setzt sich zusammen aus den Elementen H und Cl. Beide Atome dieser Elemente sind einwertig. Dann muss die Formel für Chlorwasserstoff HCl lauten.

$$H_2 + Cl_2 \longrightarrow HCl$$

3. Schritt: Ausgleichen
Die Gleichung stimmt noch nicht, da links und rechts vom Reaktionspfeil nicht die gleiche Anzahl der jeweiligen Atomsorten steht. Da man an den Formeln nichts ändern darf, wird die Gleichung nur richtig, wenn man vor HCl eine 2 schreibt.

$$H_2 + Cl_2 \longrightarrow 2\ HCl$$

Elementgruppen und Atombau

3 a) Die **Ordnungszahl** steht am Elementsymbol links unten. Die Ordnungszahl von Magnesium ist 12.

b) Die **Ordnungszahl** gibt die Anzahl der Elektronen in der Hülle bzw. der Protonen im Kern an. Demnach besitzt das Magnesiumatom 12 Protonen im Kern und 12 Elektronen in der Hülle. Verteilt man die 12 Elektronen auf Schalen, besitzt das Magnesiumatom drei Schalen. Die erste Schale enthält zwei Elektronen, die zweite Schale acht Elektronen und die dritte Schale zwei Elektronen.
Schalenmodell:
1. Schale: 2 Elektronen
2. Schale: 8 Elektronen
3. Schale: 2 Elektronen

c) Die Anzahl der Außenelektronen gibt Auskunft über die **Hauptgruppennummer**, die Anzahl der Schalen über die **Periodennummer**. Magnesium steht demnach in der II. Hauptgruppe und in der 3. Periode im Periodensystem. Es gehört zur Elementgruppe der Erdalkalimetalle.

6 Das flüssige Element in Bild 4 gehört zur Elementgruppe der Halogene. Das Bild zeigt das Element Brom. Brom steht in der VII. Hauptgruppe. Das Bromatom besitzt demnach 7 Außenelektronen. Die 35 (Ordnungszahl = 35) Elektronen des Bromatoms verteilen sich wie folgt: Die erste Schale enthält zwei Elektronen, die zweite Schale acht Elektronen, die dritte Schale achtzehn Elektronen und die vierte Schale sieben Elektronen. Brom steht in der 4. Periode.

Chemische Bindungen

3 a) Im **HCl-Molekül** hat das Wasserstoffatom einen EN-Wert von 2,20 und das Chloratom hat einen EN-Wert von 2,83. Die Differenz beider EN-Werte ist gleich 0,63. Somit liegt eine **polare Atombindung** zwischen dem Wasserstoffatom und dem Chloratom vor. In der Keilschreibweise zeigt der Keil zum Partner mit dem höheren EN-Wert. Dieser erhält dann das Zeichen δ–:
δ+ δ–
H ⊿ Cl

b) Im **Wassermolekül** hat das Wasserstoffatom einen EN-Wert von 2,20 und das Sauerstoffatom einen EN-Wert von 3,50. Die Differenz beider EN-Werte beträgt 1,30. Es liegt eine **polare Atombindung** zwischen den Atomen vor. Der Keil weist zum Sauerstoffatom. Dieses erhält das Zeichen δ–:
δ+ δ– δ+
H ⊿ O ⊾ H

c) Im **NH_3-Molekül** hat das Wasserstoffatom einen EN-Wert von 2,20, und das Stickstoffatom einen EN-Wert von 3,07. Die Differenz beider EN-Werte beträgt 0,87. Es liegt eine **polare Atombindung** vor. Der Keil weist zum Stickstoffatom. Dieses erhält das Zeichen δ–:
δ+ δ– δ+
H ⊿ N ⊾ H
▽
H δ+

d) Im **HBr-Molekül** hat das Wasserstoffatom einen EN-Wert von 2,20 und das Bromatom einen EN-Wert von 2,74. Die EN-Differenz beider EN-Werte beträgt 0,54. Es liegt eine **polare Atombindung** zwischen beiden Atomen vor. Der Keil weist zum Bromatom hin.
Dieses erhält das Zeichen δ–:
δ+ δ–
H ⊿ Br

8 Im Schalenmodell kann man erkennen, dass das links dargestellte Atom zunächst 19 Elektronen besitzt. Das Element mit der Ordnungszahl 19 ist Kalium.
Es handelt sich bei diesem Schalenmodell um ein **Kaliumatom**.
Das rechts dargestellte Atom hat zunächst 9 Elektronen. Es handelt sich um ein **Fluoratom**.
Das Kaliumatom gibt ein Elektron an das Fluoratom ab. Nach der Elektronenabgabe wird aus dem Kaliumatom ein positiv geladenes Kaliumion und aus dem Fluoratom ein negativ geladenes Fluoridion. Es handelt sich bei diesem Vorgang daher um eine **Ionenbildung**. Es entsteht eine Salzverbindung mit dem Namen **Kaliumfluorid**.

Säuren und Laugen

2 Salze können auf verschiedenen Wegen entstehen. Das gilt auch für die Bildung von Zinksulfat $ZnSO_4$.
a) Unedle Metalle reagieren mit sauren Lösungen (hier: verdünnte Schwefelsäure) zu Wasserstoff und Salz (hier: Zinksulfat):
$Zn + H_2SO_4 \longrightarrow ZnSO_4 + H_2$
b) Metalloxide reagieren mit sauren Lösungen (hier: verdünnte Schwefelsäure) zu Wasser und Salz:
$ZnO + H_2SO_4 \longrightarrow ZnSO_4 + H_2O$

10 Die Salze der Schwefelsäure sind die Sulfate und die Hydrogensulfate.
Mit Bariumhydroxid können Sulfationen SO_4^{2-} nachgewiesen werden (weißer Niederschlag).
Im Spritzmittel gegen Rebläuse ist daher das Salz Kupfersulfat mit der **Formel $CuSO_4$** enthalten.

Kohlenwasserstoffe und fossile Brennstoffe

4 Benzin, Diesel und Heizöl werden mithilfe der fraktionierten Destillation aus dem Erdöl gewonnen. Dabei wird Erdöl zunächst auf etwa 400 °C in einem Röhrenofen erhitzt. Die Öldämpfe werden in einen Destillationsturm geleitet. In dem Destillationsturm steigen die Dämpfe auf und kühlen sich dabei ab. Bei einer Temperatur von 250 °C bis 360 °C kondensieren dann Diesel- und Heizöl, bei einer Temperatur von 35 °C bis 140 °C Benzine. Die Kondensate sammeln sich auf Zwischenböden, Glockenböden genannt, und werden dann in Lagertanks gepumpt.

7 a) Die Octanzahl gibt die Klopffestigkeit eines Benzins an. Als Bezugsgröße dient Isooctan mit der Octanzahl 100, n-Heptan erhält die Octanzahl 0.
b) Ein Benzin hat die Octanzahl 92, wenn es genauso klopffest ist wie ein Gemisch aus 92 % des Isooctans und 8 % des n-Heptans.

15 a) Der Abgaskatalysator befindet sich zwischen dem Motor und dem ersten Schalldämpfer.
b) Hauptschadstoffe des Autoabgases sind Kohlenstoffmonooxid, Stickstoffoxide und Kohlenwasserstoffe.
c) Kohlenstoffmonooxid wird zu Kohlenstoffdioxid umgewandelt, Stickstoffoxide werden zu Stickstoff und Kohlenwasserstoffe zu Kohenstoffdioxid und Wasser umgewandelt .

Alkohole und organische Säuren

6 Das linke Molekülmodell zeigt ein **Ethanolmolekül**. Ethanol gehört zur Stoffgruppe der **Alkanole**. Das Molekül ist aus einer Ethylgruppe und einer Hydroxylgruppe aufgebaut. Die **Hydroxylgruppe** ist die funktionelle Gruppe der Alkohole. Das Ethanolmolekül enthält zwei Kohlenstoffatome und leitet sich vom entsprechenden Alkanmolekül mit zwei Kohlenstoffatomen ab, dem Ethanmolekül. Ethanol ist eine farblose Flüssigkeit mit einer Siedetemperatur von 78 °C. Zwischen den polaren Ethanolmolekülen wirken Anziehungskräfte, die Wasserstoffbrückenbindungen, die eine relativ hohe Siedetemperatur verursachen. Ethanol löst sich aufgrund seiner Molekülstruktur (polare Hydroxylgruppe; kurzer unpolarer Kohlenwasserstoffrest) sowohl in Wasser als auch in Benzin. Ethanol verbrennt mit bläulicher Flamme zu Kohlenstoffdioxid und Wasser.

Das rechte Molekülmodell zeigt ein **Ethansäuremolekül** (Essigsäuremolekül). Ethansäure gehört zur Stoffgruppe der **Alkansäuren**. Das Molekül ist aus einer Methylgruppe und einer **Carboxylgruppe** aufgebaut. Die Carboxylgruppe ist die funktionelle Gruppe der Alkansäuren. Das Ethansäuremolekül leitet sich vom entsprechenden Alkanmolekül mit zwei Kohlenstoffatomen ab, dem Ethanmolekül. Ethansäure ist eine farblose Flüssigkeit mit stechendem Geruch. 100 %ige Ethansäure erstarrt bei 16,6 °C zu eisartigen Kristallen (Eisessig). Konzentrierte Ethansäure wirkt stark ätzend. Ihre Dämpfe sind brennbar. Verdünnte Ethansäure leitet den elektrischen Strom und färbt Universalindikator rot. Sie reagiert mit unedlen Metallen unter Bildung von Wasserstoff. Ethansäuremoleküle sind polar, zwischen ihnen wirken Wasserstoffbrücken. Ethansäure ist aufgrund der Molekülstruktur sowohl in Wasser als auch in Benzin löslich.

8 Bei den abgebildeten Verbindungen handelt es sich um **Ester**. Ester entstehen durch Kondensationsreaktion (unter Wasserabspaltung) aus Alkoholen und Säuren.
Bildung von **Propansäureethylester** (Rumaroma) aus Propansäure und Ethanol,
Bildung von **Butansäuremethylester** (Apfelaroma) aus Butansäure und Methanol,
Bildung von **Butansäureethylester** (Ananasaroma) aus Butansäure und Ethanol,
Bildung von **Ethansäurepentylester** (Bananenaroma) aus Ethansäure und Pentanol.
Beispiel:
Butansäure + Methanol ⟶
Butansäuremethylester + Wasser

$$C_3H_7COOH + CH_3OH \longrightarrow C_3H_7COOCH_3 + H_2O$$

Große Moleküle

4 Ein Valinmolekül verbindet sich mit einem Alaninmolekül unter Wasserabspaltung (Kondensationsreaktion) zu einem **Dipeptid**.

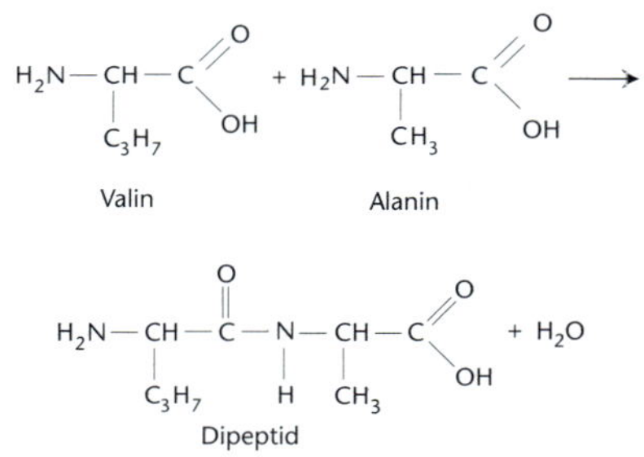

7 a) Linolensäure
b) Palmitinsäure
c) Butansäure (Buttersäure)

Zu den essenziellen Fettsäuren gehört die mehrfach ungesättigte Linolensäure.
Mehrfach ungesättigte Fettsäuren besitzen mindestens zwei Doppelbindungen im Molekül. Die ungesättigten Fettsäuren sind lebenswichtig, weil sie im Körper nicht aufgebaut werden können. Man muss sie mit der Nahrung zu sich nehmen.

U1.1 Avenue Images GmbH (digitalvision), Hamburg; **U1.2** Corbis (RF), Düsseldorf; **U4.1** ZEFA (Hammid), Düsseldorf; **U4.2** Avenue Images GmbH (Digital Vision), Hamburg; **U4.3** Avenue Images GmbH (Digital Vision), Hamburg; **U4.4** Avenue Images GmbH (Brand X Pictures), Hamburg;**3.1** Klett-Archiv (R. Peppmeier), Stuttgart; **3.2** Mauritius (Lindner), Mittenwald; **3.3** Superbild (Number_Three), Unterhaching/München; **4.1** Mauritius|(Peebles), Mittenwald; **4.2** Mauritius, Mittenwald; **4.3** NASA, Washington , D.C.; **5.2** Klett-Archiv (Zuckerfabrik digital), Stuttgart; **6.1** Helga Lade (B.Blume), Frankfurt; **6.2** Okapia (Manfred Ruckszio), Frankfurt; **7.1** HENKEL KGAA, Düsseldorf; **8.1** Klett-Archiv (Burkhard Weizel), Stuttgart; **8.2** Okapia (Tschanz Hofman), Frankfurt; **8.3** Mauritius (Phototake), Mittenwald; **8.4** Superbild (Zscharnack), Unterhaching/München; **9.1** Hudora, Remscheid; **9.2** Mauritius (ace), Mittenwald; **9.3** Superbild, Unterhachching/München; **9.4** Corbis (Patrick Ward), Düsseldorf; **9.5** Superbild, Unterhaching / München; **9.6** laif, Köln; **9.7** Mauritius (Sipa), Mittenwald; **9.8** Klett-Archiv (Peppmeier), Stuttgart; **10.1** AKG, Berlin; **10.2** AKG (Erich Lessing), Berlin; **10.3** AKG (Werner Forman), Berlin; **10.4** AKG, Berlin; **10.5** BPK, Berlin; **11.1** Jeans-Halle, Sindelfingen; **11.2** Mauritius (Ley), Mittenwald; **11.3** AKG, Berlin; **11.4, 11.5** Deutsches Museum (J. B. Portha), München; **11.6** Materialprüfamt Universität Kaisers, Kaiserslautern; **11.7** Okapia (Eberhard Morell), Frankfurt; **11.8** Mauritius (age), Mittenwald; **12.1** Klett-Archiv (R. Peppmeier), Stuttgart; **13.1** AKG, Berlin; **13.2** BASF AG, Ludwigshafen; **14.2** Bierbaum-Proenen GmbH & Co. KG, Köln; **14.3** Dalloz Safety GmbH, Lübeck; **14.4** Aug. Hedinger GmbH & Co. KG, Stuttgart; **15.2** Höllerer, Stuttgart; **17.4** Klett-Archiv (Eisenbarth), Stuttgart; **18.1** Mauritius (Fichtl), Mittenwald; **18.2** Fotofinder (J. Stein/unlike by STOCK4B), Berlin; **18.3** Aug. Hedinger GmbH & Co. KG, Stuttgart; **18.4** Phywe Systeme GmbH & Co. KG, Göttingen; **18.5** HORST GmbH, Lorsch; **18.7** Aug. Hedinger GmbH & Co. KG, Stuttgart; **18.8** Aug. Hedinger GmbH & Co. KG, Stuttgart; **18.10** Aug. Hedinger GmbH & Co. KG, Stuttgart; **19.2** Klett-Archiv (Zuckerfabrik digital), Stuttgart; **19.3, 19.4, 21.1** Theophel, Eberhard, Gießen; **22.1** Mauritius (Otto), Mittenwald; **24.1** Trienekens AG, Viersen; **26.1** Mauritius (Lindner), Mittenwald; **27.1** Mauritius, Mittenwald; **27.2** Klett-Archiv (Wolfram Bäurle), Stuttgart; **27.5** Klett-Archiv (Thomas Seilnacht), Stuttgart; **28.5** Stockfood Photo Stock Agency (S.&P. Eising), München; **31.3, 31.4** Medenbach, Ulrike, Witten; **31.5** Mauritius (Dr.Pott), Mittenwald; **31.6**D Klett-Archiv (Thomas Seilnacht), Stuttgart; **33.4** Mauritius (Hubacher), Mittenwald; **34.1** AKG, Berlin; **35.4**A, 35.4B Klett-Archiv (Zuckerfabrik digital), Stuttgart; **37.1** BPK (Kupferstich), Berlin; **37.2** Corbis (Bettmann), Düsseldorf; **37.3** AKG, Berlin; **39.4** Astrofoto (NASA), Sörth; **40.1**A AKG, Berlin; **40.1**B AKG, Berlin; **41.1** AKG (Waldemar Abegg), Berlin; **41.3** Bayer AG, Leverkusen; **41.4** Mauritius (B.Lehner), Mittenwald; **43.1** Stockfood Photo Stock Agency (S.&P.Eising), München; **43.2, 43.3** Mauritius (ACE), Mittenwald; **44.1** Helga Lade (BAV), Frankfurt; **44.2** Superbild (Number_Three), Unterhaching / München; **45.1** Mauritius (Gilsdorf), Mittenwald; **45.2** Mauritius (AGE), Mittenwald; **45.3** Helga Lade, Frankfurt; **47.1, 47.2** AKG, Berlin; **48.1** Bongarts, Hamburg; **48.4**A Seilnacht, Thomas, Bern; **48.4**D Klett-Archiv (Thomas Seilnacht), Stuttgart; **49.2** Mauritius, Mittenwald; **49.5A, 49.5B** Klett-Archiv (Zuckerfabrik digital), Stuttgart; **49.6**B Theophel, Eberhard, Gießen; **50.1** Corbis (YIORGOS KARAHALIS/Reuters/Corbis), Düsseldorf; **52.3** Bilderberg (M.Kirchgessner), Hamburg; **52.2A** Mauritius (age), Mittenwald; **53.1** Niehoff, Ulrich, Bienenbüttel; **53.2** Prof. Dr. Peter Menzel, Esslingen; **53.5** AGEFKO GmbH, Düsseldorf; **53.6** Prof. Dr. Peter Menzel, Esslingen; **54.3** Mauritius (Spectrum), Mittenwald; **54.4**A Klett-Archiv (Zuckerfabrik digital), Stuttgart; **54.4**B Ernst Klett Verlag (Werkstatt Fotographie), Stuttgart; **55.1, 55.2, 55.3** Neckarwerke NWS Stuttgart AG (Gerst), Stuttgart; **56.1** ullstein bild, Berlin; **56.2**, Keystone, Hamburg; **57.1** Redeleit, Wolfgang, Bienenbüttel; **57.2** Helga Lade (Stock Photo), Frankfurt; **57.3** FOCUS (Hans Silvester), Hamburg; **58.1A, 58.1D** Seilnacht, Thomas, Bern; **58.2B, 58.2C** Klett-Archiv (Zuckerfabrik digital), Stuttgart; **58.3A, 58.3B** Ernst Klett Verlag (Werkstatt Fotographie), Stuttgart; **59.2** Fire Foto, München; **60.1** AKG (Erich Lessing), Berlin; **60.2** Helga Lade (Weiss), Frankfurt; **60.3** Helga Lade (Flac), Frankfurt; **60.5** Klett-Archiv (Thomas Seilnacht), Stuttgart; **60.6** Corbis (Yogi, Inc.), Düsseldorf; **61.1** Mauritius (Peebles), Mittenwald; **61.2** RS Uhren-Handelsgesellschaft mbH, Düsseldorf; **61.3** Helga Lade (H.R.Bramaz), Frankfurt; **61.2**C Klett-Archiv (Zuckerfabrik digital), Stuttgart; **62.1** AKG, Berlin; **62.1A, 62.1B, 62.1C** Klett-Archiv (Zuckerfabrik digital), Stuttgart; **63.2**A Klett-Archiv (Thomas Seilnacht), Stuttgart; **64.1** Karly, Florian, München; **65.3** Mauritius (AGE), Mittenwald; **66.4** FOCUS (Martin Bond), Hamburg; **67.6** Picture-Alliance (dpa), Frankfurt; **68.1** AKG, Berlin; **68.2** AKG, Berlin; **68.3** Corbis (Dan Guravich), Düsseldorf; **68.2**A AKG (Erich Lessing), Berlin; **68.2**B AKG (Erich Lessing), Berlin; **69.2** Mauritius (PowerStock), Mittenwald; **69.3** Mauritius (age), Mittenwald; **69.4** Mauritius (Mitterer), Mittenwald; **70.2** Klett-Archiv, Stuttgart; **71.1** Astrofoto (NASA), Sörth; **71.2** FOCUS (Martin Bond), Hamburg; **71.4** Klett-Archiv (Zuckerfabrik digital), Stuttgart; **72.1, 72.2** AKG, Berlin; **72.3** Mauritius, Mittenwald; **73.1** AKG, Berlin; **75.1** Deutsches Museum, München; **75.2** Mauritius, Mittenwald; **75.3** AKG, Berlin; **77.1** AKG, Berlin; **77.2** Helga Lade (MAN), Frankfurt; **77.3** Landesmuseum für Technik und Arbeit, Mannheim; **79.2** FOCUS (Geoff Tompkinson), Hamburg; **84.1** Deutsches Museum, München; **85.1** AKG, Berlin; **87.1** NASA, Washington, D.C.; **89.6** Osram, München; **89.6**B Osram, München; **90.1** Deutsches Museum, München; **90.2** Mauritius (Kuchlbaur), Mittenwald; **90.3, 90.4** Deutsches Museum, München; **90.5** Corbis (Bettmann), Düsseldorf; **92.1**B Klett-Archiv (Thomas Seilnacht), Stuttgart; **93.5**A Bilderberg (Michael Engler), Hamburg; **93.5**B Fotofinder (Okapia/Janfot), Berlin; **93.5**C Architekturphoto, Düsseldorf; **95.4** Osram, München; **97.1** Mauritius (Hackenberg), Mittenwald; **97.2** Seilnacht, Thomas, Bern; **98.2** Mauritius (Ypps), Mittenwald; **98.3** Bildarchiv Stanko Petek (www.LUFTBI, Radolfzell); **98.4** Bilderberg, Hamburg; **98.6** Bilderberg (Eberhard Grames), Hamburg; **99.1** Astrofoto (Bouillon), Sörth; **99.3, 99.4, 99.5** Deutsches Museum, München; **100.2** Mauritius (Pöhlmann), Mittenwald; **100.5** Medenbach, Ulrike, Witten; **100.1**E Mauritius (age), Mittenwald; **101.6** Transglobe Agency (Adolf Marents), Hamburg; **101.8** MEV, Augsburg; **101.9**A André Bauer, Esch/Alzette; **101.9**B IMAGO (Jost), Berlin; **101.10**A Seilnacht, Thomas, Bern; **101.10**B Hansmann Bildarchiv, München; **102.3** Risoe National Laboratory, Roskilde; **102.1**A AKG, Berlin; **102.1**B Deutsches Museum, München; **102.1**C Schoenberg Center, Philadelphia, PA **19104-6206**; **102.1D, 102.1F, 102.1G** Deutsches Museum, München; **103.4** Fotofinder (Agentur Focus), Berlin; **106.1** Okapia (Yoav Levy/Phototake), Frankfurt; **109.3** Deutsches Museum, München; **111** Superbild (RESO (g.e.i.e)), Unterhaching/München; **111.3** Landesgendarmeriekommando für Tirol (Anton Koler, Sölden), Innsbruck; **112.1, 114.1, 114.2, 114.4** Deutsches Museum, München; **114.5** AKG, Berlin; **115.1** dpa, Frankfurt; **115.2** Conrad Electronic GmbH, Hirschau; **119.1** Picture-Alliance, Frankfurt; **120.1, 120.2** Stockfood Photo Stock Agency, München; **120.3** Mauritius (Poehlmann), Mittenwald; **120.4** Mauritius (Sock Image), Mittenwald; **121.6**C Klett-Archiv (Zuckerfabrik digital), Stuttgart; **121.7**A Stockfood Photo Stock Agency, München; **122.1** AKG, Berlin; **122.2** Landesmuseum für Natur und, Oldenburg; **122.4** Mauritius, Mittenwald; **122.5** dpa (Bernd Hanselmann), Frankfurt; **123.1**C Klett-Archiv, Stuttgart; **123.3**F Karly, Florian, München; **125.3**B, **125.3D** Karly, Florian, München; **127.1** Stockfood Photo Stock Agency, München; **127.2** FOCUS, Hamburg; **131.4** Okapia (Vock), Frankfurt; **131.5** Okapia (Hermann Eisenbeiss), Frankfurt; **132.1** Ernst Klett Verlag (Zuckerfabrik Digital), Stuttgart; **135.1**, Deutsches Museum, München; **135.2**A Medenbach, Ulrike, Witten; **136.1** Mauritius, Mittenwald; **139.1** Klett-Archiv (Thomas Seilnacht), Stuttgart; **141** Aug. Hedinger GmbH & Co. KG, Stuttgart; **142.1** K+S Kali GmbH, Kassel; **144.1** Stockfood Photo Stock Agency (Eising), München; **144.2** Huober Brezel, Erdmannhausen; **145.1** Corbis, Düsseldorf; **145.2** Klett-Archiv (Zuckerfabrik digital), Stuttgart; **145.3** Klett-Archiv (Zuckerfabrik digital), Stuttgart; **148.3** Klett-Archiv (Zuckerfabrik digital), Stuttgart; **148.1**A MEV, Augsburg; **148.1**B Klett-Archiv (Zuckerfabrik digital), Stuttgart; **148.2**A Elsner, Gert, Stuttgart; **148.2**B Stockfood Photo Stock Agency (Schliack, Amos), München; **148.2**C Hengstenberg, Esslingen; **152.1** Klett-Archiv (Zuckerfabrik digital), Stuttgart; **152.4** K+S Kali GmbH, Kassel; **153.1** Corbis (Wally McNamee), Düsseldorf; **153.2** Corbis (Peter Steiner), Düsseldorf; **156.1** ddp Nachrichtenagentur GmbH INSOLVE (Peter Roggenthin), Berlin; **156.2** Okapia (Norbert Lange), Frankfurt; **156.3** Medenbach, Ulrike, Witten; **156.4** Werner Lieber, Heidelberg;

156.6 pictureNEWS (Mario Vedder), Frankfurt/Main; **157.1** Medenbach, Ulrike, Witten; **157.2** FOCUS, Hamburg; **157.4** BPK (Knud Petersen), Berlin; **157.5** Klett-Archiv (Sonja Orf), Stuttgart; **157.6** Schott Glaswerke, Mainz; **158.1** Interfoto, München; **159.1** The Vasa Musseum/SMM, Stockholm; **159.2** The Vasa Musseum/SMM (EEROBILD/Eero Hannuk), Stockholm; **159.2** Corbis (Macduff Everton), Düsseldorf; **159.4** The Vasa Musseum/SMM (Stefan Evensen), Stockholm; **161.1**A ds-produkte Dieter Schwarz GmbH, Stapelfeld; **161.1**B ds-produkte Dieter Schwarz GmbH, Stapelfeld; **162.1** Okapia (Dr. Jörg-Thomas Titz), Frankfurt; **162.2** Corbis (James Davis; Eye Ubi), Düsseldorf; **163.1** Corbis (Nadia Mackenzie;Eliz), Düsseldorf; **163.3** Creativ Collection Verlag GmbH, Freiburg; **164.1** Corbis (Lloyd Cluff), Düsseldorf; **164.2** Corbis (Nathalie Fobes), Düsseldorf; **164.3** Corbis (Galen Rowell), Düsseldorf; **164.4** Klett-Archiv, Stuttgart; **169.5** Alba Gewürze, Bielefeld; **170.2** Klett-Archiv (Zuckerfabrik digital), Stuttgart; **172.1** Arnold Holste, Bielefeld; **175.1** Klett-Archiv (Zuckerfabrik digital), Stuttgart; **175.3** Corbis (George McCarthy), Düsseldorf; **175.4** FOCUS (TH FOTO-WERBUNG/SCIE), Hamburg; **175.5**A Corbis (Nik Wheeler), Düsseldorf; **175.5**B dpa, Frankfurt; **176.1, 176.2** Deutsches Museum, München; **177.1** Corbis (Digital Art), Düsseldorf; **177.2** AKG (Gert Schütz), Berlin; **177.4** Deutsches Museum, München; **177.6** BASF AG, Ludwigshafen; **178.1** Helga Lade, Frankfurt; **178.2** Klett-Archiv (Nature+Science), Stuttgart; **179.1** Helga Lade (B.Blume), Frankfurt; **179.2** Helga Lade (D.Kuhn), Frankfurt; **179.3** Mauritius (Sipa Image), Mittenwald; **179.4** Helga Lade, Frankfurt; **179.5** Das Fotoarchiv (Markus Matzel), Essen; **180.2** RWE PowerAG, Köln; **180.4** DPA, Hamburg; **183.4** Mauritius (AGE), Mittenwald; **183.5** Corbis (Layne Kennedy), Düsseldorf; **183.6, 183.7** Mauritius (Arthur), Mittenwald; **183.8** Mauritius (H.Hoffmann), Mittenwald; **184.2** Okapia (Erich Schrempp/NAS/O), Frankfurt; **184.3** dpa (Hans Techt), Frankfurt; **185.2** Kompogas AG, Glattbrugg; **190.1** Helga Lade, Frankfurt; **192.1** dpa, Frankfurt; **192.1** dpa, Frankfurt; **194.1** Mauritius (Hubatka), Mittenwald; **194.3** ESSO, Karlsruhe; **194.4** Okapia (Horst Zanus), Frankfurt; **195.1** Astrofoto, Sörth; **196.1**A Deutsche Bahn (Schulz), Berlin; **196.1**B Siemens AG, München; **196.1**C MEV, Augsburg; **196.1**D Nokia GmbH, Bochum; **197.2** Corbis (Bob Rowan; Progressi), Düsseldorf; **197.3** Mauritius (Rossenbach), Mittenwald; **197.4** MEV, Augsburg; **197.5** Flir AG Infrarottechnik, Kriens; **199.1** dpa (Bernd Weißbrod), Frankfurt; **199.2** Klett-Archiv (Zuckerfabrik digital), Stuttgart; **199.3** dpa, Frankfurt; **200.1** Interfoto, München; **200.2** Corbis (Paul A. Souders), Düsseldorf; **200.3** Angermayer (Hans Pfletschinger), Holzkirchen; **200.3** Angermayer, Holzkirchen; **200.4** Angermayer, Holzkirchen; **201.1** laif, Köln; **201.2** Okapia, Frankfurt; **201.3** Okapia (Manfred Ruckszio), Frankfurt; **201.4** Klett-Archiv, Stuttgart; **201.5** Stockfood Photo Stock Agency, München; **202.4** Ruth Hammelehle, Kirchheim/Teck; **203.1, 203.2, 203.3, 203.4, 204.2, 204.3** Deutscher Brauer-Bund e.V, Bonn, Bonn; **204.1**A agrimedia, Eisenberg, Eisenberg; **204.1**B Helga Lade (Fischer), Frankfurt; **204.1**C Okapia, Frankfurt; **204.1**D Deutscher Brauer-Bund e.V, Bonn, Bonn; **204.1**E Deutscher Brauer-Bund e.V, Bonn, Bonn; **205.2** Okapia, Frankfurt; **209.1** Aug. Hedinger GmbH & Co. KG, Stuttgart; **212.1** Daimler-Chrysler, Stuttgart; **212.2** Corbis (Paul A. Souders), Düsseldorf; **212.3** NREL, Golden, CO **80401**; **212.4** Okapia (,Steinmetz), Frankfurt; **212.5** dpa (Roland Scheidemann), Frankfurt; **213.1** Agrar-Press, Nörvenich; **213.2** Mauritius (Bodenbender), Mittenwald; **213.3** laif (Veit Mette), Köln; **214.3** dpa (Kay Nietfeld), Frankfurt; **215.3** DPA (Manfred Vornholt), Hamburg; **216.1** Niehoff, Ulrich, Bienenbüttel; **216.2** Stockfood Photo Stock Agency, München; **216.3** Stockfood Photo Stock Agency (A. Zabert), München; **216.5** Stockfood Photo Stock Agency (Walter Pfisterer), München; **217.1** Mauritius (Rosenfeld), Mittenwald; **217.3**A Okapia (Manfred kage), Frankfurt; **217.3**B Hengstenberg, Esslingen; **217.4**A Okapia (Lond. Sc.films), Frankfurt; **217.4**B Klett-Archiv (Rolf Strecker), Stuttgart; **218.1** AKG, Berlin; **218.2** AKG, Berlin; **218.3** Corbis (Corbis KIPA), Düsseldorf; **219.4** Hengstenberg, Esslingen; **219.5** Hengstenberg, Esslingen; **221.5**D DPA (Wolfgang Kluge), Hamburg; **221.5**F Bayer AG, Leverkusen; **221.5**G Klett-Archiv (Zuckerfabrik digital), Stuttgart; **222.2** Hengstenberg, Esslingen; **223.6** Stockfood Photo Stock Agency (John Shipes), München; **223.7** Stockfood Photo Stock Agency (Michael Brauner), München; **224.1** Corbis (Anthony Cooper; Ecoscene), Düsseldorf; **224.2** Okapia (Hans Reinhard), Frankfurt; **224.3** Ernst Kumpf GmbH & Co. KG, Markgröningen; **224.5** Okapia (Luciano Cretti), Frankfurt; **224.6** Klett-Archiv, Stuttgart; **224.7** Angermayer, Holzkirchen; **227.4** Stockfood Photo Stock Agency (Arras/Gong), München; **227.6** Stockfood Photo Stock Agency (Wolfgang Usbeck), München; **227.6**A Stockfood Photo Stock Agency (Eising), München; **227.6**B Stockfood Photo Stock Agency (Pete Eising), München; **227.6**C Stockfood Photo Stock Agency (Macimilian Stock), München; **227.6**D Stockfood Photo Stock Agency (Peter Eising), München; **228.1** Deutsches Museum, München; **231.1** Stockfood Photo Stock Agency, München; **231.3** Corbis (Jose Luis Pelaez, In), Düsseldorf; **232.1** Stockfood Photo Stock Agency (Peter Rees), München; **232.2** Stockfood Photo Stock Agency (Michael Meisen), München; **232.3** Stockfood Photo Stock Agency (Harry Bischof), München; **233.1** HENKEL KGAA, Düsseldorf; **233.2** Interfoto, München; **233.3** UVEX-Sports, Fürth; **233.4** IMAGO (Lem), Berlin; **235.1** Stockfood Photo Stock Agency (Food Photography Eis), München; **235.2** Klett-Archiv (Zuckerfabrik digital), Stuttgart; **235.3** Klett-Archiv (Zuckerfabrik digital), Stuttgart; **235.4** Klett-Archiv (Zuckerfabrik digital), Stuttgart; **236.1**A Corbis, Düsseldorf; **243.4** Okapia, Frankfurt; **243.6** Klett-Archiv, Stuttgart; **243.5**A DPA (Heinz Tschanz-Hofman), Hamburg; **243.5**B Deutscher Brauer-Bund e.V, Bonn, Bonn; **245.1**A Corbis, Düsseldorf; **245.1B, 245.1C, 245.1D** Karly, Florian, München; **246.1** Klett-Archiv (Zuckerfabrik Digital), Stuttgart; **246.2** Klett-Archiv (Zuckerfabrik Digital), Stuttgart; **246.2** AKG, Berlin; **246.1**A Hansmann Bildarchiv, München; **246.1**B HENKEL KGAA, Düsseldorf; **247.3**A MEV, Augsburg; **247.3**B Walter Rau Speickwerk, Stuttgart; **247.3**C Walter Rau Speickwerk, Stuttgart; **247.3**D Walter Rau Speickwerk, Stuttgart; **248.4** Corbis (Philip James Corwin), Düsseldorf; **250.1** laif, Köln; **251.3** HENKEL KGAA, Düsseldorf; **251.5** Elsner, Gert, Stuttgart; **252.1** Thomas & Thomas Design, Heidesheim; **253.1**A FOCUS (Andrew Syred/Science), Hamburg; **253.1**B IMAGO (Lem), Berlin; **253.1**C SONY, Köln; **253.1**D SONY, Köln; **253.1**E SONY, Köln; **254.1** Thomas & Thomas Design, Heidesheim; **254.3** dpa (Greg Wood), Frankfurt; **254.4** Corbis, Düsseldorf; **254.5** Mauritius, Mittenwald; **255.6** dpa, Frankfurt; **255.7** Klett-Archiv (Zuckerfabrik digital), Stuttgart; **255.8**A Otto Versand, Hamburg; **255.8**B DuPont Textiles & Interiors (Deutsc, Östringen; **256.1** Eye of Science, Reutlingen; **256.2** Okapia (LSF/OSF), Frankfurt; **256.3** DR. JEREMY BURGESS / SCIENCE PHOTO LIBRARY / AGENTUR FOCUS; **256.Z1** Deutsches Museum, München; **257.4** Theophel, Eberhard, Gießen; **257.6** Grimmel, Ralph, Stuttgart; **259.1** Stockfood Photo Stock Agency (Maximilian Stock LTD), München; **259.2** IMAGO (Juhl), Berlin; **259.4** Okapia, Frankfurt; **259.5** Vario-Press, Bonn; **264.2** Phywe Systeme GmbH & Co. KG, Göttingen

Alle weitern Fotos stammen von Werkstattfotografie Neumann und Zörlein, Stuttgart oder aus dem Archiv des Ernst Klett Verlags.

Nicht in allen Fällen war es möglich, den uns bekannten Rechteinhaber der Abbildungen ausfindig zu machen. Berechtigte Ansprüche werden selbstverständlich im Rahmen der üblichen Vereinbarungen abgegolten.

Elementsymbol mit Ordnungszahl	Beschreibung der Abbildung
1 H	**Wasserstoff** wird in roten Stahlflaschen mit roter Flaschenschulter aufbewahrt.
2 He	**Helium** wird in grauen Stahlflaschen mit brauner Flaschenschulter aufbewahrt.
3 Li	**Lithium** wird wegen seiner hohen Reaktionsfähigkeit unter Paraffinöl aufbewahrt.
4 Be	elementares **Berylium**
5 B	elementares **Bor**
6 C	**Kohlenstoff** in der Modifikation Graphit
7 N	**Stickstoff** wird in Stahlflaschen mit schwarzer Flaschenschulter aufbewahrt.
8 O	**Sauerstoff** wird in Stahlflaschen mit weißer Flaschenschulter aufbewahrt.
9 F	**Fluor** wird in Stahlflaschen mit gelber Flaschenschulter aufbewahrt.
10 Ne	**Neon** erzeugt bei der elektrischen Entladung in Leuchtröhren rotes Licht.
11 Na	**Natrium** wird wegen seiner hohen Reaktionsfähigkeit unter Paraffinöl aufbewahrt.
12 Mg	**Magnesium**band
13 Al	**Aluminium**folie wird als Verpackungsmaterial für Lebensmittel verwendet.
14 Si	**Silicium** ist der Grundbestandteil in Mikrochips.
15 P	schwarzer und gelber **Phosphor**
16 S	**Schwefel** in Stangenform
17 Cl	**Chlor** ist gelb-grün und besitzt eine bleichende Wirkung.

Elementsymbol mit Ordnungszahl	Beschreibung der Abbildung
18 Ar	**Argon** erzeugt bei der elektrischen Entladung in Leuchtröhren blaues Licht.
19 K	**Kalium** wird wegen seiner hohen Reaktionsfähigkeit unter Paraffinöl aufbewahrt.
20 Ca	elementares **Calcium**
21 Sc	elementares **Scandium**
22 Ti	Künstliche Hüftgelenke sind zumeist aus **Titan.**
23 V	**Vanadium** ist als Legierungsbestandteil in Werkzeugen enthalten.
24 Cr	Sanitär-Armaturen werden häufig mit einer **Chrom**schicht überzogen.
25 Mn	**Mangan**haltiger Stahl erzeugt Härte und Festigkeit. Dieser wird z. B. für technische Federn verwendet.
26 Fe	Nägel sind oft aus **Eisen**.
27 Co	In Rasierklingen ist **Cobalt** als Legierungsbestandteil enthalten. Es sorgt für verschleißfestes Schneiden.
28 Ni	In wiederaufladbaren Nickel-Metallhydrid-Batterien (Akkumulatoren) dienen **Nickel**verbindungen als Anode.
29 Cu	**Kupfer**draht
30 Zn	**Zink**beschichtung z. B. auf Gießkannen dienen als Rostschutz.
31 Ga	**Gallium** ist bei Raumtemperatur zähflüssig.
32 Ge	Wegen seines hohen Brechungsindexes werden **Germanium**verbindungen dem Glas von optischen Linsen beigemengt.
33 As	**Arsen** ist als Arsen-Gallium-Legierung in Leuchtdioden enthalten. Dort ist es für die rote Farbe verantwortlich.
34 Se	**Selen** ist in Selen-Hefe-Tabletten enthalten, welche die Regenerierung von Haut, Haaren und Nägeln fördern.

Elementsymbol mit Ordnungszahl	Beschreibung der Abbildung
35 Br	**Brom** besitzt eine braun-gelbe Farbe. Es liegt bei Raumtemperatur als Flüssigkeit und Gas vor.
36 Kr	**Krypton** ist als Füllgas in vielen Glühlampen enthalten.
37 Rb	**Rubidium** wird wegen seiner hohen Reaktionsfähigkeit in zugeschmolzenen Glasröhrchen aufbewahrt.
38 Sr	**Strontium** wird wegen seiner hohen Reaktionsfähigkeit unter Paraffinöl aufbewahrt.
39 Y	**Yttrium**verbindungen verursachen die rote Farbe in manchen Lasern.
40 Zr	**Zirconium** verbrennt unter hellem Leuchten und wird deshalb in Blitzlampen eingesetzt.
41 Nb	**Niob** wird als Legierungsbestandteil in chirugischen Geräten (z. B. Arztscheren) verwendet.
42 Mo	**Molybdän** wird als Anodenwerkstoff in Elektronenröhren (z. B. Bildröhren) verwendet.
43 Tc	radioaktives **Technetium**
44 Ru	**Ruthenium**legierungen sind besonders hart und werden deshalb z. B. für Federn von Füllfederhaltern verwendet.
45 Rh	**Rhodium** dient als Beschichtungsmaterial für viele medizinische Geräte (z. B. Mundspiegel beim Zahnarzt).
46 Pd	Zahnkrohnen bestehen meist aus **Palladium**-Gold-Legierungen.
47 Ag	Silberbesteck besteht aus einer **Silber**legierung oder ist mit einer Silberschicht überzogen.
48 Cd	**Cadmium** bildet die Kathode in wiederaufladbaren Nickel-Cadmium-Batterien.
49 In	**Indium**verbindungen werden vor allem in der Halbleiterindustrie z. B. zur Herstellung von Transistoren eingesetzt.
50 Sn	Konservendosen (Weißblech) bestehen aus **Zinn**legierungen.
51 Sb	**Antimon**-Blei-Schmelzen dehnen sich beim Erstarren aus und dienen deshalb als Gußwerkstoffe für Bleilettern.

Elementsymbol mit Ordnungszahl	Beschreibung der Abbildung
52 Te	**Tellur** wird bei der Herstellung von Autoreifen zur Vulkanisierung benötigt.
53 I	**Iod** ist schwarz-violett und sublimiert bei Raumtemperatur zu violettfarbigem Ioddampf.
54 Xe	**Xenon** wird als Füllgas für Hochdrucklampen verwendet.
55 Cs	**Caesium** wird wegen seiner hohen Reaktionsfähigkeit in zugeschmolzenen Glasröhrchen aufbewahrt.
56 Ba	**Barium** wird wird wegen der hohen Reaktionsfähigkeit unter Paraffinöl aufbewahrt.
72 Hf	elementares **Hafnium**
73 Ta	Aufgrund seiner chemischen Wiederstandsfähigkeit wird **Tantal** in Kondensatoren verwendet.
74 W	Wegen seines hohen Schmelzpunktes wird **Wolfram** als Glühdraht in Glühlampen verwendet.
75 Re	Wegen seines hohen Schmelzpunktes wird **Rhenium** als Glühdraht in elektrischen Feuerzeugen verwendet.
76 Os	**Osmium** wird gerne als Platin-Legierungsbestandteil z. B. für Kompassnadeln verwendet.
77 Ir	Viele chirugische Geräte (z. B. Injektionsnadeln) bestehen aus **Iridium**legierungen.
78 Pt	Die Hohlräume des Autoabgaskatalysators sind oft mit **Platin** beschichtet. Dabei wirkt Platin als Katalysator.
79 Au	**Gold**barren
80 Hg	**Quecksilber** wird zur Füllung von vielen Flüssigkeitsthermometern verwendet.
81 Tl	**Thallium** ist sehr giftig und fruchtschädigend. Es wird daher in einem verschlossenen Gefäß aufbewahrt.
82 Pb	**Blei** bildet in Autobatterien die Anode.
83 Bi	**Bismut** wird als Schmelzdraht in Schmelzsicherungen verwendet.

Periodensystem der Elemente

mittlere Atommasse in u	186,2
Ordnungszahl	75
Elementsymbol	Re
Elementname	Rhenium

Metalle · Halbmetalle · Nichtmetalle

fest · gasförmig · flüssig

	I (1)	II (2)	III A (3)	IV A (4)	V A (5)	VI A (6)	VII A (7)	VIII A (8/9/10	
1	1,0 1 H Wasserstoff								
2	6,9 3 Li Lithium	9,0 4 Be Beryllium							
3	23,0 11 Na Natrium	24,3 12 Mg Magnesium							
4	39,1 19 K Kalium	40,1 20 Ca Calcium	45,0 21 Sc Scandium	47,9 22 Ti Titan	50,9 23 V Vanadium	52,0 24 Cr Chrom	54,9 25 Mn Mangan	55,8 26 Fe Eisen	58,9 27 Co Cobalt
5	85,5 37 Rb Rubidium	87,6 38 Sr Strontium	88,9 39 Y Yttrium	91,2 40 Zr Zirconium	92,9 41 Nb Niob	95,9 42 Mo Molybdän	98 43 Tc $4{,}2 \cdot 10^6$ a Technetium	101,1 44 Ru Ruthenium	102,9 45 Rh Rhodium
6	132,9 55 Cs Caesium	137,3 56 Ba Barium	57–71 Lanthanoide	178,5 72 Hf Hafnium	180,9 73 Ta Tantal	183,8 74 W Wolfram	186,2 75 Re Rhenium	190,2 76 Os Osmium	192,2 77 Ir Iridium
7	223 87 Fr 22 min Francium	226 88 Ra 1600 a Radium	89–103 Actinoide	267 104 Rf 78 min Rutherfordium	268 105 Db 29 h Dubnium	271 106 Sg 114 s Seaborgium	270 107 Bh 61 s Bohrium	270 108 Hs 23 s Hassium	278 109 Mt 8 s Meitnerium

Lanthanoide	138,9 57 La Lanthan	140,1 58 Ce Cer	140,9 59 Pr Praseodym	144,2 60 Nd Neodym	145 61 Pm 17,7 a Promethium	150,4 62 Sm Samarium	152,0 63 Eu Europium
Actinoide	227 89 Ac 22 a Actinium	232 90 Th $1{,}4 \cdot 10^{10}$ a Thorium	231 91 Pa $3{,}3 \cdot 10^4$ a Protactinium	238 92 U $4{,}5 \cdot 10^9$ a Uran	237 93 Np $2{,}1 \cdot 10^6$ a Neptunium	244 94 Pu $8{,}0 \cdot 10^7$ a Plutonium	243 95 Am 7370 a Americium